大电网

连锁故障特性分析及阻断技术

主　编　张振安

副主编　饶宇飞　赵　阳　崔　惟

参　编　张雪敏　李程昊　黄少伟　于琳琳　刘　阳　刘　巍

　　　　李晓萌　朱全胜　雷俊哲　赵　华　高　昆　王　骅

　　　　方　舟　高　泽　王建波　田春笋　潘雪晴　刘芳冰

中国电力出版社
CHINA ELECTRIC POWER PRESS

内 容 提 要

本书面向互联电网的连锁故障引发大停电的现实问题，介绍交直流电力系统连锁故障特性及其阻断技术。

全书共分为三篇，其主要内容包括分析、介绍大电网连锁故障的发生与发展的特性与机理；提出适用于大电网中的连锁故障阻断技术；研究大电网连锁故障仿真分析系统，为大电网连锁故障分析提供仿真平台。

本书可供从事大电网相关的科研、规划、设计与运行的工程师使用，也可供高校从事电力系统研究的教师与研究生阅读。

图书在版编目（CIP）数据

大电网连锁故障特性分析及阻断技术 / 张振安主编．—北京：中国电力出版社，2022.5
ISBN 978-7-5198-5002-9

Ⅰ. ①大…　Ⅱ. ①张…　Ⅲ. ①电力系统–故障诊断　Ⅳ. ①TM711.2

中国版本图书馆 CIP 数据核字（2020）第 181894 号

出版发行：中国电力出版社
地　　址：北京市东城区北京站西街 19 号（邮政编码 100005）
网　　址：http://www.cepp.sgcc.com.cn
责任编辑：罗　艳（010-63412315）
责任校对：黄　蓓　李　楠
装帧设计：张俊霞
责任印制：石　雷

印　　刷：三河市百盛印装有限公司
版　　次：2022 年 5 月第一版
印　　次：2022 年 5 月北京第一次印刷
开　　本：787 毫米×1092 毫米　16 开本
印　　张：22.75
字　　数：566 千字
定　　价：118.00 元

前 言

电网之间的大规模互联，在有效提高系统的运行效率、获得极大的经济效益的同时，也增加了系统运行的不确定性。局部电网某些故障的影响有可能波及附近的区域电网，并诱发连锁反应，导致元件相继退出运行造成大面积停电甚至整个电网的崩溃，使电网的整体安全性面临严峻的威胁。

电网在连锁故障发生时，能够有效地对系统中的故障进行隔离、消除其不良影响，是保证大电网的安全稳定运行的关键。随着特高压交流、直流输变电工程的不断深入推进，电网方式也由此变得更加复杂多样，电气联系变得日益紧密，对电力系统中连锁故障的处理能力提出了更高的需求。

当前特高压交直流输电系统快速发展，对大电网连锁故障阻断技术的改进研究提出了迫切需求，由此，基于一批国内外高校、研究机构和能源、电力企业的理论研究、技术开发和生产实际应用情况，特编写了本书，对交直流电力系统连锁故障特性及其阻断技术进行分析介绍。

本书较为全面地介绍了电网连锁故障成因、传播机理等基本特性，研究了适用于大电网中的连锁故障阻断技术；并将相关技术付诸实践，开发了电网连锁故障仿真分析系统。本书解决了连锁故障阻断技术中故障发展过程难以预测、故障导致的停电风险计算量大以及阻断多重扰动下的暂态失稳阻断等困难问题。此外，本书充分结合河南电网实际运行情况对相关研究内容进行了详细的分析与应用，具有较高的工程实用性，为大电网的规划、建设提供了有力的支撑。

本书共分为三篇，分别从大电网中的连锁故障特性、大电网中连锁故障阻断技术、大电网连锁故障仿真分析系统的研发三个方面进行了系统性的介绍。

第一篇章主要介绍了大电网连锁故障的基本特性，包括典型连锁故障的诱因与发展过程、面向特高压交直流互联电网连锁故障的建模与仿真方法、大电网连锁故障的产生与传播机理、基于复杂网络理论的电网社团行为对大停电风险的影响分析以及基于 K－核分解理论的电网连锁故障中的关键元件的辨识技术。

第二篇章在大电网连锁故障特性相关研究的基础上继续开展深入研究，提出适用于大电网中的连锁故障阻断技术。该部分基于连锁故障分支过程对大电网的停电风险进行了快速评估，提出了考虑过载风险控制的连锁故障阻断方法与基于轨迹特征根暂态失稳判据及在线预测算法，并研究了发电机/电网主动控制在连锁故障阻断中的应用。

第三篇在前两篇的基础上，将相关技术付诸实践，研究大电网连锁故障仿真分析系统，包括研究开发仿真分析算法、模型以及可视化平台，为大电网连锁故障分析提供仿真平台。

本书的编写得到了国网河南省电力公司相关科技项目的大力资助，在此深表谢意。

本书内容涉及多学科相关专业知识，尽管编者竭力求实，但挂一漏万，书中错误与不妥之处仍在所难免，恳请广大读者不吝指正。

编　者

2021 年 12 月

目 录

第二篇 大电网连锁故障阻断技术

第三篇 大电网连锁故障仿真分析系统

第一篇

大电网连锁故障特性

概　述

本篇研究连锁故障发生与发展的机理与特性，由于电网规模较大、动态复杂且有相当的不确定性，本篇将以连锁故障模拟与关键机理分析相结合的思路，对连锁故障的特性进行分析。

为了模拟电网连锁故障的发展特征，获得连锁故障特性与机理研究的数据样本，本篇中将首先介绍连锁故障模型的搭建。由于本书面向的是大规模交直流互联电力系统，分析计算量大，现代电力系统的连锁故障和大停电一般伴随着过载连锁跳闸和失稳问题，因此连锁故障模型的搭建主要将解决如下问题：① 提高连锁故障的计算效率；② 模拟 HVDC 的动态与保护特性；③ 在连锁故障模型中考虑电网稳定。

本篇将重点研究电网拓扑、分区结构以及运行方式等因素对连锁故障的影响。同时，某些元件对连锁故障的传播发展具有重要推动作用，称为关键元件，辨识关键元件可以显著提高连锁故障分析的效率，本篇也将从相关性分析和复杂网络理论的角度研究关键元件的辨识方法。

在以上工作的基础上，本篇将利用连锁故障模拟法与关键机理分析方法对河南电网展开详细分析，研究河南电网的典型连锁故障模式、连锁故障风险以及影响连锁故障特征的因素，总结河南电网连锁故障的机理与特征，为电网连锁故障的预防与控制打下基础。

2 电网典型连锁故障分析

电网之间的大规模互联，加强了各电网之间的联系，提高了系统的运行效率，但同时也增加了系统运行的不确定性，使得系统扰动波及范围更广，局部故障可能迅速传播到大区域甚至整个网络。大停电事故通常是由连锁故障引起的，其发生往往是从整个系统中的某一元件或线路的故障开始，继而引发一系列连锁性的故障，而连锁故障迅速传播最终导致电力系统发生大面积崩溃。电网的这种连锁故障问题与电力系统安全性密切相关，对于分析电网连锁故障具有十分重大的意义。因此本章将通过对以往全球范围内的典型连锁停电故障进行整理归纳，对电网典型连锁故障的起因与发展过程进行研究分析。

2.1 世界范围内的连锁故障案例分析

2.1.1 纽约 1977 年大停电

事前纽约市输电线路设计存在三个问题：① 防雷保护水平偏低；② 几条重要线路的快速自动重合闸装置不起作用；③ 为保证系统稳定性而安装的复杂继电保护方式的设计有错误。

停电故障发生起因：双回线路发生雷击闪络。

停电故障发生后果：线路被跳闸。

故障扩大原因：继电保护设计方案有错误，一条重要的 345kV 联络线的对侧保护动作并闭锁。

停电故障发生后果：

（1）雷击线路故障切除后，跳开了印第安角 3 号核电机组（带 87 万 kW 负荷）和一条 345kV 联络线。

（2）另一条重要的 345kV 线路继电器维修不良，接点弯曲，相当于保护整定值降低，误跳。

停电规模：5868MW（100%），持续时间 25h59min。

2.1.2 法国 1978 年大停电

事故前状况：负荷超过了预计安排值。国内新机投产因故推迟，容量不足，靠输入大量电力来供应负荷，国内线路负荷较大。由于部分机组因故障停运，因此发生了低电压运行。

事故发生起因：来自比利时的联络线跳开。

事故发生后果：法国电网瓦解，需要解列。

事故发展：调度运行人员提高电压水平及减轻线路负荷的措施没有见效，没有及时减去适当负荷，低周减负荷装置没有按设计要求动作。

事故发生结果：法国大部分地区停电，负荷损失达 29 000MW，占全国的 78%。

事故持续时间：4h 后全部恢复正常运行。

2.1.3 北美 2003 年大停电

事故前状况：停电地区中西部正值高温天气，电网负荷很大。

事故起因：Eastlake5 号机组（597MW）跳闸。

事故发展阶段：由于线路对树梢放电，3 条 345kV 线路在低于输电线路事故极限的情况下相继跳闸。每条线路跳闸停电后，都增加了剩余线路的负荷，且电压跌落较大。

由于高压线路跳闸，低压线路也依次跳闸，加重了剩余线路的负担。当 Sammis – Star 线路跳闸后，345kV 高压系统的崩溃，潮流转向，保护装置误将这些潮流转移判定为故障跳闸。7min 内，大停电横扫美国东北部和加拿大。超过 263 个电厂共 531 台机组解列，解列后电网变为一个个孤岛。

持续时间：29h 后恢复供电。

2.1.4 莫斯科 2005 年大停电

事故前状况：俄罗斯电力工业的雄厚基础是 20 世纪 90 年代苏联时期建立起来的。受国内经济及私有化的双重影响，设备更新极其缓慢。此外当时莫斯科天气较炎热。

事故起因：几台变压器起火，退出运行。造成母线失电、热电厂的机组停机，导致莫斯科邻近的地区停电。

事故发展过程：停机后线路负载过高，输电线已严重下垂。变电站与电网脱离。

事故结果：高压线路因过负荷跳闸，保护系统切除线路。引发低压线路连锁故障，保护装置动作。战备电源用于紧急供电。

事故持续时间及范围：大停电持续 2h20min 后停止，连锁停电被限制在莫斯科及附近地区。

2.1.5 西欧 2006 年大停电

事故前状况：按计划断开了 380kV 双回高压输电线。此前已经做过断开该线路的常规仿真，此次切换操作没有引起人们的关注。在断开该线路后，电力潮流从南部其他线路流过，这种状态仍然是稳定的。但传输线负荷已经很重，通往西部的传输线已满负荷运行。

事故起因：出现了更大的负荷，线路在高负荷状态下运行超过时限，2 条高压线路断开。

事故发展：因为 2 条高压线路断开，导致系统更多的联络线在几秒内过负荷，随之断开。如同多米诺骨牌效应一样，从德国北部到东南部的电网首先开始解列，然后扩展到奥地利，使奥地利电网分成两部分，导致 UCTE 互联系统解列为 3 个频率不同的孤岛。

事故恢复：减载（切除工业和民用负荷）装置动作。紧急控制后重新并网，恢复供电。

事故影响：西欧多国发生严重的大面积停电事故。大部分地区 1h 后恢复供电，部分地区断电最长达 90min，德国工业重镇科隆一度陷于瘫痪。此次停电事故导致约 1000 万人受

到影响。损失负荷 14.5GW。

2.1.6　巴西 2009 年大停电

事故前状况：当地时间 2009 年 11 月 10 日 22:13，在伊泰普 750kV 交流送出通道上有强风、暴雨和闪电。

事故起因：Itaberá 变电站 Itaberá—IvaiporãC1 线路阻波器支撑绝缘子底座 B 相对地闪络，13.5ms 后，Itaberá—IvaiporãC2 线路又发生了 A 相短路故障，3.5ms 后，又发生了 C 相母线故障。尽管 Itaberá—IvaiporãC1、C2 线路保护及 Itaberá 变电站母差保护动作切除了故障，但由于整个故障时间持续 62.3ms，导致 Itaberá—IvaiporãC3 线路位于 Ivaiporã 变电站的高抗中性点小电抗瞬时过电流保护动作跳闸。

事故发展与扩大：在事故后 0.7s，500kVBateias—IbiúnaC1 和 C2 线路因过负荷跳闸，巴西南部电网对东南部电网功角失稳。在事故后 1～2s，振荡中心所处区域线路因距离保护动作相继跳闸。此时仅剩下 525kVLondrina—Assis—Araraquara 的线路因振荡闭锁，逻辑正确闭锁保护而未跳闸，保持南部电网和东南部电网联网运行。在振荡过程中，南部电网频率最高达 63.5Hz，东南部电网最低频率降至 58.3Hz。

在事故后 80s，500kVAssis—Araraquara 线路因过载跳闸，南部电网与北部、东北部电网解列，北部电网低周减载动作 2 轮后保持了稳定。

事故影响：巴西全国大停电，损失负荷超过 2400 万 kW。巴西全国 26 个州中的 18 个州约 5000 万人（巴西总人口 1.9 亿）受到影响。

2.1.7　美墨 2011 年大停电

事故前状况：天气炎热、负荷较重。圣迭戈地区与主网联系的只有唯一输电线路，并行的新线路要到 2012 年才能投运。不满足 $N-1$ 安全标准。

事故起因：亚利桑那电力公司下属的一名员工在尤马市南部北吉拉变电站更换该变电站内监控设备的故障电容器时操作失误，导致变电站监控系统发生故障，变电站员工在进行恢复操作时发生了意外短路，造成尤马郡 5.6 万用户停电。由于变电站保护装置未动作，停电事故未能限制在当地，北吉拉变电站负责向加州外送电的 500kV 线路跳闸并退出运行，停止向南加州外送电。

事故发展：亚利桑那到加州联络线路跳闸停运导致南加州系统突然出现大量功率缺额，该系统受到线路跳闸的大扰动 10min 后电压下降，并向北传递至该地区系统的主要电源（圣奥诺弗雷核电站），导致该核电站 2 座核反应堆因电力中断而自动关闭，系统失去主要电源后，系统电压进一步下降，当地系统中的发电机组相继退出运行，最终导致系统完全崩溃。

影响：美国的加州圣迭戈市、亚利桑那州尤马市和墨西哥的提华纳市等地均受停电的严重影响，其中，圣迭戈市超过 100 万用户完全停电，提华纳市 46 万市民失去电力供应，尤马市及其周边约 5.6 万人失去电力，整个停电时间持续 12h。直到次日早上 2:15，停电地区电力系统成功黑起动，并逐步恢复正常运行，事故地区的 4.3GW 停电负荷才基本恢复供电。

2.1.8　印度 2012 年大停电

事故前状况：由于投资不足，电力工业发展严重滞后于经济发展水平，发电冗余不足，跨区输电能力不够，电力供应长期处于短缺状态。印度 2010—2011 年度 GDP 增长 8.5%，同期发电装机增长仅为 5.56%。印度电力部预计 2012 年印度高峰期电力缺口 10.6%左右，全年电量缺口 7.3%左右。目前仍有近 40%的印度家庭（约 2.89 亿人）没有用上电，且印度大部分地区供电质量低、停电频繁，即使在首都新德里也经常拉闸限电。

事故起因：两日均为 Bina—Gwalior400kV 线路跳开。

事故发展及结果：30 日在北部电网和西部电网解列后，由西部电网供给北部电网负荷的潮流转移到“西部电网–东部电网–北部电网”的联络通道，导致系统发生功率振荡。由于振荡中心在北部电网和东部电网间的断面上，致使相应的联络线跳开，造成北部电网和印度交流互联系统其他部分解列。由于系统频率过低以及区域内进一步的功率振荡，北部电力系统最终崩溃。

31 日的系统振荡中心在东部电网内部，靠近东部电网和西部电网断面，因此，在导致了东部电网内部相应线路跳开之后，东部电网中的一小部分（Ranchi 和 Rourkela），以及西部区域电网和印度交流互联系统其他部分解列。这造成了北部电网和东部电网间断面的功率振荡，并进一步导致了北部区域电网和“东部+东北部”系统的解列。随后，所有 3 个区域电网（北部、东部、东北部）由于区域内部功率振荡造成多回线路跳开、系统频率过低以及在不同地区的过电压，最终导致北部、东部、东北部电力系统崩溃。

事故影响：7 月 30 日，印度北部地区德里邦、哈利亚纳邦、中央邦等 9 个邦发生停电事故，逾 3.7 亿人受到影响。

7 月 31 日，印度包括首都新德里在内的东部、北部和东北部地区电网再次发生大面积停电事故，超过 20 个邦再次陷入电力瘫痪状态，全国近一半地区的供电出现中断，逾 6.7 亿人口受到影响。

2.2 电力系统连锁故障诱发原因

本小节重点分析 2003 年北美大停电事故发展过程，从中查找导致故障传播的元件相关性问题。

北美大停电发展初期一共分为 4 个阶段。而具体说来，北美调查小组将事故过程分为了 7 个阶段：

第一阶段：午后负荷逐渐加重，东湖 5 号发电机组跳闸，1 条 345kV 输电线路触树短路切除（12:15～14:14）。

第二阶段：FIRSTENERGY 电力公司计算机故障，1 条 345kV 线路触树短路切除后重合闸（14:14～15:05）。

第三阶段：3 条 345kV 线路触树并被切除。

第四阶段：345kV 输电断面大量线路被切除之后，潮流转移到 138kV 输电系统，俄亥俄州北部至少 15 条 138kV 相继退出。

第五阶段：俄亥俄州北部和密歇根州中南部 345kV 输电系统相继退出。

第六阶段：全面连锁故障。

第七阶段：美国东北部和加拿大部分地区形成数个电气岛。

对整个事故过程进行分析，可以得到事故传播是因为存在相关性：

1. 相同类型元件之间的相关性

相同类型元件如输电线路之间具有相同的作用，其在电力网络中所承担的责任也相同，因此是同进同退、唇亡齿寒的关系。最直观的强相关存在于双回线以及并联变压器之间；双回线输送相同节点之间的功率，当一回线失效之后，之前二者分担的任务将会转移到仅存的线路上，因此，二者具有强相关。但是，这种相关性并不仅仅存在于双回线上，对于地理上相近、功能上相互承担的元件同样具有强相关性，输电线路上功率随其他线路的切除而发生的变化趋势如图 2-1 所示。

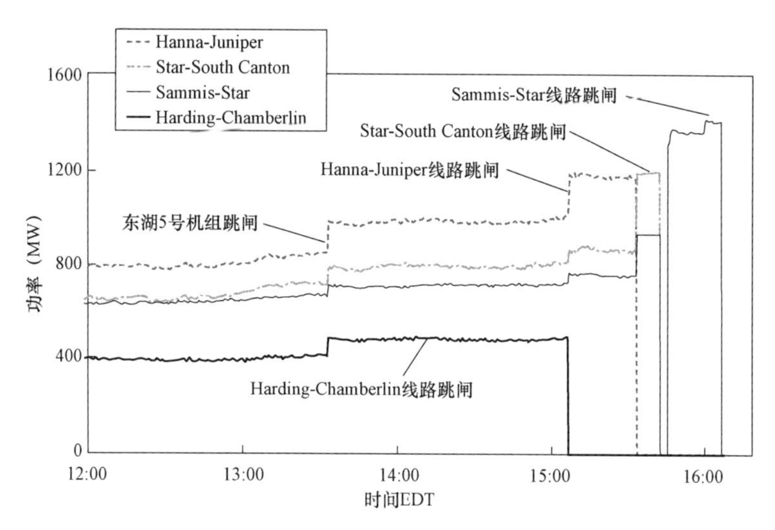

图 2-1　345kV 输电线路上功率随其他线路的切除而发生的变化

从图中可以清晰地看到随着 1 条线路的切除，剩余线路上的功率均会发生一定程度的上涨，而在很多情况下，少量的功率增幅将会在很大程度上提高线路被相继切除的概率。在线路的强相关性主要体现在有功重新分配的过程。

2. 不同类型元件之间的相关性

除了相同类型元件之间的相关性，不同元件之间也可以具有强相关性，较为典型的是发电机与输电线的关系：发电机被意外切除之后有些输电线路需要从外部输入更多功率进入本地；将电能输入的输电线路若发生切除，则本地发电机的输出功率需要提高。总之二者是强相关的，这种强关联可能会导致连锁故障的发生。

3. 输电断面中不同等级系统之间的相关性

除了上述两种情况之外，在一定的地理范畴以内，不同电压等级之间的系统也会具有紧密的联系，类似于并联的相同元件，它们承担的是相同的功能。

例如，2003 年北美大停电第三阶段在 Cleveland 地区跳开多条 345kV 的线路之后，Cleveland 和 Akron 地区的 138kV 输电线路变得重载，同时电压下降。在 15:39 时，第一条 138kV 输电线路发生断开，相继有 16 条 138kV 线路断开。由继保装置的记录显示，这些线路都是因为发生接地故障而切除的，也就是说过重的潮流使其弧垂过大从而对地面上较高的东西产生放电。同时电压的降低使得一些对电压较为敏感的工业用户起动了设备保护，从而损失一部分负荷，各节点电压随其他线路的切除而发生的变化如图 2-2 所示。

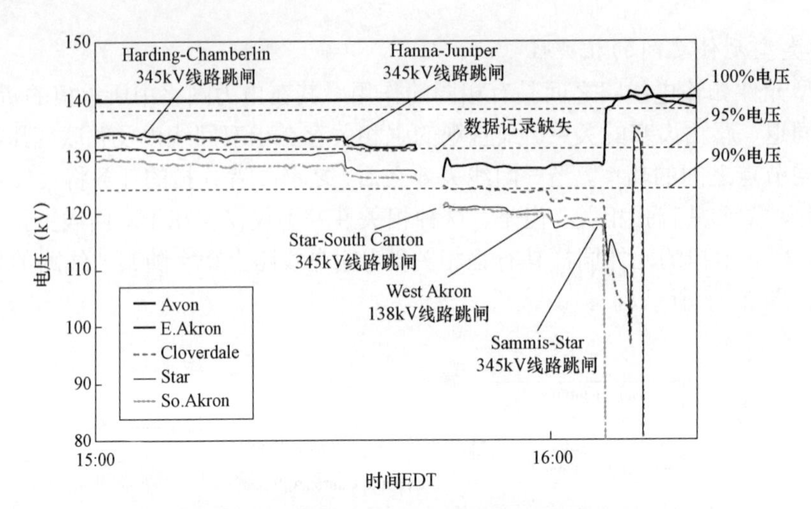

图 2－2 各节点电压随其他线路的切除而发生的变化

根据上述的分析，电力系统中大规模连锁故障的发生本质上是由于系统随着潮流的加重，从而进入了自组织临界态，组成系统的组员之间具有较强的相关性，从而容易由一些被忽略的小扰动而诱发大面积停电。此处主要分析造成连锁故障发生的直接原因，即这些小扰动具体有哪些以及其分类。

诱发大规模连锁故障的直接原因包括有很多种。根据对比，1965 年至 2003 年数次北美大规模停电，找出了几次大停电事故中造成故障的几大共同特点。

第一，导线与走廊下树木接触。输电线路对树木放电导致了多次大停电事故，除了 2003 年北美大停电之外，1996 年发生在美国西部的大停电也是由导线对树木放电而引起的。一条输电线路由于对树木放电而被保护切除之后，容易造成一些输电断面输电容量的减小，从而使得断面中其他输电线路的负载率增大，进而增加断线风险。由这种情况引起的线路切除在美国发生较多，大多归咎于其电力公司对输电走廊的维护工作不足；在我国此种情况相对较少，但植被管理在降低电力系统运行风险中的作用不容忽视。

第二，对发电机动态无功输出能力的高估。足够的无功支撑是保持一个健康的电压水平和促进功率传输的关键。系统运行人员通常根据系统中各个元件在不同的运行状态下的表现来进行紧急情况的分析，从而基于这些分析确定一些传输极限。而在运行于高风险情况下的电力系统里，其中的发电机无功输出的建模是十分困难的，而当模型不正确时，基于该模型所分析的传输极限也将不正确。在大部分情况下，预计的发电机无功输出要比其实际值高，因此，这样错误的估计将会造成更严重的电压问题，从而导致连锁故障。

第三，继电保护整定与配合的可靠性与合理性。继电保护装置是用来发现短路并将故障隔离在本地的一种防止事故扩散的手段。然而，由人为因素所导致的整定不正确或者不合理将导致保护装置发生误动或拒动，从而使得系统出现隐故障。隐故障可以作为初始故障直接触发连锁故障，也有可能在其他初始故障发生后促进故障的传播。另外，对于未采用振荡闭锁技术的继保装置在系统稳定性遭到一定威胁时，可能会导致大量线路跳闸，进而使系统稳定性丧失。

第四，运行操作人员不具有全局观测能力。无论是在国内还是国外，一般情况下电力系统在运行时都是分区运行控制的。对相邻区域所发生的事故，本地调度员无法了解，因此不

能做出正确的判断。另一方面，监测设备的失效——例如 2003 年北美大停电中状态估计无法正常工作，使得调度员无法获取及时、有效和正确的信息，最终导致错失故障阻断良机，造成大规模停电。

上述原因是通过对众多大停电事故进行分析、对比所总结的结果，基于实际工程经验，具有较高的参考价值。在实际运行中，可以考虑通过提高设备可靠性和模型准确性来解决上述所提的各个问题。另外，对于连锁故障的诱发初始故障，本书特别有针对性地对处在连锁故障高风险时的电力系统中的关键和脆弱线路进行查找和定位。这些线路的辨识能够为运行人员提供参考信息，对这些线路加以特别关注，在一定程度上可以降低电力系统连锁故障的发生概率。

2.3　电网连锁故障发展过程

2.3.1　连锁故障发展阶段定义

为了便于对连锁故障导致大停电的过程进行分析，特做以下定义。

初始故障——系统发生连锁反应大停电过程中的第一个故障。

触发故障——系统发生连锁反应大停电的过程中，在某个确定的点故障发生以后系统就会进入不可控的连锁反应阶段，这个故障称为触发事件。一个大停电的过程中触发事件可能不止一个，因为在该过程中可能有几个连锁反应。

初始故障集合——系统发生连锁反应大停电的过程中，第一个或前几个故障可能会引起系统的连锁反应，其影响只是进一步降低系统安全裕度、恶化系统状态，这样一个或几个故障就构成初始故障集合，也就是触发故障前的所有故障。

初始故障阶段——触发事件发生前的阶段。

连锁故障阶段——触发事件发生及以后由于电网元件相关性导致故障蔓延的阶段。这样连锁故障过程可用图 2－3 进行描述。

2.3.2　连锁故障的一般模式

结合事故场景，可以得出连锁故障导致大停电的一般模式。

（1）典型的连锁反应大停电事故通常都有一个初始故障和一个触发故障，而且两者发生时刻之间的时间间隔都比较长，初始故障集合各元素发生时刻的时间间隔也较长，初始故障集合中的各个故障不断恶化系统的状态，进而触发故障导致系统发生连锁反应，最终可能导致系统崩溃。如在北美“8·14”大停电中，俄亥俄州北部 Eastl 电厂的 5 号发电机停运为初始故障，345kV 线路 Star－SouthCanton

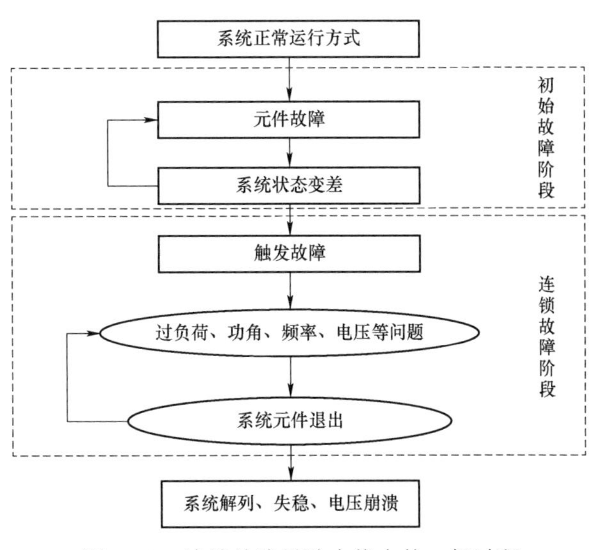

图 2－3　连锁故障导致大停电的一般过程

跳开为触发故障；初始故障与触发故障发生时刻的时间间隔为 124min，初始故障集合中相邻两个故障间的时间间隔也在 30min 以上。对于负载很重的系统（也是网架结构比较薄弱的系统），可能系统由于安全裕度低不能承受任何扰动，这样初始故障可能即是触发事件。

（2）连锁故障造成的大停电过程是从初始故障处蔓延到局部，再由局部扩散到整个电网的过程；触发过程多发生在初始故障的邻近区域，初始故障阶段各个故障往往也是相互关联而非随机的。

（3）元件退出运行造成的潮流转移是导致连锁故障的重要原因。在元件开断以后，原本流过该元件的潮流会转移到其他元件，引起其他元件的潮流增加，进而导致元件断开。元件退出运行的原因有很多，可能是线路故障造成的，也可能是继电保护动作造成的。

（4）保护系统的拒动与误动所带来的影响是致命的，造成故障的原因是非共因的，且难以预测。连锁故障过程中，元件退出运行的原因有很多，可能是线路故障造成的，也可能是继电保护正确或不正确动作造成的。

（5）潮流的大规模转移往往导致系统无功不能平衡，进而使局部电压降低，严重时产生电压崩溃。

2.3.3 连锁故障现象的物理特点

连锁故障往往起源于系统运行资源紧张（如重负荷、重要发/输电设备停运）情况下的某一个或一系列源发性故障（Initial Events），即 $N-k$，进而引发具有时序特征的相继事件（Consequential Events），形式上形成 $N-k-1-1\cdots-1$，这些事件在因果上一般具有较强关联性，是一个伴随着低压、过载、保护频繁动作、解列、失稳和频率波动等系统响应的复杂交叠过程。引发连锁效应的源发故障形式多样，如过载、保护误动、断路器内部故障和直流闭锁等，值得注意的是某些源发故障本身可能对系统冲击很小，甚至并不属于常规预想故障集，但随着各级助推因素的出现，最后演变成了难以控制的系统灾难。

结合连锁故障引发大停电的一般过程描述，此处进一步融入该过程的时间与防御控制特点，如图 2-4 和图 2-5 所示。

图 2-4 中，阶段 1 为源发阶段，出现难以预测的如机组意外脱网、线路跳闸与短路等源发性故障，导致系统偏离计划运行方式，在系统运行状态趋向恶劣时，采用必要、足量的控制措施以保证可靠的安全裕度是防御连锁故障发生的最有效方法。阶段 2 是连锁故障传播的主要发展阶段，体现为不同现象引发的快慢交替的相继开断，整体持续时间较长，前期仍具有一定可观性与可控性。阶段 3 连锁故障末期，此时系统已严重偏离各类整定方式，调度员难以根据经验做出准确判断，仅能依靠第三道防线对电网进行自动控制，并极有可能出现大规模停电，也可能存在因控制策略得当、在损失一定负荷后系统被重新拉回稳定同步的乐观现象。图 2-5 则以具有代表性的 2003 年北美大停电为例（图中竖棒代表事件发生时间间隔），很好地描述了连锁故障起始、传播、崩溃的时序过程。由图可知，阶段 1 发生至阶段 2 出现历时 22min，阶段 2 前期也相对缓慢，是进行干预、缓解危机的最佳时机。进入阶段 3 后则难以组织有效控制。

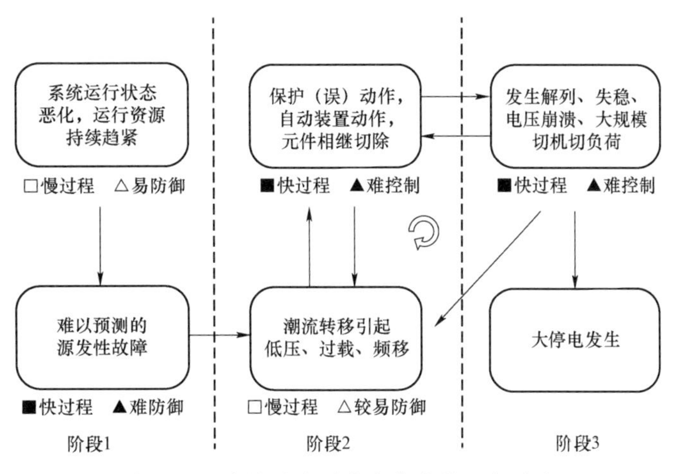

图2－4　连锁故障引发大停电的一般流程

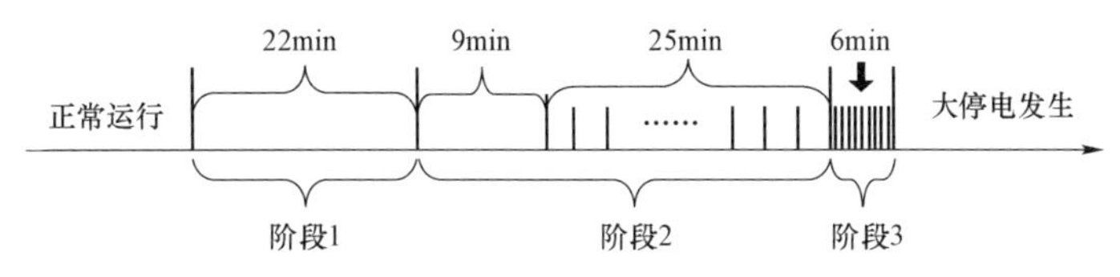

图2－5　北美大停电连锁故障阶段时序示意

小　结

本章主要对电网典型连锁故障的产生诱因与发展过程进行了分析。首先，本章整理分析了世界范围内的典型连锁大停电事故，对这些连锁事故发生前状况、发生原因、过程发展以及事故影响等情况进行了归纳与总结。随后，在此基础上，以北美大停电事故为例，深入研究了电力系统连锁故障诱发原因。然后从电力系统连锁故障发展阶段的定义、连锁故障的一般模式和故障现象的物理特点三个方面进行研究，揭示了电网连锁故障的发展过程的规律。本章通过对电网典型连锁故障的分析，为后续开展电力系统连锁故障建模、风险防控、连锁故障安全控制策略等研究奠定了基础。

大规模交直流电网连锁故障建模方法

大规模交直流电网是电网发展的新形态，具有脆弱但可控高等特点。随着交直流混合输电系统的应用日益增多，电网的复杂程度也随之增加。交直流电网中的某个随机故障可能影响近距离的其他电网，进而造成连锁故障的发生，最终导致大范围的停电事故。因此建立面向大规模交直流电网的连锁故障模型，并基于该模型研究交直流电网的故障传播机理及特性是避免因连锁故障导致交直流电网发生大停电事故的关键，且具有实际意义。

3.1 连锁故障的理论模型特征

3.1.1 连锁故障模型简介

为探索连锁故障的机理、分析其发展过程，预测其后果，国内外研究人员通过抽象、简化、统计等各种方法建立了多种连锁故障分析模型。根据原理的不同，目前常见的连锁故障模型主要分为以下两大类：

（1）基于复杂系统理论的连锁故障模型。此类模型的基础为自组织临界理论，主要将电网看作大量元件之间相互作用的系统，在实际和理想电网模型上讨论电网的稳定性与脆弱性、扰动传播与控制等方面问题，主要有 OPA 模型、CASCADE 模型、分支过程模型、隐性故障模型、Manchester 模型等。

（2）基于复杂网络理论的连锁故障模型。复杂网络研究传统上属于图论范畴，随着小世界网络模型、无标度网络模型等基本理论的迅速发展，复杂网络理论逐渐成为研究复杂电力网络中连锁故障机理的有效工具之一。基于复杂网络理论的连锁故障模型主要有：Holme 和 Kim 的相隔中心模型、Motter 与 Lai 模型、Crucitti 和 Latora 的有效性能模型，以及最近由国内研究人员提出的加权拓扑模型和动态时变模型等。

3.1.2 故障模型的局限性

虽然目前关于电力系统连锁故障的模型经过多年的发展已经逐渐成熟，但两类方法均存在一定的局限性。基于复杂系统理论的模型中，OPA 模型和隐故障模型都基于直流潮流计算，仅适用于高压轻载电网，并不符合电力系统实际情况，且无法考虑系统的频率以及电压无功特性；CASCADE 模型和分支过程模型在模拟负荷再分配时未考虑网络结构，不能反映

发电侧的功率变化和故障情况；Manchester 模型、改进的 Manchester 模型和 OPF 模型只是在潮流计算方式上对 OPA 模型进行了改进，仍无法计及电网的频率、电压等因素；协同学预测模型在理论上还没有清晰的解释；OTS 模型和计及无功/电压特性的模型分别考虑了暂态稳定和电压稳定因素，更加符合电网实际，但计算求解复杂，难以应用于电网。基于复杂网络理论的模型中，电力系统的抽象过程都做了如下假设：节点均为无差别节点，所有边均为无向边，合并双回线，电能通过最短或最有效路径传输、节点和边过负荷时切除等。事实上，电力系统中的发电机节点和非发电机节点有着本质的区别；电网中的潮流也并不是简单地按照最短或最有效路径分布，而由电压、阻抗等电网的特有量决定；对于故障的判断，电网中元件的退出大多是保护装置动作的结果，而保护装置类型多样，其动作机制不都是过负荷那么简单。这些都与电力系统的实际情况存在较大的差距，有待于在应用过程完善解决。

3.2　适用于连锁故障的交直流等值方法

分析连锁故障的过程通常涉及大规模互联电力系统的多次潮流计算。然而，在对不同运行状态下的大规模互联电力系统进行计算分析时，通常会受到计算容量和求解时间的困扰。另外，在对电网进行在线计算时，通常难以准确地通过调度中心获得整个外部系统的全部实时信息。为了快速、准确地获得内部系统的潮流信息，可以对外部系统进行网络等值，保留其中的关键节点，去掉无关紧要的部分，从而缩小问题规模，节省大量运算时间。因此，对电力系统的外网做出合理正确的等值处理，对于电力系统的研究、运行和管理具有重大意义。

另一方面，直流输电技术目前已在我国得到了广泛的应用，这对于互联电力系统的计算分析提出了新的要求。在对外部网络进行等值的同时，需要同时考虑直流环节的影响因素，对其进行数学建模，研究适用于交直流混合系统的静态等值方法。目前，在交流系统等值方面，国内外的研究成果已经比较成熟，但适用于连锁故障计算的交直流系统的外网静态等值方法却鲜有文献涉及。所以，研究交直流系统的外网静态等值方法，并讨论其在连锁故障分析中的应用，具有十分重要的意义。

3.2.1　交流系统静态等值方法

3.2.1.1　交流系统的外网静态等值原理

根据研究系统静态行为、动态行为的不同目的，电力系统外部等值可以分为静态等值和动态等值两种方法。静态等值只涉及电力系统的稳态潮流（代数方程），而动态等值则涉及系统的暂态过程（微分代数方程）。由于课题目前只关注互联电力系统的稳态潮流，而不涉及暂态过程，因此将主要针对静态等值方法进行研究。

根据研究对象和目的，外网静态等值通常将原网络节点划分成内部系统节点集 I、边界系统节点集 B 和外部系统节点集 E，如图 3－1 所示。

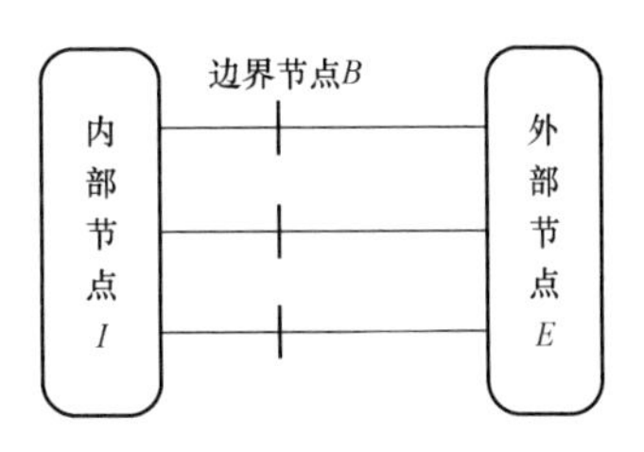

图 3－1　互联电力系统分区示意图

外部系统的网络拓扑结构及元件参数通常由上一级电网控制中心提供，而内部系统和边界节点的实时潮流解则由内部网络的状态估计得到。进行等值计算时，需要求解出外部系统的等值网络参数及等值边界节点注入的电流，使得等值后在内部系统中进行的各种操作调整后的稳态潮流分析与全网未等值时所做的分析结果相同。

目前，计算外网等值的算法大致分为两类：拓扑法和非拓扑法。其中，非拓扑法只需通过内部系统实时测量获得的数据，就能估计出外部的等值网络，但缺点是只适用于处于静止状态的外部系统，而不适用于发生较显著的负荷变化或是线路开断的情况，因此不适合应用于连锁故障分析模型。

在计算外部等值的诸多拓扑算法中，比较常见的是Ward等值法和REI（Radial，Equivalent and Independent）等值法。Ward等值法由于只利用了外部系统的网络拓扑结构，内部节点与边界节点的电压幅值和相角与联络线上的潮流都可由状态估计提供，因此非常适合离线和在线应用。针对常规Ward等值法存在运行方式变化时产生误差的问题，几种改进Ward等值方法都加以解决，使Ward等值法能够保持较高的准确性。REI等值法的基本原理是在保证注入功率不变的前提下用虚拟REI节点代替被消去节点集合。REI等值法的优点在于能够保持等值的稀疏性，因而非常适合在线应用。但REI等值是由基本运行状态下的外部系统网络拓扑和注入功率推导而得，当实时运行状态变化时，原等值网络的修改时，将会引入较大误差。因此，REI等值法并不适合应用在连锁故障停电模型潮流运算和分析中，对交直流系统静态等值的研究主要集中在Ward等值法。

3.2.1.2 常规Ward等值法

对于互联电力系统，其节点方程的一般形式为

$$\boldsymbol{Y}_n\dot{\boldsymbol{V}}_n=\dot{\boldsymbol{I}}_n \tag{3-1}$$

根据图3－2的区域划分，将式（3－1）分割成

$$\begin{bmatrix} Y_{EE} & Y_{EB} & 0 \\ Y_{BE} & Y_{BB} & Y_{BI} \\ 0 & Y_{IB} & Y_{II} \end{bmatrix}\begin{bmatrix} \dot{V}_E \\ \dot{V}_B \\ \dot{V}_I \end{bmatrix}=\begin{bmatrix} \dot{I}_E \\ \dot{I}_B \\ \dot{I}_I \end{bmatrix} \tag{3-2}$$

消去外部系统的节点子集，相当于消去式（3－2）中的变量$\dot{V}_E$，得到

$$\begin{bmatrix} Y_{BB}-Y_{BE}Y_{EE}^{-1}Y_{EB} & Y_{BI} \\ Y_{IB} & Y_{II} \end{bmatrix}\begin{bmatrix} \dot{V}_B \\ \dot{V}_I \end{bmatrix}=\begin{bmatrix} \dot{I}_B-Y_{BE}Y_{EE}^{-1}\dot{I}_E \\ \dot{I}_I \end{bmatrix} \tag{3-3}$$

即

$$[Y_{BB}^{EQ}]=[Y_{BB}]-[Y_{BE}][Y_{EE}]^{-1}[Y_{EB}] \tag{3-4}$$

由于内部网络节点和边界节点的电压幅值与相角可以通过潮流计算求得，因此边界节点的等值注入功率可以通过式（3－5）求得

$$\begin{aligned} P_i^{EQ} &= (V_i^0)^2 g_{i0}+\sum_{j\neq i}[(V_i^0)^2 g_{ij}-V_i^0V_j^0(g_{ij}\cos\theta_{ij}^0+b_{ij}\sin\theta_{ij}^0)] \\ Q_i^{EQ} &= -(V_i^0)^2 b_{i0}+\sum_{j\neq i}[-(V_i^0)^2 b_{ij}+V_i^0V_j^0(b_{ij}\cos\theta_{ij}^0-g_{ij}\sin\theta_{ij}^0)] \end{aligned} \tag{3-5}$$

式中，$g_{ij}+jb_{ij}$——与边界节点i相连的联络线或等值支路的线路导纳；

$g_{i0}+jb_{i0}$——与边界节点i相连的支路在i侧的对地支路导纳。

式（3－5）的功率注入计算方法使联络线中的基态潮流与等值前的潮流匹配得十分完美，因此这种方法非常适合在线使用。但常规 Ward 等值法仍然存在可能不收敛、可能收敛到物理上不合理的解答上和迭代次数多于原始网络等缺陷。其中，最主要的缺陷在于由常规 Ward 等值法得到的系统无功潮流误差通常难以接受。这主要是由于在利用式（3－5）进行等值注入计算时，仅仅考虑了基本运行状态下的功率注入。在事故发生导致线路开断后，外部系统的发电机 PV 母线因电压维持基本稳定，将使其无功功率注入在一定限值内做出相应变动，与保持基本状态下的外部系统各节点等值无功功率注入产生偏差，需要向内部系统提供一定的无功支援。

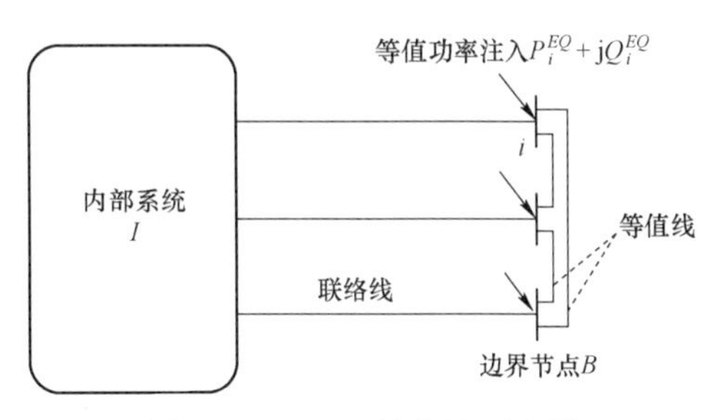

图 3－2　Ward 等值法示意图

为了解决常规 Ward 等值法存在的问题，相继提出了多种改进 Ward 等值方法，例如：扩展 Ward 等值法、解耦 Ward 等值法、缓冲 Ward 等值法和 Ward－PV 等值法等。这些改进 Ward 等值方法均在一定程度上改善了常规 Ward 等值法的缺点，在潮流运算中具有很好的等值效果。

目前，扩展 Ward 等值法是最为广泛应用、最为成熟的 Ward 静态等值方法，具有较高的准确性，同时能够对内网扰动做出较好的反应。因此，主要工作基于扩展 Ward 等值法展开，下面将对扩展 Ward 等值法的基本原理进行介绍。

3.2.1.3　扩展 Ward 等值法

扩展 Ward 等值的第一步与常规 Ward 等值法相同，根据高斯消元法消去导纳阵中的外网节点，得到等值后系统的导纳阵。

消去外部系统节点的节点导纳阵如下

$$[Y]=\begin{bmatrix} \ddots & \cdots & \cdots \\ 0 & Y_{BB}^{EQ}+Y_{BB}^{BI} & Y_{BI} \\ 0 & Y_{IB} & Y_{II} \end{bmatrix} \tag{3-6}$$

其中根据高斯消元法得到的只包含边界节点的等值网络节点导纳阵如下

$$\left[Y_{BB}^{EQ}\right]=\left[Y_{BB}^{EB}+Y_{BB}^{BB}\right]-\left[Y_{BE}\right]\left[Y_{EE}\right]^{-1}\left[Y_{EB}\right] \tag{3-7}$$

然后，利用式（3－7）计算边界节点注入功率。

最后，在每一个边界节点的外部加入一个节点注入无功功率为 0 的虚拟 PV 节点来反映内部系统扰动时外部系统无功响应的变化。这些虚拟 PV 节点的电压幅值和与之相连的边界节点的电压幅值一致，均可由在线状态估计得到。各扩展支路可以通过将原始网络节点导纳阵中外部系统的 PV 节点全部接地后，再利用第一步的高斯消元法消去外部节点得到外部系统的无功功率注入，从而得到扩展支路的线路导纳 $\hat{B}_i$，其示意图如图 3－3 所示。

扩展 Ward 等值法将 Ward－PV 等值中有功等值相关的处理方法与解耦 Ward 等值法中无功等值的相关处理相结合，既能够保持 Ward 等值网的简单性，又提高了有功、无功相应的准确度，因而得到了很广泛的应用。

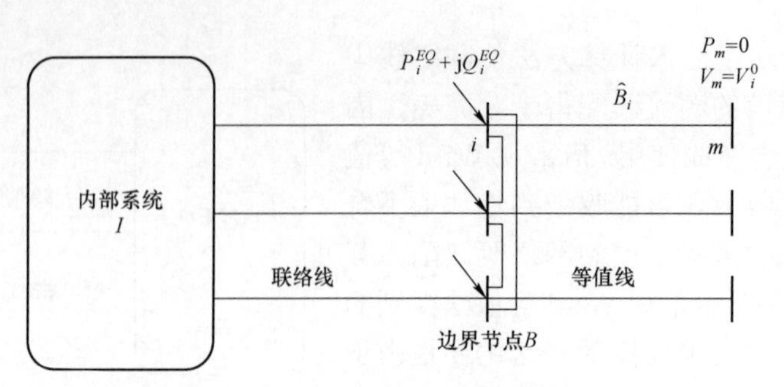

图 3-3 扩展 Ward 等值法示意图

3.2.2 直流输电线路的处理方法

3.2.2.1 交流阻抗等效法

该方法的核心思路是将两个换流站及其之间的直流线路处理成接在相应交流节点上的交流线路，利用交直流系统潮流计算出换流站两端输入/输出的交流功率和电压，由此计算出交流线路的阻抗，然后求出相应的导纳阵，根据扩展 Ward 法进行等值。具体步骤如下：

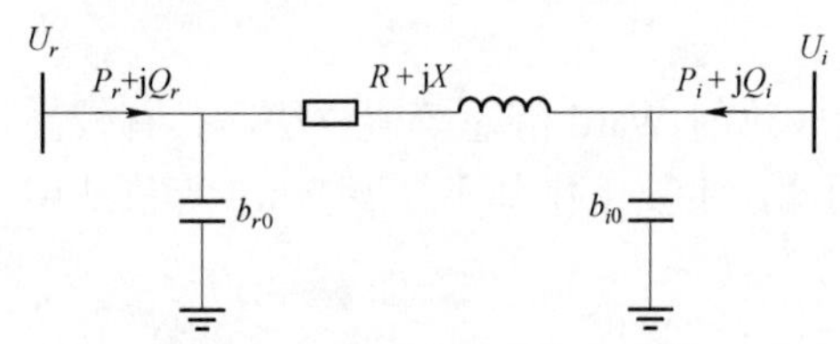

图 3-4 直流线路转化为交流线路示意图

（1）求解交直流混合系统潮流，求出直流输电系统两侧换流站的吸收功率 P_r、Q_r、P_i、Q_i 以及两端电压 U_r、U_i 和相角 φ_r、φ_i，其示意图如图 3-4 所示。

（2）根据 P_r、Q_r、P_i、Q_i 以及两端电压 U_r、U_i 和相角 φ_r、φ_i 求解交流线路参数

$$\begin{cases} P_r = U_r^2 g - U_r U_i g\cos\varphi_{ri} - U_r U_i b\sin\varphi_{ri} \\ Q_r = -U_r^2(b+b_{r0}) - U_r U_i g\sin\varphi_{ri} + U_r U_i b\cos\varphi_{ri} \end{cases} \tag{3-8}$$

$$\begin{cases} P_i = U_i^2 g - U_r U_i g\cos\varphi_{ri} + U_r U_i b\sin\varphi_{ri} \\ Q_i = -U_i^2(b+b_{i0}) + U_r U_i g\sin\varphi_{ri} + U_r U_i b\cos\varphi_{ri} \end{cases} \tag{3-9}$$

由式（3-8）和式（3-9）可以得到线路导纳的表达式如下

$$g = \frac{P_r + P_i}{U_i^2 + U_r^2 - 2U_i U_r \cos\varphi_{ri}} \tag{3-10}$$

$$b = \frac{U_r^2 P_i - U_i^2 P_r + U_i U_r \cos\varphi_{ri}(P_r - P_i)}{U_i U_r \sin\varphi_{ri}(U_r^2 + U_i^2 - 2U_i U_r \cos\varphi_{ri})} \tag{3-11}$$

$$b_{r0} = \frac{-Q_r + (U_r U_i \cos\varphi_{ri} - U_r^2)b - U_r U_i g\sin\varphi_{ri}}{U_r^2} \tag{3-12}$$

$$b_{i0} = \frac{-Q_i + (U_r U_i \cos\varphi_{ri} - U_r^2)b + U_r U_i g\sin\varphi_{ri}}{U_i^2} \tag{3-13}$$

再由式（3-10）和式（3-11）得到交流线路的 R 和 X

$$R + jX = \frac{1}{g + jb} \tag{3-14}$$

（3）用含有 R、X、b_{r0}、b_{i0} 的交流线路代替外网中的直流线路，外网就变为不含直流输电线路的外网。

（4）形成导纳阵，并扩展 Ward 法对新的外网进行等值，消掉所有外网的节点。

方法流程如图 3－5 所示。

3.2.2.2　负荷等效法

交直流系统之间的功率交换关系图如图 3－6 所示。

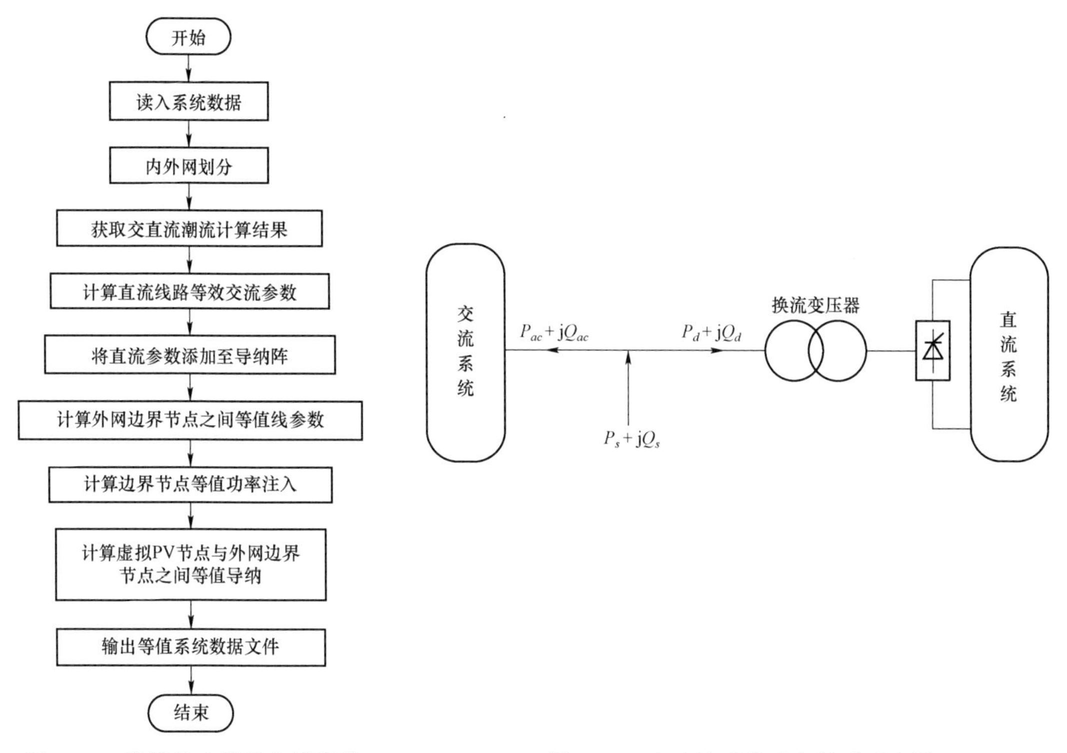

图 3－5　直流输电线的交流阻抗等效法方法 1 流程图

图 3－6　交直流系统功率关系示意图

由图 3－6 及换流站功率平衡方程可以得到

$$\Delta P = P_s - P_{ac} - P_d = 0 \tag{3-15}$$

$$\Delta Q = Q_s - Q_{ac} - Q_d = 0 \tag{3-16}$$

将直流线路当作 PQ 节点是目前电力系统调度运行中更为常见的一种直流系统处理方式。具体方法是将直流线路等效为 PQ 负荷节点，忽略直流线路自身特性，直接将交直流系统潮流计算结果中直流线路换流器两端的有功、无功功率作为两端负荷的功率值。

若与直流线路直接相连的交流母线上已有 PQ 负荷，其有功功率及无功功率分别为 P_{L}、Q_{L}，则等值后的 PQ 节点功率为

$$P_{eq} = P_d + P_{\mathrm{L}} \tag{3-17}$$

$$Q_{eq} = Q_d + Q_{\mathrm{L}} \tag{3-18}$$

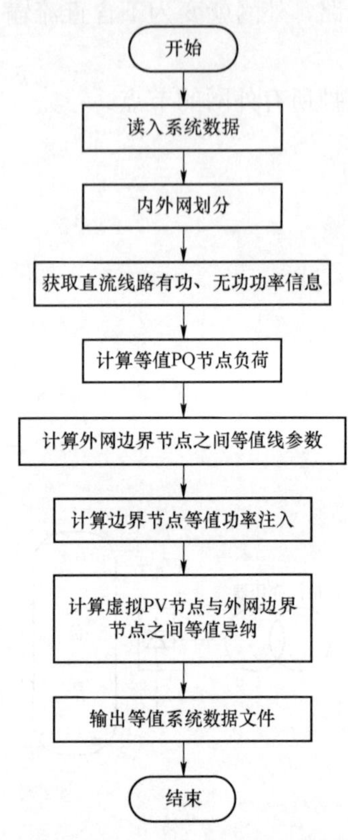

图 3－7　直流输电线的负荷等效法（方法 2）程序流程图

具体实现步骤如图 3－7 所示。

3.2.2.3　基于暂态特性等效为交流参数

第 3.2.2.1 节讨论的方法 1，核心的思路是根据稳态工况潮流情况计算直流线路的等效交流参数，从而得到直流线路的等效互导纳、对地导纳，以便添加在原交流系统导纳阵中。

设直流线路整流侧节点为 i，逆变侧节点为 j。根据互导纳的物理意义，Y_{ij} 表示将除了节点 j 以外的节点全部接地，同时在节点 j 上施加一单位电压，由节点 i 流向网络的注入电流；而自导纳 Y_{ii} 的物理意义表示将除了节点 i 以外的节点全部接地，同时在节点 i 上施加一单位电压，从节点 i 流向网络的注入电流。

由互导纳和自导纳的物理意义来看，直流线路的等效交流参数事实上也可以通过暂态故障仿真得到，这样得到的参数理论上更接近直流线路互导纳、自导纳的实际值。因此，此处使用的基于暂态特性等效法（方法 3），主要思路是利用暂态仿真得到直流线路在故障一瞬间的潮流结果，再根据方法 1，将潮流结果转化为直流系统的等效交流参数，从而将直流系统处理为交流系统，以便进行外网等值。

暂态仿真部分采用电力系统分析综合程序的暂态稳定计算。具体步骤如下：

（1）计算系统潮流；

（2）在与直流线路整流侧节点 i 相连的交流线路上设置三相短路接地故障；

（3）进行暂态稳定计算，获得故障瞬间直流线路换流站两侧的吸收功率 $P_r^{(i)}$、$Q_r^{(i)}$、$P_i^{(i)}$、$Q_i^{(i)}$ 以及两端电压 $U_r^{(i)}$、$U_i^{(i)}$ 和相角差 $\varphi_{ri}^{(i)}$；

（4）利用式（3－10）、式（3－11）和式（3－14）计算 i 侧得到的直流线路等效交流参数 $g^{(i)}$、$b^{(i)}$、$R^{(i)}$、$X^{(i)}$，得到直流线路的互导纳 Y_{ij}；

（5）利用式（3－13）计算逆变侧节点 j 侧的对地电纳 b_{i0}，添加至节点 j 的自导纳 Y_{jj}；

（6）在与直流线路逆变侧节点 j 相连的交流线路上设置三相短路接地故障；

（7）进行暂态稳定计算，获得故障瞬间直流线路换流站两侧的吸收功率 $P_r^{(j)}$、$Q_r^{(j)}$、$P_i^{(j)}$、$Q_i^{(j)}$ 以及两端电压 $U_r^{(j)}$、$U_i^{(j)}$ 和相角差 $\varphi_{ri}^{(j)}$；

（8）利用式（3－10）、式（3－11）和式（3－14）计算 j 侧得到的直流线路等效交流参数 $g^{(j)}$、$b^{(j)}$、$R^{(j)}$、$X^{(j)}$，得到直流线路的互导纳 Y_{ji}；

（9）利用式（3－13）计算整流侧节点 i 侧的对地电纳 b_{r0}，添加至节点 i 的自导纳 Y_{ii}；

（10）重复第 3.2.2.1 节中的步骤（4），继而进行扩展 Ward 等值法。

3.2.3　等效线路和节点的故障信息设置

3.2.3.1　等值线路的容量设置方法

在连锁故障模型中，需要用到线路及发电机等设备的容量参数。对于等值设备来说，其

线路容量的设定将直接影响连锁故障仿真中的故障响应。等值线路及虚拟支路的线路容量应综合考虑被等值的外网线路容量，不能简单地将原边界节点所连支路的线路容量作为等值线路的容量。同样地，等值边界的发电机容量也应考虑外网发电机的容量。

等值发电机容量设置方法如下：

第 1 步：对外网进行拓扑分析，获得电气岛的信息；

第 2 步：统计外网每个电气岛中发电机容量，得到这些发电机容量总和$\sum S_{gj}^{Ext}$；

第 3 步：统计该电气岛所连边界节点数量 n_g；

第 4 步：计算每个等值发电机容量 S_{eq-gi}^{B}（单位：MVA）

$$S_{eq-gi}^{B}=\frac{\sum S_{gj}^{Ext}}{n_g} \tag{3-19}$$

等值边界上线路的容量设置方法与等值发电机的容量设置方法类似。

第 1 步：对外网每个电气岛中线路的容量求和$\sum S_{lj}^{Ext}$。

第 2 步：统计边界上连接该电气岛的等值线路的数目 n_l。

第 3 步：计算每条等值线路的容量 S_{eq-li}^{B}

$$S_{eq-li}^{B}=\frac{\sum S_{lj}^{Ext}}{kn_l} \tag{3-20}$$

式中　k——电网中平均最短路径所经过线路的个数。

由于发电机与负荷之间需要若干条线路才能实现供电。因此，等效线路的容量需要根据若干条线路组成输电走廊的容量进行分配，而不能直接将所有线路容量相加。所以，式（3－20）中引入了参数 k。

3.2.3.2　等值线路及功率注入的故障率设置方法

对于等值生成的边界节点之间的联络线及等值功率注入，同样需要考虑其发生故障的概率。然而，若将等值设备按照内网设备同等处理，等值后内网发生大规模故障的概率与等值前相比将有较明显的增加。这主要是由于，等值前系统规模较大，发生在外网的故障传递到内网的可能性较小，而等值后，同样的初始故障均发生在内网及边界，使故障传播到内网继而发生大量负荷损失的概率提高。因此，等值线路与边界等值功率注入的故障率不能简单地与内网设备一样处理。

对于等值后的系统，边界节点之间的等值线和等值功率注入在一定程度上需要反映外网设备发生故障的概率，从而使内网在等值前后发生连锁故障的规模和概率基本一致。

设等值线路的导纳为 Y_{bij}，容量为 S_{bij}。其发生故障意味着导纳和输送能力相应地变为

$$Y_{bij}'=(1-r)Y_{bij} \tag{3-21}$$

$$S_{bij}'=(1-r)S_{bij} \tag{3-22}$$

式中　r——等值线路发生故障的程度。

当 r 等于 0 时，意味着等值线路所代表的外网线路完全没有发生故障；当 r 等于 1 时，意味着等值设备所代表的外网线路都故障退出。显然，r 越接近 1，其概率越小。

实际电网发生故障的统计数据表明，系统中负荷损失、停电时间的概率分布具有幂律尾的特征。因此，据此认为等值线路发生故障的严重程度 r 也满足幂律尾形式概率分布。

因此，按照下式设置等值线路的故障严重程度 r 的概率

$$p(r)=k/(r+c)^{\alpha} \tag{3-23}$$

式中 k、c、α——其中的参数。

这三个参数根据等值线路所代表外网系统全停的概率 p_1、无故障概率 p_0 以及全部状态概率为 1 可以计算得到，即求解下面的方程组

$$k/(1+c)^{\alpha}=p_1 \tag{3-24}$$

$$k/(c)^{\alpha}=p_0 \tag{3-25}$$

$$\int_0^1 k/(r+c)^{\alpha}\mathrm{d}r=1 \tag{3-26}$$

其他等值设备如发电机和负荷的处理方法相同。这种初始故障概率的设置方法能够使等值后的网络将原本发生在外网和内网的初始故障区分开，通过等值线路和设备上的故障模拟外网发生故障的情况，从而使等值前后内网的连锁故障情况一致。

3.2.4 算例分析

3.2.4.1 无扰动时的误差分析

为了检验等值方案的有效性，使用 WEPRI-36 节点系统对等值方法的潮流误差进行分析。

为了描述等值前后电压、相角、有功、无功的误差，定义各变量的误差如下：

（1）电压幅值误差

$$V_{i,\text{error}}\%=\left|\frac{V_i^{eq}-V_i^0}{V_i^0}\right|\times 100\% \tag{3-27}$$

式中 V_i^{eq}——等值后内网节点 i 的电压幅值；

V_i^0——原系统等值前内网节点 i 的电压幅值。

（2）电压相角误差

$$A_{i,\text{error}}=\left|A_i^{eq}-A_i^0\right| \tag{3-28}$$

式中 A_i^{eq}——等值后内网节点 i 的电压相角；

A_i^0——原系统等值前内网节点 i 的电压相角。

（3）线路有功误差

$$P_{j,\text{error}}=\left|P_j^{eq}-P_j^0\right| \tag{3-29}$$

式中 P_j^{eq}——等值后内网线路 j 的有功功率；

P_j^0——原系统等值前内网线路 j 的有功功率。

（4）线路无功误差

$$Q_{j,\text{error}}=\left|Q_j^{eq}-Q_j^0\right| \tag{3-30}$$

式中 Q_j^{eq}——等值后内网线路 j 的无功功率；

Q_j^0——原系统等值前内网线路 j 的无功功率。

1. 电压幅值及相角误差分析

将三种方法基础工况下等值后的内网节点（不含平衡节点 BUS－1）电压幅值、相角与等值前的电压幅值、相角进行比较，可以得到如图 3－8 所示的结果，等值误差如表 3－1、表 3－2 所示。

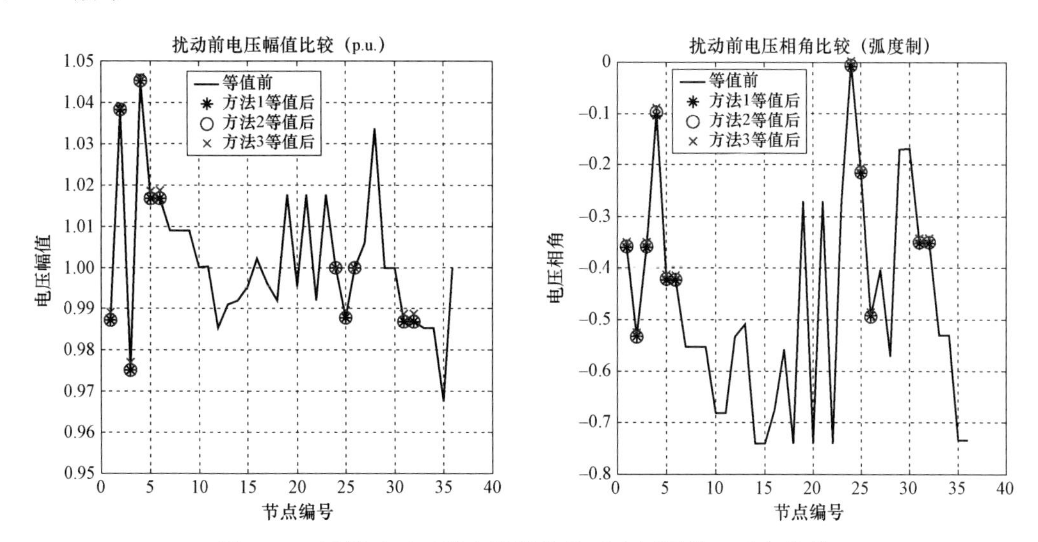

图 3－8　无扰动时三种方法等值前后电压幅值、相角比较

表 3－1　　**无扰动时三种方法等值前后电压幅值误差**　　（100%）

节点	9	22	23	24	11	25	2	3	10	51
方法 1（$\times10^{-8}$）	0.152 4	0.043 4	0.136 4	0.038 8	0.190 5	0.190 8	0.134 9	0	0.147 4	0.147 4
方法 2（$\times10^{-8}$）	0.168 8	0.024 5	0.147 8	0.041 5	0.214 8	0.215 2	0.147 8	0	0.160 8	0.160 8
方法 3	0.196 8	0.048 3	0.193 2	0.076 6	0.180 1	0.180 0	0.174 3	0	0.198 0	0.198 0

表 3－2　　**无扰动时三种方法等值前后电压相角误差**　　（rad）

节点	9	22	23	24	11	25	2	3	10	51
方法 1（$\times10^{-7}$）	0.243 0	0.615 1	0.288 7	0.010 4	0.458 5	0.459 9	0.173 7	0.597 8	0.219 4	0.219 4
方法 2（$\times10^{-7}$）	0.067 9	0.579 1	0.147 7	0.035 9	0.251 4	0.252 7	0.388 6	0.596 4	0.049 2	0.049 2
方法 3	0.006 3	0.010 5	0.005 9	0.001 5	0.007 3	0.007 3	0.005 7	0.010 5	0.006 1	0.006 1

方法 1 与方法 2 的等值误差都不超过$\times10^{-6}$数量级，可以认为等值前后系统的基础潮流一致。而对于方法 3 而言，其基础潮流的等值误差在 1%以内，虽然误差明显比方法 1、方法 2 大，但在无扰动的情况下，误差在可以接受的范围内。

2. 线路有功及无功误差分析

三种方法等值前后的内网线路有功和无功结果如图 3－9 所示。

由于 Ward 等值法中计算等值功率的注入实际上是对边界节点进行功率匹配，使外网的发电和负荷功率能够完全通过边界节点的等值功率注入反映出来，因此，在无扰动的情况下，等值前后系统的有功及无功功率几乎是完全一致的。

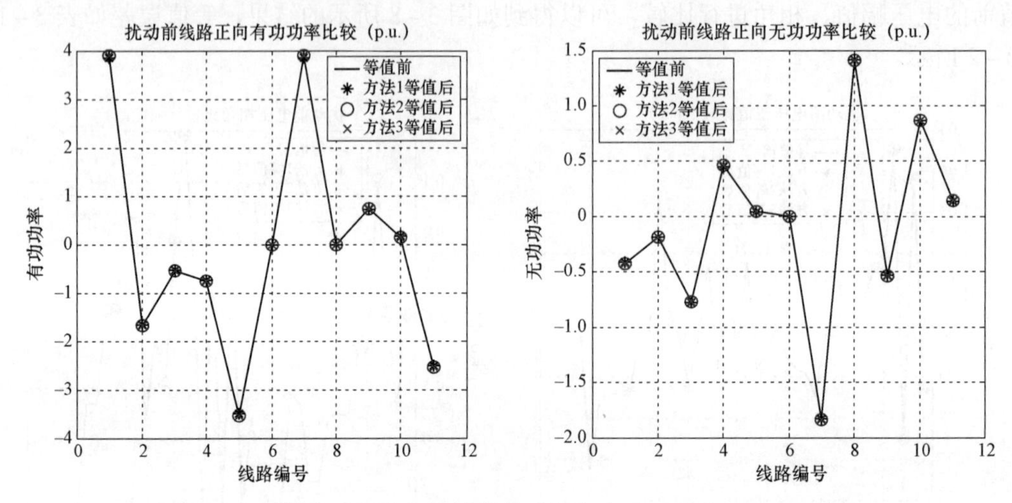

图 3-9　无扰动时三种方法等值前后线路有功、无功（正向）比较

3.2.4.2　扰动后的误差分析

为了检验当内网发生故障（如发电机退出）、拓扑结构变化（如线路开断）时等值的效果，分别在原系统和等值系统的内网中添加同样的扰动，然后进行潮流计算和分析。现规定各系统的标识如表 3-3 所示（Z 可以代表 V、P、Q）。

表 3-3　　各 系 统 标 识

项目	等值前原系统（0）	方法 1 等值后（1）	方法 2 等值后（2）	方法 3 等值后（3）
扰动前（Ⅰ）	$Z_{\mathrm{I}}^{(0)}$	$Z_{\mathrm{I}}^{(1)}$	$Z_{\mathrm{I}}^{(2)}$	$Z_{\mathrm{I}}^{(3)}$
扰动后（Ⅱ）	$Z_{\mathrm{II}}^{(0)}$	$Z_{\mathrm{II}}^{(1)}$	$Z_{\mathrm{II}}^{(2)}$	$Z_{\mathrm{II}}^{(3)}$

在分析过程中，主要关注的是扰动后系统与扰动前系统之间的变化趋势及偏差。为此，首先引入对于等值前原系统和三种方法等值后系统扰动前后的电压幅值、有功、无功变化参量如式（3-31）～式（3-33）所述：

（1）电压幅值变化

$$V_{i,\mathrm{diff}}^{(0,1,2,3)}\% = \left|\frac{V_{i,\mathrm{II}}^{(0,1,2,3)} - V_{i,\mathrm{I}}^{(0,1,2,3)}}{V_{i,\mathrm{I}}^{(0,1,2,3)}}\right| \times 100\% \tag{3-31}$$

（2）线路有功变化

$$P_{ij,\mathrm{diff}}^{(0,1,2,3)} = P_{ij,\mathrm{II}}^{(0,1,2,3)} - P_{ij,\mathrm{I}}^{(0,1,2,3)} \tag{3-32}$$

（3）线路无功变化

$$Q_{ij,\mathrm{diff}}^{(0,1,2,3)} = Q_{ij,\mathrm{II}}^{(0,1,2,3)} - Q_{ij,\mathrm{I}}^{(0,1,2,3)} \tag{3-33}$$

为了观察原系统和等值后系统扰动前后潮流变化的误差，引入以上各变化量的误差参数，见式（3－34）～式（3－36）。

（1）电压幅值变化误差

$$\Delta V_{i,\mathrm{diff}}^{(1,2,3)}\% = \left| V_{i,\mathrm{diff}}^{(1,2,3)}\% - V_{i,\mathrm{diff}}^{(0)}\% \right| \tag{3-34}$$

（2）线路有功变化误差

$$\Delta P_{ij,\mathrm{diff}}^{(1,2,3)} = \left| P_{ij,\mathrm{diff}}^{(1,2,3)} - P_{ij,\mathrm{diff}}^{(0)} \right| \tag{3-35}$$

（3）线路无功偏差

$$\Delta Q_{ij,\mathrm{diff}}^{(1,2,3)} = \left| Q_{ij,\mathrm{diff}}^{(1,2,3)} - Q_{ij,\mathrm{diff}}^{(0)} \right| \tag{3-36}$$

1. 单条线路开断的扰动情况

将 WEPRI－36 节点交直流混合系统中节点 9 与节点 23 之间的线路断开作为扰动，检验三种等值方法的效果，得到结果如图 3－10、表 3－4 所示。

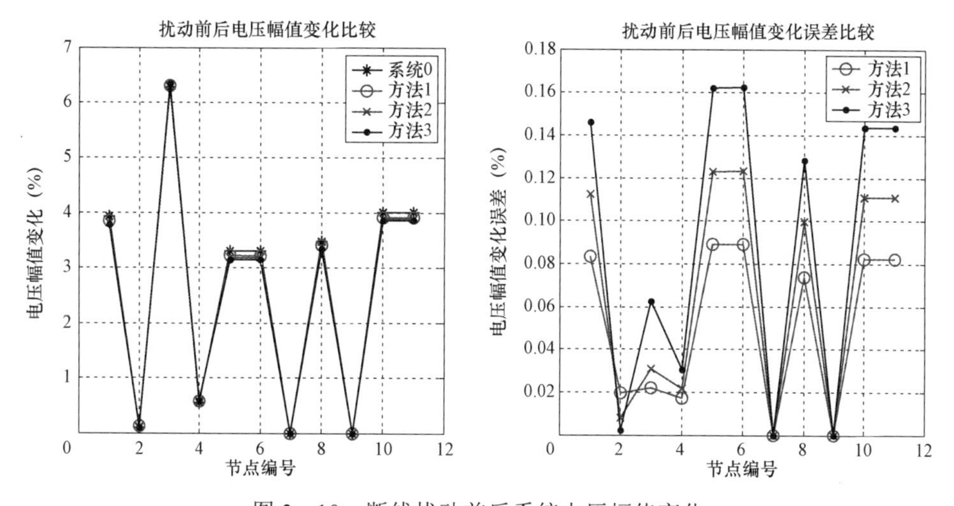

图 3－10　断线扰动前后系统电压幅值变化

表 3－4　断线扰动前后系统电压幅值变化量及其误差　（%）

节点编号	节点名称	变化量				误差		
		系统 0	方法 1	方法 2	方法 3	方法 1	方法 2	方法 3
1	BUS－9	3.929 4	3.846 2	3.817 0	3.783 4	0.083 2	0.112 4	0.146 0
2	BUS－22	0.104 7	0.124 3	0.112 8	0.102 6	0.019 5	0.008 1	0.002 2
3	BUS－23	6.278 8	6.300 9	6.309 6	6.341 3	0.022 0	0.030 7	0.062 5
4	BUS－24	0.553 1	0.570 4	0.574 8	0.583 6	0.017 2	0.021 6	0.030 5
5	BUS－11	3.311 7	3.222 6	3.188 7	3.149 5	0.089 1	0.123 0	0.162 3
6	BUS－25	3.308 0	3.218 8	3.184 9	3.145 6	0.089 2	0.123 1	0.162 3
8	BUS－2	3.481 6	3.407 8	3.381 9	3.353 1	0.073 8	0.099 7	0.128 5
10	BUS－10	4.004 4	3.922 1	3.893 5	3.860 8	0.082 2	0.110 9	0.143 6
11	BUS－51	4.004 4	3.922 1	3.893 5	3.860 8	0.082 2	0.110 9	0.143 6

由图 3－10 及表 3－4 可以看出，在内网 9－23 线路发生扰动后，节点 9 和节点 23 的电压有了较大变化，而节点 10 是与节点 9、节点 51 相连的三绕组变压器中性点，电压随节点 9 变化，因而节点 10 与节点 51 的电压也产生了 4%的变化。总体来看，等值前后的系统内网节点电压的变化趋势一致，且变化量的误差均在 0.1%左右，说明这三种等值方法在电压方面能够很好地响应内网拓扑结构变化。

由图 3－11 及表 3－5 可知，当内网 9－23 线路断开故障发生后，与节点 23 相连的交流线路 22－23 中的有功潮流变化最大，增加了 0.19p.u.。在等值误差方面，方法 1 与方法 2 的误差保持在 0.01p.u.以内，而方法 3 在个别线路上的等值误差较大，达到了约 0.025p.u.。尽管如此，由于这些线路自身有功潮流原本较大，为 3～4p.u.，所以相对来看，误差是可以接受的。

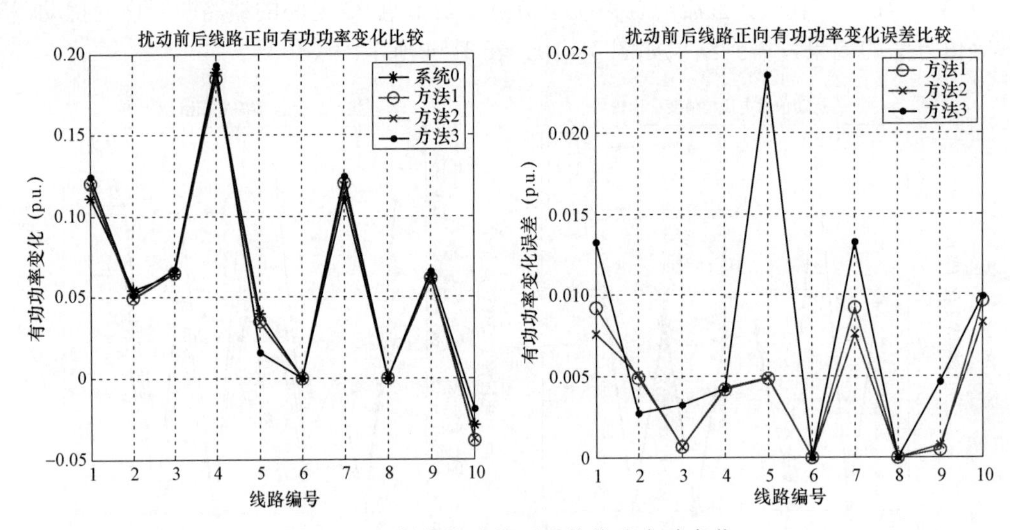

图 3－11　断线扰动前后系统线路有功变化

表 3－5　　**断线扰动前后系统线路有功变化量及其误差**　　（p.u.）

线路编号	起始节点	终止节点	变化量				误差（×10⁻²）		
			系统 0	方法 1	方法 2	方法 3	方法 1	方法 2	方法 3
1	BUS－11	BUS－25	0.111 2	0.120 4	0.118 8	0.124 5	0.923 0	0.759 0	1.330 0
2	BUS－20	BUS－22	0.054 3	0.049 4	0.049 2	0.051 6	0.489 0	0.511 0	0.272 0
3	BUS－21	BUS－22	0.064 2	0.064 8	0.064 8	0.067 4	0.062 0	0.064 0	0.325 0
4	BUS－22	BUS－23	0.188 9	0.184 7	0.184 6	0.193 1	0.419 0	0.427 0	0.424 0
5	BUS－23	BUS－24	0.039 6	0.034 8	0.034 7	0.016 1	0.483 0	0.491 0	2.354 0
7	BUS－25	BUS－26	0.111 2	0.120 4	0.118 8	0.124 5	0.923 0	0.759 0	1.330 0
9	BUS－9	BUS－22	0.061 1	0.061 5	0.061 8	0.065 7	0.043 0	0.072 0	0.468 0
10	BUS－9	BUS－24	－0.028 9	－0.038 6	－0.037 2	－0.019 0	0.965 0	0.831 0	0.993 0

断线扰动前后系统线路无功变化如图 3－12 所示，断线扰动前后系统线路无功变化量及其误差见表 3－6。在线路的无功功率方面，线路 9－23 的断开造成了线路 23－24 中无功功

率的大幅跌落，同时提升了线路 9－24、22－23 中传输的无功功率，使系统无功保持充足和稳定。从误差来看，虽然在个别线路产生了大约 0.015p.u.的绝对误差，但总体而言，误差在可接受的范围内，可以认为三种等值方法的无功潮流结果是准确的。

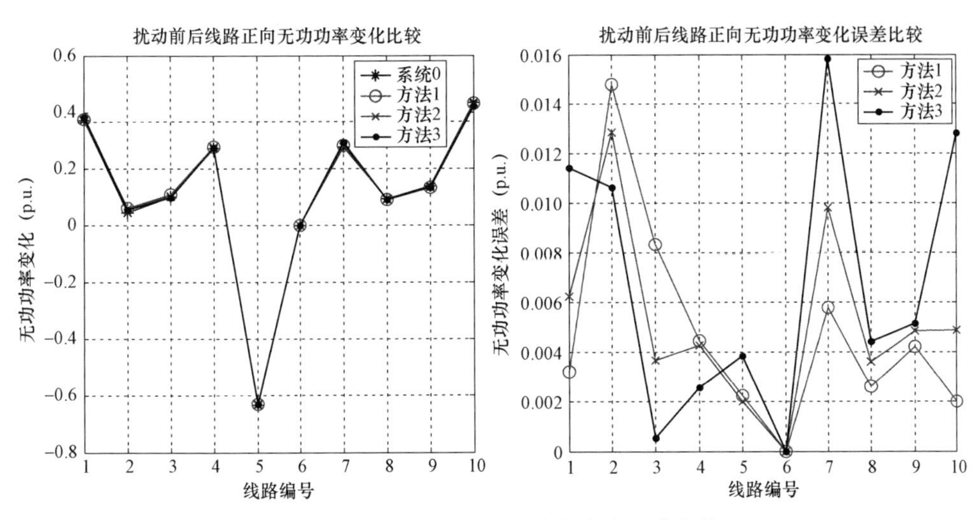

图 3－12　断线扰动前后系统线路无功变化

2. 单台发电机退出的扰动情况

对于 WEPRI－36 节点交直流混合系统，将 BUS－2 上的 PQ 发电机的功率置 0，以模拟连锁故障中发电机退出的情况，所得结果如图 3－13、表 3－7 所示。

由电压的情况来看，当内网中有发电机因故障而退出时，节点的电压会发生较大幅度的变化，扰动后节点 2 的电压上升了约 15%，而与之相连的节点电压均有不同程度的上升。而三种方法的等值系统误差较之前的断线扰动均有所增大，但总体来说仍保持在 5%的范围内，属于可以接受的误差。在发电机出力发生扰动的情况下，三种方法的等值误差非常接近，等值效果比较相似，其结果如图 3－14、图 3－15 及表 3－8、表 3－9 所示。

表 3－6　　断线扰动前后系统线路无功变化量及其误差　　（p.u.）

线路编号	起始节点	终止节点	变化量				误差（$\times10^{-2}$）		
			系统 0	方法 1	方法 2	方法 3	方法 1	方法 2	方法 3
1	BUS－11	BUS－25	0.372 3	0.375 5	0.378 6	0.383 8	0.320 0	0.624 0	1.143 0
2	BUS－20	BUS－22	0.047 3	0.062 1	0.060 2	0.058 0	1.479 0	1.287 0	1.064 0
3	BUS－21	BUS－22	0.101 0	0.109 4	0.104 7	0.100 5	0.832 0	0.366 0	0.053 0
4	BUS－22	BUS－23	0.273 1	0.277 5	0.277 4	0.275 6	0.446 0	0.428 0	0.258 0
5	BUS－23	BUS－24	－0.633 8	－0.631 6	－0.631 8	－0.630 0	0.224 0	0.200 0	0.383 0
7	BUS－25	BUS－26	0.277 3	0.283 1	0.287 2	0.293 2	0.579 0	0.982 0	1.583 0
9	BUS－9	BUS－22	0.138 3	0.134 1	0.133 4	0.133 1	0.422 0	0.484 0	0.515 0
10	BUS－9	BUS－24	0.434 5	0.432 5	0.429 6	0.421 7	0.198 0	0.487 0	1.283 0

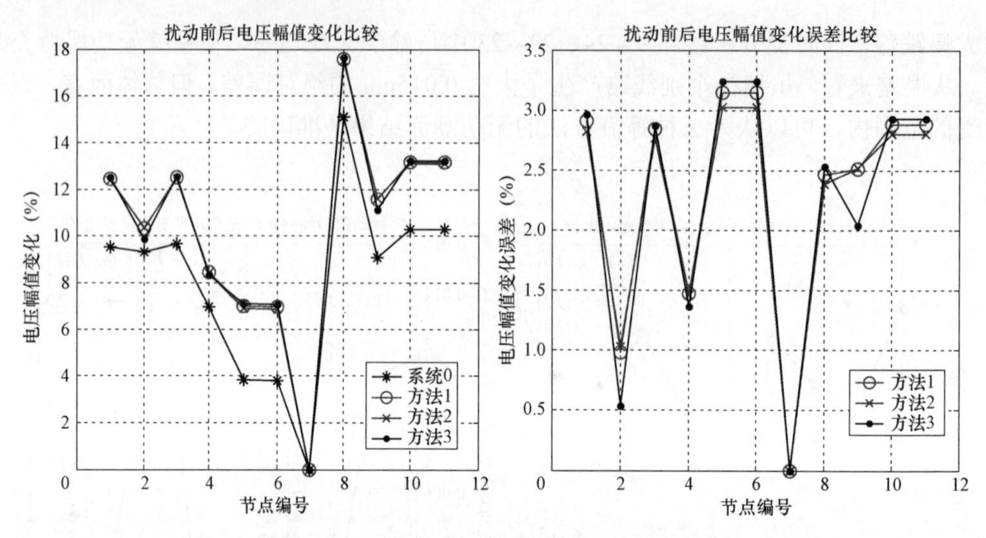

图 3-13　发电机扰动前后系统电压幅值变化

表 3-7　发电机扰动前后系统电压幅值变化量及其误差　（%）

节点编号	节点名称	变化量				误差		
		系统 0	方法 1	方法 2	方法 3	方法 1	方法 2	方法 3
1	BUS-9	9.535 0	12.443 3	12.354 1	12.498 6	2.908 3	2.819 1	2.963 6
2	BUS-22	9.325 8	10.306 5	10.356 2	9.864 5	0.980 7	1.030 4	0.538 7
3	BUS-23	9.670 9	12.516 6	12.439 4	12.541 3	2.845 7	2.768 5	2.870 4
4	BUS-24	6.956 6	8.432 1	8.414 9	8.325 3	1.475 5	1.458 3	1.368 7
5	BUS-11	3.847 2	6.992 3	6.870 8	7.087 3	3.145 0	3.023 6	3.240 0
6	BUS-25	3.813 1	6.958 8	6.837 2	7.054 1	3.145 7	3.024 0	3.241 0
8	BUS-2	15.105 8	17.568 4	17.488 7	17.637 7	2.462 7	2.382 9	2.531 9
9	BUS-3	9.067 9	11.580 4	11.588 1	11.110 9	2.512 5	2.520 2	2.043 0
10	BUS-10	10.281 6	13.166 6	13.081 4	13.215 0	2.885 0	2.799 8	2.933 4
11	BUS-51	10.281 6	13.166 6	13.081 4	13.215 0	2.885 0	2.799 8	2.933 4

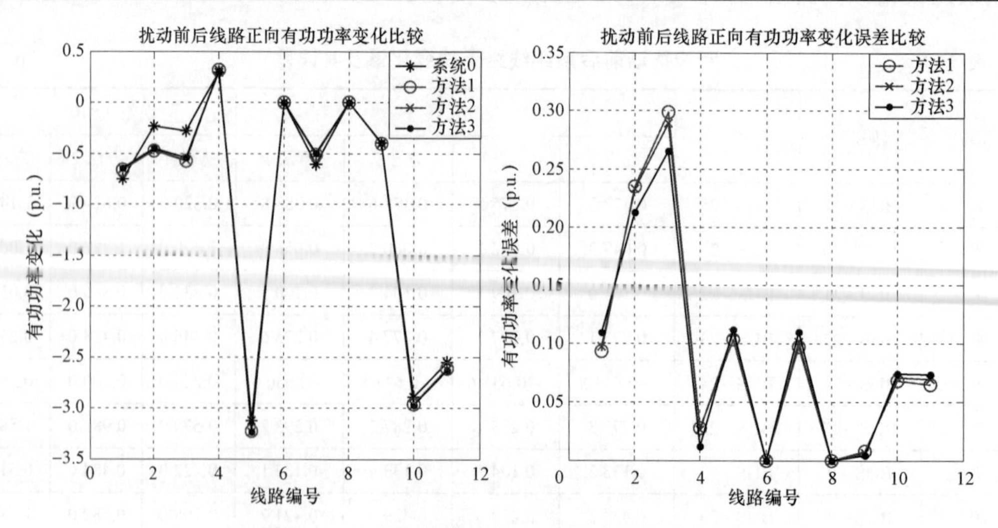

图 3-14　发电机扰动前后系统线路有功变化

表 3-8　发电机扰动前后系统线路有功变化量及其误差 (p.u.)

线路编号	起始节点	终止节点	变化量				误差		
			系统 0	方法 1	方法 2	方法 3	方法 1	方法 2	方法 3
1	BUS-11	BUS-25	-0.750 5	-0.657 3	-0.653 0	-0.640 8	0.093 2	0.097 4	0.109 7
2	BUS-20	BUS-22	-0.236 1	-0.471 2	-0.468 8	-0.449 0	0.235 1	0.232 7	0.212 9
3	BUS-21	BUS-22	-0.275 9	-0.574 8	-0.565 5	-0.541 2	0.298 8	0.289 6	0.265 3
4	BUS-22	BUS-23	0.291 2	0.318 8	0.317 5	0.302 9	0.027 6	0.026 3	0.011 7
5	BUS-23	BUS-24	-3.122 2	-3.225 9	-3.231 5	-3.234 1	0.103 7	0.109 3	0.111 9
7	BUS-25	BUS-26	-0.606 0	-0.509 0	-0.504 6	-0.495 5	0.097 0	0.101 4	0.110 5
9	BUS-9	BUS-22	-0.397 4	-0.404 9	-0.404 0	-0.392 7	0.007 5	0.006 6	0.004 7
10	BUS-9	BUS-23	-2.895 3	-2.963 2	-2.966 0	-2.969 3	0.067 9	0.070 7	0.074 0
11	BUS-9	BUS-24	-2.551 4	-2.616 2	-2.621 0	-2.624 8	0.064 8	0.069 6	0.073 5

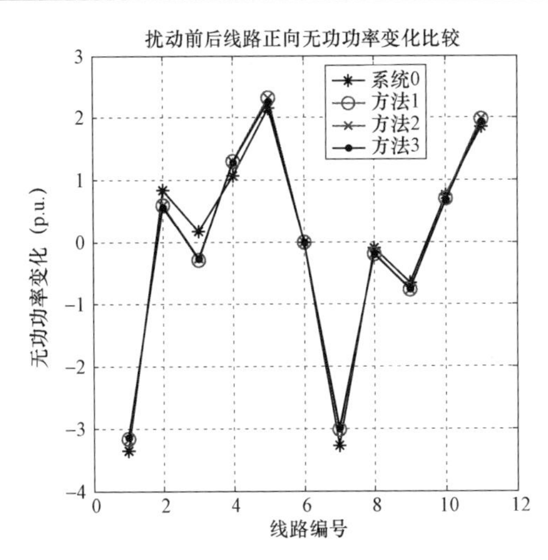

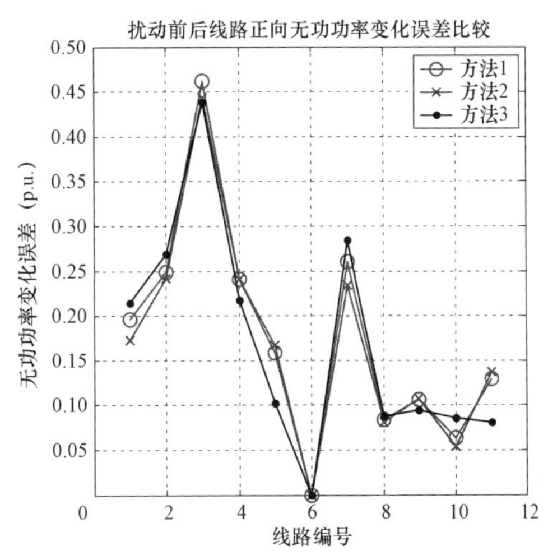

图 3-15　发电机扰动前后系统线路无功变化

表 3-9　发电机扰动前后系统线路无功变化量及其误差 (p.u.)

线路编号	起始节点	终止节点	变化量				误差		
			系统 0	方法 1	方法 2	方法 3	方法 1	方法 2	方法 3
1	BUS-11	BUS-25	-3.356 5	-3.160 7	-3.183 1	-3.141 8	0.195 8	0.173 4	0.214 6
2	BUS-20	BUS-22	0.837 3	0.589 0	0.595 7	0.568 7	0.248 3	0.241 6	0.268 6
3	BUS-21	BUS-22	0.176 4	-0.285 2	-0.267 3	-0.262 3	0.461 6	0.443 7	0.438 6
4	BUS-22	BUS-23	1.061 6	1.302 4	1.302 1	1.278 8	0.240 8	0.240 4	0.217 1
5	BUS-23	BUS-24	2.152 0	2.310 7	2.319 2	2.253 9	0.158 8	0.167 2	0.102 0
7	BUS-25	BUS-26	-3.279 4	-3.019 7	-3.045 0	-2.995 0	0.259 7	0.234 4	0.284 4
9	BUS-9	BUS-22	-0.657 0	-0.763 5	-0.763 7	-0.751 0	0.106 5	0.106 7	0.094 0
10	BUS-9	BUS-23	0.761 4	0.697 5	0.707 5	0.675 3	0.063 9	0.053 9	0.086 1
11	BUS-9	BUS-24	1.853 0	1.982 1	1.989 8	1.933 9	0.129 0	0.136 8	0.080 8

内网 BUS－2 的发电机的原始发电功率为 6＋j3.6，属于功率较大的发电机，因此它的退出使系统的有功及无功出力不足，对内网的潮流分布有着显著的改变。由以上结果可知，在边界节点的与内网的连接线上，三种等值方法均产生了较大的误差。如果仅关注内网线路，其有功误差在 0.1p.u.以内，无功误差在 0.15p.u.以内，对于潮流精度要求不高的场合，等值方法仍然适用。

3. 多重扰动情况

为了检验连锁故障发生对内网改变时等值系统的可靠性，在 WEPRI－36 节点系统内网添加多重扰动：线路 9－23、22－23 开断、发电机 BUS－2 退出、负荷 BUS－9 退出。其结果如图 3－16～图 3－18 与表 3－10～表 3－12 所示。

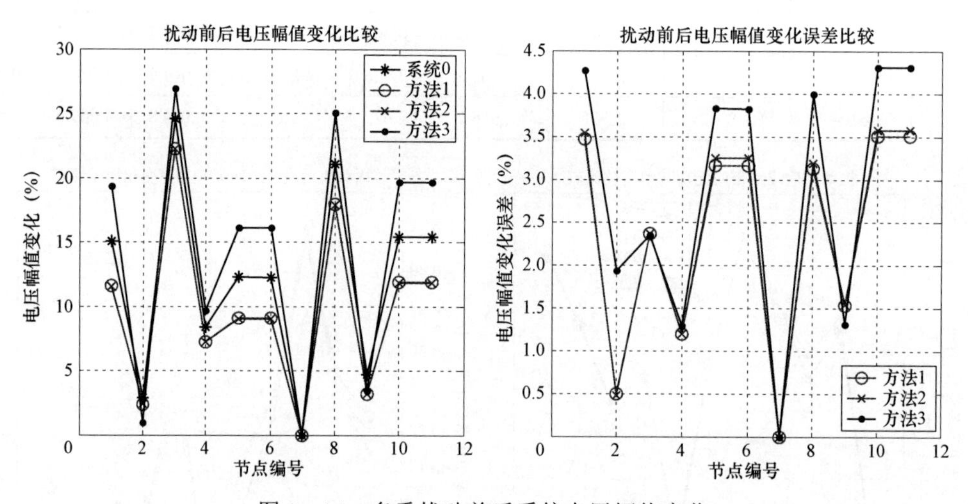

图 3－16　多重扰动前后系统电压幅值变化

表 3－10　多重扰动前后系统电压幅值变化量及其误差　（%）

节点编号	节点名称	变化量				误差		
		系统 0	方法 1	方法 2	方法 3	方法 1	方法 2	方法 3
1	BUS－9	15.077 9	11.605 7	11.536 9	19.342 6	3.472 2	3.541 0	4.264 7
2	BUS－22	2.877 9	2.383 1	2.402 1	0.945 2	0.494 7	0.475 8	1.932 7
3	BUS－23	24.600 8	22.236 8	22.234 6	26.948 4	2.364 0	2.366 2	2.347 7
4	BUS－24	8.393 2	7.195 7	7.193 1	9.688 1	1.197 5	1.200 1	1.294 9
5	BUS－11	12.281 2	9.118 7	9.031 8	16.108 5	3.162 5	3.249 3	3.827 3
6	BUS－25	12.263 2	9.103 4	9.016 4	16.087 7	3.159 8	3.246 8	3.824 5
8	BUS－2	21.057 0	17.929 4	17.865 9	25.051 8	3.127 6	3.191 1	3.994 7
9	BUS－3	4.709 6	3.179 1	3.167 3	3.394 5	1.530 5	1.542 4	1.315 1
10	BUS－10	15.393 5	11.884 9	11.818 4	19.701 1	3.508 6	3.575 1	4.307 7
11	BUS－51	15.393 5	11.884 9	11.818 4	19.701 1	3.508 6	3.575 1	4.307 7

从上述结果可以看出，当内网发生多重扰动时，三种方法的电压幅值误差均在 5%以内。对于一个较小规模的内网系统而言，尽管个别节点的绝对误差较大，但由于扰动幅度较大，而节点电压在扰动前后的变化趋势基本一致，所以也可以认为三种等值方法可以接受。其中，

方法 3 的误差比方法 1、方法 2 略大。

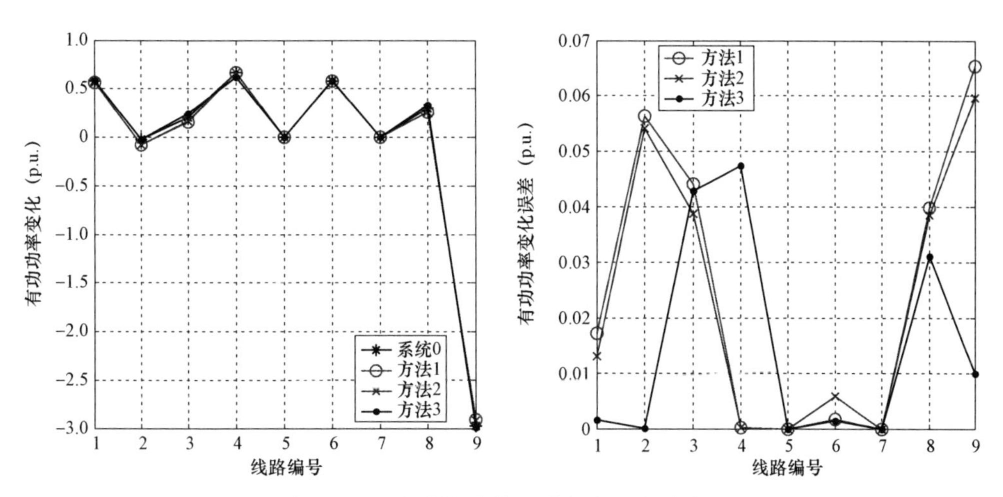

图 3－17　多重扰动前后系统线路有功变化

表 3－11　　多重扰动前后系统线路有功变化量及其误差　　（p.u.）

线路编号	起始节点	终止节点	变化量				误差		
			系统 0	方法 1	方法 2	方法 3	方法 1	方法 2	方法 3
1	BUS－11	BUS－25	0.580 7	0.563 4	0.567 6	0.582 3	0.017 3	0.013 1	0.001 6
2	BUS－20	BUS－22	－0.021 5	－0.077 8	－0.075 7	－0.021 6	0.056 3	0.054 2	0.000 1
3	BUS－21	BUS－22	0.203 4	0.159 2	0.164 6	0.246 2	0.044 2	0.038 7	0.042 8
4	BUS－23	BUS－24	0.666 4	0.666 6	0.666 5	0.619 0	0.000 2	0.000 2	0.047 4
6	BUS－25	BUS－26	0.580 9	0.582 6	0.586 7	0.582 3	0.001 8	0.005 8	0.001 4
8	BUS－9	BUS－22	0.298 3	0.258 4	0.259 7	0.329 4	0.039 9	0.038 6	0.031 1
9	BUS－9	BUS－24	－2.975 1	－2.909 7	－2.915 4	－2.985 0	0.065 4	0.059 7	0.009 9

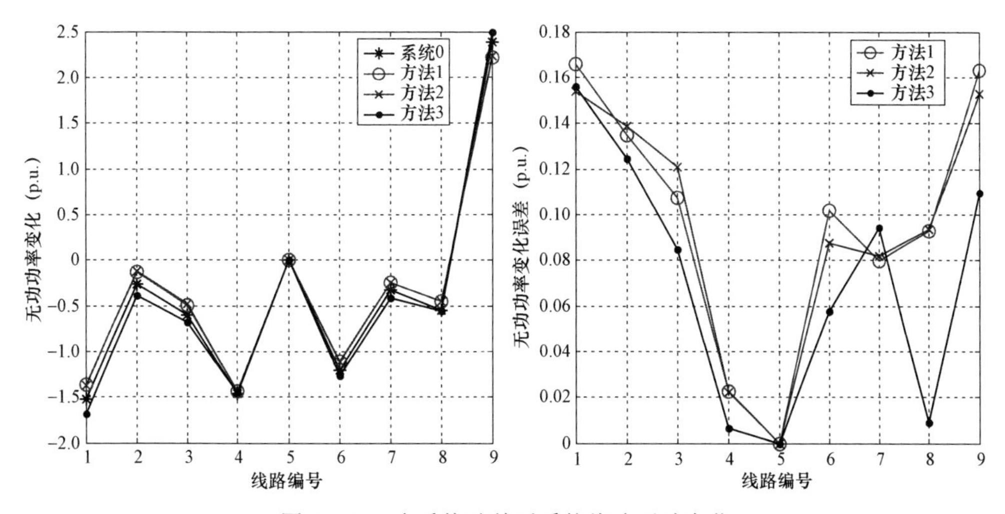

图 3－18　多重扰动前后系统线路无功变化

表 3-12　　多重扰动前后系统线路无功变化量及其误差　　(p.u.)

线路编号	起始节点	终止节点	变化量				误差		
			系统 0	方法 1	方法 2	方法 3	方法 1	方法 2	方法 3
1	BUS-11	BUS-25	-1.529 5	-1.363 6	-1.375 4	-1.685 5	0.165 9	0.154 1	0.156 0
2	BUS-20	BUS-22	-0.263 0	-0.128 3	-0.124 4	-0.387 4	0.134 7	0.138 6	0.124 4
3	BUS-21	BUS-22	-0.599 0	-0.491 5	-0.478 1	-0.683 7	0.107 5	0.120 9	0.084 7
4	BUS-23	BUS-24	-1.461 2	-1.438 8	-1.438 9	-1.454 6	0.022 5	0.022 3	0.006 6
6	BUS-25	BUS-26	-1.205 9	-1.104 2	-1.118 3	-1.263 5	0.101 6	0.087 6	0.057 6
8	BUS-9	BUS-22	-0.545 4	-0.452 7	-0.451 8	-0.554 4	0.092 7	0.093 6	0.009 1
9	BUS-9	BUS-24	2.386 9	2.223 8	2.233 9	2.496 5	0.163 1	0.153 0	0.109 7

从线路功率的等值效果来看，三种方法的等值误差较单台发电机退出时有所下降。这主要是由于在发电机退出的同时，负荷也被切掉，使内网系统的功率需求较之前的扰动情况有所下降。从误差来看，系统有功功率的等值误差在 0.05p.u.左右，无功功率的等值误差在 0.15p.u.。个别绝对误差较大的线路的潮流基值较大，其相对误差也在 5%左右，所以认为在这样的扰动情况下，等值是适用的。对比三种方法来看，方法 3 的误差略小于方法 1、方法 2。

3.2.4.3　连锁故障误差及计算效率分析

本章所使用的测试系统为 IEEE-118 节点系统。系统接线及区域划分示意图如图 3-19 所示。

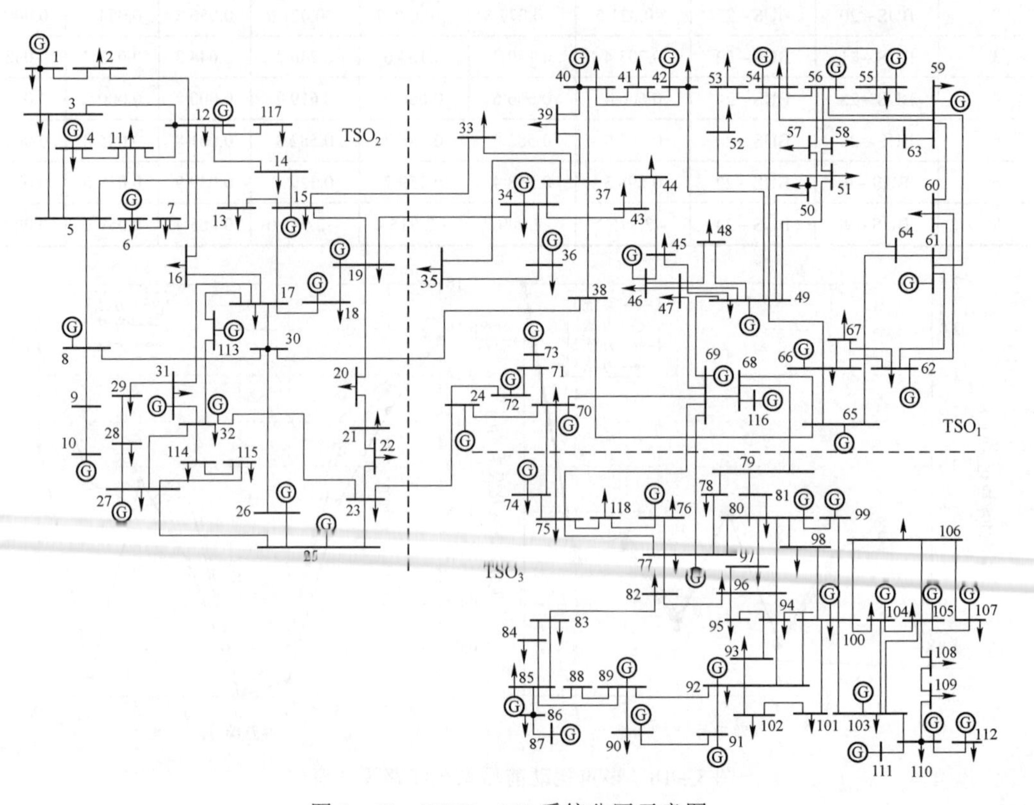

图 3-19　IEEE-118 系统分区示意图

为了将算例系统改造为交直流混合系统，在 IEEE－118 系统设置 5 条直流线：43－40、96－82、79－78、61－60、115－114。以 TSO_2 为系统内网进行内外网划分，系统的边界节点为 24、33、34、38。统计系统内外网信息如表 3－13 所示。

表 3－13　　IEEE－118 系统内外网信息

项目	内网	外网	边界
系统分区	TSO_2	TSO_1、TSO_3	—
节点数目	35	79	4
交流线数目	55	122	4
直流线数目	1	4	0
发电机数目	15	37	2
负荷数目	27	67	3

使用改进 OPA 模型对改造后系统进行全网连锁故障模拟，并统计全网及内网负荷损失的累计概率分布，画出双对数坐标图，如图 3－20 所示。

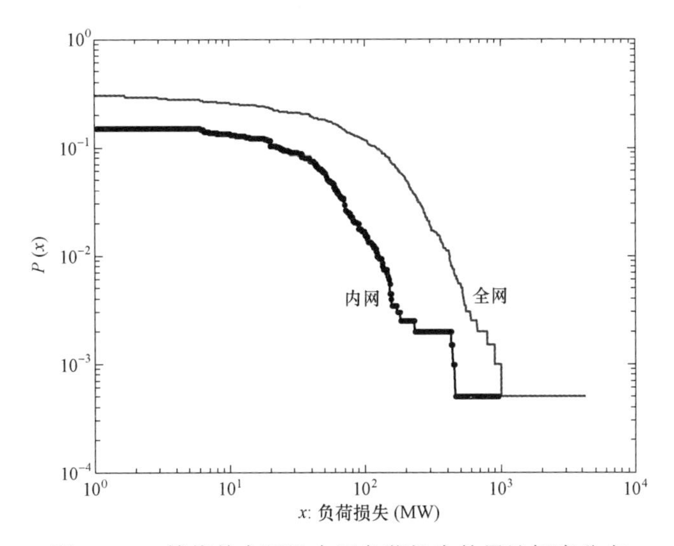

图 3－20　等值前全网及内网负荷损失的累计概率分布

从图 3－20 中可以看出，全网和内网的负荷损失均符合幂律分布，由此可以验证 IEEE－118 系统的自组织临界性。另一方面，由于内网的规模小于全网，因此发生故障的概率也小于整个系统，因此曲线较全网而言有所下移。

图 3－21 为采用改进的初始故障概率设置方法得到的等值系统与等值前原系统的内网负荷损失累计概率分布对比。可以看出，改进方法对于等值边界模拟外网初始故障具有很好的适应性，说明外网等值不会对内网的连锁故障发生情况造成较大的影响。由此可见，等值方法可以适用于连锁故障分析模型，缩小计算规模，提高计算效率，计算时间由原始的 2273s 减少到 222s，运算效率提高了 10 倍。

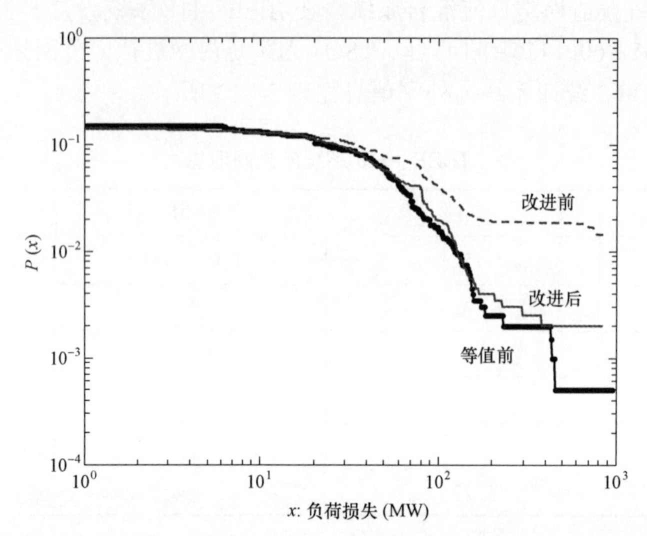

图 3-21　改进方法后等值系统内网损失负荷累计概率分布

3.3　直流输电系统建模

相比交流输电，直流输电具有如输电功率大小及方向可以快速调节控制、运行经济性好和可分期建设等独特优点，能够实现高电压、长距离、大容量送电以及非同步联网。因此，直流输电线路投运数量逐渐增多，如今，交直流混合系统已屡见不鲜。如我国，除华北、华中电网外，其他区域电网均已通过直流实现互联。而在发生大停电事故的地区，也不乏包含交流、直流两个部分的电网。如 2009 年 11 月发生事故的巴西电网，包含从 Itaipu 出发至 Biuna 的±600kV 的 HVDC 输电线路。

由于交直流系统联系紧密，在混合系统中发生故障时，二者之间的相互影响不容忽视。电网的变化对连锁故障和停电事故的分析提出了新的要求，因而在其中考虑直流输电的因素十分必要。

目前，国内外对于连锁故障与停电模型进行了一系列的研究。然而，大多数理论成果均是针对纯交流系统得出的，交直流系统停电模型的领域却鲜少有人涉足。因此，其研究中存在大量空白，亟须填补。

除了各种连锁故障模型自身的局限性外，直流输电技术应用于传统电网同样会给这些模型的适用性带来新的考验，交直流电网的连锁故障模型需要面临以下问题：

（1）传统交流输电线路通常按照过负荷的方法判断为故障并退出运行，但直流输电线路的故障却与两端换流站母线的电压密切相关，如何在连锁故障模型中适当地模拟直流故障，是需要重点解决的一个问题。

（2）直流输电线路的输送功率、运行和控制都有别于交流输电线路，因而各种连锁故障模型中的潮流计算方法已不再适用，直流潮流、交流潮流和最优潮流算法都需要针对直流输电孔光进行修改或者扩展。

（3）将直流输电线路抽象为网络中的边时，需要将其与交流输电线路区别开来；网络中

对节点负荷的定义需要相应修改；当直流输电线路故障退出运行时，以怎样的规则将其所输送的功率分配给其他输电线路，也需要加以考虑。

（4）直流输电系统接入到交流电网，必然带来稳定问题，如电压稳定和频率稳定等。如何在连锁故障模型中考虑这些问题，是交直流电网连锁故障研究中的难点。综上所述，现有的连锁故障模型应用于交直流电网存在很大难度。目前这方面的研究还比较少，有待于进一步补充和完善。

3.3.1　直流输电线路保护模型

同交流输电系统类似，直流系统内也设置了不少保护，用以保证故障发生时直流系统运作的正常性以及其余设备的安全。总体而言，保护可分为两类，一类主要针对直流系统内部的故障进行动作，另一类则监测交流系统的动作，更多针对交流系统的故障而动作。

与交流输电相比，直流输电所需的设备与控制更多，其换流站内就有大量的设备工作。第一类保护就是针对这些内部的设备而设，通过检测设备及线路内的过电流、过电压，进而产生切除设备甚至闭锁直流系统等动作。

第二类保护更多地在交流系统发生故障时进行动作。直流系统保护的功能配置本应遵循在交流系统故障期间尽量不动作的原则，以便配合交流线路的保护动作，但为了减少交流故障对直流系统带来的损害，还是设置了能够应对交流系统故障的保护。

经调研与统计，当交流系统发生故障时，最容易发生动作的保护为以下三种。

1. 换相失败保护

换相失败是交直流系统间故障影响因素中最为常见的一类，而其中又以逆变器的换相失败占据主导地位。

当整流器或逆变器的两个桥臂发生换相时，若刚退出导通的阀在反向电压作用的一段时间内未能恢复阻断，则当其两端阀电压变为正向时，预定退出导通的阀会向该阀发生倒换向，这即为换相失败。

换相失败会导致短路，多次换相失败则会引发更严重后果。因而，当发生连续换相失败时，换相失败保护会发生动作，闭锁直流系统。

熄弧角 γ 的大小反映了换相结束至阀两端电压再次变为正向的时间。最小熄弧角 $\gamma_{\min}$ 则反映了晶闸管完成载流子复合、恢复阻断能力的时间。由换相失败的过程可知，换相失败的基本判据为 $\gamma<\gamma_{\min}$。

当交流系统发生三相短路故障时，有

$$\gamma=\arccos\left(\frac{\sqrt{2}X_r I_d}{E}+\cos\beta\right) \tag{3-37}$$

式中　X_r——换向电抗；

I_d——为直流电流；

E——交流系统相电动势有效值。

三相短路故障情况下，电压降落是主要的影响。当不考虑直流电流的变化时，可仅仅使用电压作为判据：已知，$\gamma_{\min}$，I_d 与 β，将代入 γ，可得到维持成功换相的最小交流系统相电压有效值

$$E_{\min}=\frac{\sqrt{2}X_r I_d}{\cos\gamma_{\min}-\cos\beta} \tag{3-38}$$

当交流系统相电压有效值降落至$E<\dfrac{\sqrt{2}X_r I_d}{\cos\gamma_{\min}-\cos\beta}$时，会引发换相失败。

而交流系统发生不对称故障时，交流母线线电压会发生过零点偏移，因而有

$$\gamma=\arccos\left(\frac{\sqrt{2}X_r I_d}{E}+\cos\beta\right)-\varphi \tag{3-39}$$

式中　φ——换向线电压过零点前移的角度。

同理，仍可以在修正电压的基础上以换流母线电压的大小来衡量熄弧角的大小。

因而，在模拟换相失败时，可以以直流系统交流母线电压作为判据。

另外，据河南省电力科学研究院的研究得出，当母线电压降至70%的时间达到0.8s，可以认为发生连续换相失败。

由于不平衡短路接地故障发生时，交流母线的电压跌落大多不致引起连续换相失败，且经计算与仿真，完全有可能出现某些地点发生故障，直流系统没有发生换相失败，却引起100Hz保护动作的情况。因此，在非三相接地故障发生时，可将换相失败保护的起动包含在100Hz过电流保护起动的情况内。

综上所述，可得到换相失败保护的模拟方法：当系统发生三相接地故障，直流系统逆变侧交流母线电压降至保护起动电压阈值（可用0.7p.u.），且持续时间达到保护起动延迟时间（可用0.8s），换相失败保护起动，闭锁直流系统。

2. 100Hz过电流保护

交流系统发生不对称接地故障之后，会导致直流系统换流母线电压不平衡。而换相电压不能正常建立，会导致阀开通或关断的延迟，进而造成电压波形奇异，产生谐波。

通过对直流系统的保护动作记录的调研可知，当系统发生单相接地故障时，直流系统内会产生较大幅值的二次谐波电压和电流。

当保护检测到直流线路中的100Hz电流达到设定值时并持续一定时间后，100Hz过电流保护起动，闭锁直流系统。有时候为了需要，100Hz保护设置两段。其一段起动后，直流系统降功率运行。若此后一段时间内100Hz电流幅值仍达到保护起动值，则保护二段起动，闭锁直流系统。

100Hz过电流的起动标准应为直流线路中的100Hz电流达到一定值，但由于建立的模型中不打算采用暂态仿真，因而无法计算交流系统故障发生时100Hz电流的具体值。因而，可采用直流系统交流母线在故障时的电压大小来衡量故障的严重与远近程度，并以此估算100Hz电流的大小。

为此，需要采用仿真软件PSCAD对系统内各处发生各类不平衡短路故障（即单相接地故障或两相接地故障）进行仿真，得到不同类型短路故障下直流系统100Hz电流达到保护起动值时，直流系统交流母线的电压跌落。之后，根据该结果得到一个电压阈值作为对100Hz电流阈值的等效和近似。

由于模型中只进行三相短路接地电压计算，所以要在对应地点进行三相短路故障实验，

将刚才得到的电压阈值映射为在三相短路故障下的电压阈值。

综上所述，100Hz过电流保护的模拟方法是：当交流系统发生不对称短路故障时，进行三相短路电压计算。若直流系统交流母线电压降至该类短路故障所映射至的三相短路电压阈值，且持续时间达到保护起动的延迟时间时，100Hz过电流保护起动。

3. 换流变压器中性点零序过电流保护

当交流系统发生不对称故障时，会产生零序电流。当检测到换流变压器中性点的零序电流幅值过高时，换流变压器中性点零序过电流保护起动，闭锁直流系统。

该保护的模拟方法与100Hz过电流保护的模拟方法大体相同，需要用PSCAD仿真得到的是：系统各处发生各种不平衡短路故障下，直流系统换流变压器中性点零序过电流达到起动值时的交流母线电压跌落，并由此得到等效的换流变压器中性点零序过电流保护起动的电压阈值。之后，同样要进行该电压阈值到三相短路电压阈值的转换。

3.3.2　交直流系统短路电压计算

在判断交流系统短路故障发生后直流系统是否动作时，直流系统的交流母线电压是一个重要的判据。由于模型为了提高计算速度不采用暂态仿真的方法，因而不能使用仿真软件内短路计算等功能来得到母线故障电压。因而，需要根据要求编写一个计算交流系统短路故障发生时计算各母线电压的程序，该程序要以交直流混合系统为对象，具有一定的精度，且采用代数计算，能够有较快的计算速度。

对于纯交流系统的短路电流和电压计算有非常成熟的方法。主要思路是将故障网络看作正常网络与故障分量网络的叠加。为了计算交直流系统的短路电压，其基本思路是将直流线路等效为交流线路参数，加入导纳阵中进行计算。

显然直流输电线路由于具有控制系统，远远比交流线路复杂。为了简化连锁故障的计算，根据导纳的物理意义，即节点导纳矩阵表示短路参数，提出利用暂态仿真的短路试验获得直流系统等效交流参数的方法。

导纳的物理意义是：当节点i接单位电压源，其余节点都短路接地，此时流入节点j的电流数值上为Y_{ij}。设直流线路的整流侧为i侧，逆变侧为j侧。分别在直流线路i侧和j侧交流母线做短路接地故障的暂态仿真，即可得到的直流线路等效互导纳Y_{ij}，Y_{ji}。

对于交流线路，$Y_{ij}=Y_{ji}$。但是，对于直流系统该等式却不满足，这是由于直流系统的功率单向传输特性所决定的。

由于处理方法将复杂的短路参数计算交由暂态仿真程序完成，而该工作仅仅在准备参数时使用一次即可。因此，该方法可以降低连锁故障模拟中交直流系统短路电压计算复杂度，节省计算时间。

3.3.3　直流输电系统安全自动装置模型

由于直流线路通常作为重要的联络线，甚至是两个交流电网之间的联络线，传输容量较大。因此，直流线路一旦发生故障甚至闭锁，导致传输功率异常，会给交流电网带来很大冲击。另外，当交流系统发生故障时，如果直流系统能够配合故障情况进行自身传输能力的调节，会更有利于电网的正常运行。为此，直流系统内设置了安全自动装置。中国的云广特高压直流工程就是对安全自动装置进行有效利用的一个成功案例。

安稳控制策略的目的是：在故障发生时维护系统的安全稳定。经调研得知，常用的安稳控制策略可分为以下几种情况。

3.3.3.1 直流线路闭锁

当直流线路发生闭锁、功率传输停止时，为了保持交流电网的稳定，需要切除整流侧电网中的发电机组或是逆变侧交流电网中的负荷。由于切机通常容易影响电网的稳定性，尤其在发生故障的情况下切机需要妥善计划，所以电网常常优先选择在直流线路闭锁的情况下切除负荷。

以河南电网的安稳策略为例：

（1）若正常运行时，采用的是“哈郑直流送入 400 万 kW，长南线南送 500 万 kW”的运行方式，则哈郑直流双极闭锁后，采取措施为“河南切负荷 134 万 kW”。

（2）若正常运行时，采用的是“哈郑直流送入 800 万 kW，长南线南送 500 万 kW”的运行方式，则哈郑直流双极闭锁后，采取措施为“河南切负荷 579 万 kW 或华中切负荷 582kW”。

3.3.3.2 并联运行交流线路发生故障

当与直流线路并联的交流线路发生故障导致传输停止时，为了保持两侧功率传输的正常与系统的稳定，需要切除整流侧交流电网的发电机组，并同时起动直流系统的功率提升功能。由于前述原因，稳控装置通常只提升直流系统的功率。

在实际运作中，直流系统的功率提升功能通常划分一定的级数，对应故障的严重程度，并按故障的严重程度进行优先级的划分。当故障发生时，直流系统根据该故障对应的级数进行功率提升，同时保证提升后的功率不大于直流系统的额定功率值。

以天广直流系统为例，直流系统设置了 5 级功率提升功能，功率变化值依次增大，分别对应于较轻电网事故直至较严重电网事故 5 个级别的事故。

3.3.3.3 整流站交流进线故障或逆变侧出线故障

当发生此类故障时，直流线路的获取功率能力或送出功率能力受限，因此需迅速降低输送功率。当所有整流站进线或逆变站出线均发生故障时，直流系统需起动紧急停运（ESOF）。配合着直流系统功率的下降，有时还需要进行相应的切机或切负荷操作。

同样的，直流系统的功率回降功能通常也划分一定的级数，并分别对应于故障的严重程度，且在不起动 ESOF 的情况下，需要确保直流系统回降后的功率不低于直流线路的限制的最低传输功率。

3.3.4 直流输电模块设计

3.3.4.1 考虑直流输电的直流潮流模型

为了计算的快速性并确保结果的收敛性，本书中所述的模型采用了直流潮流。在直流潮流中，线路 ij 的有功无功按下式计算

$$P_{ij} = -b_{ij}(\theta_i - \theta_j) = \frac{\theta_i - \theta_j}{x_{ij}} \tag{3-40}$$

$$Q_{ij} = 0 \tag{3-41}$$

由于平衡节点上相角为 0，因而除平衡节点外，其余节点均可以列出功率方程，得到方

程组。将以上方程组整理成矩阵的形式，可得

$$[P_l]=[B_f][\theta] \tag{3-42}$$

同样的，也可以列出非平衡节点与母线功率之间的方程组，即

$$[P]=[B][\theta] \tag{3-43}$$

上式矩阵中

$$B_{ii}=\sum_{j=1}^{n}-b_{ij}=\sum_{j=1}^{n}\frac{1}{x_{ij}} \tag{3-44}$$

$$B_{ij}=b_{ij}=-\frac{1}{x_{ij}} \tag{3-45}$$

根据以上方程，可以在已知各母线有功潮流的情况下，解上述代数方程组得到各母线电压的相角。此后根据式（3－40）可以求出系统中各线路的有功潮流。

在交直流混合系统中应用直流潮流时，采用的是同步电气岛的分岛方式，每个电气岛均设有一个参考节点。在考虑直流线路时，由于直流线路没有电纳参数，且潮流计算是应用于稳态的分析，因而将直流系统等效为PQ负荷更加简便，也有一定的精度。

因此，需要对式（3－43）中的矩阵 $\boldsymbol{P}$ 进行修改。

将直流线路等效为PQ负荷后，其整流侧母线相当于增加向外发出的有功和无功，相当于增加了负荷；而其逆变侧母线则相当于增加了吸收的有功和无功，相当于增加了发电机。由于采用直流模型，因而只需要考虑直流线路的 P 即可。

由于线路损耗，直流线路两端的直流功率略有差别，取二者的平均值作为该线路的直流功率 P_{dc}，PF 整流侧，PT 逆变侧，即

$$P_{\mathrm{dc}}=(PF+PT)/2 \tag{3-46}$$

在矩阵 P 中，在所有直流线路的整流侧交流母线功率上减去相应的直流功率 P_{dc}，即

$$P'=P-P_{\mathrm{dc}} \tag{3-47}$$

在所有直流线路的逆变侧交流母线功率上加上相应的直流功率 P_{dc}，即

$$P'=P+P_{\mathrm{dc}} \tag{3-48}$$

之后对各母线的电压相角进行计算。

3.3.4.2　考虑直流输电的最优直流潮流模型

在所述的模型中添加的最优潮流（OPF）环节，考虑对各发电机出力、各负荷消耗功率、各直流线路功率进行优化，以便在各线路不越限的情况下，该系统能够供应的负荷功率最大。

1. 起动条件

该模块在系统内线路的传输功率越限的情况下才会运行。此外，由于实际系统中该模块有一定的概率起动失败，为了更贴合实际系统，给该模块设置了起动成功概率。只有在检测到系统内交流线路存在越限现象的情况下，程序按照给定概率对系统内的发电机出力、负荷消耗功率、直流传输功率进行优化。

2. 目标函数

可设用于优化的目标函数为

$$\min\sum_{i=1}^{m}x_{gi}-10\sum_{i=1}^{n}x_{di}-\sum_{i=1}^{k}x_{fi}+\sum_{i=1}^{k}x_{ti} \tag{3-49}$$

该目标函数的意义在于使得系统所能供应的负荷最大。负荷总量前的系数用于保证目标函数是针对负荷量的函数。由于发电机总出力和负荷总量相差不大，而直流两侧的功率可以认为相等，则目标函数可近似认为

$$\min-9\sum_{i=1}^{n}x_{di} \tag{3-50}$$

可见，目标函数是为了令 $-9\sum_{i=1}^{n}x_{di}$ 达到最小，即令 $\sum_{i=1}^{n}x_{di}$ 达到最大。

同时，增加了负荷总量的系数也增加了目标函数对负荷量的灵敏度。这样可以使得优化过程优先考虑变更发电机的出力来保障负荷的投运。

（1）优化变量。类似直流潮流模型，考虑将直流线路等效为逆变侧母线的有功出力和整流侧母线的有功负荷。因此，一条直流线路形成两个优化变量。

根据上述，得到优化变量组成的向量为

$$X=[x_{g1}\cdots x_{gm},x_{d1}\cdots x_{dn},x_{f1}\cdots x_{fk},x_{t1}\cdots x_{tk}] \tag{3-51}$$

式中 x_g——发电机有功出力；

x_d——负荷消耗有功功率；

x_f——直流线路整流侧有功功率；

x_t——直流线路逆变侧有功功率；

m——发电机总数；

n——负荷总数；

k——直流线路总数。

（2）上下界约束。对优化变量而言，发电机出力的上下界约束为：下界为 $P_{gi,\min}$，即不出力；上界为本台发电机的最大出力

$$P_{gi,\min}\leqslant x_{gi}\leqslant P_{gi,\max} \tag{3-52}$$

负荷消耗功率的上下界约束为：下界为 0，即断开负荷，不消耗功率；上界为该负荷初始的消耗功率量

$$0\leqslant x_{di}\leqslant P_{di,\text{initial}} \tag{3-53}$$

直流线路功率的上下界约束为：下界为该线路的最小功率限制，上界为该线路的最大功率限制

$$P_{dci,\min}\leqslant x_{fi}\leqslant P_{dci,\max} \tag{3-54}$$

$$P_{dci,\min}\leqslant x_{ti}\leqslant P_{dci,\max} \tag{3-55}$$

（3）等式约束。变量需要满足的等式约束为岛内的功率平衡和直流系统两侧的功率相等。

功率平衡，即为岛内的发电总量与负荷总量相等。对于交直流系统而言，两个非同步交流电网可能因为直流线路的连接而出现功率的传输，因此，该功率平衡需要在非同步电气岛内进行。另外，由于直流线路一侧发出的功率等于另外一次吸收的功率，必定能保持平衡，因此不需要计入该等式。

$$\sum_{\text{非同步电气岛}\,j\,\text{内}} x_{gi} = \sum_{\text{非同步电气岛}\,j\,\text{内}} x_{di} \tag{3-56}$$

由于直流优化变量只是等效出来的负荷和发电，它们必须满足直流两侧功率相等的限制。尽管在实际运行中，直流系统两侧的有功功率因损耗而有一定差别，但在本书中的模型中，直流系统统一采用两侧功率的平均值作为其功率。见下式：

$$x_{fi} = x_{ti} \tag{3-57}$$

（4）不等式约束。变量需要满足的不等式约束如下。

1）直流出力的限制。在该模型中，直流系统的传输功率虽然等效成为了发电与负荷，但本质上仍是传输功率，因而其功率不能超过该非同步电气岛的总发电量

$$\sum_{\text{非同步电气岛}\,j\,\text{内}} x_{gi} \geqslant \sum_{\text{非同步电气岛}\,j\,\text{内}} x_{dci} \tag{3-58}$$

2）不等式约束是各条交流线路的功率限制。每条交流线路都有自身的容量限制，若超过这个限制，发生线路过载，容易使得线路发热过多、下垂加重等，进而引发断线、短路等不良后果。

由于交流线路本身对功率传输方向没有限制，因而若其功率传输上限为 $P_{li,\max}$，则其下限则为 $-P_{li,\max}$

$$-P_{li,\max} \leqslant P_{li} \leqslant P_{li,\max} \tag{3-59}$$

3.3.4.3　直流输电模块设计

考虑上述所提到的对直流系统响应起着主要作用的保护的模拟方式以及安稳控制策略，可以设计交流系统故障下的直流系统的动作逻辑如图 3－22 所示。

在该模型中，首先判断系统发生的是否是短路故障。在系统发生短路故障的情况下，再进一步判断交流保护是否及时进行了动作。

若没有，则进行短路计算，根据结果与故障持续时间判断是否有直流系统的保护动作致使直流系统闭锁。

在交流保护及时动作或是直流保护动作判断完成的情况下，均进入直流系统的功率调节模块。在这个模块内，主要根据安稳控制策略进行各直流线路的功率调整，另外还需要根据直流系统的交流母线电压改变其功率。

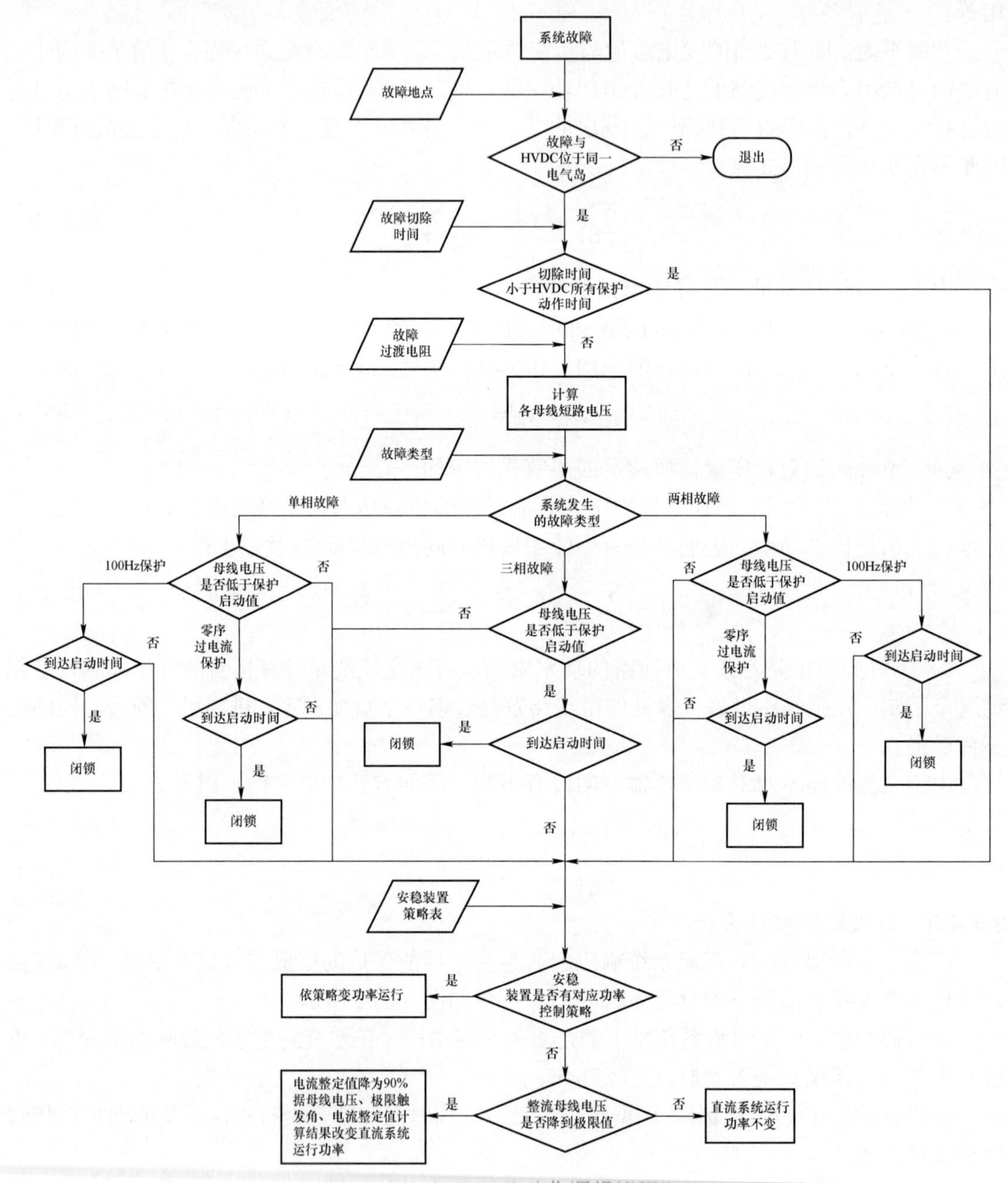

图 3-22　直流系统动作逻辑流程图

3.3.5　算例分析

3.3.5.1　短路电压误差分析

算例系统采用 IEEE-36 的 36 节点算例系统。该系统内有一条直流线路，其整流侧母线为 BUS33，其逆变侧交流母线为 BUS34。系统接线图如图 3-23 所示。

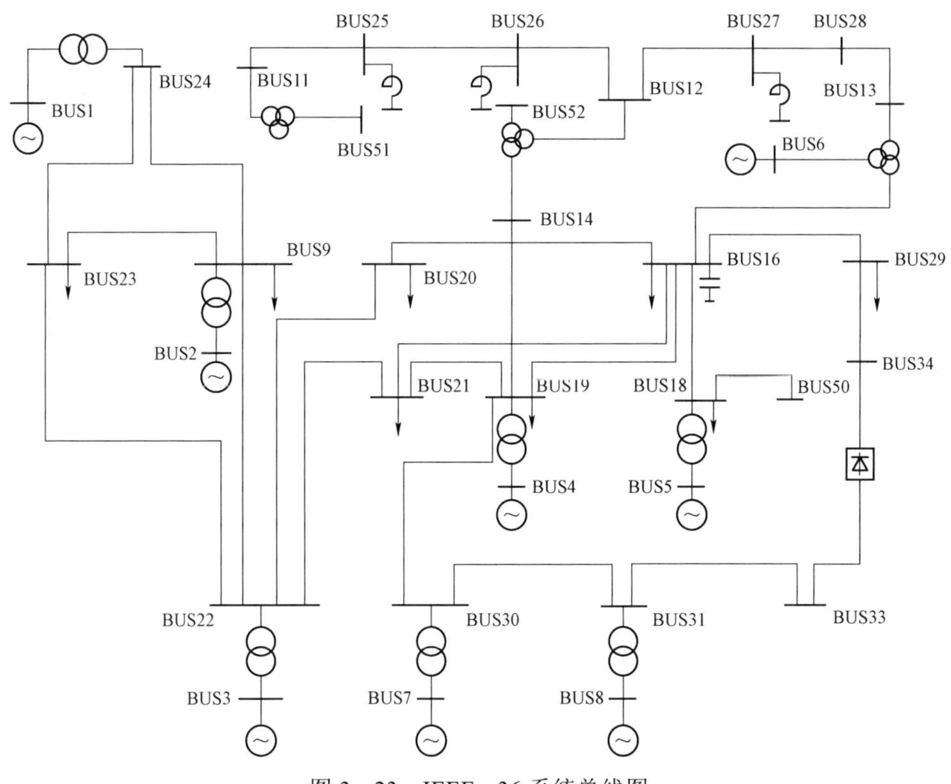

图 3－23　IEEE－36 系统单线图

分别于 BUS33、BUS34 进行短路试验并等效，得到的等效参数为

$$
\begin{aligned}
Y_{ji} &= 0.781\,8 - 5.411\,6j \\
Y_{ij} &= -0.269\,9 - 2.884\,5j \\
b_{ii} &= -0.404\,2j \\
b_{jj} &= -0.794\,0j
\end{aligned}
\tag{3-60}
$$

将该参数添加到用于短路计算的导纳阵中，之后进行短路电压计算。

1. 短路故障发生在靠近整流侧交流母线处

在 BUS31 上设置发生三相短路故障，接地电阻为 0，计算短路后的各母线短路电压。

为进行对比，采用 PSASP 进行仿真计算。在该系统的同样位置设置接地电阻为 0 的三相短路接地故障，之后进行暂态稳定计算，结果输出各母线电压，与程序计算结果进行对比。

BUS31 发生三相短路接地故障后的电压计算结果对比如图 3－24 所示。

由图 3－24 可知，程序计算的结果与 PSASP 的暂态仿真结果对比，二者较为相符。大部分母线的电压没有差别或差别甚微，但部分母线的电压结果还是有较明显的区别。

对于较为关注的直流系统两侧交流母线的电压计算结果，BUS33、BUS34 的母线行号分别为 23、22。可以得到对比结果如表 3－14 所示。

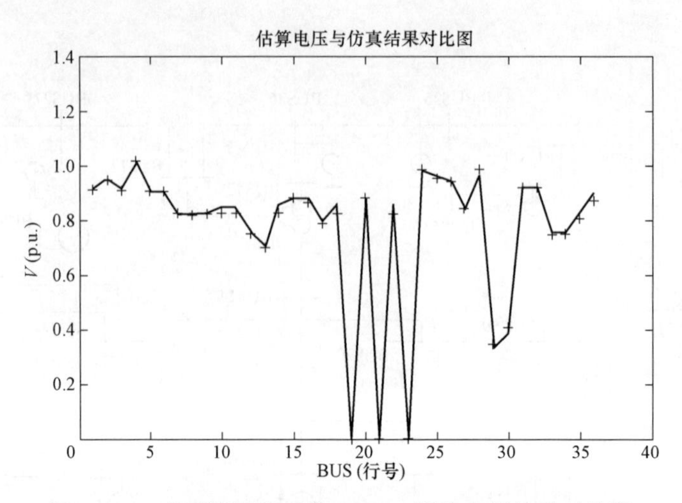

图 3－24　交直流混联系统 BUS31 短路电压结果对比图

表 3－14　　交直流混联系统 BUS31 短路电压结果对比表

值＼母线名	BUS33	BUS34
程序结果（p.u.）	0.000 34	0.825 3
仿真结果（p.u.）	0.000 30	0.855 4
相对误差	—	3.52%

从表 3－14 来看，虽然两种计算方法得到的直流系统交流母线电压的值存在差别，但差别较小，在可以接受的范围之内。

检查系统内的其他母线，发现电压误差比较大的母线如表 3－15 所示。

表 3－15　　交直流混联系统 BUS31 短路电压较大误差统计表

母线	相对误差（%）
18（BUS29）	3.54
36（BUS9）	4.01

整体来看，程序对 BUS31 发生短路故障后的各母线电压的估算结果的精度是可以接受的。可以认为，当系统中直流系统整流侧一带发生短路接地故障，程序对各母线的电压值就有较好的估算结果。

2. 短路故障发生在靠近逆变侧交流母线处

在 BUS20 上设置发生三相短路故障，接地电阻为 0，计算短路后的各母线短路电压。

之后采用 PSASP 在该系统的同样位置设置接地电阻为 0 的三相短路接地故障，进行暂态稳定计算，输出各母线电压，与程序计算结果进行对比。

BUS20 发生三相短路接地故障后的电压计算结果对比如图 3－25 所示。

由图 3－25 可知，程序计算的结果与 PSASP 的暂态仿真结果对比，二者的变化趋势是一致的，部分母线的电压甚至基本没有区别。但大部分母线的电压结果来看，还是有较为明显的差异。

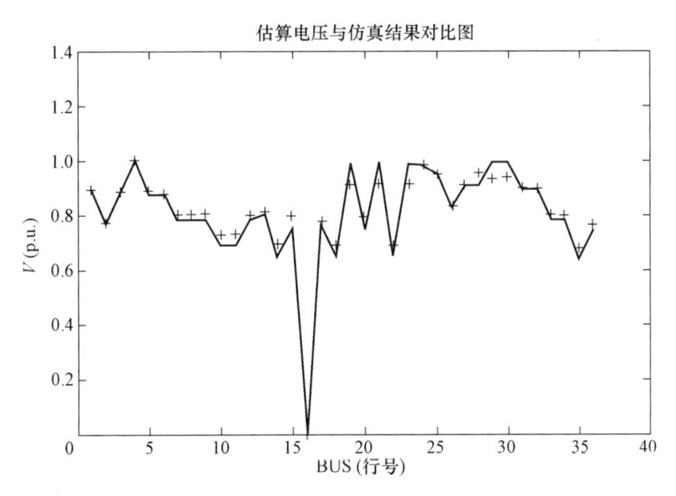

图 3－25 交直流混联系统 BUS20 短路电压结果对比图

需要重点关注的直流系统两侧交流母线（BUS33、BUS34 的母线行号分别为 23、22）的电压结果对比如表 3－16 所示。

表 3－16 交直流混联系统 BUS20 短路电压结果对比表

值 \ 母线名	BUS33	BUS34
程序结果（p.u.）	0.912 9	0.691 0
仿真结果（p.u.）	0.990 8	0.648 67
相对误差（%）	7.86	6.53

由表 3－16 中可以看出，在 BUS20 发生短路的情况下，直流系统两侧交流母线的电压估算结果都有一定的偏差，其中，其整流侧交流母线（BUS33）的误差较大，接近 10%，而逆变侧交流母线（BUS34）的误差也超过了 5%。

而系统的其他母线中，电压结果误差较大的如表 3－17 所示。

表 3－17 交直流混联系统 BUS20 短路电压较大误差统计表

母线名	相对误差（%）	母线名	相对误差（%）
7（BUS12）	5.5	28（BUS5）	5.48
15（BUS18）	5.92	29（BUS7）	5.92
19（BUS30）	6.53	30（BUS8）	5.28
21（BUS31）	6.53		

根据该结果可以认为，当系统在较近直流线路逆变侧一带发生短路故障时，程序对各母线电压的估算结果有一定的误差，其中，直流线路整流侧交流母线的电压误差结果最大。但是这个精度是否能够接受，还需要根据具体情况而定。

3.3.5.2 直流潮流误差分析

在以上系统内将各条直流线路的功率等效为发电或负荷，对其两侧交流母线的功率进行更改，并以此数据进行直流潮流的计算，得到各交流线路的有功潮流。

采用交流潮流计算方法对该系统进行潮流计算，同样得到各交流线路的有功潮流。值得注意的是，由于这种系统是纯直流互联模式的系统，所以两侧交流电网均应设置参考节点。

由于没有考虑无功，用直流潮流计算得到的结果本身就存在误差，因此，需要放松对精度的要求。经检查，无论直流线路整流侧交流电网还是逆变侧交流电网，大部分线路的两种计算方法的潮流结果均较为接近，选取部分数据如表 3－18 所示。

表 3－18　　两种算法潮流结果对比表

线路	交流潮流有功（p.u.）	直流潮流有功（p.u.）	相对误差（%）
3－4	0.194 9	0.191 1	1.95
6－8	0.273 4	0.273 1	0.11
9－10	0.048	0.048	0.00
5－7	0.156 4	0.154 1	1.47
15－18	0.078 5	0.072 5	7.64
10－20	0.072 1	0.076 5	6.10
21－22	－0.236 6	－0.245 7	3.85
27－30	0.071 2	0.069 6	2.24
8－28	－0.028 2	－0.027 0	4.26
13－13	－0.239 5	－0.215 5	10.02

由此可见，对于大部分线路而言，直流潮流的计算结果和交流潮流的计算结果是较为接近的，即使存在误差，也在可接受的范围之内。但总体来看，该直流潮流计算方法是可以使用的。

3.3.5.3　最优直流潮流计算结果分析

同样采取上述 30 节点交直流系统作为算例。通过直流潮流模块可计算出各交流线路的有功潮流。检查后，发现此时不存在线路越限。通过比较线路容量裕度，可发现线路 15－18 的所剩的余量最小。其当前传输有功功率为 0.072 5，该线路的容量为 0.16，所剩余量为 0.082 5。

将该线路的容量改为 0.06。由于直流潮流计算结果不变，所以得到该线路潮流越限的结果，所剩余量为－0.012 5。

此时起动 OPF 模块进行优化，优化之后，线路 15－18 传输的有功功率减为 0.051 9，所剩余量为 0.008 1。通过检查，发现其余线路也不存在越限的情况。

优化前后的结果对比如表 3－19～表 3－21 所示。

表 3－19　　发电机优化前后功率对比表

发电机母线号	优化前出力（p.u.）	优化后出力（p.u.）	出力上限（p.u.）
1	0.235 4	0.473 9	1.500
2	0.609 7	0.520 0	0.600
22	0.215 9	0.393 5	0.625

续表

发电机母线号	优化前出力（p.u.）	优化后出力（p.u.）	出力上限（p.u.）
27	0.269 1	0.169 4	0.487
23	0.192 0	0.120 5	0.400
13	0.370 0	0.214 8	0.447

表 3－20 负荷优化前后消耗功率对比表

母线号	2	3	4	7	8	10	12
优化前	0.217 0	0.024 0	0.076 0	0.228 0	0.300 0	0.058 0	0.112 0
优化后	0.217 0	0.024 0	0.076 0	0.228 0	0.300 0	0.058 0	0.112 0
母线号	14	15	16	17	18	19	20
优化前	0.062 0	0.082 0	0.035 0	0.090 0	0.032 0	0.095 0	0.022 0
优化后	0.062 0	0.082 0	0.035 0	0.090 0	0.032 0	0.095 0	0.022 0
母线号	21	23	24	26	29	30	
优化前	0.175 0	0.032 0	0.087 0	0.035 0	0.024 0	0.106 0	
优化后	0.175 0	0.032 0	0.087 0	0.035 0	0.024 0	0.106 0	

表 3－21 直流系统优化前后功率对比表

直流线路	优化前功率	优化后功率	功率上限
4－12	0.014	0.024 6	0.05
6－10	0.027 5	0.027 1	0.05
6－9	0.048	0.043 7	0.08
28－27	0.065	0.044 0	0.10

通过发电机功率、负荷消耗功率、直流系统功率的优化前后结果对比可见，发电机出力、直流系统传输有功均有一定的改变，而负荷的消耗功率却没有改变。由于优化的目的是使得该系统供应的负荷最大，因而应该尽量不改变负荷的消耗功率，使之保持在初始功率不变。因此，这个优化结果是符合要求的。

同时，由表 3－19～表 3－21 可以看出，各优化变量的优化结果均未超出自身上界。经检验，岛内功率平衡、直流系统总传输功率小于岛内发电机总出力的要求也已满足。由此可知，该优化结果是合理的。该模块确实能够有效地进行优化，在保证供应最大量负荷的情况下消除系统的越限现象。

3.4 频率稳定及控制系统建模

电力系统频率是衡量电能质量的重要指标之一。维持系统频率在一个合理的范围内是系统正常运行的必然需求，而当系统受到扰动时，系统频率失稳甚至崩溃则往往会引发连锁故障，进而造成大停电事故的发生，带来巨大的损失。以两次实际电网事故为例：1999 年 7 月 29 日，台湾省内由南部向中北部经两组同塔双回线送电 3400MW，但其中一组同塔双回线因故断开，同时南部一大型电厂因保护误动退出运行，继而致使潮流转移，大量功率迂回输送，另一组双回线跳闸，南部电网与中北部解列，此时中北部负荷 15 500MW，有功缺额 3400MW，低频减载切负荷量不足，发电机低频保护动作，机组脱网，中北部全部失电，系统负荷损失共计 16 700MW，停电时间达 22h。无独有偶，2012 年 11 月 12 日黑龙江鹤伊电网因故障与黑龙江主网相连接的三回线跳闸，形成孤网，此后孤网内有功功率供需不平衡，尽管网内发电机组增加出力，仍无法抑制频率下降，低频减载设备动作，切除小于整定量的负荷，频率在 48Hz 短暂悬停。由于整定原因，发电机低频保护动作，造成机组解列，进而全网停电，负荷损失达到 360MW，停电时间近 5h。这些惨痛的事例说明，在停电模型中引入频率稳定问题的分析，研究频率失稳这一诱发大停电事故的因素有着十分重要的意义。

3.4.1 频率稳定及控制系统特性

电力系统的频率特性表现为系统频率静态特性和系统频率动态特性。前者关注于系统发电机出力改变或负荷出现波动后，经过一定的时间频率的稳态恢复值。它是分析系统调速器工作所引发的一次调频的有效工具，其忽略了频率恢复过程，只着眼于频率变化的起始与终止值。后者则是关注系统在遭受扰动后，经过一段时间由一个稳态频率过渡到另一个稳态频率的过程。它直接决定着系统中与频率相关设备（低频减载装置、发电机低频过频保护装置）的动作情况，在一定程度上影响着系统频率的恢复值。

3.4.1.1 电力系统频率特性

1. 系统频率静态特性

电力系统频率静特性是由负荷频率静特性和发电机频率静特性两部分组成的，以下分别介绍。

系统中负荷有功功率会随系统的频率变化而变化，这种特性被称为负荷频率静特性。然而，负荷消耗有功功率对频率的变化率是不同的，其中有基本与频率无关的负荷，如照明等；有与频率正相关的，如球磨机等；有与频率二次方成正比的，如涡流损耗等；当然还有与频率高次方相关的负荷。在实际电网中具有上述种种特点的负荷以不同的比例存在，全网负荷总有功功率与频率不再是上述简单的关系。此时，电网负荷将以下式表达

$$P_{\mathrm{D}}=aP_{\mathrm{DN}}+bP_{\mathrm{DN}}\left(\frac{f}{f_{\mathrm{N}}}\right)+cP_{\mathrm{DN}}\left(\frac{f}{f_{\mathrm{N}}}\right)^{2}+\cdots \tag{3-61}$$

式中 P_{D}——系统频率为 f 时的系统有功消耗；

P_{DN}——系统频率为 f_{N} 即额定频率时的系统有功消耗；

a、$b\cdots$——与负荷比例相关的常数。

将式（3－52）中有功及频率分别以其各自的额定值为基值，则有

$$P_{\mathrm{D}*}=a+bf_{*}+cf_{*}^{2}+\cdots \tag{3-62}$$

在此基础上定义负荷频率调节效应系数 K_{L} 及其标幺值 $K_{\mathrm{L}*}$ 为

$$K_{\mathrm{L}}=\frac{\Delta P_{\mathrm{D}}}{\Delta f}\mathrm{MW/Hz} \tag{3-63}$$

$$K_{\mathrm{L}*}=\frac{\Delta P_{\mathrm{D}}/P_{\mathrm{DN}}}{\Delta f/f_{\mathrm{N}}}=\frac{\Delta P_{\mathrm{D}*}}{\Delta f_{*}} \tag{3-64}$$

负荷频率调节效应系数直接由系统实际负荷组成情况决定，是电力系统调度部门需要掌握的一个重要参数，反映了系统中负荷有功对频率的敏感程度，在低频减载等计算整定时有重要意义。典型的K_{L*}值为1～3。

在发电机组一侧，其频率（转速）的调整是有调速器进行的。发电机频率静特性直接受其调速器特性影响。调速器的存在使得系统负荷增长并超过发电机出力时，发电机组自动提高输出有功功率；反之，系统负荷减少并低于发电机出力时，发电机组自动降低输出有功功率。调速器的这种特点使得发电机组频率静特性可近似表示成一条向下倾斜的直线，如图3－26所示。

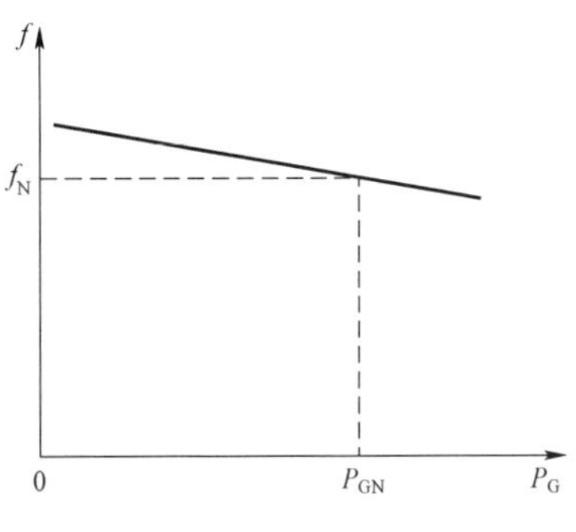

图3－26　发电机频率静特性

在此基础上定义调差系数δ为

$$\delta = -\frac{\Delta f}{\Delta P_G} \tag{3-65}$$

$$\delta_* = -\frac{\Delta f / f_N}{\Delta P_G / P_{GN}} = -\frac{\Delta f_*}{\Delta P_{G*}} \tag{3-66}$$

式中　P_{GN}——发电机额定出力。

调差系数亦被称为调差率。可以通过调节发电机调速器特性予以改变，它在一定程度上反映出发电机维持其转速（频率）的能力。在实际系统中典型参数为：汽轮机$\delta_*=0.04$～0.06，水轮机$\delta_*=0.03$～0.04。

综合考虑负荷频率静特性和发电机频率静特性，系统频率静特性可以以图3－27表示。其中的两种特性曲线交点为实际工作点。

当系统发电机出力或负荷量出现变化后，利用图3－27所示的系统频率静特性，通过改变发电机或负荷的特性曲线可以求解新的工作点，进而确定系统经过过渡过程后达到的稳态下的频率。

2. 系统频率动态特性

系统在稳态下，由于某种原因出现有功不平衡，此时系统频率出现波动，进入过渡过程，典型的频率动态变化过程如图3－28所示。

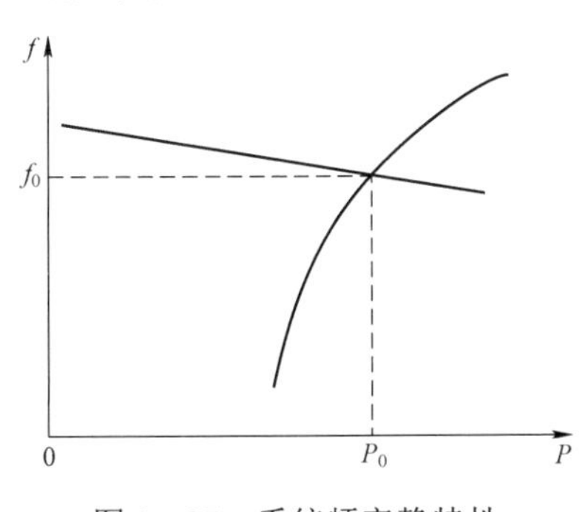

图3－27　系统频率静特性

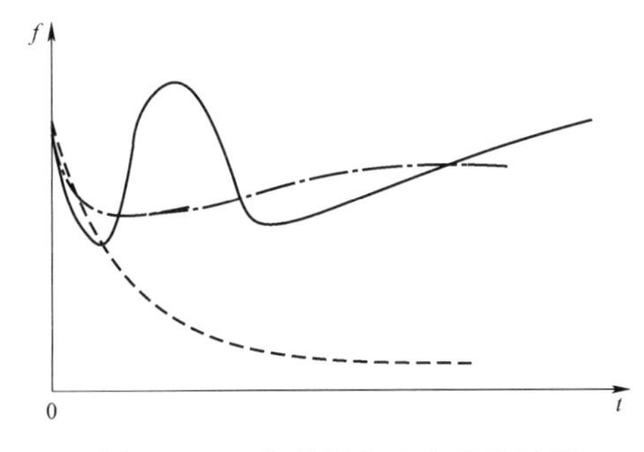

图3－28　典型频率动态变化过程

在图3－28中，虚线表明系统无选转备用时系统频率不断降低的情况；点画线则是系统有一定的选转备用，但并不充足，此时系统频率恢复至某一明显低于额定值的频率；而实线则是系统旋转备用充足，发电机组通过出力的调整，最终使系统频率恢复至额定值附近。

频率的这种动态过渡过程可以分为以下四个阶段：

第1阶段：扰动初期，系统内发电机以各自 $\mathrm{d}p_i/\mathrm{d}\delta_i$ 为系数分配有功差额。这种分配与实际扰动的剧烈程度、扰动点与各个电机间电气距离及扰动前发电机的运行状态有关。

第2阶段：在扰动2s以内，经过第1阶段有功差额的分配，系统内发电机以各自转动惯量为系数再分配有功差额。系统通过释放发电机转子动能或增加发电机转子动能减少系统有功差额。

第3阶段：在此阶段发电机调速器开始响应系统扰动，进行发电机有功出力的调整。其往往在扰动后3s后开始发挥作用，系统旋转备用对频率的支撑作用开始体现。

第4阶段：在几十秒后，进入此阶段。此时往往伴随着自动发电控制动作及调度部门的介入，系统频率动态变化过程也趋于结束。

对系统频率的这种动态过渡过程，分析研究方法主要有时域仿真法、等值模型法、人工智能法等。这三种分析方法对动态频率的分析在准确度、复杂度及分析时间等方面存在明显的差异，也导致了它们各自有着不同的适用范围。

时域仿真法对频率响应采用了机电暂态程序计算。国内现有使用较多的仿真程序有PSASP、BPA等。在这些仿真软件中对系统的一系列元件进行了建模，对各个原件模型需要设定相关的参数。当对系统建模充分并且相关参数设置足够准确时，使用时域仿真法可以对频率的变化过程进行十分详细而准确的模拟与分析，但其计算过于烦琐，随着系统规模、建模复杂度及参数数量的增加其耗时也将大幅上升。为了缩短仿真分析时间，同时降低元件模型构建的复杂程度，实用的仿真程序或多或少在不同方面进行了简化处理，其实际上是综合考虑复杂度与计算准确度后的较优结果。

等值模型法是为了简化频率问题的分析，提高计算效率而提出的一种近似分析方法。其认为待研究电网结构紧密，全网频率基本同步变化，基于这样的条件系统内发电机被等效为一台发电机，再考虑调速器的作用，得到与频率相关的简单解析解。在具体等值简化中又有多种处理方式，如不考虑旋转备用的单机带集中负荷模型、ASF 模型、SFR 模型等。等值模型算法最大的优点就在于其计算简便，速度快捷，在结构紧密的电网上准确度可接受。但其缺点也显而易见，其算法中对实际情况进行了一定的简化，准确度较时域仿真较差；在结构复杂、节点众多的互联大电网上存在有一定的误差，对一些需要精确衡量系统频率变化过程的情景不适用。

人工智能法是新兴起的一种分析频率动态过程的方法。其往往在离线方式下以历史电网数据或大量的电网仿真结果构成样本库，然后采用某种数学方法如贝叶斯网络等基于样本库构建某些电网运行数据与频率变化的映射关系，这一过程往往被称为“学习”过程。在完成映射关系构建后，其能够依靠简单的输入数据在线快速分析频率动态过程。在理论上这种映射关系可以对多种复杂的物理关系进行模拟，对动态频率的分析准确度也较高。然而在实际应用中，人工智能法的准确性很大程度上受到所构建的样本库的充分性及准确性所制约。只有样本库中的事件足够充足，可以基本覆盖实际运行中的大部分条件，同时保证事件中对动态频率的分析精确度足够，才能保证该方法在在线工作时的有效性。同时，人工智能的方法在离线进行映射关系构建时运算量庞大，运算时间较长，能够得到的结果数量有限。

此外，由于电网的互联，电网规模庞大，系统的动态频率也呈现出了一些新的特点。其中最突出的是频率时空分布特性。它对频率动态过程的分析有着显著的影响，进而影响低频

减载的设计及实际效果。目前，通常需要借助时域仿真考察这种大型电网所特有的性质。

3.4.1.2　低频减载

低频减载作为防止频率崩溃的重要手段，在维持系统频率稳定中起着主要作用。在实际应用中，自动低频减载装置广泛存在于电网中，其根据电网运行情况工作，以电网频率的相关信息为判别条件，自动根据整定策略决定切除负荷的时间与数量；同时，电网的调度部门也会根据情况在某些情况下手动切除部分负荷，以弥补自动低频减载装置在局部切负荷不足的情况，是自动低频减载有效而必要的补充。随着多年的发展，现有自动低频减载的设计方案主要可以分为传统法、半适应法、自适应法。

传统法是一种典型的离线整定方法，使用时间最长，范围最广。它根据电网的运行经验结合仿真对自动低频减载装置的轮次数、各轮次动作频率、各轮次的延时时间以及各轮次的切负荷量进行整定。其中针对各轮次切负荷数量的整定往往又有不同的计算方式，且在完成理论计算后需要结合实际仿真，考察设计方案在系统不同工况下的有效性，对已有方案进行修正。这种低频减载的设计方法相对简单，应用广泛。根据实际运行情况，在大多数条件下都能良好工作，防止频率崩溃。此外，相较于其他方式，由于传统法动作的判别依据是频率的绝对数值，降低了对相关辅助设备的要求。但传统法也有一定的缺点，其动作逻辑的整定是离线进行的，整定工况与实际会存在一定偏差，同时设备又存在误动及拒动的概率，这往往会造成在实际运行中，自动低频减载设备实际切除负荷数量与理论整定值存在较大的偏差。负荷的过切除会造成额外的经济损失，频率也会超调；而负荷的欠切除无法有效抑制频率降低，当切除负荷量严重不足时，甚至会导致频率崩溃，造成大停电事故。

半适应法是在传统方法的基础上改进得到的。在此种设计方式下，自动低频减载设备的动作条件增加了频率的变化率。在系统频率降低至某一整定值时，低频减载设备将根据频率下降的速度对切负荷量进行调整。由于该方法采集了系统频率变化的实际信息，理论上其减负荷效果应该优于传统法。但在实际应用中，对于频率变化的采集往往仅限于基本轮的首轮，而在其他轮次与传统法相近，因而其优势在一定程度上被削弱。此外由于要获取频率变化率的信息，其所需要的继电器也较传统法复杂，成本更高。

自适应法可以根据实际扰动的大小来调整切除负荷数量。其对于扰动规模的衡量是通过测量扰动初始时刻系统频率的变化率实现的，自适应法对切负荷数量的优化会降低负荷损失情况。然而，自适应法理论依据依然是简化的系统模型，在实际事故过程中，发电机组退出等因素会影响相关参数，进而影响该方法的有效性；此外对于频率变化情况的测量准确度也会显著限制该算法的有效性。

由此可见，上述三种自动低频减载的整定方法互有利弊。目前，在中国范围内依然广泛使用传统整定方式结合系统仿真进行低频减载方案的设计，对于基本的整定参数及所使用的系统简化模型都可根据相关规定确定。此外，根据上述规定，互联的电网彼此亦应采用统一的低频减载方案，以发挥各区域间的有功支援作用；低频减载方案的设计同时也需要考虑与发电机低频保护的配合，避免发电机在低频时较早退出运行，加剧系统频率恶化。

3.4.1.3　发电机低频、过频保护

发电机组在系统中运行时应处于其额定频率附近，以保证安全性与经济性。当系统频率偏离额定值一定程度后会对发电机及其附属设备造成不利影响。这种不利影响主要表现在三方面：汽轮机叶片出现谐振、机组辅机运行出力降低、锅炉及核反应堆停堆。

发电机叶片谐振对于电机自身的损害具有一定的累积效应，谐振的出现会在一定程度上减少发电机的使用寿命。因而目前发电机对于低频及高频总运行累积时间和单次运行累积时间都有一定的限制要求，以期能保证发电机组的安全，延长发电机组的寿命。当系统频率偏离额定频率后，同样会对发电机组辅机有一定影响。辅机处于不利工作状态后进而影响发电机功率输出，严重时会直接导致机组退出运行。对于锅炉及核反应堆，为保证安全也会限制频率偏移。对于锅炉及核反应堆，系统频率最低值应大于核电厂冷却介质泵低频保护整定值，并留有 0.3～0.5Hz 的安全域度。

对于发电机的低频保护、过频保护，在设计中都应注意与低频减载方案相配合。对于低频保护，不希望发电机组仅以保护自身为目的，过早解列，造成更大的有功缺额，诱发更严重的事故；对于过频保护，在设计时应考虑到低频减载过切负荷后造成频率超过额定值的情况，避免发电机组因此而退出运行，引发新一轮的连锁故障，如表 3－22 所示。

表 3－22　　大机组频率异常情况运行时间表

频率范围（Hz）	累积运行时间（min）	每次运行时间（s）
46.5～47.0	＞1	＞1
47.0～47.5	＞60	＞60
47.5～48.0	＞300	＞300
50.5～48.5	持续运行	持续运行
50.5～51.0	＞180	＞180
51.0～51.5	＞30	＞30

3.4.2　系统频率计算

3.4.2.1　暂态频率计算

如前文所述，在考虑频率稳定的停电模型中，需要模拟系统中实际存在的低频减载设备的动作情况。考虑到目前国内低频减载装置大多是根据频率跌落值带延时动作的，那么有必要在停电模型中对频率动态过程进行估计，计算系统频率在扰动后的下降情况。同时又注意到在扰动后过渡过程的四个阶段中，调速器的动作是在第三阶段即 3s 后进行的。这表明，对于一个有一定旋转备用容量的系统而言，在此时频率往往是相对较低的，如果自动低频减载基本轮首轮在这一过程未动作，则之后伴随着旋转备用作用地发挥其动作的可能较小，在模型中近似不予考虑。基于这样的处理方式，模型对于系统动态频率的估计得以简化，具体为：在模型中只需要关注扰动初期（3s 以内）无调速器影响的时间范围内频率的变化情况，并以此为依据近似判断自动低频减载基本轮首轮是否动作。至于其他轮次低频减载装置的动作情况在模型中采用了简化处理的方式，不再需要以频率值为设备动作与否的判别条件，其具体的简化设计方式如前所述。

根据现有对动态频率分析方式的对比介绍，结合考虑频率稳定的停电模型对动态频率分析的需求，最终决定以单机带集中负荷模型对系统扰动初期的动态频率变化予以模拟。使用单机带集中负荷模型所需要的系统参数少，运算简单，计算快捷；更重要的是，其在扰动初期对于系统动态频率估计的准确度良好，满足停电模型需要。

单机带集中负荷模型有多种数学表达形式。在本停电模型中使用的是无须考虑系统旋转备用容量的一种。单机带集中负荷模型的具体数学推导与基本假设如下所示。

单机带集中负荷模型的运动方程为

$$T_j \frac{\mathrm{d}\omega_*}{\mathrm{d}t} = P_{T*} - P_{D*} \tag{3-67}$$

式中　T_j——系统发电机等值惯性时间常数；

ω_*——等效单机旋转电角速度标幺值；

P_{T*}——系统原动机输入机械功率标幺值；

P_{D*}——系统内负荷消耗有功功率标幺值。

由于单机带集中负荷模型不考虑旋转备用的作用，故认为运动方程中表示原动机输入功率的 P_{T*}项为常数；对负荷消耗的有功一项，考虑负荷频率调节效应的作用有

$$P_{D*} = P_{DN*} + K_{L*}\Delta f_* \tag{3-68}$$

式中　P_{DN*}——额定状态时，系统内负荷消耗有功功率标幺值。

同时注意到有

$$\Delta\omega_* = \frac{\Delta\omega}{\omega_N} = \frac{2\pi\Delta f}{2\pi f_N} = \Delta f_* \tag{3-69}$$

$$\frac{\mathrm{d}\omega_*}{\mathrm{d}t} = \frac{\mathrm{d}(1+\Delta\omega_*)}{\mathrm{d}t} = \frac{\mathrm{d}\Delta\omega_*}{\mathrm{d}t} \tag{3-70}$$

将以上公式进行整理、简化，可以得到下式

$$T_j \frac{\mathrm{d}\Delta f_*}{\mathrm{d}t} + K_{L*}\Delta f_* = P_{T*} - P_{DN*} \tag{3-71}$$

显然，式（3－71）为关于 Δf_*的一阶微分方程，有解析解为指数变化形式，具体可以表达为

$$\Delta f_* = \frac{P_{T*} - P_{DN*}}{K_{L*}}\left(1 - \mathrm{e}^{-\frac{t\times K_{L*}}{T_j}}\right) = \frac{\Delta P_*}{K_{L*}}\left(1 - \mathrm{e}^{-\frac{t\times K_{L*}}{T_j}}\right) \tag{3-72}$$

式中　ΔP_*——系统扰动后产生的有功差额的标幺值。

式（3－72）就是停电模型中将要直接使用的用于系统扰动初期频率动态变化过程估计的公式。其需要的输入信息包括扰动规模（以有功缺额的大小来衡量）、系统运行及元件参数（负荷频率调节系数和等值发电机惯性时间常数）。特别应注意的是对系统等值发电机惯性时间常数需要进行折合，其等效折合方式可以分为两步。

首先，对于单台发电机其给定的惯性时间常数往往是基于其自身容量基值的，因此要折合至系统基值下；其次，在获取系统统一基值下的各个发电机惯性时间常数后需要进行等效，化为等值的单台电机的相应参数。在获得此参数后，即可进行频率变化的计算

$$T_{jB} = \frac{S_N}{S_B} T_{jN} \tag{3-73}$$

$$T_j = \sum_{i=1}^{N} T_{ji} \tag{3-74}$$

式中 T_{jN}——单台发电机在其功率基值 S_N 下的惯性时间常数；

T_{jB}——单台发电机折合至系统功率基值 S_B 下的惯性时间常数；

N——系统内发电机数；

T_{ji}——第 i 台发电机在系统基值下的惯性时间常数；

T_j——系统等效单机在系统基值下的惯性时间常数。

3.4.2.2 稳态频率计算

考虑频率稳定的停电模型需要对连锁故障进行模拟。在初始扰动后，系统频率波动，与频率相关的调速器、低频减载装置、发电机保护装置都可能动作，进而系统发电侧有功出力及实际负荷的有功消耗都会变化。在以动态频率为基础确定相关设备动作情况、明确系统剩余发电出力及负荷后，需要对系统恢复频率予以估计。在构建的停电模型中以系统频率静特性对频率的恢复情况进行估计。

首先，对系统频率静特性进行简化处理。在系统频率处于 50～45Hz 时，在误差可接受的范围内，公式可以进行简化。忽略与频率二次方及以上成正比的项，同时注意到当 $f_*=1$ 时，显然有 $P_{D*}=1$，最终得到简化的负荷频率特性表达为

$$P_{D*}=a+K_{L*}f_*=(1-K_{L*})+K_{L*}f_* \tag{3-75}$$

同理，对发电侧静特性有

$$f_*=1-\delta_*(P_{G*}-1) \tag{3-76}$$

特别的，当系统中存在有多台发电机时，上式中的 δ_*应为系统等效调差系数。由于系统中实际存在有部分机组处于满发状态，无法增加出力，这些机组的存在实际上会降低系统通过发电机抑制频率变化的能力，在等效调差系数的折合中应予以体现，具体为

$$\delta_*=\frac{\sum_{i=1}^{n}P_{GiN}}{\sum_{i=1}^{m}P_{GiN}/\delta_{i*}} \tag{3-77}$$

式中 δ_*——系统等效调差系数；

n——系统中全部发电机的台数；

m——系统中有旋转备用容量的发电机台数；

δ_{i*}——第 i 台机实际调差系数；

P_{GiN}——第 i 台机额定有功出力。

此时全系统频率静特性以图 3-29 表示。假设系统出现 ΔP 的有功缺额，此时利用静特性推导，得到其与频率变化 Δf 之间关系为

$$\Delta f_*=\Delta P_*\times\frac{\delta_*/K_{L*}}{\delta_*+1/K_{L*}} \tag{3-78}$$

利用式（3-78）可以进行系统频率恢复情况的估计，这种方法所需要的参数少且方便获得，计算准确度良好，可以满足模型的需要。

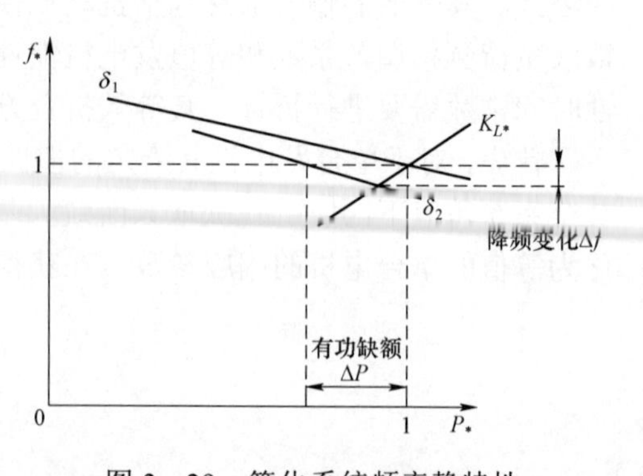

图 3-29 简化系统频率静特性

3.4.3　低频减载模型

模型中对于低频减载的模拟分为对自动低频减载的模拟及人工低频减载的模拟。根据规定，自动低频减载又分为基本轮与特殊轮。基本轮一般设置为3～8轮，延时常为0.2s或略长，首轮动作频率不高于49.25Hz；特殊轮另外单独设置，长延时，一般为10～30s。结合前述介绍的单机带集中负荷模型，最终确定了模型中低频减载的模拟方案。

（1）自动低频减载基本轮首轮。

作为最早动作的低频减载轮次以频率值判断其起动情况。具体为忽略其短延时，利用单机带集中负荷模型估计扰动初期频率降低情况，与预先设定起动值比较，进而确定低频减载首轮起动情况。低频减载首轮的减负荷量确定式为

$$\Delta P_{Lb*}=\frac{\Delta P_*}{N}-\frac{K_{L*}(1-f_{mi})}{N}=\frac{\Delta P_*-0.1K_{L*}}{N} \tag{3-79}$$

式中　ΔP_{Lb*}——低频减载基本轮一轮切除负荷量；

N——基本轮轮次数；

ΔP_*——系统可能出现的较大有功缺额；

f_{mi}——系统低频临界值，在此取45Hz（标幺值0.9），可以更改。

需要说明的是以上整定方式是诸多方式中的一种，其对于低频减载基本轮各轮切负荷量采用了平均分配的方式。在所设计的停电模型中仅用此式确定基本轮首轮切负荷量。

（2）自动低频减载基本轮后续各轮及人工低频减载。

基本轮后续各轮和人工切除负荷应在基本轮首轮动作后才有可能发生。实际中基本轮后续各轮的动作判别条件依然是频率值，也有普遍长于首轮的延时。为了简化计算，同时注意到上述两种切除负荷均以恢复系统频率为目的，因此在所构建的停电模型中对它们做统一简化处理。其动作要求为基本轮首轮动作结束且系统频率（利用系统频率静特性计算）未恢复，其切除负荷量同样使用频率静特性计算，具体为

$$P_{D*}=\Delta P_*-\Delta f_*\times\frac{\delta_*+1/K_{L*}}{\delta_*/K_{L*}} \tag{3-80}$$

式中　P_{D*}——切除的负荷量；

ΔP_*——系统初始有功差额；

Δf_*——期望恢复频率后与额定频率偏差。

（3）自动低频减载特殊轮。

特殊轮的存在防止了可能出现的系统频率悬停于某一较低值的现象。其动作频率高于基本轮，且延时较长。停电模型中对其起动的判别是基于频率静特性计算的恢复频率进行的，这符合其长延时且是较晚动作的减负荷措施的特点。其切除负荷量整定为

$$\Delta P_{Ls*}=\frac{(1-f_{mi})K_{L*}}{N'}=\frac{0.1K_{L*}}{N'} \tag{3-81}$$

式中　ΔP_{Ls*}——特殊轮一轮切除负荷量；

N'——特殊轮轮次数。

此外，如前文分析，实际低频减载设备在切除负荷时，其实切负荷量与理论值存在有一定的偏差，在模型中同样考虑了这一实际问题。决定对切负荷数量进行概率化的处理，以模

拟欠切及过切负荷的情况。具体为：认为系统实际切除负荷量近似服从正态分布，其中正态分布的期望值为理论整定负荷切除量，而方差则与实际系统的工况、低频减载设备拒动误动概率等相关。

3.4.4 发电机高频/低频保护模型

停电模型中对于发电机组保护的模拟采用了发电机基于频率的停运概率模型。在此停运模型中，发电机组退出运行的概率是系统实际频率的函数。当系统频率在额定频率附近的某一频率范围内时，发电机组以一很小的统计故障概率退出运行；当系统频率增加或降低时，发电机组退出运行的概率都将上升；直至系统频率超过某一频率上限、下限时，发电机组将确定退出运行。

停运概率模型的数学表达为

$$P(f)=\begin{cases}1 & f<f_{\min}\\ \dfrac{(P_o-1)\times f+f_{\min}^{\text{nor}}-P_o\times f_{\min}^{\text{nor}}}{f_{\min}^{\text{nor}}-f_{\min}} & f_{\min}\leqslant f\leqslant f_{\min}^{\text{nor}}\\ P_o & f_{\min}^{\text{nor}}<f<f_{\max}^{\text{nor}}\\ \dfrac{(1-P_o)\times f+P_o\times f_{\max}-f_{\max}^{\text{nor}}}{f_{\max}-f_{\max}^{\text{nor}}} & f_{\max}^{\text{nor}}\leqslant f\leqslant f_{\max}\\ 1 & f>f_{\max}\end{cases} \tag{3-82}$$

式中 $P(f)$——系统频率为f时发电机组退出运行的概率；

P_o——系统在额定频率附近时发电机退出运行的统计概率；

$f_{\min}$——系统低频下限；

$f_{\min}^{\text{nor}}$——系统频率正常的下限值；

$f_{\max}^{\text{nor}}$——系统频率正常的上限值；

$f_{\max}$——系统频率上限。

停运概率模型也可以图 3－30 表示。

发电机组的保护装置动作时，理论上系统频率应偏离额定频率较多；同时注意到发电机组的保护装置普遍带有较长的延时，因而在发电机停运模型中的系统频率以系统稳态恢复频率代替，而不使用系统的动态频率。

3.4.5 频率稳定及控制模块设计

频率分析模块处于停电模型的快动态过程中，当在连锁故障进程中，每当系统由于线路开断进而改变系统拓扑结构后，都将调用该模块进行频率相关问题的分析，并给出各个电气岛的相关设备动作情况、负荷损失情况、发电机解列情况和最终的频率稳定分析结果。该模块使用的数学工具在第三章中有详细介绍，图 3－31 将对模块具体流程结构以及各步骤与实际情况的对应关系予以说明介绍。

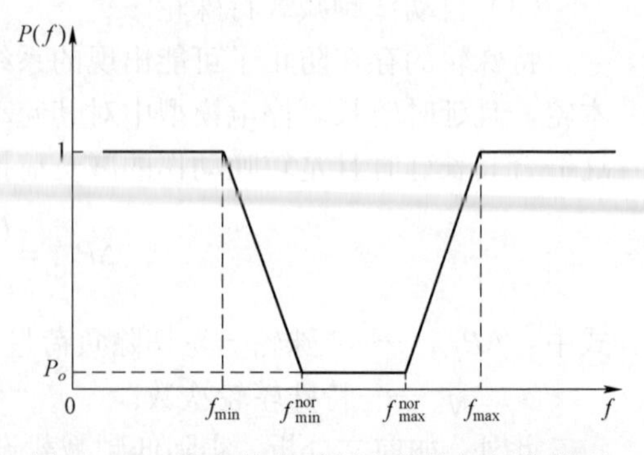

图 3－30 发电机基于频率的停运概率模型

第 1 步：开始。对于系统中的某一个电气岛，统计岛内发电机实际有功出力、最大有功出力、实际负荷量等相关信息。

第 2 步：判断电气岛内有功平衡情况，有功基本平衡直接结束；有功过剩，调节发电机出力后结束；有功不足，进入低频分析（第 3 步）。

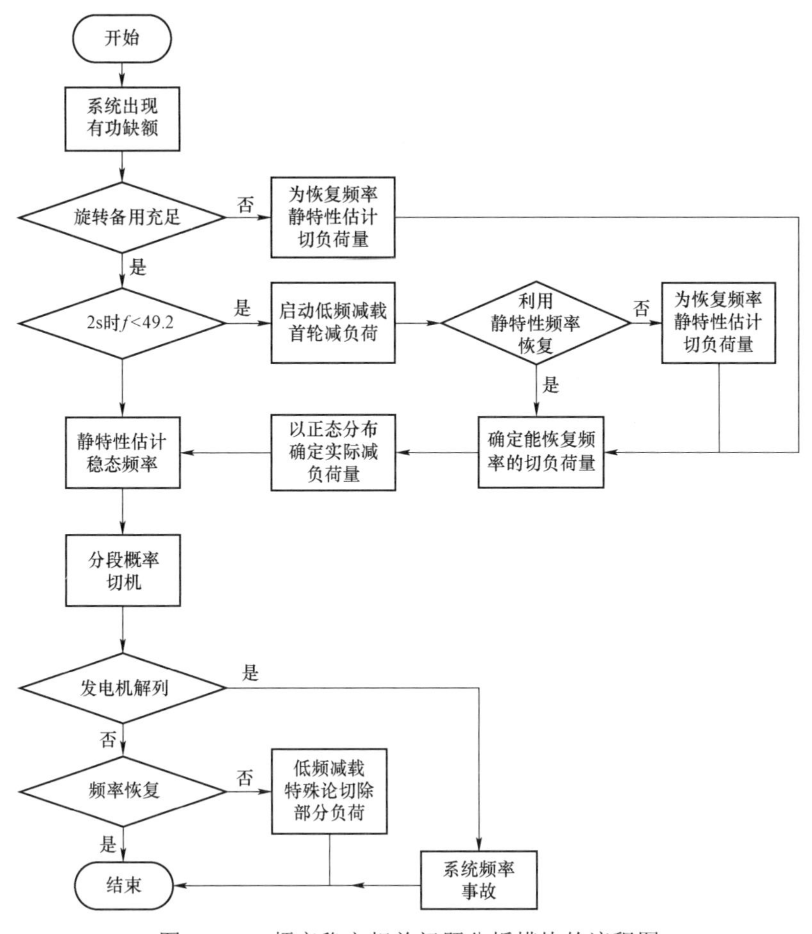

图 3－31　频率稳定相关问题分析模块的流程图

第 3 步：计算理论切除负荷量。首先判断系统旋转备用容量是否充足：如果电气岛内现有负荷低于岛内发电机有功最大出力，并留有一定的安全域度则认为该电气岛旋转备用充足；否则认为选转备用不足。当旋转备用不足时，估计频率恢复时需要切除的负荷量，并留有相应地安全裕度，随后直接进入第 4 步；当旋转备用充足时，估计 2s 时系统频降是否低于低频减载首轮动作值（模型中默认取 49.2Hz），如果低于该值则模拟低频减载设备动作情况。确定低频减载基本轮首轮切除负荷量，并确定基本轮后续各轮及人工切除负荷量，其余情况认为无须切负荷。

第 4 步：实际切除负荷。引入概率算法，实际切负荷量满足以理论切负荷量为均值的近似正态分布，以模拟实际电网事故发展时低频减载设备动作切除的负荷量往往与事故前的整定值存在一定差别的情况。

第 5 步：发电机低频、过频保护设备动作。统计系统中实际切除的负荷量，结合系统运行参数，估计切除负荷后系统频率恢复情况，根据此频率模拟发电机保护动作。

第 6 步：低频减载特殊轮动作。统计由于低频过频保护造成的机组损失情况，重新估计系统频率恢复情况。根据系统恢复频率是否高于特殊轮整定动作频率，模拟低频减载特殊轮动作情况。如果特殊轮动作，确定再次切除负荷量。

第 7 步：结束。统计本次故障过程中切除负荷总量及发电机解列情况，保存相关信息，进入潮流计算部分。

3.4.6 算例分析

3.4.6.1 频率计算误差分析

本节针对之前提出的对于系统动态频率及稳态恢复频率的估计算法进行了仿真验证。仿真系统为黑龙江省鹤伊电网实际系统，值得注意的是该系统曾在 2012 年 11 月发生频率崩溃引发的大停电事故。

黑龙江鹤伊电网实际拓扑结构如图 3－32 所示。

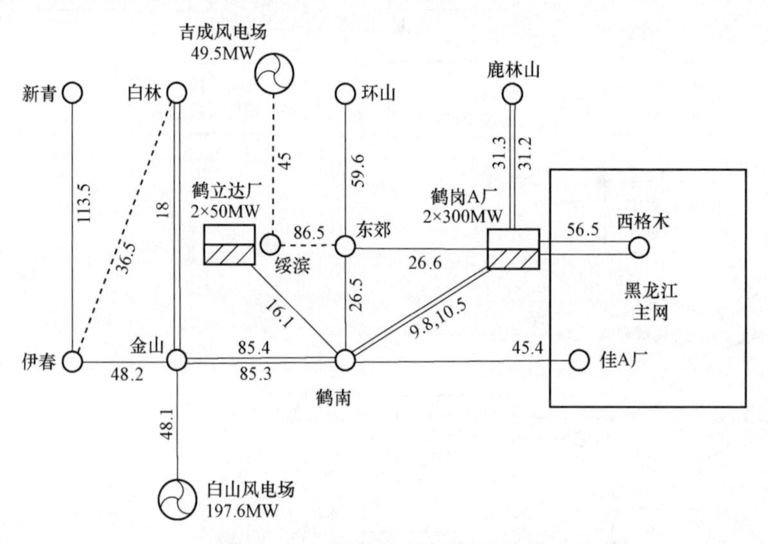

图 3－32 黑龙江鹤伊电网结构

图 3－33 和图 3－34 分别表现了低频减载切负荷量不同时频率的恢复情况。其具体情况如表 3－23 所示。

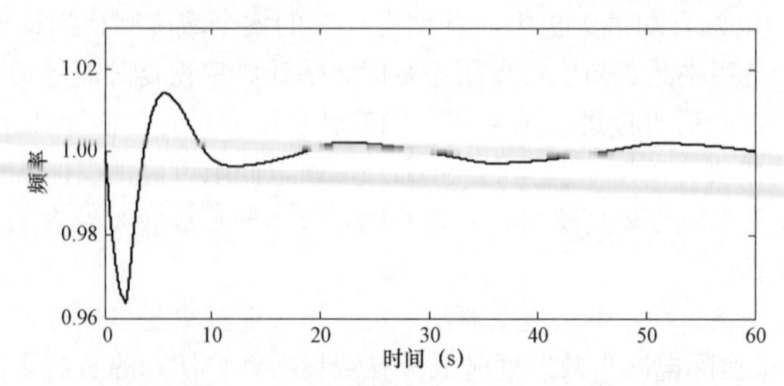

图 3－33 稳态频率恢复的验证（1）

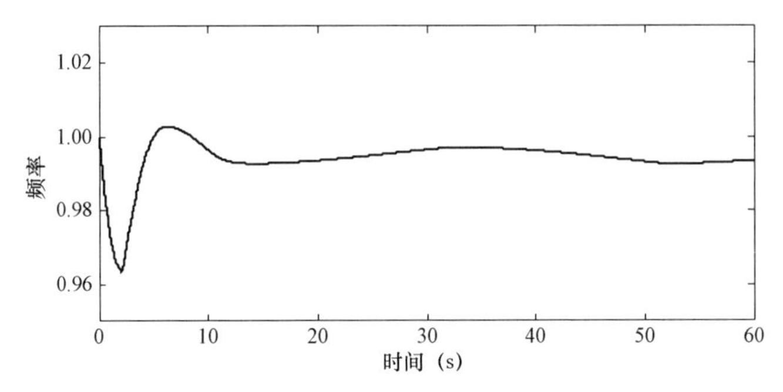

图 3－34　稳态频率恢复的验证（2）

表 3－23　　**系统稳态频率验证的仿真条件**

算例	扰动后系统负荷（MW）	扰动后系统发电机（MW）	扰动后负荷切除量（MW）	仿真系统恢复频率（Hz）	计算系统恢复频率（Hz）
图 3－33	401.65	230	180.7	50.05	50.03
图 3－34	401.65	230	120.5	49.75	49.79

通过实际仿真可以看出，使用系统频率静特性可以较好地估计系统经过切除负荷后的稳态恢复频率，可以满足模型的实际需求。

图 3－35 和图 3－36 是对系统动态频率估计的验证结果。其基本仿真条件如表 3－24 所示。由仿真结果可以看出，当系统旋转备用不充分时，仅靠发电机出力的调整是无法维持系统频率的，系统频率将不断降低直至崩溃（图 3－35 对应情况）；当系统有一定旋转备用且当频率降低后主动切除部分负荷，系统频率的下降会被有效抑制，经过一段时间系统频率可以恢复（图 3－36 对应情况）。

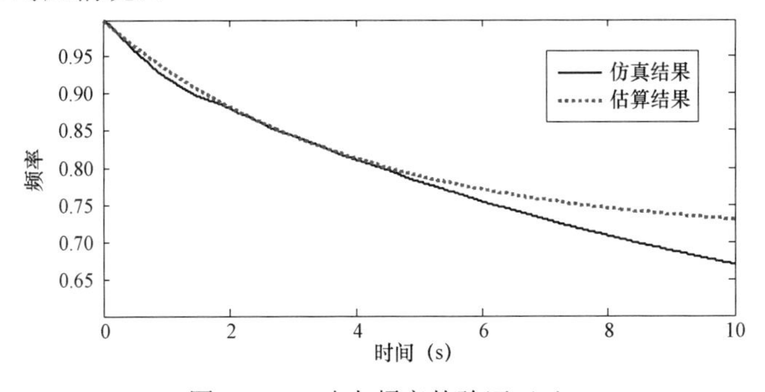

图 3－35　动态频率的验证（1）

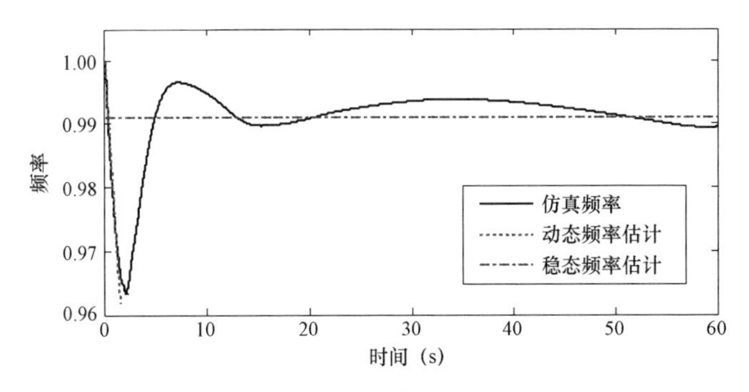

图 3－36　动态频率的验证（2）

表 3-24　　系统动态频率验证的仿真条件

算例	扰动后系统负荷（MW）	扰动后系统发电机（MW）	发电机最大出力（MW）	扰动后负荷切除量（MW）
图 3-35	401.65	230	250	0
图 3-36	401.65	230	650	80.33

在上述两种仿真条件下，系统在扰动初期仿真频率与单机模型估计吻合良好，这意味着利用单机带集中负荷模型可以有效估计扰动初期系统频率变化，满足模型的需要。

此外针对图 3-32，还表示出了此种仿真条件下系统稳态恢复频率估计值与仿真值的关系。对系统扰动初期频率动态变化的估计及稳态恢复频率的估计是模型所必需的，而以上仿真结果已经表明停电模型使用单机带集中负荷模型和系统频率静特性完成以上工作是有效的。

3.4.6.2　频率稳定及控制模块响应分析

本书中所构建的停电模型的一个初衷即为弥补现有停电模型对于频率稳定问题分析的不足。本小节将分别对有无频率分析模块的停电模型进行仿真计算，绘制停电风险概率分布图，并做比较分析，如图 3-37 和图 3-38 所示。

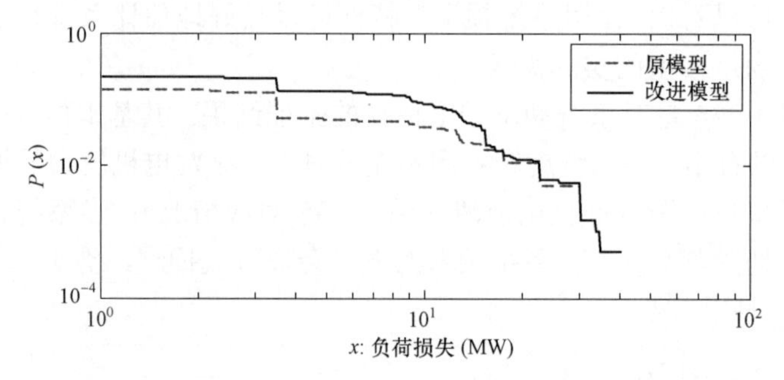

图 3-37　IEEE30 节点系统频率模块对停电风险的影响

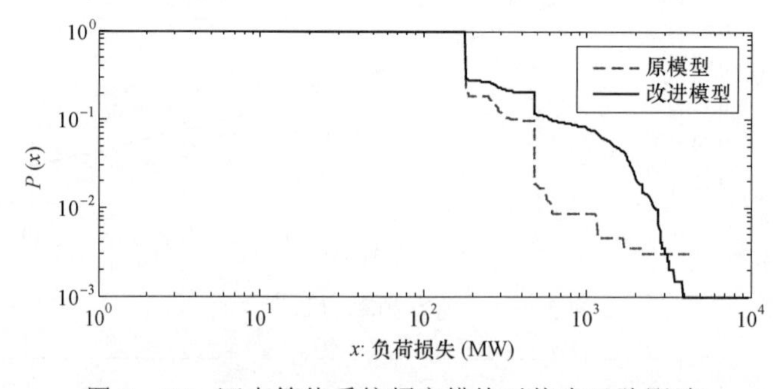

图 3-38　河南等值系统频率模块对停电风险影响

由图 3-38 所示的仿真结果可以发现，两种模型下系统停电分布呈现明显的“幂尾”形式，大停电的风险确实存在。而传统停电模型对于频率稳定问题的分析过于简单，致使对于系统在扰动后维持频率稳定的能力的估计过于乐观，其直观表现为增加频率分析模型后系统停电风险显著增长。而新构建的停电模型中对电力系统相关设备的实际动作情况进行了更贴近实际的模拟，考虑了低频减载设备欠切过切负荷及发电机保护动作的情况，这些因素都会增加停电风险。可见新构建的停电模型更加真实地揭示了频率稳定问题对大停电事故风险的影响，采取相关措施维持系统的频率稳定意义重大。

3.5　树木相关的慢速过程建模

本节将讨论树木相关的慢速过程，即在之前连锁故障模型的基础上：

（1）增加了对线路发热导致触树或损坏故障的模拟，给出了线路发热导致触树或损坏所需时间，模拟了连锁故障开始阶段的慢速过程，更完整地刻画了大停电过程。

（2）增加了对树木生长和电网公司植被管理的模拟，通过考虑这些与慢速过程紧密相关的因素及其相互作用，从复杂系统角度评估了树木生长及电网公司植被管理策略对电网长期可靠性的影响。

3.5.1　线路触树过程模拟

线路发热导致触树或损坏的模拟方法具体如下。借鉴随机模型，忽略线路温度在空间的变化，线路温度的时间演化可表示为

$$\frac{\mathrm{d}T(t)}{\mathrm{d}t}=\alpha I^2-v[T(t)-T_0] \tag{3-83}$$

$$\alpha=0.239/(\rho c\omega^2 k)\ v=Gp/(\rho C\omega)$$

其中
$$I=F/V$$

式中　$T(t)$——时刻t的线路温度；

I——线路电流；

ρ——密度；

C——比热；

ω——截面积；

k——电导率；

G——表面电导；

p——周长；

T_0——线路周围介质的温度。

假设线路初始温度为$T(0)$，线路有功功率为常数F，则线路温度变化可进一步表示为

$$T(t)=e^{-Vt}[T(0)-T_e(F)]+T_e(F) \tag{3-84}$$

其中

$$T_e(F)=\frac{\alpha}{v}\frac{F^2}{V^2}+T_0 \tag{3-85}$$

式中　$T_e(F)$——$t\to\infty$的线路平衡温度。传输容量$F^{\max}$下的线路平衡温度为$T_{cl}=T_e(F^{\max})$，此温度为线路可承受的最高温度。

需要指出的是，本节所考虑的线路仅指两个相邻的水平档距之间的线路，而非整条输电线。相应地，线路长度为考虑的两个水平档距之间线路的长度。由于线路温度变化而导致的线路长度的变化为

$$\Delta L=\Delta T\alpha_L L_0 \tag{3-86}$$

式中 ΔT ——线路温度的变化；

α_L ——线路的线性伸长系数；

L_0 ——温度变化前的线路初始长度。

假设线路的两个悬挂点等高，在已知线路档距 l 时线路长度 L 和弧垂 f 之间的关系可表示为

$$L = l + \frac{8f^2}{3l} \tag{3-87}$$

需要说明的是，在实际电网中当线路与树木的距离过小时就可能发生闪络，导致接地，而不必直接接触，但由于目前线路与树木闪络距离方面的研究尚十分薄弱，闪络距离难以确定，此处仅考虑当线路与树木距离为 0 时发生触树的情况。

初始线路长度 L_0 可根据式（3－87）由初始弧垂 f_0 求得。令 d_0 表示线路与树木的初始距离。当线路触树时弧垂将为 $f = f_0 + d_0$。由式（3－86）和式（3－87）求得线路温度变化 ΔT 后，可确定线路触树所需时间为

$$t_{\text{tree}} = -\frac{1}{v}\ln\frac{T(0) - T_e(F) + \Delta T}{T(0) - T_e(F)} \tag{3-88}$$

对于过载线路，线路可在有限时间 t_{cl} 达到传输容量下的平衡温度 T_{cl}

$$t_{cl} = -\frac{1}{v}\ln\frac{T_{cl} - T_e(F)}{T(0) - T_e(F)} \tag{3-89}$$

令 f_{cl} 表示过载线路在时刻 t_{cl} 的弧垂。如果 $d_0 > f_{cl} - f_0$，线路将因发热而在 t_{cl} 时刻损坏；否则，线路将在更短的时间 t_{tree} 触树。

对于未过载的线路，温度不会达到 T_{cl}，但仍可能由于线路弧垂增大而触树。令 f_e 表示线路温度为 $T_e(F)$时的线路弧垂。如果 $d_0 \geqslant f_e - f_0$，线路不会触树，否则线路将在 t_{tree} 触树。

对于可触树的过载线路，记录其触树所需时间 t_{tree}，否则记录 t_{cl}；对于未过载线路，若可触树，则记录其触树时间 t_{tree}。具有最短时间的线路相应地因发热而损坏或触树，线路退出运行或被保护切除，均表现为线路被开断。

除开断线路外的其他线路的初始温度、初始长度和初始弧垂更新为时刻 $t_{\min}$ 的值。

3.5.2 树木与植被模拟

3.5.2.1 树木生长模拟

本研究中树木高度特指输电线下树木的最大高度，相应地，线路与树木的垂直距离特指线路与最大高度树木的垂直距离。树木生长用经典的 Chapman－Richards 生长模型模拟

$$H(A) = a(1 - e^{-bA})^c \tag{3-90}$$

式中 $H(A)$——树龄为 A 时的树高；

a，b，c ——常数；树龄 A 的单位一般为年，由于需要模拟树高在一天内的增加，因此以天为单位，并将上式中的时间除以 365。

220kV 和 500kV 下线路与树木的垂直距离应不小于表 3－25 所列数据，此距离称为安全距离，记为 d_s。

表 3-25　　导线与树木之间的安全距离

电压等级（kV）	d_s(m)
220	4.5
500	7.0

由于电网公司为满足安全距离的相关规定而进行植被管理，在初始状态下可认为绝大多数树木的高度都维持在合理范围内，为此，线路下的初始树高取为 $H_0 = \tilde{H} + e$，其中 $\tilde{H}$ 为线路与树木的距离为 $1.2d_s$ 时的树木高度，e 为均值为 0、标准差为 $0.2d_s$ 的 Gauss 噪声，这样可保证每条线路与树木的距离在 $0.8d_s$ 到 $1.6d_s$ 的概率为 0.955。在确定树高后，可确定线路最低点与树木的初始距离 d_0。

线路端点距地高度 h_0、线路档距 l 及初始弧垂 f_0 均取 220kV、500kV 下的线路典型参数。

3.5.2.2　植被管理模拟

慢动态过程模拟电网公司的植被管理，以控制树木高度，防止线路发生触树事故。根据实际情况，采用如下方案：

（1）线路触树故障后的植被管理。

若有线路因发热导致触树，则清除这些线路下的树木，将树木高度置为零。

（2）日常植被管理。

植被管理周期为电网公司对其辖区内所有线路下的树木完成一次植被管理的时间。假设植被管理周期为 Y 年，且植被管理每月（统一取为 30d）进行一次，则每月划处理线路数为

$$W = \frac{N}{12Y} \tag{3-91}$$

式中　N——需要进行植被管理的所有线路数。

某个月的日常植被管理中需要处理的线路数和本次植被管理周期中尚未处理的线路数的比值 μ 为

$$\mu = \frac{W - n_{\text{tree}}}{N - n_{\text{done}}} \tag{3-92}$$

式中　n_{tree}——本月中触树的线路数；

n_{done}——本周期中已被处理的线路数。特别地，如果 $\mu > 1$，令 $\mu = 1$；如果 $\mu < 0$，令 $\mu = 0$。经过处理后的 μ 可看作一个概率值，以概率 μ 对某条线路下的树木进行植被管理。

考虑到巡线及植被管理工作可能存在的漏洞，以概率 γ 对要处理的线路进行理想的植被管理，其中 γ 称为植被管理有效完成率。理想的植被管理指树木将以希望的方式被处理，具体的，若线路与树木之间的距离大于 $1.5d_s$，则不进行植被管理；否则，对树木进行移除或修剪，鉴于电网公司植被管理的实际情况，以 2/3 的概率对线路下的树木进行移除，将树木高度置零，以 1/3 的概率对线路下的树木进行修剪，设置树木高度以使线路与树木的垂直距离为 $1.5d_s$。

对于不进行植被管理或不进行理想植被管理的输电线路，仅模拟其下方树木的自然生长。

3.5.3 交直流电网连锁故障模型

前面的章节介绍了大规模交直流电网等值方法、直流输电系统特性研究与建模、频率稳定控制系统的建模以及树木相关的慢速过程建模工作，将这四部分工作整合入连锁故障模型中，即形成了面向交直流电网连锁故障模型。其中将全网等值后得到的数据可以进行连锁故障模拟的流程图如图3－39所示。

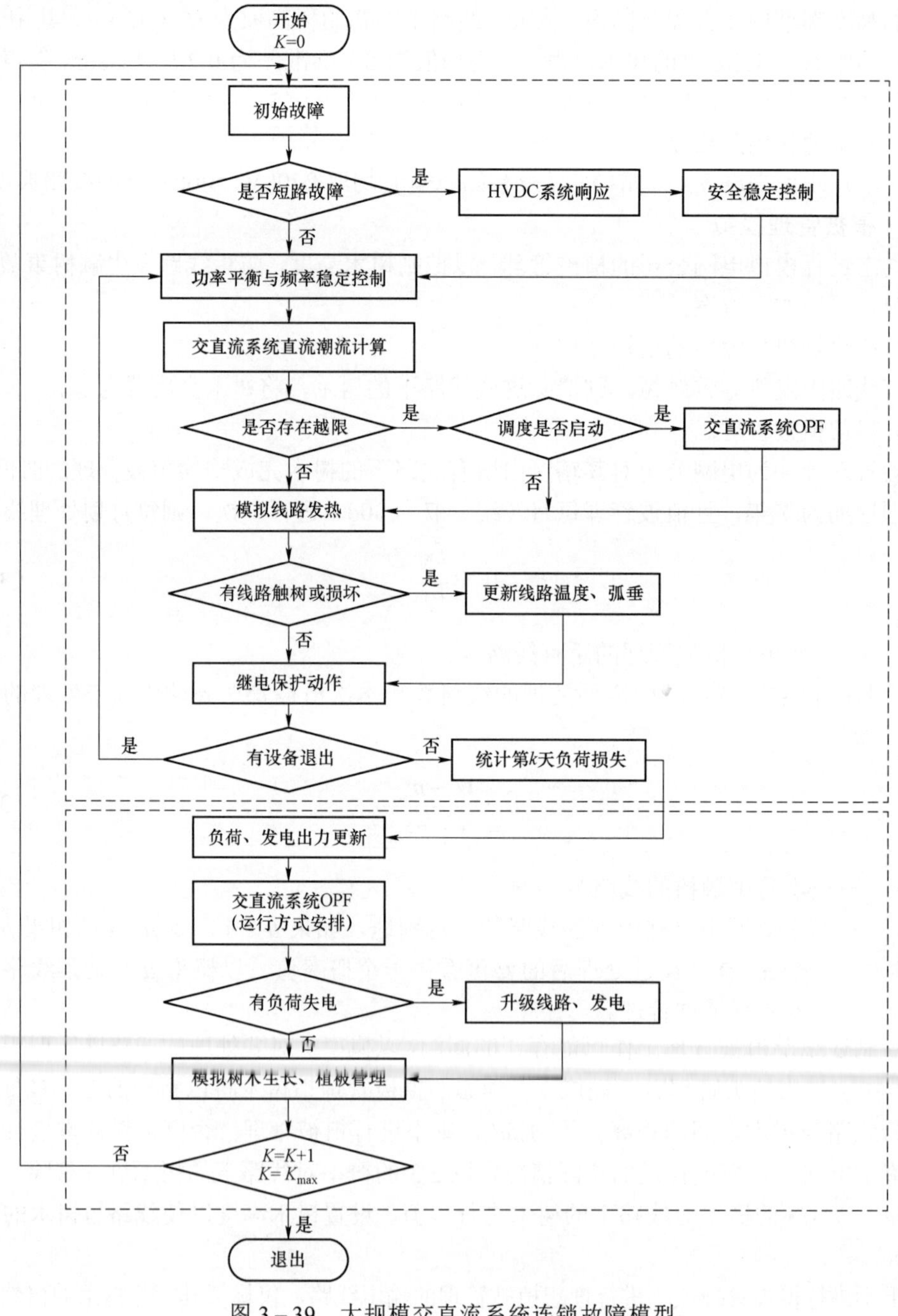

图3－39 大规模交直流系统连锁故障模型

3.5.4　算例分析

3.5.4.1　连锁故障快速过程算例

在 IEEE 30 节点系统上进行更改，将作用较为重要的 4 条交流线：2～5、4～6、16～17、23～24 替换为直流线路，其容量按原交流系统的相应交流线路传输功率设置。再断开交流线路 3～6、20～10，将该系统转换为纯直流互联形式的系统。该系统内包含 2 个同步电气岛，它们之间有 4 条直流线路相联。系统单线图如图 3-40 所示。

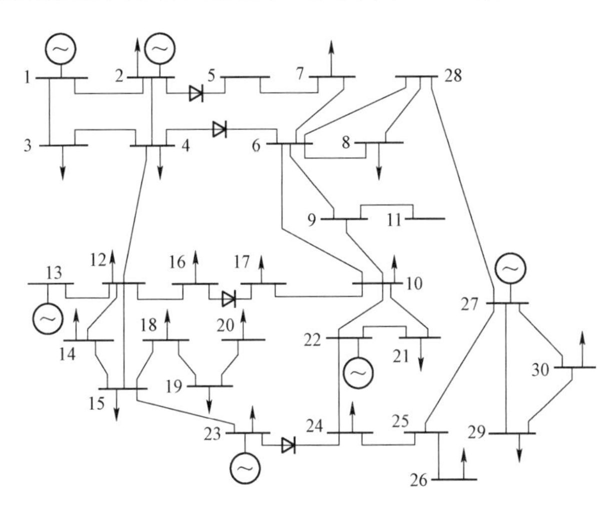

图 3-40　30 节点纯直流互联系统单线图

由于在这个系统中直流线路的作用较为重要，因而当其发生故障导致传输能力下降时，容易引发系统一连串的不良反应，形成连锁故障。以下结合程序模拟中的一个案例进行说明。

模拟时，系统的 OPF 成功起动概率为 9%。

某日，系统于交流线路 10～17 的首端（BUS10）发生单相短路接地故障，且交流保护没有及时动作。

由于故障地点距离直流线路 4～6、16～17 的逆变侧较近，对这两条直流线路影响较大。这两条线路的 100Hz 过电流保护（或换流变压器中性点零序过电流保护）起动，导致这两条直流线路闭锁。同时，直流线路 2～5 的整流侧受到影响，电压降低，导致其运行方式改变，线路降功率运行。

此后，由于交流保护的动作，交流线路 10～17 被切除，此时，BUS17 与外界失去联系，单独成岛（island 2）。

由于 BUS17 上接着负荷，但岛内没有发电机，为了保证功率平衡，BUS17 上的负荷全部被切除。

同时，island 1 出现交流线路越限，需要起动 OPF 模块进行优化。但 OPF 模块起动失败，致使越限现象依然保留，此后交流线路 21～22 由于过载被切除。

此时，island 1 仍然存在交流线路越限现象，但由于 OPF 再次起动失败，越限现象不能得到消除，因此交流线路 10～22 由于过载被切除。

在第三轮连锁之中，由于 island 1 仍然有交流线路越限，且 OPF 又一次起动失败，使得交流线路 22～24、24～25、25～27、6～28 被切除。

该轮切线之后，系统共形成了 4 个非同步电气岛。其具体构成如下：

island 1：BUS1、BUS2、BUS3、BUS4、BUS12、BUS13、BUS14、BUS15、BUS16、BUS18、BUS19、BUS20、BUS23、BUS5、BUS6、BUS7、BUS8、BUS9、BUS10、BUS11、BUS21、BUS27、BUS28、BUS29、BUS30、BUS24（共 26 条母线）。

island 2：BUS17。

island 3：BUS22。

island 4：BUS25、BUS26。

此时，island 1 由于系统频率过低（49.111Hz）而需要切负荷 7.315MW。

在 island 3 中，由于 BUS22 上连接了发电机，而岛内无负荷，会引发岛内系统频率过高，因而需要进行切机。

在 island 4 中，由于 BUS26 上接有负荷，而岛内无发电机，为了保持功率平衡，需要将 BUS26 上的负荷全部切除。

在这一轮的切负荷之后，island 1 依然存在交流线路越限现象，而 OPF 仍然不能成功起动。因此，交流线路 6～8、8～28 因为过载而被切除。

经过此次切线，系统内又产生了新的电气岛。将此时的电气岛构成记录如下：

island 1：BUS1、BUS2、BUS3、BUS4、BUS12、BUS13、BUS14、BUS15、BUS16、BUS18、BUS19、BUS20、BUS23、BUS5、BUS6、BUS7、BUS9、BUS10、BUS11、BUS21、BUS24（共 21 条母线）。

island 2：BUS8。

island 3：BUS17。

island 4：BUS22。

island 5：BUS25、BUS26。

island 6：BUS27、BUS28、BUS29、BUS30。

此时，island 1 在该状态下能够保持稳定。而 island 2 中的 BUS8 上连接着负荷。由于岛内没有发电机，因此该负荷被切除。对 island 6 而言，发电量过多而负荷量过少，需要切机。在平衡的过程中，切除 BUS29、BUS30 上负荷。

经过这一番调节，只有 island 1 还在正常运行，而 island 2、island 3、island 4、island 5、island 6 已进入停电状态。而此时 island 1 内无交流线路越限，能够稳定运行。

该日，由于交流系统故障传播到直流系统，又进一步加剧了交流线路连载和频率稳定问题，最终共损失负荷 61.035MW，负荷损失率（损失负荷占总负荷的百分比）为 32.3%。

3.5.4.2 慢速过程在连锁故障中的作用

本节讨论慢速过程在连锁故障过程中所起的作用，此处仅考虑慢速过程中线路发热导致的触树故障与系统停电风险的关系，并对线路触树故障在互联电网连锁故障的触发和传播中所起的作用进行了分析。

触树线路数与总开断线路数、总负荷损失的关系如图 3－41 与图 3－42 所示。从两个图中可以看出，随着触树线路数的增加，总线路开断数和总负荷损失都明显增加，这表明线路触树故障是触发连锁故障和促使连锁故障传播的重要因素。

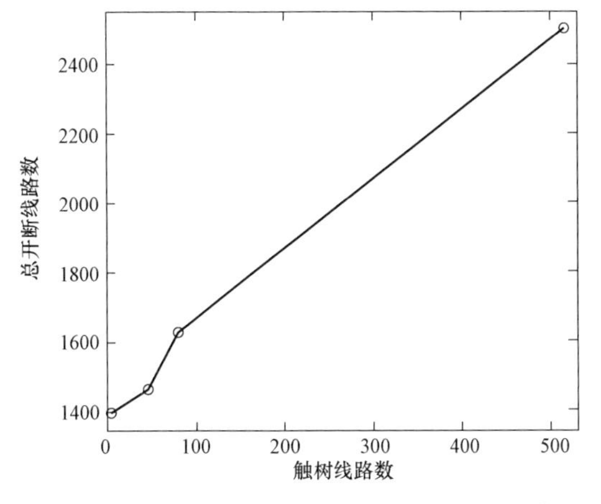

图 3－41　不同触树线路数下的总开断线路数

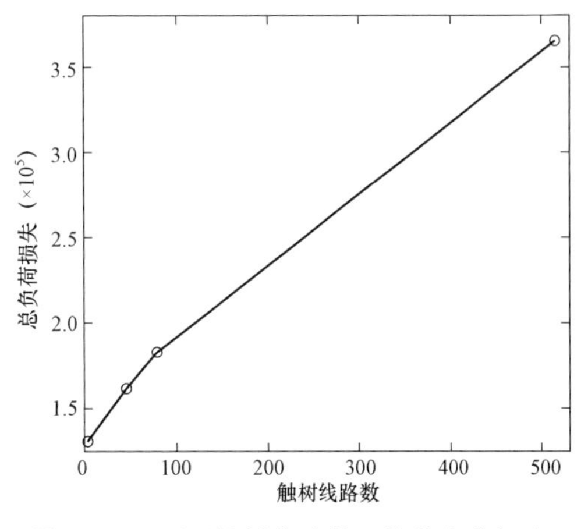

图 3－42　不同触树线路数下的总负荷损失

不同触树线路数下的停电风险 VaR 和 CVaR 如图 3－43 所示。从图中可以看出，VaR 和 CVaR 都随着触树线路数的增多而增大，说明系统停电风险与线路触树存在很强的相关性，控制树木生长从而降低线路触树可能性对降低停电风险至关重要。

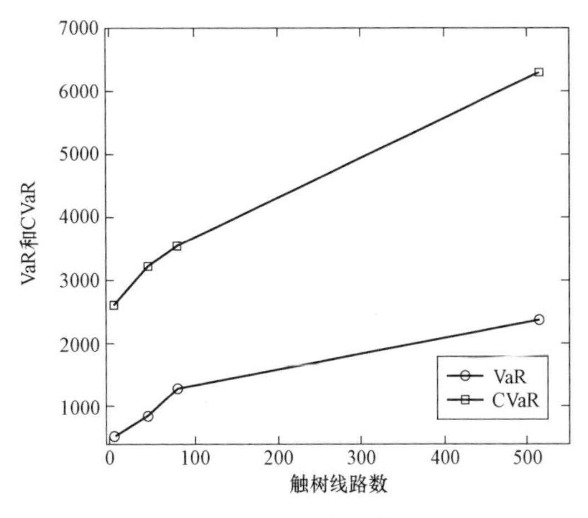

图 3－43　不同触树线路数下的 VaR 和 CVaR

为定量描述触树线路数与总线路开断数、总负荷损失、VaR、CVaR 的相关性，触树线路数与总线路开断数、总负荷损失、VaR、CVaR 的相关系数。从表 3－26 可以看出，触树线路数与上述 4 个量的相关系数都非常接近 1，表明触树线路数与上述量强正相关。

表 3－26　　相　关　系　数

项目	总线路开断数	总负荷损失	VaR	CVaR
触树线路数	0.997 0	0.996 9	0.962 4	0.992 7

线路触树一方面可触发连锁故障，另一方面也可促进连锁故障的传播。为区分线路触树的这两种不同的作用，给出了表 3－27，其中，n_{t1} 为引发连锁故障的触树线路数，n_{t2} 为发生在初始故障之后、对连锁故障的传播起促进作用的触树线路数，R 为 n_{t1} 与 n_t 的比值。

表 3－27　　线 路 触 树 的 作 用

算例	n_t	n_{t1}	n_{t2}	R
基础算例（$\gamma=0.95$，$Y=4$）	5	5	0	1.0
植被管理有效完成率 $\gamma=0.7$	46	38	8	0.83
植被管理周期 $Y=8$ 年	80	59	21	0.74
植被管理策略 2（不进行日常植被管理）	514	229	285	0.45

为确定 n_{t1} 和 n_{t2}，需要区分初始故障和后续故障。按照线路开断的时间间隔将连锁故障划分为不同的代，考虑到保护动作、调度员响应和慢速过程具有不同的时间尺度，将调度员响应或慢速过程中发生的线路开断划分为新的一代，对于由于保护动作而开断的线路，如果之前有其他线路开断，则将其并入之前的代，否则开始新的一代。这种划分方法考虑了连锁故障过程中不同机制的时间尺度，与直接按照快动态过程划分代的简化方法有所不同。

在将连锁故障过程划分为不同的代后，第 0 代故障为初始故障，第 0 代之后代的故障为后续故障，n_{t1} 和 n_{t2} 分别对应发生在第 0 代的线路触树故障和发生在第 0 代后的故障。

从表 3－27 可以看到，除去在植被管理策略 2 下，在其他所有算例中都有超过一半的线路触树在连锁故障中起到了触发的作用。这表明，线路触树主要作用为触发连锁故障。而在植被管理策略 2 下，不进行日常植被管理，不能反映实际电网的真实情况，故可不予考虑。

另外，作为后续故障的触树线路所占的比例随着总触树线路数的增加而不断增加，这表明触树线路对连锁故障传播的作用随着其总数的增加而增大。随着总触树线路数的增加，更多的线路触树将由线路触树或其他种类的线路开断所引发，这些线路触树反过来又促进连锁故障的进一步传播。

小　结

为了研究交直流电网连锁故障的机理与特性，本章首先建立了交直流电网模型，并根据连锁故障发生与发展的动态过程与涉及的控制过程进行建模。最终建立了面向特高压交直流互联电网的连锁故障模型，其中重点关注了四个方面：① 交直流互联电网的等值；② 直流系统的动态、控制与保护特性的建模；③ 电网频率特性计算与频率保护控制建模；④ 树木相关的慢速过程建模。这四个部分的建模工作，有效地提高了大规模交直流系统的连锁故障模型的计算效率，并增强了模型的实用性。

4 典型连锁故障形成机理及传播特性

连锁故障是指电网中某个随机故障诱发其他多个设备相继故障，导致连锁反应快速传播，最终引发大面积停电事故。纵观连锁故障在电网中的传播，可以分为三个阶段：初始故障阶段、触发故障、连锁故障。其基本过程为：电网以某个正常方式运行时，电网中各个元件上都有定量的负载，当电网受到某个故障攻击后，会促使系统中某个或某些元件由于过载或其他故障切除，这时导致原本平衡的潮流进行重新分配，即潮流转移；那些原来没有故障的元件如果不能承担转移来的潮流将出现故障，从而引发潮流的再一次分配，这样下去就会导致电网连锁故障，最终引发电网大面停电事故，即电网发生了连锁故障。对电力系统典型连锁故障形成机理及传播特性发展规律进行研究，是有效避免交直流电网产生连锁故障、导致发生大停电事故的重要前提。

4.1 连锁故障与电力系统自组织临界

自组织临界理论是复杂系统研究领域中一个影响深远的理论，该理论认为产生幂律分布是由动力学原因造成的。研究表明，大停电事故也存在自组织临界特性，且这种特性被认为是连锁故障的内在驱动力。

1987 年，美国布鲁克海文（Brookhaven）国家实验室的三位物理学家巴克（Bak）、汤超（Tang）和温斯菲尔（Wiesenfeld）提出了自组织临界性（self－organized criticality，SOC）的概念。自组织临界性是指：空间上延展的耗散动力系统，通过大量组元之间存在的竞争与合作等相互作用，自发地演化到一种临界状态，在此状态下，微小的扰动也可能触发连锁反应并导致灾变。而且这种状态比平衡、均匀的完全随机状态更加高级，也更加复杂。

沙堆模型形象地说明了自组织临界性的形成和特点。在一个平台上通过任意添加沙粒来堆砌一个沙堆，随着沙堆的升高，其坡度逐渐增大，当坡度达到某个阈值就会发生一次坍塌。经过不断地增加沙粒和发生坍塌，最终系统将演化到一个临界状态，此时只要增加一粒沙子就可能产生具有各种时间和空间尺度的坍塌，且各种尺度的发生满足幂律分布，这就是“自组织临界”状态。

在自组织临界状态下，即使是很小的干扰事件，也可能引起系统发生一系列灾变，大停电的发生就是在电力系统处于自组织临界状态下发生的。电力系统长期处于持续的非平衡状态，其内部和外部诸多因素之间相互作用，使得系统趋向于临界状态。可以将这种演化过程和沙堆模型的演化过程进行类比：电力负荷需求的增长类似于沙堆模型中沙子的坠落，是系统发生故障的作用力；停电事故的发生或部分负荷的切除类似于沙堆模型中沙子的坍塌，是系统的反作用力。作用力和反作用力的相互作用使得系统向临界态演变。因此，电网的连锁故障和大停电事故就是自组织演化的结果，自组织临界特性是连锁故障和大停电事故的内在驱动力。电力系统和沙堆模型的相似性如表 4－1 所示。

表 4－1　　电力系统和沙堆的相似性

模型	系统状态	作用力	反作用力	事故
电力系统	负荷水平	用户的负荷需求	对事故的反应	限负荷或跳闸
沙堆模型	沙堆坡度	增加的沙粒	重力	沙堆坍塌

在自组织临界状态下，受到微小扰动后灾变的尺度和发生的概率符合幂律分布。

近些年来，先后有国内外学者统计、分析了 1984～1999 年间北美地区停电事故和 1981～2002 年间中国电网的停电事故，都获得了停电规模和发生概率的幂律分布，而不是正态分布。这样的统计结果证明电力系统中确实存在自组织临界特性，也说明了自组织临界特性的存在给系统带来的危险。设大停电的规模为 Q，其发生概率为 $N(Q)$，则它们满足如下的幂律关系

$$\ln(N(Q)) = a - b\ln(Q) \tag{4-1}$$

式中　a、b——常数。

幂律分布在双对数坐标下为一条直线。该特性是目前对自组织临界特性进行判断的一个重要标准。

4.2　电力系统临界态的表征

由上文所述，美国学者 I.Dobson 等的研究成果表明电力系统具有自组织临界性，并且发现当系统处于自组织临界态时，其发生大规模连锁故障的风险较预期值要高很多。因此可通过对处于自组织临界态下的电力系统的外在表征进行研究，希望由此判断系统是否处于自组织临界态，进而对系统运行方式进行修改，从而降低系统发生大规模连锁故障的风险。

本节将从两方面分析当电力系统处在临界态时的外在表征，即电力系统中的平均负载率以及不同线路的潮流分布均匀度。

4.2.1　系统平均负载率

从运行经验可知，电力系统负载率越大，即设备使用率越高，则安全裕度越小，发生连锁故障的可能性就越大。仿真研究表明，系统发生连锁故障的风险与系统所承载的平均负载率正相关。

有文献以新英格兰系统标准算例为基础，对系统的负载率与所发生的连锁故障的概率关系进行了分析。

文中系统负载率的定义为

$$l_{sy}=\frac{\sum\limits_{i\in I}F_i}{\sum\limits_{i\in I}F_{i,\max}} \tag{4-2}$$

式中　I——所有元件的集合；

F_i——元件 i 上流过的有功潮流；

$F_{i,\max}$——元件 i 所能承担的极限有功潮流。

当系统的负载率在 0.4～0.5 时，系统发生停电事故的概率非常小，此时系统处于非自组织临界态；而当负载率处于 0.6～0.8 时，系统处于自组织临界态，其中很小的扰动都可能造成大规模停电事故；当负载率增加到 0.9 以上时，故障规模－概率曲线与幂律分布已不相同，但其发生大规模停电的概率很高，表明系统已经超过了临界状态。

另一篇文献中关于系统平均负载率的定义相对上述式中所示的定义稍有改进，是系统中各条线路的负载率的平均值。总体说来，二者通过连锁故障仿真实验所得到的结果是大致相同的，即随着负载率的增加，系统从非自组织临界进入自组织临界最后进入超临界状态。而根据实际运行经验来说，超临界的系统运行状态一般是很难达到的，因此此后不再考虑。

4.2.2　潮流熵及最大熵原理

除了负载率对系统自组织临界具有较强影响之外，系统中不同线路上潮流的分布均匀程度也决定着系统自组织临界性。

为了表征电力系统中的复杂程度，以便对电网复杂性进行研究，有文献提出了潮流熵的概念。

设支路 l 的负载率 μ_l 为

$$\mu_l=F_l^0/F_l^{\max},l=1,2,\cdots,N_{br} \tag{4-3}$$

式中　F_l^0——支路 l 当前的实际潮流；

$F_l^{\max}$——支路 l 的最大潮流容量；

N_{br}——支路数目。

给定常数序列 $U=[U_1,U_2,\cdots,U_n]$，统计负载率 $\mu_1\in(U_k,U_{k+1}]$ 的线路条数 l_k，然后再对不同负载率区间内的线路条数进行概率化：

$$P(k)=l_k/\sum_{k=1}^{n-1}l_k \tag{4-4}$$

由熵的定义得到系统的潮流熵为

$$H=-C\sum_{k=1}^{n-1}P(k)\ln(P(k)) \tag{4-5}$$

式中　C——常数。

1957 年，杰纳斯（Jaynes）提出了最大熵原理。最大熵原理和熵概念本身一样，适用范围极广，并显示了良好的应用效果。

最大熵原理是指，当只知道一组数据的部分信息时，既满足这部分信息又能使得全部数据的信息熵最大的分布是在这种情况下对该数据分布的最优估计。由于该算法中以熵最大作为优化目标，因此也可以用此方法求得已知部分信息时一组数据的最大熵。

在研究平均负载率与潮流熵的相互关系时，需要求出给定平均负载率下的最大潮流熵，

目标函数为

$$H=-\sum_{k=1}^{40}P(k)\ln(P(k)) \tag{4-6}$$

式中 H——潮流熵；

$P(k)$——线路负载率出现在第 k 个区间的概率。

已知条件及约束包括：各区间概率之和为1，平均负载率为给定的平均负载率。

$$\begin{cases}\sum_{k=1}^{40}P_k=1\\ \mu=\mu_0\end{cases} \tag{4-7}$$

式中 μ_0——给定的平均负载率；

μ——待求分布的平均负载率，可以用各区间中点所代表的负载率取值和各区间概率近似表示，如下

$$\mu=\sum_{k=1}^{40}a_k\times P_k \tag{4-8}$$

式中 a_k——各区间中点所代表的负载率取值。

同时，还应注意负载率的取值范围为［0，1.40］，各区间概率的取值范围为［0，1.00）。

以上的最优化问题可以用拉格朗日乘子法求解。取

$$F=H-a\left(\sum_{k=1}^{40}P_k-1\right)-b\left(\sum_{k=1}^{40}a_k\times P_k-\mu_0\right) \tag{4-9}$$

式中 a，b——待定参数，被称作拉格朗日乘子。

当式（4-7）的约束条件成立时，数值上 $F=H$。F 对 P_k 求导

$$\frac{\partial F}{\partial P_k}=-1-\ln(P_k)-a-b\times(a_k-\mu_0) \tag{4-10}$$

F 取最大值时有

$$\frac{\partial F}{\partial P_k}=0 \tag{4-11}$$

则最大熵分布时各区间的概率为

$$P_k=e^{-a-1-b\times(a_k-\mu_0)} \tag{4-12}$$

将式（4-11）代入约束条件式（4-7）中可以求得参数 a 和 b，也就解出了熵最大时的概率分布。将概率分布代入式（4-6）可以求得在此约束下的最大熵。

按照如上的方法，可以求得平均负载率 $\mu\in[0,1.40]$ 时在给定平均负载率下的最大潮流熵。将不同平均负载率下的最大潮流熵连成曲线，如图4-1所示。

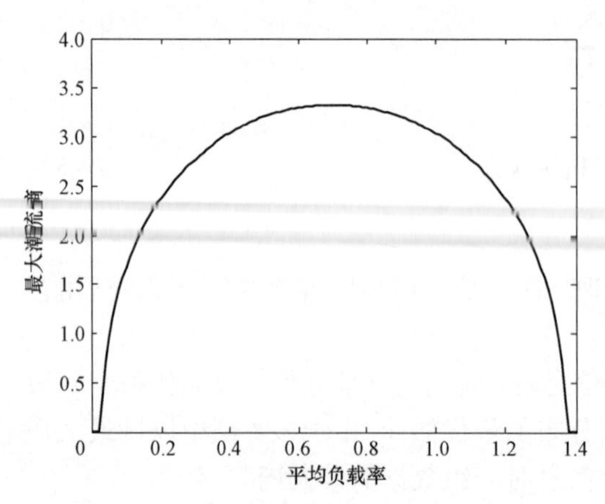

图4-1 平均负载率约束下的最大潮流熵

由图4-1可以看出，随着平均负载率的增加，系统的最大潮流熵先增加后减小。当平均

负载率 $\mu=0.70$ 时有最大值 3.30；当平均负载率 $\mu=0$ 或 $\mu=1.40$ 时，潮流熵只能为 0。

通过对给定平均负载率下最大潮流熵的求解，确定了系统可能的宏观运行状态。这里是系统可能达到的所有运行状态，但是在真实系统中，并不是所有的运行状态都会达到。考虑到电网的经济性和安全性，系统不会运行在平均负载率过小或过大的状态下。而电网中线路负载率几乎不可能存在绝对有序或无序的状况，因此系统也不会运行在潮流熵较小和较大的状态下。

4.2.3　负载率与潮流熵对临界态的影响

基于上述文献的成果，笔者进行了更深层次的分析。首先探究了在给定负载率下，潮流熵对系统运行风险的影响，得到了随着潮流熵的增加，系统风险并非单调变化的结论。其次，与之前的工作不同，在全运行范围内系统地分析了电网中潮流熵与平均负载率对电力系统自组织临界态的综合影响，重点考察了两者的协同影响，不再局限于某一个单独变量对自组织临界的影响。

笔者的研究分析主要基于新英格兰 10 机 39 节点系统，研究过程中通过对系统潮流进行调整，使其满足不同的平均负载率和潮流熵，并在所得到的不同的潮流分布下进行连锁故障仿真，并做出不同条件下双对数坐标里的负荷损失分布曲线，利用复杂理论中关于自组织临界态的分布服从幂律特征这一判别条件，对该种潮流分布是否使得电力系统处于自组织临界进行判断。即当电力系统负荷损失曲线服从幂律分布时，认为此时系统处在自组织临界态；而当负荷分布曲线呈现的不是幂律分布时，则认为系统不是处在自组织临界态。

由仿真分析的结果，可以将系统运行全范围的风险分布绘制如图 4－2 所示。

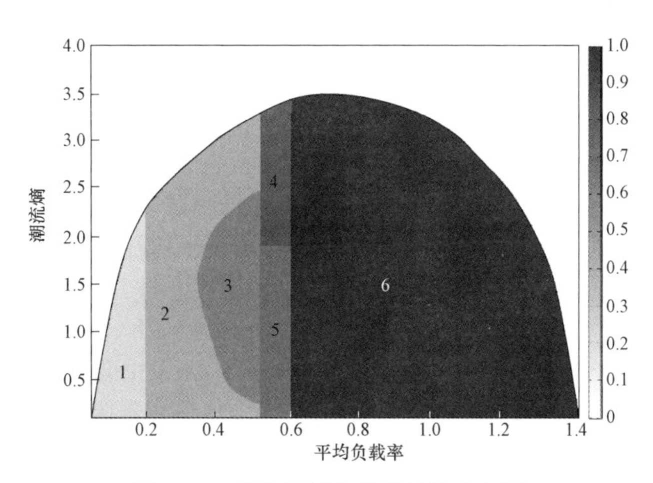

图 4－2　系统运行全范围风险分布图

图 4－2 中横坐标为平均负载率 μ，纵坐标为潮流熵 H。根据最大熵原理可以求得在不同平均负载率下潮流熵能达到最大值 $H_{max}(\mu)$。因此在负载率 μ 下，潮流熵的变化范围在 0 到 $H_{max}(\mu)$ 之间。在图 4－2 中则表现为半圆形所覆盖的区域。因此，根据区域内各点的仿真结果，将风险分布按严重程度绘于图 4－2 中。图中，区域 1 为不体现任何自组织临界特性的状态，在此区域内的运行状态在初始故障的影响下无后续故障发生，运行状态非常安全，

但平均负载率极低，除了谷荷期，由于经济性太差、不合理，一般电力系统并不运行在该区域；区域 2 为只发生小规模事故的次临界态，其故障分布曲线能反映出一定量的小规模故障，而大规模故障却没有出现，因此负荷损失分布曲线并没有反映出幂律特性；区域 3～5 为既发生大规模连锁故障事故又发生小规模停电事故的自组织临界态，其负荷损失分布曲线满足幂律分布，被认为处在自组织临界状态；区域 6 为只发生大规模事故而没有小规模事故的超临界态，曲线同样不满足幂律特性。出于安全性考虑，电力系统一般并不运行在该平均负载率下。因此，系统更多地运行在区域 2～5，这几个区域需要重点关注。

为了更细致地量化连锁故障负荷损失分布曲线，此处引入风险指标（Value at Risk，VaR）和条件风险值（Conditional Value at Risk），对上文所分析的重点关注区域 2～5 进行风险分析。同样选取不同的运行状态即不同的潮流熵和平均负载率，并进行风险评估，得到在区域 2～5 的风险分布如图 4－3 所示。

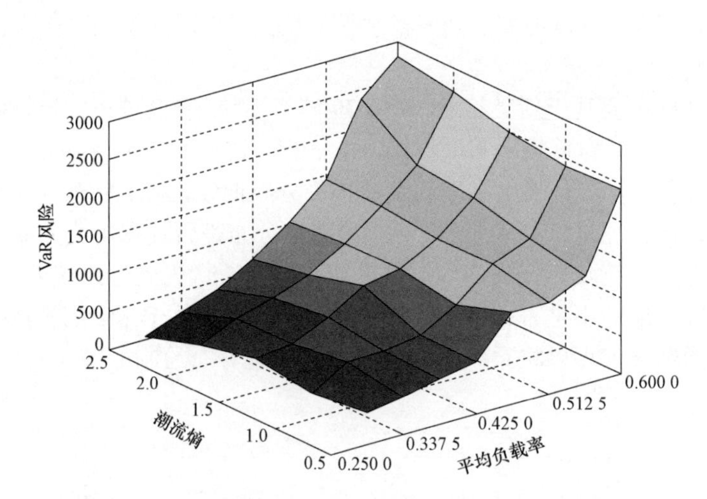

图 4－3　潮流熵和平均负载率与 VaR 风险分布图

图 4－3 反映的是在平均负载率和潮流熵不同时系统的 VaR 分布情况。总体说来，随着平均负载率的增加，系统发生连锁故障的风险要逐渐增加。而局部地区，在平均负载率为 0.4、潮流熵为 1.5 的运行点，相对于周围 a、b、c 点具有更高的风险值。这与图 4－2 中向左突起的区域 3 相对应，因此，利用风险值所分析的自组织临界态与利用负荷损失曲线是否服从幂律特性所得的自组织临界态是相互印证的。为了更好地刻画图 4－2 中区域 3 所对应平均负载率下，连锁故障风险与潮流熵之间的非线性关系，图 4－4 中的等高线展现了系统连锁故障风险随潮流熵的增加而先增后减的变化趋势。

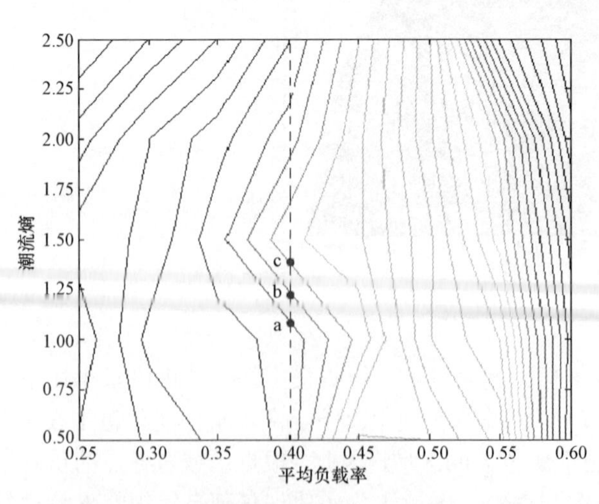

图 4－4　连锁故障 VaR 风险分布等高线图

图 4–4 中等高线图表示随着负载率的增加，连锁故障风险将不断提高；而对于给定负载率，例如图 4–4 中平均负载率为 0.4 的直线，随着潮流熵的增加，发生连锁故障的风险逐渐增大，即

$$\mathrm{VaR}(a) < \mathrm{VaR}(b) < \mathrm{VaR}(c) \tag{4-13}$$

而当潮流熵大于 1.5 之后，再随着潮流熵的增加，该负载率下的风险值将呈现降低趋势。因此对于一定平均负载率的范围内，随着潮流熵的增加，系统连锁故障风险呈非线性变化趋势。图 4–4 中风险等高线的“左突”现象与图 4–2 中代表自组织临界的区域 3 的“左突”相互对应。

此外，对于给定的潮流熵，系统发生连锁故障的风险将随负载率的增加而增加，而当系统进入自组织临界态时，风险的增加将更加明显，如图 4–5 所示。

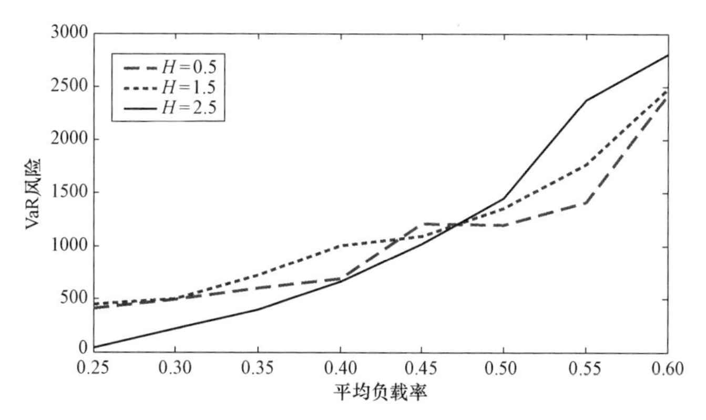

图 4–5　固定潮流熵下风险随平均负载率变化趋势

对于潮流熵等于 0.5，其风险在平均负载率为 40%至 45%的范围中有较大的增加率；潮流熵为 1.5 时，系统连锁故障风险在 30%至 40%的区域内相对前后具有较快的增长速度；而潮流熵在 2.5 时，风险快速上涨的负载率区域又退后到 50%至 55%的区域。可以认为当系统进入自组织临界态之后，其连锁故障风险会发生大幅增加，即图 4–5 中 3 条曲线风险上涨过快的区域。而图 4–2 中显示的 3 条曲线上涨的区域在平均负载率上并不是一致的，即上文所述对于潮流熵为 0.5 时，该区域为 40%～45%增长较快；当潮流熵为 1.5 时，该区域前移到 30%～40%的范围；当潮流熵继续上涨至 2.5 时，风险大幅增长的区域又后退至 50%到 55%的区间。可以看到，这与图 4–5 中“左突”的自组织临界部分相互对应，对应着潮流熵为 1.5 的时候，风险快速上涨区域的提前。

除了 VaR 风险指标之外，CVaR 指标也呈现出相同的变化趋势，如图 4–6、图 4–7 所示。

综上所述，笔者综合研究了电力系统自组织临界态与两个运行指标，即平均负载率和潮流熵之间的关系。得到了在系统常运行的某段平均负载率区间，随着潮流熵增加系统风险非线性先增后减的关系。同时，通过以幂律为基础的自组织临界判别方法、VaR 风险指标为基础的仿真研究获得了系统运行全区域的风险分布分区图。

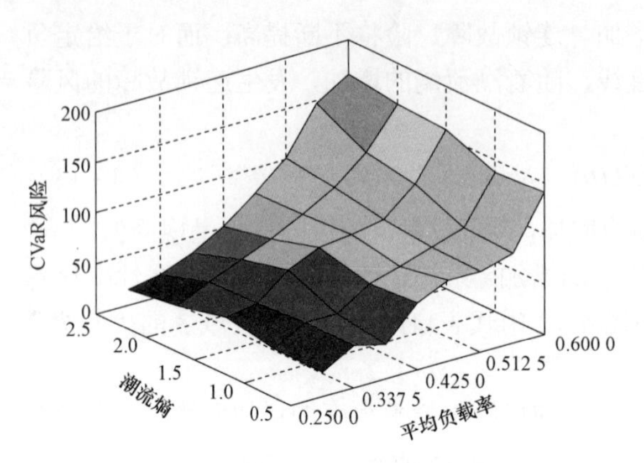

图 4-6　潮流熵和平均负载率与 CVaR 风险分布图

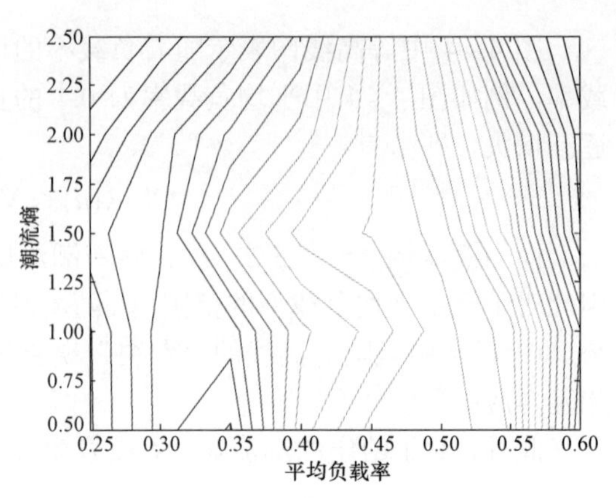

图 4-7　连锁故障 CVaR 风险分布等高线图

4.3　电力系统的自组织过程

上一节讨论了不同负载率和潮流熵与电力系统临界态的关系。本节将讨论实际电力系统自组织到临界态的过程。

本节选取河南省开封市商丘地区电网作为电网升级与连锁故障模型的测试算例。

4.3.1　元件相关性描述

首先对元件进行相关性描述，在连锁故障中，为了刻画系统组成的元件之间的相关性，该部分章节引入了相关性网络和相关性矩阵的概念，对发生连锁故障过程中元件之间的因果关系进行刻画。通过对应自组织临界态和非自组织临界态两种情况下系统元件相互影响的强度和频度来分析元件之间的相关性。除了相关性矩阵之外，下文还将谈到相关性网络中，各个元素即系统的组成元件的出度和入度，分别反映该元件对其他元件的影响能力和受其他元件失效的影响而造成连锁失效的难易程度。出于对机理的研究，此处为了说明问题的方便，在仿真中仅涉及系统中出现的最常见的线路故障。同时在连锁故障仿真过程中也主要讨论系统中线路的开断对其他输电线路的影响。

1. 相关性矩阵

利用连锁故障仿真中故障发生过程的信息，可以挖掘在当前潮流分布条件下系统中各个元件之间的相关性。若系统中待研究的元素个数为 n，则建立维度为 $n\times n$ 的矩阵 $\boldsymbol{I}$。矩阵中元素表示的是元件之间的相互关系。具体说来，元素 I_{ij} 反映的是在连锁故障仿真的 k 次实验中，系统内元件 i 对 j 的影响。而对影响的刻画有很多种，在本小节中，主要采用的方法是统计在连锁故障过程中元件 i 的退出而导致元件 j 发生相继退出的次数，并以此次数来评价元件 i 对 j 的影响程度，而相反元素 I_{ji} 则表示元件 j 的退出造成元件 i 发生相继故障的次数。分析可知，矩阵 $\boldsymbol{I}$ 一般不是对称的，元素 I_{ij} 与元素 I_{ji} 并不一定相等。具体分析，I_{ij} 与 I_{ji} 可能都非常低，即元件 i 和 j 在系统中相距甚远，两者之间没有相互影响的能力；而 I_{ij} 与 I_{ji} 也可能都非常高，即两者相互转化具有强耦合性，例如系统中的双回线或承载相似潮流、实现相似功能的线路，当一根线路发生断线后，其潮流转移到其他线路上导致其他线路的过载，从而使得两个元件之间具有强相关性；I_{ij} 与 I_{ji} 中一个比较高而另一个比较低也是有可能的。

例如在某种情况下，大容量线路的退出会造成小容量线路的过载退出，而小容量线路的退出造成的潮流分布不会对大容量线路产生致命影响。因此，由上述方法所得的矩阵 $\boldsymbol{I}$ 能够正确反映在连锁故障过程中元件之间的相互关系。下文将利用这一反映大规模统计关系的矩阵进行系统中元件的相关性研究。

2. 输电线路之间的相关性

本小节主要研究系统中输电线路之间的相互关系。因此，对于 10 机 39 节点系统来说，该矩阵为 46×46 维矩阵，反映该系统在发生连锁故障时，各条输电线路之间的相关性。对于 5000 次连锁故障的结果筛选出其中随机因素造成的断线，只将由于相继原因造成的开断进行相关性记录。得到处在自组织临界下和非自组织临界态的系统连锁故障过程中的相关性表现如图 4－8、图 4－9 所示。线路编号 X 和线路编号 Y 分别对应着相关性矩阵中 I_{ij} 中的 i 和 j，Z 坐标表示的是在 5000 天连锁故障仿真中线路编号 X 的线路退出导致线路编号 Y 线路发生相继故障的次数。

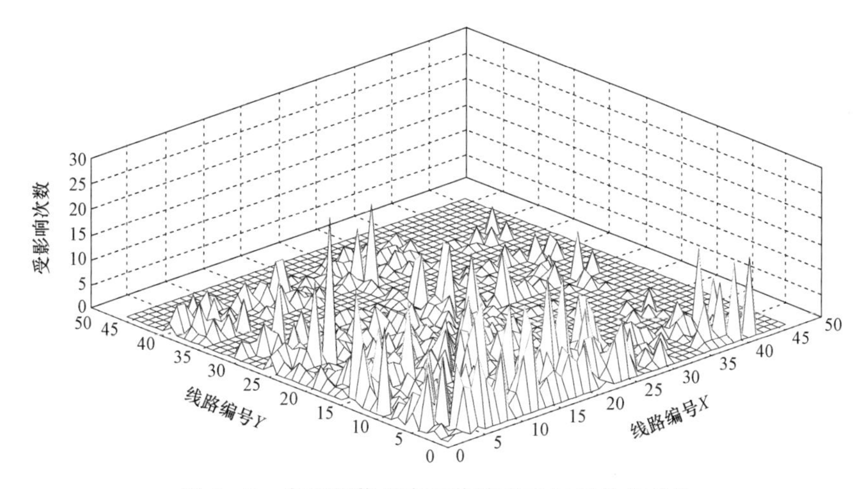

图 4－8 自组织临界态下线路退出运行的相关性

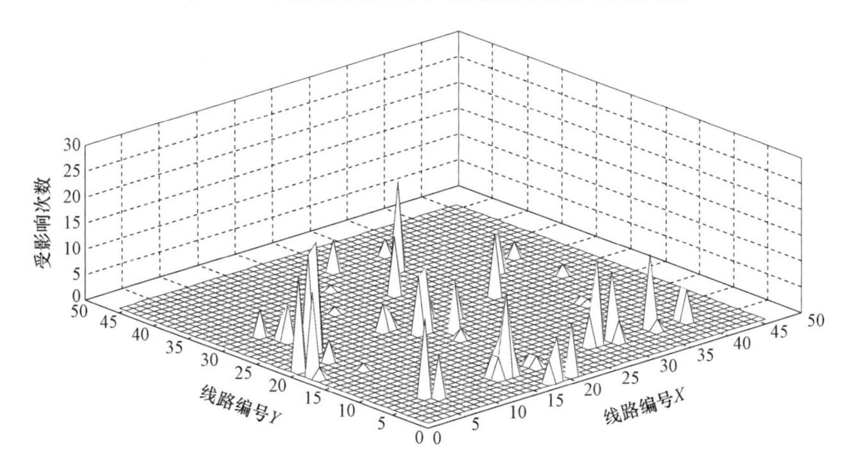

图 4－9 非自组织临界态下线路退出运行的相关性

对比图 4－8、图 4－9 可以发现，在自组织临界态下系统中元件之间具有非常强的相关性，相互之间影响联系紧密，有些元件之间具有较强的联系，使得系统中一个局部的微小扰动即可造成故障在大范围内的传播。而对比处在非自组织临界态下系统的相关性统计结果，此时相关性矩阵 $\boldsymbol{I}$ 中具有相关性的元素个数大幅减少，因此，很多元件的退出对系统中其他元件并不会造成太大影响，在初始故障的影响下不会发生事故的大规模扩散。

值得一提的是，从上图中可以看出，在非自组织临界态下系统中线路之间的相关性虽然不是十分普遍，但是其中强联系还是存在的。其程度与处在自组织临界下的强相关性相当，即存在一些线路，当其退出之后，会经常性地对另外某一条线路造成较大的影响而使其退出。相比于广泛相关而言，这种强相关能够以较大的概率使得相继故障发生，但是无法确保故障的有效传播。这种局部强相关性在电力系统中反映的是部分线路的升级需求，而不是系统整体传播动力学的表征。

3. 相关性矩阵

相关性矩阵反映的是系统整体相关性的特点，下面继续对系统中各个元件之间的影响进行一定程度的定量分析。由之前的叙述可知，相关性矩阵代表的相关性网络是一种加权有向网络。图 4-10、图 4-11 中，加权体现在该网络不仅显示出元件之间是否存在影响，同时还反映影响的强弱，即矩阵的元素 I_{ij} 是由连锁故障仿真所得的数据进行数理统计而得来的，是反映联系强弱的具体的值。而该网络的有向体现于其非对称性。对于加权有向网络，入度和出度是两个重要分析网络节点的指标。

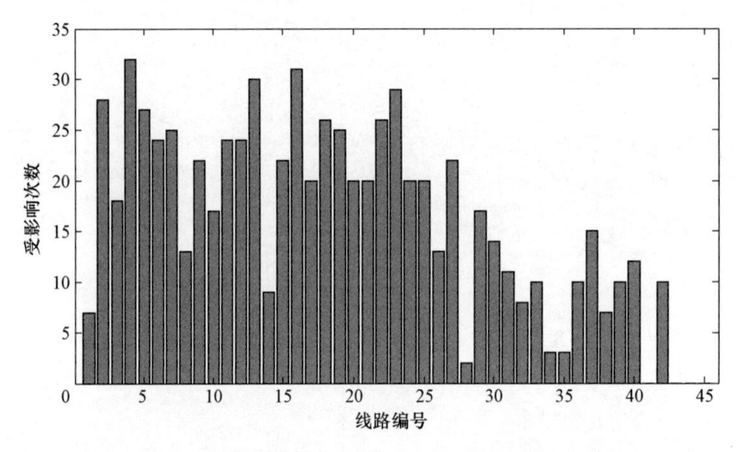

图 4-10　相关性网络中节点入度（自组织临界态下）

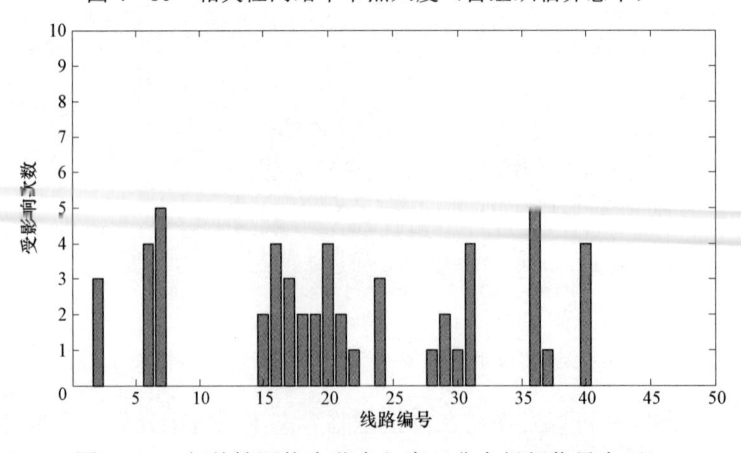

图 4-11　相关性网络中节点入度（非自组织临界态下）

由于所研究的是电力网络中输电线路之间的相互影响，因此在相关性网络中的节点，实际上是系统中的输电线路。各个节点的入度的物理意义在于系统中输电线路受其他线路的退出而发生相继故障的次数，同时也表征着线路受其他线路影响而发生开断的难易程度。对于自组织临界态下，5000 次仿真数据中系统各条线路平均受影响次数为 15.782 6 次；而对于非自组织临界态下，该数据为 1.152 2 次。从上述数据和图可知，在非自组织临界态下，系统中元件很难受到其他线路的影响，而自组织临界下，由于元件之间的强相关性，相互之间的影响更为频繁也更为广泛，这也就是在该状态下更容易发生连锁故障发生的原因。

同样，出度也反映出相同的特性，如图 4－12、图 4－13 所示。

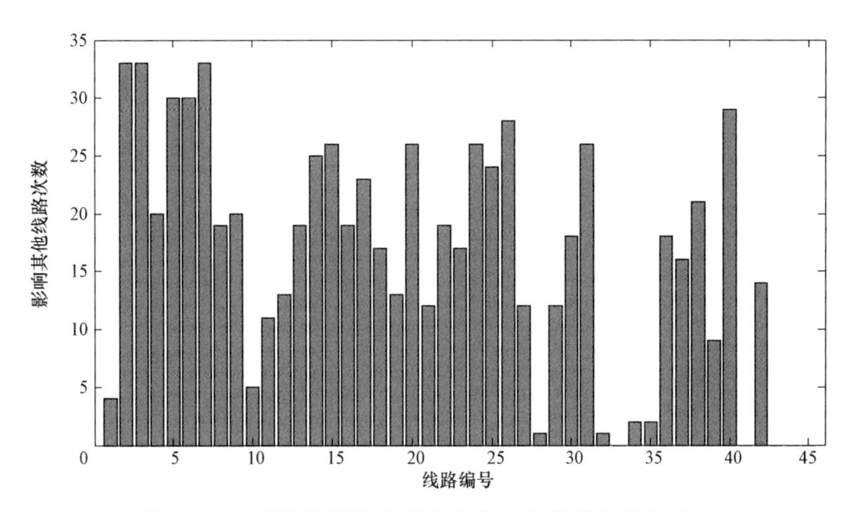

图 4－12 相关性网络中节点出度（自组织临界态下）

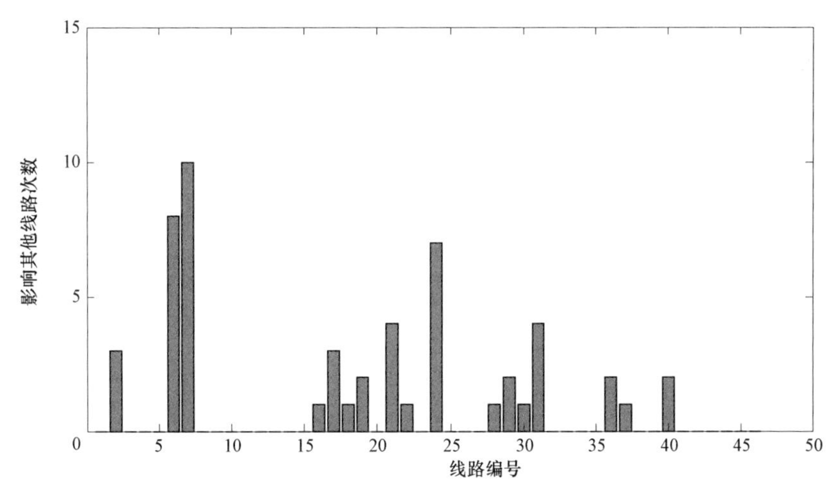

图 4－13 相关性网络中节点出度（非自组织临界态下）

由上述对比分析可以看到，在自组织临界态下组成系统的元件之间具有较强相关性，元件的级联失效很容易发生。因此，非常容易造成连锁故障的传播和扩散；而当系统处于非自组织临界态下时，元件之间的相关性并不普遍，基本互不影响，即使具有局部连接之间的强相关性，在系统中造成大范围的故障传播依旧是十分困难的。所以当组成系统的大量元素之间不具有广泛的短程相关性时，系统整体也不具有长程相关特性，从而无法造成连锁故障。下面从复杂网络中演化的角度进而以相关性为基础进行电力系统连锁故障的分析。

4.3.2 演化过程及商丘地区算例

开封商丘电网经四回 500kV 交流线与河南其他地区互联，在此算例中，利用第 2 章中的方法将开封商丘地区电网等值为单独的研究对象。该地区电网拓扑结构如图 4－14 所示。此图由该地区电力系统的实际地理信息经一定的比例缩小后绘制出来。其中，方框代表发电厂，圆圈代表变电站。较大的圆圈代表该变电站中最高电压等级的母线为 525kV；较小的圆圈代表该变电站中最高电压等级的母线为 230kV，框内的数字代表变电站中包含的变压器数量或发电厂中包含的发电机组数量。灰色的线路代表单回线，黑色的线路代表双回线，该地区共有 4 座发电厂，5 台发电机；24 座变电站，138 台变压器；23 条单回线，26 条双回线。

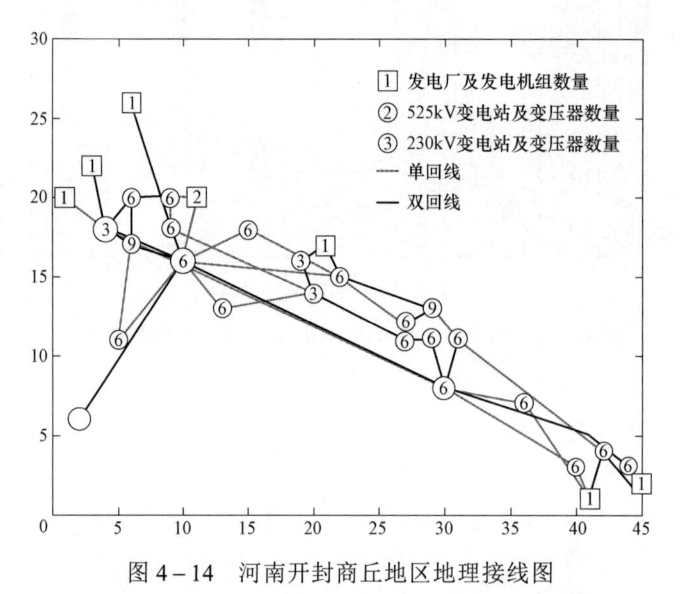

图 4－14　河南开封商丘地区地理接线图

研究区域内负荷和可开发为电能的资源的分布情况将直接影响电网演化过程，即电网是否需要升级，发电厂、变电站如何定容、选址，架设输电线路方案等。图 4－15 为仿真中使用的河南开封商丘地区的资源分布、负荷增长点分布和接线情况。

资源分布在图中用方框表示，方框的大小代表资源量的多少。负荷分布用圆圈表示，圆圈大小代表负荷增长多少。

总体上，用电需求随着时间而增长，但若要精确建模则较为复杂。因为用电需求的大小受诸多因素影响，具有一定的不确定性。本章节采用线性增长模型。

根据 2013 年基础数据，使用第 2 章的连锁故障模型得到河南开封商丘地区系统停电分布，如图 4－16 所示。

算例系统在不同的升级阈值进行电网升级建设，之后进行连锁故障快动态模拟并统计负荷损失情况，结果如图 4－17 所示。

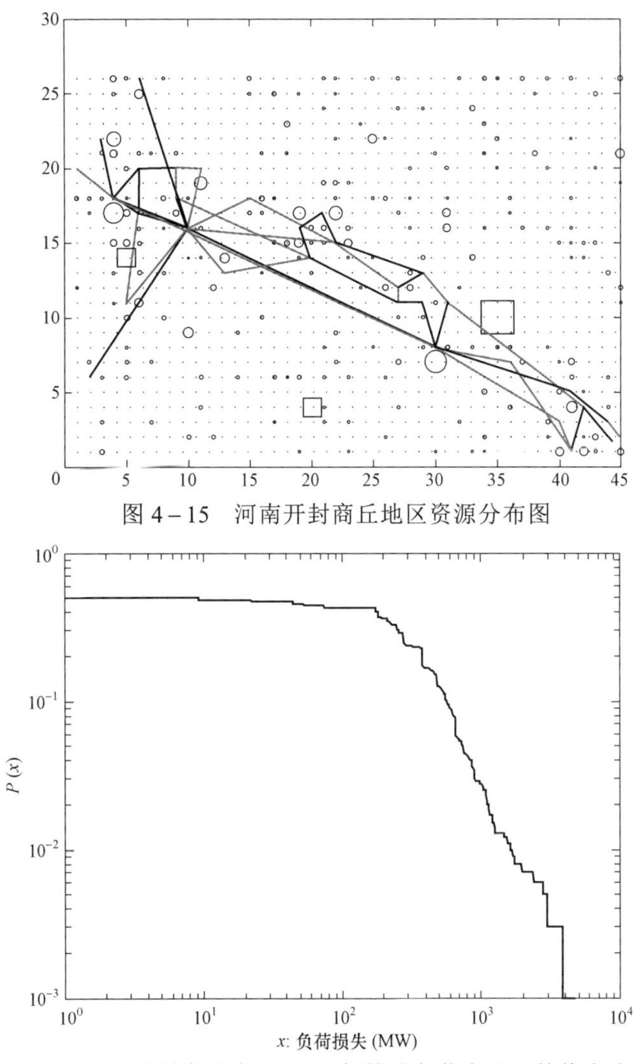

图 4－15 河南开封商丘地区资源分布图

图 4－16 开封商丘电网 2013 年基础负荷水平下的停电分布

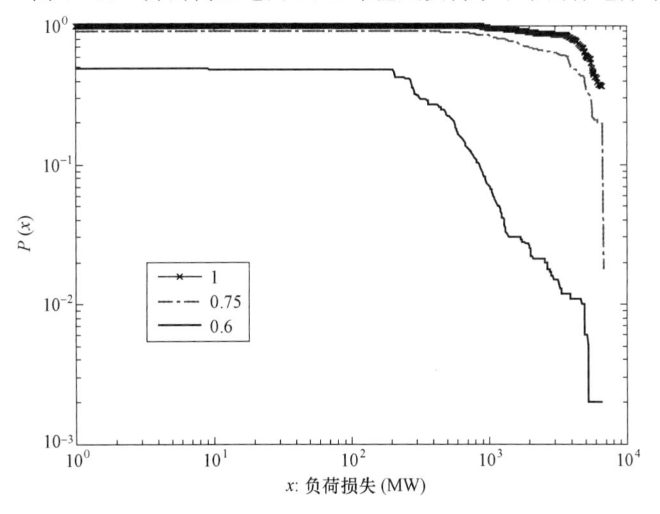

图 4－17 负荷增长后开封商丘电网的停电分布（不同升级阈值）

根据图中结果，当负载率升级阈值过大时，最终升级得到的电网不具有自组织临界的特性。当负载率升级阈值很高时，电网建设严重滞后于负荷的增长，电网在突发的扰动下极易发生连锁故障损失大量的负荷。此时，系统不运行在临界态，而是超临界态。而当升级阈值合适时，电网升级后将呈现临界态。对比图 4－16、图 4－17 可见，当采用负载率阈值 60% 进行升级时，通过连锁故障模型升级得到的系统与基础数据系统的停电分布规律比较接近。这一方面印证了模型的合理性，另一方面说明自组织到临界态具有一定的必然性。

如果采用表 4－2 中的工程造价成本和负荷损失成本，则可以近似估计电网建设和停电损失的代价。

表 4－2　　主要电力设备工程造价及负荷损失成本

造价	类型分类	电压等级（kV）	建设价格
单位线路长度造价	类型 1	500	0.018 亿元/km
	类型 2	220	0.007 亿元/km
单位变电容量造价	类型 1	500	0.001 5 亿元/MVA
	类型 2	220	0.003 2 亿元/MVA
单位容量发电厂造价		0.1 亿元/MW	
负荷损失单价（Z）		10 元/kWh	

考虑最长停电时间分别为 3h、5h 和 8h，不同的负载率升级阈值对应的总成本（建设成本与停电损失成本之和）如图 4－18 所示。

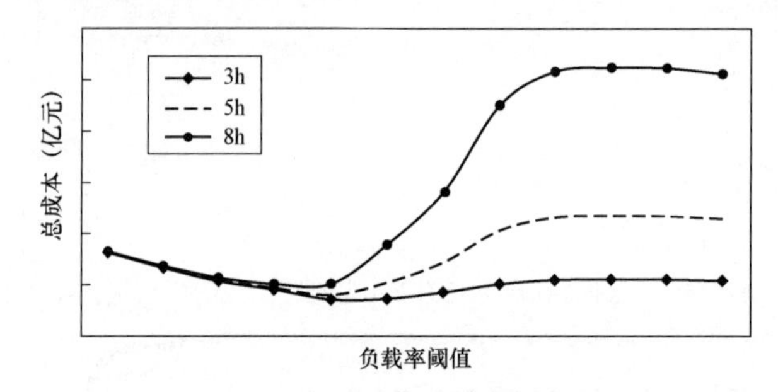

图 4－18　总成本变化趋势图

由图 4－18 可知，当采用负载率阈值 0.6～0.7 进行系统升级时，建设成本与停电损失成本之和将达到极小。这反映出，系统自组织到临界态时将达到安全性和经济性的平衡。

进一步，计算基础数据下和系统升级后的条件风险 VaR 和超额损失风险 CVaR（置信区间为 99%）等特征量，结果如表 4－3 所示。

表 4－3　　停电分布的特征量

项目	基础数据	负载率阈值		
		0.6	0.75	1
VaR（99%）	1619	4634	4525	4600
CVaR（99%）	28	54	67	67

续表

项目	基础数据	负载率阈值		
		0.6	0.75	1
期望 E	205（7.6%）	339（7.2%）	3759	4126
方差	384（14.2%）	700（14.9%）	2260	1742
10 倍 E 概率	0.007	0.012	0	0
幂律	−1.89	−1.46		

由表 4−3 可知，基础数据以及按照负载率阈值 0.6 升级后的系统处于临界态，其停电分布的方差明显大于期望值，即反映了停电分布具有肥尾的幂律特征，其 10 倍于期望停电规模的概率仍然不可忽略。相比而言，处于非临界态的系统，10 倍于期望停电规模的概率近似为零。

小　结

本章以组织临界理论和元件相互分析作用为基本思路，整理总结了连锁故障典型的形成机理以及传播特性。首先，本章从复杂系统角度对连锁故障的特性进行了分析与总结，用复杂系统中的自组织临界理论和潮流熵指标研究了系统负载率与负载率分布对系统自组织临界状态的影响，进而提供了典型系统潮流熵指标、负载率与系统自组织临界状态的关系，以及这些指标与停电风险指标的关系。接下来，对电力系统的自组织过程进行了研究，讨论实际电力系统自组织到临界态的发展过程。通过对故障传播发展的特性进行了适当抽象并选取河南省开封市商丘地区电网作为电网升级与连锁故障模型的测试算例。

基于复杂网络理论的社团行为对大停电风险的影响

第 4 章从宏观上讨论了电网处于临界态在负载率和潮流熵方面的表征，以及临界态时线路退出运行的长程相关性。本章将具体分析电网的社团结构，以及相关的发电备用分布、交直流联网方式等对停电风险的影响。传统的安全性评估方法对于故障的分析是基于单一元件的数据为数学建模及参考基础，对复杂电力系统特别是雪崩式级联故障判别却有致命缺陷，不能有效分析及预测故障的级联传播效应，需要采用考虑大电网事件的随机性质和计及各种不确定影响的新思路与新方法来补救、改进和完善现有的工具。复杂网络理论作为统计物理学的研究分支是研究复杂系统的重要方法，它关注系统个体和单元因子相互关联作用的拓扑结构及其对系统拓扑运动特征的影响，结构决定功能的观点是理解复杂系统性质和功能的基础。因此，本章将引入复杂网络理论，对大规模交直流电网的连锁故障以及大停电风险进行分析。

5.1 电网的复杂网络拓扑特征

5.1.1 复杂电网络拓扑模型

图论在电路和电力系统中的应用与复杂网络理论之中的网络拓扑不尽相同，虽然二者同被称为网络拓扑（Network Topology）。图论为电路分析和电网分析建立起严密的数学基础，提供系统化数学表达方式，便于计算机计算、分析及设计大规模电路和电网模型。在电路分析中，图论作为数学工具来寻找电路独立变量，列出相应的独立方程。在电路图中支路是实体，节点是支路的连接点，而复杂网络研究中则是将电路图支路的内容（元件）忽略不计，以边代之，节点可以是发电站节点、变电站节点或负荷节点。两种拓扑抽象方法说明电路拓扑以数学计算为目的，得出电压、电流、波形、功率分布等参数；复杂网络更倾向于探究电网整体运行规律和机理。

图论中，图 G 的定义为节点的集合和边的集合：$G=(V,E)$。其中 V 是节点集合，且节点（Vertex 或者 Node）$v_{\mathrm{i}}\in V$。E 是边的集合，边（Edge）$e_j=(v_i,v_j)\in E$。定义图 $G=(V,E)$ 后，利用矩阵进行各种计算。图论中常用矩阵大致有：邻接矩阵、关联矩阵、圈矩阵、割集

矩阵等。其中邻接矩阵是图论矩阵中最广泛的矩阵。

图可分为有向、无向，加权、无权。边分为有向和无向。有向边（Directed edge）从一个节点指向另一个节点，也可以两个节点互指，电网拓扑中则常作潮流方向。电网拓扑也能简化为不考虑潮流方向的无向边（Undirected edge）。边权（Weigh）反映两个节点之间的强度。电网中的边权可以是输电线的物理和电气参数，如有功功率。

抽象电力网络为拓扑模型，建立电网拓扑模型后就可以分析电网的拓扑特性，并通过特性规律建立电网仿真模型。

若研究省级及以上电网，可采用如下方案构建网络模型：

（1）忽略配电网、发电厂和变电站主接线结构。选取 110kV 以上输电线作为网络模型的边。

（2）以母线作为节点，节点亦可视为发电厂、变电站、负荷，输电线中间连接点不作为节点。

（3）为将电网拓扑简化为简单图，并联的同杆线路合成一条线路，忽略并联电容。

（4）忽略对地支路。

5.1.2　电网拓扑矩阵描述

当实际电网整理成网络拓扑后，需要用数学工具进行描述和运算。利用矩阵可以对复杂的图或网络进行快速运算，拓扑特性也需要矩阵形式的表达。拓扑图 G 由 N 个节点、M 条边组成。

基础拓扑特征数学描述一般都需要用到邻接矩阵（Adjacency matrix）。邻接矩阵描述了 N 个节点中任意两个节点之间的关系，因此涵盖网络的最基本拓扑性质。加权图的邻接边权值乘以邻接矩阵，可以得到带有权值的邻接矩阵。邻接矩阵特征值组成的图谱特征区分不同类型网络模型。邻接矩阵 $\boldsymbol{A}=(a_{ij})_{N\times N}$ 的定义如下

$$\boldsymbol{A}:\begin{cases}a_{ij}=1,\text{若节点}\,i\,\text{与节点}\,j\,\text{邻接}\\a_{ij}=0,\text{若节点}\,i\,\text{与节点}\,j\,\text{不邻接}\end{cases}\tag{5-1}$$

支路－节点关联矩阵描述各个节点和各条边之间的邻接关系。M×N 维关联矩阵 $\boldsymbol{Me}$ 定义如下

$$\boldsymbol{Me}:\begin{cases}\boldsymbol{Me}(t,i)=1\\\boldsymbol{Me}(t,j)=-1\\\boldsymbol{Me}(t,k)=0,k\neq i\,\text{或}\,j\end{cases}\tag{5-2}$$

如果是无向图，则关联矩阵只能等于 0 或 1。

支路－节点关联矩阵和邻接矩阵是图的基本矩阵，区别是邻接矩阵是节点与节点之间的关系，关联矩阵是节点与边的关系。涉及电网的矩阵如导纳矩阵、线路阻抗矩阵、电纳矩阵等。通过电气相关矩阵与图的矩阵运算，可以推出潮流等电网运行状态相关矩阵。节点导纳矩阵 $\boldsymbol{Y}$ 与支路阻抗矩阵 $\boldsymbol{Z}_{\mathrm{pr}}$ 的关系，用关联矩阵表示如下

$$\boldsymbol{Y}=\boldsymbol{Me}^{T}\boldsymbol{\Lambda}^{-1}(\boldsymbol{Z}_{\mathrm{pr}})\boldsymbol{Me}\tag{5-3}$$

支路潮流向量 $\boldsymbol{F}$ 与节点注入功率向量之间的关系

$$\boldsymbol{F}=\boldsymbol{AP}\tag{5-4}$$

5.2 电网拓扑结构对停电风险的影响

5.2.1 电网拓扑模块度指标描述

为了定量衡量网络划分的质量、确定最优分区数目，Newman 等人引入了模块度 Q 的概念，并将之引申到加权网络。加权网络模块度的具体定义如下

$$Q=\frac{1}{2m}\sum_{i=1}^{n}\sum_{\substack{j=1\\ j\neq i}}^{n}\{[(-L_{ij})-\frac{L_{ii}L_{jj}}{2m}]\delta(i,j)\} \tag{5-5}$$

其中，

$$L_{ii}=\sum_{j=1\sim n,j\neq i}(-L_{ij}) \tag{5-6}$$

$$m=\sum_{i=1}^{n}(L_{ii}/2) \tag{5-7}$$

式中 L_{ij}、L_{ii}——矩阵 $\boldsymbol{L}$ 的元素；

m——网络中所有边的权重之和。如果节点 i 和节点 j 被分在同一个分区，则 δ 函数 $\delta(i,j)=1$，否则 $\delta(i,j)=0$。

加权模块度指标 Q 反映了节点实际连接情况与其期望值的关系。假设保持各节点的 L_{ii} 不变，形成随机网络，则式中的 $L_{ii}L_{ij}/2m$ 表示连接节点 i 和节点 j 的边的权重的期望值。实际网络中相连的比例减去随机网络中相连的概率，反映了网络有序的程度。如果社团内部边的权重之和等于随机连接时的期望值，则 $Q=0$，其上限是 $Q=1$。Q 越接近上限，表示社团结构越明显。

进一步，从社团之间关系的角度推导出加权模块度指标 Q 的另一种表达形式，具体如下

$$Q=\sum_{r=1}^{N_c}\frac{e_{rr}}{2m}-\sum_{r=1}^{N_c}\left(\frac{a_r}{2m}\right)^2 \tag{5-8}$$

式中 N_c——社团的数目；

m——总的边数；

e_{rr}——第 r 个社团内部线路的度的数目，即第 r 个社团内部线路数目的 2 倍；

a_r——第 r 个社团内节点度的数目，即第 r 个社团内部线路数的 2 倍及第 r 个社团与其他社团相连线路数的 1 倍之和。

式（5－8）中的第一项和第二项分别表示社团的内聚性和解耦性。加权模块度指标 Q 表现了两者之间的博弈。

根据加权模块度指标 Q 的大小，可以判断出合理有效的分区方式。研究表明，一般 Q 在 0.3 附近或者大于 0.3 时，标志着分区方式比较好。利用模块度的上述特性，可以比较不同网络的最大模块度，评价其结构可分性。进一步，由于 Q 计算简单、物理意义明确，而且其局部峰值通常不超过 2 个，故依据 Q 对网络进行划分易于实施。总之，根据模块度的峰值可以选择最优分区数目，确定最优的分区方式。

采用有功功率作为线路权重，对图 5－1 所示 IEEE30 系统进行社团分析。

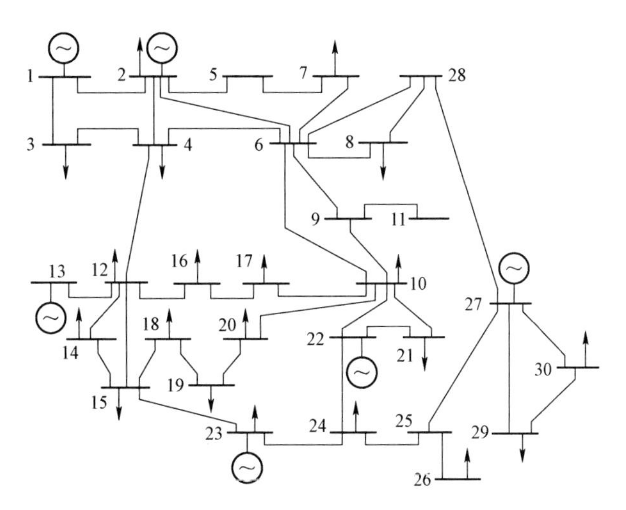

图 5-1　IEEE 30 节点标准系统

经有功分区算法计算后，得到的结果如图 5-2、图 5-3 所示。

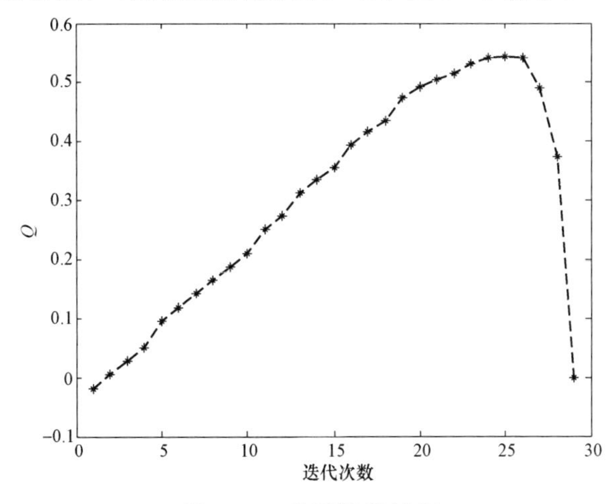

图 5-2　分区迭代过程

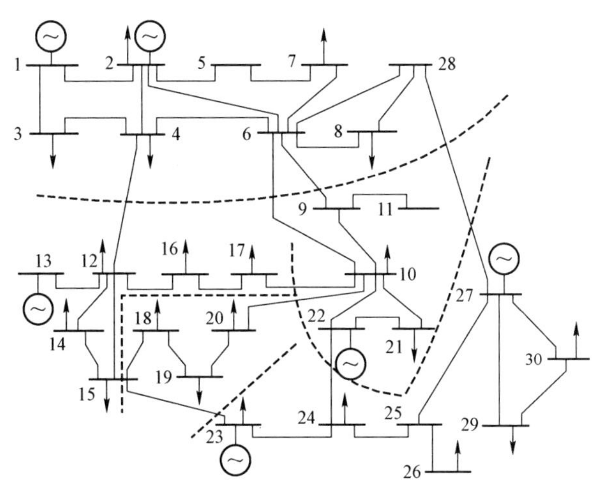

图 5-3　分区结果

5.2.2 电网拓扑结构对停电风险的影响

对于 IEEE30 节点系统，由拓扑结构可以发现系统内 13 号发电机仅通过一回线与主网相连，这样的结构容易致使发电机组脱网，由前文分析可知发电机组的解列不利于系统维持频率稳定，为此尝试通过增加连接线路的方式增强 13 号发电机与主网的连接程度，进而降低停电风险。其仿真条件如表 5－1 所示，仿真结果如图 5－4 所示。

表 5－1　IEEE30 节点系统结构改变情况

系统名称	结构
系统 A	增加线路 13－12
系统 B	增加线路 13－3
系统 C	原系统

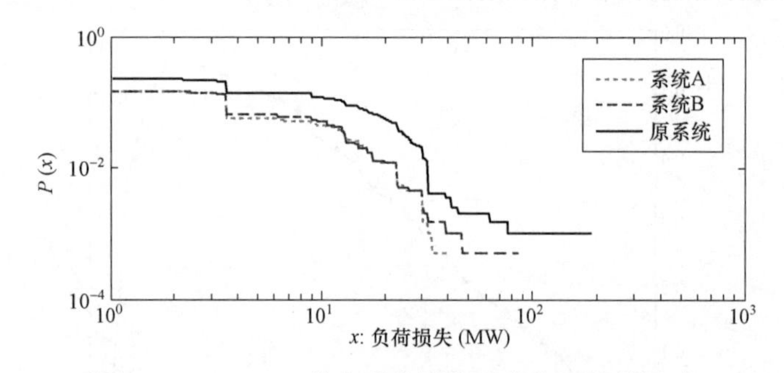

图 5－4　IEEE30 节点系统结构对停电风险的影响

图 5－4 所示的仿真结果可以说明，对系统内薄弱线路有针对性地增强其连接关系，可以显著降低系统停电的风险，而对于系统内薄弱线路的识别则可以利用如下方式进行：逐一断开系统内的全部连接线，并计算每次断线后的传输效率指标，筛选出断线后传输效率指标明显增长的情况。这些线路即为系统内的关键线路，其因断开后会显著增加系统有功传输的电气距离，此时系统更容易发生连锁故障，停电风险也相应较高。为了检验这种方法的有效性，基于 IEEE30 节点系统，依照上述方法筛选出系统内关键线路，然后将其由单回线变成双回线，并计算对比此时的停电风险指标，如表 5－2 所示。

在对系统中的薄弱线路加强联系后，系统的解列频率明显降低，其直接结果就是负荷损失的减小。当系统发生解列时，可能致使发电机组与负荷分离，电气岛内的有功供需出现不平衡，进而为了维持系统频率稳定，部分负荷被切除。因此，加强系统的连接关系，尽量降低系统发生解列的风险，能够有效降低因频率问题造成的负荷损失。而前文提出的传输效率指标可以有效识别系统内关键线路，针对这些线路采取相应的措施（如单回线变双回线、提高线路容量等）能在一定程度上避免系统发生解列，进而减小频率失稳、损失负荷的风险。

表 5-2 系统结构与停电风险指标

描述	传输效率（断线后计算）	VaR	CVaR	解列频率
原系统	57.42	11.70	0.87	0.290
增加 13-12	67.85	9.50	0.81	0.235
增加 6-8	62.55	10.65	0.79	0.282
增加 12-16	60.67	10.60	0.84	0.278
增加 21-22	61.00	11.48	0.86	0.286
增加 15-18	61.15	10.62	0.81	0.279

5.3 其他社团行为对停电风险的影响

5.3.1 发电备用分布对停电风险的影响

系统中发电机旋转备用的存在对维持系统频率稳定有着重要意义。当系统中机组达到出力极限时，若恰有故障发生致使产生有功缺额，此时这部分发电机组将丧失增加出力的能力，对系统整体而言其等效调差系数将变大，同等条件下系统频率变化也将增加，此时系统更容易发生频率失稳问题。为了能够刻画旋转备用对系统频率稳定性的这种影响，提出了指标η，其含义为系统中具备旋转备用容量的机组额定出力占系统全部机组的额定出力的比值，它可以一定程度上反映出系统的频率调节能力。η 的数学表达为

$$\eta = \frac{\sum_{i=1}^{m} P_{gi}}{\sum_{i=1}^{n} P_{gi}} \tag{5-9}$$

式中 P_{gi}——第 i 台发电机额定有功出力；

m——系统中有旋转备用的发电机台数；

n——系统中总发电机数。

图 5-5 仿真首先分析了系统旋转备用对频率稳定问题的影响，其次对系统备用指标的作用进行了进一步的分析。

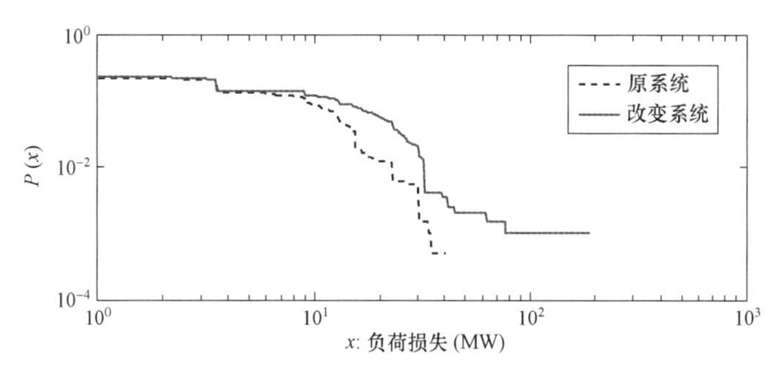

图 5-5 IEEE30 节点系统旋转备用对停电风险的影响

对于IEEE30节点系统仿真条件如表5-3所示。由仿真结果可见，与改变发电机1、2、3容量后系统相比，原系统中较多机组都具备旋转备用容量，系统发生停电的风险明显较少，这是由于系统中更多容量的机组具备旋转备用代表着系统对于扰动下频率的调节能力增强。从数学上看，系统对应的等效调差系数减少，系统频率变化对有功波动的敏感性下降，此时尽管在有功缺额产生后，频率仍会不可避免的降低，但其降低水平将很大改善，有利于系统维持频率稳定。

表5-3　IEEE30节点系统旋转备用分布数据（额定功率/最大功率）

系统	发电机1（MW）	发电机2（MW）	发电机13（MW）	发电机22（MW）	发电机23（MW）	发电机27（MW）
原系统	23.5/80.0	61.0/80.0	37.0/40.0	21.6/50.0	19.2/30.0	26.9/55.0
改变系统	23.5/102.0	61.0/61.0	37.0/37.0	21.6/50.0	19.2/30.0	26.9/55.0

在明确了系统旋转备用对频率稳定的影响后，使用η来更直接地描述系统旋转备用的情况，并进行仿真。仿真基于IEEE30节点系统进行，仿真过程中通过保证备用总量恒定时调整系统内发电机备用分布的方式，获得不同η值的系统，并计算其停电风险指标。而在停电模型中负荷的损失可能由三种原因造成，分别是：① OPF为消除线路过载而切除负荷，其与系统频率稳定无关；② 线路开断后形成的电气岛内无发电机，损失全部负荷，其与频率稳定有一定的关联；③ 为了维持电气岛频率稳定，按计划低频减载造成的负荷损失。显然，三种负荷损失情况与系统频率稳定问题的相关度不同。因此，为了更准确地衡量与频率稳定相关的负荷损失，在计算停电风险过程中，VaR和CVaR使用全部负荷损失计算；VaR1和CVaR1使用除去OPF切负荷后的负荷损失计算（此时负荷损失由第2、3种原因造成）；VaR2和CVaR2则仅使用为了维持频率稳定而造成的负荷损失计算（此时负荷损失仅由第3种原因造成）。具体结果如表5-4所示。

表5-4　系统旋转备用与停电风险指标

η	VaR	C VaR	VaR1	C VaR1	VaR2	C VaR2
1.000	11.70	0.87	11.70	0.87	8.06	0.59
0.561	17.52	1.09	17.50	1.09	16.39	0.98
0.538	18.30	1.15	18.30	1.15	16.55	1.05
0.482	20.20	1.22	20.09	1.21	18.54	1.14

将表5-4中的VaR1、CVaR1和VaR2、CVaR2随η的变化趋势分别画图，结果如图5-6及图5-7所示。

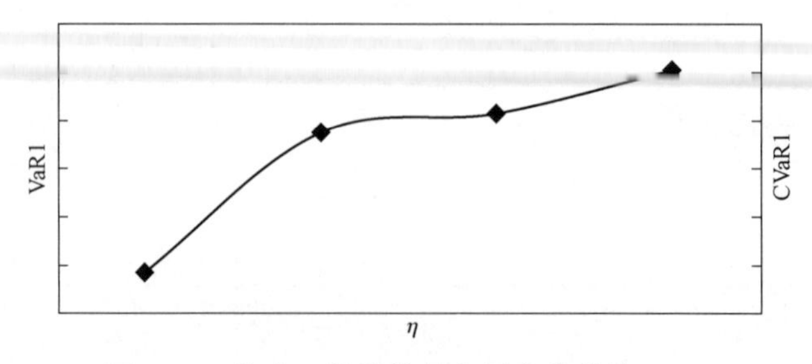

图5-6　停电风险随旋转备用变化趋势（1）

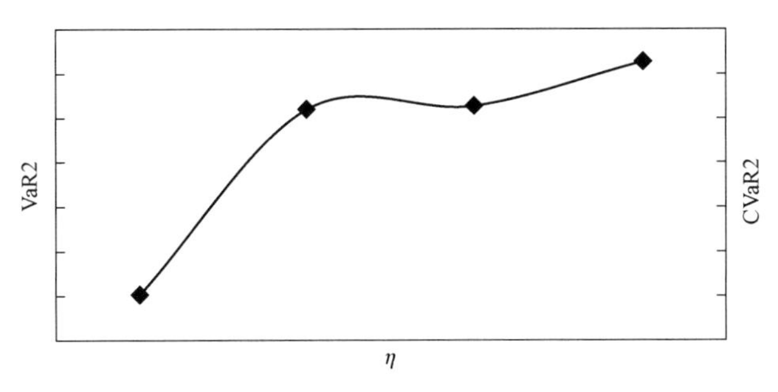

图 5－7　停电风险随旋转备用变化趋势（2）

图 5－6 及图 5－7 清晰地反映出了随着系统具备旋转备用的机组容量的减少，与频率稳定问题相关的负荷损失明显增加。这充分说明旋转备用对系统维持频率稳定是有实际意义的。在连锁故障的进程中，发电机组的旋转备用在调速器作用下能够抑制频率的异常变化，其作用是直接的；当丧失旋转备用后系统频率波动将会增大，相应地引发低频减载等措施的概率也将上升，进而导致负荷损失增加。上述的仿真结果已经明确表明了这一点。因此在实际电网中，保证机组具有一定的旋转备用对维持系统频率稳定及减少由频率问题引发的负荷损失有实际价值。

5.3.2　不同交直流联网方式对停电风险的影响

5.3.2.1　纯直流方式互联系统

纯直流方式互联是指，送端电网与受端电网之间只通过直流传输线路进行互联。其示意图如图 5－8 所示。

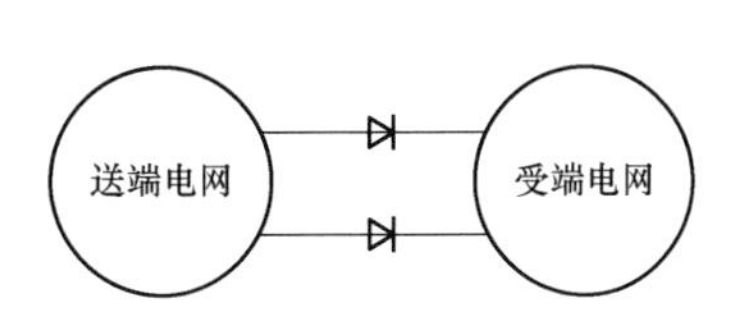

图 5－8　纯直流方式互联系统示意图

其系统单线图如图 5－9 所示。

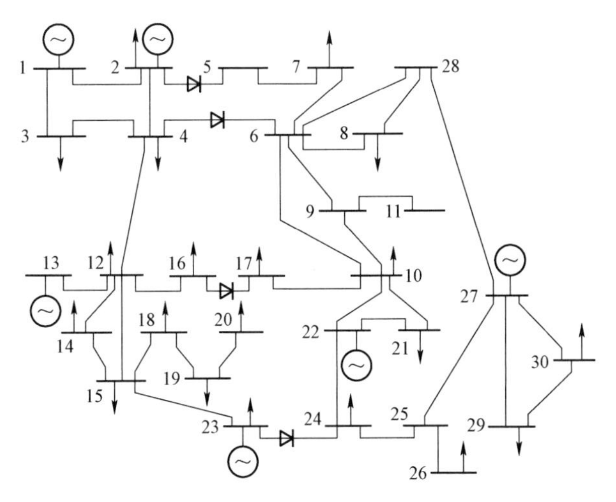

图 5－9　30 节点纯直流方式互联系统图

在该系统中，各条直流线路的传输功率设置如表 5-5 所示。

表 5-5　　节点纯直流互联系统（直流重要）直流线路功率表

直流线路	2-5	5-6	16-17	23-24
有功功率（p.u.）	0.133	0.213	0.058	0.075

对该系统进行 5000 天的仿真，得到系统每日的损失负荷量的标幺值。以系统的负荷总量为标准，将负荷损失划分为 1000 个等级，统计 5000 日内损失负荷量位于各个等级的天数，最终统计结果如图 5-10 所示。

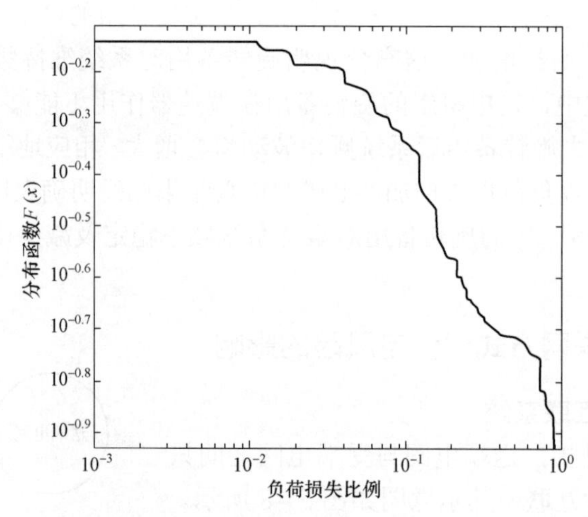

图 5-10　30 节点纯直流互联系统（直流重要）停电规模统计图

由图可见，在这 5000 天的时间内，系统的停电事故规模可以近似看作幂律分布。

5.3.2.2　交直流并联方式互联系统

交直流并联互联方式是指，送端电网与受端电网之间同时通过交流传输线路和直流传输线路进行互联。其示意图如图 5-11 所示。

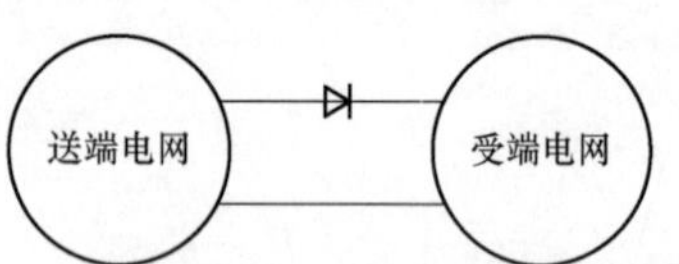

图 5-11　交直流并联方式互联系统示意图

直观地从系统分析可知，由于并联的交流线路的存在，当发生故障时，无论是直流线路闭锁或是并联的交流线路断开，与之并联的线路均能承担一部分断线的功率，对情况的恶化起到了缓解的作用。因此，系统的负荷损失率与前相比应当有所减少。

在纯直流方式互联系统的基础上进行改造，将原本处于运行状态的直流线 5-6、16-17 替换为交流线，得到的系统单线图如图 5-12 所示。

同样对该系统进行 5000 天仿真，得到系统每日的损失负荷量的标幺值。统计 5000 日内损失负荷量位于各个等级的天数，最终统计结果如图 5-13 所示。

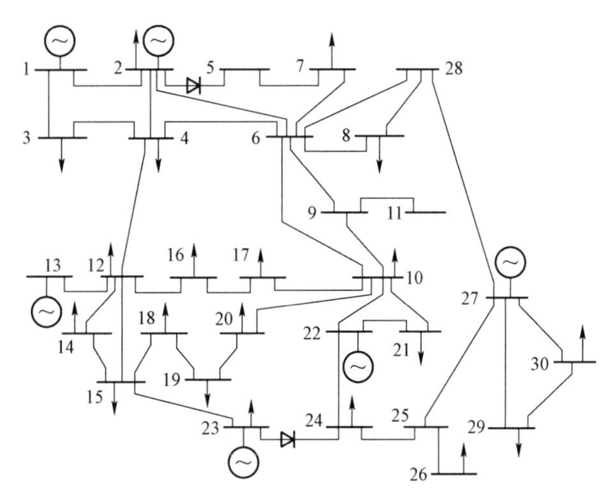

图 5－12　30 节点交直流方式并联互联系统单线图

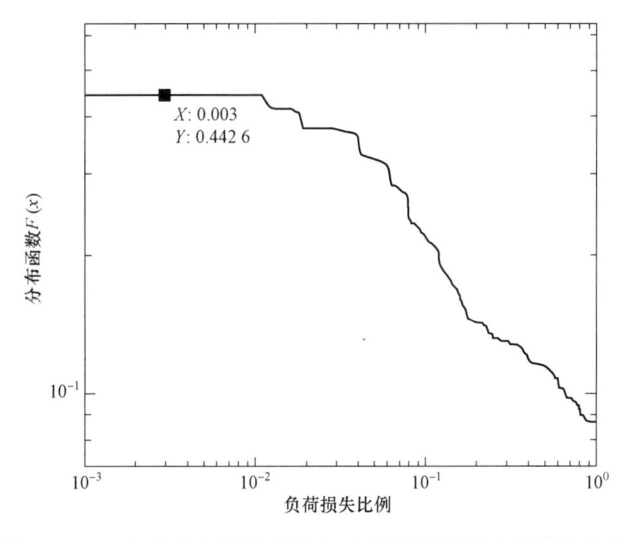

图 5－13　30 节点交直流并联方式互联系统停电规模统计图

由图可见，在这 5000 天的时间内，系统的停电事故规模也可以近似看作幂律分布。

5.3.2.3　纯交流方式互联系统

纯交流方式互联是指，送端电网与受端电网之间只通过交流传输线路进行互联。其示意图如图 5－14 所示。

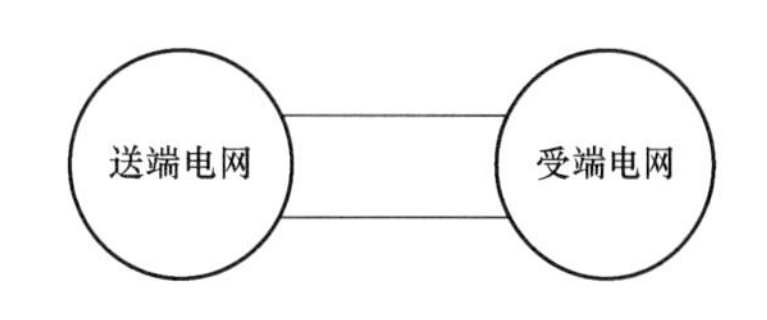

图 5－14　纯交流方式互联系统示意图

原始的 30 节点系统即属于此类系统。其系统单线图如图 5－15 所示。

对该系统进行 5000 天的仿真，得到系统每日的损失负荷量的标幺值。统计 5000 日内损失负荷量位于各个等级的天数，最终统计结果如图 5－16 所示。

由图可见，在这 5000 天的时间内，系统的停电事故规模也可以近似看作幂律分布。

5.3.2.4　对比分析

将三种系统 5000 天的停电规模统计图置于同一图中进行对比，如图 5－17 所示。

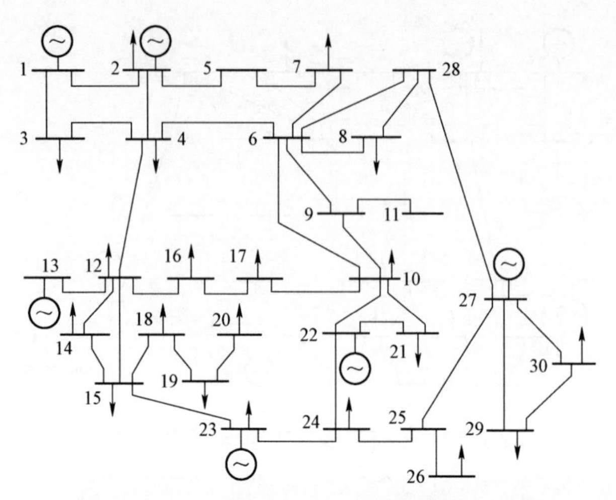

图 5-15　30 节点纯交流方式互联系统单线图

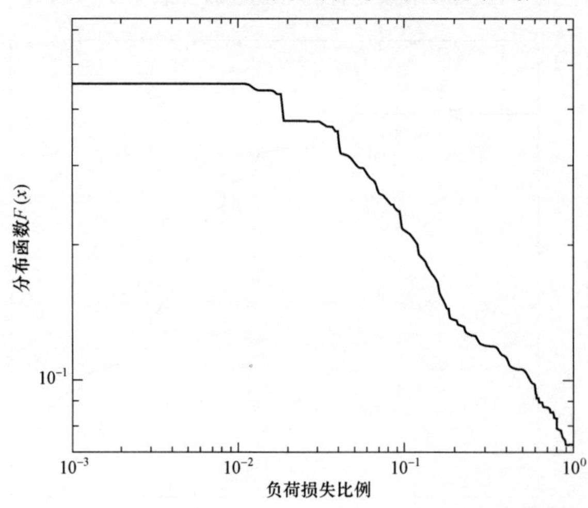

图 5-16　30 节点纯交流方式互联系统停电规模统计图

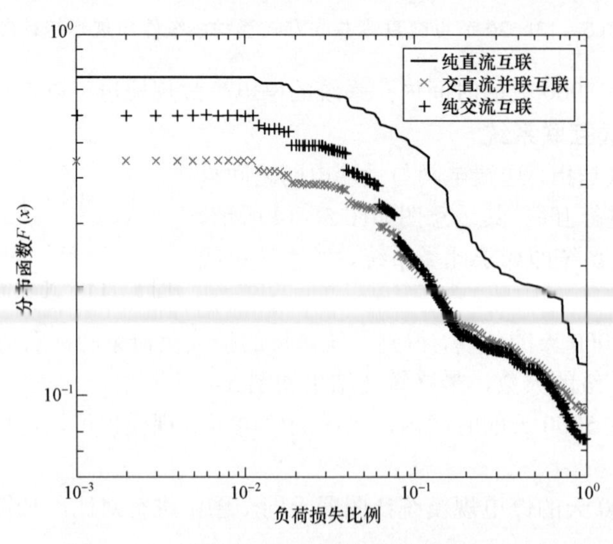

图 5-17　不同方式互联系统停电规模对比图

从图中可以看出，当 30 节点系统运行于不同的互联方式时，发生大规模停电事故的可能性由高到低的系统排列为：纯直流方式互联系统、交直流并联方式互联系统、纯交流方式互联系统。

经统计，得到 5000 日内发生短路故障和次数和直流系统闭锁或相应位置交流线因过载而断开的次数（纯直流互联系统中的直流线路 2 与 3 在交直流并联互联系统中为交流线路）如表 5－6 所示。

由表中数据可知，短路故障发生后，纯直流方式互联系统中的直流线路更容易发生闭锁，而在相应位置进行替代的交流线却不易因过载而断开。

可以认为，纯直流方式互联系统之所以具有较高的停电概率，是因为此种模式下受端电网的规模较小，稳定性较差。其发生故障时，容易引发电压和频率的下滑。

表 5－6　　不同互联系统线路停运/断开统计对比表

次数 \ 系统	纯直流互联	交直流并联互联
短路故障	2403	2444
直流 2～5 闭锁	552	446
直流 5～6 闭锁/交流 5～6 断开	1083	0
直流 16～17 闭锁/交流 16～17 断开	1283	0
直流 23～24 闭锁	176	94

频率下滑会起动系统切负荷的操作，而电压下降很可能引发多个直流系统发生闭锁。这样的互联方式对直流系统的传输能力依赖性较高，一旦直流系统闭锁停止功率传输，会使得受端系统的功率严重匮乏，令情况进一步恶化。

交直流并联方式互联系统中，送端和受端电网之间存在交流线路，因此受端电网的惯性较大。其发生故障时，电压和频率下滑的幅度相对较低，不容易引发多个直流系统同时发生闭锁。这种互联模式下，受端电网对直流线传输能力的依赖性较弱。当直流系统发生闭锁后，并联的交流线路能够帮助分摊部分传输功率，使得受端电网的功率缺乏程度较缓，可以保留更多负荷。

对于纯交流方式互联系统，由于交流联络线和直流线路不同，不易因故障而失去传输能力，所以对故障的抵抗能力较强，因此停电风险较小。

但需要注意的是，得出上述结论是有前提条件的，即互联系统并非远距离输电，而且没有互联系统的调度参与连锁故障的阻断。如果在远距离输电中采用交流联网方式，则功角稳定问题将非常突出，从而严重影响系统运行。关于调度环节在不同联网方式中的作用，将在下面一小节讨论。

5.3.3　调度行为对停电风险的影响

除了上一小节讨论的区别外，直流输电系统与交流线路的主要区别在于直流线路的功率可以控制，而交流线路上的潮流是根据基尔霍夫定律自然分配的。当采用直流输电系统联网时，调度环节将有更多的可控资源。本小节将讨论调度对停电风险的影响程度。

本小节针对 OPF 模块对停电事故的控制性给出对比和分析。

5.3.3.1 纯直流方式互联系统

首先采用前述的 30 节点纯直流方式互联系统（直流重要）作为算例系统。

1. OPF 起动概率 9%

在上述停电规模的模拟实验中，OPF 设置的成功起动概率是 9%。这已经是一个较低的概率，在实际系统中，OPF 成功起动的概率要高于这个值。因此，上面得到的停电规模统计结果属于 OPF 起动概率较低的一类，几乎等同于在故障过程中没有 OPF 的作用。

该统计结果如图 5－18 所示。

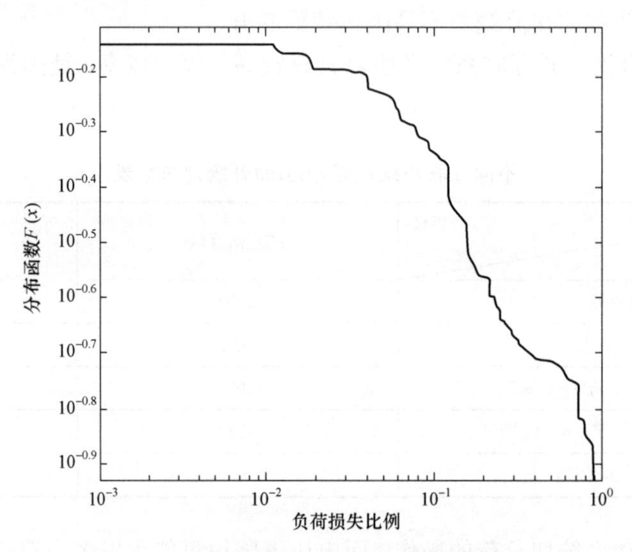

图 5－18　OPF 低概率起动停电规模统计图

2. OPF 起动概率 50%

将 OPF 的成功起动概率设置为 50%，此时 OPF 成功起动的概率达到 50%。同样对该系统进行 5000 天的停电事故模拟，得到停电规模统计图如图 5－19 所示。

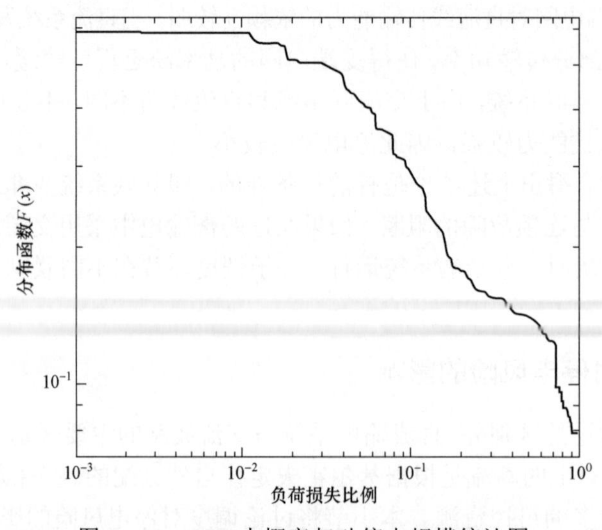

图 5－19　OPF 中概率起动停电规模统计图

3. OPF 起动概率 90%

将 OPF 的成功起动概率设置为 90%，此时 OPF 成功起动的概率接近 100%，即大多数系统故障发生后均有 OPF 参与。同样对该系统进行 5000 天的停电事故模拟，得到停电规模统计图如图 5-20 所示。

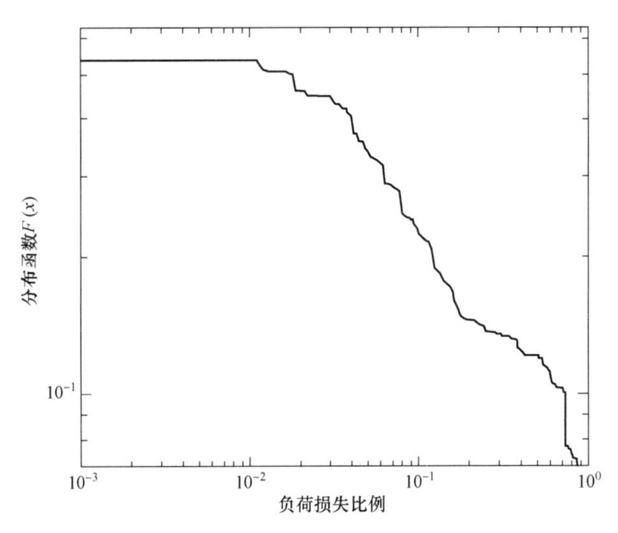

图 5-20　OPF 高概率起动停电规模统计图

4. 结果分析对比

将三种 OPF 成功起动概率下的停电模型统计图进行对比，如图 5-21 所示。

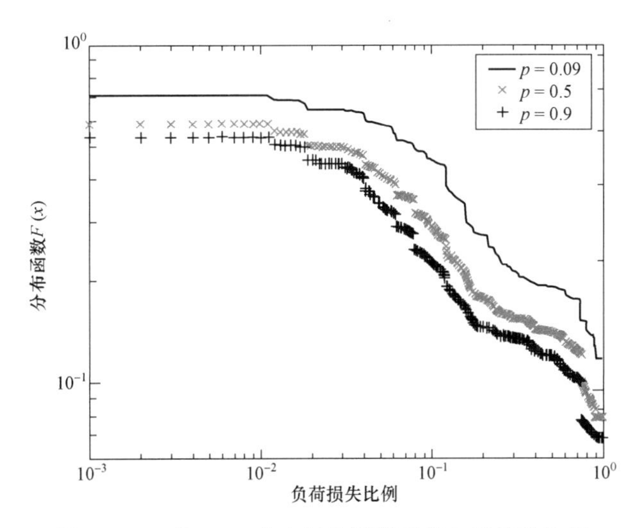

图 5-21　各 OPF 成功起动概率下停电规模对比图

从上图对比可看出，当 OPF 的成功起动概率较低（$p=0.09$）时，系统比较容易损失负荷，产生停电事故；当 OPF 的成功起动概率中等（$p=0.5$）时，系统的负荷损失率相对较少；而当 OPF 的成功起动概率较高（$p=0.9$）时，系统的负荷损失率是最少的，因而是停电规模最小的一种系统。

以上实验结果可以有力地证明 OPF 模块具有对纯直流方式互联系统内功率分布进行优化，从而减小停电概率的功能。因此，在实际系统中合理地利用 OPF，能够有效地减少连锁故障和停电事故发生的可能性。但计算 OPF 需要花费大量的内存和时间，如何在安全性和经济性之间找到一个平衡点，仍是一个值得关注的问题。

5.3.3.2 交直流并联方式互联系统

以交直流并联方式互联系统作为算例系统验证 OPF 环节的作用。

同样在 OPF 的成功起动概率较低（$p=0.09$）、OPF 的成功起动概率中等（$p=0.5$）、OPF 的成功起动概率较高（$p=0.9$）的情况下，分别对系统进行 5000 天的仿真，统计得到负荷损失率，并进行对比，如图 5－22 所示。

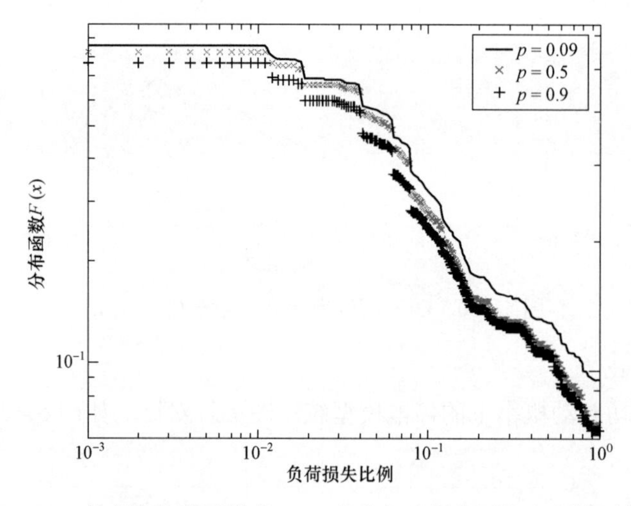

图 5－22　交直流并联互联各 OPF 成功起动概率下停电规模对比图

同样可以看出，当 OPF 的成功起动概率较低（$p=0.09$）时，系统的停电风险最高；当 OPF 的成功起动概率中等（$p=0.5$）时，系统的停电风险次之；而当 OPF 的成功起动概率较高（$p=0.9$）时，系统的负荷损失率是最少的，因而是停电风险最小的一种系统。可见，OPF 对于降低交直流并联方式互联系统的停电风险也是有明显作用的。

5.3.3.3 纯交流系统

以纯交流方式互联系统作为算例系统验证 OPF 环节的作用。

同样在 OPF 的成功起动概率较低（$p=0.09$）、OPF 的成功起动概率中等（$p=0.5$）、OPF 的成功起动概率较高（$p=0.9$）的情况下，分别对系统进行 5000 天的仿真，统计得到负荷损失率，并进行对比，如图 5－23 所示。

虽然不够明显，但仍可看出，按系统停电风险由高到低排列的情况顺序是：OPF 的成功起动概率较低（$p=0.09$）时、OPF 的成功起动概率中等（$p=0.5$）时 OPF 的成功起动概率较高（$p=0.9$）时。可见，OPF 对于降低纯交流方式互联系统的停电风险也是有积极作用的。

5.3.3.4 OPF 对不同方式互联系统的作用

将不同方式互联系统在各 OPF 成功概率下的负荷损失进行对比，如图 5－24 所示。

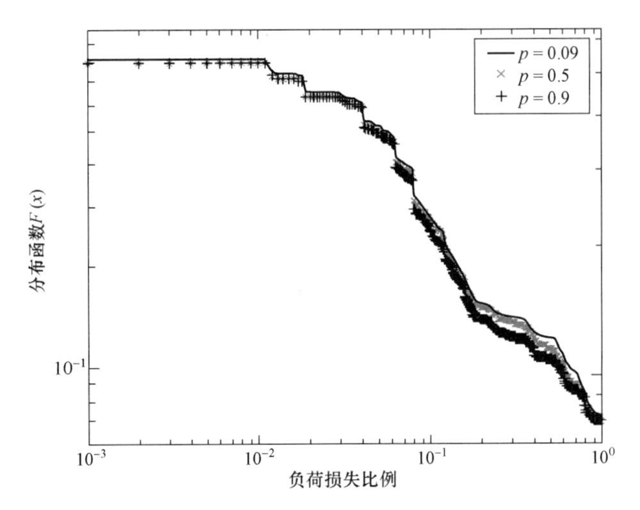

图 5-23　纯交流互联各 OPF 成功起动概率下停电规模对比图

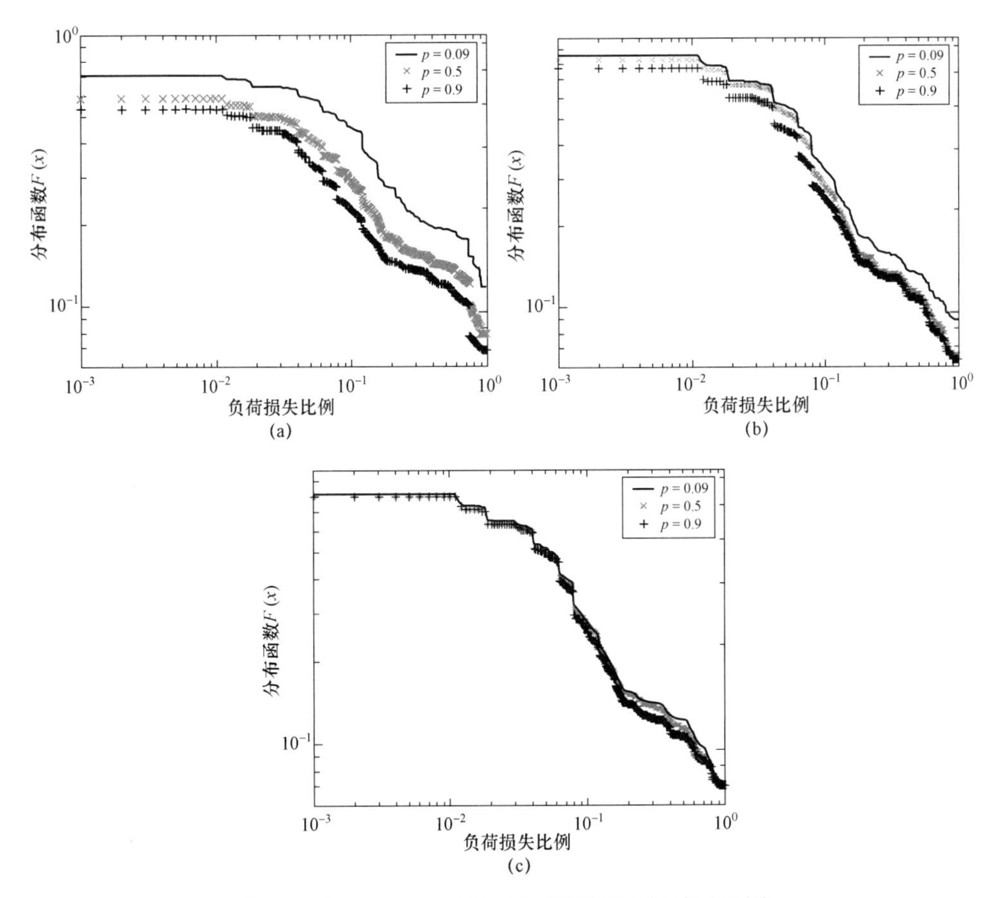

图 5-24　OPF 对不同方式互联系统的影响对比图

（a）纯直流互联系统；（b）交直流互联系统；（c）纯交流互联系统

由图可以看出，OPF 的成功运行对于降低纯直流方式互联系统的停电概率的作用最为明显。高成功概率的模式下，纯直流互联方式系统的负荷损失率大为降低。而 OPF 的成功运行对于减少交直流并联方式互联系统停电事故的作用则相对较弱。随着 OPF 成功概率的提高，这种系统的负荷损失率下降不多。OPF 对于纯交流方式互联系统的作用是最弱的。提高 OPF 的成功概率后，系统的负荷损失率下降得很不明显。

因此可知，OPF 降低停电概率的作用在纯直流方式互联系统最强，在交直流并联方式互联系统中次之，在纯交流方式互联系统中最弱。这是因为直流系统在受到事故的影响时可能发生闭锁，导致大量传输功率的损失。此时如果不能够有效快速地对功率分布进行调节，电网将会面临严峻的功率缺乏状况，从而导致一系列的连锁故障，最终发生停电事故。OPF 则能够有效地遏制这种现象。但对于交直流并联方式互联系统和纯交流方式互联系统在故障之后，系统的功率损失相对较小，因此发生停电事故的可能性也相对较低，则对 OPF 的需求不如纯直流方式互联系统强烈。

为了进一步分析纯直流方式互联系统中调度环节的作用，下面设置调度环节中不进行直流系统功率调整，再让其以 90%的概率运行，得到的系统停电风险对比图如图 5－25 所示。

由图 5－25 可知，若调度环节不调节直流线路功率，则小规模和大规模停电的概率有所上升，但此时调度环节仍然可以大幅降低纯直流互联系统停电风险。因而可以认为，调度环节能够降低系统停电风险的原因，一方面在于能够调节直流系统的功率，从而控制系统内功率流向，起到优化功率分布的作用；另一方面，调度环节能够有效缓解直流系统发生闭锁后的功率匮乏状态，使得系统情况不再进一步恶化，从而保留更多负荷。在纯直流互联系统中对两方面的需求都较为迫切，调度环节在其中的作用更大。

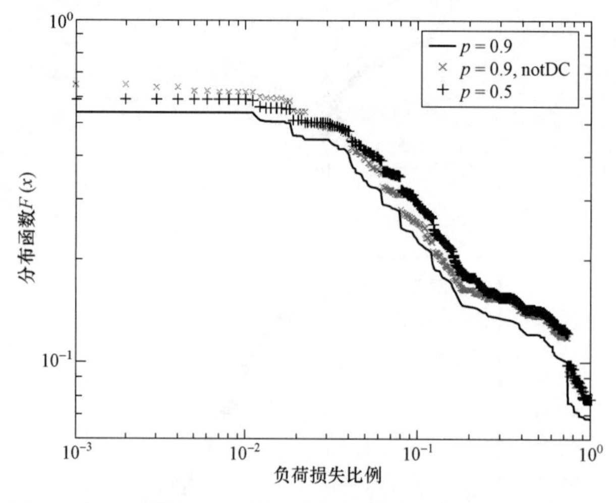

图 5－25　未对直流系统功率进行调度时的系统停电风险

小　结

本章利用复杂网络理论的基本研究方法分析了交直流电力系统社团行为对大停电风险的影响。首先，本章具体分析了电网的复杂网络社团拓扑结构特征，随后基于复杂网络理论研究了电网拓扑结构特征对大停电风险的影响；其次，针对相关发电备用分布、交直流互联电网方式以及调度行为等，同样利用该理论的基本研究方法对电网停电风险影响进行了相关研究分析。本章为大规模交直流电网的社团行为对大停电风险的影响提供基本分析方法论和研究思路。

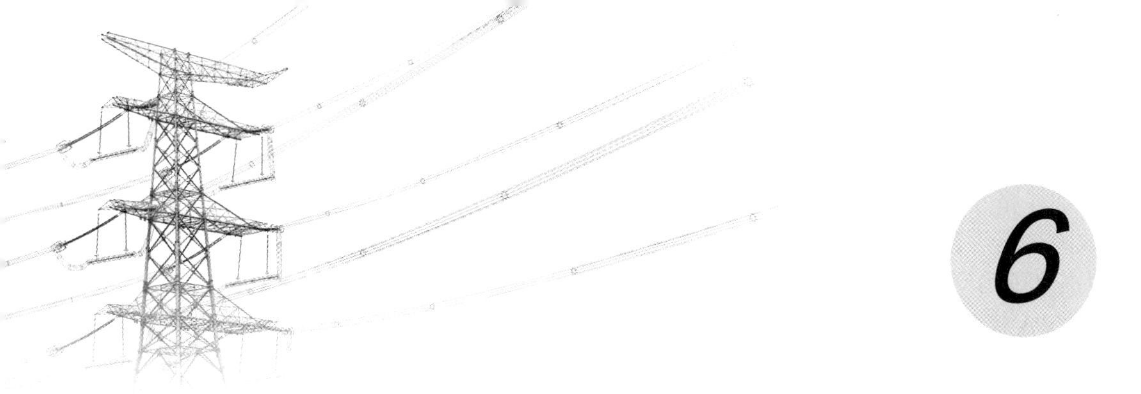

6

基于 K－核分解理论的电网关键元件识别技术

对电力系统停电事故记录的分析相关研究表明，并非任意元件的退出运行都会在负载较大的电力系统中造成大规模连锁故障，即只有少数元件值得运行人员关注，这些元件称为关键元件。为了提高电网连锁故障分析的效率，对电力系统中关键元件查找的研究十分必要。本章将从基于元件相互作用分析和基于 K－核分解理论分别进行电力系统连锁故障关键元件识别的研究。

6.1 基于连锁故障模型的元件相互作用分析

上述章节所提连锁故障模型可详细模拟与实际大停电相似的连锁故障过程，但过多细节使得此模型局限于电力系统微观动态，无法从更一般角度（如宏观动态）研究连锁故障机理；而且由于模型过于详细，也难以保证仿真效率。为此，本节忽略连锁故障过程中的具体潮流、调度员响应等细节，仅保留对连锁故障起关键作用的元件间相互作用信息，从而使得深入探讨连锁故障的内在机理成为可能。

在第二章中提到的电力系统自组织临界态表明，紧密耦合的复杂系统中之所以发生系统级故障，并不是由于某个具体原因，其根本原因是系统中的各个元件并非相互独立，而是紧密耦合和相关的。已有学者提出了线路相互作用图，用于研究连锁故障过程中输电线路的相互作用，本章将在此基础上重点讨论连锁故障的元件相互作用机理，定量确定元件相互作用关系的强弱，依据此相互作用关系识别出最关键的关系和脆弱的元件，并提出了仅考虑元件相互作用关系的连锁故障模型，利用此模型探讨系统中各元件的相互作用关系如何影响连锁故障的发展过程，并提出有效的连锁故障阻断策略。

6.1.1 电网元件相互作用矩阵

本小节定量给出系统中各元件的相互作用关系。具体地，可利用实际系统的历史统计数据或基于电网动态特性的连锁故障模型的仿真结果获得相互作用矩阵。这些用来确定相互作用矩阵的数据称为初始数据，它包含多个连锁故障过程，而每个连锁故障过程都按一定方式划分为不同的代。例如，对于历史统计数据，可按照停电时间划分不同的代，具体地，两个相邻的线路开断，如果其发生时间相隔超过 1h，则认为从后一个线路开断开始一个新的连锁故障过程。在一个连锁故障过程中，如果两个相邻的线路开断的时间间隔超过 1min，则认为它们属于不同的代。对于来自 OPA 及其各种改进模型的仿真数据（如改进 OPA 模型、交流 OPA 模型等），由于这些模型包含快动态、慢动态两层循环，可很自然地产生按代划分的连锁故障过程，每个快动态过程的开断线路对应一代。

划分为不同代的一个典型的连锁故障过程可表示为：

第 0 代	第 1 代
25，40，74，102，155	72，73，82

其中，连锁故障中的数字表示故障元件的序列号，对电力系统而言元件可选为输电线路。此处给出的连锁故障过程有两代，其他连锁故障过程可能只有一代或包含多代。

假设系统中有 m 个元件，建立矩阵 $\boldsymbol{A}\in\boldsymbol{Z}^{m\times m}$，其元素 a_{ij} 为元件 i 故障发生在元件 j 故障的前一代的总次数。对于代大于 1 的元件故障，可设法确定其前一代的故障元件中最有可能导致其故障的元件。具体地，可认为元件 j 故障是由其上一代所有元件故障中具有最大 a_{ij} 的元件故障引起的，这样可将 $\boldsymbol{A}$ 矩阵简化为 $\boldsymbol{A}'\in\boldsymbol{Z}^{m\times m}$ 矩阵，其元素 a'_{ij} 为元件 i 故障引发元件 j 故障的次数。

为说明此简化过程，下面给出一个例子，如图 6-1 所示。图中给出了一个连锁故障过程两个相邻代，前一代中包含 5 个元件故障，元件序列号为：25，40，74，102 和 155；后一代中包含 3 个元件故障，元件序列号为：72，73 和 82。在图 6-1（a）中从前一代的每个元件故障到后一代的每个元件故障都有一条边，这些边对应于矩阵 $\boldsymbol{A}$ 中的非零元素，边上的数字为 a_{ij}，其中 i 为起始节点，j 为终止节点。对于此处给出的情况，由于起始于 74 的 a_{ij} 值均为最大，所以后一代中的 72，73 和 82 都认为由 74 引起。

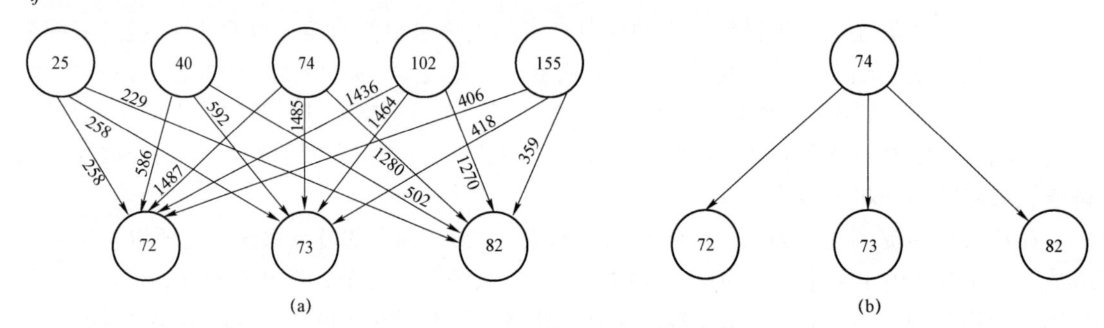

图 6-1　对将 $\boldsymbol{A}$ 化简为 $\boldsymbol{A}'$ 的说明

（a）化简前；（b）化简后

得到 $\boldsymbol{A}'$矩阵后，可进而求得相互作用矩阵 $\boldsymbol{B}\in\boldsymbol{R}^{m\times m}$，其元素 b_{ij} 为元件 i 故障引发元件 j 故障的后验概率。利用贝叶斯定理可得

$$b_{ij}=\frac{a'_{ij}}{N_i} \tag{6-1}$$

式中　N_i——元件 i 发生故障的次数。

矩阵 $\boldsymbol{B}$ 实际表征了系统中的各个元件间的相互作用关系。将这种相互作用关系定义为链接，具体如下。

定义 6.1（链接 l）：链接 l：$i\rightarrow j$ 对应 $\boldsymbol{B}$ 矩阵中的非零元 b_{ij}，它起始于元件 i 故障，终止

于元件 j 故障。

6.1.2　电网关键链接识别

上一小节所定义的链接可形成一个有向网络，其节点为元件故障，有向边表示起始节点所代表的元件故障以大于 0 的概率引发末端节点所代表的元件故障。为表征链接 l：$i \to j$ 对连锁故障传播的重要程度，定义如下指标 I_l。

定义 6.2（链接 l 的指标 I_l）：对于链接 l：$i \to j$，I_l 为链接 l 引发的故障数的期望值。

具体地，假设元件 i 共故障 N_i 次，由元件 i 故障引发的元件 j 的故障次数期望值为

$$N_j = N_i b_{ij} \tag{6-2}$$

由元件 j 引发的故障次数的期望值为

$$N_j = \sum_{k \in j} b_{jk} \tag{6-3}$$

式中　$k \in j$——所有起始于 j 的节点。

计算故障次数期望值直到叶子节点为止。将上述故障次数期望值求和，即可得到 I_l，即

$$I_l = \sum_{v \in V} N_v \tag{6-4}$$

式中　V——一个节点集。

对于这个节点集中的每个节点 v，都存在从链接 l 出发的路径，N_v 为节点 v 故障次数的期望值。图 6－2 为 I_l 计算过程示意图，图中列出了所有受链接 12→18 影响的节点。

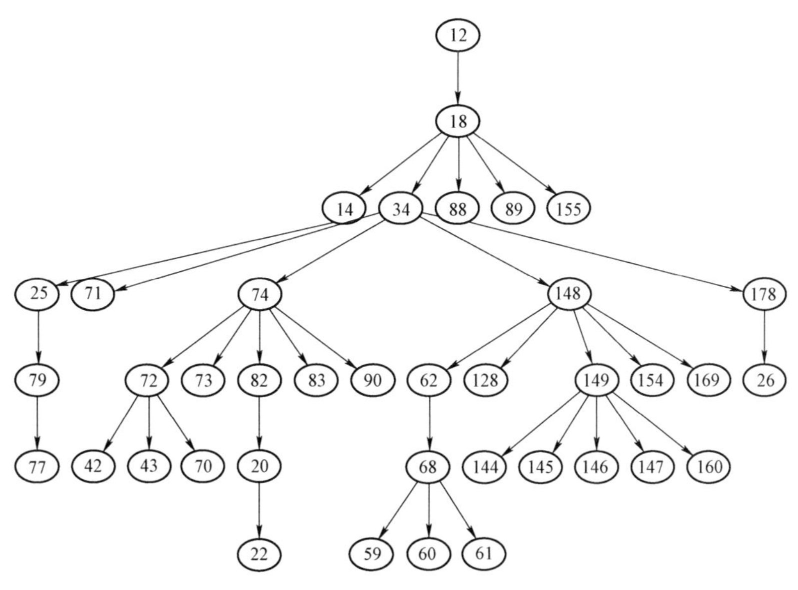

图 6－2　I_l 计算过程示意图

链接对应的指标 I_l 越大，即链接引发的节点故障次数期望值越大，说明链接在连锁故障传播过程中作用越大，因此可定义具有最大指标值的部分链接为关键链接。此外，以 I_l 作为链接的权重，可得到对应于 $\boldsymbol{B}$ 中非零元素的有向加权网络，称为相互作用网络。

6.1.3 电网脆弱元件识别

由于此处所考虑的相互作用网络为有向加权网，节点的拓扑特性不再用度表征，而用出强度和入强度衡量，具体定义如下。

定义（节点的出强度和入强度）：节点的出强度为所有离开此节点的链接的权重之和；节点的入强度定义为所有指向此节点的链接的权重之和，即在相互作用网络中，节点的出强度和入强度分别定义为

$$s_i^{\text{out}} = \sum_{l \in L_{\text{out}}} I_l \tag{6-5}$$

$$s_i^{\text{in}} = \sum_{l \in L_{\text{in}}} I_l \tag{6-6}$$

式中 $L_{\text{out}}(i)$、$L_{in}(i)$——由节点 i 出发及终止于节点 i 的所有链接的集合。节点的出强度越大，说明节点引发其他节点故障的能力越强，因此将出强度最大的部分节点定义为连锁故障中的关键元件。

6.1.4 算例分析

6.1.4.1 关键链接

按照前文方法识别出的 25 个关键链接如图 6-3 所示，图中横坐标为链接号 l，纵坐标同时表示出了链接权重和链接发生次数，其中，链接发生次数为链接首端节点引发末端节点故障的次数。

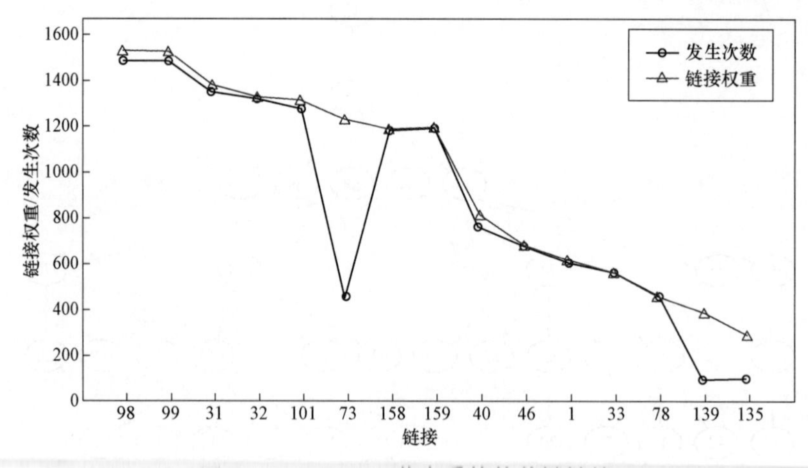

图 6-3 IEEE118 节点系统的关键链接

从图中可以看出，某些链接的发生次数虽然较比其排名靠后的链接少，却具有更大的权重值，因此排名更靠前，如链接 73、135 等。尤其是排名第 6 的链接 73，其发生次数仅为 457，比排名第 7 的链接 158 的发生次数（1188）少得多，但其权重值却比链接 158 大，这主要是因为链接的权重值实际为链接可引发故障数的期望值，不仅仅与链接发生次数有关，还取决于链接影响到的节点个数及影响到的链接在 **B** 矩阵中的概率值。也正因为如此，链

接权重比链接发生次数更能反映链接在连锁故障传播中的作用。

为比较链接 73 和 158，图 6－4 和图 6－5 分别表示出了它们所能影响到的所有节点和链接，其中链接上的数字为 ***B*** 矩阵中对应的概率值（为清晰起见，图 6－4 中仅标出个别链接概率值）。比较两幅图可清楚看到，链接 73 所能影响到的节点远多于链接 158，而且所能影响到的链接的权重也明显较大。正是由于这个原因，虽然链接 73 的首端节点故障引发末端节点故障的次数比链接 158 少得多，但其引发后续故障的能力却比链接 158 更强。

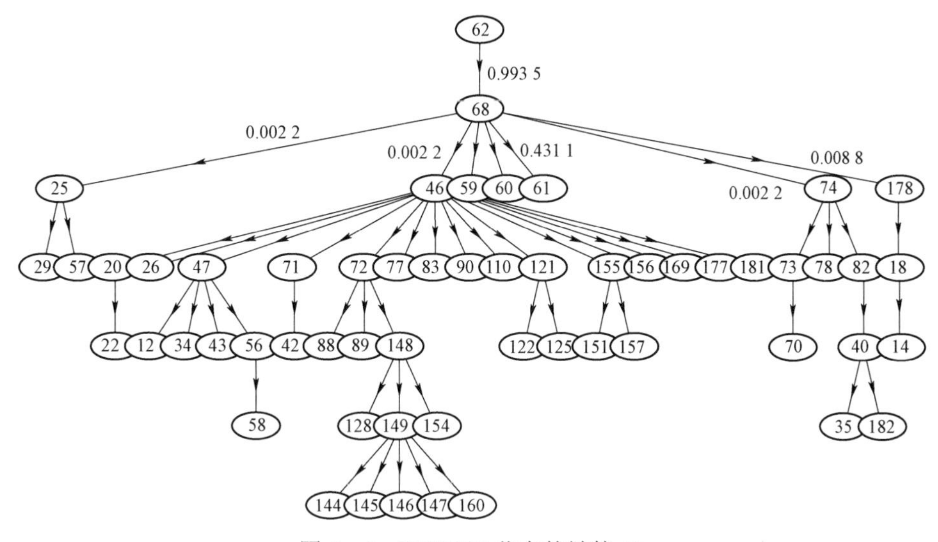

图 6－4　IEEE118 节点的链接 73

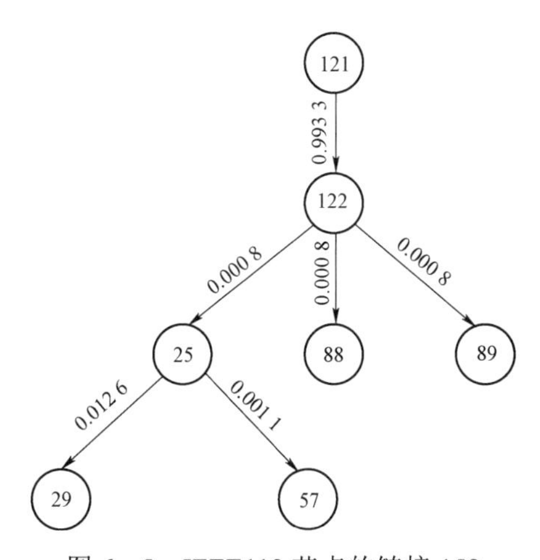

图 6－5　IEEE118 节点的链接 158

根据链接发生次数排序的链接如图 6－6 所示。对照图 6－3 可以发现，两种排序方法得到的关键链接次序有一定差别。由于链接权重值更能反映链接在连锁故障传播中所起的作用，因此图 6－3 中识别的关键链接更合理。

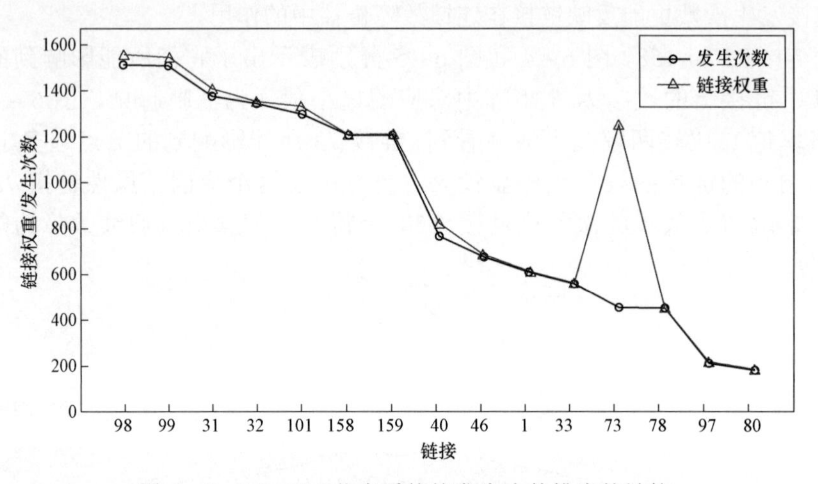

图 6-6　IEEE118 节点系统按发生次数排序的链接

在图 6-3 和图 6-6 中出现的链接首端节点和末端节点与 IEEE 118 系统中输电线路的对应关系如表 6-1 所示。表中信息给出了系统中有紧密关联的线路，可以看出，大多数关键链接从一条输电线路指向与其邻近的线路，但也存在相距较远的线路构成关键链接的情况，如排名第 14 和第 15 的关键链接 139:102→74 及 135:102→40 实际分别为线路（65，66）到线路（53，54）及线路（65，66）到线路（29，31），链接的首端线路和末端线路都相距较远，这说明线路间相关性的大小不仅取决于其在拓扑结构上的距离，拓扑结构上相距较远的线路仍可具有较强的相关性，并在连锁故障传播中起到关键作用。

表 6-1　　IEEE118 节点系统中链接对应的线路对（链接）

l	i→j	线路	l	i→j	线路
98	74→72	（53，54）→（51，52）	46	46→47	（35，36）→（35，37）
99	74→73	（53，54）→（52，53）	1	12→18	（11，12）→（13，15）
31	40→34	（29，31）→（27，28）	33	40→43	（29，31）→（27，32）
32	40→35	（29，31）→（28，29）	78	68→59	（45，49）→（43，44）
101	74→82	（53，54）→（56，58）	139	102→74	（65，66）→（53，54）
73	62→68	（45，46）→（45，49）	135	102→40	（65，66）→（29，31）
158	121→122	（77，78）→（78，79）	97	74→40	（53，54）→（49，51）
159	121→125	（77，78）→（79，80）	80	68→61	（45，49）→（44，45）
40	40→182	（29，31）→（114，115）	—	—	—

6.1.4.2　关键元件

对于 IEEE 118 节点系统，按 6.1.3 节方法识别的关键元件如图 6-7 所示，而直接根据引发其他元件故障次数排序的元件如图 6-8 所示。从图 6-7 中可以发现，元件 74 和 40 最易引发其他元件故障，主要原因是这两个元件分别具有链接 98:74→72 和链接 99:74→73，而链接 98 和 99 分别为排名第 1 和第 2 的关键链接。

另外，故障次数较少的节点可能具有更大的出强度，更易引发其他元件故障。如节点62的故障次数仅为460，而节点46的故障次数为794，但节点62的出强度为1240，大于节点46的959。节点102和节点46也存在类似的关系。之所以出现这样的情况，主要是因为节点的出强度为节点发出的所有链接的权重之和，不仅包含节点直接引发的故障次数，实际取决于节点发出链接对应 **B** 矩阵中的概率值和其发出链接的后续节点和链接。例如，节点62发出的链接73:62→68是排名第6的关键链接，节点62可引发节点68故障，节点68是排名第7的关键节点，从而使得节点62可引发其他元件故障的能力很强。

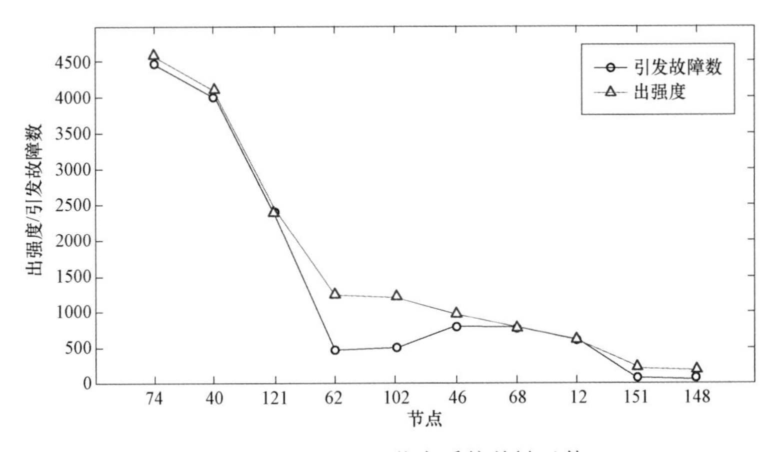

图6－7　IEEE118节点系统关键元件

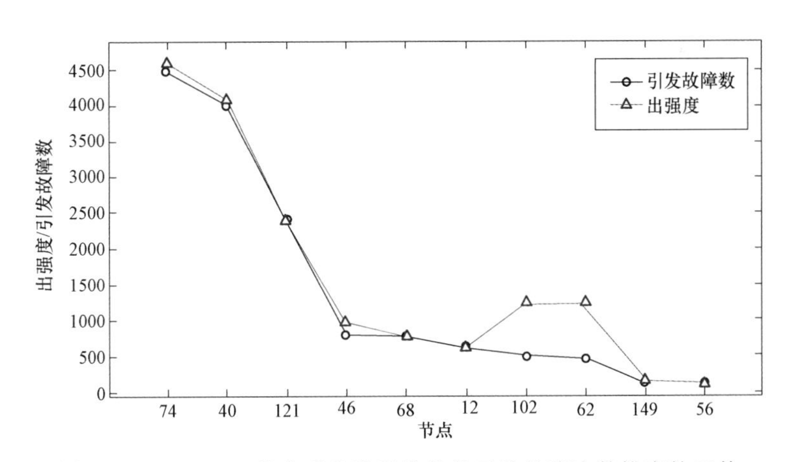

图6－8　IEEE118节点系统按引发其他元件故障次数排序的元件

上两图中出现的节点对应的IEEE 118节点系统中的线路如表6－2所示。排名前5的关键线路为74、40、121、62、102，这些关键线路与系统中部分线路具有强耦合关系，表现为排名非常靠前的关键链接发出于这些线路，因此一旦这些线路发生故障，进一步引发其他线路故障的能力非常强。为降低系统发生大规模连锁故障的风险，应在实际运行中降低这些关键线路的故障率或阻止这些线路故障通过某些关键链接传播下去，从而避免连锁故障的大范围传播。

表 6-2　　IEEE118 节点系统关键线路节点对应的线路

节点	线路	节点	线路
74	（53，54）	68	（45，49）
40	（29，31）	12	（11，12）
121	（77，78）	151	（80，97）
62	（45，46）	148	（80，96）
102	（65，66）	149	（82，96）
46	（35，36）	56	（40，41）

6.2　K-核分解法

K-核分解的方法在复杂网络节点重要性的分析中同样具有代表性，并在通信网络、因特网以及病毒传播网络中广泛使用。K-核分解的方法可以用于分析在流行病传播网络中起始扩散点位置分析中的重要作用，展现出了K-核分解相对于度中心性等方法的优越之处。另外有文献也提到 K-核分解相对于其他方法更能够准确地找出具有最强故障传播扩散能力的节点。K-核分解的方法是基于度中心性，因此具有较强的物理意义；同时又超越于度中心性，具有考察节点全局位置的能力。因此，本节将分析 K-核分解在辨识电力网络中关键输电线路的可行性以及有效性。

K-核分解的方法是对节点重要性进行判断的经典方法，它认为节点度不能正确反映节点的重要性；这是因为与某节点相连的其他节点在网络中的地位并没有被计入考虑。也就是说同样是度为 6 的两个节点，一个节点与其他 6 个高度数节点相连，而另一个节点与 6 个末端节点相连；显然，这两者的动态传播能力是不一样的，而节点度并没有将这个区别正确地反映出来。

K-核分解的方法比较巧妙地对网络中的节点进行逐层剥离，以综合考虑节点度以及与某节点相连的其他节点的地位。其具体做法是：首先剥离所有度为 1 的节点，在此之后可能会形成新的度为 1 的节点，同样将其剥离直到整个网络中不再有度为 1 的节点并将已剥离的所有节点定义为 K 值为 1 的节点；进而在处理网络中度为 2 的节点，并将此轮所有被剥离的节点定义为 K 值为 2 的节点；以此类推直到网络中不再存在节点。分解的结果即每个节点获得了一个小于或等于其度的 K 值，K 值的大小则表征着节点的连接属性，从而反映着该节点传播能力的强弱。

K-核分解的方法在很多领域得到了广泛的应用，以流行病传播网络为例，查找网络中以哪个节点作为病毒源头能够使得疾病的传播范围更广，并将 K-核分解所得到的结果与度中心性的结果进行了对比，验证了 K-核分解在进行网络中节点重要性评估的作用。

事实上，K-核分解主要针对重要节点的分析，而本小节需要研究的是关键线路，因此不能直接以电力网络作为分析对象。下面简要分析直接使用电力网络作为分析对象的局限性。

（1）电力网络中关键输电线路并非完全依赖于网络拓扑结构，同时还与各线路上分布的潮流相关，因此，关键线路的辨识需要同时考虑网络拓扑结构以及系统潮流分布情况。

（2）与复杂的蛋白质网络结构、人际关系网络等不同，电力网络中节点的度极为有限，因此，无论是按度中心性还是K－核分解的方法，其分解的基数有限，因此各个级别之间的差距并不大，在一定程度上无法反映出节点重要性的区别。

（3）K－核分解等复杂网络节点重要性分析方法所考察的为网络节点，而目前本小节希望辨识的是关键线路，为节点之间的连接。分析方法和考察问题的对象并不相同，需要进行统一。

为了解决上述问题，在本小节的研究中提出了相关性网络，对上述局限性一一进行解决。

6.2.1 基于 $N-1$ 分析的相关性网络

为了解决上述问题，对关键线路的辨识需要同时考虑到电力网络的拓扑结构以及各线路上的潮流分布情况，因此，本小节利用 $N-1$ 校验结果形成了相关性网络。图 6－9 是以某一运行状态下电力网络为基础而衍生出的虚拟网络，反映的是输电线路之间的相互关系。

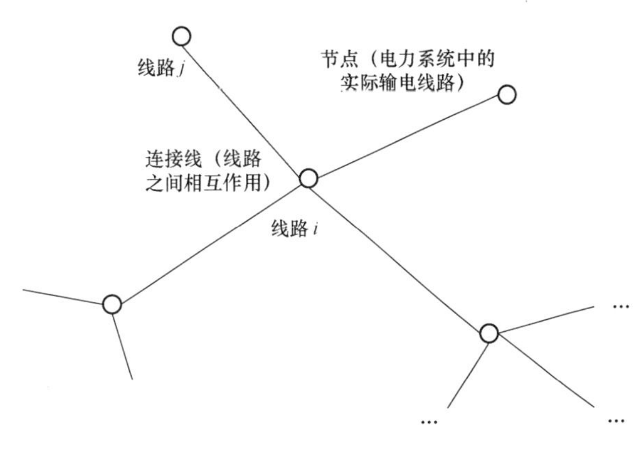

图 6－9 相关性网络示意图

如图 6－9 所示，在该衍生网络中，网络的节点对应着电力网络中的输电线路，而网络中节点之间的连接线则代表的是各个输电线路之间的相互影响

$$\begin{bmatrix} 0 & \Delta P_{12} & \Delta P_{13} & \dots & \Delta P_{1n} \\ \Delta P_{21} & 0 & \Delta P_{23} & \dots & \Delta P_{2n} \\ \Delta P_{31} & \Delta P_{32} & 0 & \dots & \Delta P_{3n} \\ \dots & \dots & \dots & \dots & \dots \\ \Delta P_{n1} & \Delta P_{n2} & \Delta P_{n3} & \dots & 0 \end{bmatrix} \tag{6-7}$$

相关性网络中各节点之间相互影响的刻画即基于电力系统的 $N-1$ 校验结果，同样可由式中的矩阵反映。式中 ΔP_{ij} 表现的是由线路 i 的开断所造成的潮流转移而引起的在线路 j 上的功率增量。对角元因无具体物理意义，因此此处将其预设为 0。由于 ΔP_{ij} 和 ΔP_{ji} 并不一定相等，该相关性矩阵可能不是对称阵。

相关性网络中，节点 i 和节点 j 之间的相互影响可以由相关性矩阵中的信息计算出来，如下

$$\omega_{ij} = \frac{\Delta P_{ij}}{M_j} + \frac{\Delta P_{ji}}{\mathrm{M}_i} \tag{6-8}$$

式中 M_i、M_j——输电线路 i 和 j 在另一条线路开断之前的剩余传输容量。

考虑剩余容量是因为当功率增量相同时剩余容量越小，其越限可能越大；因此两根线的联系应该更加紧密，则赋予更高权值。因此，通过对相关性的计算可以形成相应的相关性网络，当 ω_{ij} 不为 0 时，节点 i 和节点 j 之间存在联系，且该联系反映的相互影响即为上面所计算出来的 ω_{ij}；而当 ω_{ij} 为 0，即线路 i 和线路 j 的开断对相互之间没有影响时，在相关性网

络中节点 i 和节点 j 之间没有线路相连。综上可知，由此形成的相关性网络是一种加权无向网络，下文将对该网络进行分析，从而得出进一步结论。

首先基于 $N-1$ 校验结果的输电线路相关性网络将输电线路抽象为网络节点，实现了研究对象的转变，使得利用传统方法研究输电线路重要性变得更加方便；其次，网络中各节点之间的相互影响是基于电力系统 $N-1$ 安全校验的结果，其中既包含了网络拓扑结构的信息，同时也记及了电力网络中该时刻潮流分布情况，充分考虑了关键线路识别中所涉及的各个因素；再次，相关性网络中各节点之间的连接关系反映的是相互的影响，因此不再受到物理连接的约束，网络中节点的度的差异将会提高，更有利于反映各个节点之间的差别。综上所述，上文所提出的相关性网络能够很好地解决本节开头所提出直接使用电力网络进行分析时出现的各种问题，同时，相关性网络综合考虑了电力网络拓扑结构以及潮流分布情况，具有较好的物理意义以及可分析性。

6.2.2 K－核分解方法改进措施

常规的 K－核分解方法虽然在很多情况下能够表现出较佳的效果，但是其适用性比较有限，换言之，该方法只适合对无权网络进行分析。在无权网络中，节点之间的联系仅仅表现出连接关系，而没有更深层次的物理意义。但是在复杂网络理论所研究的实际问题中，无权网络所占比例相对更少，其原因在于实际生活中的复杂网络，不仅仅要考虑连接与否，同时还要考虑组员之间的联系强弱，因此经常引入有权网络进行分析。而在文献中所提到的传染病在人际关系网络中的传播，作者是进行了简化才采用无权网络进行分析的，实际上人际关系网络中组元间会根据交流的频繁程度和亲密程度等有所差别。总之，如果能使得 K－核分解对有权网络进行分析，则将大大提高其分析的适用范围。下面将对如何对 K－核分解进行改进进行分析探讨。

对 K－核分解的改进并非简单地引入加权度的概念，还考虑了加权网络各连接权重背后的物理意义。常规方法和改进方法的对比如图 6－10 所示。

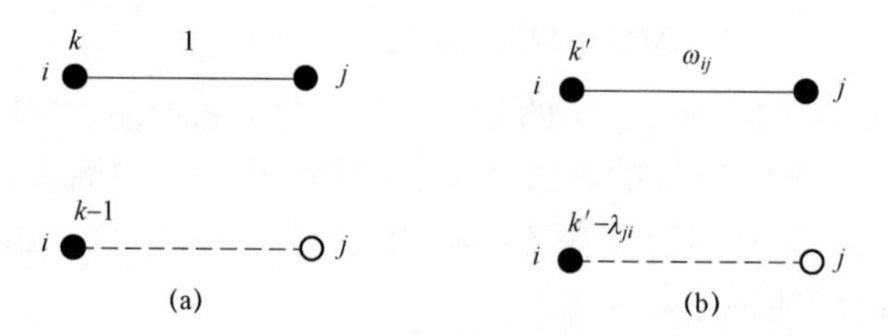

图 6－10　传统 K－核分解（a）与改进型 K－核分解方法（b）对比

传统 K－核分解方法的分析对象是无权网络，因此在进行逐层剥离的时候，当一个节点被切除，因此所有与该节点相关的连接都不再存在，连接另一端的节点度减去 1（如图 6－11（a）所示）。这样做的合理性遭到一些学者的质疑，认为不能将整个连接都去掉，即度减 1；有文献提出了一种混合度分解的方法（MDD），该方法认为在节点 j 被剥离时，节点 i 的度应该减去一个系数，而非 1。但是文中没有对该系数的取值进行合理的探讨，而取的是固定值 0.3。本小节利用相关性网络中连接权重所明确具有的物理意义，即两个节点之间的相互影响关系，来确定当某节点被剥离后，与之相连的其他节点该做何处理。

当某节点被切除之后，该节点对其他节点的影响随之而去，但是其他节点对该节点的影

响依旧需要保留以评判其他节点的对外影响能力。具体说来，针对第1节所提的相关性网络，以图6－10（b）为例。输电线路 i 和 j（下称节点 i 和 j）之间的相互影响为 ω_{ij}，节点 i 的加权度为 k'，当节点 j 在相关性网络中被剥离时，节点 i 并不应该减去二者之间的 ω_{ij}，因为节点 i 对 j 的影响需要继续保留直到节点 i 被剥离。因此，这里引入变量 λ_{ji} 以反映节点 j 对 i 的影响

$$\lambda_{ji}=\frac{\Delta P_{ji}}{M_i\times\omega_{ij}} \tag{6-9}$$

相比文献所提的固定参数0.3，此处所引入的变量 λ_{ji} 具有更明确的物理意义，能够正确地反映相关性网络中节点之间的相互关系。

通过对相关性网络的分解，各个节点在分解过程中获得了其 K 值，根据 K 值的排序，与常规方法相同，K 值较大的节点认为是重要性较高的节点，处在网络结构的核心部分；而 K 值低的节点认为是影响力很低的节点，在网络结构的边缘部分。因此，根据各节点的 K 值可以将网络中的节点分层，从而得到节点重要性关系。

6.3 算例及分析

对于理论研究部分，本小节中算例采用新英格兰10机39节点系统对上述所提方法进行验证。验证内容分为两个部分，其中第一部分直观对比由改进型K－核分解所得的处在核心、中间以及边界的输电线路作为初始故障引发连锁故障的分布情况；第二部分对比改进型K－核分解方法和度中心性的方法在辨识关键输电线路上的结果。

6.3.1 K－核分解结果验证

利用上文提出的改进型K－核分解对相关性网络进行分析，可以将网络中各节点即电力网络中各输电线路，按重要性进行排序。K－核值高的处在核心部分，K－核值越低则线路越靠近外围结构。处在核心的各条线路被认为具有较高的重要性，将可能引起大规模连锁故障；而外围线路不具有广泛的影响能力，该类线路的退出不会引发大规模连锁故障。这一部分将在对电力网络所划分后的结构中挑选核心、最外围以及靠近中间的线路作为初始故障进行连锁故障仿真，并观察其结果是否与所预期的一致。

针对新英格兰系统电力网络及其潮流分布首先抽象出对应的相关性网络，由于该电力网络具有46条输电线路，因此对其抽象之后的相关性网络具有46个节点。对相关性网络进行改进型K－核分解，根据分解后各个节点的K－核值进行排序：K－核值越高的节点越靠近核心部分，而越低的则偏向于外围。根据对新英格兰系统所抽象出的相关性网络进行改进型K－核分解，并对节点进行排序，挑选出处在核心的线路三条，分别是46、33号和34号线路；再挑选出处在边缘的三条线路：分别为22、21号和43号线路；最后挑选出介于核心和边缘，即K－核值排序靠中间的线路：19、8号和30号线路。分别以这9条线路作为初始故障，利用连锁故障模型各仿真1000天，获得故障分布图如图6－11所示。

在图6－11中，第一、二、三列分别为处在核心、中间以及边缘处的输电线路作为初始故障在1000天内所引发的连锁故障的分布情况。从故障级数以及频数上看，处在核心的线

路作为初始故障时将引发更严重的电力系统连锁故障，并且发生的频率极高。而改进型K－核分解之后处在边缘的输电线路，即22、21号和43号线作为初始故障时，鲜有连锁故障发生，即使造成了级联反应，其反应层次也只有2层。而介于两种极端情况之间的线路，即19、8号和30号线路，作为初始故障时发生的连锁故障的级数和频数同样介于两者之间。从上图反映的趋势来看，改进型K－核分解能够合理地反映电力网络中不同线路诱发大规模连锁故障的能力的区别：处在核心的各条输电线路具有能力诱发大规模连锁故障，值得运行人员的重点关注。

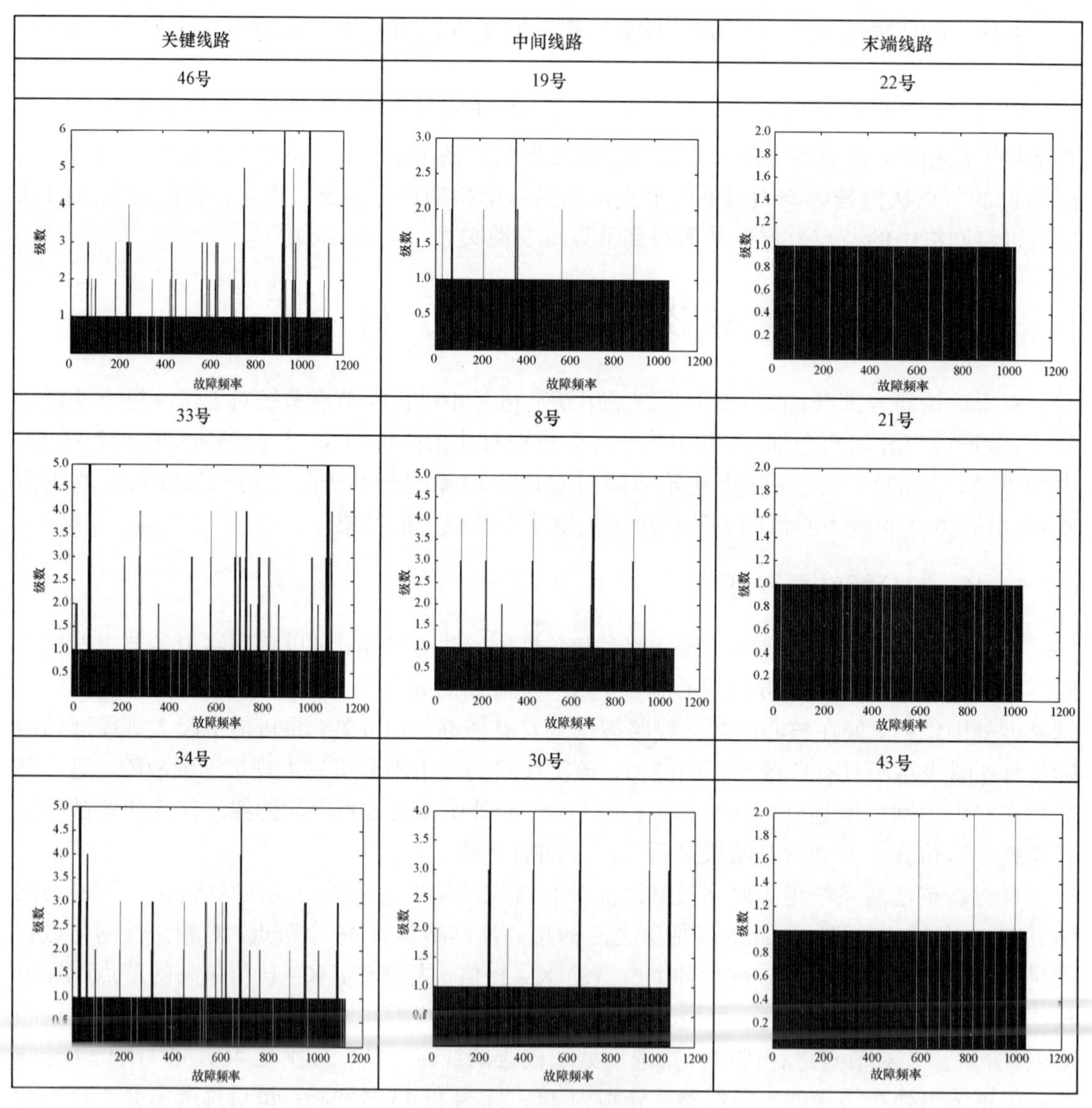

图6－11　三类特征线路引起连锁故障频率及程度

为了进一步说明上文所述关系，下面将各条线路作为初始故障的1000天连锁故障仿真负荷日损失分布画出如图6－12所示，可以看出以46、33和34号线路作为初始故障所引发的连锁故障规模和频率要大于19、8号和33号线路所引起的；而处于边缘的22、21和43号

线路不会引起或仅引起极少量负荷损失。

可以得出结论：根据大样本的连锁故障仿真结果以及上述分析，利用改进型 K－核分解方法对某实际电网进行抽象后形成的相关性网络进行处理能够将电力网络中的线路进行合理的重要性排序，且排序结果与线路作为初始故障而诱发大规模连锁故障的概率、规模和负荷损失量具有极高吻合度。

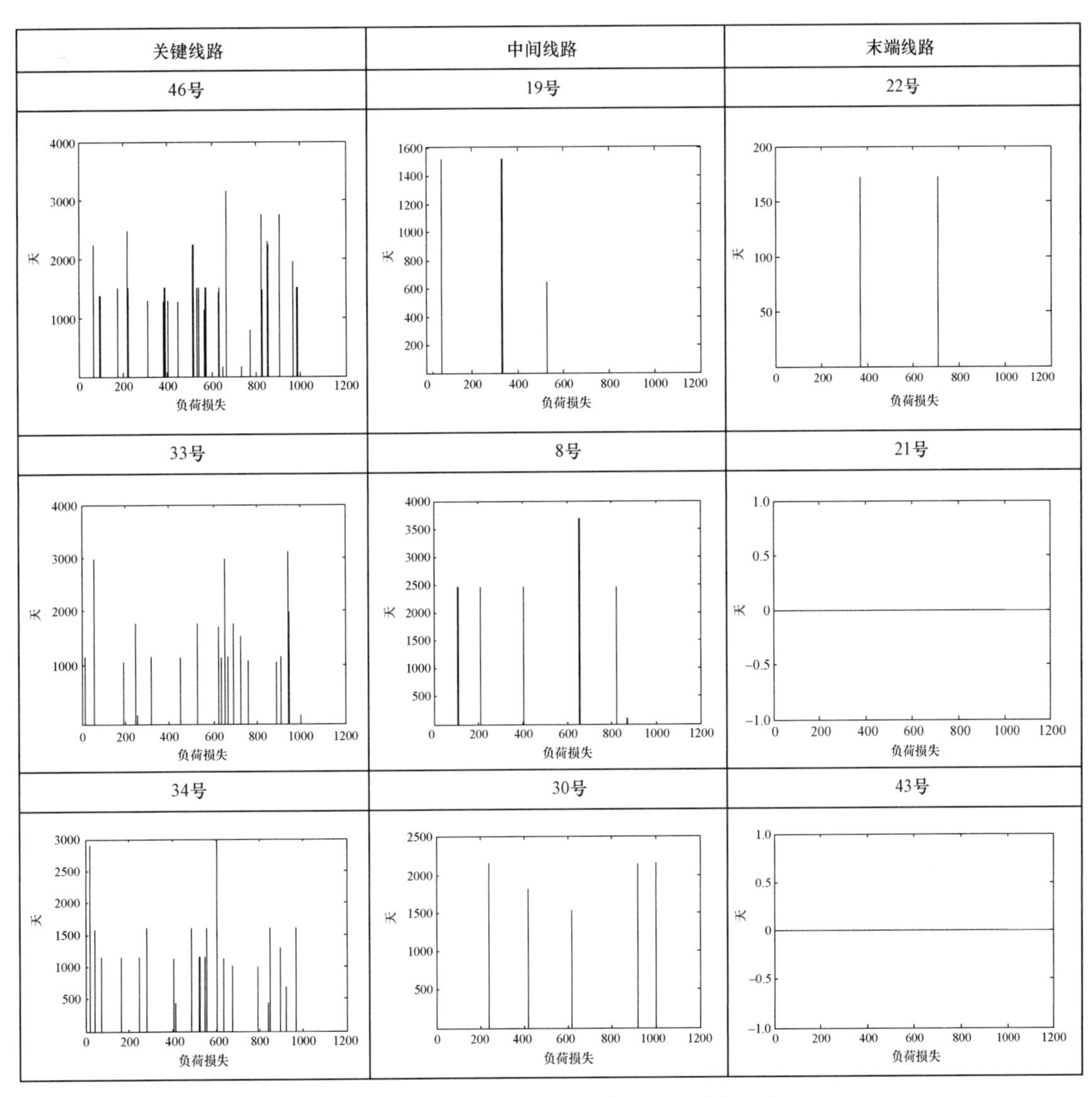

图 6－12　三类特征线路引起连锁故障负荷损失分布图

6.3.2　K－核分解与度中心性对比研究

在第一部分主要验证了利用改进型 K－核分解的方法对电网输电线路的重要性排序与仿真结果所展示的线路诱发大规模连锁故障的风险变化趋势具有高度一致性；而本研究更重点关注如何准确地找到高风险线路，因此，在第二部分将重点分析核心部分的线路的准确性，同时将度中心性和改进型 K－核分解的方法进行对比。

对新英格兰系统进行抽象之后可得到相关性网络，该网络为加权无向网络，利用加权度的概念按该网络中节点加权度的大小进行节点重要性排序，选取其判断重要的线路编号，如表 6－3 所示；另外，用改进型 K－核分解的方法处理该网络，根据处理后各节点的 K－核值来进行节点重要性排序，同样将所辨识的重要输电线路编号列于表 6－3 中。另外，以大样本连锁故障仿真结果为基准，对比度中心性与改进型 K－核分解的方法的准确性。

表 6－3　　度中心性和改进型 K－核分解的方法结果对比

排序	连锁故障仿真模型所得重要线路	多天平均负荷损失（MW）	度中心性所得重要线路	加权度值	改进型 K－核分解方法所得重要线路	K－核值
1	20	512.19	3	16.59	46	12.84
2	37	506.72	46	16.01	34	12.84
3	46	503.16	37	15.24	33	12.84
4	14	494.18	26	14.93	37	12.84
5	39	475.37	33	14.83	20	12.24
6	33	419.48	20	14.00	39	12.24
7	38	412.37	23	13.93	14	11.83

由表中可知，改进型 K－核分解能够正确辨识 7 条重要输电线路中的 6 条，仅 1 条判断不准；而度中心性的方法只将 7 条线路中 4 条辨识出来了，另有 3 条判断错误。从准确性上来看改进型 K－核分解的方法具有更高的准确性。具体来看，由改进型 K－核分解所误判的 34 号线路在连锁故障仿真结果里以平均负荷损失量 359.05MW 排在第 10 位，依旧属于较为重要的线路之一；而度中心性所得到的重要性排序中，具有最高加权度的 3 号线路，理应是能够造成最大负荷损失的一条输电线路，然而实际上却在连锁故障仿真结果中排名第 16；另一条误判的 26 号线路同样具有较高的加权度，其造成的连锁故障平均负荷损失排于第 31。因此可以看出，由改进型 K－核分解的方法进行的关键线路辨识能够准确地找出可以触发大规模连锁故障的输电线路，且辨识效果相对于度中心性方法来说具有更高的准确性。

图 6－13 将各条输电线路作为初始故障而引起的平均负荷损失按降序进行了排列，并找出了改进型 K－核分解所辨识出的数条输电线路。从位置上看，这些线路的分布集中在大规模连锁故障负荷损失区。因此，从上述分析可知利用改进型 K－核分解进行关键线路的辨识可以准确地找出电力网络中具有引发大规模连锁故障的少数关键线路。

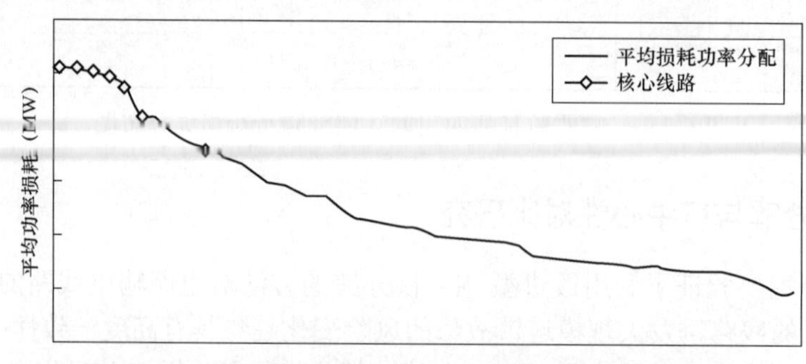

图 6－13　关键线路在降序平均负荷损失曲线上的分布

小　结

本章从基于元件相互作用分析和基于 K−核分解理论分别进行了电力系统连锁故障关键元件查找的研究。首先，本章忽略连锁故障过程中的具体潮流、调度员响应等细节，仅保留对连锁故障起关键作用的元件间相互作用信息，并在此基础上重点讨论连锁故障的元件相互作用机理进行深入探讨，进而提出有效的连锁故障阻断策略；然后，基于 K−核分解理论在复杂网络辨识重要性节点的基本原理，提出适合在关键线路辨识的 N−1 分析的相关性网络及 K−核分解改进措施，很好地解决了 K−核分解方法直接使用电力网络进行分析时出现的各种问题，并大大提高了其分析的适用范围。

第二篇

大电网连锁故障阻断技术

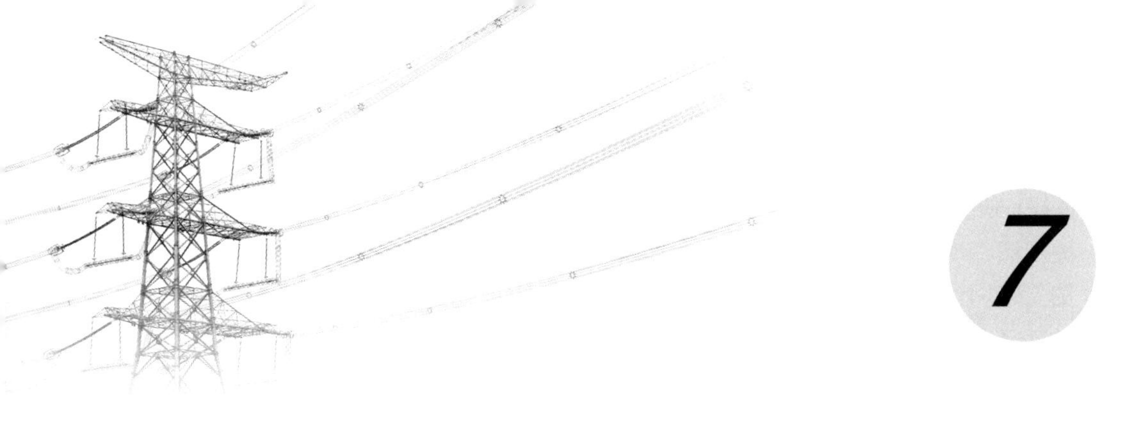

概　　述

在第一篇中，主要介绍了大电网连锁故障的建模与仿真方法，分析了大电网中连锁故障的产生与传播机理，并利用复杂网络理论具体分析了电网社团行为对大停电风电的影响，以及基于K-核分解理论提出了对电网连锁故障中的关键元件的辨识技术。本篇将在上一篇对大电网连锁故障相关研究的基础上，继续开展深入研究，提出适用于大电网中的连锁故障阻断技术，使得大电网在连锁故障发生状况下能够有效地对系统中的故障进行隔离、处理，从而保证大电网的安全稳定运行。

电力系统的运行状态常被分为正常、警戒、紧急、极端和崩溃五种状态。而为了防止系统出现大面积停电，我国一直重视三道防线建设，控制流程如图7-1所示。

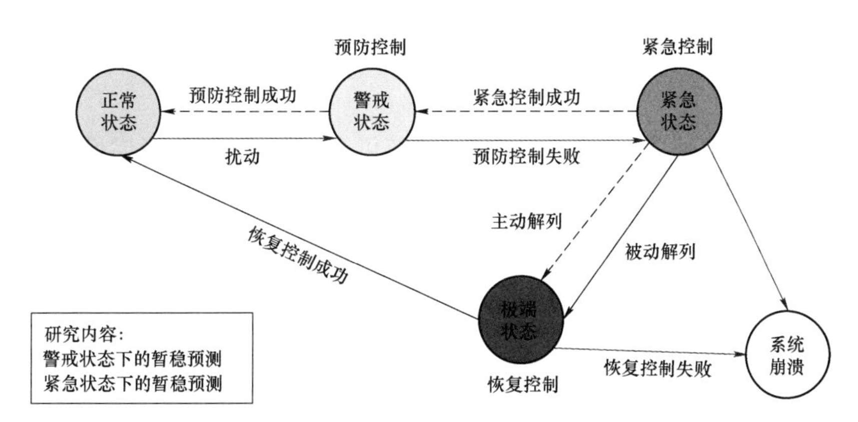

图7-1　电力系统三道防线与状态转移

用于故障隔离的继电保护是电力系统的第一道防线，它需要用尽量快的速度隔离短路等故障，避免系统遭受破坏。

第二道防线的任务是减少系统在严重故障下失稳的风险，使系统从紧急状态恢复到正常状态。如果预防控制会使系统运行经济性太差或远方电源严重窝电，或者不同的故障对预防控制提出相互矛盾的要求时，依靠第一道防线来保证系统的稳定性并不可行。此时只能在检测到故障后实施以切除部分电源和负荷为代价的紧急控制，如连锁解列、切机、切负荷、强励、强补、快关汽门和动态制动等。紧急控制只有在故障已经发生并可能导致失稳时才被执行，故虽然每次动作的代价较大，但平时并不需要付出控制代价。

第三道防线的任务是弥补前道防线的欠控制或拒动造成的风险，避免系统在极其严重的故障下发生大停电。由于紧急控制的决策表要根据事先指定的典型工况和故障来索引，而故障表又不可能涵盖所有潜在的故障，因此如果实际工况或故障场景的匹配误差太大，甚至完全失配，则第二道防线可能严重欠控制。此时，只能依靠第三道防线来制止停电范围的扩大。

若第二、三道防线并未及时发挥作用调整系统运行状态，很可能导致系统最终崩溃，引发大规模停电事故。因此，发挥好第二、三道防线的稳定控制作用，可以有效阻断连锁故障，降低系统大停电的风险。

虽然这些方面已经有很多研究成果，并且使得电力系统在多数情况可以可靠运行，但是小概率的大停电却时有发生。

连锁故障阻断的难点在于：

（1）故障发展过程难以预测。连锁故障的发展过程有很多偶然因素，因此存在众多可能发生故障的路径。这给故障阻断带来了很大的困难。现有的研究成果中，快速排序法利用元件可靠性，通过寻找出发生概率较大 N 个 I 重故障，但是对这些故障发生的后果却没有进行分析。因此，难以对若干故障路径进行针对性的阻断。利用 MARKOV 链进行故障过程预测，考虑了潮流转移量、过载程度等对保护动作概率的影响。然而，MARKOV 过程难以模拟电力系统中因为频率稳定、功角稳定、安全稳定装置动作等导致的系统各设备之间的相关性。这限制了故障路径预测后进行相应的阻断措施。综上，连锁故障发展过程预测不仅需要给出故障发展的路径，而且还应该提供设备退出运行的原因、故障发生概率和停电后果等信息。

（2）故障导致的停电风险计算量大。鉴于传统可靠性评估中没有考虑设备退出后对其他设备故障概率的影响，近年来学者研究了连锁故障模型，以模拟潮流转移导致的连锁过载等过程。为了使得对停电风险的评估更真实，需要完善连锁故障模型，使其可以反映影响电力系统运行的诸多因素，例如保护模型和电力系统动态过程、调度操作、树木生长和信息系统等。然而，连锁故障的阻断必须快速评估众多故障路径的停电风险，以及分析各种阻断策略作用下停电风险的变化情况。因此，停电风险的快速计算就变得非常关键。

（3）阻断多重扰动下的暂态失稳困难。电力系统中的稳定控制问题长期以来都是难题。现有的安全稳定控制装置虽然已经有很大进步。但是在连锁故障发展过程中，如果相继出现触树短路等故障，系统的运行方式就已经有很大变化。之前的稳定控制策略不一定能够继续稳定系统。在电网互联的背景下，各区域电网及省网设置的振荡解列装置能够在故障难以控制的情况下让电网解列运行。然而，固定的解列位置难以适应可能出现的多变的故障形式。因此，需要发展在线的暂态稳定控制算法以及主动解列算法。

为了解决上述难点，本篇中将基于上篇中的连锁故障模型给出的故障路径信息开展阻断研究。具体的技术路线如图 7-2 所示。

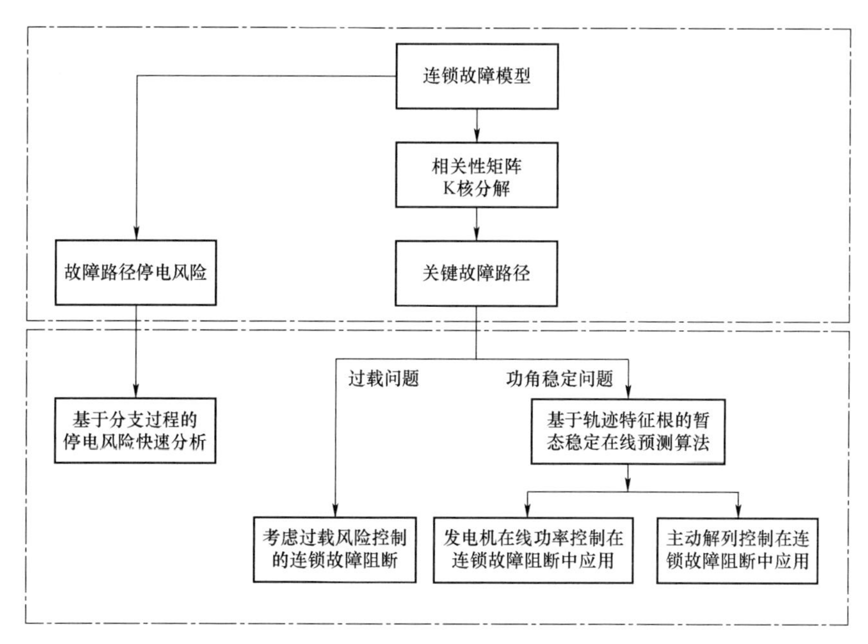

图 7－2 连锁故障阻断技术路线图

基于连锁故障分支过程的停电风险

大电网连锁故障的起因一般较为复杂，其发生机理可简单描述为：正常运行期间，电网每个元件均承担一定的初始负荷，当某个或某几个元件因超负荷引发故障时，会改变潮流分布并引起负荷在其余元件节点上的重新分配，多余负荷将会加载到其余元件上。若这些原先正常工作的元件未能及时处理多余负荷则会引起新一轮的负荷再分配，进而引发连锁故障，并最终发生大范围停电事故。

要解决连锁故障问题，必须要对连锁故障进行建模分析。现有的停电事故模型为得到可信的统计特性，需利用模型进行大量仿真，但各种停电模型仿真一般具有计算复杂度高、耗时长的特点，难以应用于较大规模电力系统，因此如何利用较少的仿真结果得到可信的统计特性，是连锁故障研究中的重要问题。

分支过程很早就被应用于许多领域，但直到最近几年学者们才将它应用于电力系统连锁故障风险分析中。分支过程为随机过程，描述的是一组粒子的分裂或灭亡的过程。鉴于分支过程和连锁故障发生过程的相似性，将连锁故障演化过程作为一个分支过程来研究。

8.1 Galton–Watson 分支过程分析

8.1.1 马尔可夫过程

马尔可夫过程是无后效的随机过程，是应用非常广泛的一个数学分支。下面分别给出马尔可夫性、马尔可夫过程和马尔可夫链的定义。

定义 8.1（马尔可夫性）：设 $\{X(t),t\in T\}$ 是一个随机过程，如果 $\{X(t),t\in T\}$ 在 t_0 时刻所处的状态为已知，则它在时刻 $t>t_0$ 所处状态的条件分布与其在 t_0 之前所处的状态无关。即，在知道过程“现在”的条件下，其“将来”的条件分布不依赖于“过去”，则称 $\{X(t),t\in T\}$ 具有马尔可夫（Markov）性。

基于定义 8.1，可给出马尔可夫过程的精确数学定义。

定义 8.2（马尔可夫过程）：设 $\{X(t),t\in T\}$ 的状态空间为 S，如果 $\forall n\geqslant 2,t_1<t_2<\cdots<t_n\in T$，在条件 $X(t_i)=x_i,x_i\in S,i=1,2,K\cdots,n-1$ 下，$X(t_n)$ 的条件分布函数恰好等于在条件 $X(t_{n-1})=x_{n-1}$ 的条件分布函数，即则称 $\{X(t),t\in T\}$ 为马尔可夫过程。

$$P\{X(t_n)\leqslant x_n \mid X(t_1)=x_1,X(t_2)=x_2,\cdots X(t_{n-1})=x_{n-1}\}$$
$$=P\{X(t_n)\leqslant x_n \mid X(t_{n-1})=x_{n-1}\},x_n\in R \tag{8-1}$$

定义 8.3（马尔可夫链）：参数集和状态空间都离散的马尔可夫过程称为马尔可夫链。当马尔可夫链的状态空间为有限或可列无限时，马尔可夫性可表示为

$$\forall n\geqslant 2,t_1<t_2<\cdots<t_n\in T,i_1,i_2,\cdots,i_n\in S,$$
$$P\{X(t_n)\leqslant x_n \mid X(t_1)=x_1,X(t_2)=x_2,\cdots X(t_{n-1})=x_{n-1}\} \tag{8-2}$$
$$=P\{X(t_n)\leqslant x_n \mid X(t_{n-1})=x_{n-1}\},x_n\in R$$

取 $T=\{0,1,2,\cdots\}$ 的马尔可夫链常记为 $\{X(n),n\geqslant 0\}$ 或 $\{X_n,n\geqslant 0\}$，此时马尔可夫性为

$$\forall n\geqslant 1,i_0,i_1,\cdots,i_n\in S,$$
$$P\{X(n)=i_n \mid X(0)=i_0,X(1)=i_1,\cdots X(n-1)=i_{n-1}\} \tag{8-3}$$
$$=P\{X(t_n)=i_n \mid X(n-1)=i_{n-1}\}$$

或

$$P\{X_n=i_n \mid X_0=i_0,X_1=i_1,\cdots X_{n-1}=i_{n-1}\}$$
$$=P\{X_n=i_n \mid X_{n-1}=i_{n-1}\} \tag{8-4}$$

由马尔可夫链的马尔可夫性可知

$$\begin{aligned}&P\{X_0=i_0,X_1=i_1,\cdots,X_n=i_n\}\\&=P\{X_n=i_n \mid X_0=i_0,X_1=i_1,\cdots,X_{n-1}=i_{n-1}\}\bullet\\&\quad P\{X_0=i_0,X_1=i_1,\cdots,X_{n-1}=i_{n-1}\}\\&=P\{X_n=i_n \mid X_{n-1}=i_{n-1}\}\bullet P\{X_0=i_0,X_1=i_1,\cdots,X_{n-1}=i_{n-1}\}\\&=\cdots\\&=P\{X_n=i_n \mid X_{n-1}=i_{n-1}\}\bullet P\{X_{n-1}=i_{n-1} \mid X_{n-2}=i_{n-2}\}\bullet\cdots\\&\quad\bullet P\{X_1=i_1 \mid X_0=i_0\}\bullet P\{X_0=i_0\}\end{aligned} \tag{8-5}$$

可见，马尔可夫链的统计特性完全由条件概率所决定。

$$P\{X_{n+1}=i_{n+1} \mid X_n=i_n\} \tag{8-6}$$

条件概率 $P\{X_{n+1}=j \mid X_n=i\}$ 的直观含义为系统在时刻 n 处于状态 i 的条件下，在时刻 $n+1$ 系统处于状态 j 的概率。记此条件概率为 $p_{ij}(n)$，其严格定义如下。

定义 8.4（转移概率）：称条件概率

$$p_{ij}(n)=P\{X_{n+1}=j \mid X_n=i\} \tag{8-7}$$

为马尔可夫链 $\{X_n,n\in T\}$ 在时刻 n 的一步转移概率，其中 $i,j\in S$，简称为转移概率。

一般地，转移概率 $p_{ij}(n)$ 不仅与状态 i, j 有关，而且与时刻 n 有关。当 $p_{ij}(n)$不依赖于时刻 n 时，表示马尔可夫链具有平稳转移概率。

定义 8.5（齐次马尔可夫链）：若对任意的 $i,j\in S$，马尔可夫链 $\{X_n,n\in T\}$ 的转移概率 $p_{ij}(n)$ 与 n 无关，则称马尔可夫链是齐次的，并记 $p_{ij}(n)$ 为 p_{ij}。

设表示一步转移概率 p_{ij} 所组成的矩阵，且状态空间 $S=\{1,2,\cdots\}$，则

$$\boldsymbol{P}=\begin{pmatrix} p_{11} & p_{12} & \cdots & p_{1n} & \cdots \\ p_{21} & p_{22} & \cdots & p_{2n} & \cdots \\ \vdots & \vdots & & \vdots & \end{pmatrix}$$

称为系统状态的一步转移概率矩阵。

8.1.2 GW 分支过程

本节简要介绍一种特殊的马尔可夫链——GW 分支过程。

令 Z_0，Z_1，Z_2，…分别代表某一种群在第 0 代、第 1 代、第 2 代 K 的规模。对于互联电网连锁故障而言，Z_0，Z_1，Z_2，…可代表连锁故障各个阶段的停电规模。

GW 分支过程基于以下两个假设：

（1）如果已知第 n 代的规模，则后面代不依赖于第 n 代之前的代，即 Z_0，Z_1，Z_2，…为马尔可夫链。

（2）此处考虑的马尔可夫链，个体之间不相互影响，一个个体产生后代的个数与存在多少个其他个体无关。

8.1.2.1 数学描述

令 Z_0，Z_1，Z_2，…为马尔可夫链的随机变量，其中，Z_n 为第 n 代的个体的数目或规模。当 $Z_0=1$ 时，Z_1 的概率密度函数为

$$P\{Z_1=k\}=p_k,\ k=0,1,2,L,\sum p_k=1 \tag{8-8}$$

此概率分布称为分支过程的子代分布，p_k 实际为第 n 代的一个个体在第 $n+1$ 代有 k 个后代的概率，p_k 不随 n 的变化而变化。

一代中的个体相互独立地产生后代，即假设已知 $Z_n=k$，Z_{n+1} 实际为 k 个独立的随机变量之和，其中每个随机变量的分布都与 Z_1 的分布相同。如果 $Z_n=1$，则 Z_{n+1} 以概率 1 为 0。

GW 分支过程的转移概率为

$$P(i,j)=P\{Z_{n+1}=j|Z_n=i\}=\begin{cases} p_j^{*i}, & i\geqslant 1, j\geqslant 0 \\ \delta_{0j}, & i=0, j\geqslant 0 \end{cases} \tag{8-9}$$

其中，$\{p_k^{*i};k=0,1,2,\cdots\}$ 为 $\{p_k;k=0,1,2,\cdots\}$ 的 i 重卷积，δ_{0j} 为 Kronecker 函数，即

$$\delta_{0j}=\begin{cases} 1, & j=0 \\ 0, & j\neq 0 \end{cases} \tag{8-10}$$

8.1.2.2 概率生成函数

在概率论中，离散随机变量的概率生成函数（probability generating function）是随机变量概率密度的幂级数形式，它为概率分布的相关计算提供了一套系统化的工具。分支过程子代分布的概率生成函数为

$$f(s)=\sum_{k=0}^{\infty} p_k s^k, \qquad |s|\leqslant 1 \tag{8-11}$$

式中 s——复变量，s 的 k 次方的系数 p_k 恰好为产生 k 个后代的概率。

生成函数的迭代（iterate）定义为

$$f_0(s)=s,\quad f_1(s)=f(s) \tag{8-12}$$

$$f_{n+1}(s)=f[f_n(s)],\quad n=1,2,\cdots \tag{8-13}$$

由上式可得

$$f_{m+n}(s)=f_m[f_n(s)],\quad m,n=1,2,\cdots \tag{8-14}$$

特别地，有

$$f_{n+1}(s)=f_n[f(s)] \tag{8-15}$$

关于的生成函数，Watson 证明了如下定理。

定理 8.1：Z_n 的生成函数为 $f_n(s)$。

基于定理 8.1，可通过计算 f 的迭代得到 Z_n 的生成函数和概率分布。

8.1.2.3　消亡概率

定义 8.6（分支过程的消亡）：消亡指对有限值 n，随机序列 $\{Z_n\}$ 包含 0。

由于 Z_n 仅取非负整数值，消亡亦即对某个 n，有 $Z_n\to 0$。由于 $P\{Z_{n+1}=0|Z_n=0\}=0$，则

$$\begin{aligned}P\{Z_n\to 0\}&=P\{\text{对某个}n,Z_n=0\}\\&=P\{(Z_1=0)\cup(Z_2=0)\cup\cdots\}\\&=\lim_{x\to\infty}P\{(Z_1=0)\cup\cdots\cup(Z_n=0)\}\\&=\lim P\{Z_n=0\}=\lim f_n(0)\end{aligned} \tag{8-16}$$

很明显，$f_n(0)$ 为 n 的非减函数。

定义 8.7（消亡概率）：令 q 为消亡概率，即

$$q=P\{Z_n\to 0\}=\lim f_n(0) \tag{8-17}$$

定理 8.2（Z_n 的不稳定性）：如果 $\lambda=EZ_1\leqslant 1$，消亡概率 q 为 1；如果 $\lambda>1$，消亡概率 q 为如下方程小于 1 的唯一非负解：

$$s=P(s) \tag{8-18}$$

序列 $\{Z_n\}$ 要么趋向于∞，要么达到 0，不会一直保持为正的有界值。

定理 8.3

$$\lim_{n\to\infty}P(Z_n=k)=0,\quad k=1,2,\cdots \tag{8-19}$$

而且，$Z_n\to\infty$ 的概率为 $1-q$，$Z_n\to 0$ 的概率为 q。

8.1.2.4　Z_n 的矩

定义 8.8（Z_1 的矩）：

$$\lambda=\mathbf{E}Z_1,\ \sigma^2=\mathbf{Var}Z_1=\mathbf{E}{Z_1}^2-\lambda^2 \tag{8-20}$$

这里，$\lambda=f'(1)$，$\sigma^2=f''(1)+\lambda-\lambda^2$，$\lambda$ 和 σ^2 分别称为 GW 分支过程的子代分布均值和子代分布方差。

定理 8.4（Z_n 的矩）：Z_n 的期望和方差分别为

$$\mathrm{E}\,Z_n=\lambda^n,\ n=0,1,\cdots \tag{8-21}$$

若 $\sigma^2<\infty$，则 Z_n 的方差为

$$\mathbf{Var}Z_n=\mathbf{E}Z_n^2-(\mathbf{E}Z_n)^2=\begin{cases}\dfrac{\sigma^2\lambda^n(\lambda^n-1)}{\lambda^2-\lambda}, & \lambda\neq 1\\ n\sigma^2, & \lambda=1\end{cases} \tag{8-22}$$

子代分布均值 λ 和子代分布方差 σ^2 是 GW 分支过程的两个重要参数。λ 在很大程度上决定了分支过程的传播程度，当 $\lambda \leqslant 1$ 时，分支过程必定消亡，而当 $\lambda > 1$ 时，分支过程种群规模以概率 $1-q$ 趋于无穷大。可按 $\lambda < 1$、$\lambda = 1$ 和 $\lambda > 1$ 将分支过程分为亚临界（subcritical）、临界（critical）和超临界（supercritical）三种情况。下面讨论如何利用数据估计这两个参数。

8.1.3 GW 分支过程估计

子代分布均值 λ 在很大程度上决定了分支过程的传播程度，对应到现实环境中即连锁故障的传播速度。因此，有必要对该参数进行估计。以下各部分列举了各种子代分布均值估计方法。

1. Heyde 估计器

Heyde 提出了如下估计器。

假设第 0 代种群规模为 Z_0，求得子代分布均值的一个简单方法为令第 n 代的规模等于它的期望值，即

$$Z_n = \mathbf{E}Z_n \tag{8-23}$$

由于

$$\mathbf{E}Z_n = Z_0\lambda^n \tag{8-24}$$

从而

$$\lambda_n^* = \left(\frac{Z_n}{Z_0}\right)^{1/n} \tag{8-25}$$

2. Lotka 估计器

Lotka 在给定前一代规模 Z_{n-1} 的前提下，将矩方法应用于 Z_n 的条件分布，由马尔可夫性可得

$$\mathbf{E}(Z_n|Z_{n-1}) = Z_n - 1\lambda \tag{8-26}$$

下面给出 Lotka 估计器的有限样本特性。首先讨论其条件矩特性

$$\bar{\lambda}_n = \begin{cases} Z_n / Z_{n-1}, & Z_{n-1} > 0 \\ 1, & Z_{n-1} > 0 \end{cases} \tag{8-27}$$

命题 8.1（$\overline{\lambda_n}$ 的条件均值和方差）

$$\mathrm{E}(\lambda_n > 0) = m \tag{8-28}$$

$$\mathbf{Var}(\bar{\lambda}_n / Z_{n-1} > 0) = \sigma^2\mathbf{E}(Z_{n-1}^{-1} / Z_{n-1} > 0) \tag{8-29}$$

为计算 $\overline{\lambda_n}$ 的非条件矩，需给出如下引理。

引理 8.1：令 F 代表任意可测集，X 为具有有限方差的随机变量，则有

$$\begin{aligned}\mathrm{Var}(X) = {} & \mathrm{Var}(X|F)\mathrm{P}(F) + \mathrm{Var}(X|F^c)\mathrm{P}(F^c) \\ & + (\mathrm{E}(X|F) - \mathrm{E}(X|F^C))^2\,\mathrm{P}(F)\mathrm{P}(F^c)\end{aligned} \tag{8-30}$$

基于命题 8.1 和引理 8.1 可得 $\overline{\lambda_n}$ 的非条件矩。

命题 8.2（$\overline{\lambda_n}$ 的非条件均值和方差）：

$$\mathbf{E}\overline{\lambda}_n = \lambda \mathbf{P}(Z_{n-1} > 0) + \mathbf{P}(Z_{n-1} = 0) \tag{8-31}$$

$$\begin{aligned}\mathbf{Var}\overline{\lambda}_n = {} & \sigma^2 \mathbf{E}(Z_{n-1}^{-1} / Z_{n-1} > 0)\mathbf{P}(Z_{n-1} > 0) \\ & + (\lambda - 1)^2 \mathbf{P}(Z_{n-1} > 0)\mathbf{P}(Z_{n-1} = 0)\end{aligned} \tag{8-32}$$

3. 多实现 Harris 估计器

有多个实现的分支过程可表示为

	第0代	第1代	第2代	…
实现1	$Z_0^{(1)}$	$Z_1^{(1)}$	$Z_2^{(1)}$	…
实现2	$Z_0^{(2)}$	$Z_1^{(2)}$	$Z_2^{(2)}$	…
⋮	⋮	⋮	⋮	⋮
实现M	$Z_0^{(m)}$	$Z_1^{(m)}$	$Z_2^{(m)}$	…

式中　$Z_j^{(m)}$——第 m 个实现第 j 代的种群规模。

此时，可类似于仅考虑一个实现的 Harris 估计器，利用如下估计器估计分支过程子代分布的均值 λ。

具体地，λ 可由所有子代与所有父代规模的比值来估计，即

$$\hat{\lambda} = \frac{\sum_{m=1}^{M}(Z_1^{(m)} + Z_2^{(m)} + \cdots)}{\sum_{m=1}^{M}(Z_0^{(m)} + Z_1^{(m)} + \cdots)} \tag{8-33}$$

下面对多实现、亚临界情况下 Harris 估计器做简单说明。由非条件期望与条件期望的关系可得

$$\mathbf{E}Y_\infty = \mathbf{E}(\mathbf{E}(Y_\infty | Z_0)) \tag{8-34}$$

$$\mathbf{E}(Y_n / Z_0) = \frac{Z_0(\lambda^{n+1} - 1)}{\lambda - 1} \tag{8-35}$$

当 $\lambda < 1$ 时，令 $n \to \infty$ 可得

$$\mathbf{E}(Y_\infty / Z_0) = \frac{Z_0}{\lambda - 1} \tag{8-36}$$

利用平均值对上式两边的期望值进行估计，可得

$$\widehat{\mathbf{E}Y_\infty} = \frac{\widehat{\mathbf{E}Z_0}}{1 - \lambda} \tag{8-37}$$

$\widehat{\mathbf{E}Y_\infty}$ 和 $\widehat{\mathbf{E}Z_0}$ 分别为 M 个实现总种群规模和初始规模的平均值。

利用上式可得到如下子代分布均值估计器

$$\hat{\lambda} = 1 - \frac{\widehat{\mathbf{E}Z_0}}{\widehat{\mathbf{E}Y_\infty}} \tag{8-38}$$

此外，子代分布方差 σ^2 也可通过相应估计器获得，此处不再赘述。

8.1.4　GW 分支过程模型

GW 分支过程模型是一个高度概率化模型，可用来描述故障规模在连锁故障过程中的传

播过程。初始故障随机产生后续故障，每一代中的每个故障（称为父故障）在下一代中独立地随机产生 0, 1, 2, 3, …个故障（称为子故障）。一个父故障产生的子故障的个数的分布即前述子代分布。之后，子故障变成父故障，以同样的方式产生子故障，直到下一代的故障数变为 0 为止。

GW 分支过程所基于的数据可以是实际电网的开断线路、负荷损失等历史统计数据，也可以来自 OPA 及其各种改进模型的仿真数据。可以按照一定的规则将连锁故障过程划分为不同的代，每代的停电规模用开断线路数、负荷损失等停电规模表征。

对于线路开断数，记录每代的开断线路数；对于负荷损失等连续量，可先离散化为整数值，两种情况下都可得到 M 个连锁故障，并将其按分支过程列为如下形式

$$\begin{array}{lcccc} & \text{第0代} & \text{第1代} & \text{第2代} & \cdots \\ \text{连锁故障1} & Z_0^{(1)} & Z_1^{(1)} & Z_2^{(1)} & \cdots \\ \text{连锁故障2} & Z_0^{(2)} & Z_1^{(2)} & Z_2^{(2)} & \cdots \\ \vdots & \vdots & \vdots & \vdots & \vdots \\ \text{连锁故障}M & Z_0^{(m)} & Z_1^{(m)} & Z_2^{(m)} & \cdots \end{array}$$

式中　$Z_j^{(m)}$——通过仿真获得的第 m 个连锁故障第 j 代的故障规模。

由于子代分布均值 $\lambda<1$，每个连锁故障都将在有限代终止，最后一代的故障规模将变为 0。每个连锁故障都起始于具有非零故障规模的第 0 代，最短的连锁故障在第 1 代即不产生任何新故障，而某些连锁故障则可在终止前持续许多代。初始故障规模的平均值可由式（8－39）估计得到

$$\hat{\theta}=\frac{1}{M}\sum_{m=1}^{M}Z_0^{(m)} \tag{8-39}$$

子代分布均值 λ 可通过上一节的 Harris 估计器求得。初始故障规模，即第 0 代故障规模 Z_0 的后验概率分布可通过下式获得

$$P[Z_0=z_0]=\frac{1}{M}\sum_{m=1}^{M}I[Z_0^{(m)}=z_0] \tag{8-40}$$

其中，当 E 为“真”时，I[E]＝1；否则，I[E]＝0。

GW 分支过程模型实际仅利用初始故障规模的分布和子代分布均值 λ 即可模拟连锁故障过程。模型计算流程如图 8－1 所示。

需要说明的是，GW 分支过程模型在已知初始故障规模的分布和子代分布均值 λ 时实际无须进行上述仿真，即可解析地给出总故障规模的概率分布。要说明 GW 分支过程模型是否可近似模拟本来异常复杂的连锁故障过程，仅需将解析的总故障规模概率分布与直接利用实际数据得到的后验分布加以比较即可。

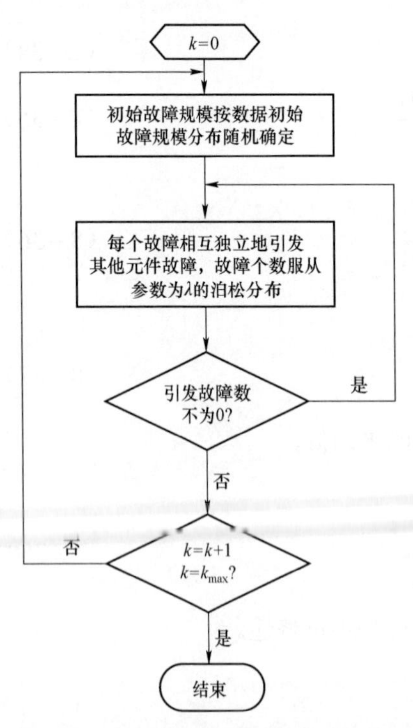

图 8－1　GW 分支过程模型计算流程

8.2　连锁故障的分支过程机理

为研究电力系统连锁故障，学者们提出了多种停电事故模型，利用这些模型可研究系统中可能发生的连锁故障过程，获得大量连锁故障数据，而深入理解并有效利用这些连锁故障数据，从这些数据中获知连锁故障的传播特性、系统对连锁故障的抵御能力以及系统的停电风险，具有重大的理论和实践意义。

为得到可信的统计特性，需利用模型进行大量仿真。

为解决这些问题，Dobson 最早将分支过程模型应用于连锁故障研究。本小节将在其工作基础上，进一步探讨连锁故障的分支过程机理。

本小节将忽略连锁故障过程中的潮流、调度员响应等细节，以及元件间的相互作用关系，不关心具体是哪个元件引发哪个元件故障，仅利用已知初始停电规模分布、子代分布服从泊松分布的分支过程模型来近似模拟复杂的连锁故障过程，进而探讨连锁故障的分支过程机理，验证分支过程这样简单的统计学模型是否可获得与连锁故障详细模型所得离散停电规模数据相符的总体统计学特性，并在此基础上利用分支过程子代分布均值这个重要参数表征系统的连锁故障传播特性，对离散停电规模（如开断线路数）和连续停电规模（如负荷损失）的概率分布进行高效的估计，快速评估停电风险。仅利用较少的真结果即可得到与利用较多仿真结果计算的后验概率同样准确的估计。

8.2.1　离散停电规模的分支过程

连锁故障发展过程可用开断线路数等离散停电规模表征，这些离散停电规模在连锁故障过程中的发展规律本身异常复杂，与各种因素有关，这种异常复杂的发展规律是否可以用分支过程模型这样的统计学模型来描述，是本小节讨论的主要问题。

为对这一问题加以验证，首先，将从连锁故障详细模型所得连锁故障过程看作 GW 分支过程的多个实现；然后，按上节方法估计初始故障规模 Z_0 的分布和子代分布值 λ，并假设连锁故障过程为子代分布服从参数为 λ 的泊松分布的分支过程；最后，可以利用分支过程模型给出总故障规模分布的解析表达式，将此分布与直接利用连锁故障结果计算出的总故障规模后验分布加以对比。

之所以假设仿真得到的连锁故障过程对应的分支过程的子代分布服从泊松分布，主要是基于以下两点：

（1）子代的故障元件从大量元件中选取；

（2）下一代中可能出现的元件故障都具有很小的概率，而且相互之间近似独立。

在给定初始故障规模 Z_0 的概率分布和子代分布均值 $\Lambda\hat{}$的概率分布可利用混合 Borel－Tanner 分布求得总停电规模 Y_∞

$$P[Y_\infty = y] = \sum_{z_0=1}^{y} P[Z_0 = z_0] z_0 \hat{\lambda}(y\hat{\lambda})^{y-z_0-1} \frac{e^{-y\hat{\lambda}}}{(y-z_0)!} \tag{8-41}$$

其中，求和从 $Z_0=1$ 直到 y，因为当总故障规模为 y 时初始故障规模仅可能取 1 到 y 之间的数。

8.2.2 连续停电规模的分支过程

除了可利用上一小节所述各种离散量表征连锁故障过程外，也可利用负荷损失等连续量描述连锁故障的发展过程，而在实际电网中，与开断线路数等连续量相比，负荷损失与停电对经济、社会造成的损失更加相关。

连续停电规模表征的连锁故障过程是否可利用分支过程模型这样的统计学模型来描述，也可按上一小节所述方法加以验证，但是，GW 分支过程只能处理离散量，连续停电规模不能直接应用 GW 分支过程加以研究。

最自然的思路是将连续停电规模离散化，获得整数变量，然后应用 GW 分支过程模型估计离散化后整数变量总故障规模的概率分布，若要得到连续停电规模的概率分布，只需进行简单的坐标变换即可。为保证 GW 分支过程模型可以有效估计离散化后的整数变量分支过程，需要合理选取离散化单位。

GW 分支过程模型假设子代分布为泊松分布，这样选择的子代分布的均值和方差始终相等。将连续量离散化后得到的数据将利用子代分布为泊松分布的 GW 分支过程模型进行估计。因此，为获得有效的估计结果，对离散化后的数据估计出的子代均值和方差也应相等。基于此，所选取的离散化单位应保证对离散化后的数据估计出的子代均值和方差相等。

在利用 GW 分支过程模型对总连续停电规模进行估计之前，需对数据进行一定的处理，具体包括预处理、离散化、后处理三步。

8.2.2.1 预处理

首先，忽略非常小的连续停电规模（如对负荷损失而言，忽略仅占总负荷量很小比例的负荷损失），将这些很小的停电规模记为 0。去除所有代均为 0 的连锁故障过程。对于初始的几代为 0 而后面某些代不为 0 的连锁故障过程，为保证第 0 代总是起始于正数，去除初始几个为 0 的代。另外，当某一代为 0，而其前一代非零，而后面代中仍有非零代时，其所属的连锁故障将终止于这一代，从其后一代开始一个新的连锁故障过程，这类似于排队理论对服务站为空时的处理方法。

例如，假设忽略小的连续停电规模后的一个连锁故障过程如下所示。

第0代	第1代	第2代	第3代	第4代	第5代
0	224	0	224	67	224

则经过预处理后的连锁故障过程将变为

第0代	第1代	第2代	第3代
224	0	–	–
224	67	224	0

假设共有 M 个连锁故障过程，$X_k^{(m)}$ 代表第 m 个连锁故障过程第 k 代的连续量，则以连续变量表征的连锁故障过程可排列为如下形式

	第0代	第1代	第2代	…
连锁故障1	$x_0^{(1)}$	$x_1^{(1)}$	$x_2^{(1)}$	…
连锁故障2	$x_0^{(2)}$	$x_1^{(2)}$	$x_2^{(2)}$	…
⋮	⋮	⋮	⋮	⋮
连锁故障M	$x_0^{(M)}$	$x_1^{(M)}$	$x_2^{(M)}$	…

8.2.2.2　离散化

为能够将 GW 分支过程应用于负荷损失这样的连续量停电规模，需要将其离散为某一选定的离散单位Δ的整数倍。

具体地，利用如下离散化方法将连续量 $X_k^{(m)}$ 离散化为Δ的整数倍

$$Z_k^{(m)}=\mathrm{int}\left[\frac{X_k^{(m)}}{\Delta}+0.5\right] \tag{8-42}$$

式中　int[x]——x 的整数部分。在取整数部分时加 0.5 是为了保证 $Z_k^{(m)}$ 和 $X_k^{(m)}/\Delta$ 的平均值相等。

离散化的关键在于合理选取离散化单位Δ。为便于应用，需要提出一种系统化、可适用于各种系统的方法。

首先需讨论离散化单位Δ如何影响离散化后数据的子代分布均值和方差，其中子代分布均值和方差可利用前述适合于多个实现的 Harris 估计器和相应方差估计器进行估计。

另选离散化单位Δ′，对应的离散化后数据为 $Z_k'^{(m)}$，则

$$Z_k'^{(m)}=\mathrm{int}\left[\frac{X_k^{(m)}}{\Delta'}+0.5\right] \tag{8-43}$$

以一定的离散化单位对连续数据取整，与直接将连续数据除以此离散化单位相比会有微小的偏差，当忽略这种偏差时，可得

$$Z_k^{(m)}\cong\frac{X_k^{(m)}}{\Delta} \tag{8-44}$$

$$Z_k'^{(m)}\cong\frac{X_k^{(m)}}{\Delta'} \tag{8-45}$$

因此可得

$$Z_k'^{(m)}\cong\frac{\Delta}{\Delta'}Z_k^{(m)} \tag{8-46}$$

子代分布均值 λ 不依赖于离散化单位。子代分布实际为假设第 k 代规模为一个单位时第 $k+1$ 代规模所服从的分布。当离散化单位从Δ变为Δ′时，$Z_k^{(m)}$ 和 $Z_k'^{(m)}$ 都被乘以Δ/Δ′，从而子代分布均值保持不变。

$Z_{k+1}^{(m)}$ 的方差被乘以（Δ/Δ′）^{2}，但由于 $Z_k^{(m)}$ 也被乘以Δ/Δ′，子代分布方差 σ^2，即由第 k 代一个单位产生的第 $k+1$ 代的方差，实际仅被乘以Δ/Δ′。

例如，假设在离散化单位Δ下，第 1 个连锁故障过程第 k 代的规模为 2 个单位，即 $Z_k^{(1)}=2$ 。根据分支过程的相关原理，第 $k+1$ 代 $Z_{k+1}^{(1)}$ 的分布为在离散化单位Δ下两个相互独立的子代分布的和，其均值和方差分别为 2λ 和 $2\sigma^2$ 。

将离散化单位改变为Δ′=2Δ，则有

$$Z_{k+1}'^{(1)} \cong \frac{Z_{k+1}^{(1)}}{2} \tag{8-47}$$

$$Z_k'^{(1)} = \frac{Z_k^{(1)}}{2} = 1 \tag{8-48}$$

$Z_{k+1}'^{(1)}$ 的分布为离散化单位Δ'下的子代分布，其均值和方差分别为

$$\mathbf{E}Z_{k+1}'^{(1)} = \frac{Z_{k+1}^{(1)}}{2} = \lambda \tag{8-49}$$

$$\begin{aligned}\mathbf{Var}(Z_{k+1}'^{(1)}) &= \mathbf{E}((Z_{k+1}'^{(1)} - \lambda)^2) \\ &= \frac{\mathbf{E}((Z_{k+1}^{(1)} - 2\lambda)^2)}{4} \\ &= \frac{\sigma^2}{2}\end{aligned} \tag{8-50}$$

因此，改变离散化单位Δ不影响子代分布均值 λ，但显著影响子代分布方差σ^2，具体地，增大Δ将成比例减小σ^2。

当考虑取整过程中的微小偏差时，子代分布均值λ受离散化单位Δ的影响很微弱，而子代分布方差σ^2则强相关于Δ，即，从总体上看，虽然无法保证严格的单调性，但σ^2随 $1/\Delta$的增大而近似成比例增大。将子代分布方差和均值对Δ的强、弱依赖关系分别写成$\sigma^2(\Delta)$和$\lambda(\Delta)$，根据上述分析可知

$$\sigma^2(\Delta) \cong \frac{\Delta'}{\Delta}\sigma^2(\Delta') \tag{8-51}$$

$$\lambda(\Delta) \cong \lambda(\Delta') \tag{8-52}$$

在 GW 分支过程模型中，假设子代分布为泊松分布，而泊松分布的均值和方差始终相等。因此，为使数据与模型相符，需要选择离散化单位使得离散化后得到的数据的子代分布方差与均值相等。即需要选择Δ使得$\sigma^2(\Delta) = \lambda(\Delta)$。

具体地，先以$\Delta = 1$ 对连续数据进行离散化，并分别估计$\sigma^2(1)$和$\lambda(1)$，则满足$\sigma^2(\Delta) = \lambda(\Delta)$的$\Delta$近似为$\sigma^2(1)/\lambda(1)$。在研究过程中发现，$\Delta$的选取对负荷损失分布的影响并不十分敏感，于是，对$\sigma^2$的估计实际也不需要十分精确。

8.2.2.3 后处理

在离散化之后，一些连锁故障序列的初始负荷损失可能变为 0，这些连锁故障序列不再符合 GW 分支过程模型初始不为 0 的假设，因此应被去除。

在对连续停电规模数据进行上述预处理、离散化和后处理之后，即可应用 GW 分支过程模型估计连续量总停电规模的分布。连续量总规模的分布为

$$P[Y_\infty = y\Delta] = \sum_{z_0=1}^{y} P[Z_0 = z_0] z_0 \hat{\lambda}(y\hat{\lambda})^{y-z_0-1} \frac{e^{-y\lambda}}{(y-z_0)!} \tag{8-53}$$

8.2.3 连锁故障的分支过程效率分析

本小节讨论利用 GW 分支过程模型准确估计停电规模分布相比于计算后验概率的效率提升情况。

研究表明，利用分支过程模型估计负荷损失分布所需连锁故障数比直接计算后验概率少

得多。此处借鉴此方法，并将其应用于估计开断线路等离散量时的效率问题，将两种情况用一种方法统一起来。

当假设分支过程子代分布服从泊松分布时

$$\sigma(\lambda):\frac{\sqrt{\lambda(1-\lambda)}}{\sqrt{M\theta/\Delta}} \tag{8-54}$$

当利用此公式处理开断线路数等离散量时，只需令$\Delta=1$即可。

令p_{branch}为利用K_{branch}个连锁故障过程计算λ后利用分支过程模型估计得到的连续量规模为$S\Delta$或离散量规模为S的概率。令p_{empiric}为利用K_{empiric}个连锁故障过程计算得到的连续量规模为$S\Delta$或离散量规模为S的后验概率。

假设可获得准确的初始故障规模，p_{branch}的标准差为

$$\sigma(p_{\text{branch}})=\left|\frac{\mathrm{d}p_{\text{branch}}}{\mathrm{d}\lambda}\right|\sigma(\lambda)=\left|\frac{\mathrm{d}p_{\text{branch}}}{\mathrm{d}\lambda}\right|\frac{\sqrt{\lambda(1-\lambda)\Delta}}{\sqrt{K_{\text{branch}}\theta}} \tag{8-55}$$

p_{empiric}的标准差为

$$\sigma(p_{\text{empiric}})=\sqrt{\frac{p_{\text{empiric}}(1-p_{\text{empiric}})}{K_{\text{empiric}}}} \tag{8-56}$$

可计算两种方法求取概率的标准差相等时后验概率法和分支过程法所需连锁故障数的比值的近似值

$$R=\frac{K_{\text{empiric}}}{K_{\text{branch}}}=\frac{p_{\text{empiric}}(1-p_{\text{empiric}})\theta}{\lambda(1-\lambda)\Delta}\left(\frac{\mathrm{d}p_{\text{branch}}}{\mathrm{d}\lambda}\right)^{-2} \tag{8-57}$$

式中　R——应用分支过程模型估计停电规模概率分布比直接计算后验概率的效率提高比例。为得到一个近似的R值，可对接近最大的连续量总规模$S\Delta$或离散量总规模S的概率进行估计。此处，接近最大的连续量总规模或离散量总规模按如下方法确定：分别将K_{empiric}个连续量总规模或离散量总规模从大到小排序，取第i大的连续量总规模或离散量总规模为$S\Delta$或S，其中，$i=\text{int}[0.05K_{\text{empiric}}+0.5]$。另外，$\mathrm{d}p_{\text{branch}}/\mathrm{d}\lambda$通过数值微分加以近似。

8.3　仿　真　分　析

本节估计连锁故障数据分支过程的参数，并基于这些参数利用分支过程模型对总线路开断数及总负荷损失的概率分布进行估计。其中连锁故障数据来自交流 OPA 模型对 IEEE118 节点标准系统的仿真。共仿真得到 5000 个连锁故障过程，其中每个连锁故障都具有非零的开断线路数或不可忽略的负荷损失。

8.3.1　离散停电过程分析

本小节利用分支过程模型估计总线路开断数的分布。各种情况下的$\hat{\theta}$和$\hat{\lambda}$参见表 8-1，表中的$\widehat{\lambda_{500}}$为利用前 500 个连锁故障过程估计得到的子代分布均值。从表中可以明显看出，随着负荷水平的提高，表征连锁故障传播特性的分支过程子代分布均值$\hat{\lambda}$也随之增大，表明在网架结构不改变的前提下，当负荷水平升高时，连锁故障过程在系统中更容易发展下去，

从而导致更多线路开断。

表 8-1　　线路开断数据估计参数

系统	负荷水平	$\hat{\theta}$	$\hat{\lambda}$	$\widehat{\lambda_{500}}$
IEEE118 节点	1.0	4.38	0.40	0.40
IEEE118 节点	1.2	7.01	0.52	0.52
IEEE118 节点	1.4	10.08	0.63	0.63

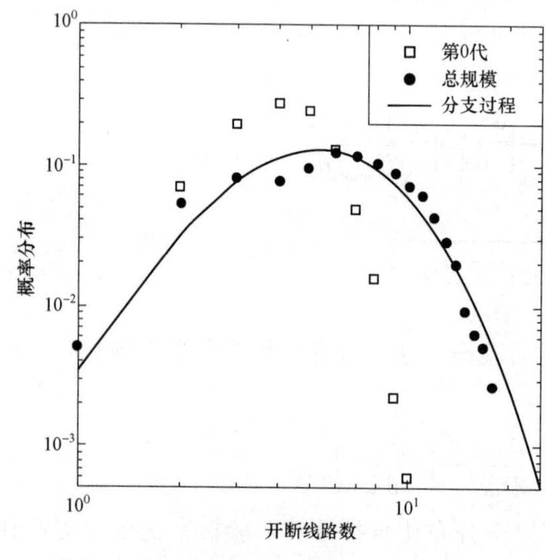

图 8-2　基础负荷水平 IEEE 118 节点系统总开断线路数的概率分布

利用连锁故障模型在 IEEE 118 节点系统产生的连锁故障数据测试分支过程模型，结果如图 8-2～图 8-4 所示，其中，总线路开断数和初始线路开断数的分布分别以“•”和“□”表示，利用分支过程模型估计出的总开断线路数分布实际也是离散的，为便于比较，将其连成实线。从 3 个图中都可以看出，利用分支过程模型估计的总开断线路数概率分布与直接利用数据得到的总开断线路数的后验概率分布吻合良好，从而表明可以利用分支过程模型这样的统计学模型近似描述连锁故障过程中异常复杂的开断线路数的发展规律，以分支过程机理来解释连锁故障的发展过程是可行的。

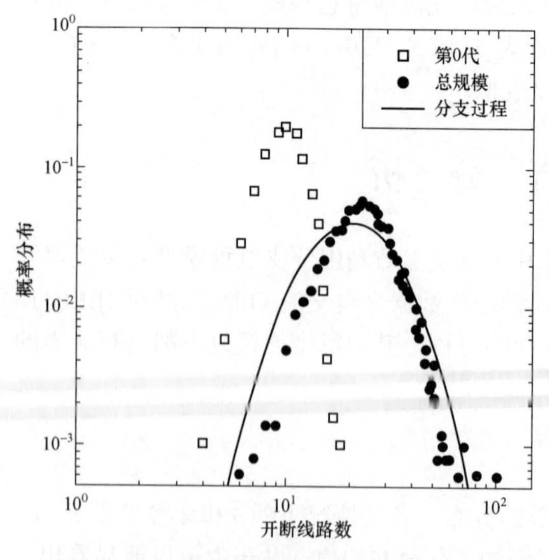

图 8-3　1.2 倍负荷水平 IEEE 118 节点系统总开断线路数的概率分布

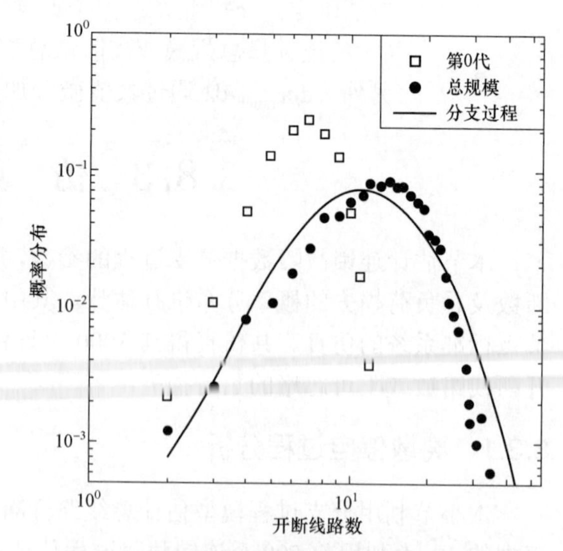

图 8-4　1.4 倍负荷水平 IEEE 118 节点系统总开断线路数的概率分布

8.3.1.1　分支过程估计离散停电规模有效性分析

之前已对选取泊松分布作为 GW 分支过程的子代分布的合理性加以说明，上一小节的仿真结果也验证了以子代分布为泊松分布的 GW 分支过程模型估计离散停电规模分布的有效性。

从另一个角度对利用以泊松分布为子代分布的 GW 分支过程模型可有效估计离散变量的概率分布的原因做进一步讨论。

表 8－2 列出了利用各种情况下的开断线路数据估计出的子代分布均值、方差及其比值。从表中可以看出，子代分布方差 $\hat{\sigma}^2$ 与子代分布均值 $\hat{\lambda}$ 的比值始终保持在 1.0 附近，而假设的模型为子代分布为泊松分布的分支过程模型，其子代分布方差与子代分布均值的比值始终为 1.0，二者的一致性保证了利用假设模型进行估计的有效性。

表 8－2　　子代分布方差与均值的比值

系统	负荷水平	$\hat{\lambda}$	$\hat{\sigma}^2$	$\hat{\sigma}^2/\hat{\lambda}$
IEEE 118 节点	1.0	0.40	0.16	0.40
IEEE 118 节点	1.2	0.52	0.19	0.36
IEEE 118 节点	1.4	0.63	0.54	0.86

8.3.1.2　离散化单位的影响

针对前述所讨论的离散化单位对子代分布均值和方差的影响。图 8－5 给出了交流 OPA 模型在基础负荷水平 IEEE118 节点系统子代分布均值和方差随 $1/\Delta$ 变化的规律。

图中的子代分布均值和方差由前述估计器估计得到。从图中可以明显看出，子代分布均值几乎保持不变，而子代分布方差则明显受离散化单位 Δ 的影响，具体地，子代分布方差随 $1/\Delta$ 的增大而成比例增大。这与前述分析所得结论相一致。

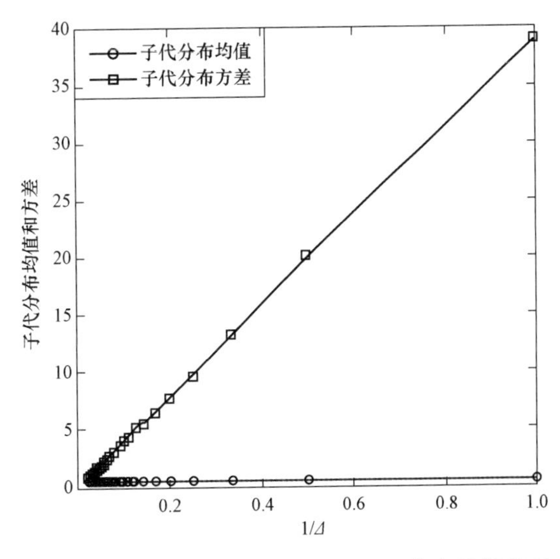

图 8－5　在基础负荷水平 IEEE 118 节点系统负荷损失数据子代分布均值和方差随 $1/\Delta$ 的变化

8.3.2　连续停电过程分析

表 8－3 中列出了在 IEEE 118 节点系统仿真所得数据估计出的分支过程参数 $\hat{\theta}$ 和 $\hat{\lambda}$ 以及利用前述方法计算出的 Δ 值。$\widehat{\lambda_{500}}$ 为利用前 500 个连锁故障过程估计得到的子代分布均值。

表 8－3　　负荷损失数据估计参数

系统	负荷水平	$\hat{\theta}$（MW）	$\hat{\lambda}$	Δ（MW）	$\widehat{\lambda_{500}}$
IEEE118 节点	1.0	160	0.42	90	0.44
IEEE118 节点	1.2	224	0.58	167	0.58
IEEE118 节点	1.4	407	0.67	425	0.68

图 8－6～图 8－8 为 IEEE118 节点系统所得仿真数据的总负荷损失分布。从 3 个图中可以看出，利用分支过程模型估计出的负荷损失分布与直接利用数据得到的后验分布非常吻合，仅在对应负荷水平较高的图 8－6 中稍有差别。

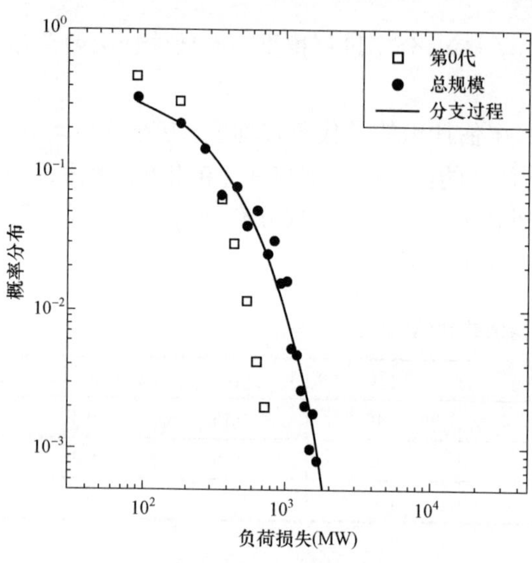

图 8－6　基础负荷水平 IEEE 118 节点系统总负荷损失的概率分布

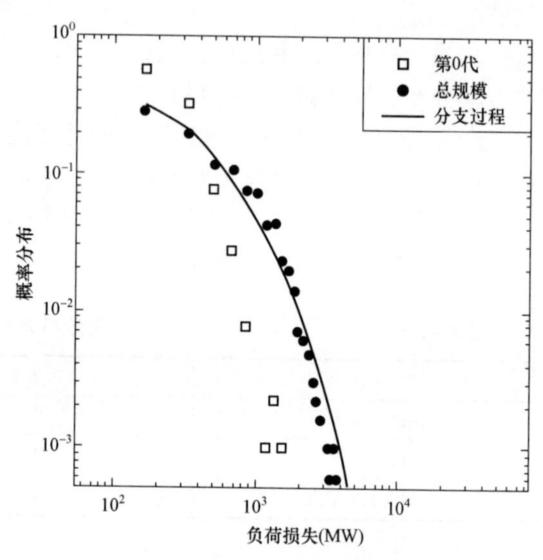

图 8－7　1.2 倍负荷水平 IEEE 118 节点系统总负荷损失的概率分布

这表明，与离散停电规模下的情况类似，也可以利用分支过程模型这样的统计学模型近似描述连锁故障过程中负荷损失的发展规律，分支过程机理可以揭示连锁故障中的某些重要特性。

8.3.3　分支过程估计效率分析

在 8.3.1 小节和 8.3.2 小节中，利用 5000 个连锁故障过程来测试分支过程模型的有效性。实际上，利用少得多的连锁故障过程即可通过分支过程模型得到足够准确的分支过程参数和总停电规模分布。

从上述内容可知，在各种情况下，仅利用前 500 个连锁故障过程计算得到的子代分布均值 $\widehat{\lambda_{500}}$ 与利用 5000 个连锁故障过程计算得到的 $\hat{\lambda}$ 都近似相等。

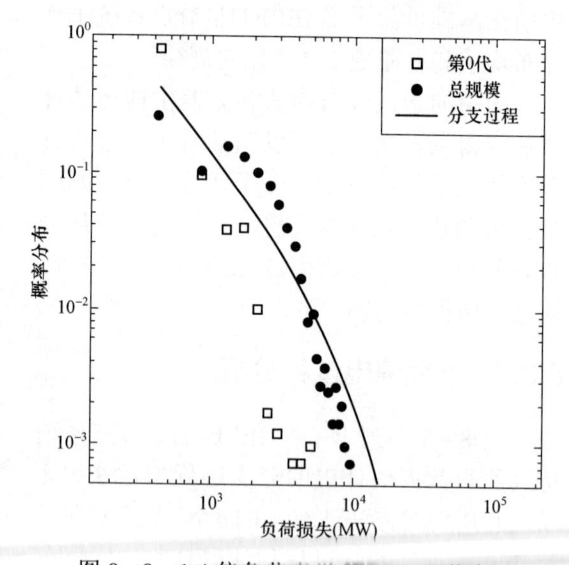

图 8－8　1.4 倍负荷水平 IEEE 118 节点系统总负荷损失的概率分布

此外，基于前述对分支过程估计效率的相关讨论，利用分支过程模型估计停电规模概率分布的效率提升情况，可通过计算后验概率法和分支过程法求得概率的标准差相等时二者所需连锁故障数的比值来表征，对于负荷损失数据，具体如表 8－4 所示。从表中可以看出，大部分情况下 K_{branch} 比 K_{empiric} 小一到两个数量级。这说明，利用先离散化负荷损失数据然后

借助 GW 分支过程模型估计总负荷损失的概率分布比直接利用仿真数据计算后验概率分布的估计效率要高得多。

表 8-4　　负荷损失数据效率提高比例 R

系统	负荷水平	$S\Delta$（MW）	R
IEEE 118 节点	1.0	830	28
IEEE 118 节点	1.2	1581	111
IEEE 118 节点	1.4	3946	91

类似地，令$\Delta=1$，可评估分支过程模型估计开断线路数据概率分布的效率提高情况，具体见表 8-5。表中结果也表明，分支过程模型比后验概率法的估计效率要高得多。

表 8-5　　开断线路数据效率提高比例 R

系统	负荷水平	S	R
IEEE 118 节点	1.0	13	32
IEEE 118 节点	1.2	23	41
IEEE 118 节点	1.4	46	36

小　结

本章整理总结了连锁故障的分支过程机理，目的在于简化大规模电力系统停电仿真模型的计算成本。首先，本章引入了一种特殊的马尔可夫链，即 GALTON-WATSON 分支过程（简记为 GW 分支过程），并介绍了 GW 分支过程、GW 分支过程子代分布均值的估计方法以及描述故障规模在连锁故障过程中的传播过程的 GW 分支过程模型。在此基础上，本章探讨了连锁故障的分支过程机理，包括离散停电规模分支过程机理与连续停电规模分支过程机理，并讨论了利用 GW 分支过程模型准确估计停电规模分布相比于计算后验概率的效率提升情况。最后采用仿真验证了效果。

考虑过载风险控制的连锁故障阻断

电力系统连锁故障是由一个或者多个初始故障引发的元件相继退出运行的过程，连锁故障会逐渐使系统变得脆弱，并可能最终造成大范围停电事故，带来严重的社会经济损失。因此，人们一直在致力于研究连锁故障的机理与发展特征，并希望对连锁故障进行预警和控制，以降低连锁故障的风险。

大量的连锁故障和大停电事故记录表明，连锁故障发展过程具有明显的阶段性特征，第一阶段中主要发生元件的相继退出，该阶段的发展过程往往相对较慢，在此过程中系统逐渐变得脆弱；第二阶段为雪崩阶段，该阶段中短时间内会发生大量元件的相继退出，同时伴随着系统失稳、解列，并进入最后的停电阶段。

在初始故障发生后，由于在一段时间内连锁故障发展较慢，在运行中有一定的时间可以对后续可能发生的故障及其风险进行评估，并有针对性地采取措施。一些研究给出了连锁故障风险的预测与评估方法，这些方法可以给出后续连锁故障的可能发展路径以及风险。利用这些信息，可以考虑在运行中采取措施，有针对性地降低这些被预测到的连锁故障的风险。

降低系统元件的负载可以起到有效预防连锁故障的作用，一些研究的工作可以用于消除系统中的过载，如基于最小切负荷量的 OPF 等。基于最优潮流的过载消除方法可以通过给定潮流约束的方法消除当前系统的过载，但并没有针对后续的连锁故障预防进行调整。这样，虽然当前系统没有过载发生，但可能有一些线路的潮流接近过载，因此无法保证系统运行状态发生一些变化后会产生过载和连锁故障。特别地，若 OPF 模型解出的解对应的系统状态使某些关键线路重载，当系统受到扰动或者发生保护误动时，则有可能会导致这些关键线路重载，进而引发连锁故障。

$N-1$ 准则是保障系统可靠运行的常用规约，在电网运行中被广泛采用，同时也有基于 $N-1$ 约束的最优潮流模型。$N-1$ 准则能够提高系统的运行安全水平，但多次大停电事故表明，$N-1$ 准则并不能完全防范连锁故障。由于非正常运行方式和隐故障的存在，系统可能发生不止一个初始故障，同时系统的运行状态随时发生变化，这些因素都可能使得 $N-1$ 被突破。同时 $N-1$ 校核可能存在过于保守的情况，即可能将实际风险很低的预想故障作为硬约束，压缩了系统传输电能的空间，降低系统运行的经济性。因此连锁故障和大停电的预防控制应当结合连锁故障风险评估结果，有针对性地考虑可能发生的连锁故障路径及其风险，并达到保障系统供电能力与连锁故障风险控制的灵活协调的目的。

9.1 连锁故障路径与风险分析

9.1.1 连锁故障预测模型

为了能够在预防控制中有针对性地降低连锁故障的风险，可以通过连锁故障模拟的方法，得到给定初始故障下连锁故障可能的发展路径及其风险。通过 OPA 模型中的快动态过程进行连锁故障模拟（不起动 OPF），得到若干条故障路径 L_i。故障路径 L_i 由每一级退出的元件集 S_{ij}（j=1，2，…）组成。第 j 级退出的元件集 S_{ij} 包含该级连锁故障中退出的元件 E_k，这里主要研究交流支路。

$$L_i = \{S_{i0}, S_{i1}, \cdots\} \tag{9-1}$$

$$S_{ij} = \{E_k\}, E_k \in S_{Br} \tag{9-2}$$

式中 S_{Br}——系统中的交流支路集合。

L_i 对应的连锁故障的概率估计 $\widehat{\Pr}_i^L$、事故后果估计 $\hat{C}_i$（以损失负荷功率计）。连锁故障路径的风险估计为

$$\hat{R}_i = \widehat{\Pr}_i^L \hat{C}_i \tag{9-3}$$

则模拟得到的连锁故障总风险估计为

$$\hat{R} = \sum_i \hat{R}_i \tag{9-4}$$

在连锁故障模拟的过程中，记录故障发展过程中每条支路的负载率，以便在预防控制中建立支路负载率与风险的对应关系。

9.1.2 连锁故障风险估计

连锁故障的发展主要是由连锁的元件过载或者重载引起的，元件的负载率与连锁故障风险密切相关，因此希望获得负载率与风险的关系。传统的风险评估方法常用严重度指标表示元件退出的后果，其值假设与元件 E_k 的负载率 π_k 呈线性正相关关系，并通常用某一个预设的负载率 π_k^R（如 0.9）来表示有无风险的阈值。由于通过连锁故障模拟获得了连锁故障路径与风险数据，同时也获得了连锁故障发展过程中的支路负载率数据，因此可以不用严重度指标而直接获得支路的负载率与停电风险之间的关系。另外，有无风险的阈值也可以通过模拟数据获得。

由于故障间的相关性，在当前状态下低负载率的元件可能因为故障发展和潮流转移变为高负载率的元件，进而退出运行。因此低负载率元件仍然可能给系统带来连锁故障风险。

对于某一条支路 E_k，其参与的故障路径集合为 $\{L_i\}$。若对应某个故障路径 L_i 的故障路径的风险为 R_i，则该故障路径中的所有元件应当以某种方式分担这部分风险。这里假设每个元件平均承担该风险，即若故障路径 L_i 中的元件数为 N_i，那么该故障路径归算到支路 E_k 上的风险为 $R_{ki} = R_i/N_i$。

在连锁故障模拟的过程中记录了每个支路直到退出运行或者连锁故障结束之前的负载率。若支路 E_k 在故障路径 L_i 的第 J_{ik} 级故障中退出，则假设将风险 R_{ki} 平摊到该元件在之前

每一级故障中的状态上，认为故障路径 L_i 中，支路 E_k 退出前在每一级故障中的负载率 π_{kij}（$1\leqslant j\leqslant J_{ik}$）对应的风险为 $R_{kij}=R_{ki}/J_{ik}$。

由此，支路 E_k 参与的所有连锁故障每一级的负载率 π_{kij} 都对应一部分连锁故障风险 R_{kij}。将所有（π_{kij}，R_{kij}）对按照负载率从小到大进行排列，得到近似的连锁故障风险关于线路负载率的分布，并求取风险关于负载率的近似累积分布 $F_{Rk}(\pi)$。假设支路在负载率 π 时的风险为连锁故障模拟结果中负载率不高于 π 时的总风险，$F_{Rk}(\pi)$就是支路负载率与其造成的连锁故障风险的关系估计，负载率和停电风险关系示意图如图 9－1 所示。

$$F_{Rk}(\pi)=\sum_{\pi>\pi_{kij}}R_{kij} \tag{9-5}$$

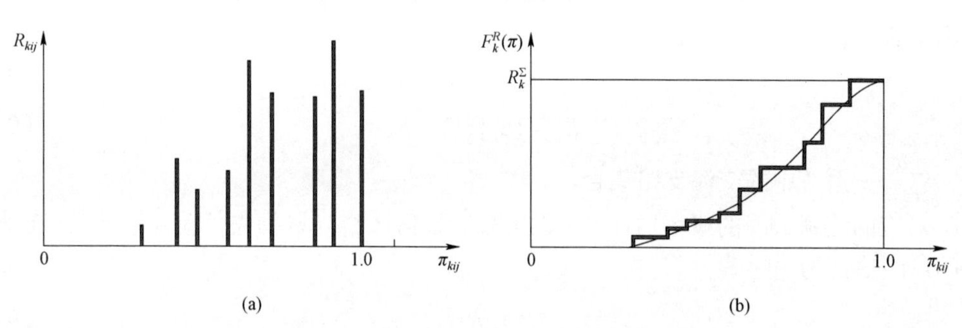

图 9－1　负载率和停电风险关系示意图

（a）停电风险对负载率的密度函数；（b）停电风险对负载率的累计函数

$F_{Rk}(\pi)$可能具有一定的非线性，为简化计算，将其近似处理为线性关系。若负载率为 1 时的风险为 R_k^Σ，那么取

$$\pi_k^{\text{Lower}}=F_{Rk}^{-1}(0.05R_k^\Sigma) \tag{9-6}$$

$$\pi_k^{\text{Upper}}=F_{Rk}^{-1}(0.95R_k^\Sigma) \tag{9-7}$$

则支路 E_k 负载率 π 与归算到该支路上的停电风险估计 $\tilde{R}_k(\pi)$ 为

$$\tilde{R}_k(\pi)=\begin{cases}0, 0\leqslant\pi<\pi_k^{\text{Lower}}\\ \dfrac{\pi-\pi_k^{\text{Lower}}}{\Delta\pi_k}R_k^\Sigma, \pi_k^{\text{Lower}}\leqslant\pi<\pi_k^{\text{Upper}}\\ R_k^\Sigma, \pi>\pi_k^{\text{Upper}}\end{cases} \tag{9-8}$$

其中 $\Delta\pi_k=\pi_k^{\text{Upper}}-\pi_k^{\text{Lower}}$，该线性化示意图如图 9－2 所示。

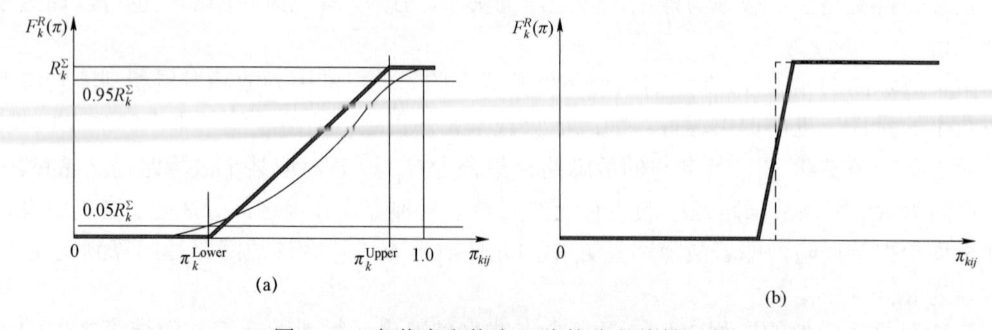

图 9－2　负载率和停电风险的分段线性近似

（a）停电风险对负载率的分段线性近似关系；（b）只有一个数据时的近似关系

在实际计算中，也可能会出现某条线路在所有故障路径记录中只有一个 π_k，这样其风险分布为阶跃函数。为了使用上面的线性化关系，可令 $\Delta\pi_k$ 为一个很小的数，如 0.01，并令 $\pi_k^{\text{Upper}}=\pi_k+0.5\Delta\pi_k$，$\pi_k^{\text{Lower}}=\pi_k-0.5\Delta\pi_k$ 即可将阶跃函数转换为线性函数，且对整体分布影响不大。

由于连锁故障模型模拟的次数有限，预测出的故障路径往往不能覆盖全部风险，同时由于一些随机因素发生的可能性存在，部分未出现在故障路径中的支路在后续故障发展过程中仍可能退出。也就是说，除了连锁故障模型预测出的部分，还有一部分"隐藏"的风险 R'，而这部分连锁故障风险很难进行分析计算。为简便起见，可以估计这部分风险在总连锁故障风险中的比例 β（如 5%），并由所有支路平均分摊这部分风险。设系统中支路数量为 N_k，则每条支路分摊的风险为

$$R_k'=\frac{1}{N_k}\frac{\beta}{1-\beta}R' \tag{9-9}$$

对于未在任一条故障路径中出现的支路，负载率与风险间的关系 $\mathring{R}_k(\pi)$ 可以用式（9－9）来估计，取 $R_k^{\Sigma}=R_k'$，$\pi_k^{\text{Lower}}=0.9$，$\pi_k^{\text{Upper}}=1.0$ 即可。

对于在故障路径中的支路，需要对 $\mathring{R}_k(\pi)$ 做修正，由前面的风险分摊方法，不难计算出

$$R_k^{\Sigma}=\sum_{E_k\in S_{ij},S_{ij}\in L_i}R_{ki} \tag{9-10}$$

则将 $\mathring{R}_k(\pi)$ 乘以修正系数

$$\gamma_k=1+\frac{R_k'}{R_k^{\Sigma}} \tag{9-11}$$

即可。

综上，在连锁故障模拟结果的基础上建立了支路负载率与停电风险的关系，进而可以对某系统断面下的连锁故障风险进行预估。

9.2　考虑过载风险控制的最优潮流模型

分析计算中，系统的发电、负荷、线路潮流等变量需要满足潮流等式约束，同时需要满足线路潮流约束，对于不满足线路潮流约束的线路，需要调整发电与负荷使其满足，并使切负荷量最小。这个问题可以建模为一个优化问题，也即最优潮流（Optimal Power Flow，OPF）问题。若在系统中只关注有功功率分布，即采用直流潮流模型，则电力系统模型可以建立为直流 OPF，这是一个线性规划问题，在可解性和求解效率方面都有保证。

9.2.1　消除过载的直流潮流安全 OPF（SOPF）

在前述章节中，提出了含 HVDC 调整的消除过载直流潮流 OPF 模型，其形式如下

$$\min f=\sum_{i=1}^{m}x_{gi}-K\sum_{i=1}^{n}x_{di}-\sum_{i=1}^{k}x_{fi}+\sum_{i=1}^{k}x_{ti},K>1$$

$$
\begin{aligned}
& s.t. \\
& \sum_{\text{非同步电气岛}j\text{内}} P_{gi} = \sum_{\text{非同步电气岛}j\text{内}} P_{di} \\
& \sum_{\text{非同步电气岛}j\text{内}} P_{gi} \geqslant \sum_{\text{非同步电气岛}j\text{内}} P_{dci} \\
& -P_{li,\max} \leqslant P_{li} \leqslant P_{li,\max} \\
& x_{fi} = x_{ti} \\
& 0 \leqslant x_{gi} \leqslant P_{gi,\max} \\
& 0 \leqslant x_{di} \leqslant P_{di,initial} \\
& P_{dci,\min} \leqslant x_{fi} \leqslant P_{dci,\max} \\
& P_{dci,\min} \leqslant x_{ti} \leqslant P_{dci,\max}
\end{aligned}
\tag{9-12}
$$

式中 x_{gi}——各节点上发电机的发电功率；

x_{di}——各节点上负荷的功率；

x_{fi}、x_{ti}——HVDC 两端的功率；

P_{li}——各交流支路上的功率（可通过直流潮流解的表达式获得）；

$P_{li,\max}$——交流支路的潮流限值；

$P_{gi,\max}$——发电机出力上限；

$P_{di,\text{initial}}$——初始态负荷（节点负荷最大值）；

$P_{dci,\min}$、$P_{dci,\max}$——HVDC 功率设定值的上下限；

K——负荷功率权值。

非同步电气岛 j 内该 OPF 模型通过调整发电机、HVDC 功率设定值以及负荷量，使约束达到满足，满足交流支路潮流不超过限值，即消除了过载。

在上述 OPF 模型中，最终求解出的解是满足交流线路潮流以及其他约束条件下，使系统切负荷量最小的调整方法。这种方法可以消除当前系统的过载，但并没有针对后续的连锁故障预防进行调整。针对该 OPF 模型的不足，希望能够修改该 OPF 模型，使 OPF 能够在保证系统当前状况不出现过载的情况下，进一步将重点关注的线路的负载尽量控制在较低水平，使触发连锁故障的风险进一步降低。

结合前面章节中连锁故障预测的成果，在 OPF 中重点关注连锁故障预测中得出的连锁故障路径，设法将这些连锁故障中路径涉及的线路的潮流降低，即降低连锁故障发生的可能性，达到预先阻断故障的效果，从而起到控制连锁故障风险的作用。

要在 OPF 中实现连锁故障风险控制，一个最直观的方法是将之前连锁故障预测中得到的路径所涉及的线路对应的潮流约束收紧，将这些线路的潮流控制到较低水平。这种硬约束的方法可以有效地降低连锁故障风险，但相应地会付出多损失负荷的代价，如果潮流约束收得太紧，系统的供电能力就会出现不足。因此，修改潮流硬约束的思路并不合适。对于交流支路来说，潮流限值是应当硬性满足的约束，但在潮流约束内的潮流水平是应当与系统供电能力进行权衡的。因此可以考虑在潮流限值内设置一个潮流水平的软约束，通过支路潮流松弛变量将潮流大小与切负荷量在目标函数中进行权衡，形成新的优化问题。

9.2.2　考虑连锁故障风险的安全 OPF（COR－SOPF）

本部分试图基于连锁故障预测的结果，包括对连锁故障路径的搜索和连锁故障风险评估结果，修改 OPF 的形式，使其能够对预测的连锁故障路径进行过载风险控制。

若某条支路上的潮流为 P_{li}，满足约束 $P_{li} \leqslant P_{li,\max}$ 和 $P_{li} \geqslant -P_{li,\max}$。假设某条连锁故障路径 L_j 包含支路集合的潮流集合为 $\{P_{ji}\}$，该连锁故障路径的风险评估为 C_j，那么对该连锁故障路径中每一条线路 i，预定某一个潮流水平 $P_{li,\text{risk}}$，规定 $|P_{li}| \geqslant P_{li,\text{ris}}$ 时有风险，否则没有风险，设定风险控制违背变量 P_{li}^{+} 和 P_{li}^{-}，在 OPF 中加入如下约束

$$P_{li} - P_{li}^{+} \leqslant P_{li,\text{risk}} \tag{9-13}$$

$$P_{li} + P_{li}^{-} \geqslant -P_{li,\text{risk}} \tag{9-14}$$

其中 $P_{li}^{+} \geqslant 0$ 以及 $P_{li}^{-} \geqslant 0$。为了使上面的约束起作用，应当有 $P_{li,\text{risk}} < P_{li,\max}$。这里引入了过载风险控制违背变量，可以将这两组变量 P_{li}^{+} 和 P_{li}^{-} 作为变量加入到目标函数中，目标是通过优化过程使得 P_{li}^{+} 和 P_{li}^{-} 尽量小，也就是使违背风险控制目标的程度尽量小。

原 OPF 的目标函数为

$$\min f = \sum_{i=1}^{m} x_{gi} - K\sum_{i=1}^{n} x_{di} - \sum_{i=1}^{k} x_{fi} + \sum_{i=1}^{k} x_{ti}, K > 1 \tag{9-15}$$

在考虑风险控制，则可以在其中加入含 P_{li}^{+} 和 P_{li}^{-} 的风险控制项 f_{risk}，使目标函数变为 $f' = f + f_{\text{risk}}$。

风险控制项构造如下

$$f_{\text{risk}} = \sum_{i \in S_R} k_i (P_{li}^{+} + P_{li}^{-}) \tag{9-16}$$

即目标函数变为

$$\min f' = \sum_{i=1}^{m} x_{gi} - K\sum_{i=1}^{n} x_{di} - \sum_{i=1}^{k} x_{fi} + \sum_{i=1}^{k} x_{ti} + \sum_{i \in S_R} k_i (P_{li}^{+} + P_{li}^{-}), K > 1 \tag{9-17}$$

采用 P_{li}^{+} 和 P_{li}^{-} 加入目标函数的好处是，加入项和原目标函数的量纲相同，k_i 是一个无量纲的系数，代表线路 i 在过载风险控制中的重要程度，可设为与该线路相关的连锁故障风险成正相关关系。

k_i 可以有如下定义方法

$$k_i = \frac{\sum\limits_{i \in L_j} C_j}{C_0} \tag{9-18}$$

或者

$$k_i = \frac{\lg\left(1 + \sum\limits_{i \in L_j} C_j\right)}{\lg(1 + C_0)} \tag{9-19}$$

式中 C_0——风险控制基准值；

$\sum_{i\in L_j} C_j$——将线路 i 参与的所有连锁故障路径的风险的和，即相当于线路 i 的在系统中的关键程度。第一种定义方法的缺点是线路参与的连锁故障路径的总风险差别可能会很大，跨度可以达到 2 个数量级以上，从而造成 k_i 差别很大，在优化中会发生某些项被淹没的现象。第二种定义方法减小了 k_i 系数的差异，而对数项中加 1 是为了防止取对数后负项的产生。综上，改进后的 OPF 模型表达式为

$$
\begin{aligned}
&\min f' = \sum_{i=1}^{m} x_{gi} - K\sum_{i=1}^{n} x_{di} - \sum_{i=1}^{k} x_{fi} + \sum_{i=1}^{k} x_{ti} + \sum_{i\in S_R} k_i(P_{li}^{+} + P_{li}^{-}), K > 1 \\
&s.t. \\
&\sum_{\text{非同步电气岛}j\text{内}} P_{gi} = \sum_{\text{非同步电气岛}j\text{内}} P_{di} \\
&\sum_{\text{非同步电气岛}j\text{内}} P_{gi} \geqslant \sum_{\text{非同步电气岛}j\text{内}} P_{dci} \\
&-P_{li,\max} \leqslant P_{li} \leqslant P_{li,\max} \\
&P_{li} - P_{li}^{+} \leqslant P_{li,\text{risk}} \\
&P_{li} + P_{li}^{-} \geqslant -P_{li,\text{risk}} \\
&x_{fi} = x_{ti} \\
&0 \leqslant x_{gi} \leqslant P_{gi,\max} \\
&0 \leqslant x_{di} \leqslant P_{di,\text{initial}} \\
&P_{dci,\min} \leqslant x_{fi} \leqslant P_{dci,\max} \\
&P_{dci,\min} \leqslant x_{ti} \leqslant P_{dci,\max} \\
&P_{li}^{+} \geqslant 0 \\
&P_{li}^{-} \geqslant 0
\end{aligned}
\tag{9-20}
$$

该模型的意义在于，在过载硬约束范围内，又设置了过载风险控制的软目标，通过将目标违背量加入目标函数中实现对过载风险的控制，其控制效果和尺度可以通过设定不同的参数值进行调整。在该 OPF 模型中需要设置的参数有各条线路有连锁风险时的潮流水平 $P_{li,\text{risk}}$，过载风险控制基准值 C_0，以及负荷功率项权值 K。

通过以上过程建立的 OPF 模型可以在线路过载风险和系统供电能力之间进行权衡，当系统供电紧张时，相应地就要求线路的负载率相对高一些，而当系统供电能力充裕时，优化结果会趋近于将线路的负载率降低。这种权衡正是由将线路负载软约束中的风险违背量和系统负荷损失量共同放在目标函数中求解最优问题而得到的。

该方法可以对某一条连锁故障路径进行控制，也能综合若干连锁故障路径及其风险实现控制。当没有对连锁故障进行预测及风险评估或者在目标函数中不考虑过载风险项时，该 OPF 模型即退化为原先的 OPF 模型。由于该 OPF 模型中的 HVDC 相关约束与变量上下界的规定与原 OPF 模型相同，因此该考虑过载风险控制的 OPF 模型同样能够对 HVDC 进行调节。

此处将通过连锁故障模拟得到的典型故障路径及其风险输入到考虑风险控制的 OPF 模型中，设定线路有连锁风险时的潮流水平 $P_{li,\text{risk}}$ 为其限值的 0.8 倍，设定系统风险控制基准

值 C_0 为 500（MW）。在该设定下进行 10 000 轮连锁故障仿真，获得负荷分布。为了与考虑风险控制的 OPF 模型进行比较，利用同样的系统数据在原 OPF 模型下进行 10 000 轮连锁故障仿真得到的连锁故障分布，以及不采用 OPF 控制的连锁故障分布作为对照组。三组不同数据下的连锁故障分布曲线如图 9－3 所示。

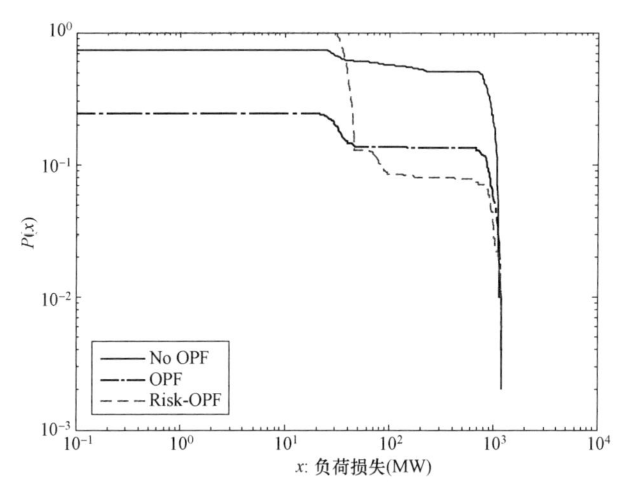

图 9－3 不同 OPF 控制配置下的故障损失分布对比

表 9－1 是三种情况下对故障数据进行统计得到的停电风险指标 VaR 和 CVaR 的比较，为了更全面地分析不同的方法对不同规模的负荷损失的影响，在不同的置信概率值下分别比较 VaR 和 CVaR。

表 9－1　　不同 OPF 控制配置下的故障损失风险指标

风险指标（MW）		无 OPF	不考虑过载风险的 OPF	考虑过载风险控制的 OPF
$\alpha=0.9$	VaR	948.4	883.6	81.3
	CVaR	98.77	103.3	79.98
$\alpha=0.95$	VaR	1032.3	1024.7	927.6
	CVaR	51.12	56.5	53.4

从停电损失分布图和停电风险损失统计结果中可以看到，与使用 OPF 相比，采用 OPF 和过载风险控制的 OPF 进行防止过载的调整可以有效地降低停电损失。而对比不考虑过载风险的 OPF 和考虑过载风险控制的 OPF，后者虽然可能会带来少量损失负荷的代价（约 20MW），但其在降低规模较大的失负荷风险方面具有明显的效果，从图上可见，能够使规模较大停电的概率明显降低。可见考虑风险控制的 OPF 由于加强了对连锁故障路径涉及线路的风险控制，能够进一步降低大规模停电的发生风险。然而，考虑风险控制的代价就是会在一定程度上限制系统供电的能力，从而在 OPF 控制下小规模失负荷的风险有所升高。从 VaR 指标和 CVaR 指标的统计结果也可以看出这一点，无 OPF 控制时的风险要明显高于传统 OPF 和考虑过载风险控制的 OPF，而考虑过载风险控制的 OPF 由于降低了系统中的负载率，因而对停电特别是较大规模的停电具有较好的抑制作用，而从整体效果上降低了停电风

险，从表中的风险数据也可印证这一点。

9.3 考虑过载风险控制的连锁故障阻断方法

9.3.1 消除过载的常用措施

在电力系统中，当元件出现过载（主要是线路、变压器等）时，可以采取的调整方法主要有调整发电机、调整高压直流输电（High Voltage Direct Current，HVDC）、柔性交流输电系统（Flexible AC Transmission Systems，FACTS）装置调节和切除负荷等。

调整发电机包括调整发电机出力、开停机、水电机组/燃气机组紧急支援等，其调节的时间量级在分钟到小时级别。对于不是非常严重的过载情况，调节发电机能够比较有效地减轻过载，使系统恢复安全运行。对于比较严重的过载，由于元件会在比较短的时间内发生退出，因而调整机组出力不一定能够及时消除过载，需要辅助其他控制措施，如切负荷等。

由于 HVDC 能够快速调节功率水平，因而在系统出现紧急状况时能够快速进行功率提升/回降，从而改变系统中的潮流分布，在恰当的控制策略下有效地抑制过载。HVDC 调整的优点是调节快速，可以达到毫秒级，快于一般的潮流变化过程。但一般系统中 HVDC 落点比较少，因而 HVDC 调节大多适用于区间联络线的辅助调节，对系统局部的过载效果有限。

FACTS 装置通过电力电子变换器能够快速地实现系统无功调节，同时也能够实现系统潮流分布的变化。以统一潮流控制器（Unified Power Flow Controller，UPFC）UPFC 为例，UPFC 是在线路中并联一个电力电子变换器，作为有功、无功的旁路调节单元，有功/无功由并联变压器送入变换器，并通过串联变压器送出。UPFC 可以调节串联变压器的相位，从而实现线路的等效相角调节，进而影响附近的潮流分布。同时 UPFC 能够产生无功，实现对区域无功的调节。

调整负荷是系统过载调节的最后防线。当系统出现过载，且无法用调节可控设备的方法使潮流重新分配从而消除过载时，为了系统的完整性和网架不被削弱，可以考虑切除一定量的负荷来消除过载，保证系统中的元件不退出运行。

消除过载控制方案的制定取决于使用的控制设备。目前的研究成果主要集中于调节发电机和切除负荷的配合，HVDC 调节方案和 FATCS 调节策略的设置主要取决于系统的实际状况、运行方式等因素，而且为了发挥出其调节速度快的优势，可以采取策略表的形式来实现调节，其具体控制策略需要通过对实际系统的模型进行仿真分析来确定。

调整发电机和负荷的策略制定可以基于稳态潮流下的分析方法来进行。对于潮流中的调整问题，可以基于灵敏度分析进行。直流潮流是一个线性问题，按照灵敏度矩阵进行调整是精确的，而交流潮流调整是非线性问题，按照灵敏度矩阵调整往往有一些偏差，但可以通过设定负载率裕度的方式来确保调整后不会出现过载。

具体地，利用调整发电机和负荷的潮流调节方法主要有基于反向等量配对的调整方法、基于潮流跟踪算法的调整方法等。前者将发电机的调整看作等量增减出力配对的叠加，以最小损失负荷量为目标建立优化模型，求解得到发电机和负荷的调整方法。而基于潮流跟踪的

调整方法首先将系统潮流解析为发电和负荷之间的配对关系，分析线路潮流归属于哪些发电－负荷对，继而采取措施进行调整，降低线路上的负载。

9.3.2　消除过载的紧急控制策略

9.3.2.1　控制点的选取与控制量的确定

当电网发生潮流转移时，可通过闭锁跳闸信号允许支路短时间过负荷，并采取紧急控制措施（切机、切负荷等），在支路热稳定极限到达前消除过载，以达到因防止保护误动而引发连锁跳闸的目的。为了选择有效的切机、切负荷控制点，并确定相应的控制量，需要获取发电机节点或负荷节点注入功率与支路有功潮流之间的线性关系，为此将发电机出力转移分布因子的定义扩展为发电机出力或负荷变化对支路有功潮流变化的灵敏度。

假设故障后选择节点 i 为切机或切负荷点，相应的控制量为 ΔP_l^C。采取切机或切负荷措施后，支路 l 的有功潮流 P_{l-i}^E 为

$$P_{l-i}^E = P_l^i + d_{l-k} P_k^i \tag{9-21}$$

式中　P_l^i、P_k^i——故障前节点 i 注入功率变化后支路 l 和支路 k 的有功潮流。

$$P_l^i = P_l^{(0)} + g_{l-i} \Delta P_i^C \tag{9-22}$$

$$P_k^i = P_k^{(0)} + g_{k-i} \Delta P_i^C \tag{9-23}$$

式中　g_{k-i}——支路 k 发电机出力转移分布因子。

将式（9－22）、式（9－23）代入式（9－21）中，可得：

$$P_{l-i}^E = P_l^{(0)} + d_{l-k} P_k^{(0)} + (g_{l-i} + d_{l-k} g_{k-i}) \Delta P_i^C \tag{9-24}$$

式（9－24）的右侧可看作由两部分组成：$[P_l^{(0)} + d_{l-k} P_k^{(0)}]$ 为采取控制措施前支路 l 的有功潮流；$(g_{l-i} + d_{l-k} g_{k-i}) \Delta P_i^C$ 为采取控制措施后支路 l 有功潮流的变化量，其中，系数 $(g_{l-i} + d_{l-k} g_{k-i})$ 表示故障后节点 i 有功注入功率变化与支路 l 有功潮流的相关程度。

同理，对支路 a 和支路 b 连锁开断故障采取控制措施后，支路 l 的有功潮流为

$$P_{l-i}^E = P_l^{(0)} + d'_{l-a} P_a^{(0)} + d'_{l-b} P_b^{(0)} + (g_{l-i} + d'_{l-a} g_{a-i} + d'_{l-b} g_{b-i}) \Delta P_i^C \tag{9-25}$$

式中　g_{a-i}、g_{b-i}——支路 a、b 发电机出力转移分布因子。

根据式（9－24）和式（9－25），定义系数 λ 为故障后节点有功注入功率变化对支路有功潮流变化的灵敏度，则有

$$\lambda_{l-i}^k = g_{l-i} + d_{l-k} g_{k-i} \tag{9-26}$$

$$\lambda_{l-i}^{ab} = g_{l-i} + d'_{l-a} g_{a-i} + d'_{l-b} g_{b-i} \tag{9-27}$$

若支路 k 开断后导致支路 l 有功越限，应首先调整最大灵敏度对应节点的发电机出力和负荷功率，根据灵敏度系数 λ 的定义，相应控制量的大小可由式（9－28）计算

$$\Delta P_i^C = \frac{P_l^E - P_{l,\max}}{\lambda_{l-i}^k} \tag{9-28}$$

式中　$P_{l,\max}$——支路 l 的有功功率极限。

对发电机的有功出力进行调整时，相应控制量 ΔP_{Gi}^C 不应超过发电机固有的有功出力上限

约束 $\Delta P_{Gi}^{\max}$ 和下限约束 $\Delta P_{Gi}^{\min}$

$$\Delta P_{Gi}^{\min} \leqslant \Delta P_{Gi}^{C} \leqslant \Delta P_{Gi}^{\max} \tag{9-29}$$

同理，负荷节点控制量 ΔP_{Li}^{C} 不应超过最大的切负荷限值约束 $P_{Li}^{\max}$：

$$\Delta P_{Li}^{C} \leqslant P_{Li}^{\max} \tag{9-30}$$

最后还要保证调整过程中正常支路有功功率 P_S 不发生越限：

$$P_S \leqslant P_S^{\max} \tag{9-31}$$

式中 S——正常支路组成的集合；

$P_S^{\max}$——正常支路的有功功率极限。

9.3.2.2 等量配对方法

具体的控制方案可根据等量配对原则[13]依次调整发电机出力和负荷功率，计算步骤为：

（1）对灵敏度 λ 由大到小进行排序。

（2）选择正灵敏度最大的发电机节点和负灵敏度绝对值最大的负荷节点作为控制点，根据式（9-28）计算相应的控制量，同时还要考虑发电机负荷功率限值约束以及正常支路潮流限值约束。

（3）根据式（9-24）或式（9-25）计算调节后越限支路的有功潮流，若越限消除则停止计算，否则继续下一步。

（4）继续按步骤（2）和（3）选择灵敏度次大的发电机节点和负荷节点进行控制，如此循环，直至越限消除。

9.3.3 大电网防连锁过载跳闸保护体系

大电网防连锁过载跳闸保护体系以广域测量系统（Wide Area Measurement System，WAMS）为基础，由系统保护中心（System Protection Center，SPC）与当地保护单元（Regional Protection Unit，RPU）协调完成。其原理如图 9-4 所示。

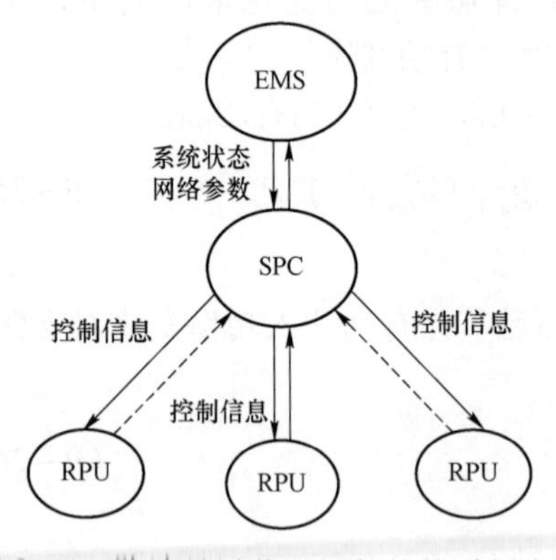

图 9-4 防连锁过载跳闸保护体系示意图

电网能量管理系统（Energy Management System，EMS）将当前系统状态信息（各支路有功潮流、断路器触点的开/合信息等）送至 SPC；SPC 根据这些信息可形成电网的拓扑结构，结合存储在调度中心的节点阻抗矩阵计算直流潮流灵敏度因子，并将计算结果传至 RPU；RPU 处装有局部测量装置，采集故障前当地支路的有功潮流信息，且经过特定时间间隔后对潮流信息进行存储。

当发生支路过载时，RPU 利用 SPC 传送的开断分布因子估算各支路的有功潮流，并将其与实测值进行比较；若满足潮流转移判据，则由 SPC 确定配对调整控制点与相应控制量，并将这些信息传递给 RPU 执行操作，直到消除支路越限。不同地点的 RPU 之间通过互联网通信协议联系，并采用基于共享存储系统的并行计算技术来提高计算速度。

小 结

本章给出了一种可用于大规模交直流互联系统的连锁故障风险预防控制方法，该方法考虑了系统中将来可能发生的连锁故障路径及其风险，在保证系统中没有支路越限的前提下，进一步降低连锁故障路径所包含支路的负载率，以有效降低连锁故障风险，并达到连锁故障风险与失负荷风险的协调。所提方法基于直流潮流模型，最终形成了一个线性规划问题，可以保证可解性和较好的计算速度，有较高的实用性。

基于轨迹特征根的暂态失稳判据及在线预测算法

连锁故障的发生不仅与连锁元件的过载或重载相关，更与系统的暂态稳定性有着密不可分的关系。而暂态稳定与功角稳定，是指系统在某个运行状态下突然受到大扰动后的稳定性。近年所发生的大停电事故再次表明，电网失稳甚至解列不再是某单一故障的结果，表现为由偶然故障引发连锁故障，在此过程中伴随着继电保护、安全稳定装置的不正常动作，导致暂态相继失稳并最终演变为电力系统灾难。为了降低系统失稳控制代价甚至避免发生大停电事故发生，以及提高电力系统安全稳定运行水平，阻断电网发生暂态相继失稳具有重大意义。

暂态稳定预测是暂态稳定问题研究的关键环节，亦是暂态稳定控制的重要前提，准确、快速的暂态稳定预判具有重要的意义。传统的时域仿真法和直接法可用于暂态稳定分析，但难以直接用于暂态稳定的在线预测。当前暂态稳定预测大多结合工程需求，通过时功角曲线的预测来预测系统的暂态稳定性。本章紧扣工程实用的需求，介绍暂态稳定在线预测算法的设计；从电力系统物理特征出发，分析其失稳特征，提供轨迹上任意时间断面上状态量的变化趋势，提出系统暂态失稳判据，并基于该判据设计暂态稳定在线预测算法。

10.1 暂 态 失 稳 判 据

10.1.1 非线性系统转换机理

一般情况下，用微分代数方程来描述电力系统动态过程。若不考虑控制因素，故障清除后在 $t=t_1$ 时刻对系统进行泰勒展开，即

$$\Delta\dot{\boldsymbol{x}}_{t_1}=\boldsymbol{A}(t_1)\Delta\boldsymbol{x}_{t_1}+\boldsymbol{f}(\boldsymbol{x}(t_1),\boldsymbol{y}(t_1)) \tag{10-1}$$

简记为

$$\Delta\dot{\boldsymbol{x}}_{t_1}=\boldsymbol{A}(t_1)\Delta\boldsymbol{x}_{t_1}+\boldsymbol{f}(t_1) \tag{10-2}$$

若片段足够小，即断面时间间隔 Δt 足够短，则上式可看作一个线性时不变系统。在 t_0 时刻处，系统状态量表述如下

$$x(t)=x(t_1)+\Delta x_{t_1}=x(t_1)+\int_{t_1}^{t}\Delta\dot{x}_{t_1}(u)\mathrm{d}u, t\in[t_1,t_2] \tag{10-3}$$

式中　Δx_{t_0} ——t_0 时刻到 $t_0+\Delta t$ 时刻状态量的变化量；

$\Delta\dot{x}_{t_0}$ ——t_0 时刻泰勒展开所得线性系统状态量的导数。

同理，对于任意时刻系统状态量均可从给定时间断面展开，用一个线性系统来近似对应时间窗口的非线性系统，如下所示

$$\Delta\dot{x}_{t_k}=\mathbf{A}(t_k)\Delta x_{t_k}+f(t_k) \tag{10-4}$$

$$x(t)=x(t_k)+\Delta x_{t_k}=x(t_k)+\int_{t_k}^{t}\Delta\dot{x}_{t_k}(u)\mathrm{d}u, t\in[t_k,t_k+\Delta t] \tag{10-5}$$

式中　Δx_{t_k} ——以 $t=t_k$ 为参考的状态量变化量；

$\int_{t_k}^{t}\Delta\dot{x}_{t_k}(u)\mathrm{d}u$ ——$t_k\to t$ 时间窗内状态量的变化值。

当片段足够小时，可准确地近似原系统。对于每一个线性系统片段，若其状态量的变化值 Δx 均趋向于断面的平衡点，则亦会趋向稳定。反之，若每个 Δx 均趋向于发散，则 $x(t)$ 将累积 Δx 带来的变化量，最终导致 $x(t)$ 发散。由此，研究非线性系统状态量的变化趋势转化为分析 Δx 的变化趋势。

对于具体断面，Δx 的变化趋势取决于 A 和 $f(x_0,y_0)$ 的共同作用，因此，分析过程中除了考虑 A 所蕴含的主导运行模式，还需考虑 $f(x_0,y_0)$ 对状态量的影响。同时，只要有一台发电机失稳，即可认为系统失稳。因此，本章的系统暂态稳定分析侧重于分析关键机组的机组，判断其是否满足失稳判据，进而给出系统失稳的判定结果。下面的研究将从线性系统中探寻其失稳特征，并结合电力系统暂态失稳的物理特征，综合构建暂态失稳判据。

10.1.2　线性系统状态量发散特征

上一小节对研究问题进行转化，将非线性系统转化成线性时变系统，由此，系统暂态失稳分析变成对该线性时变系统失稳的研究。线性定常系统稳定性易于分析，而线性时变系统的稳定性不能简单依据其状态矩阵特征根来判断。此外，电力系统失稳仅需要确认轨迹是否穿越系统稳定域边界，即可判定其失稳，选取失稳判据时，应充分利用这个特征。

（1）线性系统稳定性。对于线性系统

$$\dot{x}(t)=Ax(t) \tag{10-6}$$

其中　$t\in[0,\infty)$，$x(t)\in R^{n\times1}$，$A\in R^{n\times n}$ 可逆。

由线性系统稳定性理论可知：

定理 4.1：对于线性系统，若矩阵 A 所有特征根实部均为负，则该系统稳定；反之，若矩阵 A 具有一个或多个特征根实部为正，则该系统不稳定。

对于带扰动项的线性系统

$$\dot{x}(t)=Ax(t)+B \tag{10-7}$$

其中　A 可逆，$B\in R^{n\times1}$ 且有界。

对于带扰动项的线性系统，给出如下命题：

命题 4.1：对于带扰动项的线性系统，若矩阵 A 所有特征根实部均为负，则该系统稳定；反之，若矩阵 A 具有一个或多个特征根实部为正，则该系统不稳定。

证明：

首先，令 $\boldsymbol{y}(t)=\boldsymbol{A}\boldsymbol{x}(t)+\boldsymbol{B}$ ，可得

$$\dot{\boldsymbol{y}}(t)=\boldsymbol{A}\boldsymbol{y}(t) \tag{10-8}$$

上述过程实际上是将变量进行坐标变换。平移仅仅改变曲线的位置，而不影响系统的稳定性。

根据定理 10.1 可知，若矩阵 $\boldsymbol{A}$ 所有特征根实部均为负，则该系统稳定；反之，若矩阵 $\boldsymbol{A}$ 具有一个或多个特征根实部为正，则该系统不稳定。

故，命题 10.1 得证。此处所述的稳定为系统其平衡点 $-\boldsymbol{A}^{-1}\boldsymbol{B}$ 处的稳定性。

上述阐述说明了，对于线性系统而言，若状态矩阵出现实部为正的特征根，则系统将失去稳定。通过 10.2.2 节的转换，电力系统受扰后的非线性过程可由一族带扰动项的线性系统片段来近似，这就意味着这些片段状态量的变化趋势将在一定程度上反应原非线性系统状态量的变化趋势。

（2）线性系统状态量发散特征。上一小节介绍了线性系统稳定性。通常将实部为正的特征根所对应的运动模式定义为系统的主导运行模式。对于一个线性系统，若其出现主导运行模式，则它将失去稳定。而对于所研究的一族线性系统，就其中某一个片段而言，若出现主导运行模式并不意味着该复杂系统就要失去稳定。主导运行模式仅代表在该片段里，系统状态量呈现发散特征，能否失稳，取决于该主导运行模式持续的时间。若主导运行模式很快消失，则系统将状态量从发散状态进入收敛状态，最终稳定。各片段的分析可提供系统状态量的变化趋势，下面将进一步阐述其影响机理。

进一步得到解析表达式

$$\Delta\boldsymbol{x}_{t_k}(t)=e^{\boldsymbol{A}(t_k)t}(\Delta\boldsymbol{x}_{t_k}(0)+\boldsymbol{A}(t_k)^{-1}\boldsymbol{f}(t_k))-\boldsymbol{A}(t_k)^{-1}\boldsymbol{f}(t_k) \tag{10-9}$$

其中 $\Delta\boldsymbol{x}_{t_k}(0)=0$ 。特别地，对于一维系统上式可简写如下

$$\Delta x_{t_k}(t)=(e^{a(t_k)t}-1)a(t_k)^{-1}f(t_k) \tag{10-10}$$

式中 $a(t_k)$——状态矩阵 $\boldsymbol{A}(t_k)$ 的特征根，上式中 $a(t_k)$ 即为 $\boldsymbol{A}(t_k)$ 自身。

当 $a(t_k)>0$ 时，$\Delta x_{t_k}(t)$ 将在主导运行模式的作用下，以指数形式发散。反之，若 $a(t_k)<0$ ，则 $\Delta x_{t_k}(t)$ 不会出现指数发散的情形。由此，可以给出如下两个推论：

（Ⅰ）若在 $t=t_k$ 时刻满足下述条件

$$\begin{cases}a(t_k)>0\\f(t_k)>0\end{cases} \tag{10-11}$$

则系统状态量在该时间断面的变化趋势为：以指数形式向 $+\infty$ 发散。

（Ⅱ）若在 $t=t_k$ 时刻满足下述条件

$$\begin{cases}a(t_k)>0\\f(t_k)<0\end{cases} \tag{10-12}$$

则系统状态量在该时间断面的变化趋势为：以指数形式向 $-\infty$ 发散。实际上，推论（Ⅰ）对应发电机加速失稳，推论（Ⅱ）对应发电机减速失稳。将上述推论推广到多维系统。发电机采用经典模型时，解析表达式如下

$$\begin{bmatrix} \Delta\tilde{\delta}_1(\Delta t) \\ \Delta\tilde{\omega}_1(\Delta t) \\ \vdots \\ \vdots \\ \vdots \\ \Delta\tilde{\delta}_i(\Delta t) \\ \Delta\tilde{\omega}_i(\Delta t) \\ \vdots \end{bmatrix} = \begin{bmatrix} \boldsymbol{R}_{11}\dfrac{\boldsymbol{L}_1\boldsymbol{f}}{\lambda_1}e^{\lambda_1\Delta t}+\cdots+\boldsymbol{R}_{1j}\dfrac{\boldsymbol{L}_j\boldsymbol{f}}{\lambda_j}e^{\lambda_j\Delta t}+\cdots+\boldsymbol{R}_{1n}\dfrac{\boldsymbol{L}_n\boldsymbol{f}}{\lambda_n}e^{\lambda_n\Delta t} \\ \boldsymbol{R}_{21}\dfrac{\boldsymbol{L}_1\boldsymbol{f}}{\lambda_1}e^{\lambda_1\Delta t}+\cdots+\boldsymbol{R}_{2j}\dfrac{\boldsymbol{L}_j\boldsymbol{f}}{\lambda_j}e^{\lambda_j\Delta t}+\cdots+\boldsymbol{R}_{2n}\dfrac{\boldsymbol{L}_n\boldsymbol{f}}{\lambda_n}e^{\lambda_n\Delta t} \\ \vdots \\ \boldsymbol{R}_{2i\text{-}1,1}\dfrac{\boldsymbol{L}_1\boldsymbol{f}}{\lambda_1}e^{\lambda_1\Delta t}+\cdots+\boldsymbol{R}_{2i\text{-}1,j}\dfrac{\boldsymbol{L}_j\boldsymbol{f}}{\lambda_j}e^{\lambda_j\Delta t}+\cdots+\boldsymbol{R}_{2i\text{-}1,n}\dfrac{\boldsymbol{L}_n\boldsymbol{f}}{\lambda_n}e^{\lambda_n\Delta t} \\ \boldsymbol{R}_{2i,1}\dfrac{\boldsymbol{L}_1\boldsymbol{f}}{\lambda_1}e^{\lambda_1\Delta t}+\cdots+\boldsymbol{R}_{2i,j}\dfrac{\boldsymbol{L}_j\boldsymbol{f}}{\lambda_j}e^{\lambda_j\Delta t}+\cdots+\boldsymbol{R}_{2i,n}\dfrac{\boldsymbol{L}_n\boldsymbol{f}}{\lambda_n}e^{\lambda_n\Delta t} \\ \vdots \end{bmatrix} \tag{10-13}$$

式中　$\boldsymbol{\Lambda}=\mathrm{diag}(\lambda_1,\lambda_2,\cdots,\lambda_n)$——状态矩阵的特征根，对应的右、左特征向量矩阵分别为 $\boldsymbol{R}=[\boldsymbol{R}_1,\boldsymbol{R}_2,\cdots,\boldsymbol{R}_n]$，$\boldsymbol{L}=[\boldsymbol{L}_1^T,\boldsymbol{L}_2^T,\cdots,\boldsymbol{L}_n^T]^T$，$\boldsymbol{f}$ 为扰动项。

假定该时间断面下存在一个实部为正的特征根 λ_j，即存在一个主导运行模式。对于关键机组 i，其对应状态量的变化值为 $\Delta\tilde{\delta}_i(\Delta t)$ 和 $\Delta\tilde{\omega}_i(\Delta t)$。由式可知，$\Delta\tilde{\delta}_i(\Delta t)$ 所对应的各个加数中，下述元素对 $\Delta\tilde{\delta}_i(\Delta t)$ 的影响尤其突出。

$$\boldsymbol{R}_{2i\text{-}1,j}\frac{\boldsymbol{L}_j\boldsymbol{f}}{\lambda_j}e^{\lambda_j\Delta t}=\frac{1}{\lambda_j}\boldsymbol{R}_{2i-1,j}\boldsymbol{L}_{j,2i-1}\boldsymbol{f}_{2i-1}e^{\lambda_j\Delta t} \tag{10-14}$$

式中　$\boldsymbol{R}_{2i-1,j}\boldsymbol{L}_{j,2i-1}$——状态量对于 λ_j 的参与因子。

在 $Re(\lambda_i)>0$ 时，对于该主导运行模式参与因子大的机组，其物理量体现为：功角、转速超前于惯量中心。本小节所选取关键机组其相对于 λ_j 的参与因子为正，因此，当 $\boldsymbol{f}_{2i\text{-}1}>0$ 时，$\Delta\tilde{\delta}_i(\Delta t)$ 将会处于指数发散阶段，即推论（Ⅰ）。同理，多机系统中，对于减速失稳的机组，只需确定功角最小的机组，当 $\boldsymbol{f}_{2i-1}<0$，即可得到推论（Ⅱ）一致的结论。

归纳上述推导，可总结如下状态量发散的特征：

（1）出现实部为正的特征根；

（2）状态量相对于该特征根参与度大；

（3）最超前的状态量所对应的非平衡量为正，最滞后的状态量所对应的非平衡量为负。

大量仿真表明，关键机组往往在 λ_j 所对应的主导运行模式中具有较大的参与度，故参与度大的条件不需特别提出。将上述特征用数学描述，如下式

$$\begin{cases} \lambda_j>0 \\ \boldsymbol{R}_{2i-1,j}\boldsymbol{L}_{j,2i-1}>0 \\ \tilde{\delta}_i(t)=\max(\tilde{\delta}(t)) \\ \boldsymbol{f}_{2i-1}(t)>0 \end{cases} \tag{10-15}$$

或

$$\begin{cases} \lambda_j>0 \\ \boldsymbol{R}_{2i-1,j}\boldsymbol{L}_{j,2i-1}>0 \\ \tilde{\delta}_i(t)=\min(\tilde{\delta}(t)) \\ \boldsymbol{f}_{2i-1}(t)<0 \end{cases} \tag{10-16}$$

10.1.3 暂态失稳物理解释

实部为正的轨迹特征根，影响着状态量的变化趋势，在稳定分析中应重点考察出现实部为正的特征根所对应的时间断面。在实际电力系统中，状态量具有一个临界状态，一旦突破该状态，系统将会失去稳定。本小节将借助暂态能量函数来提取失稳特征。

针对发电机经典模型和恒阻抗负荷模型提出电力系统单机能量函数，并将其用于暂态稳定分析。对于发电机 i，其动能和势能函数如下

$$\begin{cases} V_{KEi}(t)=\dfrac{\omega_0}{2}M_i\tilde{\omega}_i^2(t) \\ V_{PEi}(t)=V_{PEi}(t_0)+\int_{t_0}^{t}\omega_0(-\Delta P_i)\omega(u)\mathrm{d}u \end{cases} \tag{10-17}$$

则发电机 i 的总能量为

$$V_i(t)=V_{KEi}(t)+V_{PEi}(t) \tag{10-18}$$

发电机 i 总能量守恒，即

$$\frac{\mathrm{d}V_i(t)}{\mathrm{d}t}=0 \tag{10-19}$$

由此可知，暂态过程中发电机 i 动能和势能相互转换。这意味着，发电机势能到达最小值时，发电机动能最大；反之，发电机势能到达最大值时，发电机动能最小。研究表明，对于受扰严重的发电机，其势能第一次由最小值增大到最大值的过程是单调的。那么，跟踪分析故障清除后受扰严重的发电机，寻找其势能极值点，按照直接法理论，若势能最大处，发电机动能不为零，则系统将失去稳定。换言之，对于失稳的情形，发电机的动能变化过程为：由大变小，再变大。对于加速失稳的机组，动能从最小值开始变大时，其状态量将体现如下特征

$$\begin{cases} \tilde{\omega}_i>0 \\ \dot{\tilde{\omega}}_i>0 \end{cases} \tag{10-20}$$

同理，对于减速失稳的机组，其特征量体现如下特征

$$\begin{cases} \tilde{\omega}_i<0 \\ \dot{\tilde{\omega}}_i<0 \end{cases} \tag{10-21}$$

换言之，当加速机组出现所示特征时，则该机组将以加速的方式失去稳定；同理，减速机组出现所示特征时，则该机组将以减速的方式失去稳定。

上述归纳所得物理特征将作为暂态失稳的重要判断条件。

10.1.4 失稳判据

考虑电力系统这一非线性动力系统，在扰动清除后若不施加控制，系统的稳定性完全取决于系统中动态元件的自主调节能力。具体而言，系统形成失稳趋势时，在状态量的表现形式为：功角超前的机组转速逐渐加快，进一步扩大系统功角差。在实际工程应用时，以一个指定的阈值作为系统失稳的标志，比如，系统最大功角差超过 180° 时，认为系统失稳。该阈值的选取依赖于系统的特性与运行方式等各种因素，在具体应用时较为灵活，没有统一的

选择标准。一般认为发电机最大功角差超过这一阈值后，若不施加控制，系统将维持这一失稳趋势。

借鉴工程实践经验，只需要分析系统是否会进入某一特定的失稳状态，一旦进入该状态，即可预判失稳，为工程应用快速提供的决策信息。系统失稳的传统判据为最大功角差大于失稳阈值，本小节在失稳判据设计时考虑如下两点：① 是否出现主导运行模式；② 在该主导运行模式作用下，关键机组是否加速远离惯量中心。

（1）加速机组失稳判据。惯量中心坐标下，超前于惯量中心的关键机组状态方程如下

$$\begin{cases}\dot{\tilde{\delta}}_i = \omega_0\tilde{\omega}_i \\ \dot{\tilde{\omega}}_i = (P_{mi} - P_{ei} - \dfrac{M_i}{M_T}P_{COI})/M_i\end{cases} \tag{10-22}$$

从 $t_k \to t_{k+1}$，该发电机的功角可表述如下

$$\tilde{\delta}_i(t_k+\Delta t) = \tilde{\delta}_i(t_k) + \int_{t_k}^{t_k+\Delta t}(\tilde{\omega}_i(t_k) + \Delta\tilde{\omega}_i(t))\mathrm{d}t \tag{10-23}$$

若 $\begin{cases}\tilde{\omega}_i(t_k) > 0 \\ \Delta\tilde{\omega}_i(t) > 0\end{cases}$ 成立，则意味着 $\begin{cases}\dot{\tilde{\delta}}_i(t) > 0 \\ \ddot{\tilde{\delta}}_i(t) > 0\end{cases}$，即在该时间断面发电机功角加速远离惯量中心。

基于前述的线性时变系统失稳特征以及电力系统暂态失稳特征，此处给出电力系统暂态失稳判据为

$$\begin{cases}\exists j, j \in \{1,2,\cdots,n\}, 使得 Re(\lambda_j) > 0 \\ \tilde{\omega}_i > 0 \\ \dot{\tilde{\omega}}_i > 0\end{cases} \tag{10-24}$$

式中　　　i——关键机组；

$\lambda_j(j=1,2,\cdots,n)$——分析时间断面的特征根（下同）。

（2）减速机组失稳判据。

同理，减速机组失稳判据如下

$$\begin{cases}\exists j, j \in \{1,2,\cdots,n\}, 使得 Re(\lambda_j) > 0 \\ \tilde{\omega}_i < 0 \\ \dot{\tilde{\omega}}_i < 0\end{cases} \tag{10-25}$$

式中　i——功角最小的机组。

实际上，仅采用线性时变系统发散特征，容易导出错误判断；同时，仅采用失稳物理特征，容易在故障切除初期造成误判。而将两者予以结合，则能有效降低误判率。本小节所提出的失稳判据相比于传统体现出如下优势：

1）以特征根实部为重要监测对象，一旦出现特征根实部为正的情形，即系统出现主导运行模式，将起动失稳判定程序。这样可避免太早起动预判系统失稳特征不明显和太迟起动预判失去最佳控制时机等缺陷。

2）对主导运行模式的分析，不仅仅提供系统是否失稳的预判，还能提供该主导运行模式下状态量变化趋势、控制灵敏度等信息。

3）判据所采取的是系统实时信息，通过跟踪监测的方法来判断系统是否失稳，可确保结果的正确性。同时，判据不受故障形式约束，也不受多重故障影响，可用于多摆稳定性分析。

10.2 失稳判据有效性

10.2.1 单机无穷大系统失稳判据

单机无穷大系统的经典二阶模型如下

$$\begin{cases}\dot{\delta}=\omega-\omega_0\\ \dot{\omega}=\dfrac{\omega_0}{M}(P_m-P_e)\end{cases}\tag{10-26}$$

按照上一小节提取的两大失稳条件，则单机无穷大系统失稳的判据如下：

命题 10.2：若单机无穷大系统式（10－26）在某一时刻满足

$$\begin{cases}\omega-\omega_0>0\\ \dot{\omega}>0\\ \exists i,i\in\{1,2\},\text{使得}\operatorname{Re}(\lambda_i)>0\end{cases}\tag{10-27}$$

则系统暂态失稳。

在证明命题 10.2 之前，先从轨迹特征根的视角来揭示上述系统的稳定性。

将系统式（10－26）写成如下形式：

$$\dot{\boldsymbol{x}}=\boldsymbol{f}(\boldsymbol{x})\tag{10-28}$$

其中 $\boldsymbol{x}=\begin{bmatrix}\delta\\ \Delta\omega\end{bmatrix}$，$\Delta\omega=\omega-\omega_0$，$\boldsymbol{f}(\boldsymbol{x})=\begin{bmatrix}\Delta\omega\\ P(\delta)\end{bmatrix}$，$P(\delta)=\dfrac{\omega_0}{M}(P_m-P_e)$

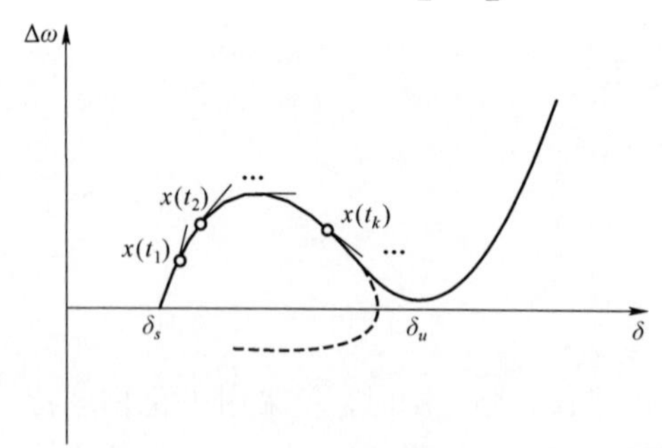

图 10－1 轨迹特征根原理示意图

系统的相平面示意图如图 10－1 所示，横坐标为发电机功角，纵坐标为发电机相对于无穷大系统的相对转速。

故障前，系统运行点为图 10－1 中 $(\delta_s,0)$ 点。系统发生故障后，系统状态沿着图 10－1 中的轨迹移动。接下来对式（10－28）进行下述处理。

故障后，沿着受扰轨迹时间断面逐次进行泰勒展开。在 $t=t_k$ 时刻，将式（10－28）在 $\boldsymbol{x}(t_k)$ 处泰勒展开，略去高次项，得

$$\Delta\dot{\boldsymbol{x}}=\boldsymbol{A}(t_k)\Delta\boldsymbol{x}+\boldsymbol{f}(\boldsymbol{x}(t_k))\tag{10-29}$$

其中 $\boldsymbol{A}=\left.\dfrac{\partial\boldsymbol{f}(\boldsymbol{x})}{\partial\boldsymbol{x}}\right|_{\boldsymbol{x}=\boldsymbol{x}(t_k)}=\begin{bmatrix}0 & 1\\ \left.\dfrac{\partial P(\delta)}{\partial\delta}\right|_{\delta=\delta(t_k)} & 0\end{bmatrix}$，$\boldsymbol{f}(\boldsymbol{x}_0)=\begin{bmatrix}\Delta\omega(t_k)\\ P(\delta(t_k))\end{bmatrix}$

计算 $t=t_k$ 时刻状态矩阵 $\boldsymbol{A}$ 的特征根，可得

$$\lambda_{1,2}(t_k)=\pm\sqrt{\frac{\partial P(\delta)}{\partial\delta}}\Bigg|_{\delta=\delta(t_k)} \tag{10-30}$$

若 $t=t_m$ 时刻首次出现实部为正的特征根，即已出现一个主导运行模式，则意味着系统式（10－29）所表示的线性系统相对于其平衡点 $(\boldsymbol{A}(t_m))^{-1}\boldsymbol{f}(\boldsymbol{x}(t_m))$ 处于发散状态。对应到图 10－1 中，即功角和转速相对于平衡点运行趋势，需要结合功角和转速在该主导运行模式中的参与度，以及平衡点 $(\boldsymbol{A}(t_m))^{-1}\boldsymbol{f}(\boldsymbol{x}(t_m))$ 的实际位置。若主导运行模式持续存在，且功角和转速不断发散，则系统轨迹沿着图 10－1 中的实线，失去稳定。反之，随着转速的逐渐减小，系统状态发生变化，进而引起轨迹特征根实部从正数逐渐变成 0，意味着之前出现的主导运行模式逐渐减弱，最终系统轨迹沿着图 10－1 中的虚线运行，确保了单摆稳定。至于系统是否多摆稳定，需要持续分析后续摇摆周期主导运行模式的影响情况。同时，需要指出的是，主导运行模式只是用于判断系统状态量在各时间断面上状态量的运行趋势（收敛或发散），不足以据此判断系统是否失稳。因此，为准确判断系统的稳定性，命题 10.1 给出三个判断条件，除了出现实部为正的特征根，还需要状态量满足失稳特征。下面，对命题 10.1 的充要性进行证明。

证明：

（1）必要性。由式（10－30）可知，单机无穷大系统的轨迹特征根与 $\frac{\partial P(\delta)}{\partial\delta}$ 具有对应关系，为阐释轨迹特征根的具体物理含义和变化趋势，这里借助 $\frac{\partial P(\delta)}{\partial\delta}$ 加以说明。证明过程中，对单机无穷大系统的 $P-\delta$ 曲线加以阐述。

单机无穷大系统的 $P-\delta$ 如图 10－2 所示，故障前系统运行在平衡点 s_0 处。当系统出现故障、切除双回线中的一条时，P_e 曲线将发生改变，与 P_m 在新的平衡点 s 和不稳定平衡点 u 处相交，c 为故障后 P_e 极值点。

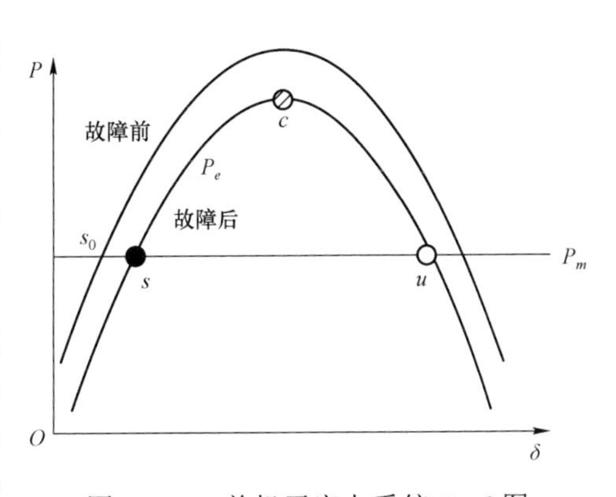

图 10－2　单机无穷大系统 $P-\delta$ 图

s 点的数学描述为

$$\begin{cases}\dot{\delta}=0\\ \dot{\omega}=0\end{cases} \tag{10-31}$$

在 s 点处，若 δ 增加至 $\delta+\Delta\delta$，则有 $\dot{\omega}<0$，进而 δ 会回归到 s 点，系统可维持稳定状态。

u 点的数学描述为：

若 δ 增加至 $\delta+\Delta\delta$，则有 $\dot{\omega}>0$，进而 δ 不会回归到 u 点，系统失去稳定。

$$\begin{cases}\dot{\delta}=0\\ \dot{\omega}=0\end{cases} \tag{10-32}$$

c 点的数学描述为

$$\frac{\partial P(\delta)}{\partial \delta}=0 \tag{10-33}$$

c 点作为 $P(\delta)$ 的极值点，系统到达该点时存在如下几种情形：

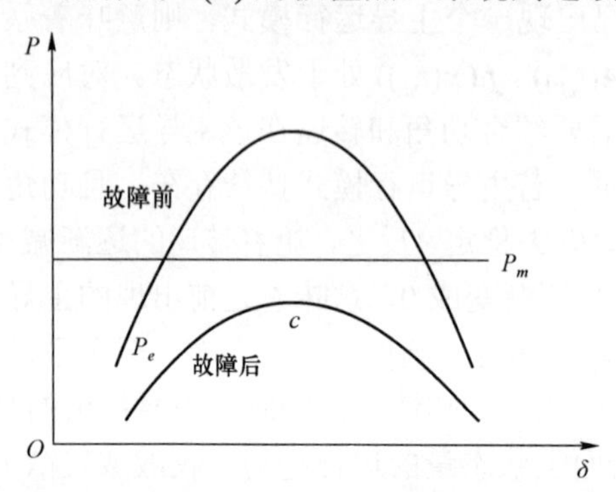

图 10-3　单机无穷大系统 $P-\delta$ 图（无 UEP 点）

1）若 c 点处 $P(\delta)>0$，对应图 10-3，系统无 UEP 点，则系统失稳。

2）若 c 点处 $P(\delta)<0$，参照图，状态量的运行状态有三种可能：

a. $\omega<\omega_0$，则运行点返回，向 s 点运行，系统趋于稳定；

b. $\omega>\omega_0$，运行点向 u 点运行，因为 $P(\delta)<0$ 则 $\dot{\omega}<0$，但到达 u 点之前，出现 $\omega\leqslant\omega_0$，即未能到达 u 点，此后运行转向，开始往 s 点运行，系统趋于稳定。

c. $\omega>\omega_0$，运行点向 u 点运行，因为 $P(\delta)<0$ 则 $\dot{\omega}<0$，但到达 u 点时，仍然 $\omega>\omega_0$，则运行点穿越 u 点，系统失稳。

归纳上述各种情形，对于单机无穷大系统来说，系统失稳有两种可能：

1）系统存在不稳定平衡点 u，系统运行到 u 点时，发电机转速仍满足 $\omega>\omega_0$，则系统将穿越 u 点失稳；

2）系统不存在 u 点，系统在穿越 c 点后即可确认失稳。

轨迹穿越 c 点后 $\frac{\partial P(\delta)}{\partial \delta}$ 将持续为正，在轨迹特征根中的表现为：始终有一个特征根为正实数。当 $\frac{\partial P(\delta)}{\partial \delta}$ 由负变正时，特征根由虚数变成正实数，意味着系统进入一种可能失稳的状态，但系统是否失稳，还需要观察系统运行到 u 点时的物理量。

基于上述分析，可得到单机无穷大系统的失稳判据

$$\begin{cases}P(\delta)>0\\ \frac{\partial P(\delta)}{\partial \delta}>0\\ \omega-\omega_0>0\end{cases} \tag{10-34}$$

将式（10-30）代入式（10-34），可得

$$\begin{cases}\lambda_1>0\\ P(\delta)>0\\ \omega-\omega_0>0\end{cases} \tag{10-35}$$

由式（10-35）可推出式（10-27），故式（10-27）是单机无穷大系统失稳的必要条件。

（2）充分性。根据条件式（10-27），不妨设 $\lambda_1>0$。由式（10-30）知

$$\frac{\partial P(\delta)}{\partial \delta}=\lambda_1^2 \tag{10-36}$$

则有 $\frac{\partial P(\delta)}{\partial \delta} > 0$。

结合式（10－27）可得式（10－35）。而式（10－35）是单机无穷大系统失稳的充分条件，故，命题 10.2 中的条件是单机无穷大系统失稳的充分条件。

证毕。

对于有阻尼的情形，依然可以按照上述流程证明命题成立，此处不再赘述。

实际上，轨迹特征根对应着 $\frac{\partial P(\delta)}{\partial \delta}$ 的开方。轨迹特征根实部由零（负）变正的过程对应着 $\frac{\partial P(\delta)}{\partial \delta}$ 由负变正的过程。由 $P-\delta$ 图可知，运行点到达 $\frac{\partial P(\delta)}{\partial \delta}$ 的极小值点并不意味着系统失稳，只有当运行点穿越 u 点时才能确认系统失稳。在运行点穿越 u 点之前，$\frac{\partial P(\delta)}{\partial \delta}$ 所提供的信息可作为系统失稳的预警信息，只需等待运行点穿越 u 点来加以确认。因此，将轨迹特征根用于系统失稳判断的重要意义在于：可提前预警，并同步展开控制策略的制订，一旦确认失稳，可立即起动最符合系统实际情况的紧急控制措施，有利于控制效率的提高。

由命题 10.2 的证明过程可知，在失稳判断中式（10－27）中的三个条件缺一不可。基于命题 10.2 可引出如下推论 10.1 和推论 10.2。

推论 10.1：若系统在某一时刻出现

$$\begin{cases} \omega-\omega_0 > 0 \\ \dot{\omega} > 0 \\ \ddot{\omega} > 0 \end{cases} \tag{10-37}$$

则系统失去稳定。

证明：

由命题 10.2 可知，$P(\delta) > 0$，则 $\dot{\omega} = P(\delta) > 0$。

另，系统失稳必满足如下条件

$$\lambda_1 = \sqrt{\frac{\partial P(\delta)}{\partial \delta}} > 0 \tag{10-38}$$

故

$$\frac{\partial P(\delta)}{\partial \delta} > 0 \tag{10-39}$$

又因为 $\omega > \omega_0$，则有

$$\ddot{\omega} = \frac{\partial \dot{\omega}}{\partial t} = \frac{\partial (P(\delta))}{\partial t} = \frac{\partial P(\delta)}{\partial \delta} \bullet \frac{\partial \delta}{\partial t} = \frac{\partial P(\delta)}{\partial \delta} \bullet (\omega-\omega_0) > 0 \tag{10-40}$$

相比于命题 10.3，推论 10.1 更易于工程应用。

特别地，根据图 10－3，可得出如下推论：

推论 10.2：某一时刻，若发电机满足

$$\begin{cases} \omega = \omega_0 \\ \dot{\omega} < 0 \end{cases} \tag{10-41}$$

则单机无穷大系统单摆稳定。

这里，构造单机无穷大系统来验证上述命题和推论的实用性。仿真测试，均借助开源软件（Power System Analysis Toolbox，Psat）来实现。

这里构造的单机无穷大系统，故障临界切除时间为 0.151～0.152s。

Case1:0.1s 发生故障，0.251s 清除故障，系统稳定。命题 10.2 所监测的判据如图 10－4 所示，可见，在整个过程中，并未出现一个时间断面满足命题 10.2 的判据，故，系统不满足失稳条件。Case2:0.1s 发生故障，0.252s 清除故障，系统失稳。命题 10.2 所监测的判据如图 10－5 所示。0.802s 时，判据中条件均满足，则判断系统失稳。

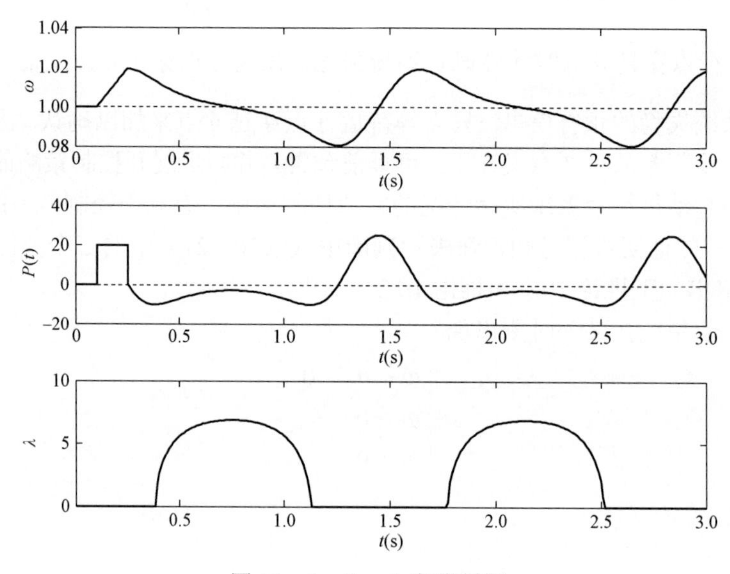

图 10－4　Case1 失稳判据

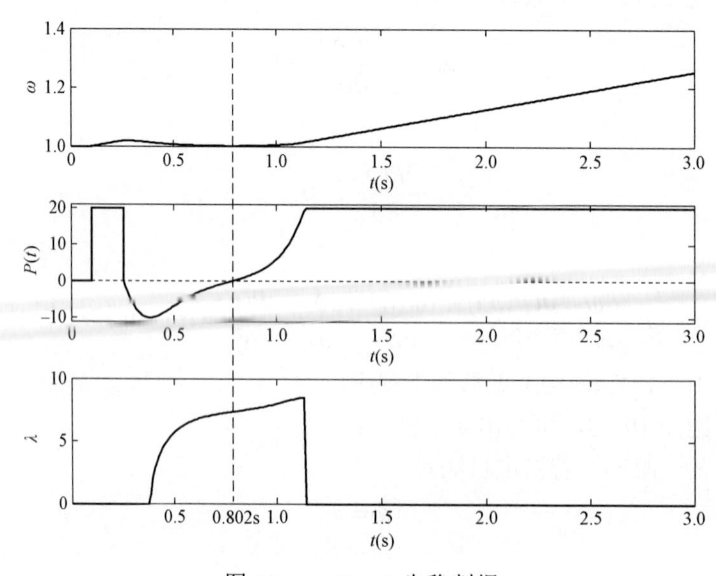

图 10－5　Case2 失稳判据

发现该故障的临界切除时间可以精确到 0.151 2～0.151 3s。设定故障开始时间 0.1s，切除时间分别设置为 0.251 2s、0.251 3s。仍然用命题 10.3 的判据来判定系统的稳定性，发现该判据依然可以准确辨识系统是否失稳，由此说明了本章所提出的失稳判据具有极高的精度。此外，利用推论 10.1、推论 10.2，亦可以准确地用于系统稳定性判定。

上述算例表明：命题 10.2 所提出的判据，可以精确判断系统是否失稳。实际上，命题判定系统失稳时，运行点已经到达不稳定平衡点，故命题 10.2 仅能起到分析稳定性的作用，还不能起到稳定预测的作用。为实现这一目标，有待于进一步开发判据中状态量的预测算法，将在后文中详细介绍。

10.2.2　多机系统失稳判据

大量仿真结果表明，当系统遭受严重故障后，发电机大多以加速的方式失稳。本节首先针对加速失稳的情况，提出失稳判据。进而，参考加速失稳的判据给出减速失稳的判据。

基于推论 10.1，利用单机系统的稳定性来替代多机系统的稳定性，给出多机系统失稳的实用判据，表述如下。

实用判据Ⅰ：某一时刻，若关键机组满足

$$\begin{cases}\tilde{\omega}_i > 0 \\ \dot{\tilde{\omega}}_i > 0 \\ \ddot{\tilde{\omega}}_i > 0\end{cases} \tag{10-42}$$

则系统失去稳定。

式中　$\tilde{\omega}_i$——第 i 台机相对于惯量中心的转速。

简要说明实用判据Ⅰ成立时系统轨迹特征根的情况。多机系统惯量中心方程简写成如下

$$\dot{\boldsymbol{x}} = \boldsymbol{f}(\boldsymbol{x}) \tag{10-43}$$

其中，$\boldsymbol{x} = [\tilde{\delta}_1 \ \cdots \ \tilde{\delta}_n \ \tilde{\omega}_1 \ \cdots \ \tilde{\omega}_n]^T$，$\boldsymbol{f}(\boldsymbol{x}) = [\tilde{\omega}_1\omega_0 \ \cdots \ \tilde{\omega}_n\omega_0 \ \tilde{P}_1 \ \cdots \ \tilde{P}_n]^T$，$\tilde{P}_i = P_{mi} - P_{ei} - \dfrac{M_i}{M_T}P_{COI}$。

在某一时间断面处，将系统泰勒展开，得

$$\Delta\dot{\boldsymbol{x}} = \boldsymbol{f}(\boldsymbol{x}_0) + \boldsymbol{A}\Delta\boldsymbol{x} \tag{10-44}$$

其中，$\Delta\boldsymbol{x} = [\Delta\tilde{\delta}_1 \ \cdots \ \Delta\tilde{\delta}_n \ \Delta\tilde{\omega}_1 \ \cdots \ \Delta\tilde{\omega}_n]^T$，且

$$\boldsymbol{A} = \begin{bmatrix} \boldsymbol{0} & \boldsymbol{\chi} \\ \dfrac{\partial \boldsymbol{P}}{\partial \boldsymbol{\delta}} & \boldsymbol{0} \end{bmatrix} \tag{10-45}$$

$$\frac{\partial \boldsymbol{P}}{\partial \boldsymbol{\delta}} = \begin{bmatrix} \dfrac{\partial \tilde{P}_1}{\partial \delta_1} & \cdots & \dfrac{\partial \tilde{P}_1}{\partial \delta_n} \\ \vdots & \ddots & \vdots \\ \dfrac{\partial \tilde{P}_1}{\partial \delta_n} & \cdots & \dfrac{\partial \tilde{P}_n}{\partial \delta_n} \end{bmatrix}, \boldsymbol{\chi} = \begin{bmatrix} \omega_0 & \cdots & 0 \\ \vdots & \ddots & \vdots \\ 0 & \cdots & \omega_0 \end{bmatrix} \tag{10-46}$$

则状态矩阵 $\boldsymbol{A}$ 的特征根

$$\left|\lambda^2 \boldsymbol{I} - \overline{\boldsymbol{A}}\right| = 0 \tag{10-47}$$

其中

$$\overline{\boldsymbol{A}} = \chi \frac{\partial \boldsymbol{P}}{\partial \boldsymbol{\delta}} \tag{10-48}$$

即矩阵 $\boldsymbol{A}$ 的特征根 λ 为矩阵 $\overline{\boldsymbol{A}}$ 的特征根 $\overline{\lambda}$ 的开方。

这里，引入圆盘定理，内容如下。

圆盘定理：设 $\boldsymbol{A} = (a_{ij}) \in \boldsymbol{M}_n(C)$，则 $\boldsymbol{A}$ 的任意特征根都属于下列 n 个圆盘 D_i 的并集 $G(A)$。

$$D_i = \{z \in C : |z - a_{ii}| \leqslant R_i(\boldsymbol{A})\}, i = 1,2,\cdots,n \tag{10-49}$$

其中 $R_i(A) = \sum_{j \neq i} |a_{ij}|$。若上式中所示的圆盘中，有 k 个互相联通且与其余 $n-k$ 个不相交，则 $\boldsymbol{A}$ 恰有 k 个特征根（计入重根）在此 k 个圆盘所组成的区域内。

由上述定理可知，矩阵的特征根与矩阵对角元素具有一定的跟随关系。因此，由实用判据Ⅰ可知，当 $\ddot{\omega}_i > 0$ 时

$$\frac{\partial \tilde{P}_i}{\partial \tilde{\delta}_i} \bullet (\tilde{\omega}_i - \omega_{COI}) = \frac{\partial \tilde{P}_i}{\partial \tilde{\delta}_i} \bullet \frac{\partial \tilde{\delta}_i}{\partial t} = \frac{\partial (\tilde{P}_i)}{\partial t} = \frac{\partial \dot{\tilde{\omega}}_i}{\partial t} = \ddot{\tilde{\omega}}_i > 0 \tag{10-50}$$

又因为 $\tilde{\omega}_i - \omega_{COI} > 0$，则

$$\frac{\partial \tilde{P}_i}{\partial \tilde{\delta}_i} > 0 \tag{10-51}$$

扰动切除后，发电机均满足 $\frac{\partial \tilde{P}_i}{\partial \tilde{\delta}_i} < 0, i = 1,2,\cdots,n$，由圆盘定理知，矩阵 $\overline{A}$ 的特征根 $\overline{\lambda}$ 在其对角元素 $\frac{\partial \tilde{P}_i}{\partial \tilde{\delta}_i}, i = 1,2,\cdots,n$ 附近，而实际情况也恰好可以验证，初始时刻矩阵 $\overline{A}$ 的特征根均在虚轴左边。一旦某时刻出现某一个发电机满足 $\frac{\partial \tilde{P}_i}{\partial \tilde{\delta}_i} > 0$，则意味着出现某一个特征根 $\overline{\lambda}$ 从虚轴左边跟随 $\frac{\partial \tilde{P}_i}{\partial \tilde{\delta}_i}$ 向虚轴右边迁移。若 $\overline{\lambda} > 0$，则意味着原矩阵 $\boldsymbol{A}$ 必存在一实部为正的特征根 $\sqrt{\overline{\lambda}}$。

综上所述，当实用判据Ⅰ成立时，系统状态矩阵将出现一个实部为正的特征根。

基于上述推导，结合单机无穷大系统的失稳判据，此处给出基于轨迹特征根的多机系统失稳判据：

实用判据Ⅱ：某一时刻，多机系统满足

$$\begin{cases} \exists j, j \in \{1,2,\cdots,n\}, \text{使得} \operatorname{Re}(\lambda_j) > 0 \\ \tilde{\omega}_i > 0 \\ \dot{\tilde{\omega}}_i > 0 \end{cases} \tag{10-52}$$

则系统失稳。

式中 $\tilde{\omega}_i$——关键机组相对于惯量中心的转速。

给出机组以减速方式失稳的判据

$$\begin{cases}\exists j, j\in\{1,2,\cdots,n\},\text{使得}\operatorname{Re}(\lambda_j)>0\\ \tilde{\omega}_i<0\\ \dot{\tilde{\omega}}_i<0\end{cases} \tag{10-53}$$

式中 $\tilde{\omega}_i$——功角最小发电机相对于惯量中心的转速。

可得多机系统失稳判据

$$\begin{cases}\exists j, j\in\{1,2,\cdots,n\},\text{使得}\operatorname{Re}(\lambda_j)>0\\ \tilde{\omega}_i\dot{\tilde{\omega}}_i>0\end{cases} \tag{10-54}$$

值得指出的是，多机系统失稳判据的推导借鉴了圆盘定理特征根迁移的规律，并非严格证明。对于在某一个时间断面出现实部为正的特征根，而下一个时间断面所有特征根实部均为负这种突变情况，上述推导将无法适用。但是针对实际电力系统而言，当系统某一时刻出现实部为正的特征根后，该特征根逐渐变大且持续一段时间，这种情况下特征根和矩阵对角元素的关联关系将更为明显，上述简要的推导在该情况下具有很好的实用性。另外，本章所研究的算法力求用于工程实践，若算法可靠性和适用性达到一定水准，将不失为一种具有广阔前景的工程应用算法。

10.2.3 失稳判据测试

为验证失稳判据的准确性，本小节借助新英格兰10机39节点系统和东北电网进行测试。因条件所限，测试所需数据均来自时域仿真软件，以此来模拟系统真实数据；后续章节算例测试部分的数据亦来自仿真软件，不再单独说明。

（1）新英格兰系统。Case1：Bus4 处 0.1s 发生三相接地故障，0.251s 切除，实用判据Ⅱ的两个条件对应值如图 10－6 所示，发现未出现一个时间断面满足实用判据Ⅱ。

Case2：Bus4 处 0.1s 发生三相接地故障，0.252s 切除，发现在 0.892s 时系统状态满足实用判据Ⅱ，由此在 0.892s 时判定系统失稳。此时，系统中发电机最大功角差为 116°，而故障前系统最大功角差 57.4°。系统在 1.382s 时，最大功角差达到 180°。由图 10－7 可见，采用实用判据Ⅱ提供的失稳判据，可提前 0.49s 预判系统失稳。

当然，在得知该故障临界切除时间在 0.151 5s 与 0.151 6s 之间后，将故障切除时间分别设置为 0.251 5s 与 0.251 6s，该判据也能有效辨识前者稳定、后者不稳定。

新英格兰系统，对 39 个母线均进行三相接地短路故障测试，故障持续时间分别为 0.10s、0.11s、…、0.40s，总共 39×31＝1209 个算例，其中 Bus39 处短路 0.40s 时域仿真不收敛，故有效算例 1208 个。程序判断结果如下：满足失稳判据的算例 916 个，不满足失稳判据的算例 292 个。针对不满足失稳判据的 292 个算例，通过时域仿真工具进一步校验，发现全部算例在 3s 的仿真时长内保持稳定（以系统内发电机最大功角差 180° 为失稳标志）。对于失稳的 916 个算例，有 910 个算例在 3s 的仿真时长内失去稳定；对于 6 个未在 3s 内失稳的算例，进一步分析表明，其中 5 个算例在 2.5s 以后才满足失稳判据，若以 3s 时的最大功角差判断系统是否稳定有失偏颇。对于此类算例，作者认为应属于多摆稳定问题，应适当延长仿真时间来确定判据是否正确。延长仿真时长至4s，结果表明这5个算例也失去稳定。综上所述，1208个算例中，仅有1个算例出现误判。统计数据如表10-1所示，对于满足失稳条件的算例，判据的正确率达到99.89%；对于所有算例而言，误判率仅1/1208=0.083%。

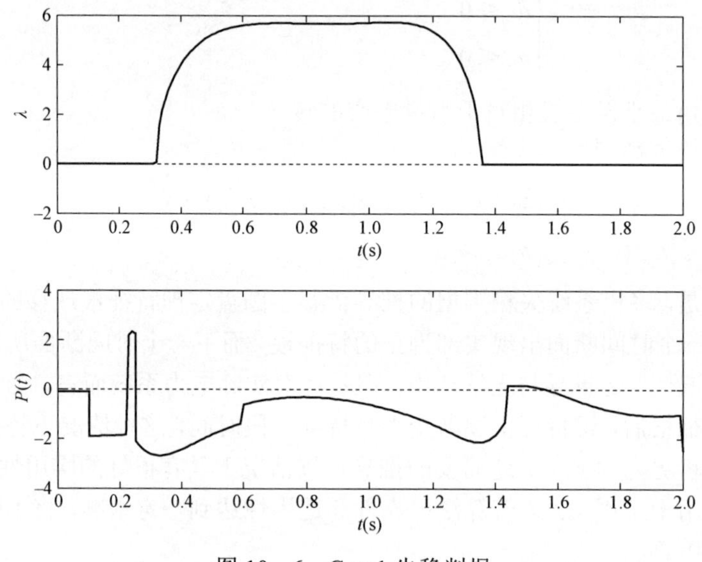

图 10-6　Case1 失稳判据

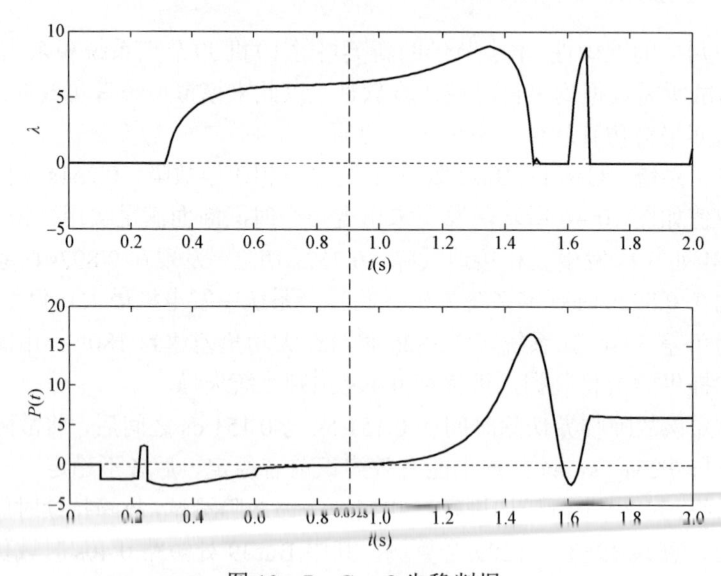

图 10-7　Case2 失稳判据

表 10-1　　新英格兰系统测试结果

判断结果	总数（个）	系统失稳算例（个）	系统稳定算例（个）
满足失稳判据	916	915	1
不满足失稳判据	292	0	292

对于误判的算例（Bus30 处，故障持续 0.24s），跟踪判据中两大条件，如图 10－8 所示。在 1.71s 时，两大特征量满足失稳判据，但持续时间短暂，随即消失。在满足条件的时段内，关键机组为 G34，其惯量中心坐标系下的不平衡功率 $\tilde{P}_5$ 仅稍稍大于 0，不足以让 $\tilde{\omega}_5$ 快速远离惯量中心的 ω_{COI}，随着 $\tilde{P}_5$ 变成负数，$\tilde{\omega}_5$ 开始减速，发电机 G34 反而向惯量中心靠近，最终系统稳定。按照单机无穷大系统的严格证明，一旦发电机运行穿越不稳定平衡点 u，系统将无法回摆，必然失稳。而在该算例中，G34 的 $P-\delta$ 曲线在不稳定平衡点 u 处并非严格意义上的单调。该现象的可能原因是惯量中心坐标的迁移，导致 G34 相对于惯量中心的不平衡功率由正变负，进而减速。值得肯定的是，对于 1208 个算例，失稳判据综合误判率仅 0.083%，其精确度已达到工程应用需求。

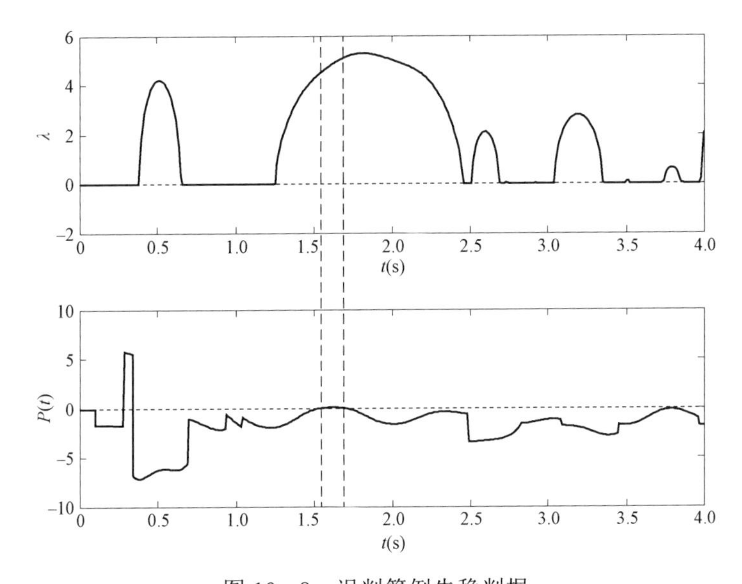

图 10－8　误判算例失稳判据

（2）东北电网。进而，在东北电网上对判据进行测试。测试结果如表 10－2 所示，系统共有 64 台发电机、488 个母线节点、681 条线路。针对 488 个母线节点，依次设置三相接地故障，故障持续时间分别为 0.20s、0.21s、0.22s 和 0.23s，共计 1952 个算例。程序判断结果如下：满足失稳判据的算例 347 个，不满足失稳判据的算例 1644 个。对于满足失稳判据的 347 个算例，时域仿真结果表明，308 个算例在 3s 内失去稳定；对于 39 个在 3s 内未失去稳定的算例，有 36 例是因为满足失稳判据的时刻接近 3s，故仿真结束时系统最大功角差小于 180°。参考上述处理方法，延长仿真时长至 4s，结果表明 36 个算例失稳。对于剩余的 3 个算例，虽然在 1s 内已给出失稳判据，但系统在 3s 之后才呈现失稳，故这里将该 3 个算例视为误判。值得指出的是，时域仿真至 3s 后，本章所提出的判据依然能在系统失稳前给出失稳信号。另外，不满足失稳判据的算例 1605 个，时域仿真表明 1605 个算例全部稳定。在东北电网系统测试结果中，失稳判据准确率为 99.85%。

表 10-2　东北电网测试结果

判断结果	总数（个）	系统失稳算例（个）	系统稳定算例（个）
满足失稳判据	347	344	3
不满足失稳判据	1605	0	1605

上述针对新英格兰系统、东北电网的测试系统，故障持续时间不考虑临界切除时间，统一设置。值得指出的是：少量算例中，由于满足失稳判据的时刻接近仿真结束时间 3s，作者认为应属于多摆稳定问题，应当延长仿真时间来确定判据是否正确。测试结果表明，本小节所提的失稳判据在失稳预测上具有很高的准确性，值得信赖。对于判据误判的 4 个算例，说明了判据具有一定的保守性。在强调安全第一的电力系统运行中，适当的保守性亦可以为运行人员所接受。此外，考虑到测试样本有限，仅对两个系统的测试还不足以说明该算法针对所有系统的适用性。算法的普适性和准确率还有待在更多的系统、更复杂的情形中加以检验。

10.3　暂态稳定在线预测算法

10.3.1　设计原理

上一小节的算例验证表明，本章所提出的多机失稳判据具有极高的准确性，具有很好的应用前景。若将其直接照搬应用实际，需解决两大问题：① 在线计算量大，需要计算时间断面特征根；② 预判提前量较小。为此，本小节基于实用判据Ⅱ，提出如下两个改进办法，以实现在线暂态稳定预测：

（1）考虑到 λ_i 与其所对应的状态矩阵对角元素 $\frac{\partial \tilde{P}_i}{\partial \tilde{\delta}_i}$ 具有关联关系，则将实用判据Ⅱ中的 $\lambda_i > 0$ 这一条件转化为 $\frac{\partial \tilde{P}_i}{\partial \tilde{\delta}_i} > 0$。

（2）实用判据Ⅱ中另一条件 $\tilde{P}_i$ 继续沿用，为提前预判是否失稳，可在条件（1）成立后，对 $\tilde{P}_i$ 进行预测，检验其在未来一段时间内是否会出现 $\tilde{P}_i > 0$。考虑到 $\tilde{P}_i$ 预测的误差，可采取滚动预测的思路，既不降低预测精度，又提前预判时间。

将 10.2.1 中的条件 1 转换成 $\ddot{\tilde{\omega}}_i > 0$，将该方程离散化，具体实现为

$$\frac{\dfrac{\tilde{\omega}_{i,k} - \tilde{\omega}_{i,k-1}}{\Delta t} - \dfrac{\tilde{\omega}_{i,k-1} - \tilde{\omega}_{i,k-2}}{\Delta t}}{\Delta t} > 0 \tag{10-55}$$

即

$$\tilde{\omega}_{i,k} - \tilde{\omega}_{i,k-1} > \tilde{\omega}_{i,k-1} - \tilde{\omega}_{i,k-2} \tag{10-56}$$

式中　$\tilde{\omega}_{i,k}$ ——发电机 i 在第 k 个时间断面相对于惯量中心的转速，此时对应的相对功角为 $\tilde{\delta}_{i,k}$。

当检测到关键机组满足上式，则意味着该发电机相对于整个系统这一“无穷大系统”的 $P-\delta$ 曲线已经运行到临界点 c，则此时系统便存在失稳的可能。

未来某一时刻是否会出现一个时间断面满足 10.2.1 中的条件（2）：$\tilde{P}_i > 0$，这是判断系统失稳的关键。此处，将该条件适当进行转化，即去判断发电机在到达不稳定平衡点 $\tilde{\delta}_{i,u}$ 时，是否仍然满足 $\tilde{\omega}_{i,u} > 0$。如果满足该条件，则该发电机必然会进入 $\tilde{P}_i > 0$ 的状态。反之，若到达不稳定平衡点 $\tilde{\delta}_{i,u}$ 时 $\tilde{\omega}_{i,u} < 0$，则意味着发电机功角在还未到达 $\tilde{\delta}_{i,u}$ 时已经出现 $\tilde{\omega}_i = 0$，即发电机开始回摆，系统运行点重新向稳定平衡点迁移，单摆稳定。此过程中，发电机功角不会达到 $\tilde{\delta}_{i,u}$，即该发电机也不会失去稳定。通过上述阐述，巧妙地将 10.2.1 中的条件（2）进行了转换，为暂态稳定预测提供了在线实用的基础。下面，利用最小二乘法来预估扰动后的发电机的 $P-\delta$ 曲线。

结合历史数据，在该时间断面预测发电机 i 的不平衡功率 $\tilde{P}_i$，以验证其是否会出现正值。具体预测算法如下。

对于发电机相对于惯量中心的不平衡功率，可用下式近似描述

$$\tilde{P}_i = P + a\cos\tilde{\delta} + b\sin\tilde{\delta} \tag{10-57}$$

其中，$\tilde{P}_i$ 已包含转动惯量 M，得

$$\dot{\tilde{\omega}}_i = P + a\cos\tilde{\delta} + b\sin\tilde{\delta} \tag{10-58}$$

假定数据采集周期为 Δt，则获得 $m(m \geqslant 3)$ 个时间断面的数据后，便可通过最小二乘法得出参数 P，a，b，实现过程如下

$$\begin{bmatrix} P \\ a \\ b \end{bmatrix} = (\boldsymbol{A}^T\boldsymbol{A})^{-1}\boldsymbol{A}^T\boldsymbol{B} \tag{10-59}$$

其中

$$\boldsymbol{A} = \begin{bmatrix} 1 & \cos\tilde{\delta}(\Delta t) & \sin\tilde{\delta}(\Delta t) \\ 1 & \cos\tilde{\delta}(2\Delta t) & \sin\tilde{\delta}(2\Delta t) \\ \vdots & \vdots & \vdots \\ 1 & \cos\tilde{\delta}(m\Delta t) & \sin\tilde{\delta}(m\Delta t) \end{bmatrix}, \boldsymbol{B} = \begin{bmatrix} \dot{\tilde{\omega}}(\Delta t) \\ \dot{\tilde{\omega}}(2\Delta t) \\ \vdots \\ \dot{\tilde{\omega}}(m\Delta t) \end{bmatrix} \tag{10-60}$$

通过式（10－59）和式（10－60），求取参数 P，a，b 之后，令

$$P + a\cos\tilde{\delta} + b\sin\tilde{\delta} = 0 \tag{10-61}$$

求解出该发电机的不稳定平衡点 $\tilde{\delta}_{i,u}$。接着，判断该时刻发电机相对转速为正，即

$$\tilde{\omega}_{i,k} + \int_{\tilde{\delta}_{i,k}}^{\tilde{\delta}_{i,u}} \tilde{P}_i \mathrm{d}t > 0 \tag{10-62}$$

若式（10－62）满足，则意味着发电机运行到不稳定平衡点时 $\tilde{\omega}_{i,u} > 0$，下一个时间断面将出现 $\tilde{P}_i > 0$，这正是 10.2.1 中的条件（2）。

本小节对 10.2.1 中的两个简化失稳判据的具体实现进行了介绍。需要指出的是，式（10－57）仅仅是发电机不平衡功率的近似表达，实际中由于各种因素的影响，真实的曲线也并非纯正弦函数，而是存在一定的误差。但此处的目标是提出一种易于实现的工程应用算法，因此，若误差在一定范围内，该算法仍不失为一种有效的在线实用算法。

10.3.2 算法流程

该算法适用于暂态单摆稳定性的预测，多摆稳定由于涉及系统长时间的状态，在多摆状态预测方面不可避免地存在偏差。针对多摆稳定性，也依然可采用此处所利用的流程。在某一摆预测结束后，可等待下一摆开始，重新起动该流程，从而实现多摆稳定性的预测，算法流程如图 10－9 所示。

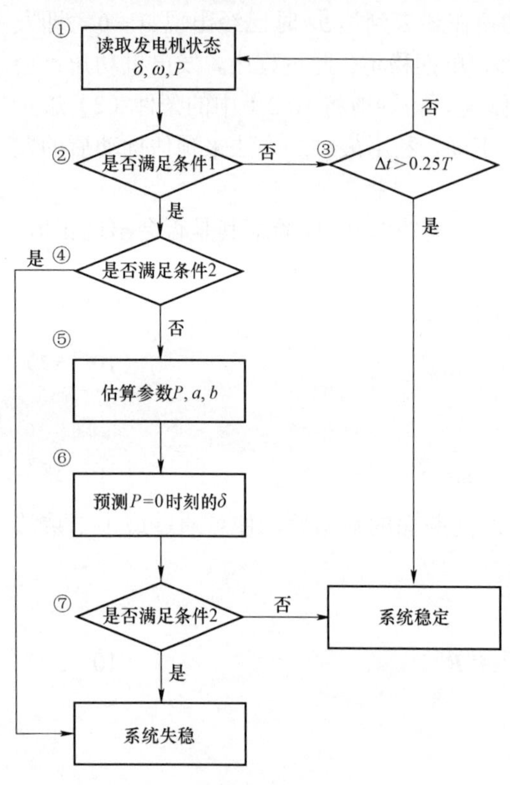

图 10－9　在线暂态稳定预测算法流程

具体步骤如下：

第 1 步，读取扰动后的发电机的状态，包括 δ，ω，P。

第 2 步，判断当前时刻是否有发电机满足 $\tilde{\omega}_{i,k}-\tilde{\omega}_{i,k-1}>\tilde{\omega}_{i,k-1}-\tilde{\omega}_{i,k-2}$。若是，跳入第 4 步，反之进入第 3 步。

第 3 步，判断当前时刻离故障切除时刻是否已经达到 0.25T，若是，则认为系统稳定，流程结束；反之，返回第 1 步。为避免算法进入死循环，结合 10.3.4 节的测试经验，此处给出如下经验性规律：在系统固有振荡模式为参考，若在最大摇摆周期的四分之一时间段内未出现正的特征根，则可认为系统单摆稳定，无须继续分析。值得注意的是，这一处理适合单摆稳定性的判断，对于多摆稳定性判断，则不需添加此环节。

第 4 步，判断当前时间断面是否满足 $\tilde{P}_i>0$。若是，则认定系统失稳，流程结束；反之，进入第 5 步。本步所判定的失稳情况，一般对应的是严重故障，故障清除后该发电机不存在平衡点，直接远离惯量中心。

第 5 步，利用当前及过去的发电机状态，估算式（10－57）中的参数 P，a，b。

第 6 步，借助第 5 步中估算的参数，预测发电机的不稳定平衡点处功角 $\tilde{\delta}_{i,u}$。

第 7 步，判断 $\tilde{\delta}_{i,u}$ 处是否存在 $\tilde{\omega}_{i,u}>0$。若是，判定系统失稳，流程结束；反之，判定系统单摆稳定，流程结束。

小　结

本章针对连锁故障暂态稳定预测关键问题，设计了一套暂态稳定在线预测算法。首先，对所要研究问题进行了分解和转化；随后，结合时间断面状态量变化趋势预测及系统失稳特征，提取了电力系统暂态失稳判据；接着，在单机无穷大系统中对失稳判据进行了严格的数学证明，并对其在多机系统中的适用性进行了分析；然后，在此基础上，设计形成了一套暂态稳定在线预测算法；最后，借助 IEEE 系统及东北电网对算法进行了验证。

发电机/电网主动控制在连锁故障阻断中的应用

保证电力系统的安全性与稳定性是当前系统运行的首要任务。历年来全世界范围内发生的许多重大电力事故，都与电力系统稳定性息息相关。通过分析停电事故，可以发现这类事故多是由于系统故障导致电力系统失稳，进而引起故障范围扩大，最终导致严重的后果。若能在系统振荡过程中，在适当的时间和地点将失稳的局部电网隔离，上述大停电事故就有可能避免。与此同时，随着我国电力系统规模的不断扩大和跨区域互联电网的形成，电力系统的运行状态也愈发复杂多变，极端自然条件和意外事故而导致的系统故障将更容易引起连锁故障。因此，有必要在系统失步或即将面临崩溃时，采取一定的控制手段阻隔连锁故障，避免大面积的停电事故。这种紧急控制手段即称为电力系统解列，其中主动解列控制是相较于被动控制提出的，是一种在系统失稳后通过主动地切机、解列来减小大停电事故发生的风险的方法。该解列控制系统通过实时、全面、主动地监控系统状态，在系统发生大扰动时及时发现系统中的失步机群，动态地确定系统最优解列断面和各解列点的动作时序，以防止事故的扩大。主动解列控制是电网故障控制中最后的防线，在避免大规模的停电事故、保证电力系统的安全运行方面，有着重要的作用。

11.1 发电机在线功率控制在连锁故障阻断中的应用

本节重点介绍基于轨迹特征根的发电机在线功率控制算法。

防止系统暂态失稳而采取的发电机功率控制可通过切机或快关汽门两种方式来实现。在常规方法中，多采用离线整定的控制策略，在线时根据故障特征去匹配最接近的情形，进而调用相应的控制措施。这种控制方式忽略了系统的实际信息和发电机可控功率等因素，易导致过控或欠控。一旦故障发生，上述切机操作会带来一定的负效应，使情况进一步恶化，增加系统停电风险。因此，应开展基于系统轨迹断面实时信息的发电机功率控制算法。

因此，分析主导运行模式对任意时间断面状态量变化趋势的影响，进而在此基础上分析各个时间断面状态量相对于发电机功率的关联关系，进而提取相对灵敏度信息，为控制功率的分摊提供合理的依据。

11.1.1 发电机控制功率模型

考虑发电机有功出力控制，电力系统微分代数方程可描述如下

$$\begin{cases}\dot{\boldsymbol{x}}=\boldsymbol{f}(\boldsymbol{x},\boldsymbol{y},\boldsymbol{u})\\ \boldsymbol{0}=\boldsymbol{g}(\boldsymbol{x},\boldsymbol{y})\end{cases} \tag{11-1}$$

式中 $\boldsymbol{x}$——状态变量；

$\boldsymbol{y}$——运行参数变量；

$\boldsymbol{u}$——控制变量。

本章仅考虑发电侧的功率控制，即发电机的机械功率可控。

为方便描述，给出如下定义：

定义 11.1：将发电机功角和转速都变换到惯性坐标系下，若某台发电机的功角和转速均超前于惯性中心，则定义该机组为超前机组；超前机组的集合即为超前机群。

对上述系统的受扰轨迹进行处理，得到下式

$$\Delta\dot{\boldsymbol{x}}=\boldsymbol{A}\Delta\boldsymbol{x}+\boldsymbol{B}\Delta\boldsymbol{u}+\boldsymbol{f}(\boldsymbol{x}_0,\boldsymbol{y}_0,\boldsymbol{u}_0) \tag{11-2}$$

将式（11-2）简写为

$$\begin{bmatrix}\Delta\dot{\delta}_1\\ \Delta\dot{\omega}_1\\ \vdots\\ \Delta\dot{\delta}_n\\ \Delta\dot{\omega}_n\end{bmatrix}=\begin{bmatrix}\boldsymbol{F}_1\\ \boldsymbol{F}_2\\ \vdots\\ \boldsymbol{F}_{2n-1}\\ \boldsymbol{F}_{2n}\end{bmatrix} \tag{11-3}$$

其中

$$\boldsymbol{F}=\boldsymbol{A}\Delta\boldsymbol{x}+\boldsymbol{B}\Delta\boldsymbol{u}+\boldsymbol{f}(\boldsymbol{x}_0,\boldsymbol{y}_0,\boldsymbol{u}_0)$$

当上述系统将要失稳时，失稳机组所对应的状态量满足下式

$$\begin{cases}\Delta\dot{\delta}_i=\boldsymbol{F}_{2i-1}>0\\ \Delta\dot{\omega}_i=\boldsymbol{F}_{2i}>0\end{cases} \tag{11-4}$$

对于式（11-4）而言，若要遏制系统失稳的趋势，可通过调整控制量 $\Delta\boldsymbol{u}$ 来改变 $\boldsymbol{F}_{2i-1}$、$\boldsymbol{F}_{2i}$，进而起到改变系统失稳趋势的效果。

考虑控制起动时间越早，越有利于系统的稳定，因此，在预判系统将要失稳之后，即可立即起动控制措施。因此，控制措施的制订应基于实时信息加以制订，具体思路如下：按灵敏度指标大小分摊功率控制量，形成控制方案；投入控制，并继续监控系统状态，若加速机群发电机相对于惯量中心的功角差继续增加，则需采取进一步控制，通过这种启发式的“控制＋检验”的方式来实现实时逐次控制，最终确保系统的暂态稳定。

11.1.2 功率控制灵敏度分析

11.1.2.1 系统状态量与主导运行模式的关系

为进一步探究状态量的变化量（$\Delta\boldsymbol{x}$）与主导运行模式的数学关系，需对式（11-2）进一步分析。首先，对 $\boldsymbol{A}$ 进行特征根分析，得到由特征根所组成的对角矩阵为 $\boldsymbol{\Lambda}=\mathrm{diag}(\lambda_1,\lambda_2,\cdots,\lambda_n)$，对应的右、左特征向量矩阵分别为 $\boldsymbol{R}=[\boldsymbol{R}_1,\boldsymbol{R}_2,\cdots,\boldsymbol{R}_n]$，$\boldsymbol{L}=[\boldsymbol{L}_1^T,\boldsymbol{L}_2^T,\cdots,\boldsymbol{L}_n^T]^T$。

令 $\Delta\boldsymbol{x}=\boldsymbol{Rz}$，则式（11－2）可表示为

$$\dot{\boldsymbol{z}}=\boldsymbol{Az}+\boldsymbol{LB}\Delta\boldsymbol{u}+\boldsymbol{Lf}(\boldsymbol{x}_k,\boldsymbol{y}_k,\boldsymbol{u}_k) \tag{11-5}$$

由 $\Delta\boldsymbol{x}=\boldsymbol{Rz}$ 可知，

$$\Delta\boldsymbol{x}(0)=\boldsymbol{Rz}(0) \tag{11-6}$$

因为 $\boldsymbol{x}(\boldsymbol{t}_k+\Delta t)=\boldsymbol{x}(\boldsymbol{t}_k)+\Delta\boldsymbol{x}(\Delta t)$，则 Δt 取不同值时，$\Delta\boldsymbol{x}(\Delta t)$ 取值是不同的。将 $\Delta t=0$ 代入可知，$\Delta\boldsymbol{x}(0)=0$，进而可得 $\mathbf{z}(0)=0$。

令 $\boldsymbol{LB}\Delta\boldsymbol{u}+\boldsymbol{Lf}(\boldsymbol{x}_0,\boldsymbol{y}_0,\boldsymbol{u}_0)=[\Upsilon_1,\Upsilon_2,\cdots,\Upsilon_n]^T$，因为 $\mathbf{z}(0)=\mathbf{0}$。则有

$$z_i(\Delta t)=\frac{\Upsilon_i}{\lambda_i}e^{\lambda_i\Delta t}-\frac{\Upsilon_i}{\lambda_i},i=1,2,\cdots,n \tag{11-7}$$

由于 $\Delta\boldsymbol{x}=\boldsymbol{Rz}$，则 $\Delta\boldsymbol{x}(\Delta t)$ 的解析表达式为

$$\Delta x_i(\Delta t)=\boldsymbol{R}_{i1}z_1+\boldsymbol{R}_{i2}z_2+\cdots+\boldsymbol{R}_{in}z_n=\sum_{j=1}^{n}\boldsymbol{R}_{ij}\left(\frac{\Upsilon_j}{\lambda_j}e^{\lambda_j\Delta t}-\frac{\Upsilon_j}{\lambda_j}\right) \tag{11-8}$$

式中　$\boldsymbol{R}_{ij}$ ——矩阵 $\boldsymbol{R}$ 第 i 行第 j 列的元素。

对于式（11－8）而言，若所有特征根中仅有 $\lambda_j>0$，且 $\Delta x_i(\Delta t)$ 对该特征根所对应的运行模式参与度较大，则 $\Delta x_i(\Delta t)$ 的变化趋势主要受到 $\boldsymbol{R}_{ij}\dfrac{\Upsilon_j}{\lambda_j}e^{\lambda_j\Delta t}$ 的影响。

单机系统中特征根与 $\partial P/\partial\delta$ 存在密切关系，当 $\partial P/\partial\delta$ 经过极小值点后出现实部为正的特征根，实际上此时该特征根虚部为0，即该特征根为一正实数；同理，在多机系统中，实部最大的特征根与 $\partial P/\partial\delta$ 最大的机组密切相关，当 $\partial P/\partial\delta$ 经过极小值点后，系统会出现一个正实数特征根。鉴于此，在对式（11－8）的分析中，仅考虑该特征根的影响。考虑到 $\boldsymbol{x}_i(t_k+\Delta t)=\boldsymbol{x}_i(t_k)+\Delta\boldsymbol{x}_i(\Delta t)$，则 λ_j 对系统稳定性的影响可以通过对 $\boldsymbol{x}_0$ 及 $\Delta\boldsymbol{x}$ 进行综合分析得到。对于下述四种情形：

（1）$\boldsymbol{x}_i(t_k)$ 相对系统惯量中心滞后而 $\boldsymbol{R}_{ij}\dfrac{\Upsilon_j}{\lambda_j}$ 取正值；

（2）$\boldsymbol{x}_i(t_k)$ 相对系统惯量中心超前而 $\boldsymbol{R}_{ij}\dfrac{\Upsilon_j}{\lambda_j}$ 取负值；

（3）$\boldsymbol{x}_i(t_k)$ 相对系统惯量中心滞后而 $\boldsymbol{R}_{ij}\dfrac{\Upsilon_j}{\lambda_j}$ 取负值；

（4）$\boldsymbol{x}_i(t_k)$ 相对系统惯量中心超前而 $\boldsymbol{R}_{ij}\dfrac{\Upsilon_j}{\lambda_j}$ 取正值。

对于情形（1）和情形（2），λ_j 将驱动 $\boldsymbol{x}_i(t)$ 向惯量中心变化，有利于系统稳定；对于情形（3）和情形（10），λ_j 将驱动 $\boldsymbol{x}_i(t)$ 远离惯量中心，不利于系统稳定。

同理，若所有特征根实部均为负，则 $e^{\lambda_i\Delta t}(i=1,2,\cdots,n)$ 随着时间推移呈现衰减趋势，故其对 $\Delta x_i(\Delta t)$ 的影响较小。

由上述分析可知，可通过对 $\Delta\boldsymbol{u}$ 的调整，实现对 $\boldsymbol{R}_{ij}\dfrac{\Upsilon_j}{\lambda_j}$ 的控制；合适的 $\boldsymbol{R}_{ij}\dfrac{\Upsilon_j}{\lambda_j}$ 可有效改变

$\Delta x_i(\Delta t)$ 的变化趋势，使情形（3）和情形（10）中远离系统惯性中心的状态量向惯性中心靠拢，从而起到维持系统稳定的效果。

11.1.2.2 控制灵敏度指标分析

由之前分析可知，若某一时间断面状态矩阵 $\boldsymbol{A}$ 有实部为正的特征根，则 $\Delta\boldsymbol{x}(\Delta t)$ 将会受到很大影响。本章旨在维持系统暂态稳定，希望通过调整 $\Delta\boldsymbol{x}(\Delta t)$ 的变化趋势来缓解失稳发电机的状态量变化。根据系统暂态稳定一般规律可知，系统暂态失稳多由超前机群造成，故本节研究时主要对超前机群进行分析，即仅考虑上节中情形（4）。

若存在某一特征根 λ_j 实部为正，在确定 $\boldsymbol{R}_{ij}$ 的正负以后，可通过调整 Υ_j 的大小来控制 $\Delta\mathbf{x}_i(\Delta t)$的走势，由于 $\boldsymbol{Lf}(\boldsymbol{x}_k, \boldsymbol{y}_k, \boldsymbol{u}_k)$不可调，故仅考虑 $\boldsymbol{LB}\Delta\boldsymbol{u}$ 即可。若 $\boldsymbol{R}_{ij}$ 为正，则需要 $\boldsymbol{LB}\Delta\boldsymbol{u}$ 中第 j 行元素 $\boldsymbol{c}_j$ 尽可能小；反之，若 $\boldsymbol{R}_{ij}$ 为负，则需要 $\boldsymbol{c}_j$ 尽可能大，才能削弱 λ_j 对失稳严重的机组所带来的影响。即通过调整 $\boldsymbol{LB}\Delta\boldsymbol{u}$ 第 j 行元素 $\boldsymbol{c}_j$ 来实现对 Υ_j 的调整。令 $\boldsymbol{LB}=\boldsymbol{H}=[\boldsymbol{H}_1^T, \boldsymbol{H}_2^T, \cdots, \boldsymbol{H}_n^T]^T, \Delta\boldsymbol{u}=[\Delta\boldsymbol{u}_1, \Delta\boldsymbol{u}_2, \cdots, \Delta\boldsymbol{u}_n]^T$，则 $c_j=\sum_{i=1}^{n}\boldsymbol{H}_{ij}\Delta\boldsymbol{u}_i$ 。对于等量的控制 $\Delta\boldsymbol{u}_i$，若 $\boldsymbol{H}_{ij}$ 越大，意味着在该点控制的效果越明显，本章称之为功率控制灵敏度。此外，对于多个特征根实部为正的时间断面，需要综合考虑它们对 $\Delta\boldsymbol{x}(\Delta t)$ 的影响。

值得说明的是，在确定控制系数矩阵 $\boldsymbol{B}=\partial\boldsymbol{f}/\partial\boldsymbol{u}$ 的过程中，对于单纯的功率控制（如快关汽门），$\boldsymbol{B}$ 由发电机转动惯量的倒数形成；若选择切机控制，随着发电机的切除，微分方程中除了机械出力发生变化，发电机节点的其他等效参数（转动惯量、定子电阻、纵轴次暂态电抗等）均发生变化，因此切机控制时，控制量 $\Delta\boldsymbol{u}$ 的系数矩阵 $\boldsymbol{B}$ 并不是简单地由转动惯量的倒数组成，而应考虑发电机其他参数所带来的影响，$\boldsymbol{B}$ 的计算更加复杂。

11.1.3 在线功率控制算法设计

本小节研究的重点是故障清除后功率控制策略的制订。对于当前电网，可通过切机或快关汽门来实现发电机机械功率的控制。对于切机来说，不同发电机节点发电机数目是固定的，因此功率控制量为离散值。为了验证所提思路的可行性，下述功率控制中采用快关汽门，以期提供连续控制量，实现启发式功率控制算法。采用快关汽门控制，功率控制量范围为［0, $P_{\max}$］，其中，$P_{\max}$ 为发电机最大削减功率。系统故障清除后，起动功率控制算法。算法流程如图 5－1 所示，具体步骤如下：

第 1 步，获取当前时刻系统的状态矩阵，计算状态矩阵特征根。

第 2 步，检验第 1 步中计算所得特征根，若存在实部为正的特征根（记为 λ_i），进入第 3 步；反之，是否一个摇摆周期内不需施加控制？若是，可判断单摆无须控制，算法结束；若否，回到第 1 步。

第 3 步，相比于上一个时间断面，特征根正实部是否变大？若否，则说明实部为正的特征根对状态量的影响减弱，暂不控制，返回第 1 步；反之，应立即采取控制。对于需要控制的情况，若为单机失稳模式，直接跳至第 5 步；否则，进入第 4 步。

第 4 步，计算 λ_i 所对应的 $\boldsymbol{R}_{ij}$ 及 $\boldsymbol{H}$ 。考虑到功率控制的作用是减少发电机节点的注入功率，则采用快关汽门和切机操作，则 $\Delta\boldsymbol{u}<0$ 。按照前述分析，若 $\boldsymbol{R}_{ij}>0$ ，控制灵敏度顺序为 $\boldsymbol{H}_i$ 的元素从大到小的次序；若 $\boldsymbol{R}_{ij}<0$ ，控制灵敏度顺序为 $-\boldsymbol{H}_i$ 的元素从大到小的次序。为定量地给出不同控制点之间控制灵敏度的相对效果，本算法对 $\boldsymbol{H}_i$ 的元素进行标幺化处理，

以此作为各点控制相对灵敏度指标。若出现灵敏度为负的情况，则意味着在该点进行控制会恶化系统稳定情况，不应在该处控制。故选择 $\boldsymbol{H}_i>0$ 的元素所对应的控制点作为候选控制地点。

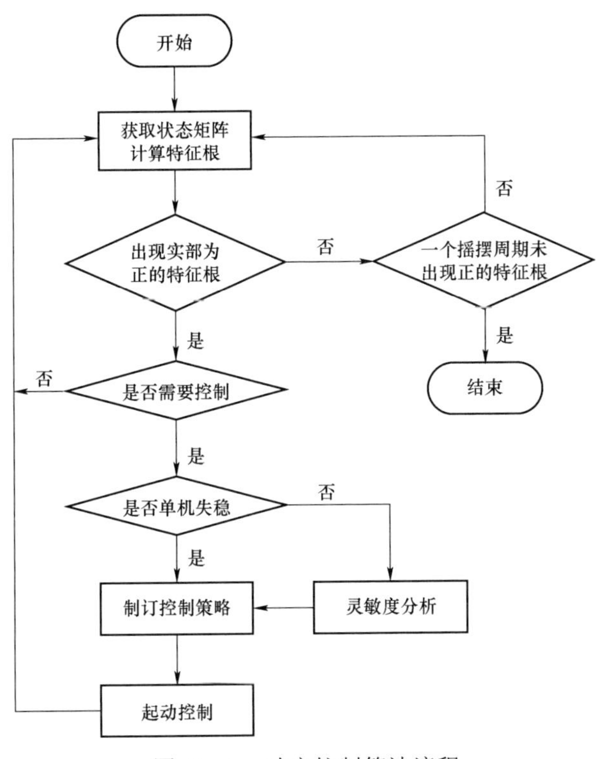

图 11－1　功率控制算法流程

第 5 步，按照发电机机械功率与电磁功率平衡的原则分摊切机量。为避免过切，设定每次切除功率为 $P_{\text{shed}}=\sum_{i=1}^{m}(P_{mi}-P_{ei})$，其中，$m$ 为超前机组中仍在角加速度为正的机组台数，P_{mi},P_{ei} 分别第 i 台发电机的机械功率和电磁功率。对于单机失稳的情况，不需计算控制灵敏度，直接对失稳机组进行功率平衡控制即可。对于机群失稳情况，按照第 4 步中所确定的控制功率分摊权重，将 P_{shed} 分摊到第 4 步中所确定的候选控制地点上。将控制策略施加到控制点，返回第 1 步。

算法实时获取系统状态矩阵，由此确定系统各可控点的灵敏度信息。算法在故障切除之后迅速进行是否需要进行控制的分析，不管控制与否，均持续分析系统状态矩阵，直至一个摇摆周期内未出现实部为正的特征根，算法终止。该算法能有效防止系统在故障切除后演化为单摆失稳，为后续控制节约宝贵的时间。

11.2　电网主动解列控制及其在连锁故障阻断中的应用

解列控制是电力系统安全稳定控制中的关键措施，是电力系统第三道防线的重要组成部分。在实际运行中，电力系统必须在适当地点设置解列点，并装设自动解列装置。当发生机群失稳时，能够有计划地将系统迅速解列为功率平衡且保持同步运行的两个或多个孤岛，防止暂态失稳造成系统频率和电压崩溃，进而造成大面积停电。常规的被动解列控制以典型运行方式为研究对象，针对严重故障确定解列点，并安设相应的控制装置。随着电网的日益发展，电网结构不断更新，这种解列控制方法不能很好地适应新电网的需求。为此，开展在线主动解列控制研究，以电网的实时信息为研究对象，针对实际故障实时制定解列控制策略及相应的孤岛控制策略。在线主动解列控制可有效回避传统解列控制的局限，更适合当前电网发展的需求。

11.2.1 基于轨迹特征根的机组分群预测算法

本小节通过变换，从$\Delta\dot{\boldsymbol{x}}$的动态特性出发，来分析$\Delta\boldsymbol{x}$的特点。在状态矩阵特征根分析当中，对状态量的动态特性进行判别的具体分析步骤如下：

第1步，通过PMU采集故障清除后系统的状态量，结合系统的网络数据获取状态矩阵$\boldsymbol{A}$；接着逐个按时间断面计算其特征根，直到某个时间断面存在实部为正的特征根λ。

第2步，取当前时间断面的发电机功角大小相对于初始值的偏差，并按从大到小排序；计算任意相邻两功角之间的差值，其最大值$\Delta\delta_{\max}$为第一个分群标志；对于其他功角差$\Delta\delta_i$，若$\Delta\delta_i > k\Delta\delta_{\max}$，则认为$\Delta\delta_i$为分群标志之一，此处的$k$可根据实际系统进行调整，后文算例分析中$k$取0.5。通过上述处理，若得到$m$个分群标志，则当前情况下，可能存在（$m+1$）个机群，即为初步分群情况。

第3步，由于故障后发电机即使存在很大的不平衡功率，它的功角也不会迅速突变，因此，在分群时仅仅考虑当前功角大小是不够的，还应考虑角速度所带来的影响，即$\delta(t)=\delta(t_0)+\int_{t_0}^{t}\omega\mathrm{d}t$。通过分析各机$\int_{t_0}^{t}\omega\mathrm{d}t$的之间的差别，可以对初步分群结果进行修正。具体实现如下，计算λ所对应的特征向量及发电机功角的一阶导数对该λ对应模式的参与因子，按照以下两点分析角速度对功角带来的影响：

（1）分析λ对应的右特征向量。若右特征向量中某些元素相角一致，则其所对应的状态量变化方向一致。划分规则如下：比较右特征向量元素的相角，若两个角速度所对应的右特征向量元素的相角方向一致或差值在一定范围内，则认为这两个角速度所对应的功角会同时加速或减速，有成为一群的趋势；反之，则其对应的功角间差距会越来越大。应注意，右特征向量元素的幅值，也会对角速度的变化速率带来一定影响，在分析同一群中的机组时应考虑到这一因素所带来的影响。

（2）若需要对机群进行细分，可根据参与因子的大小进行归类：参与因子大的角速度所对应的功角可能会处于同一群，参与因子小的角速度所对应的功角可能会处于另一群。

总之，以右特征向量为主，参与因子为辅，对机组的动态特性进行分析。

第4步，根据第3步中所得到的结果对第2步中初步分群结果进行修正。如果系统中的某n台机组的初步分群结果是其中i台在第1群，（$n-i$）台在第2群。若考虑角速度，发现这n台机组的角速度对于特征根λ的参与因子近似且变化方向一致，则该可认为这n台机有成为一群的趋势，在当前状态下预测它们为一群，从而得到一组考虑了状态量变化趋势的机组分群情况。

第5步，沿着轨迹逐个时间断面分析，若连续p个时间断面实部为正的特征根其实部持

续增加或维持在一稳定正值附近，且这 p 个时间断面分群结果一致，则终止计算，给出分群结果；反之，因特征根的变化导致分群结果出现变化，则应继续分析。当发电机最大功角差大于 180° 时停止计算，此时，系统失去稳定，主导失稳模式确定，发电机分群情况稳定下来此时所对应的分群情况即是最终的分群结果。此外，若一直持续到第一个摇摆周期（本算法取 2s）结束，尚未终止计算，则说明在一个摇摆周期内，发电机无明显的分群趋势，算法终止。其中，随着系统的不同，p 取不同值。根据大量测试结果来看，建议研究时间窗不少于 0.2s，对于步长为 Δt，p 值不小于 $0.2/\Delta t$。

在 Δt 足够小的情况下，式（11－4）的轨迹能在小范围内较好地近似系统的轨迹。本小节对平衡点和非平衡点处泰勒展开模型进行了比较，通过简单推导论证了大故障下不能用状态矩阵 $\boldsymbol{A}$ 直接分析 $\Delta\boldsymbol{x}$ 的动态特性，$\boldsymbol{A}$ 仅代表了 $\Delta\dot{\boldsymbol{x}}$ 的动态特性。本章提出，在发电机当前时刻的功角出发，对机组进行初步分群，然后运用 $\Delta\dot{x}$ 的动态特性对当前的分群情况进行修正。沿着系统轨迹逐个时间断面分析，按照第 5 步中的终止条件结束计算。值得注意的是，分群并不代表失稳，只是说明在这一时段内发电机有“抱团”的趋势，若要确定失稳后的分群结果，有必要延长分析的时间范围。

11.2.2 解列断面搜索算法

本小节通过潮流追踪的方法获取发电机和负荷的供求关系，以稳态时的功率供需关系为参考确定解列断面，尽可能减少孤岛的不平衡功率。

11.2.2.1 潮流跟踪基本原理

通过功率跟踪来分析电力系统潮流分布情况的实现思路如下：在交流潮流计算的基础上，将有损网络等效成无损网络，进而按比例分摊原则进行功率跟踪。根据潮流的方向，可将功率跟踪分为顺流跟踪法和逆流跟踪法。通过功率跟踪所得到的潮流分配结果，可看作某一时刻可能的功率分配情形，而实际运行时，随着运行状态的改变，潮流并不一定会按该比例进行调整。大量仿真算例表明，事故前的潮流跟踪结果可表明发电机向负荷供电的能力；事故之后，在电压水平维持较好的情况下，发电机仍具备该供电能力。该方法所采用的比例分配原则虽然缺乏确凿的理论依据，但由于其简单易实现，因此得到了广泛的应用。

由于故障之后功率波动幅度较大，跟踪某一时间断面的潮流分配情况意义不大，因此，潮流跟踪多用于稳态分析。当前，潮流跟踪方法广泛应用于节点功率分配、网损分摊、节点电价和电力系统控制等，取得了满意的效果。

在此，简要说明电力系统中潮流跟踪实现过程。

（1）逆序跟踪法。对于给定电力网络，节点 i 的注入功率为

$$P_i=\sum_{j\in\alpha_i}(-P_{i-j})+P_{Gi},i=1,2,3,\cdots,n \tag{11-9}$$

式中 P_{i-j} ——线路 $i-j$ 的功率；

α_i ——与节点 i 相连且功率流向为 $j\to i$ 节点的集合；

P_{Gi} ——节点 i 处发电机出力。

式（11－9）的含义为：节点 i 的注入功率包括线路 $j-i$ 靠近节点 i 处的注入功率以及节点 i 的发电机注入功率。若考虑网损，则 $P_{j-i}=-P_{i-j}+P_{ij\_loss}$，可知 $P_{j-i}\neq-P_{i-j}$。令 $-P_{i-j}=c_{ji}P_j$，则有

$$P_i = \sum_{j \in \alpha_i} c_{ji} P_j + P_{Gi} \tag{11-10}$$

进而

$$P_i - \sum_{j \in \alpha_i} c_{ji} P_j = P_{Gi}, \quad i = 1,2,3,\cdots,n \tag{11-11}$$

写成矩阵形式

$$\boldsymbol{AP} = \boldsymbol{P}_G \tag{11-12}$$

其中

$$\boldsymbol{A}_{ij} = \begin{cases} 1 & i = j \\ -c_{ji} = P_{i-j} / P_j, & j \in \alpha_i \\ 0 & 其他 \end{cases} \tag{11-13}$$

P_{i-j} 为从 i 到 j 的输送功率，此处为负值。由式（11－13）知

$$\boldsymbol{P} = \boldsymbol{A}^{-1} \boldsymbol{P}_G \tag{11-14}$$

展开可得

$$P_i = \sum_{k=1}^{n} (\boldsymbol{A}^{-1})_{ik} P_{Gk}, i = 1,2,3,\cdots,n \tag{11-15}$$

负荷节点的功率可表述如下

$$P_{Li} = \frac{P_{Li}}{P_i} P_i = \frac{P_{Li}}{P_i} \sum_{k=1}^{n} (\boldsymbol{A}^{-1})_{ik} P_{Gk}, i = 1,2,3,\cdots,n \tag{11-16}$$

通过逆序跟踪，可得到负荷节点的功率供应情况。

（2）顺序跟踪法。同理，通过顺序跟踪，可得到各个发电机节点的功率分配情况。推导过程可参考逆序跟踪，最终表达式如下

$$P_{Gi} = \frac{P_{Gi}}{P_i} P_i = \frac{P_{Gi}}{P_i} \sum_{k=1}^{n} (\tilde{\boldsymbol{A}}^{-1})_{ik} P_{Lk}, i = 1,2,3,\cdots,n \tag{11-17}$$

其中，$\tilde{\boldsymbol{A}}$ 不同于逆流法中的 $\boldsymbol{A}$。

11.2.2.2 基于潮流追踪的负荷分群方法

按照上一小节的推导，可知发电机功率的分配去向以及负荷节点的功率来源。本小节设计一种通过双向搜索来确定负荷分群的方法。该方法在得知发电机分群信息的前提下，按照负荷和发电机的供求关系将负荷按照发电机的分群进行划分，最终实现系统负荷的分群。本法可省略孤岛内部公共负荷划分这一环节，直接分析由多个机群共同供电的公共负荷归属。具体实现步骤如下：

第 1 步，获取发电机分群信息。发电机分成 m 群，表述为 $V_i^G (i = 1,2,3,\cdots,m)$。

第 2 步，正向匹配。依次分析机群 V_i^G 所供应的负荷集合，对应为 V_i^L。显然，由此得到的 $V_i^L (i = 1,2,3,\cdots,m)$ 之间可能会存在交集，此处，将这些重复出现的负荷定义为公共负荷。一个负荷节点只能划分到一个孤岛中，故需要对公共负荷进行进一步区分。

第 3 步，逆向匹配。为描述方便，借助简单例子加以说明。假设 $m = 2$，即系统仅出现 2 个机群，若 $V_1^L \cap V_2^L = \{L_1, L_2\}$，即两个负荷节点属于公共负荷。计算负荷 L_i 由机群 1，2 供

应的功率系数分别为c_1,c_2，即$P_{v_i}=c_1P_{v_i}+c_2P_{v_i}$。若$c_1>c_2$，则意味着负荷$v_i$的功率主要由机群1供应；反之，主要由机群2供应。通过比较c_1,c_2，将负荷归入其主要依赖的机群，可实现大部分负荷的进一步划分。特别地，当负荷同属于多个机群时，且各机群的功率系数比较接近，则在负荷匹配时会比较困难。这里，提出如下定量的负荷匹配方法：若$\max\{c_1,c_2\}\geqslant\varepsilon$［$\varepsilon\in(0.5,1)$，后文算例分析时取0.7］，意味着两个机群给该负荷供应功率值的差别较大，若$c_1>c_2$则将该负荷划入机群1；反之，划入机群2。对于$\max\{c_1,c_2\}<\varepsilon$的情况，首先，将这一类负荷按照大小排序；然后，根据前面已经确定的负荷划分情况，将第一负荷归入$\Delta P=\sum_{k\in V_i^L}w_k$值最大的机群，即不平衡功率最大的机群；接着，刷新机群负荷匹配表，依次将剩下负荷按照上述过程进行划分。该法所得到的负荷匹配相对较优，简单易实现，特别是公共负荷较多时可节约大量匹配时间。

通过该方法实现的负荷分群，可最大程度实现孤岛的功率平衡。这里在简单系统上进行演示，如图11－2所示。

构建如图11－2所示的无损耗系统，1～5为发电机节点，6～13为负荷节点。线路上箭头表示有功功率流向，线路上的数字表示该线路传送的功率大小，节点边上的数字代表该节点的注入功率，正数表示输入功率（发电机），负数表示输出功率（负荷）。

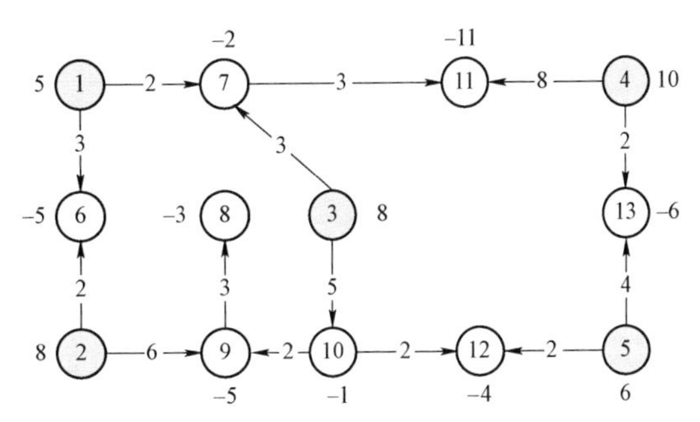

图11－2　无损网络接线图

假定某时刻节点10处发生接地故障，故障清除后系统出现机群失稳，发电机1，2，3为一群（机群Ⅰ），发电机4，5为另一群（机群Ⅱ）。按照上述步骤对负荷进行分群：

（1）正向匹配。机群Ⅰ所供应的负荷包括：6，7，8，9，10，11，12；机群Ⅱ所供应的负荷包括：11，12，13。显然，负荷11，12由机群Ⅰ，Ⅱ共同供应。

（2）逆向匹配。研究负荷11，12的功率来源。由图可知，负荷11大小为11，其中3来自机群Ⅰ，8来自机群Ⅱ；负荷12大小为4，其中2来自机群Ⅰ，2来自机群Ⅱ。按照逆向匹配原则，负荷11应划入机群Ⅱ；而负荷12，由于两个机群的供应系数相当，则根据两个机群的不平衡功率量来决定负荷12的归属。当负荷11划入机群Ⅱ后，在不考虑负荷12的情况下，机群Ⅰ的不平衡功率为＋5，机群Ⅱ的不平衡功率为－1，因此，应将负荷12归入机群Ⅰ。

通过上述正向匹配和逆向匹配过程，负荷分群情况如下：{6，7，8，9，10，12}、{11，13}，分别属于机群Ⅰ和机群Ⅱ。

11.2.2.3　解列断面搜索流程

在确定发电机节点和负荷节点的分群之后，需要确定解列断面，即将要断开的线路。由上一小节的分析可知，对于某个失稳机群V_i^G，其所供应的负荷包括两部分：① 完全由V_i^G提供功率的负荷；② 由V_i^G和其他机群共同供电的负荷，即公共负荷。实践证明，解列断面往往与公共负荷相关。因此，只需要围绕公共负荷来搜索解列断面即可。本小节提出如下解列断面搜索算法：

第1步，按照上一节的方法，确定公共负荷。

第 2 步，遍历公共负荷。对于公共负荷节点 $v_i(v_i \in V_i^L)$，根据系统拓扑结构，搜索与 v_i 相连的其他负荷或发电机节点的集合 V^C。

第 3 步，判断 $v_j(v_j \in V^C)$ 是否满足 $v_j \in V_i^L$，若是，则线路 $i-j$ 为孤岛内部线路，非解列断面；反之，则线路 $i-j$ 为解列断面。

通过上述步骤，可完成系统解列断面的确定，构成解列控制的解列策略。

11.2.3 考虑功率平衡的孤岛功率控制策略

上一小节阐述了解列断面的获取方法，然而解列之后系统是否稳定，是否需要进一步切机、切负荷，还需要完成对孤岛的进一步分析，完善解列的后续控制。本小节从系统频率特性的角度出发，阐述解列之后孤岛的功率控制思路。

11.2.3.1 系统功率特性

系统遭受大扰动之后，整个系统的运行状态将发生较大变化，包括节点电压、系统频率等。对于具备调频能力的发电机，当频率变化时发电机的机械出力将会自动调整。同时，对于负荷而言，大多数都具备一定的频率特性和电压特性，即功率随着频率和电压的改变而改变。考虑到故障后，系统状态往往有别于正常状态，因此，有必要估计实际系统可接受的异常状态下，发电机的出力和负荷大小的实际值是多少，基于预估的值可更加准确地实现孤岛的功率控制。

（1）发电机功率特性。发电机的调速器可自动实现其机械出力的调节。当系统有功功率平衡被破坏时，系统频率会产生变化，进而原动机的调速系统将根据频率偏差自动增加或减少原动机的出力，直到形成新的平衡状态。发电机出力与频率之间的关系称为发电机的功频特性。

假设发电机的工频静特性系数为 K_G，则发电机出力变化量与频率偏差之间的关系如下

$$\Delta P_G = -K_G \Delta f \tag{11-18}$$

上式含义为：当系统频率高于额定频率时时，Δf 为正，则发电机出力减少；反之，系统频率低于额定频率时，Δf 为负，则发电机出力增加。

（2）负荷功率特性。系统中存在一些负荷，其功率与系统频率息息相关。比如切削机床、变压器涡流损耗、通风机等，它们所消耗的有功功率随频率的变化而变化。同时，部分负荷其大小与节点电压也密切相关。因此，负荷可用如下近似表达

$$P = P_0\left(\frac{U}{U_0}\right)^a\left(\frac{f}{f_0}\right)^b \tag{11-19}$$

式中 P_0, U_0, f_0 ——稳态时的负荷有功功率、节点电压和频率；

P, U, f ——某一状态下的负荷有功功率、节点电压和频率。

当然，上式只是负荷静态特性的一种表达形式，根据负荷的不同，可建立多种负荷静态模型，常用的有恒阻抗负荷、恒功率负荷、恒电流负荷和综合负荷等。对于上式所示的负荷模型，当系统遭受扰动后，可估计负荷变化量如下

$$\Delta P_L = \sum_{i=1}^{m}\left(P_{i0} - P_{i0}\left(\frac{U_i}{U_{i0}}\right)^a\left(\frac{f_i}{f_0}\right)^b\right) \tag{11-20}$$

当忽略节点电压的影响时，可以近似描述为

$$\Delta P_L = K_L \Delta f \tag{11-21}$$

式（11－21）含义为：系统频率增加时，负荷功率增加；反之，系统频率下降时，负荷功率降低。

11.2.3.2　孤岛功率控制

按照前述分析，对于解列后的孤岛，要求孤岛内部的不平衡功率须小于阈值ε，该阈值取决于孤岛内发电机和负荷的功率特性。同时，系统受扰后随着状态的变化，发电机和负荷功率随之变化，由此可以抵消一部分不平衡功率。在设计孤岛控制策略时应考虑这一因素。

值得注意的是，在解列时刻，系统状态正处于一个快速振荡的过程，因此其功率也随之振荡。显然，由此振荡的功率来分析系统的不平衡功率会有失偏颇，而且会面临不平衡功率都在剧烈波动的情形，不易处理。本小节提出，以孤岛可接受的临界运行状态为研究对象，分析从稳态到该临界态系统的功率特性可抵消的不平衡功率大小。假定该临界态要求节点电压和频率满足下式

$$\begin{cases} f_{\min} < f < f_{\max} \\ V_{\min} < V < V_{\max} \end{cases} \tag{11-22}$$

当孤岛内出力大于负荷时，可能会出现电压和频率都偏高的情况；当孤岛内出力小于负荷时，可能会出现电压和频率都偏低的情况。下面分别对两种情况进行说明，分析两种情况下孤岛功率特性可抵消的不平衡功率。

（1）出力大于负荷。发电机出力变化量为

$$\Delta P_G = -K_G(f_{\max} - f_0) \tag{11-23}$$

式（11－23）意味着发电机出力减少。

负荷功率变化量为

$$\Delta P_L = \sum_{i=1}^{m}\left(P_{i0}\left(\frac{U_{i\max}}{U_{i0}}\right)^a\left(\frac{f_{i\max}}{f_0}\right)^b - P_{i0}\right) \tag{11-24}$$

式（11－24）意味着负荷增加。

那么，相当于孤岛内负荷总共增加了

$$\Delta P = \Delta P_L - \Delta P_G \tag{11-25}$$

综上，对于出力大于负荷的孤岛，由发电机、负荷功率效应导致的系统潜在的自动调节功率（简称可调功率）为

$$\Delta P_k = \Delta P_{kL} - \Delta P_{kG} \tag{11-26}$$

（2）出力小于负荷。发电机出力变化量为

$$\Delta P_G = -K_G(f_{\min} - f_0) \tag{11-27}$$

式（11－27）意味着发电机出力增加。

负荷功率变化量为

$$\Delta P_L = \sum_{i=1}^{m}\left(P_{i0}\left(\frac{U_{i\min}}{U_{i0}}\right)^a\left(\frac{f_{i\min}}{f_0}\right)^b - P_{i0}\right) \tag{11-28}$$

式（11－28）意味着负荷减少。

那么，相当于孤岛内出力总共增加了

$$\Delta P = \Delta P_G - \Delta P_L \tag{11-29}$$

综上，对于出力小于负荷的孤岛，其可调功率为

$$\Delta P_k = \Delta P_{kG} - \Delta P_{kL} \tag{11-30}$$

综上所述，在孤岛功率特性的作用下，解列后的孤岛的可调功率为

$$\Delta P_k = \begin{cases} \Delta P_{kL} - \Delta P_{kG}, \sum P_G > \sum P_L \\ \Delta P_{kG} - \Delta P_{kL}, \sum P_G < \sum P_L \end{cases} \tag{11-31}$$

解列时刻，因状态波动，不平衡功率也是波动的，以该不平衡功率来判断，有失偏颇。为避免不必要的过控制，本小节提出以故障切除时刻的不平衡功率来作为评判的标准。故障切除时刻的负荷功率是后动态过程的初始态，具有一定的参考价值。大量仿真表面的失稳算例中，负荷强烈振荡，初值接近振荡的波峰。对于稳定的算例，后续动态过程的负荷功率大小围绕故障切除时刻的功率值而振荡。基于该思路，设计如下孤岛功率控制策略：

计算孤岛在故障清除时刻的不平衡功率 ΔP_k^c。若

$$\left|\Delta P_k^c\right| - \Delta P_k \leqslant \varepsilon \tag{11-32}$$

则意味着该孤岛不需要额外控制。反之，若

$$\left|\Delta P_k^c\right| - \Delta P_k > \varepsilon \tag{11-33}$$

则附加控制量为

$$P_{\text{con}} = \left|\Delta P_k^c\right| - \Delta P_k - \varepsilon \tag{11-34}$$

式中　ε——孤岛可接受的不平衡功率，可作为是否需要控制的判断标准。

若 $\Delta P_k^c > 0$，则说明孤岛内出力大于负荷，应减少发电机出力量，可采取快关汽门或切机来实现；若 $\Delta P_k^c < 0$，则说明孤岛内出力小于负荷，应减少负荷，可采取切负荷来实现。

对于需要切机的情形，可借助上一小节的算法，快速确定功率控制灵敏度为正的机组，并按照灵敏度比例将控制量分摊到各台发电机；对于需要切除负荷的情况，可按照节点电压偏差排序，优先切除电压低的节点上的负荷。

11.2.4　在线解列控制算法设计

本小节力求设计一套可用于在线使用的主动解列算法。该算法实施步骤如图 11－3 所示，具体步骤如下。

第 1 步，获取系统实时状态，主要包括潮流数据和发电机状态变量。

第 2 步，预测系统暂态稳定性。实时预测系统

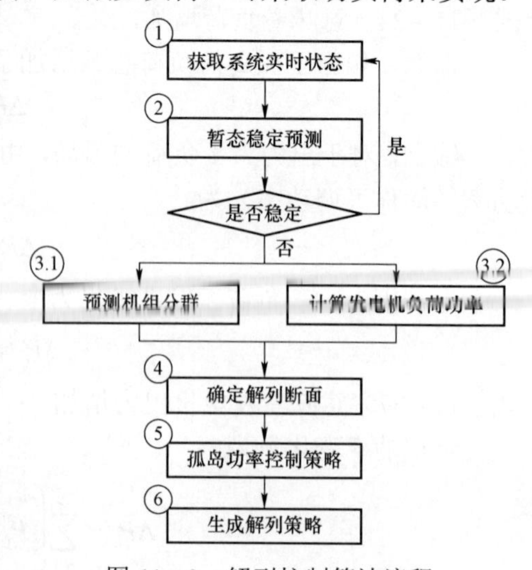

图 11－3　解列控制算法流程

是否会失稳。若是，进入第 3 步；反之，返回第 1 步。

第 3 步，基于历史信息预测发电机分群情况；同时，根据故障前的稳态潮流，分析发电机和负荷的供求关系。

第 4 步，基于第 3 步的结果，确定系统解列断面。

第 5 步，基于第 4 步得到的孤岛信息，设计孤岛控制策略。

其中，第 4 步和第 5 步所得的结果即为解列控制方案。实际应用时，可在第 4 步之后直接执行解列控制，此后完成第 5 步的计算，进一步实施孤岛控制即可。若用于在线预决策分析时，可将上述方案与切机控制进行比较，确定更合适的暂态稳定控制决策方案。

11.3 算 例 分 析

11.3.1 发电机在线功率控制仿真

相关内容见 11.1.1。

以新英格兰 10 机 39 节点系统为例，如图 11－4 所示，说明本小节所提出的算法的有效性与适用性。对于 10 机 39 节点系统设置普通故障和严重故障，分别激发两机群失稳和多机群失稳两种现象，以此说明算法在处理多机群失稳故障的有效性；对国内实际电网的测试，用以验证算法对大规模系统的适用性。在 IEEE39 节点标准系统上的测试，功率量均采用标幺值。

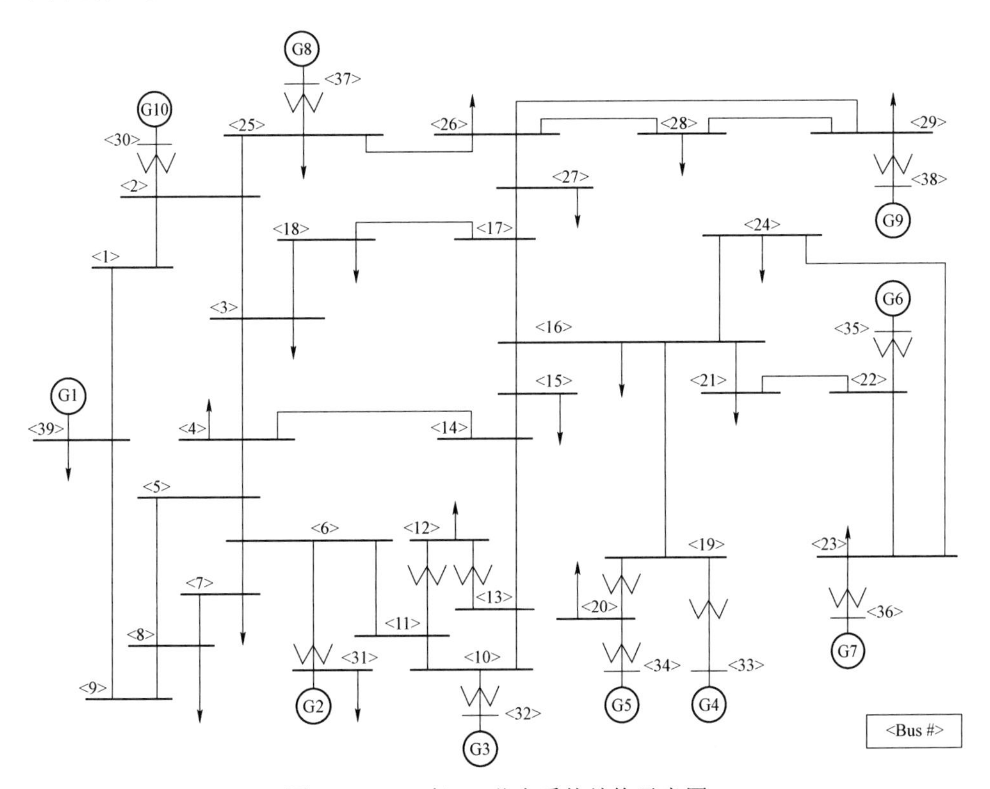

图 11－4　10 机 39 节点系统结构示意图

发电机采用经典二阶模型，阻尼系数均取 0.2。

Case 1:0.1s 时，在 Bus4 处发生三相接地故障，0.254s 故障切除，系统失去稳定。

计算表明，0.32s 状态矩阵出现实部为正的特征根，从该时刻开始，按照第 3 节中的步骤分析各可控点的控制灵敏度。不难发现，在 G31、G32 处实施功率控制有利于系统的稳定，而在其他地方实施控制则会起到反作用。0.32s 之后一小段时间，超前机组均处于减速阶段，可暂不予控制。0.5s 时，超前机组的不平衡功率为 0.878，在 G31 和 G32 处控制的平均灵敏度之比为：1:0.68。按照算法第 5 步，在 G31 和 G32 处分别切除功率 0.523 和 0.355。按照流程继续监控系统状态矩阵。后续监控表明，系统在接受上述控制后维持单摆稳定，如图 11－5 所示。

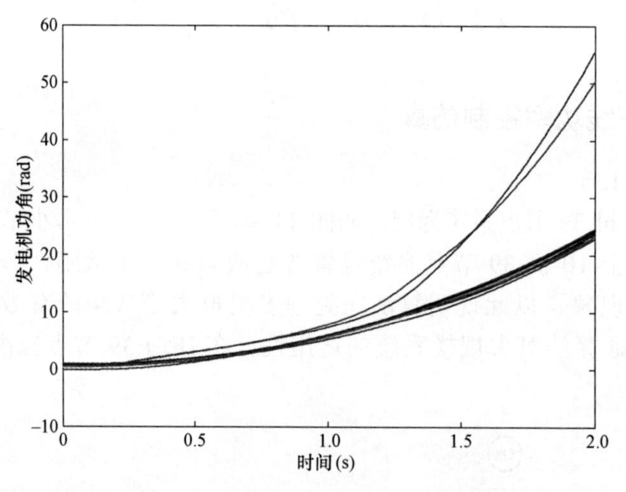

图 11－5　无控制时发电机功角曲线

Case 2：0.1s 时，Bus24 处发生三相接地故障，0.4s 故障切除，系统失去稳定。本算例所设置故障为严重故障，用来验证算法对于严重故障的适用性。该故障发生后，发电机功角曲线如图 11－6 所示。

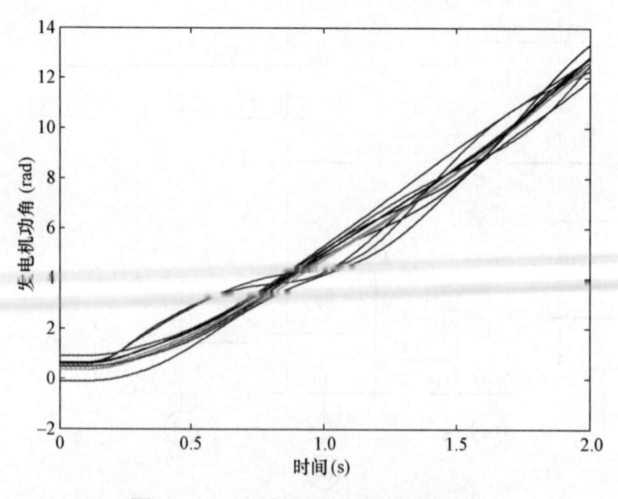

图 11－6　控制后发电机功角曲线

功率控制过程如下：0.41s 出现第 1 个实部为正的特征根 λ_1。经分析，λ_1 出现后一段时间范围内，各可控点的相对控制灵敏度如图 11－8 所示。由图可知，在 G35、G36 处控制有利于系统的稳定，而在其他节点上控制则效果相反。G35 和 G36 的平均控制灵敏度之比为 0.39:1。0.41s 时，超前机群不平衡功率为 1.79，此时分别在 G35、G36 处分别减少功率：0.50，1.29。跟踪控制后的断面状态矩阵，发现投入控制后 G35、G36 转速向惯性中心靠拢，说明控制结果有效缓解了 G35 和 G36 的失稳趋势。进而，按照流程循环监控系统状态矩阵特征根。在 0.605s 时出现实部为正的特征根 λ_2。λ_2 出现后各可控点的相对控制灵敏度如图 11－9 所示，可见，在 G34 处实施控制灵敏度最大，这意味着在该处控制效果最好，故在 G34 处减少功率 2.45。继续跟踪系统状态矩阵，直至一个摇摆周期结束，未施加控制，系统维持同步稳定。整个控制过程中，发电机功角曲线如图 11－10 所示。

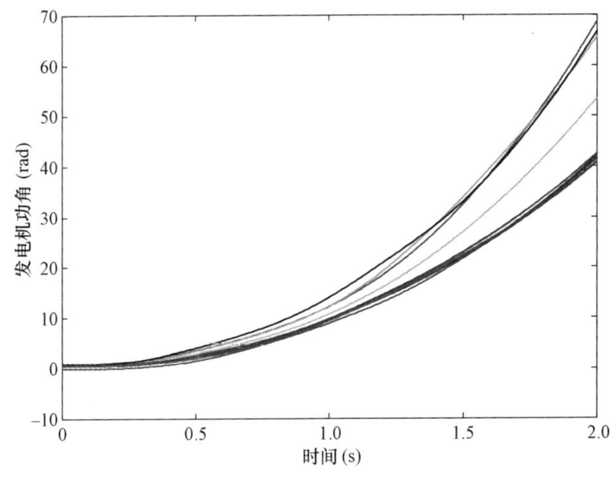

图 11－7　无控制时发电机功角曲线

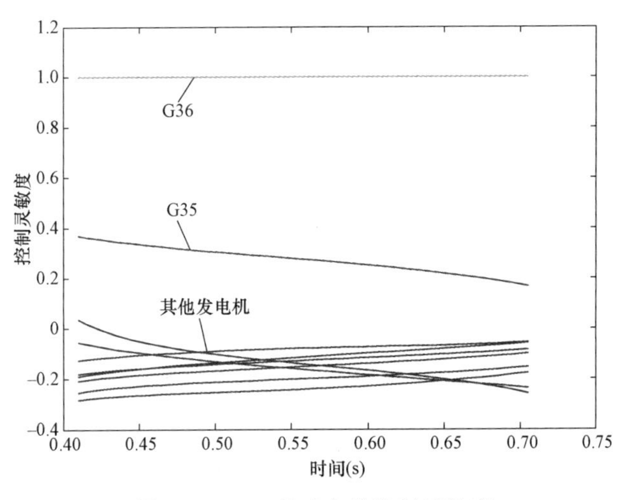

图 11－8　λ_1 所对应的控制灵敏度

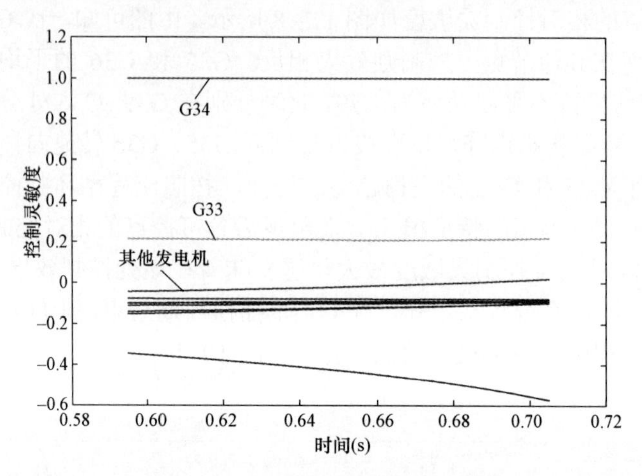

图 11－9　λ_2所对应的控制灵敏度

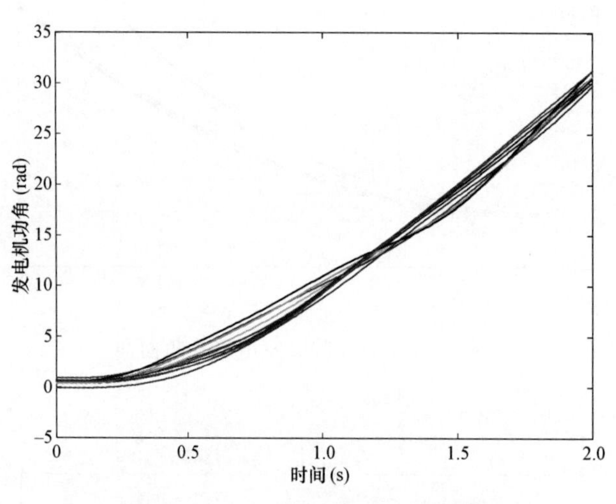

图 11－10　控制后发电机功角曲线

对于 Case2，若采取一般启发式算法，对超前机群（G33～G36）进行控制。假定每个发电机节点上连接 5 台相同的发电机，故每次切除容量为发电机原出力的 20%。为确保启发式切机算法的全面性，充分考虑每个可切点的各种情形，即切除：0，20%，40%，60%，80% 共 5 种情况（不考虑全部切除的情况），因此，针对 4 个可切点共有 $5^4-1=624$ 种切机方案。此处对 624 种切机方案分别进行时域仿真，校验其可行性。

若以 2s 时系统最大功角差不大于 180° 为单摆稳定衡量标准，则所有方案中仅 14 种能维持系统单摆稳定，如表 11－1 所示，共占总方案数的 2.24%。若优先切除角度最大发电机节点上的发电机，以 0.41s 加速机群中发电机的功角为参考，则应按照 G36，G34，G35，G33 的次序依次控制。那么，14 个可行方案若按照切机顺序排序，在 624 个方案中的顺序如表 11－1 中最后一列所示。例如，从控制量为{0，0，0，0}开始，需经过 6 次时域仿真校

验，才得到第一个可行的控制方案。而本章算法所给出的控制策略为：在 G36，G35，G34 处分别切除 20%，5%，27%，最接近表 11－1 中的方案 1，而方案 1 需要经过 6 次校验才能生成。可见，虽然本章所提算法控制量略大于方案 1，但在算法的计算时效上，本章算法显然更占优势。

表 11－1　　启发式控制方案

方案编号	可控点 1 G33	可控点 2 G35	可控点 3 G34	可控点 4 G36	控制量（p.u.）	排序
1	0	0	0.2	0.2	3.54	6
2	0	0	0.4	0.2	5.36	11
3	0	0	0.8	0.4	10.72	22
4	0	0.2	0.4	0.2	7.41	36
5	0	0.4	0.6	0.2	11.27	66
6	0	0.6	0.4	0.2	11.50	86
7	0.2	0	0.2	0.2	4.81	131
8	0.2	0.6	0.2	0.2	10.94	206
9	0.4	0	0.8	0.4	13.26	272
10	0.6	0	0.4	0.4	10.88	387
11	0.6	0	0.6	0.4	12.70	392
12	0.6	0.2	0.2	0.2	9.39	406
13	0.8	0	0.2	0.4	10.33	507
14	0.8	0	0.4	0.4	12.15	512

通过上述比较不难发现，仅参考发电机功角信息的启发式算法难以准确定位控制地点，需通过多次尝试才能找到可行控制方案；而本小节所给出的控制策略虽然控制量略大于表 11－1 中的方案 1，但其在控制地点选择及控制量计算等方面远优于启发式算法。

对新英格兰系统设置其他故障，测试算法的有效性，测试结果如表 11－2 所示。

表 11－2　　其他算例测试结果

算例序号	故障信息	出现实部为正的特征根时刻（s）	超前机群	快关比例	控制效果
1	0.1s 时，Bus11 处故障 0.2s 故障清除	0.3	G31 G32	16% 23%	单摆稳定
2	0.1s 时，Bus16 处故障 0.3s 故障清除	0.485	G34	12%	稳定
3	0.1s 时，Bus23 处故障 0.26s 故清除	0.33	G36	30%	稳定
4	0.1s 时，Bus26 处故障 0.32s 故障清除	0.45 0.735	G38 G38	不需控 25%	稳定

在第 1 个算例中，施加控制后系统维持单摆稳定；若不进一步施加控制，则会出现多摆失稳现象。在第 4 个算例中，在出现第一个实部为正的特征根后超前机组转速下降，向惯量中心靠近，暂不需要控制；而第二个实部为正的特征根出现后，出现了控制灵敏度为正的控制点（G38），施加控制后系统稳定。但总的来说，算法在保障单摆稳定方面具备很好的适用性。对于多摆失稳的情形，实际上可循环该算法，持续监控系统特征根，一旦出现实部为正的特征根，即施加控制，可有效防止多摆失稳。

11.3.2 电网主动解列控制仿真

在新英格兰 10 机 39 节点系统和 IEEE－68 系统上进行测试，验证算法的适用性。算例分析中，发电机采用经典二阶模型、负荷采用恒阻抗模型。所用模型忽略了系统功率特性中频率所带来的影响，仅考虑电压波动对负荷功率特性的影响。

算例说明：0.1s 时，Bus4 接地故障，0.254s 时故障清除。5.2 节的暂态稳定预测算法可准确预判系统即将失稳，此处不再详述。下面，对于解列策略的形成进行详细说明。

（1）预测机组分群。经逐时间断面特征根计算，可发现，在 0.33s 时出现实部为正的特征根，$\lambda_1 = 1.587 + 0i$。0.33s 时的功角相对于初始值的偏差如表 11－3 所示，按照第 2 步中的分群方法可知，当前时刻可分为两群：G2、G3 为一群，剩余机组为一群。此时，λ_1 所对应的右特征向量及变量的参与因子如图 11－11 所示。由图 11－11 可知，在 0.33s 时，发电机 G2、G3 的角速度所对应的变量参与度较大，而其他发电机参与度符号相反。由特征向量图可知，对应的右特征向量相位差为 0，幅值略有差异，则各发电机状态量仍处于同调阶段。由此，可以预测，在该模式作用下，分群情况将会是 G2、G3 一群，其他机组一群。

表 11－3　0.33s 时发电机功角变化量

发电机编号	功角（rad）	发电机编号	功角（rad）
G1	0.54	G6	0.55
G2	1.14	G7	0.56
G3	1.28	G8	0.58
G4	0.52	G9	0.38
G5	0.44	G10	0.44

连续分析 10 个时间断面，即 0.33～0.52s。分析结果与 0.33s 时的结果一致，由此可以认为该故障下，系统的分群情况为：机群Ⅰ{G31，G32}、机群Ⅱ{G30，G33，G34，G35，G36，G37，G38，G39}。对照如图 11－12 所示的系统功角曲线，可知预测结果正确。

（2）计算发电机出力与负荷供求关系。基于故障前系统稳态潮流，利用潮流跟踪算法，计算出发电机出力与负荷供求关系。

以第 10 台发电机为例

$$P_{G10} = 0.13P_{L4} + 0.90P_{L19} \tag{11-35}$$

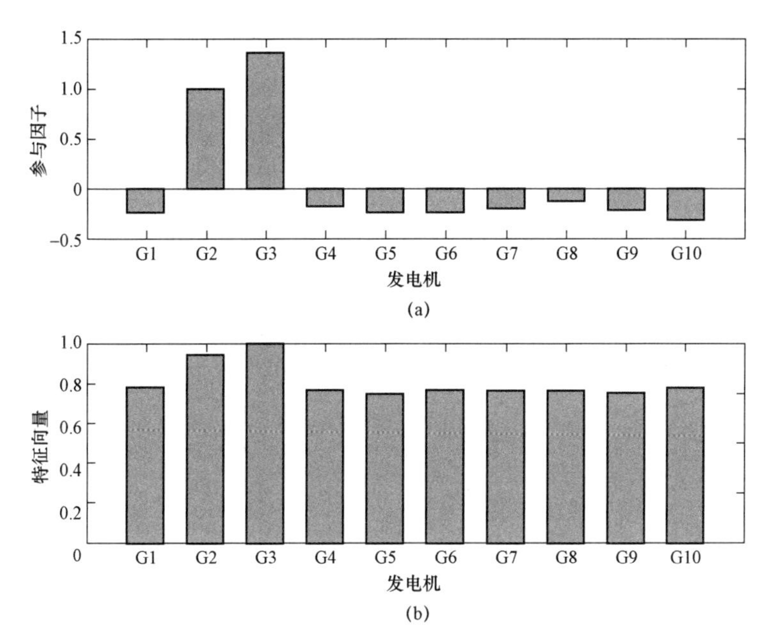

图 11－11　λ_1 所对应的右特征向量及参与因子

（a）发电机对应的参与因子；（b）发电机对应的特征向量

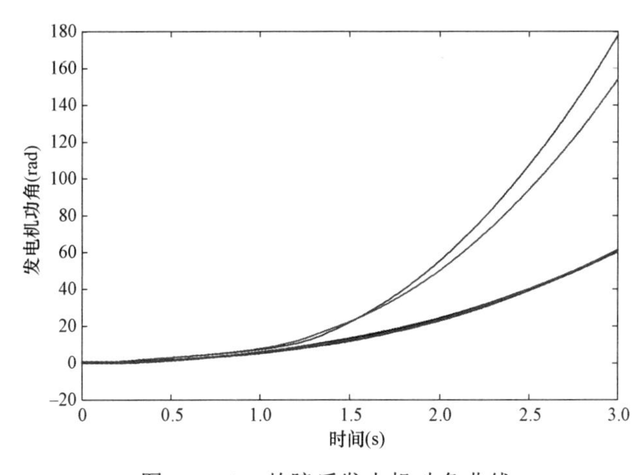

图 11－12　故障后发电机功角曲线

式（11－35）意味着，第 10 台发电机的出力主要传送给第 4 个负荷和第 19 个负荷。上式计算所得 P_{G10} 和发电机实际出力大致相等，极小的误差来自忽略了其他负荷的影响。由于省略的功率极小，相比于暂态过程中的功率波动可忽略不计。

功率分配矩阵中个别元素大于 1，意味着考虑网损的情况下，发电机向负荷供应的功率大于负荷本身；同理，对于非常接近 0 的元素，是由网损所引起。在实际处理时，忽略这些接近 0 的元素的影响。

负荷所需功率来源如下

$$P_L=\begin{bmatrix}0.55&0.02&0.01&0&0&0&0&0.09&0&0\\0&0.32&0.23&0&0&0&0&0&0&0\\0&0.22&0.04&0&0&0&0&0&0&0\\0.01&0.42&0.08&0&0&0&0&0&0&0.06\\0&0&0.32&0&0&0&0&0&0&0\\0&0&0.29&0.26&0.06&0.11&0.02&0&0&0\\0&0&0&0.48&0.12&0.20&0.04&0&0&0\\0.33&0.01&0.01&0.22&0.05&0.09&0.02&0.05&0&0\\0&0&0&0&0.75&0&0&0&0&0\\0&0&0&0&0&0.58&0.03&0&0&0\\0&0&0&0&0&0&0.29&0&0&0\\0&0&0&0&0&0&0.59&0&0&0\\0&0&0&0&0&0&0&0.27&0&0\\0&0&0&0&0&0&0&0.38&0.27&0\\0&0&0&0.02&0&0&0&0.18&0.13&0\\0&0&0&0&0&0&0&0&0.25&0\\0&0&0&0&0&0&0&0&0.34&0\\0&0.01&0&0&0&0&0&0&0&0\\0.10&0&0&0&0&0&0&0.02&0&0.93\end{bmatrix}P_{\mathrm{G}}$$

（3）确定解列断面。搜索出单独属于两个机群的负荷以及公共负荷如下

$$\begin{cases}V_I^L=\{L_2,L_3,L_5,L_{18}\}\\V_{II}^L=\{L_7,L_9,L_{10},L_{11},L_{12},L_{13},L_{14},L_{15},L_{16},L_{17},L_{19}\}\\V_S^L=\{L_1,L_4,L_6,L_8\}\end{cases}$$

进一步分析公共负荷集合 V_S^L 中各个负荷的功率来源情况，如下所示

$$\begin{cases}c_{1,v_1}=0.04,c_{1,v_1}=0.96\\c_{4,v_1}=0.86,c_{4,v_1}=0.14\\c_{6,v_1}=0.44,c_{6,v_1}=0.56\\c_{8,v_1}=0.02,c_{8,v_1}=0.98\end{cases}$$

供应系数阈值 $\sigma=0.7$，则上述 4 个公共负荷可做如此划分：v_1,v_8 划入机群Ⅱ，而 v_4 划入机群Ⅰ。负荷 v_6 的功率来自两个机群，且差别较小，因此，应按照已确定的负荷匹配结果来决定 v_6 的归属。在 v_1，v_4，v_8 确定机群之后，机群Ⅰ的不平衡功率为 -3.2，机群Ⅱ的不平衡功率为 17.0。显然，应将 v_6 划入机群Ⅱ。值得注意的是：机群Ⅱ加入负荷 v_6 后，两个机群的不平衡功率之和不为 0，这是因为未考虑网损的影响。通过上述匹配过程，可得到两个孤岛，它们含有的发电机和负荷节点序号如表 11－4 所示，对应的分布如图 11－13 所示。其中较大的圆圈代表发电机，较小的圆圈代表负荷，带阴影的圆圈表示中间节点（既没有发电机也没有负荷）；白色圆圈属于孤岛Ⅰ的节点，黑色圆圈属于孤岛Ⅱ；外面套有大圆圈的负荷节点为公共负荷节点，内环的颜色决定其所属的孤岛。

表 11-4　　孤岛中发电机和负荷信息

孤岛序号	发电机节点	负荷节点
Ⅰ	31，32	4，7，8，12，31
Ⅱ	30，33，34，35，36，37，38，39	3，15，16，18，20，21，23，24，25，26，27，28，29，39

根据图 11-13，分析公共负荷相关线路，即可确定解列断面。

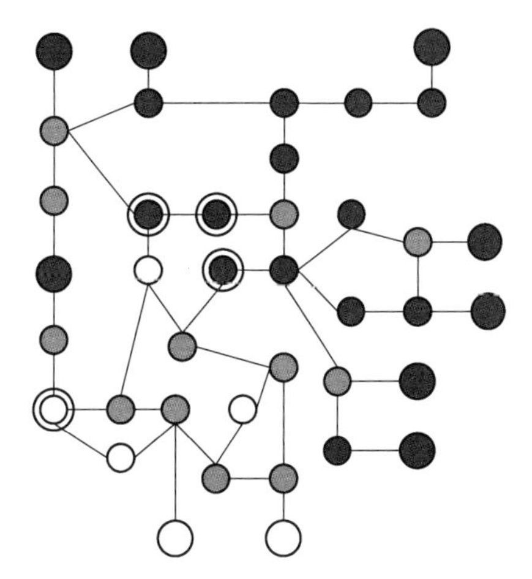

图 11-13　发电机负荷分布图

首先，将中间节点进行划分。划分原则：① 中间节点上有若干线路，若某些线路的另一个节点是公共负荷节点或中间节点，则忽略该线路的影响，考虑剩下线路的连接关系即可；② 公共节点上所有线路的另外一个节点属于同一个孤岛，则该公共节点属于该孤岛。因此，图可以进一步简化，如图 11-14 所示。

其次，根据公共负荷节点来分析解列断面，如图 11-15 所示。识别原则：公共负荷节点若本身属于孤岛 V，搜索与该公共节点相连的线路；遍历线路的另外一个节点，若该节点属于孤岛 V，则该线路不是解列线路，反之，则该线路为解列线路。

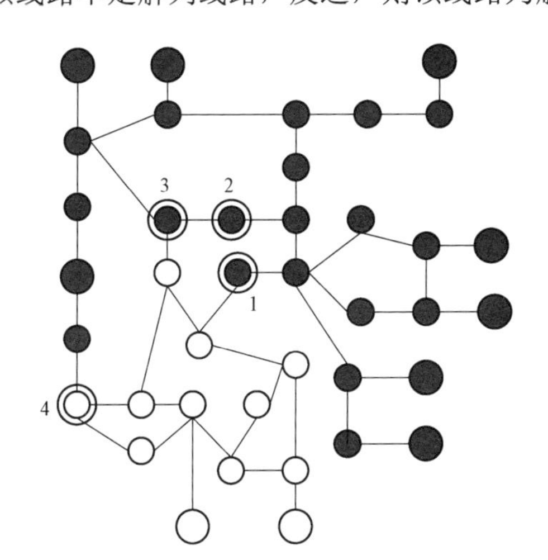

图 11-14　处理后的发电机负荷分布图

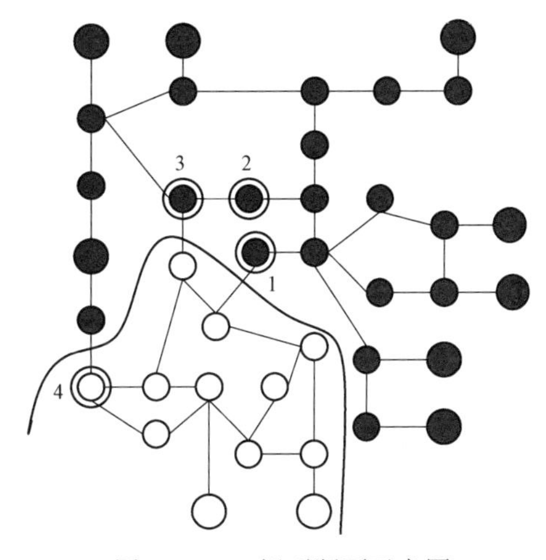

图 11-15　解列断面示意图

举例说明：上图中，公共节点 1 相连的两条线路，一条为解列线路，另外一条非解列线路；公共节点 2 相连的两条线路，都不是解列线路。该算例的解列断面由如下三条线路构成。

上述步骤确定了系统的解列断面。接下来，分析两个孤岛的不平衡功率情况。

1）发电机功率分析。对于一般发电机来说，静态功率调节系数取 2～5，即频率变化 1% 时，出力变化 2%～5%，本算例中系数取 5。那么，发电机功率自动调节量为

$$\Delta P_{\mathrm{G}}=-5\frac{\Delta f}{f_0}P_{\mathrm{G0}}$$

在该算例中，故障发生后系统频率变大，因此发电机出力减小。本例中，假设系统的极限频率范围为：［48Hz，50Hz］，系统可在48Hz或52Hz时持续运行一小段时间，足够施加各种稳控措施。对于频率升高的情况，发电机出力减少20%。该减少量是相对于初始状态的，故障切除时系统频率已发生偏移，发电机出力也发生了改变，因此发电机潜在的可调功率应在发电机一次调频能力的基础上减去发电机在故障过程中已经减少的功率。本算例中，故障切除时刻，孤岛Ⅰ中发电机出力之和为16.8，其可调功率为－2；孤岛Ⅱ中发电机出力之和为68.4，其可调功率为－11.4。

2）负荷功率分析。本算例负荷均采用恒阻抗负荷，即负荷大小与节点电压相关，与频率无关。故障发生后，节点电压总体偏低，负荷功率减少，负荷不具备功率调节效应。故障切除时刻，孤岛Ⅰ中负荷功率之和为12.4，其可调功率为0；孤岛Ⅱ中负荷功率之和为67.4，其可调功率为0。

由此可知，故障切除时刻，孤岛Ⅰ的不平衡功率为：16.8－12.4＝4.4，孤岛Ⅰ的其可调功率为：0－(－2)＝2，孤岛Ⅰ仍存在不平衡功率4.4－2＝2.4，因此，孤岛Ⅰ需要附加功率控制。考虑系统可接受的不平衡功率阈值ε，可在发电机G31、G32各减少出力0.5。孤岛Ⅱ的不平衡功率为68.4－67.4＝1，孤岛Ⅱ的可调功率为0－(－11.4)＝11.4，因此，孤岛Ⅱ不需要附加功率控制。

综上所述：该算例中，主动解列方案为：0.3s，断开线路Line8－9，Line3－4，Line14－15；孤岛Ⅰ中两台发电机各减少出力0.5，孤岛Ⅱ不需要功率控制。解列后，若不施加功率控制，两个孤岛的状态如图11－16、图11－17所示。由图所示的仿真结果可知，孤岛Ⅱ解列后系

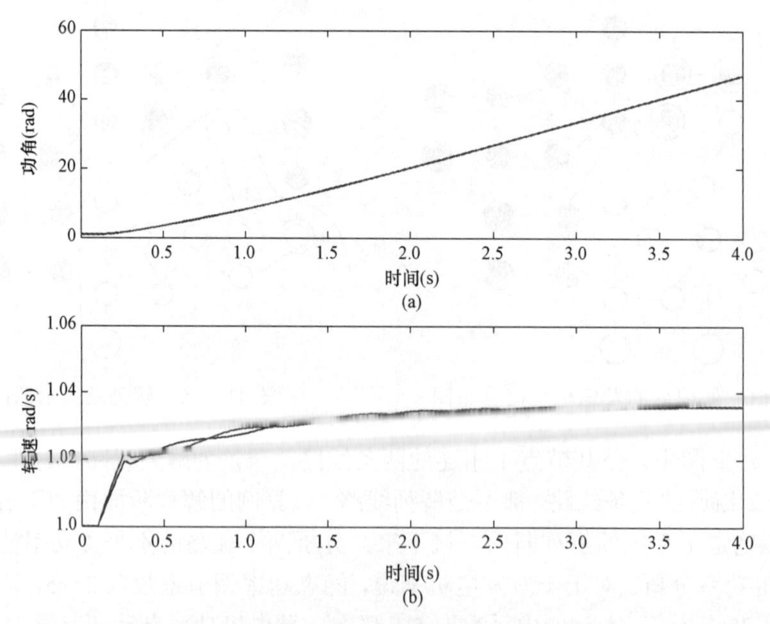

图11－16　孤岛Ⅰ中发电机功角曲线和转速曲线

（a）孤岛Ⅰ功角曲线；（b）孤岛Ⅰ转速曲线

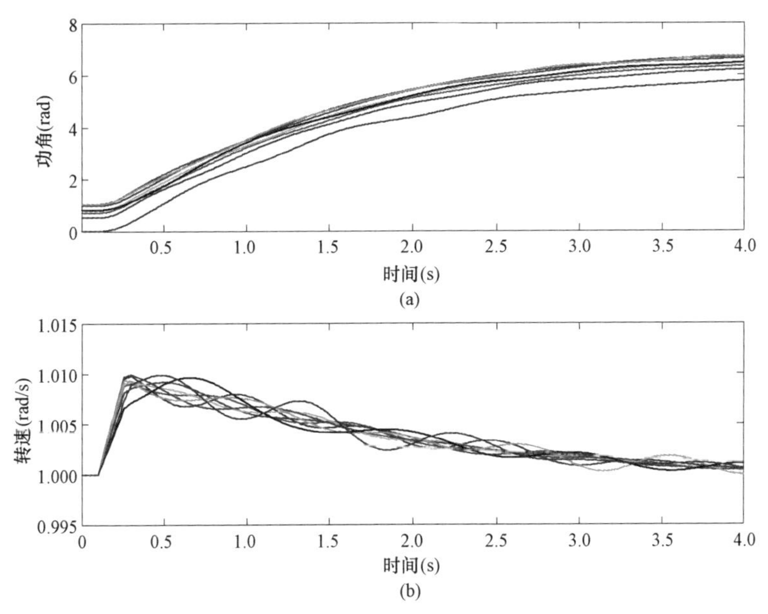

图 11－17　孤岛Ⅱ中发电机功角曲线和转速曲线

（a）孤岛Ⅱ功角曲线；（b）孤岛Ⅱ转速曲线

统保持同步稳定，且频率满足要求，控制效果符合预期。值得注意的是，在功率平衡过程中，网损可消耗一部分不平衡功率，同时节点电压恢复增加一部分负荷，可以抵消掉部分不平衡功率。而负荷恢复功率与系统的电压水平有关，难以定量估计。因此，在设计附加控制时，可适当考虑该因素，适当放宽不平衡功率阈值ε。大量仿真测试表明，可以将稳态时的系统网损作为阈值ε的参考值。

这里，构造一个较严重的故障。具体措施：延长故障持续时间，即 0.1s 时 Bus4 三相接地短路，0.35s 切除故障；同时，弱化发电机调速器的功率调节能力，将其限制在额定功率的 10%。分析结果如表 11－5 所示。

表 11－5　　孤岛功率信息

孤岛序号	不平衡功率（p.u.）	可调功率（p.u.）
Ⅰ	7.8	3.3
Ⅱ	5.5	5.8

显然，按照前一算例的分析，孤岛Ⅱ不需要附加控制；而孤岛Ⅰ，因即使考虑可调功率，依然需要施加控制来平衡不平衡功率 7.8－3.3＝4.5。这里阈值ε取为 2，具体控制策略为：0.37s 解列系统，同时令发电机 G31、G32 各减少出力 1.5。仿真结束时刻系统负荷总量为 85.7。控制效果如图 11－18、图 11－19 所示，达到预期效果。

对于该算例，若不选择解列，可采用切机控制。控制策略为：0.37s，G31、G32 分别减少出力 4.4，4.8。仿真结束时刻系统负荷总量为 86.5，系统状态如图 11－20 所示。通过发电机功率调整，同样可以达到镇定系统的效果。

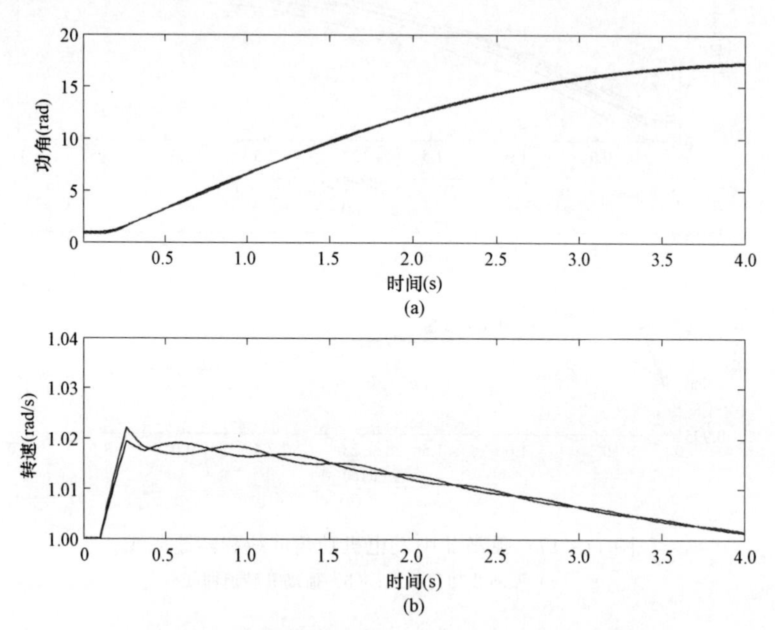

图 11-18 孤岛Ⅰ中发电机功角曲线和转速曲线

（a）孤岛Ⅰ功角曲线；（b）孤岛Ⅰ转速曲线

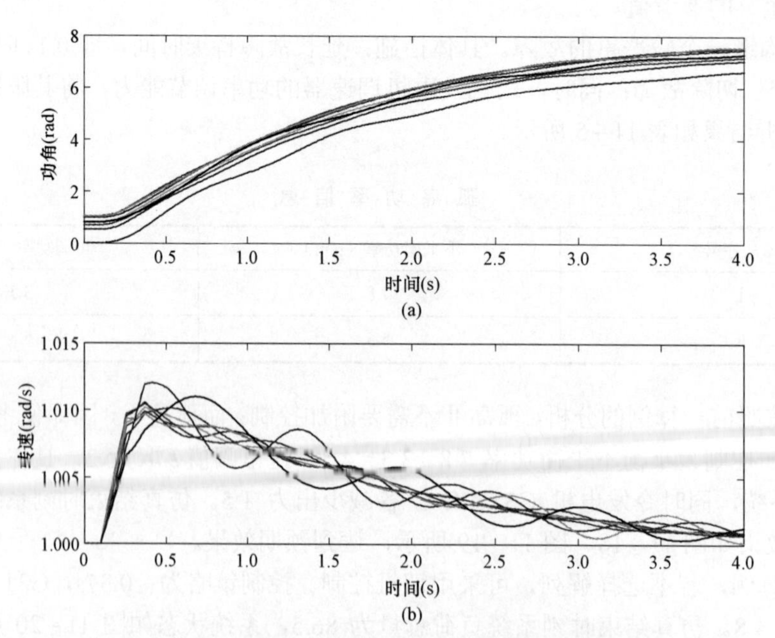

图 11-19 孤岛Ⅱ中发电机功角曲线和转速曲线

（a）孤岛Ⅱ功角曲线；（b）孤岛Ⅱ转速曲线

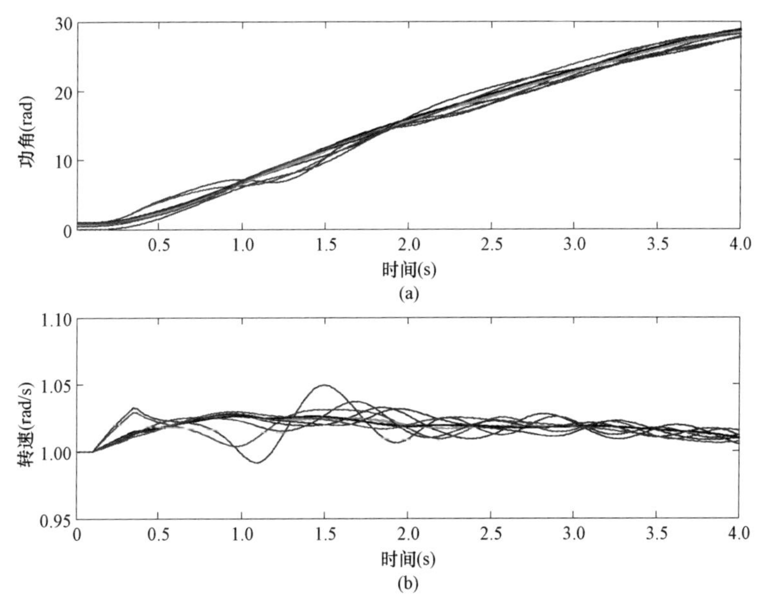

图 11－20　仅采用切机控制后发电机功角曲线和转速曲线

（a）发电机功角曲线；（b）发电机转速曲线

在此算例中，发电机具有功率调节能力，同时负荷为恒阻抗负荷，随着电压变化具备一定的自动调节能力，解列和切机两种控制效果差别不大，最终存活的负荷总量接近。从图中可以发现：解列控制中，发电机转速最大值为 1.032，而且机组的转速相对平滑；切机控制中，发电机转速最大值为 1.050，机组转速波动剧烈，会影响机组寿命。从控制效果上看，解列控制后，机组状态更平稳。

小　结

本章在上一章暂态功角稳定算法的基础上，研究了发电机在线功率控制和电网主动解列控制在连锁故障阻断中的应用。首先，本章提出了基于轨迹特征根法的机组分群预测算法与基于潮流跟踪的负荷分群方法，进行了孤岛系统的划分；其次，分析了孤岛功率特性，提出了解列之后的孤岛系统功率调整控制策略；再次，将上述算法予以集成，形成了在线主动解列控制算法；最后，结合 IEEE 新英格兰 10 机 39 节点标准系统上进行了算例测试，验证了控制算法的高效实用性，为未来深入开展大规模互联电网在线主动解列的研究奠定了一定的理论基础。

第三篇

大电网连锁故障仿真分析系统

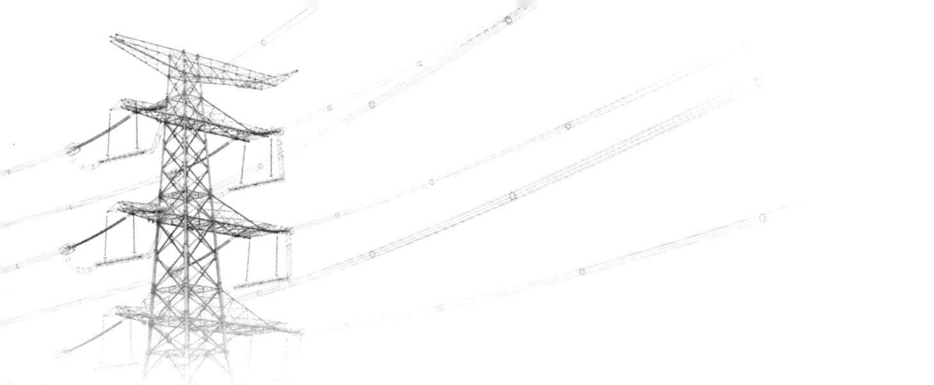

12

概　　述

随着电网互联程度的加深，在取得了较大经济效益的同时，电网的整体安全性也受到更严重的威胁，局部电网某些故障的影响有可能波及附近的区域电网，并诱发连锁反应，元件相继退出运行造成大面积停电甚至整个电网的崩溃。因此，如何有效地防止电力系统连锁反应故障是避免大停电事故的关键。近年来，大停电事故已经发生多次，往往是由连锁故障引起的。例如，2003 年北美大停电就是由一条高压输电线路跳闸逐步蔓延开来的；2005 年的莫斯科大停电则是从一个高压电流互感器爆炸开始的；2012 年 7 月印度的两次大停电虽然有电网基础设施不足与电网调度管理体制等多方面的因素，然而电网的连锁故障过程也伴随着整个大停电的过程。

河南电网处于特高压和全国联网的核心区域，其安全稳定对河南和全国联网均具有重要意义。随着特高压交流、直流输变电工程不断深入推进，电网方式也由此变得复杂多样，电气联系变得日益紧密，由局部电网故障引发电力灾难的风险大大增加。“十三五”期间，河南将拥有特高压哈豫直流落点 1 座、特高压交流变电站 3 座（南阳、豫北、驻马店），成为特高压全国联网的重要枢纽。届时河南电网面临运行方式多变、控制复杂等诸多问题，还将承载特高压联网电力交换的重要任务。特高压工程不断推进和交直流混联电网复杂性，需要对河南电网发生连锁故障后电网运行规律以及防御技术开展深入研究。

大电网连锁故障的成因和发展过程都比较复杂，并随着电力系统规模及其复杂性、互联性的增加而加剧。由于电网连锁故障所带来的严重影响，连锁故障预防的研究一直是电力系统研究的热点，同时由于问题的复杂性，这个问题也是电力系统面临的一个难点。因此，电网连锁故障问题得到各国学者和政府的普遍重视。

在美国，由美国国防部和 EPRI 联合资助完成了复杂交互网络/系统创新（Complex Interactive Networks/system Initiative）项目，提出了全局广域向量测量和分析为基础的实时智能控制系统，即电力战略防御系统（Strategic Power Infrastructure Defense，SPID），以防范连锁故障导致的全局灾难性大停电事故。美国能源部和国家科学基金资助 CRETS（Consortium for Electric Reliability Technology Solutions）项目，应用复杂系统相关理论并结合电力系统特点对电力传输系统的大范围停电和连锁故障进行研究。

在我国，电力系统灾变防治与经济运行重大科学问题的研究项目位列国家重大基础研究计划首批 10 个重大项目之中，国内学者也对连锁故障的预防控制进行了相关探讨，2004 年批准的国家重大基础研究项目“提高大型互联电网运行可靠性的基础研究”和国家自然科学基金重大项目“电力系统广域安全防御基础理论及关键技术研究”对电网的连锁故障机理进行系统而深入的研究。

连锁故障研究要根本解决的问题是如何能够将研究结果为电网运行所用，因此，要根本上解决实际电网的连锁故障预防问题，尚需采用传统的分析方法，但这需要解决传统分析方法中的应用缺陷。

传统分析方法对连锁故障仿真的难点在于对任意继电保护和安全自动装置等二次系统的建模，以及该类装置保护的交直流系统仿真的大量耗时等。由于每种元件都有多种不同原理的主保护和后备保护，继电保护问题相对复杂等。电网中的继电保护装置主要包括输电线路保护、发电机、变压器、母线保护等随着电网互联程度的加深，新型的继电保护装置层出不穷，所以，保护种类和原理的繁多和复杂性将是继电保护建模中的难点。电网中的安全自动装置主要有区域型安稳控制系统、就地型安稳控制系统、新型原理的解列装置、低压和低频减载等装置，是电网发生故障后的动态过程中对电网进行稳定控制的重要防线。这些系统级的安稳控制模型同样面临建模的问题。

大量继电保护和安全自动装置等二次系统含有大量的控制计算单元，控制逻辑与计算过程复杂。在数字电网中建模并在连锁故障中应用后，将显著增加连锁故障的仿真时间，其结果是分析效率低下，甚至不能得到仿真的最后结果。因此，如何解决大量继电保护和安全自动装置等二次控制系统的仿真计算也是传统分析方法对连锁故障仿真的难点之一。

前两篇分别介绍了大电网连锁故障的形成与传播机理与大电网中的连锁故障隔断技术，本篇将继续在前两篇的基础上，将相关技术研究予以实现，研究大电网连锁故障仿真分析系统，包括研究开发仿真分析算法、模型以及可视化平台，为大电网连锁故障分析提供仿真平台。

本章采用传统方法分析河南电网在特高压背景下对连锁故障的防御能力。首先针对大电网中大量的继电保护和安全自动装置，设计面向对象的自定义建模方法以及仿真算法，解决新型继电保护和安全自动装置采用新型功能器件条件下进行代码开发、可维护性以及扩展性差的问题；然后设计针对自定义模型的并行仿真方法，将大量继电保护和安全自动装置模型的仿真计算分配到计算集群上，提高并行计算效率，使得含有大量自定义模型的机电暂态仿真耗时能为分析人员所接受。以上两部分内容是本课题原理以及基础算法部分，解决了采用传统方法研究连锁故障时分析工具功能不全，难以应对含有大量继电保护和安全自动装置的大规模电网机电暂态仿真的问题。

在第四章中，作者在大量调研河南电网继电保护和安全自动装置配置情况下，总结归纳出各种继电保护和安全自动装置中公共元件部分，并采用用户自定义建模环境构建出基本元件保护模型。在此基础上，本书编写人员投入大量精力和工作时间，搜集整理定值参数，搭建了河南电网 500kV 以及 200kV 重点地区的继电保护和安全自动装置模型，构成了连锁故障仿真平台的二次模型库，供分析计算时直接调用。

可视化工具是方便进行连锁故障仿真研究的利器。为此，本书阐述了连锁故障仿真分析系统，内容包括可视化的建模环境、继电保护可视化的安装与配置环境以及连锁故障仿真过程的可视化展示等。

最后，利用研究开发的仿真分析算法、模型以及可视化平台，根据河南电网的实际运行方式，分析了各种河南电网连锁故障模式，给出了各种连锁故障模式下河南电网的动态特性，以及在连锁故障发生后稳定性破坏情况下系统的防御措施等。

13

大规模继电保护与安全自动装置建模技术研究

随着各种新型调节和保护装置、新型高压输变电设备、发电机组和各种调节及保护装置的不断研制和开发并投入运行，要求电力系统仿真程序能够灵活建立各种保护、安全自动装置以及调节系统等二次系统装置的模型，如各种类型的调压器、调速器、电力系统稳定器（Power System Stabilizer，PSS）、新型的电力电子元件静止无功补偿器（Static Var Compensator，SVC）、可控硅控制的串联补偿装置（Thyristor Controlled Series Compensation，TCSC）、统一潮流控制器（Unified Power Flow Controller，UPFC）、随不同工程而异的超高压直流输电线路及其控制系统、各种各样的继电保护和安全自动装置等，以满足电力系统规划设计、运行、调度、科学研究对系统分析的要求。

为了满足上述需求，有些电力系统分析程序采用的方法是在程序内部设置大量固定模型，供用户根据实际系统模拟的需要选用，有的甚至将IEEE推荐的全套典型模型装入程序，并以此表明其功能的广泛。然而，电力系统是不断发展和进步的，仿真过程中势必会遇到各种新型的自动控制和保护装置，惯常的做法是对已有的程序加以增补，但所增加的内容不但要求与已有功能兼容，而且要对与之相关的部分做严密的处理。这就要求对原有的程序内容和结构有清楚的了解，其工作量和难度都是很大的，这种被动的开发方法势必总是落后于电力系统发展的需要。

用户自定义建模是解决大量继电保护和安全自动装置建模仿真的有效手段之一，其已广泛应用于大量的电力系统计算程序之中。关于用户自定义模型的研究，最早见于1977年，加拿大L.Dube和H.Dommel在电磁暂态计算中用于模拟调节系统。1985年，加拿大魁北克水电局研究所采用信息编码建立控制数据文件的方法，根据需要指明各种基本传递函数及这些函数之间的连接形式，用以定义和研究高压直流输电系统和继电保护装置。1988年，瑞典的ABB公司为其电力系统仿真软件SIMPOW开发了一种动态仿真语言SIMPOW－DSL，可以作为一种用户自定义支持语言，用以描述编写所需的系统元件的程序，再通过编译、连接、形成可执行的程序。

到20世纪90年代，电力系统综合程序（Power System Analysis Software Package，PSASP）借鉴国外的经验并加以发展，开发实现用户自定义功能的方法。这一功能的实现，使用户利用暂态稳定程序既可以模拟各种一次设备的动态行为，又可以模拟继电保护和各种自动装置等二次设备的动作。新设计的模型既可以与已有的固定模型联合使用，也可以单独使用，从而给系统带来了极大方便。该方法的特点是自定义模型的描述以数据文件的形式提供。该文件表明所涉及的基本功能模块、块与块之间的连接方式、与外部系统交换的信息、所涉及的参数等。执行程序时，根据该数据文件自动形成与之对应的数学模型和计算方法，参与暂态稳定梯形隐式积分的分步计算过程，而无须重新编译、连接形成新的可执行程序，从而具有灵活、方便、快速的优点。

西门子公司开发的 NETOMAC（Network Torsion Machine Control）基于 80 多种基本功能框，采用面向模块的仿真语言 BOSL（Block Oriented Simulation Language）来模拟各种电力系统元件和控制功能，与传递函数框图的描述方式十分相似。他只对一些固定的元件（如线路、发电机和变压器等）定义了相应的卡，对其他有可能发生变化的元件未硬性规定。这使处理一些可能变化的因素时相对灵活，用户自定义功能完全融入其中。其宏语言建模环境不够直观，要求用户具备很高的专业水平，对仿真对象的机理有基本明确的认识。NETOMAC 在提供高度灵活性的同时，也增加了使用的难度。

南瑞稳定技术研究所与加拿大 PLI 公司合作开发的 TSAT（Transient Security Assessment Tool）采用了 EEAC 稳定性量化分析技术，是分析暂态和中短期动态稳定性的新一代仿真工具。TSAT 提供了 50 多种基本功能框，允许用户采用类似搭积木的方式，灵活构造系统元件和控制系统，诸如新型励磁控制系统、串并联补偿器及其控制策略等。TSAT 采用宏语言建模方式和必须遵守的建模规则，例如，在对励磁控制器进行自定义时，必须将其置于所属发电机的某个规定的关键词下。该程序专门定义了用于直流建模的基本模块，以满足直流系统的起动、控制和各种逻辑判断功能的需要，充分满足稳定性研究的要求。

MatheWorks 公司研发的 MATLAB 已成为国际上优秀的科技通用软件之一。强大的科学计算与可视化功能、简单易用的开放式可扩展平台以及多达 30 多个不同领域的工具箱支持，使其可以广泛应用于包括电力系统在内的多领域数值仿真。它提供的 SIMULINK 可视化建模环境以及完善的基本功能模块支持堪称 UD 模型功能的典范，但其解释执行机制的低效率从根本上阻碍了它在大规模电力系统数字仿真中的应用。

为了使用户自定义建模功能更加完善，有的软件同时采用多种建模方式。例如 NETOMAC 除了宏语言建模外，还在一定程度上集成了类 FORTRAN 语言编程的功能。总之，不同仿真软件提供的模型功能各有优缺点，但在可靠性、灵活性、易用性、可扩展性、可维护性以及计算效率等方面仍缺乏令人满意的答案。

面向对象的程序设计 OOP（Object－Oriented Programming）是以对象为中心，是对一系列相关对象的操纵，发送消息给对象，由对象执行相应的操作并返回结果，强调的是对象，它包含三个基本特征，即封装性、继承性和多态性。参照面向对象的程序设计思想，并结合用户自定义模型各基本运算单元具有的特点，本书采用了基于面向对象的用户自定义建模（User－Defined，UD）程序结构设计方法来解决大规模继电保护和安全自动装置的建模与仿真问题，提高用户自定义建模过程的可维护性、可扩展性。

13.1 装置建模的原理与方法

采用固定模型，分门别类地编制程序代码实现大量的继电保护和安全自动装置模型仿真

是传统仿真程序的开发方法，不能解决软件开发的可持续性、可靠性和可维护性问题。有时由于模型控制环节量大复杂，公式推导困难，导致计算错误或者不能顺利进行。用户自定义建模的基本原理是细分控制系统的每个功能环节，并根据传递函数框图建立每个功能环节之间的拓扑关系，按照拓扑来决定计算的先后顺序，从而实现任意控制保护装置的建模与仿真计算。

13.1.1　基本原理

为了实现用户自定义建模功能，仿真程序必须提供相应的环境，以便用户自行建立和修改模型及其参数。这个建模环境应该能够以与原仿真程序相匹配的精度来考虑模型对主系统的影响；用户自定义模型的求解方法应该具有良好的适应性，能够处理更一般化的数学模型。

被仿真的系统由大电网机电暂态并行仿真程序以及由用户自定义模型系统组成的附加系统两部分组成。这两部分在程序结构上互相独立，很难统一求解，需要通过接口变量进行交互，形成“分别求解，交换变量，交替求解”的方式。

13.1.1.1　基本功能框库及其分类

每个基本运算函数功能框实现一个特定的数学运算，例如代数运算、逻辑运算、微积分运算等，如图 13－1 所示，基本功能框库所包含的基本功能框是否完备，是满足用户自定义建模需要的基础。

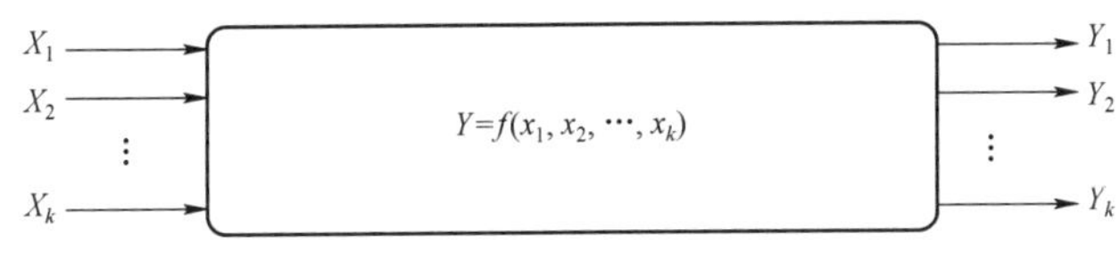

图 13－1　基本功能框

连锁故障仿真分析系统根据需要设计了 50 多种基本功能框，还可根据需要进一步扩充。按性质，可将功能框分为如下六类：传递函数类功能框、信号源类功能框、代数运算类功能框、基本函数运算类功能框、逻辑运算类功能框以及其他类型功能框。

（1）传递函数类功能框：动态功能框、惯性功能框、微分功能框、积分功能框、1 型滤波功能框、2 型滤波功能框、增益功能框、限幅功能框、比例积分功能框、微分惯性功能框等。

（2）信号源类功能框：电平（常数）功能框、阶跃函数功能框等。

（3）代数运算类功能框：加减法功能框、乘法/除法功能框、平方功能框、弧度转角度功能框等。

（4）基本函数运算类功能框：幂函数功能框、正弦函数功能框、余弦函数功能框、正切函数功能框、反正弦函数功能框、反余弦函数功能框、反正切函数功能框、绝对值函数功能框、平方根函数功能框、指数函数功能框、对数函数功能框、最大值函数功能框、最小值函数功能框和倒数函数功能框等。

（5）逻辑运算类功能框：非门功能框、与门功能框、或门功能框、异或门功能框、与非门功能框、或非门功能框等。

（6）其他类型功能框：波段功能框、比较功能框、1 型延迟功能框、2 型延迟功能框、3

型延迟功能框、自保持功能框、计数器功能框、一周期内最小值功能框、ABC 转 120 功能框、120 转 ABC 功能框、基波幅值和相角功能框、上坡功能框、下坡功能框、线段功能框、多线段功能框、线段斜率限制功能框等。

13.1.1.2　装置的输入和输出变量集

每个继保和安全自动装置模型，通过该模型的输入信息 X（$x1, x2, x3, \cdots$）和输出信息 Y（$y1, y2, y3, \cdots$）与所研究的电力系统连成一个整体，如图 13－2 所示。

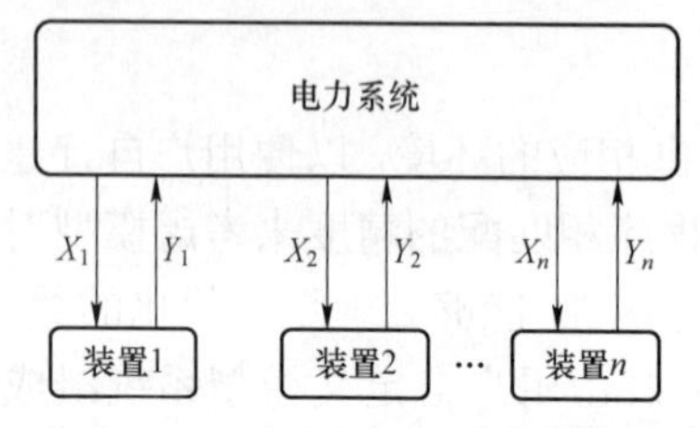

图 13－2　装置与主系统之间的连接关系

接口变量集包括用户模型的输入/输出信息，应该按照实际的需要指定接口变量。只要程序设定了完备的接口变量集，就能够实现任何装置模型与电力系统的连接。

13.1.1.3　基本功能框说明示例

由于基本功能框库中包含的基本功能框比较多，不方便一一列举说明，因此仅列出一个功能框加以介绍。

表 13－1 是动态功能框信息表，其中包含的信息有功能框的符号、功能框名称、功能框号、功能框框图以及功能框计算公式。计算公式栏里包含了该功能框的状态方程、仿真计算公式、初值计算公式、功能框参数以及使用该功能时的限制条件。

表 13－1　　　　动 态 功 能 框 信 息 表

符号名称	功能框号	功能框图	公式
DY1 动态	1001	$x \rightarrow \dfrac{K(1+T_1 s)}{1+T_2 s} \rightarrow y$，$Y_{max}$，$Y_{min}$	状态方程 $\dot{z} = -\dfrac{1}{T_2}z + x$ $y = \dfrac{KT_1}{T_2}\left[\left(\dfrac{1}{T_1} - \dfrac{1}{T_2}\right)z + x\right]$ 公式： 当 $T_1 \neq 0$ 且 $T_2 \neq 0$ 时 $y(t) = \dfrac{K(\Delta t + 2T_1)}{\Delta t + 2T_2}x(t) + \text{hist}(t-\Delta t)$； $\text{hist}(t-\Delta t) = \dfrac{K(\Delta t - 2T_1)}{\Delta t + 2T_2}x(t-\Delta t) + \dfrac{2T_2 - \Delta t}{2T_2 + \Delta t}y(t-\Delta t)$； 当 $T_1 = 0$ 且 $T_2 \neq 0$ 时 $y(t) = \dfrac{K\Delta t}{\Delta t + 2T_2}x(t) + \text{hist}(t-\Delta t)$ $\text{hist}(t-\Delta t) = \dfrac{K\Delta t}{\Delta t + 2T_2}x(t-\Delta t) + \dfrac{2T_2 - \Delta t}{2T_2 + \Delta t}y(t-\Delta t)$； 当 $T_1 \neq 0$ 且 $T_2 = 0$ 时 $y(t) = \dfrac{K(\Delta t + 2T_1)}{\Delta t}x(t) + \text{hist}(t-\Delta t)$； $\text{hist}(t-\Delta t) = \dfrac{K(\Delta t - 2T_1)}{\Delta t}x(t-\Delta t) - y(t-\Delta t)$；

续表

符号名称	功能框号	功能框图	公式
DY1 动态	1001	$x \to \frac{K(1+T_1 s)}{1+T_2 s} \to y$，$Y_{max}$，$Y_{min}$	当 $T_1=0$ 且 $T_2=0$ 时：$y(t)=Kx(t)$ 初值：$y(0)=Kx(0)$ 当 $y \geqslant Y_{max}$ 时，$y=Y_{max}$； 当 $y \leqslant Y_{min}$ 时，$y=Y_{min}$。 参数：K，T_1，T_2，Ymin，Ymax。 备注：允许 1 个输入，1 个输出

13.1.1.4　连锁故障仿真建模环境设计

大电网连锁故障仿真分析系统为用户提供了图形方式建模，用户可根据模型的数学表达式（或者传递函数框图），将其拆分成各个基本功能框的组合，然后从基本功能框库中选择适当的基本功能框，通过这些功能框的拖放、连接以及参数设定，构建出所需要的装置模型。为了在仿真电力系统中实现自定义模型的“安装”，完成模型与仿真电力系统之间的连接，需选择自定义模型与仿真电力系统的接口变量，每一个接口变量的选择包含三个方面的信息：与该接口变量相关的元件类型、与该元件相关的元件编号以及该接口变量类型。

13.1.1.5　装置的描述形式及基本计算过程

用户可将装置的模型数学表达式（或者传递函数框图）拆分成各个基本功能框的组合，但是不同的工程技术人员可能将同一个模型的数学表达式（或者传递函数框图）用不同的基本功能框组合表示，即模型的自定义描述形式有可能不同，但这种情况并不妨碍程序的正确执行，也不会影响仿真结果的正确性。

自定义模型计算程序由模型信息读入和拓扑分析、模型的初值计算以及模型的仿真计算部分构成。它们分别被包装成相应的接口函数，被连锁故障仿真程序的预处理部分、初始化部分以及仿真计算部分调用。

（1）模型信息的读入和拓扑分析部分将把文件信息读入到计算程序的数据结构中，并对模型进行拓扑分析，找出其中的反馈环节。

（2）模型的初值计算部分。系统的动态计算以某一稳态运行方式为初始条件，如果没有发生扰动，则系统状态量均保持在对应的稳态值。计算仿真起动时模型的稳态值时，使得初始状态下模型的输出值与主系统的稳态相吻合，即初值平衡。

（3）在模型的迭代计算部分，模型计算程序在一个仿真步长内将装置模型相应的外部输入变量的值当作常量进行计算，完成一次计算后，将计算结果输出到模型对应的外部输出变量中，依次逐步计算，直至仿真结束。

13.1.1.6　装置仿真的基本求解算法

有两种方法常被用来求解一组非线性微分代数方程组：交替求解方法和联立求解方法。交替求解方案使用积分的方法（如：隐式梯形积分法）求解微分方程组，然后将计算结果代入代数方程组，进行代数方程组的单独求解。交替求解法的微分方程计算和网络方程计算彼此独立，结构清晰，程序扩展性和灵活性好。尽管存在收敛性上的不足，但仍然被大多数的仿真程序所采用。联立求解方案的原理是：首先离散化微分方程组，然后与代数方程组一起求解，求解方法一般使用牛顿迭代算法。由于采用牛顿迭代方法，联立求解方案的收敛性较好，但在程序设计和实现上较为复杂，需要线性化动态模型，求取其对应的Jacobian矩阵，程序的扩展性和灵活性不足。

鉴于连锁故障电网仿真程序采用了交替求解的方法，因此，本书提出的UD建模方案采用了同样的实现算法，很好地实现了与电网仿真程序的匹配。

13.1.1.7 装置模型基本信息说明及建模步骤示例

1. 基本信息

基本信息由基本运算函数功能框、输入变量和输出变量组成。

2. 输入变量

目前，连锁故障仿真分析软件根据需要，设立了母线、发电机、负荷、励磁调节器、调速器、PSS、直流系统、FACTS元件等的相关变量为输入变量，并可根据需要进一步扩充。图13－3所示为Ⅰ型励磁调节器，输入变量包含8个端子（把基本运算函数的输入、输出变量统称为端子）。

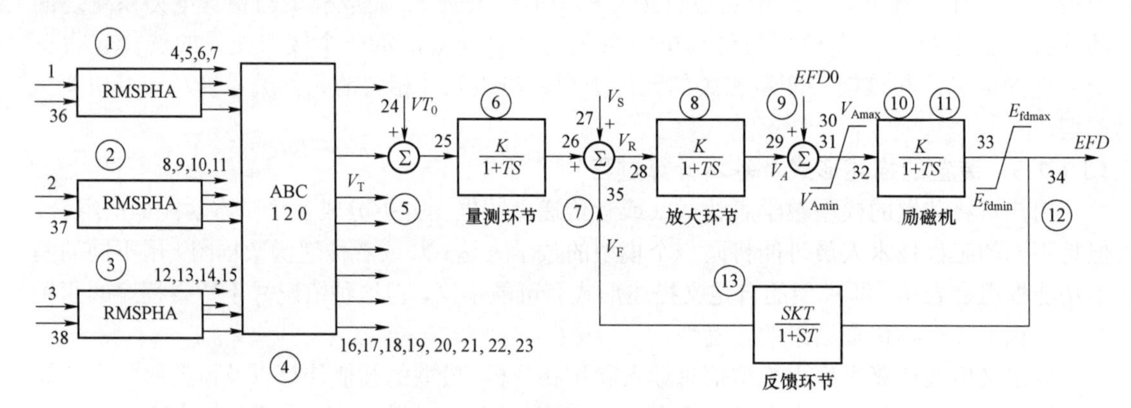

图13－3 Ⅰ型励磁调节器结构

3. 输出变量

图13－3中Ⅰ型励磁调节器，输出变量包含端子34，该端子为发电机励磁电压。

4. 基本运算函数功能框

各种基本功能单元是自定义模型的最小组成部分。通过其中一些功能单元的连接装配，就可以设计定义用户所需要的UD模型，每个基本功能单元，可根据输入量（X_1，X_2，…）完成求输出量（Y_1，Y_2，…）的运算，目前，PSASP为用户提供了50多种基本运算函数，可基本满足用户的需要，还可以根据需要进一步扩充。图13－3中Ⅰ型励磁调节器，其中包含功能框类型为，4号框为ABC相转正负零序功能框（功能框框号为6016）；5，7，9号框为加减法功能框（功能框框号为3001）；6，8，10号框为惯性功能框（功能框框号为1002）；10，12号框为限幅功能框（功能框框号为1007）；13号框为微分惯性功能框（功能框框号为1010）。

5. 建模步骤

建立一个自定义模型，需按如下四个步骤进行：

（1）将被建立的模型用数学表达式（或传递函数框图）表示清楚，称为原模型描述或者

数学模型描述。

（2）用连锁故障仿真程序中已有的输入/输出接口变量和基本功能框，来表示被建立的模型，称为自定义模型描述。

（3）利用提供的建模平台，通过对这些功能框的拖放、连接、参数设定以及输入/输出变量选择，构建出所需要的装置模型，如图 13－3 所示。

（4）由建模平台根据功能框序号、功能框框号、功能框参数、端子序号以及被选的输入/输出变量等信息自动形成模型描述信息文件和调用信息文件。

13.1.2　面向对象的设计与开发

首先简要介绍面向对象的编程技术、设计技术，就此引出大量继电保护和安全自动装置采用面向对象的设计与开发技术，实现用户自定义建模的思想。然后详细介绍本书所采用的面向对象设计与开发技术。

13.1.2.1　面向对象开发介绍

类（Class）：类就是对一个事物抽象出来的结果，比如一个人可以作为一个类。一般来说，一个类具有成员变量和成员方法。成员变量相当于属性，比如人具有的变量有胳膊、手、脚等；而成员方法是该类能完成的一些功能，比如人可以说话、行走等。

对象（Object）：客观世界里的任何实体都可以被看作对象。对象可以是具体的物，也可以指某些概念。从编程的角度来看，对象是一种将数据和操作过程结合在一起的数据结构，或者是一种具体属性（数据）和方法（过程和函数）的结合体。事实上程序中的对象就是对客观世界中对象的一种抽象描述。对象属性用来表示对象的状态，对象方法是描述对象行为的过程。类和对象的区别：如果说类是一个抽象的概念，那么对象就是很具体的东西。比如人这就是一个抽象概念，但是具体到某个人，比如你、我、他，就是一个人的对象。

封装性（Encapsulation）：封装就是将抽象得到的数据和行为相结合，形成一个有机的整体，也就是将数据与操作数据的源代码进行有机的结合，形成“类”，其中数据和函数都是类的成员。封装的目的是增强安全性和简化编程，使用者不必了解具体的实现细节，而只要通过外部接口的特定的访问权限来使用类的成员。若任何人都能使用一个类的所有成员变量，可对这个类做任何事情，则没有办法强制他们遵守任何约束——所有的东西都会暴露无遗。有两个方面的原因促使类的编制者控制对成员的访问。第一个原因是防止程序员接触他们不该接触的东西。若只是为了解决特定的问题，用户只需操作接口即可，无须明白这些信息。类向用户提供的实际上是一种服务，因为他们很容易就可看到哪些对自己非常重要，以及哪些可忽略不计；进行访问控制的第二个原因是允许设计人员修改内部结构，不用担心它会对客户程序员造成什么影响。例如，编制者最开始可能设计一个形式简单的类，以便简化开发，以后又决定进行改写，使其更快地运行。因此将接口与实现方法隔离开，并分别保护起来，就可放心做到这一点，只要求用户重新链接一下即可。

继承性（Inheritance）：继承也是面向对象程序设计当中的一个重要概念。如果一个类 A 继承另一个类 B，就把这个 A 称为“B 的子类”，而把 B 称为“A 的父类”。继承可以使得子类具有父类的各种属性和方法，而不需要再次编写相同的代码。在令子类继承父类的同时，可以重新定义某些属性，并重写某些方法，即扩展父类的原有属性和方法，使其获得与父类不同的功能。继承具有如下优点：继承能够清晰地体现相似类之间的层次结构关系；继承能够减少代码和数据的重复冗余度，增强程序的重用性；继承能够通过增强一致性来减少模块间的接口，提高程序的易维护性；继承是一种构造、建立和扩展新类的最有效手段。

多态性（Polymorphisn）：当不同的对象接收到相同的消息名（或者说当不同的对象调用相同的名称的成员函数）时，可能引起不同的行为（执行不同的代码），这种现象称为多态性。函数重载、虚函数是C++获得多态性的重要途径。用到的多态性主要通过虚函数来实现，因此，现着重介绍虚函数的使用，在基类中用 virtual 声明的成员函数即为虚函数，要求函数名、函数类型、函数参数个数和类型全部与基类的虚函数相同，并根据派生类的需要重新定义函数体。当一个成员函数声明为虚函数后，其派生类中的同名函数都自动成为虚函数，无论是否加 virtrual 关键字。用基类的指针或者引用指向派生类的对象，通过用基类的指针或者引用调用函数，实际执行的将是派生类对象中定义的虚函数。在多态性中，如果程序在编译阶段就能确定实际的执行动作，则称为静态关联，如果只有等到程序运行阶段才能确定实际的执行动作，则称为动态关联。在虚函数的调用中，如果通过基类的指针或者引用调用，则为动态关联，否则为静态关联。

OOP 不同于结构化的程序设计思想，结构化的程序设计思想是以过程为中心，强调的是过程，强调功能和模块化，并通过一系列的过程的调用和处理完成相应任务。OOP 具有封装性、继承性、多态性等几个特点。封装性是面向对象方法的中心，是面向对象程序设计的基础；继承性自动在基类和派生类之间共享功能和数据，当基类数据做了某项修改，其派生类也做相应的修改，派生类会继承其基类的所有特性和行为模式。多态性就是多种形式，不同的对象接收到相同的消息时采用不同的动作，它允许每个对象以适合自己的方式去响应共同的消息，可以实现软件的简洁性和一致性。

面向对象程序设计的优点：① 可提高程序的重用性。重用是提高软件开发效率的最重要的方法之一，惯常的程序设计的重用技术是利用标准函数库，不过标准函数库缺乏必要的灵活性，不能适应多种场合的不同需要。面向对象程序设计能比较好地解决软件重用的问题。类对象具有的固有的封装性和信息隐藏等特点，使得类对象具体的内部实现与外界隔离，因此具有较强的独立性，它可以作为一个大的程序构件，供同类程序直接使用。继承性使得子类可以重用其父类的数据和程序代码，也可以在父类代码的基础上方便地修改和扩充，这种修改并不影响对原有类的使用。这就好比一个集成电路构建计算机硬件那样，采用比较方便的重用对象类来构造软件系统。② 可控制程序的复杂性。传统的程序设计方法没有顾及数据和操作之间的内在联系，即把数据和对数据的操作分离，于是存在使用错误的数据调用正确的程序模块或使用正确的数据调用错误程序模块的可能性。因此，为了数据和操作保持一致，控制程序的复杂性，程序员必须耗费大量的精力。面向对象程序设计采用了数据抽象和信息隐蔽技术，将数据和数据的操作放在一个类中作为一个整体来处理。这样，在程序中任何要访问数据的地方仅仅需要简单的消息传递和调用即可进行，这就有效控制了程序的复杂性。③ 可改善程序的可维护性。用传统程序设计语言开发出来的软件是很难维护的，也是长期以来困扰程序员的一个棘手的问题，是目前软件危机的突出的表现。但基于面向对象程序设计方法开发出来的软件具有良好的可维护性。在面向对象程序设计中，对对象进行操作只能通过消息传递来实现，所以只要消息模式不变，方法体的任何修改都不会导致发送消息

的程序修改，这显然对程序的维护带来了方便。另外，类的封装和信息隐蔽特点使得外部对其中的数据和程序代码进行非法操作成为不可能的事情，这也能大大减少程序的错误率。④ 能够更好地支持大型程序设计。在开发一个大型软件系统时，首先应该对任务进行清晰的、严格的划分，使得每个程序员知道自己要做的工作以及与他人的接口，使得每个程序员可以单独地设计、调试自己负责的模块，以使各个模块能够顺利地集成到整个软件系统中。类是一种抽象的数据类型，所以类可以作为一个程序模块，很方便地支持大型程序设计。⑤ 增强了计算机信息处理的范围。面向对象程序设计方法与人类习惯的解题方法类似，是计算机程序设计的最新思维方法。这种方法把代表事物静态属性的数据和表示事物动态行为的操作放在一起成为一个整体研究对象，合理地表示客观世界中的实体。用类来直接描述现实世界中的实体，可使计算机系统的处理对象从数据扩展到现实世界和思维世界的各种事物，这就扩展了计算机系统能够处理的信息量和信息类型。⑥ 能很好地适应新的硬件环境。面向对象程序设计中的对象和消息传递思想，和分布式、并行处理、多机系统及网络等硬件环境恰好相吻合。基于面向对象程序设计思想能够开发出适应这些新环境的软件系统。同时，面向对象的思想也影响到了计算机硬件的体系结构。

13.1.2.2　继电保护和安全自动装置建模的面向对象思想

继电保护和安全自动装置均可以进行功能的分解，正如前文所述，分解成用户自定义模型所对应的基本功能框，这是装置模型中最小的运算单元，分别对应着基本的运算函数。而这些基本运算函数既有共性也有其个性。就其共性，对于所有的运算函数，都有输入、输出、参数和相应的函数运算；就其个性，对于每一个基本运算函数个体，其具体的输入值、输出值、参数值以及具体的函数运算各不相同，而由面向对象的程序设计思想可知，将共性的东西设计成一个基类，个性的东西通过派生生成相应的派生类，通过采用类的封装、继承、多态性就可以很好地设计出所定义所有的基本运算函数。

相似的，由基本运算函数连接装配起来的某个装置模型或者模型中的一部分，也有输入、输出和相应的运算功能，只不过其运算功能较之基本的运算函数更为复杂些，同时各个模型的具体输入值、输出值以及具体的模型功能各不相同，所以也可以对上述共性所设计的基类进行派生，从而设计出所需要的各种自定义模型。

鉴于装置模型具有上述显著特点，能够很好地体现面向对象的程序设计思想，所以本书中继电保护和安全自动装置模型适合采用基于面向对象设计与开发思想。

13.1.2.3　装置模型仿真程序的面向对象设计

根据装置模型的结构组成特点，本书设计了如下几个类：

1. 参数类（UDParameter CLASS）

参数类是为 UD 模型中各功能模块的参数设计，初始化完成之后即可完成成员变量的赋值。

2. 变量类或端子类（UDTerminal CLASS）

变量类或端子类是为 UD 模型中各个功能模块的输入/输出变量（统称为端子）设计，各功能模块之间的数据交换通过端子类对象实现。

3. 功能模块基类（UDBaseFunc CLASS）

功能模块基类是各功能模块类以及模型类的父类，各功能模块类和模型类都可以从该基类继承得到，功能模块基类包含了所有功能模块类和模型类的共有属性。

4. 功能模块类（如：INTG CLASS）

功能模块类是基类的子类，各个功能模块都可以从基类扩展得到，功能模块类包含了与该功能框计算相关的所有属性。

5. 模型类（UDModel CLASS）

模型类也是基类的子类，也可以通过基类的继承得到，模型类包含了与该模型相关的所有属性。

6. 模型集合类（UDModels CLASS）

为了完成装置模型描述信息文件中所有模型的信息生成，本书中设计了模型集合类，其中包含被调用的和不被调用的自定义模型的信息。

7. 模型实例类（UDModelInstance CLASS）

模型实例类是为被调用的模型所设计，即通过读取 UD 模型调用信息文件完成模型实例类信息的生成，其中除了包含被调用模型的信息之外，还包含了该模型的“安装”信息（接口信息）。

8. 模型实例集合类（UDModelInstances CLASS）

模型实例集合类是为上述模型实例类构成的集合所定义类，通过该实例集合类中的成员变量和成员函数的调用，即可以完成所有被调用模型的仿真计算。

为了清晰地说明装置模型的面向对象设计结构，现用统一建模语言 UML（Unified Modeling Language）描述程序设计结构中各个类之间的逻辑关系，如图 13－4～图 13－9 所示。

图符说明：┈▷表示依赖关系，—▷表示继承关系。

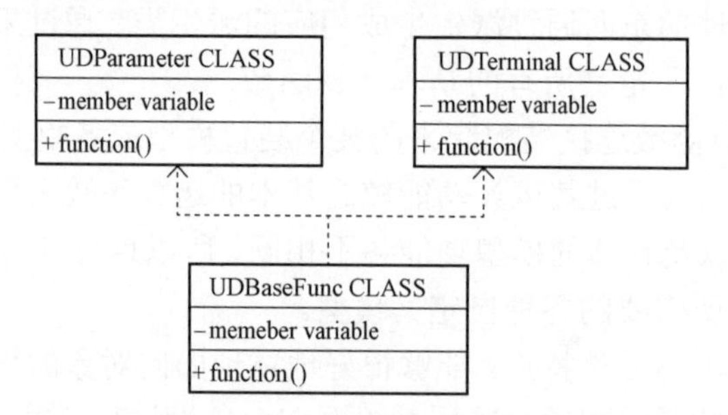

图 13－4　功能模块基类依赖关系图

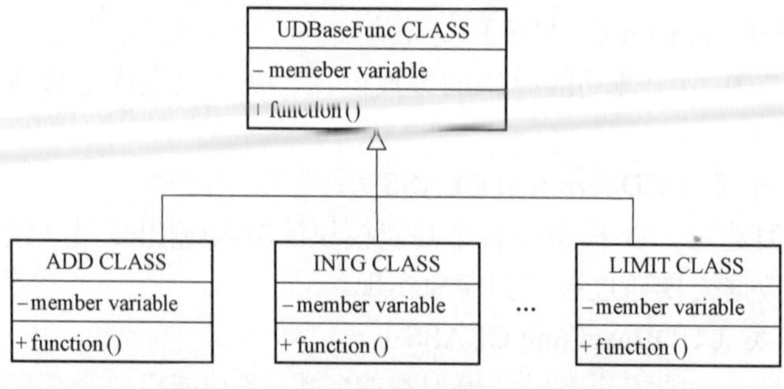

图 13－5　各功能模块类继承关系图

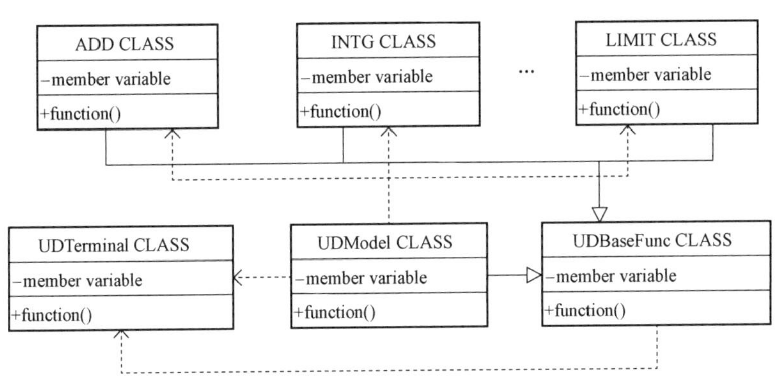

图 13－6　模型类依赖和继承关系图

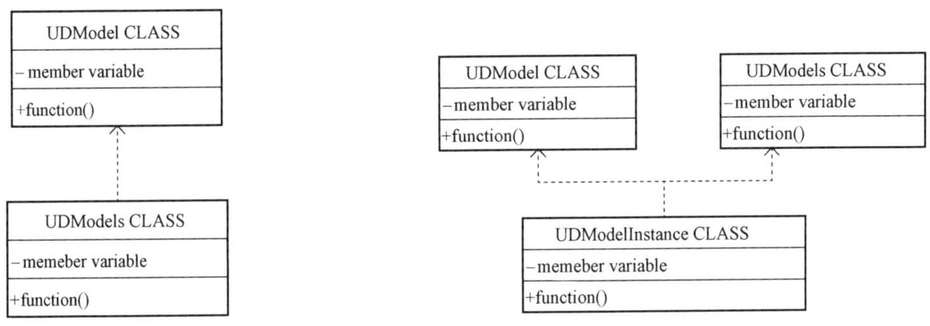

图 13－7　模型集合类依赖关系图

图 13－8　模型实例类依赖关系图

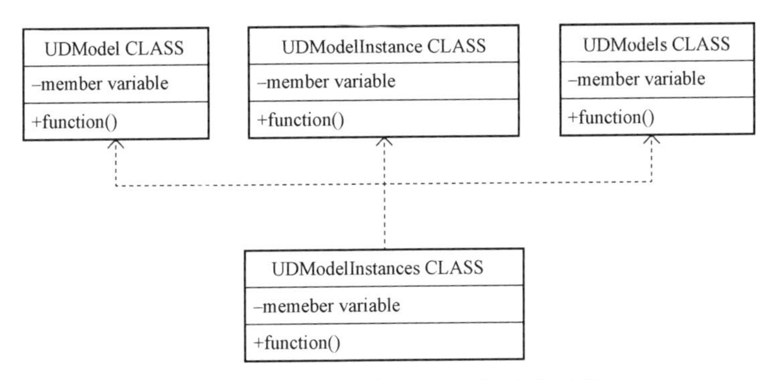

图 13－9　模型实例集合类依赖关系图

13.1.2.4　装置模型数据结构设计

以惯性功能框为例来说明装置模型的数据结构设计。惯性功能框框图如图 13－10 所示。

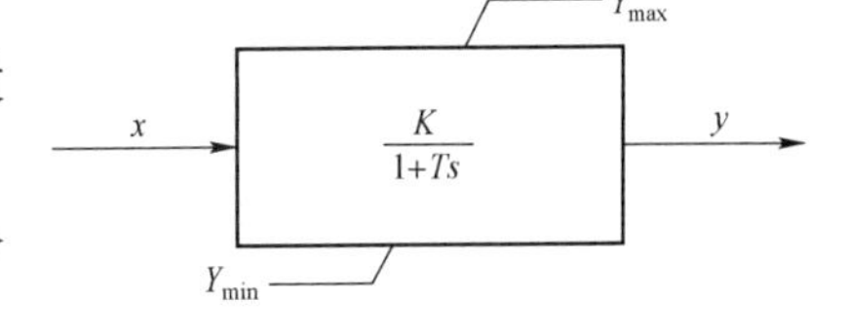

图 13－10　惯性功能框框图

该功能框的状态方程、仿真计算公式、初值计算公式、限制条件和参数等列举如下：

（1）状态方程

$$\dot{z}=-\frac{1}{T}z+x \tag{13-1}$$

$$y=\frac{k}{T}z \tag{13-2}$$

（2）仿真计算公式

$$y(t)=\frac{K\Delta t}{\Delta t+2T}x(t)+\text{hist}(t-\Delta t) \tag{13-3}$$

$$\text{hist}(t-\Delta t)=\frac{K\Delta t}{\Delta t+2T}x(t-\Delta t)+\frac{2T-\Delta t}{2T+\Delta t}y(t-\Delta t) \tag{13-4}$$

（3）初值计算公式

$$y(0)=Kx(0) \tag{13-5}$$

（4）限制条件

当 $y \geqslant Y_{\max}$ 时

$$y=Y_{\max}$$

当 $y \leqslant Y_{\max}$ 时

$$y=Y_{\min}$$

（5）参数

K，$Y_{\min}$，$Y_{\max}$

首先定义惯性功能框的基类 UDBaseFunc。

```
class UDBaseFunc
{
  public:
    int   id;
    string   sFuncName;
    vector<UDTerminal*>inputs;
    vector<UDTerminal*>outputs;
    vector<UDParameter *>parameters;
    GlobalInfo* m_pGlobalInfo;
      public:
        bool setInput(vector<CUDTerminal*>& ins);
        bool setOutput(vector<CUDTerminal*>&outs);
        bool setParameter(vector<UDParameter>&paras);
    virtual bool init(GlobalInfo* pGlobalInfo);
    virtual bool calculate();
    virtual void updateStateVarValue();
}
```

基类 UDBaseFunc 中包含的成员变量有 id，sFuncName，iFuncVarNo，inputs，outputs，parameters。Id 是功能框编号（或模型编号），sFuncName 是功能框名称（或模型名称），inputs 是功能框（或模型）输入端子集合，outputs 是功能框（或模型）输出端子集合，parameters 是功能框参数集合，m_pGlobalInfo 是一个结构体变量，包含成员有计算步长以及迭代误差等。SetInput(vector<CUDTerminal*>& ins) 是为 inputs 赋值函数，setOutput(vector <CUDTerminal*>&outs)是为 outputs 赋值函数，setParameter(vector<UDParameter>¶s)是

为 parameters 赋值的函数，init(GlobalInfo* pGlobalInfo)是功能框初值计算函数，calculate()是进行每一时步仿真计算函数，updateStateVarValue()更新功能框状态量历史值函数。

从基类 UDBaseFunc 继承，定义惯性动态功能框 UD_DY2，并实现初始化、计算等功能函数。

```
class UD_DY2:UDBaseFunc
{
  protected:
    double   yn_1,   xn_1,   A,   B;
  public:
    virtual bool   isValid();
    virtual void   updateStateVarValue();
    virtual bool   init(GlobalInfo *pGlobalInfo);
    virtual bool   calculate();
}
```

首先为惯性功能框定义了名称为 UD_DY2 的类，该类从基类 UDBaseFunc 继承得到，其中包含成员变量有 yn_1，xn_1，A，B；包含的成员函数有 isValid()，updateStateVarValue()，init（GlobalInfo *pGlobalInfo），calculate()。yn_1，xn_1 为与计算相关的状态变量历史值，A，B 为与计算相关的系数。函数 isValid()是用来判断输入个数、输出个数以及参数个数是否满足功能框要求，函数 updateStateVarValue()是用来更新仿真过程中各个功能框状态量的历史值，该函数需在每时步仿真结束时调用；函数 init（GlobalInfo *pGlobalInfo）的作用是进行各功能框状态变量初始值的计算；函数 calculate()的作用是用来进行每时步的仿真计算。

定义模型类，封装各种基本功能框，以及有基本功能框组合而成的功能单元。这些组合而成的功能单元能够被保存下来以便下次建模时复用。

```
class UDModel:public UDBaseFunc
{
  public:
    UDModel();
    virtual~UDModel();
  private:
    vector<UDTerminal*>terminals;
    vector<UDBaseFunc*>functions;
    map<int,   UDTerminal*>tIDTerminals;
    map<int,   UDBaseFunc*>fIDFunctions;
    vector<vector<UDBaseFunc*>>UDSequence;
  private:
    void   formCalculateSequence();
    bool   setTerminals(vector<UDTerminal*>&terms);
    bool   setFunctions(vector<UDBaseFunc*>&funcs);
  public:
```

```
    virtual void   updateStateVarValue();
    virtual bool   init(GlobalInfo *pGlobalInfo);
    virtual bool   calculate();
}
```

为模型封装方便，定义了一个名称为 UDModel 的类，该类也可以从基类 UDBaseFunc 继承得到，其中包含的成员变量有 terminals、functions、tIDTerminals、fIDFunctions、UDSequence，包含的私有成员函数有 formCalculateSequence()、setTerminals(vector <UDTerminal*>&terms)、setFunctions(vector<UDBaseFunc*>&funcs)，共有成员函数有 isValid()、updateStateVarValue()、init(GlobalInfo *pGlobalInfo)、calculate()。Terminals 为与 UD 模型相关的端子集合，functions 为与 UD 模型相关的功能框集合，tIDTerminals 为与 UD 模型相关的端子映射，fIDFunctions 为与 UD 模型相关的功能框映射，UDSequence 为与 UD 模型计算顺序相关的功能模块集合。函数 formCalculateSequence()用来初始化与 UD 模型计算顺序相关的功能模块集合，函数 setTerminals(vector<UDTerminal*>&terms)用来初始化与 UD 模型相关的端子集合和端子映射，函数 setFunctions(vector<UDBaseFunc*>&funcs)用来初始化与 UD 模型相关的功能框集合和端子映射，updateStateVarValue()用来更新相关状态变量历史值，init(GlobalInfo *pGlobalInfo)用来进行状态变量初值计算，calculate()用来执行每时步仿真。

模型类定义了装置的结构，确定了装置内部信号拓扑关系和传递过程。但在具体应用过程中，特别是在面向对象的设计实现过程中，必须实例化才能应用。为此定义模型实例类 UDModelInstance。

```
class UDModelInstance
{
public:
    int   valid;
    int   modelNo;
    string   udModelName;
    string   modelDescr;
    vector<int>   vInputCompTypeNo;
vector<int>   vInputCompNo;
   vector<int>   vInputInnerNo;
    vector<int>   vOutputCompTypeNo;
    vector<int>   vOutputCompNo;
   vector<int>   vOutputInnerNo;
   UDModel   model;
public:

        UDModelInstance& operator=(const UDModel Instance& mi);
}
```

UDModelInstance 为自定义模型实例类，该类包含的共有成员变量有 valid，modelNo，udModelName，modelDescr，vInputCompTypeNo，vInputCompNo，vInputInnerNo，vOutput-

CompTypeNo，vOutputCompNo，vOutputInnerNo，model。Valid 为模型是否被调用标记，modelNo 为被调用的模型编号，udModelName 为被调用的模型名称，modelDescr 为被调用模型的描述信息，vInputCompTypeNo 为输入变量元件类型号，vInputCompNo 为输入变量相关元件的编号，vInputInnerNo 为输入变量内部编号，vOutputCompTypeNo 为输出变量元件类型号，vOutputCompNo 为输出变量相关元件的编号，vOutputInnerNo 为输出变量内部编号，model 为被调用的模型类对象，通过赋值运算符重载函数 UDModelInstance& operator=(const UDModel Instance& mi)对其进行赋值。

13.1.2.5　与连锁故障电网仿真程序的接口设计

连锁故障仿真分析系统系由传统的电力系统综合稳定程序（PSASP）改造而来，采用 FORTRAN 语言编制。装置自定义模型仿真程序采用面向对象语言设计开发，采用 C++语言。二者在编程方式、实现手段、接口约定等方面存在一定的区别。因此，必须用混合编程模式实现二者的联合仿真。

参照大电网连锁故障电网仿真程序的结构特点并结合装置自定义模型仿真程序实现设计的设计方案，采用了将装置模型信息读入和拓扑分析、模型初值计算以及模型仿真计算等部分分别添加到连锁故障电网仿真程序的预处理部分、初始化部分以及仿真计算部分。按照计算程序的上述特点，接口函数定义如下：

首先是预备阶段，即设定仿真计算的控制参数（如系统频率、迭代次数上限、迭代误差、计算步长等）以及信息文件路径等。预备阶段需在初始化之前完成，需定义专门的接口函数。

其次是装置模型程序的初始化阶段，初始化阶段涉及两个方面工作，一是读模型库文件和调用信息文件对程序数据结构进行数据生成；二是进行模型中各状态变量的初值计算。初始化是模型仿真程序仿真计算的基础，需要在电网仿真程序仿真计算之前完成，所以模型仿真程序的初始化过程与电网仿真程序的初始化过程保持同步，即与电网仿真程序同步完成数据的装载和各状态变量的初值计算，根据以上两方面的工作，需定义初始化接口函数。

最后是仿真计算阶段，装置仿真程序初始化之后即可进行每一时步的仿真计算，在执行每一时步计算时电网仿真程序调用装置仿真模型相应的接口函数，装置仿真计算过程是仿真软件设计的核心。电网仿真程序计算完成之后，通过与取值有关的接口函数将相应输入变量值传递给装置仿真程序，并调用与仿真计算有关的接口函数执行装置仿真程序的每一时步仿真计算，装置模型仿真完毕，则通过与回存值有关的接口函数将结果传递给电网仿真程序，这样依次循环计算直至仿真结束。

每一时步仿真计算结束，都由电网仿真程序计算程序判断仿真时间是否到达，如果到达则停止调用装置仿真程序的接口函数，否则，电网仿真程序继续进行计算，并调用装置仿真程序的接口函数，直至仿真结束。

由于本程序中涉及的接口函数较多，不便于全部列举，就一个小实例说明如下：

由于连锁故障电网仿真程序是由 FORTRAN 语言编写，而当前开发的模型仿真程序是由 C++语言编写，所以这就涉及两种不同语言的混合编译问题。在混合语言编程中，有两种具体的实现形式，一种是利用目标文件（OBJ 文件）的方式，即分别利用各自的编译环境进行编译，产生各自的目标文件，然后再一起连接，生成统一的可执行文件；第二种方案是将 C++程序生成动态库的形式，然后由主程序对动态库进行调用。

因为在链接阶段，会将汇编生成的目标文件.o 与引用到的库一起链接打包到可执行文件中，所有对应的链接方式称为静态链接。静态库与汇编生成的目标文件一起链接为可执行文件，那么静态库必定跟.o 文件格式相似。其实一个静态库可以简单看成一组目标文件（.o/.obj 文件）的集合，即很多目标文件经过压缩打包后形成的一个文件。静态库特点总结：

（1）静态库对函数库的链接是放在编译时期完成的。

（2）程序在运行时与函数库再无瓜葛，移植方便。

（3）浪费空间和资源，因为所有相关的目标文件与牵涉的函数库被链接合成一个可执行文件。

动态库在程序编译时并不会被链接到目标代码中，而是在程序运行时才被载入。不同的应用程序如果调用相同的库，那么在内存里只需要有一份该共享库的实例即可，从而规避了空间浪费问题。动态库在程序运行时才被载入，也解决了静态库对程序的更新、部署和发布页带来的麻烦。用户只需要更新动态库即可，增量更新。

本书采用第二种方案。以下简单介绍所涉及的 FORTRAN 程序调用 C++函数的实例。

（1）FORTRAN 90 新增加了接口块的功能，若 FOTRAN 程序调用外部例程，通常要在调用程序中建立外部例程的接口块。在接口块中明确规定调用约定、目标例程名、参数传递方式及其数据类型，以使编译器产生正确的调用。注意：这里采用的是在 FORTRAN 90 模块程序单元中建立其接口块，将 C/C++函数作为模块例程使用。接口块的作用类似于 C++中的头文件：声明例程原型、真正的例程由 C/C++给出。

```
MODULE  UDMITF
......
INTERFACE
......
INTEGER  FUNCTION  ReadUDModels(sModelFileName)
!DEC$ ATTRIBUTES  C, ALIAS:' _ReadUDModels' ::ReadUDModels
!DEC$ ATTRIBUTES  REFERENCE :: sModelFileName
IMPLICIT  NONE
CHARACTER(*)::  sModelFileName
END  FUNCTION
......
END  INTERFACE
......
SUBROUTINE  UdmInit(ierr)
IMPLICIT  NONE
INTEGER  ierr
INTEGER  i
ReadUDModels(udmModelFile)
......
END  MODULE
```

（2）C++实现的外部函数（.h 文件和.cpp 文件）

*.h 文件：

```
extern "C" int ReadUDModels(char* sModelFileName);
*.cpp 文件：
int ReadUDModels(char* sModelFileName)
{
  if(UDModels.readFromModelFile(sModelFileName))
    return 0;
  return 1;
}
```

13.2　模型优化算法研究

通过面向对象的设计，可以明确地描述继电保护和安全自动装置的传递函数结构以及拓扑关系。本节在上节传递函数框图结构以及拓扑关系的基础上描述如何实现装置的仿真计算。为此要解决的主要问题是如何确定一个装置模型内部各种基本功能框的计算顺序，以及在各种装置接口之间存在直接联系时如何进行联合仿真的问题。

13.2.1　模型内基本功能框计算顺序拓扑算法

13.2.1.1　拓扑算法的必要性

用户自定义模型各功能框的计算顺序对仿真的正确性和效率有重要影响。针对大电网连锁故障仿真中现有的用户自定义模型基本功能框计算顺序需要用户按次序编号解决的问题，本书采用了一种分析模型各功能框计算顺序的拓扑算法，该算法保证了计算的正确性，提高了计算效率。算法使各功能框的计算顺序自动按照用户自定义模型的逻辑计算顺序进行；如果模型逻辑结构中存在反馈环节，则处在反馈环节中的各个功能框为减少计算误差需进行迭代。该算法可以有效搜寻出哪些功能框处在反馈环上，从而减少了非反馈环上功能框的无效重复计算，提高了仿真的效率。

13.2.1.2　形成各基本功能框计算顺序的拓扑算法

形成用户自定义模型基本功能框计算顺序的算法有三种，分别为 Kosaraju 算法、Gabow 算法和 Tarjan 算法。其中 Kosaraju 算法比较容易理解和通用，程序实现较简单，且该算法仅在仿真初始化阶段使用，不会影响到 UD 模型每时步仿真的效率，本书采用 Kosaraju 算法。Kosaraju 算法步骤：

（1）在有向图中，从某个顶点出发进行深度优先遍历（Depth First Search，DFS），并按遍历的先后顺序入栈。当被遍历的顶点不存在未访问的邻接点时，则将该顶点出栈；若仍存在未被访问的邻接点，则继续遍历，并将其邻接点入栈。遍历过程中按照出栈的先后顺序将所有顶点排列起来。

（2）在该有向图中，从最后出栈的顶点出发，沿着该顶点为头做逆向深度优先遍历，若此次遍历不能访问到有向图中的所有顶点，则从余下的顶点中最后完成访问的那个顶点出发，继续进行逆向的深度优先遍历，依次类推，直至有向图中所有顶点都被访问为止。

（3）每一次逆向深度优先遍历所访问到的顶点集便是该有向图的一个强连通分量的顶点集，若一次逆向深度优先遍历就能访问到图的所有顶点，则该有向图是强连通图。

Kosaraju 算法以一个简单拓扑图为例对该算法加以说明。

（1）创建拓扑结构图及其逆序拓扑结构，如图 13－11、图 13－12 所示。

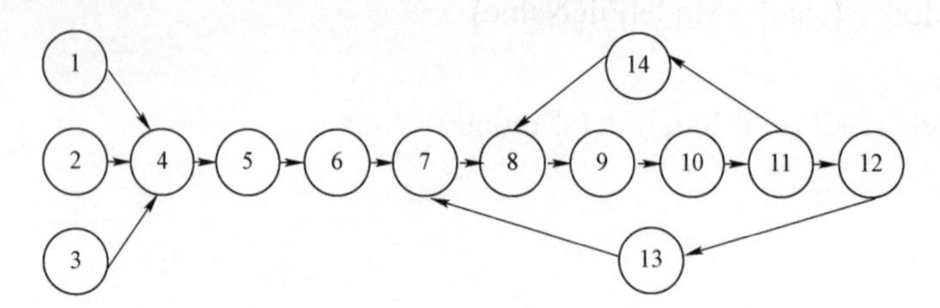

图 13－11　正序拓扑结构

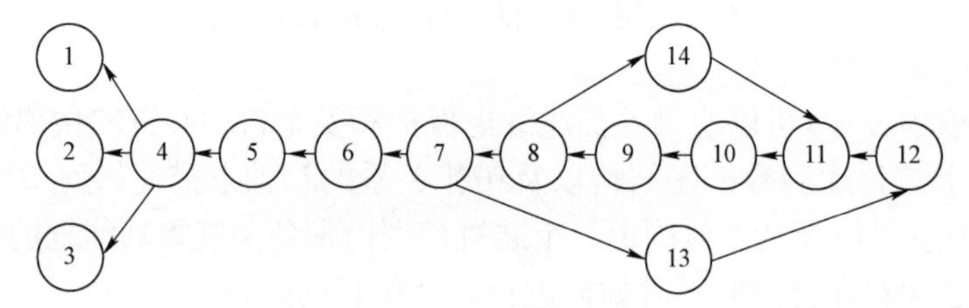

图 13－12　逆序拓扑结构

（2）对正序图进行 DFS，DFS 入栈序列如图 13－13 所示。

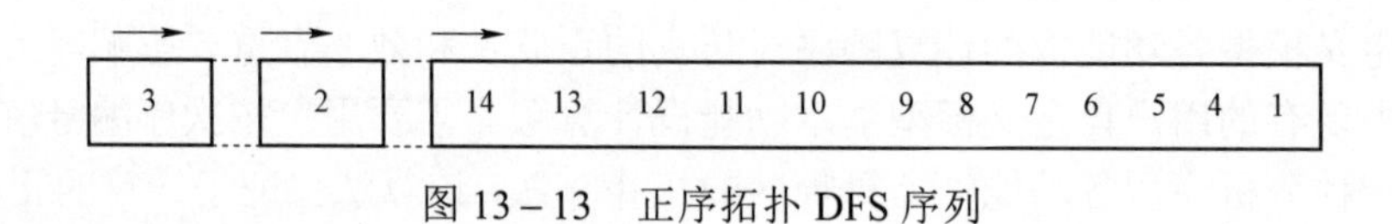

图 13－13　正序拓扑 DFS 序列

（3）遍历过程中，按照不存在邻接点的顶点的出栈先后排序，如图 13－14 所示。

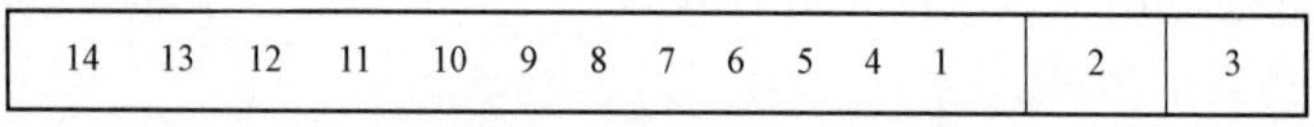

14　13　12　11　10　9　8　7　6　5　4　1	2	3

图 13－14　顶点出栈先后顺序（从左到右）

（4）基于步骤（3）给出的出栈顺序，从最后一个出栈的顶点 3 出发对逆序图进行 DFS，直至所有顶点都被遍历访问过，DFS 序列如图 13－15 所示，每一次访问的顶点集就是该有向图的一个强连通分量。

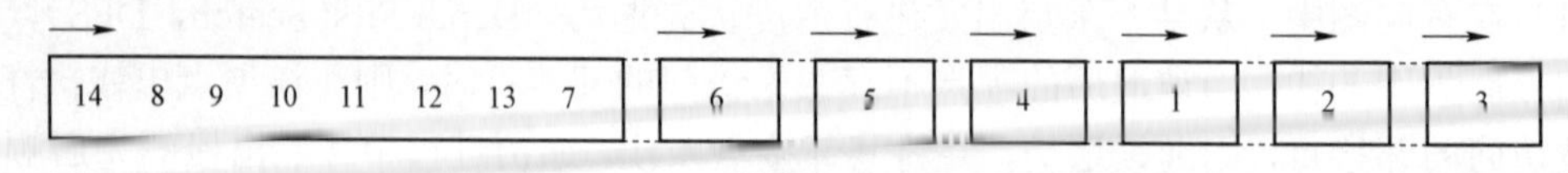

图 13－15　逆序拓扑 DFS 序列

（5）基于步骤（4）形成的各个顶点集，对顶点集中顶点数大于 2 的强连通分量重新进行排序（按照正序图深度优先遍历的顺序排序），所有强连通分量如下：3；2；1；4；5；6；7、8、9、10、11、12、13、14。

（6）该拓扑结构图最终的功能框计算序列为：3、2、1、4、5、6、7、8、9、10、11、

12、13、14。其中 7、8、9、10、11、12、13、14 是顶点数大于 2 的强连通分量，在仿真计算过程中需判断每时步计算输出是否收敛，并根据需要进行迭代。

13.2.2　多装置模型联合仿真优化算法

PSASP36 节点算例（参见电力系统综合稳定程序 PSASP 手册）中发电机上装有Ⅰ型励磁调节器 AVR 模型（自定义模型 i）和Ⅰ型电力系统稳定器 PSS 模型（自定义模型 j）。AVR 输入量有机端电压 V_t，电力系统稳定器输出 V_s 等，输出量是励磁调节电压 Efd。PSS 输入量有电机转子角速度 OMG，角速度初值 OMG0 等，输出量是 V_s。同一台发电机上的 AVR 模型和 PSS 模型通过 V_s 连接起来，在进行每时步仿真时首先计算模型 j，然后计算模型 i，否则仿真结果会有误差甚至是错误的。

为解决多模型联合仿真时计算顺序问题，引入用户自约定临时变量，该量没有实际的物理意义，由变量类型和变量位置唯一确定。用户搭建完 AVR 模型和 PSS 模型后，将 AVR 模型的输入 V_s 与 PSS 模型的输出 V_s 更换为用户自约定临时变量，即实现了 AVR 模型与 PSS 模型的连接。本算法共提供了 TM1～TM10 等 10 种变量类型，变量位置可以取算例中的任意母线。图 13－16 表示发电机 Gen3 上 AVR 与 PSS 连接关系，其中临时变量是 TM3（BUS3）。

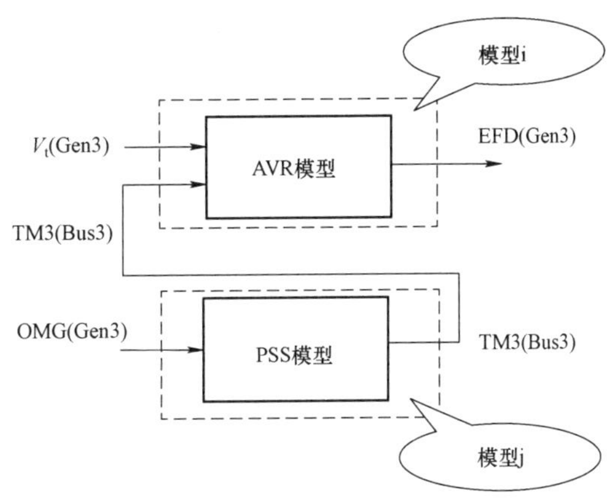

图 13－16　发电机 Gen3 上 AVR 与 PSS 连接关系

13.2.2.1　模型合并方法说明

UD 模型的三个基本要素是外部输入变量、外部输出变量和基本运算函数功能框。UD 模型与仿真电力系统通过外部输入/输出变量交换数据。功能框与功能框之间通过端子联系起来，并通过端子交换数据。本优化算法将多个模型中用户自约定临时变量相同的端子合并为一个，实现共享同一个内存地址，处于该端子两侧的功能框通过该端子交换数据，此时，模型的计算顺序问题转换为功能框的计算顺序问题，采用 Kosaraju 算法对功能框排序。

图 13－17、图 13－18 分别是 PSASP36 节点算例发电机 Gen3 上安装的Ⅰ型 AVR 自定义结构和Ⅰ型PSS自定义结构，图13－19所示为合并后新UD模型自定义结构，采用Kosaraju 算法对基本功能框重新排序，并统计其外部输入/输出量、输入量包含机端电压 V_t（Gen3）、机端电压初值 V_{T0}（Gen3）、转子角速度 OMG（Gen3）、转子角速度初值 OMG0（Gen3）等，输出量只有发电机励磁调节电压 Efd（Gen3）。

13.2.2.2　多装置模型联合仿真优化算法

（1）对用户自约定临时变量（由变量类型和变量位置唯一确定）进行扫描，统计出所有存在连接关系的 UD 模型组。

（2）形成以用户自约定临时变量为主键，模型号及端子号为对象的映射表。

（3）由步骤（1）中形成的连接组，选其中一组合并形成新模型，其中包含该组中所有功能框及端子。

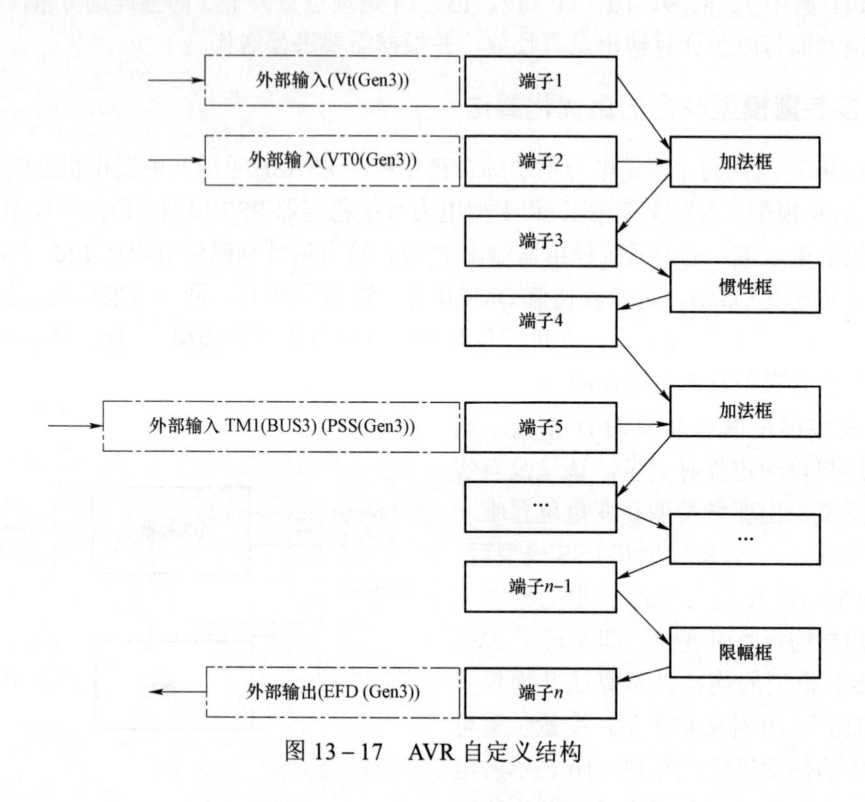

图 13-17　AVR 自定义结构

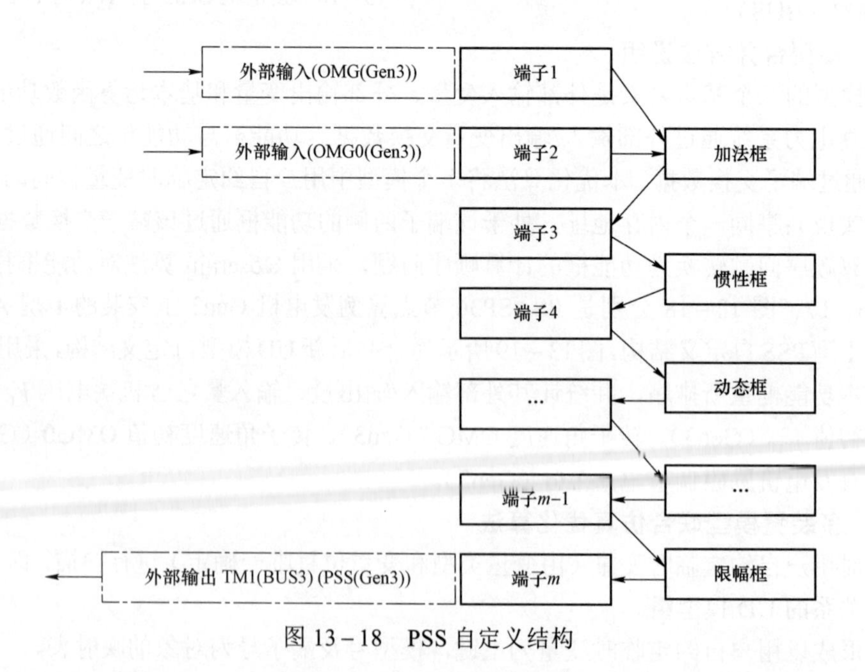

图 13-18　PSS 自定义结构

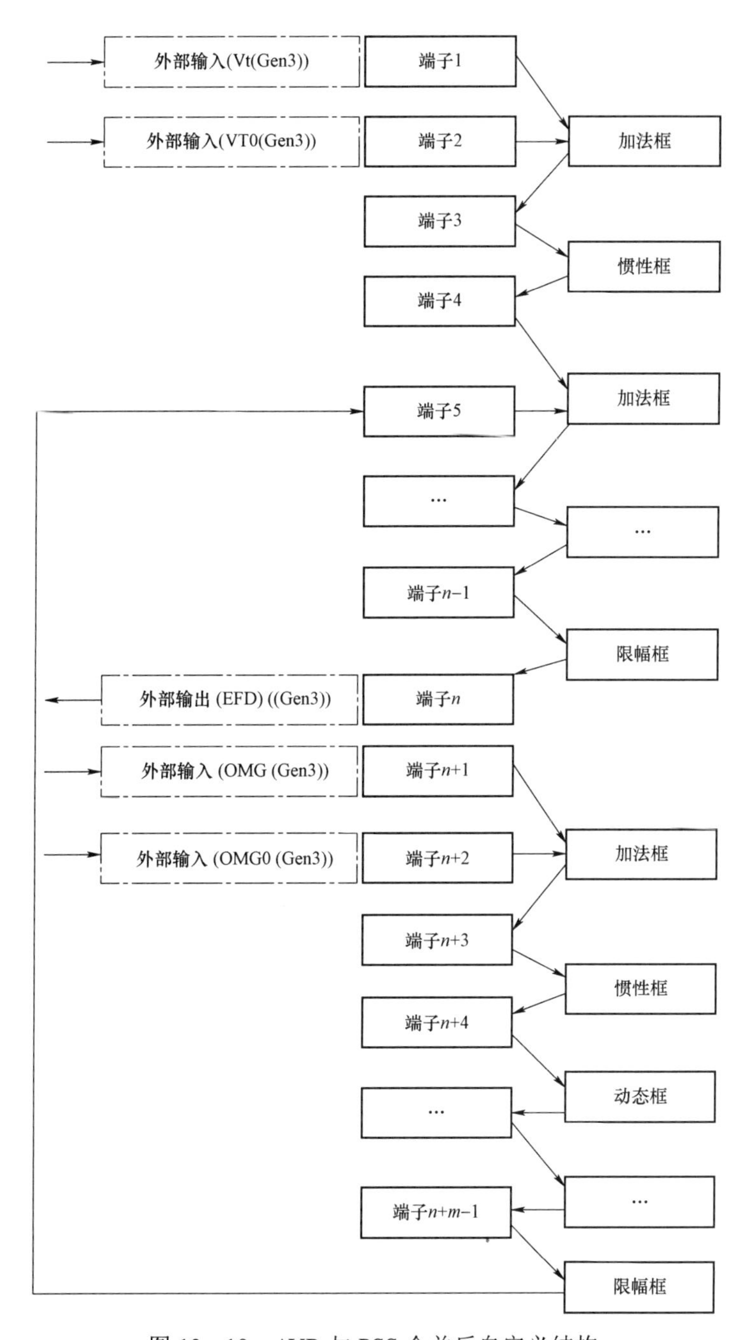

图 13－19　AVR 与 PSS 合并后自定义结构

（4）由步骤（2）形成的映射表，将该组中主键相同的端子合并，模型计算顺序转换为功能框计算顺序。

（5）采用 Kosaraju 算法形成新 UD 模型功能框顺序。

（6）统计新 UD 模型外部输入/输出序列（不包含临时输入/输出变量）。

（7）重复步骤（3）到步骤（6），直至步骤（1）中所有的连接组合并完毕。

小　结

本章对于大规模继电保护与安全自动装置建模关键技术进行了研究。首先，阐述了继电保护与安全自动装置建模的基本原理与方法，并简要介绍面向对象的编程技术、设计技术，就此引出了大量继电保护和安全自动装置采用面向对象的设计与开发技术，实现用户自定义建模的思想。其次，面向继电保护和安全自动装置模型，从基本功能框架计算顺序拓扑与多装置联合仿真两个方面对模型进行优化算法研究，有效地提高了模型的计算与仿真效率。

大规模电网连锁故障并行仿真技术研究

大规模电网的暂态仿真仍然是研究大电网连锁故障的重要手段之一。其主要过程是通过建立符合电网实际物理过程的电网模型和元件模型，以及二次保护和控制系统模型，对电网的连锁故障模式进行模拟，计算分析出电网连锁故障的演变过程及其后果，并给出预防电网连锁故障扩展蔓延的措施等。

采用用户自定义建模所搭建的继电保护和安全自动装置模型含有大量的基本功能框，以线路距离保护为例，常规距离保护在自定义建模框架下需要 100 个左右的基本逻辑功能框。对于整个电力系统的主保护、后备保护以及自动装置等，用户自定义模型数目十分庞大，导致在常规串行暂态仿真特别是机电暂态仿真中计算缓慢，用户很长时间难以看到计算结果。

解决大量继电保护和安全自动装置仿真效率低下的一个重要手段就是采用并行计算技术。大电网机电暂态并行仿真所用的网络分割功能将大电网分割成相互独立的子网和联络线系统，使每个子网可以在各自独立的 CPU 上并行计算，显著提高了效率。电网中的动态元件包括继电保护和自动装置等，伴随着网络分割所形成的子网而自然解耦，本身就具有并行计算特性。另外，对于那些输入输出跨子网边界的继电保护和安全自动装置，可以集中放置在一个或者多个外部进程中，采用 MPI 通信与子网进程交换数据，共同完成大量继电保护和安全自动装置仿真计算的任务。实际实验结果表明，采用这种网络分割分网与外部进程相结合的方法来完成大规模继电保护和安全自动装置的仿真是行之有效的。

14.1 连锁故障并行仿真的流程与接口设计

14.1.1 连锁故障并行仿真的流程

为下文描述问题方便，首先解释几个名词：

子网进程：负责网络分割后形成的子网连锁故障仿真的 MPI 机电暂态进程称为子网进程。子网进程数目等于网络分割方案对应的分网数目。子网进程中进程号为 0 的进程又被称为主控进程，是连锁故障仿真功能的总控机。

外接进程：负责输入和输出量跨子网的用户自定义模型以及用户指定必须有非子网进程计算的用户自定义模型的 MPI 进程，这些外接进程和子网进程之间存在接口处的数据交换。外接进程可以有多个，每个外接进程根据用户需要计算一部分用户自定义模型。

外接模型或者外接装置：具体指需要在外接进程中完成仿真计算的模型或者装置。外接模型或者装置的输入输出来源于子网进程，需要通过 MPI 接口从子网进程获得输入或者发送输出信息。

电磁暂态进程：从网络分割方案中选择一个子网，按照电磁暂态网络划分方法再次进行网络划分，分割成更小的电磁暂态子网，并且每个电磁暂态子网由一个 CPU 负责计算，这个 MPI 进程称之为电磁暂态进程。电磁暂态进程所负责计算的子网由于只和联络系统有直接联系，所以只和主控进程之间有数据交换关系。

如上文所述，连锁故障暂态并行计算的进程类型分为三类。一类是子网进程，负责联络系统或者某一个子网的连锁故障仿真。进程号为 0 的进程称为主控进程，负责数据装载、联络系统计算以及本子网的仿真计算，如图 14－1 中中间列所示。其他子网进程负责各自子网的仿真，总计 n 个。另一类是外接进程，负责用户指定的继电保护和安全自动装置的仿真计算，根据用户的指定情况，可以有多个外接进程。第三类是电磁暂态进程，负责进行电磁暂态子网的仿真计算。

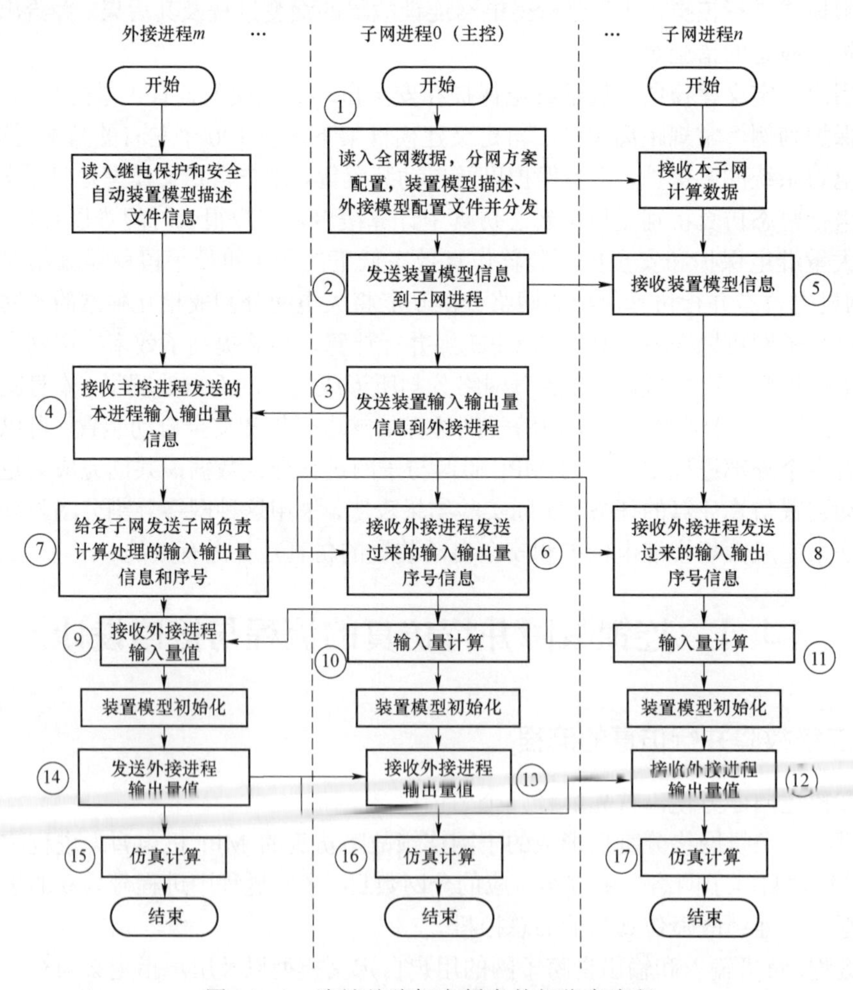

图 14－1　连锁故障机电暂态并行仿真流程

图 14－1 所示为连锁故障仿真中机电暂态并行计算过程中的算法流程，主要描述了初始化阶段装置仿真的算法流程，功能框 15～17 是仿真计算功能，该功能将在下文章节详细描述。

程序起动后，主控进程 0 读入电网计算数据、分网方案、装置模型以及外接进程负责的装置配置文件（功能框 1），并分发到各自所属的子网。外接进程则读入装置模型描述信息，其中包含有模型的拓扑结构、模型参数等。

功能框 2 根据装置输入输出点所关联的元件信息以及分网方案，确定装置所在子网，并将该装置从主控进程 0 分发到其所在子网进程。如果装置的输入输出点来源于不同的子网，提示用户将其归类到外接进程中进行仿真计算。功能框⑤则是子网进程接收主控进程 0 发来的本子网负责计算的装置模型信息。

功能框 3 根据分网方案，获得外接进程装置的输入输出点的子网和元件信息，然后发给用户指定的外接进程。功能框④则是各外接进程接收主控发送的本进程装置的输入输出点信息。

功能框 7 是外接进程将收到的输入输出点（装置安装地点的电压、电流等信息）信息按照子网分类编号，发送给对应子网进程。功能框 6、8 是子网进程接收本子网负责计算的输入输出点信息。这样在子网进程侧，每个进程按照外接进程的顺序记录了各自需要计算的输入输出地点信息，同样在外接进程侧，按照子网进程的顺序记录了每个外接进程负责计算的输入输出地点信息。

功能框 10、11 是子网进程计算装置的输入量值，然后发送给相应的外接进程。功能框 9 是外接进程接收模型的输入值信息。此后，外接进程计算外接模型的输出值，子网进程计算本子网内部的装置输出，完成装置模型的初始化。

功能框 14 是外接进程将装置的输出值发送到各子网进程（如功能框 12，13）。此后，功能框 15～17 则完成网络的初始化，并开始仿真计算。

图 14－2 描述了含有大量继保和安全自动装置的外接进程与机电暂态子网进程之间的交替迭代仿真计算流程图，对应着图 14－1 中的 15～17 号功能框。中间虚线左侧是子网进程的计算过程，其中 n 代表了仿真时步计数，K 代表一个步长内代数方程与微分方程交替迭代次数的计数，$G(.)$、$F(.)$分别代表代数方程组和微分方程组。虚线右侧是外接进程的计算过程，当 K 等于零时，需要存储上一步的计算结果，否则，根据装置的输入进行积分求解输出。

如图 14－2 所示，子网进程和外接进程之间采用基于 MPI 的通信接口传递数据，这些数据包括了各类装置所需要的输入、输出变量。典型的变量包括各相电压幅值、各相电流幅值、相角、发电机内电势、励磁电压输出、汽门开度、电动机转差、直流换相角、关断角等。程序在设计过程中，应该预留变量的接口，并保证接口程序足够健壮、独立，甚至简单，以确保新增输入输出变量的方便。

图 14－3 描述了机电暂态主控进程与电磁暂态并行进程之间的关系。根据机电暂态大电网的分网策略，每个子电网之间通过联络系统相互联系。所以，电磁暂态子网计算过程只和机电子网的主控进程有数据交换关系。在仿真过程中，机电暂态本步仿真之前，向电磁暂态主控发送端口等值戴维南电势。如果机电暂态网络有拓扑结构变化，还要附加发送整个机电暂态网络的等值阻抗阵。电磁暂态主控进程在机电与电磁仿真步长整数步长处接收等值戴维南电势和阻抗阵信息。然后给机电暂态主控发送计算所得的端口三序电压、三序电流。数据

交换完毕后，机电暂态积分一个步长，电磁暂态则计算二者整数倍数个步长。电磁暂态子网进程之间根据电磁分网测试，在初始化时确定子网两两之间的数据交换关系，计算时则根据确定好的关系接收和发送边界点电压电流信息。

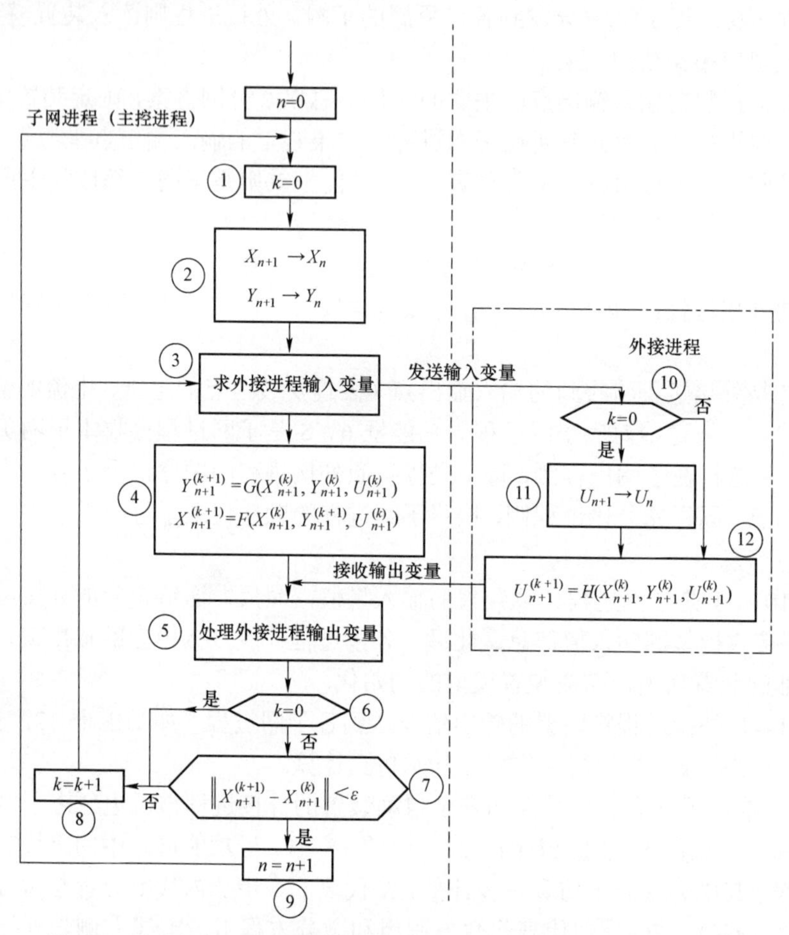

图 14－2　机电暂态子网进程与外接进程交替迭代仿真计算流程图

14.1.2　二次系统模型并行仿真接口设计

实际电网中无论是继电保护装置还是安全自动装置，数量规模都十分庞大。如果对每一个模型均采用有针对性的模型开发与编程，工作量巨大，工作周期长，而且不具备扩展性，实际中往往不为所用。在本书中，采用用户自定义建模来完成大规模继电保护装置和安全自动装置的建模，并根据实际电网配置情况设置整定值，生成了大量的二次系统模型。这些模型与电网联合仿真，可较为真实地反映电力系统连锁故障反应过程。

大量的二次系统模型只和某一个电网元件相关联，这种模型随着电网分网并行自然实现了并行计算。然而，由于大电网分网并行计算原因，部分模型的输入和输出可能不再分布在同一个子网中，导致这些模型仿真缺乏输入而不能正常计算。为此，本书设计了二次系统模型的外接并行进程以解决这一问题。下文分别从外接进程、子网进程的角度描述输入输出的接口关系。

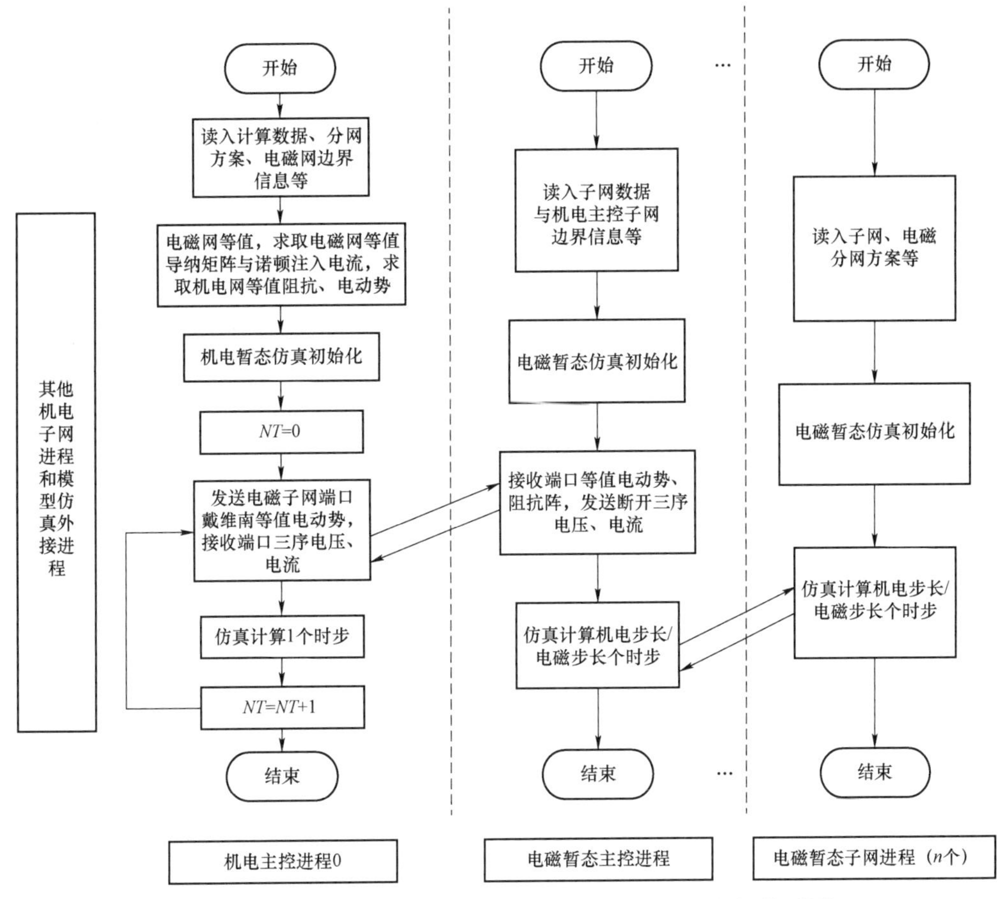

图 14－3　机电暂态主控进程与电磁暂态并行进程之间关系图

14.1.2.1　外接进程输入输出变量接口

从外接进程角度看，其与子网进程输入输出变量的连接关系如图 14－4 所示。

说明如下：

子网进程设置了 3 个变量数组，分别是：① 元件存储唯一位置，用于存放外接进程输入输出变量的地点，以便于仿真计算时能快速定位元件信息所存储的位置。② 变量类型。用户存放变量的分类信息，如电压、电流、功率或者其他类型的变量。这些变量类型信息是根据电网运行特点事先约定好的，用于表征电网运行规律和特征的状态信息。③ 变量值。为仿真时的运行值。

N_{i1}（N_{o1}），N_{i2}（N_{o2}），N_{i3}（N_{o3}）分别为子网进程输出输入变量的总数，该数值由外接进程根据外接模型输入输出定义统计出并传送给子网进程。

外接进程设置了 1 个总的输入输出变量数组，图中称为输入输出变量值。当图中带箭头线箭头朝下时，表示为外接进程的输入，向上表示为外接进程的输出。为了在子网进程和外接进程的变量值数组间快速定位，在外接进程中维护 1 个变量顺序映射数组，负责维护从子网进程变量值数组顺序映射到外接进程总变量值数组顺序。这个对应关系数组在图中以较小的箭头表示。

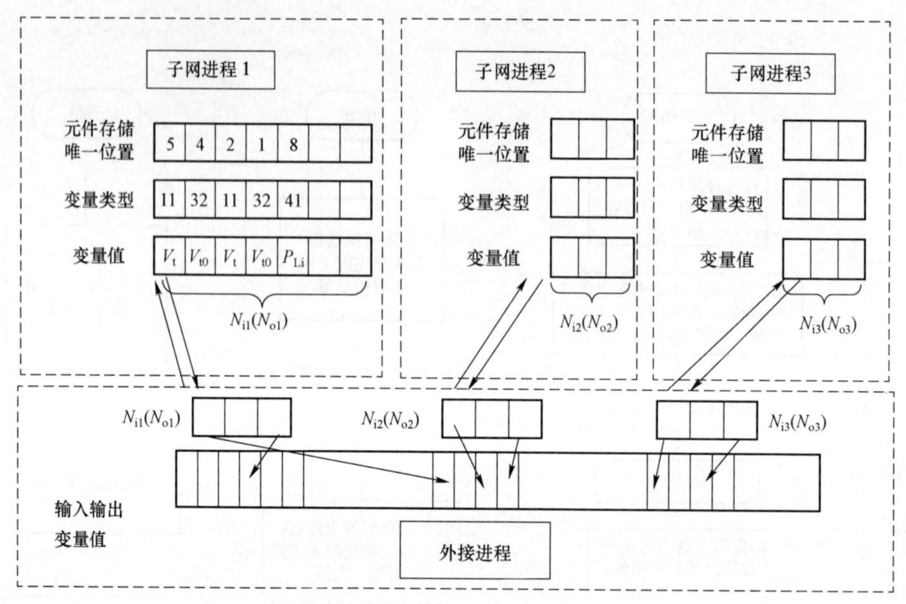

图 14－4　外接进程输入输出变量与子网进程关系图

需要说明的是，图中各种数组，包括数值和变量类型信息，无论在子网进程还是外接进程中都是两组，一组为输入，另一组为输出。以上图例说明，外接进程和子网进程的关系是一对多的关系。

14.1.2.2　子网进程输入输出变量接口

从子网进程的角度来看，其与子网进程输入输出变量的连接关系如图 14－5 所示。

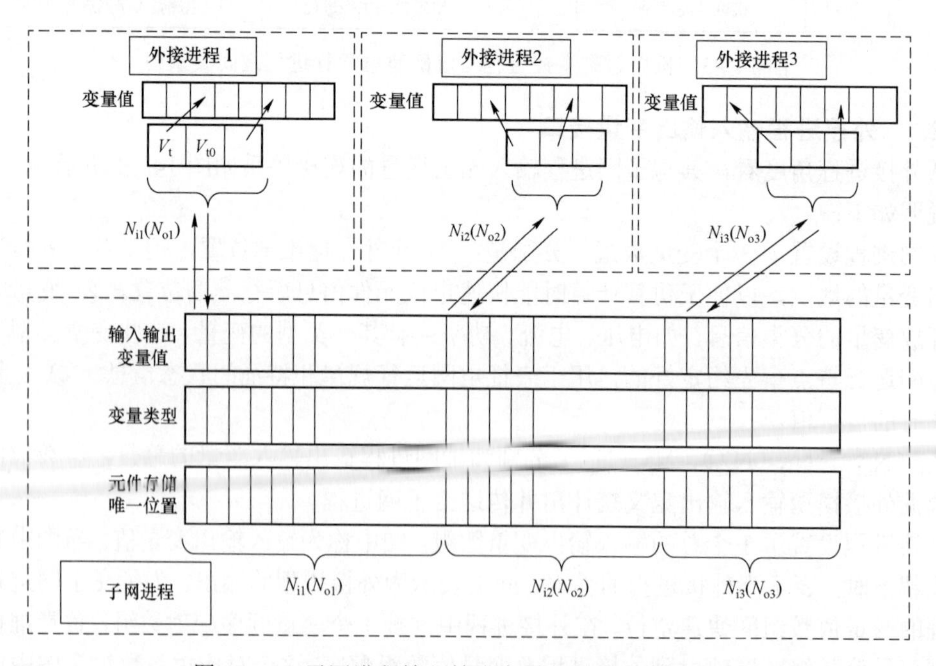

图 14－5　子网进程输入输出变量与外接进程关系图

从图 14－5 可以看出，子网进程输入输出变量与外接进程的关系与图 14－4 类似。子网进程为多个外接进程提供服务，并按照进程顺序进行排列。发送给外接进程后，按照外接进程建立的每个子网变量到总变量数组的映射关系，完成外接进程的输入输出变量的数据交换。

14.1.2.3 输入输出文件

大规模继保和安全自动装置并行仿真的输入文件包括：

（1）装置模型结构的描述文件。该文件信息描述了装置的传递函数结构，是由大量的基本功能框组合而成。文件格式说明如下：

第一部分（模型概况）：

```
m_ModelNo，m_ModelDescr，m_BlockNum，m_TerminalNum
```

第二部分（模型的端子相关信息）：

```
TermSeriNo，IsInput，IsOutput，IsPrint，printName，
TermSeriNo，IsInput，IsOutput，IsPrint，printName，
……（行数等于端子个数 m_TerminalNum）
```

第三部分（模型的功能框相关信息）：

```
m_BlockSeriNo，m_BlockInnerNo，m_BlockName，InPutNum OutPutNum，CoefNum
InTermSeriNo，InTermSeriNo ……
OutTermSeriNo，OutTermSeriNo ……
CoefName，CoefDefaValue，Tag ……
m_BlockSeriNo，m_BlockInnerNo，m_BlockName，InPutNum OutPutNum，CoefNum
InTermSeriNo，InTermSeriNo ……
OutTermSeriNo，OutTermSeriNo ……
CoefName，CoefDefaValue，Tag ……
……（等于功能框个数 m_BlockNum）
```

由于文件格式比较复杂，为了将文件描述清楚，特将模型的描述文件分为三部分描述，字段详细含义如下，但是需注意这三部分是同一个文件。

第一部分说明对应文件中第一行，如表 14－1 所示。

表 14－1　　模　型　概　况

变量/符号	说明	类型	长度	备注
m_ModelNo	自定义模型编号	int	4	模型库文件中唯一
m_ModelDescr	自定义模型描述	string	48	
m_BlockNum	自定义模型功能框总数	int	4	
m_TerminalNum	自定义模型端子总数	int	4	

第二部分说明包含第二行到第 m_TerminalNum + 1 行，仅说明一行，如表 14-2 所示。

表 14-2　端子信息说明

变量/符号	说明	类型	长度	备注
TermSeriNo	端子序列号	int	4	同一个模型中唯一
IsInput	是否输入	int	4	0-非输入，1-可变输入，2-固定输入
IsOutput	是否输出	int	4	
IsPrint	是否打印	int	4	
printName	打印名称	string	20	

第三部分说明包含 m_BlockNum 个功能框，每个功能框占 4 行，仅说明一个功能框，即第 n 个功能框第一行对应表 14-3，第 n 个功能框第二行对应表 14-4，第 n 个功能框第三行对应表 14-5，第 n 个功能框第四行对应表 14-6。

表 14-3　功能框信息说明第一行

变量/符号	说明	类型	长度	备注
m_BlockSeriNo	功能框序列号	int	4	同一个模型中唯一
m_BlockInnerNo	功能框内部编号	int	4	
m_BlockName	功能框名称	string	20	
InPutNum	输入变量个数	int	4	
OutPutNum	输出变量个数	int	4	
CoefNum	参数个数	int	4	

表 14-4　功能框信息说明第二行

变量/符号	说明	类型	长度	备注
InTermSeriNo	本功能框输入端子序列号	int	4	
InTermSeriNo	本功能框输入端子序列号	int	4	
……				输入变量个数等于 InPutNum 值

表 14-5　功能框信息说明第三行

变量/符号	说明	类型	长度	备注
OutTermSeriNo	本功能框输出端子序列号	int	4	
OutTermSeriNo	本功能框输出端子序列号	int	4	
……				输出变量个数等于 OutPutNum 值

表 14-6　功能框信息说明第四行

变量/符号	说明	类型	长度	备注
CoefName	本功能框参数名称	string	20	同一功能框中唯一
CoefDefaValue	参数默认值	double	8	

续表

变量/符号	说明	类型	长度	备注
Tag	是否可修改标记	int	4	1：可修改，0：不可修改
CoefName	本功能框参数名称	string	20	同一功能框中唯一
CoefDefaValue	参数默认值	double	8	
Tag	是否可修改标记	int	4	1：可修改，0：不可修改
……				参数个数等于 CoefNum 值

（2）装置在电网中安装位置的信息文件。该文件指明了装置在电网中的安装位置，具体说就是继电保护和安全自动装置安装在哪条线路、哪些母线上的问题。文件格式说明如下：

第一行：

```
Valid，m_ModelName，m_ModelNo，m_ModelDescr，InTermNum，OutTermNum，ModiCoeNum，
```

第二行到 InTermNum + 1 行：

```
InVarTypeNo，InVarCompNo，InVarInnNo，
……
```

第 InTermNum + 1 行到 OutTermNum + InTermNum + 1：

```
OutVarTypeNo，OutVarCompNo，OutVarInnNo，
……
```

第 OutTermNum + InTermNum + 2 行：

```
ModiCoefValue，ModiCoefValue，……
```

各字段详细类型与含义如表 14－7～表 14－10 所示。

表 14－7　　被调用模型的概况

变量/符号	说明	类型	长度	备注
Valid	有效性标记	int	4	0：无效，1：有效，2：打印
m_ModelName	模型名称	string	20	在所有模型实例中唯一
m_ModelNo	自定义模型编号	int	4	
m_ModelDescr	自定义模型描述	string	48	
InTermNum	UD 输入端子个数	int	4	
OutTermNum	UD 输出端子个数	int	4	
ModiCoeNum	UD 修改参数个数	int	4	

表 14-8　输入端子信息（第二行到 InTermNum + 1 行）

变量/符号	说明	类型	长度	备注
InVarTypeNo	输入变量类型号	int	4	
InVarCompNo	输入变量相关元件编号	int	4	
InVarInnNo	输入变量内部编号	int	4	

表 14-9　输出端子信息（第 InTermNum + 1 行到 OutTermNum + InTermNum + 1）

变量/符号	说明	类型	长度	备注
OutVarTypeNo	输出变量类型号	int	4	
OutVarCompNo	输出变量相关元件编号	int	4	
OutVarInnNo	输出变量内部编号	int	4	

表 14-10　参数信息（第 InTermNum + 1 行到 OutTermNum + InTermNum + 1）

变量/符号	说明	类型	长度	备注
ModiCoefValue	参数的修改值	double	8	
ModiCoefValue	参数的修改值	double	8	
ModiCoefValue	参数的修改值	double	8	
……				等于模型内部参数修改数目

（3）需要放置在外接进程中计算的装置信息文件。一般来说，这个装置信息文件中的模型的输入和输出往往来源于不同的子网。如果将这些模型放在某一个子网中仿真计算，必然需要从其他子网获取输入信息或者发送输出信息，这样会带来通信负担，也增加了编程的复杂性。为此，并行仿真程序设置了一个或者多个外接进程，处理这些输入输出跨子网的装置模型仿真计算。当然，对于输入输出在同一个子网的模型，同样可以放在外接进程中计算。

外接模型在外接进程中计算的装置信息文件结构如下：

M，ProcNo，ModelNo，I-Name，J-Name，No，B1，B2，B3，B4，
格式说明：
M　　该行数据标记
　　2：打印且有效
　　1：有效
　　0：无效
ProcNo（整型）：该模型的仿真进程号（进程号从 0 开始排列）；
ModelNo　　模型编号（代号）
I-Name　　与 No.相对应的支路 I 侧的母线内部号
J-Name　　与 No.相对应的支路 J 侧的母线内部号
No.　　支路编号
B1，B2，B3，B4　　母线内部号

大规模继保和安全自动装置并行仿真的输出文件包括：

（1）输出变量配置信息文件。在继电保护和自动装置的自定义模型中，部分中间变量，包括状态量需要在计算后给出结果，便于分析系统动态行为。为此，输出变量配置信息文件指定了自定义装置模型的输出变量列表，程序在仿真计算过程中，按照时步和配置文件结构给出状态量的仿真结果。文件格式如下：

```
m_ModelName,m_ModelNo,m_ModelDescr,m_NumVar,UDOutVari1,UDOutVari2,......
```

各字段信息详细描述如表 14－11 所示。

表 14－11　　输出量配置文件各字段信息说明

变量/符号	说明	类型	长度	备注
m_ModelName	模型名称	string	20	在所有模型实例中唯一
m_ModelNo	被调用自定义模型编号	int	4	
m_ModelDescr	被调用自定义模型描述	string	48	
m_NumVar	变量个数	int	4	
UDOutVari1	输出变量名称	string	20	
UDOutVari2	输出变量名称	string	20	
……				UDM 打印变量个数

（2）输出变量结果文件。与（1）中输出变量配置信息文件相对应，输出变量结果文件格式如下：

```
m_ModelName，TIME，UDOutValue1，UDOutValue2......
```

各字段信息说明如表 14－12 所示。

表 14－12　　输出量结果文件各字段信息说明

变量/符号	说明	类型	长度	备注
m_ModelName	模型名称	string	20	在所有模型实例中唯一
TIME	积分时间	double	8	
UDOutValue1	输出变量值 1	double	8	
UDOutValue2	输出变量值 2	double	8	
……				模型输出信息文件中所有变量个数

14.2　大规模电网暂态并行仿真方法

14.2.1　机电暂态并行仿真方法

电力系统机电暂态仿真是使用时域仿真的方法研究电力系统的机电暂态稳定性，即电力系统受到大干扰后，各同步发电机保持同步运行并过渡到新的或恢复到原来稳态运行方式的能力。电力系统是一个复杂的非线性动态大系统，其元件的数学表示既包括普通线路无源元件的线性模型，也有有源元件和非线性元件的微分方程。在进行机电暂态过程仿真计算时，要交替迭代求解高阶非线性微分方程和线性网络方程，相当耗时。尤其是对于互联电网和非线性元件比重较大的电网，数字仿真的迭代求解更为困难。单节点计算机的速度一般不能满足规模较大电网的实时仿真要求，采用计算网络分割和并行计算是实现数字仿真实时化的有效途径。近年来发展很快的多结点高性能集群计算机（也称机群服务器，Cluster）为大规模并行计算提供了硬件平台，成为电力系统实时仿真器的发展方向。基于集群机的并行计算，是将原仿真任务通过网络分割分成多个子任务到各个结点机上进行计算，并通过通信交换数据。最后经过处理得到总结果。这样可以大大缩短计算时间。

本节内容对应 3.1 节中子网进程中实现的并行算法。

14.2.1.1　机电暂态过程网络分割方法

进行机电暂态仿真时，为了满足实时和超实时仿真的要求，需要将规模很大的网络分割成多个子网，并分别在多台节点机上同步运行来提高计算速度。由于电力系统暂态仿真的计算是时域递推式计算，也就是说，网络下一时步仿真计算必须依赖于当前时步的计算结果才能进行；而当前时步计算的完成又必须建立在所有子网的计算都完成的基础上。因此，一个高效的并行仿真计算首先依赖于一个均匀最优的网络分割方案，以使各子网的计算基本同步完成，而不需要互相等待。本章所论述的问题就是如何更好地进行网络分割。

目前，用于网络分割的方法，概括起来可以分为两大类：一类是静态分割方法，另一类是动态分割方法。

静态分割方法根据所需子网数目和网络连接关系，以子网规模均衡和子网间的相联节点最少为目标来搜索最优分割方案，在数学上该问题属于多目标的 NP 完全问题，该方法的计算量随网络规模的增长以指数方式迅速增加。不过由于静态分割过程在并行计算之前进行，不参与并行计算过程，也就不影响仿真时间。由于全局最优分割方案搜索的复杂性，启发式方法是解决这类问题的主要手段。

与静态分割方法不同，动态分割方法在并行计算中进行，并在计算中动态调整。动态分割方法综合考虑网络规模、故障与扰动的远近和发电机的相互关系，平衡各个子网的计算量。该方法特别适用于变步长仿真计算，对于故障相关区域，动态过程变化剧烈，可以采用小步长精细仿真；对应远离故障区域，采用大步长减少总体计算量。该方法的不足在于，变步长导致了较低的并行化程度，动态分割则带来大量附加通信。这导致动态分割方案在实际中较难应用，尤其对于通信速度较低的机群并行机更是如此。

根据机电暂态计算的特点，本章确定了电力网络分割的目标，重点研究了静态网络分割方法，在边界表（Contour Tableau）法的基础上，通过对边界表形成方法的优化，采用了一种适合电力系统机电暂态空间并行仿真的网络分割算法——优化边界表法。在该算法基础上，开发了机电暂态并行仿真的网络分割模块。

1. 网络分割的目标

进行电力系统机电暂态并行计算时，其计算量主要集中在动态元件微分方程和网络方程的迭代求解、同步通信和联络系统计算上。其中，联络系统的计算需要在接收各个子网边界点状态量之后进行，只能串行求解；而联络系统之外的网络方程和动态元件微分方程，可以分别在各个子网中并行求解。

因此，为了提高机电暂态空间并行计算的计算速度，本章确定电力网络分割的目标如下：

（1）最小化边界点数目，降低联络系统规模；

（2）各个子网的计算量尽量均匀，减少同步通信时的等待时间；

（3）最小化新增的注入元，减少网络分割新增的计算量。

三个目标中，边界点数目的最小化最为关键。边界点数目不仅决定着并行计算中串行部分的计算量，而且与通信量直接相关。在通信速度相对较慢的 PC 机群上，这一点显得尤为重要。根据以上目标，本章在边界表法基础上，对形成边界表的方法进行了优化：优先考虑边界点数目的降低，同时兼顾子网规模的均匀和新增注入元的最小化。

2. 网络分割的优化方法

边界表法计算速度快，可以利用所谓的“道路树”减少新增注入元，但是由于边界表形成方法过于简单，制约了边界点数目的降低。为了进一步减少边界点的数目，提高机电暂态过程空间并行仿真的速度，在上述算法基础上，本章采用了一种形成边界表的新方法。这种方法的特点如下：

（1）把边界表的形成与分割方案的确定相结合，充分考虑已经分割的子网对未分割网络的影响；在已采用的多种边界表法中，边界表的形成都在确定分割方案之前进行，网络分割中不再调整边界表内容。在本章方法中，根据每个分割子网的规模上下限单独形成边界表，充分考虑已经分割的子网的影响，有利于减少总体的边界点数目。

（2）综合考虑道路树的树枝大小、树枝和相连节点对边界点和联络线的贡献等因素，确定增加边界表分割方案的顺序。

采用优化边界表法进行电力网络的分割，其计算步骤如下：

（1）节点优化编号。

（2）道路树形成。

（3）网络分割方案的确定。

使用该优化边界表法，按照机电暂态空间并行计算的要求，本书中开发了并行网络分割模块。并行网络分割模块是机电暂态并行计算软件与系统数据的接口部分，需要将全网的网络参数、动态装置的模型参数和系统初始运行方式转换为机电暂态并行软件所需的子网和联络系统数据，为机电暂态并行计算提供合理的负载分配。

14.2.1.2　分网并行算法——端口逆矩阵法

1. 端口逆矩阵法的采用

电力系统机电暂态稳定计算方法可归结为大型稀疏线性方程组的求解问题

$$\boldsymbol{AX}=\boldsymbol{b} \tag{14-1}$$

其中

$\boldsymbol{A}=\begin{bmatrix} a_{11} & \cdots & a_{1n} \\ \vdots & \ddots & \vdots \\ a_{n1} & \cdots & a_{nn} \end{bmatrix}$ 为非奇异的稀疏阵，即雅可比矩阵；

$\boldsymbol{X}=(x_1,\cdots,x_n)^T$ 为待求的未知数向量，即电压修正向量；

$\boldsymbol{b}=(b_1,\cdots,b_n)^T$ 为已知的右端项向量。

稀疏线性方程组的通用解法是三角分解法

$$A = LU \tag{14-2}$$

其求解过程由以下前代和回代两个步骤

$$LY = b\,(\text{回代}) \tag{14-3}$$

$$UX = Y\,(\text{回代}) \tag{14-4}$$

为减少注入元和提高计算速度，计算开始时还需要进行节点编号优化。

目前的分网并行计算方法，多采用 BBDF（Bordered Block Diagonal Form）法或与之类似的方法。这类方法的缺点是需涉及计算过程的多个环节：

（1）在各子网节点编号优化时，必须把与其他子网相连的边界节点编排在最后，以保证其为“加边分块对角形式”（BBDF）。

（2）在各子网进行 LU 三角分解时，需进行边界点的汇总及对边界点块的单独分解。

（3）在各子网做前代和回代求解时，也需要有对边界点的汇总过程。

上述情况破坏了线性方程组求解的完整过程，影响了软件的模块化结构。

针对现有并行计算方法的不足，为了使在已有电力系统暂态稳定程序的基础上进行并行化改编时，能保持原有程序计算过程的完整，减少并行化开发的工作量，提高软件的可靠性。本书中的并行算法采用一种适用于线性方程组分网并行的新方法——端口逆矩阵法。

该方法的优势和特点可概括为以下几个方面：

（1）不影响电网的节点优化编号。

（2）该方法保持了原有线性方程组 LU 分解和前代、回代求解过程的完整性。

（3）该方法适用于电网的不同分割方法（按母线分裂或按支路分割），允许分割为任意多块。

（4）该方法实现简单，应用灵活，适用于电力系统潮流计算中的各种方法（牛顿法、**PQ** 分解法等）和暂态稳定中的网络方程求解，也可用于一般线性方程组的求解。

2. 端口逆矩法阵介绍

（1）主控机进行网络分割。在主控机上，将电网通过节点分裂或支路分割的方法分为若干个子网，如图 14-6 所示。

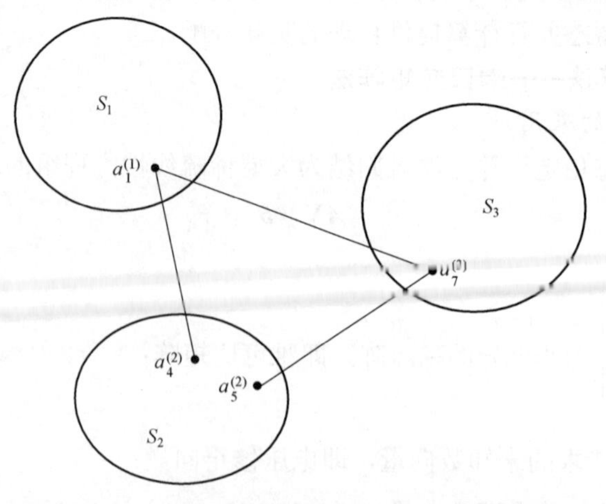

图 14-6　网络分割方式及各子网的边界点示意图

图中，各子网端口点为：

子网 1：$a_1^{(1)}$

子网 2：$a_4^{(2)}$，$a_5^{(2)}$

子网 3：$a_7^{(3)}$

其全网方程系数矩阵的结构为

$$\begin{bmatrix} \begin{matrix} a_{11}^{(1)} & a_{21}^{(1)} & \cdots & a_{1n_1}^{(1)} \\ a_{21}^{(1)} & a_{22}^{(1)} & \cdots & a_{2n_1}^{(1)} \\ \vdots & \vdots & \ddots & \vdots \\ a_{n_1 1}^{(1)} & a_{n_1 2}^{(1)} & \cdots & a_{n_1 n_1}^{(1)} \end{matrix} & \cdots & \cdots \\ \vdots & \begin{matrix} a_{11}^{(2)} & a_{21}^{(2)} & \cdots & a_{1n_2}^{(2)} \\ a_{21}^{(2)} & a_{22}^{(2)} & \cdots & a_{2n_2}^{(2)} \\ \vdots & \vdots & \ddots & \vdots \\ a_{n_2 1}^{(2)} & a_{n_2 2}^{(2)} & \cdots & a_{n_2 n_2}^{(2)} \end{matrix} & \vdots \\ \cdots & \cdots & \begin{matrix} a_{11}^{(3)} & a_{21}^{(3)} & \cdots & a_{1n_3}^{(3)} \\ a_{21}^{(3)} & a_{22}^{(3)} & \cdots & a_{2n_3}^{(3)} \\ \vdots & \vdots & \ddots & \vdots \\ a_{n_3 1}^{(3)} & a_{n_3 2}^{(3)} & \cdots & a_{n_3 n_3}^{(3)} \end{matrix} \end{bmatrix} \tag{14-5}$$

（2）主控机端口点关联阵及汇总端口逆矩阵。在主控机上，形成各子网端口点的关联矩阵 $\boldsymbol{Y}_c$，其结构为

$$\boldsymbol{Y}_c = \begin{array}{c} \begin{array}{cccc} a_1^{(1)} & a_4^{(2)} & a_5^{(2)} & a_7^{(3)} \end{array} \\ \begin{bmatrix} & \times & \times \\ \times & & \times \\ \times & \times & \end{bmatrix} \end{array} \begin{array}{c} a_1^{(1)} \\ a_4^{(2)} \\ a_5^{(2)} \\ a_7^{(3)} \end{array} \tag{14-6}$$

Y_c 在计算过程中始终不变。

当子网系数矩阵发生变化时，接收各子网端口点逆矩阵 Z_1，Z_2，Z_3，并汇总形成

$$\boldsymbol{Z}_c = \begin{bmatrix} \boldsymbol{Z}_1 & & \\ & \boldsymbol{Z}_2 & \\ & & \boldsymbol{Z}_3 \end{bmatrix} \tag{14-7}$$

（3）各子网络方程及端口逆矩阵。按图 14－6 的分割，各子网的方程为：

子网 1：$\boldsymbol{A}_1 \boldsymbol{X}_1 = \boldsymbol{b}_1$

$$\boldsymbol{A}_1 = \begin{bmatrix} a_{11}^{(1)} & a_{12}^{(1)} & \cdots & a_{1n_1}^{(1)} \\ a_{21}^{(1)} & a_{22}^{(1)} & \cdots & a_{2n_1}^{(1)} \\ \vdots & \vdots & \vdots & \vdots \\ a_{n_1 1}^{(1)} & a_{n_1 2}^{(1)} & \cdots & a_{n_1 n_1}^{(1)} \end{bmatrix} \qquad \boldsymbol{B}_1 = \begin{bmatrix} b_1^{(1)} \\ b_2^{(1)} \\ \vdots \\ b_{n_1}^{(1)} \end{bmatrix} \qquad \boldsymbol{X}_1 = \begin{bmatrix} x_1^{(1)} \\ x_2^{(1)} \\ \vdots \\ x_{n_1}^{(1)} \end{bmatrix}$$

子网 2：$\boldsymbol{A}_2 \boldsymbol{X}_2 = \boldsymbol{b}_2$

$$\boldsymbol{A}_2=\begin{bmatrix}a_{11}^{(2)} & a_{12}^{(2)} & \cdots & a_{1n_2}^{(2)}\\ a_{21}^{(2)} & a_{22}^{(2)} & \cdots & a_{2n_2}^{(2)}\\ \vdots & \vdots & \vdots & \vdots\\ a_{n_21}^{(2)} & a_{n_22}^{(2)} & \cdots & a_{n_2n_2}^{(2)}\end{bmatrix}\qquad \boldsymbol{B}_2=\begin{bmatrix}b_1^{(2)}\\ b_2^{(2)}\\ \vdots\\ b_{n_2}^{(2)}\end{bmatrix}\qquad \boldsymbol{X}_2=\begin{bmatrix}x_1^{(2)}\\ x_2^{(2)}\\ \vdots\\ x_{n_2}^{(2)}\end{bmatrix}$$

子网 3：$\boldsymbol{A}_3\boldsymbol{X}_3=\boldsymbol{b}_3$

$$\boldsymbol{A}_3=\begin{bmatrix}a_{11}^{(3)} & a_{12}^{(3)} & \cdots & a_{1n_3}^{(3)}\\ a_{21}^{(3)} & a_{22}^{(3)} & \cdots & a_{2n_3}^{(3)}\\ \vdots & \vdots & \vdots & \vdots\\ a_{n_31}^{(3)} & a_{n_32}^{(3)} & \cdots & a_{n_3n_3}^{(3)}\end{bmatrix}\qquad \boldsymbol{B}_3=\begin{bmatrix}b_1^{(3)}\\ b_2^{(3)}\\ \vdots\\ b_{n_3}^{(3)}\end{bmatrix}\qquad \boldsymbol{X}_3=\begin{bmatrix}x_1^{(3)}\\ x_2^{(3)}\\ \vdots\\ x_{n_3}^{(3)}\end{bmatrix}$$

各子网可进行正常的节点编号优化、LU 三角分解和前代、回代求解。

当其系数矩阵发生变化时，各子网机进行正常三角分解，并向主控机提交系数矩阵逆矩阵中由边界点元素构成的矩阵，称端口逆矩阵（矩阵阶数为边界点数），如：

子网 1 提交：$\boldsymbol{Z}_1=\overline{a}_{11}^{(1)}$（$\overline{a}_{11}^{(1)}$ 为 $\boldsymbol{A}_1^{-1}$ 中的对应元素）

子网 2 提交：$\boldsymbol{Z}_2=\begin{bmatrix}\overline{a}_{44}^{(2)} & \overline{a}_{45}^{(2)}\\ \overline{a}_{54}^{(2)} & \overline{a}_{55}^{(2)}\end{bmatrix}$（$\overline{a}_{44}^{(2)}$ 为 $\boldsymbol{A}_2^{-1}$ 中的对应元素）

子网 3 提交：$\boldsymbol{Z}_1=\overline{a}_{77}^{(3)}$（$\overline{a}_{77}^{(2)}$ 为 $\boldsymbol{A}_3^{-1}$ 中的对应元素）

其中，端口点逆矩阵的元素可采用稀疏矢量法的前代、回代求取，以提高计算效率。

（4）机电暂态计算每次解网的计算步骤。

1）先求边界点初步解 X'

$$\boldsymbol{AX}'=\boldsymbol{b} \tag{14-8}$$

并发送给主控机。因为其中仅需要解向量中的边界点分量，这一过程可应用稀疏矢量法前代、回代，以减少其计算量。

2）主控机求出边界点的准确解及各子网边界点右端项修正量。首先汇总初步解 $\boldsymbol{X}_1'$，$\boldsymbol{X}_2'$，$\boldsymbol{X}_3'$ 为

$$\boldsymbol{X}_c'=\begin{bmatrix}\boldsymbol{X}_1'\\ \boldsymbol{X}_2'\\ \boldsymbol{X}_3'\end{bmatrix} \tag{14-9}$$

再按

$$[I+\boldsymbol{Z}_c\boldsymbol{Y}_c][\Delta\boldsymbol{X}_c]=-\boldsymbol{Z}_c\boldsymbol{Y}_c\boldsymbol{X}_c' \tag{14-10}$$

求初步解的修正量 $\Delta\boldsymbol{X}_c$（上式中 I 为单位阵，矩阵阶数为边界点总数）。

再修正初步解，求边界点的准确解

$$\boldsymbol{X}_c=\boldsymbol{X}_c'+\Delta\boldsymbol{X}_c \tag{14-11}$$

最后求出各子网边界点右端项修正量

$$\Delta \boldsymbol{b}_c = -\boldsymbol{Y}_c \boldsymbol{X}_c = \begin{bmatrix} \Delta \boldsymbol{b}_1 \\ \Delta \boldsymbol{b}_2 \\ \Delta \boldsymbol{b}_3 \end{bmatrix} \tag{14-12}$$

并将其分发给各子网。

3）各子网求出本次迭代的准确解

$$\boldsymbol{AX} = \boldsymbol{b} + \Delta \boldsymbol{b} \tag{14-13}$$

14.2.2　电磁暂态并行仿真方法

交直流电力系统电磁暂态仿真程序是电力系统全数字实时仿真系统的重要组成部分，具备电力系统电磁暂态基本仿真功能、电力系统电磁暂态网络分割和并行计算功能、数字仿真与外部物理设备实时接口并进行闭环仿真的功能以及与机电暂态程序接口的功能。本节主要介绍电磁暂态并行仿真方法。

电磁暂态并行仿真在进行电磁暂态分网并行计算时，将“节点分裂并行算法”和“长输电线解耦并行算法”相结合，在条件允许的网络分割点采用长输电线解耦法，在不满足长距离输电线分网条件的网络分割点采用节点分裂法，既能发挥长输电线解耦分网并行算法并行效率高的优点，又能在不满足其分网条件的情况下，采用节点分裂分网，提高分网并行的灵活性。

14.2.2.1　分布参数线路解耦并行算法

对于三相线路，利用波动方程和贝杰龙方法描述，其暂态等值计算电路如图 14－7 所示。当仿真计算步长 Δt 不大于波在线路上的传输时间 τ 时，在每个计算时刻 t，图 14－7 中各电流源与线路对侧当前时刻 t 的电压电流无关，可将长距离输电线路两端的网络自然解耦。对应于仿真计算用系统电导矩阵，则呈现出块对角阵的特点。这种利用分布参数线路模型将网络自然解耦进行并行计算的方法可以称之为分布参数线路解耦并行算法。

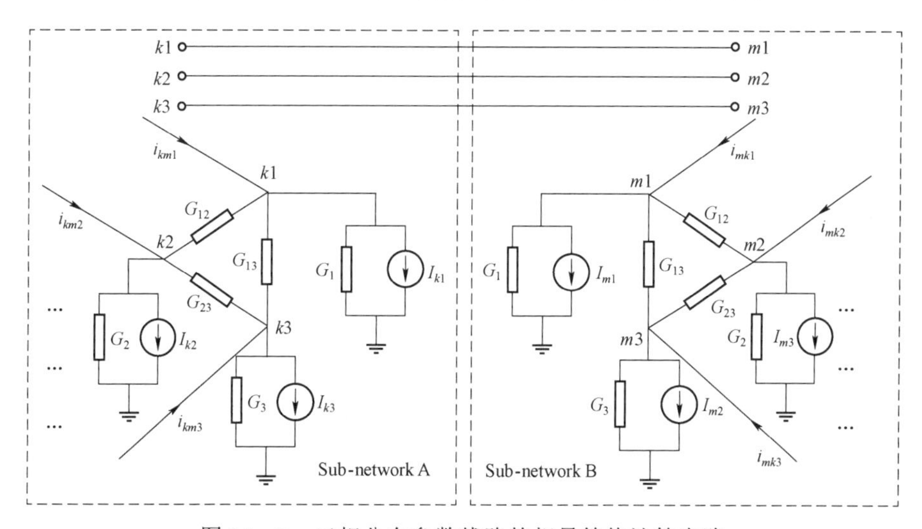

图 14－7　三相分布参数线路的相量等值计算电路

采用分布参数线路解耦并行算法进行分网并行计算的步骤可以描述为：

（1）根据网络拓扑关系，将原始网络在长距离输电线处进行网络分割，并将各子网的计算任务分配到集群计算机（PC Clsuter）系统对应的各节点机上（或多 CPU 机器的各个 CPU 上）；为说明方便，这里将“担当网络分割任务的长距离输电线”称为“网间联络线”。

（2）各子网根据初始条件独立进行网络初始化计算；对于网间联络线的初始化过程，需要从对侧网络获取联络线对侧端点三相电压初始值，并将联络线本侧端点电压送入对侧子网。

（3）各子网根据本时刻网络状态，进行网络求解。

（4）各子网之间根据联络关系交换网间联络线两端母线电压值。

（5）更新各子网的等值历史电流源，$T=T+\Delta t$（T 为计算时刻，Δt 为计算步长）；

（6）重复进行步骤（3）～步骤（5），直到仿真结束。

以上对计算步骤的描述中，步骤（1）和步骤（2）在初始化过程中计算，不计入仿真时间；步骤（3）～步骤（5）为循环计算环节，各子网在对应的各子进程上独立并行计算。

从上述计算步骤可以看出：采用分布参数线路解耦分网并行算法，每一子网络在每个 Δt 内只需要向对侧传送三相输电线路本侧的节点三相电压，通信量较小；而且，每个子网获取联络线对侧母线三相电压后，其他计算与网络独立计算没有差别，不存在由于分网并行引起的附加计算量。因此，这种方法进行电磁暂态并行计算的效率较高。

但采用这种方法进行分网并行计算的局限性在于：它要求系统分网时必须在能够利用分布参数线路模型模拟的长距离输电线路上进行，而实际网络分割时并不一定都能满足这一条件，因而在方法上缺少灵活性。

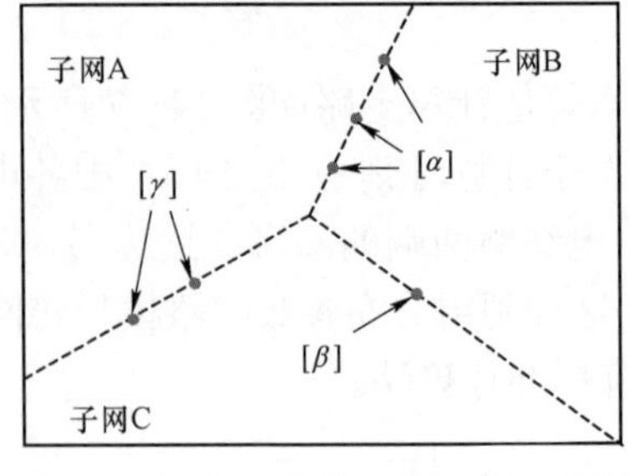

图 14－8　电力系统网络分割示意图

14.2.2.2　节点分裂并行算法

对于任意一个电力系统，假设根据网络分布可以将网络通过任意节点划分为三大块：子网 A、子网 B、子网 C，它们之间通过边界节点［α］、［β］、［γ］相连（［α］、［β］、［γ］表示边界点的集合），如图 14－8 所示。

将边界点一分为二，图 14－8 电力系统又可以表示为图 14－9 所示的形式。

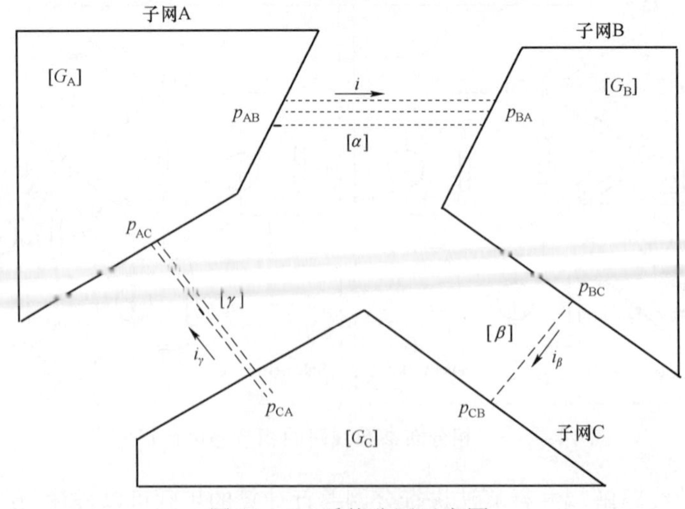

图 14－9　系统分网示意图

图中，i_α、i_β、i_γ表示电磁暂态子网 A、B、C 之间的联络电流，电流方向任意，假定其流向如图 14-9 中箭头所示。电磁暂态子网 A、B、C 的网络方程可写为

$$G_A V_A = h_A - p_{AB} i_\alpha + p_{AC} i_\gamma \tag{14-14}$$

$$G_B V_B = h_B - p_{BC} i_\beta + p_{BA} i_\alpha \tag{14-15}$$

$$G_C V_C = h_C - p_{CA} i_\gamma + p_{CB} i_\beta \tag{14-16}$$

式中　G_A、G_B、G_C——电磁暂态子网 A、B、C 的节点导纳矩阵；

V_A、V_B、V_C——电磁暂态子网 A、B、C 的节点电压列向量；

h_A、h_B、h_C——电磁暂态子网 A、B、C 的等值历史电流源；

p_{AB}、p_{AC}——反映电磁暂态子网 A 中某些节点与联络电流 i_α、i_γ的关联关系的关联阵；

p_{BA}、p_{BC}——反映电磁暂态子网 B 中某些交流节点与联络电流 i_α、i_β关联关系的关联阵；

p_{CB}、p_{CA}——反映电磁暂态子网 C 中某些交流节点与联络电流 i_β、i_γ关联关系的关联阵，p_{AB}、p_{AC}、p_{BA}、p_{BC}、p_{CB}、p_{CA} 中的元素非 0 即 1。

图 14-7 中边界点一分为二，由同一边界点在不同子网中计算所得电压应该相等的关系，又可得

$$p_{AB}^T V_A = p_{BA}^T V_B \tag{14-17}$$

$$p_{BC}^T V_B = p_{CB}^T V_C \tag{14-18}$$

$$p_{CA}^T V_C = p_{AC}^T V_A \tag{14-19}$$

将方程式（14-17）～式（14-19）联立，可得增广方程如下

$$\begin{bmatrix} G_A & & & p_{AB} & 0 & -p_{AC} \\ & G_B & & -p_{BA} & p_{BC} & 0 \\ & & G_C & 0 & -p_{CB} & p_{CA} \\ p_{AB}^T & -p_{BA}^T & 0 & 0 & & \\ 0 & p_{BC}^T & -p_{CB}^T & & 0 & \\ -p_{AC}^T & 0 & p_{CA}^T & & & 0 \end{bmatrix} \begin{bmatrix} V_A \\ V_B \\ V_C \\ i_\alpha \\ i_\beta \\ i_\gamma \end{bmatrix} = \begin{bmatrix} h_A \\ h_B \\ h_C \\ 0 \\ 0 \\ 0 \end{bmatrix} \tag{14-20}$$

式（14-20）降阶简化可得

$$\begin{bmatrix} p_{AB}^T G_A^{-1} p_{AB} + p_{BA}^T G_B^{-1} p_{BA} & -p_{BA}^T G_B^{-1} p_{BC} & -p_{AB}^T G_A^{-1} p_{AC} \\ -p_{BC}^T G_B^{-1} p_{BA} & p_{BC}^T G_B^{-1} p_{BC} + p_{CB}^T G_C^{-1} p_{CB} & -p_{CB}^T G_C^{-1} p_{CA} \\ -p_{AC}^T G_A^{-1} p_{AB} & -p_{CA}^T G_C^{-1} p_{CB} & p_{AC}^T G_A^{-1} p_{AC} + p_{CA}^T G_C^{-1} p_{CA} \end{bmatrix} \begin{bmatrix} i_\alpha \\ i_\beta \\ i_\gamma \end{bmatrix} = \begin{bmatrix} p_{AB}^T G_A^{-1} h_A - p_{BA}^T G_B^{-1} h_B \\ p_{BC}^T G_B^{-1} h_B - p_{CB}^T G_C^{-1} h_C \\ p_{CA}^T G_C^{-1} h_C - p_{AC}^T G_A^{-1} h_A \end{bmatrix} \tag{14-21}$$

求解关联降阶方程式（14-21）可得联络电流 i_α、i_β、i_γ，将其代入方程式（14-14）～式（14-16），便可得出各个电磁暂态子网的节点电压。其中，解出联络电流 i_α、i_β、i_γ后，各子网之间相互独立，子网获取自己需要的联络电流，各子网的计算就可以独立、并行地推

进，提高计算速度。由于关联降阶方程式（14－21）的阶数由边界母线数决定，其阶数不可能太高，因此，求解联络电流的计算量并不大。

采用上述算法在并行计算机上进行电网并行计算的步骤如下：

（1）将整个网络按照拓扑结构分为多个子网，并将各子网的计算任务分配到并行计算系统（如：集群计算机）对应的各节点机上（或多 CPU 机器的各个 CPU 上）。

（2）各子网根据初始条件计算其等值历史电流源（h_A、h_B、h_C），并对其节点导纳矩阵（G_A、G_B、G_C）进行三角分解，为以后求解线性方程做准备。

（3）根据子网间相连关系，建立关联降阶方程式（14－18）等式左边的系数矩阵，并对其进行三角分解，为以后求解联络电流 i_α、i_β、i_γ做准备。

（4）将各子网在本步长计算得出的等值电流源信息送入主进程，代入方程式（14－18）中等式右端项，并对关联降阶方程式（14－18）进行回代计算，求出子网间联络电流 i_α、i_β、i_γ。

（5）各子网计算进程从主进程获取各自相关的联络电流，分别带入各自的网络方程，进行回代计算，求解本步的节点电压。

（6）更新各子网的等值历史电流源，$T=T+\Delta t$（T 为计算时刻，Δt 为计算步长）。

（7）重复进行步骤（4）～步骤（6），直到仿真结束。

以上对计算过程的描述中，步骤（1）～步骤（3）在初始化过程中计算，不计入仿真时间；步骤（4）～步骤（6）为循环计算环节，其中，步骤（4）在主进程上串行计算，步骤（5）和步骤（6）在各子进程上并行进行。

采用上述方法进行计算时，仿真开始时刻和网络拓扑结构变化时刻对式（14－21）进行一次三角分解，其他时刻只需进行回代计算。并且还需注意到，式（14－21）线性方程系数矩阵为对称矩阵。采用对称矩阵的求解方式，可以进一步提高计算速度。

14.2.2.3　交直流网络并行计算算法

相对于交流系统而言，要实现直流输电系统的电磁暂态仿真的实时性并不容易，这是因为直流输电系统中的关键元件换流器——是由若干个换流阀组成的，在一个周期内换流阀会多次导通或关断，每一次导通或关断都意味着网络的拓扑结构发生变化，电磁暂态网络的计算电导阵需要重新三角分解，这样会引起计算量的大幅度上升。

本书中采用了网络并行计算技术以及直流输电系统与交流系统的分割算法（简称交直流网络并行计算算法），较好地解决了上述直流输电系统电磁暂态仿真的实时性问题。该算法的核心是交流网络与直流各部分分开计算，通过一定的连接关系式来统一求解，因此可避免频繁的 **LU** 分解过程。

为简单起见，以图 14－10 所示的单极直流输电系统中每极两个 6 脉冲换流器为例。设整流侧换流器编号为 1、2，接于交流网络 A，逆变侧换流器编号为 3、4，接于交流网络 B。交直流网络的连接如图 14－10 所示。交流网络分为子网 A、B、C。设并行计算时网络分割如下：子网 1 含交流网络 A 及换流器 1、2，子网 2 含交流网络 B，换流器 3、4 及直流网络，子网 3 含交流网络 C。

交流网络节点电压方程为

$$\boldsymbol{G}_A\boldsymbol{V}_A+p_{AB}I_\alpha-p_{AC}I_\gamma+p_{ac1}i_{\alpha1}+p_{ac1}i_{\alpha2}=\boldsymbol{h}_A \tag{14-22}$$

$$\boldsymbol{G}_B\boldsymbol{V}_B+p_{BA}I_\alpha+p_{BC}I_\beta+p_{ac1}i_{\alpha3}+p_{ac2}i_{\alpha4}=\boldsymbol{h}_B \tag{14-23}$$

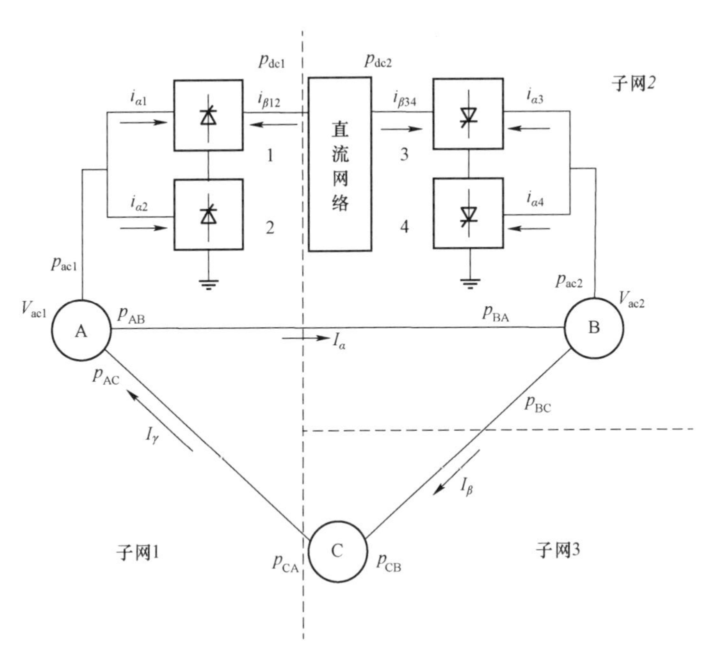

图 14－10　交直流网络连接示意图

$$\boldsymbol{G}_{\rm C}\boldsymbol{V}_{\rm C}-p_{\rm CB}I_\beta+p_{\rm CA}I_\gamma=\boldsymbol{h}_{\rm B} \tag{14-24}$$

式中　$\boldsymbol{G}_{\rm A}$、$\boldsymbol{V}_{\rm A}$、$\boldsymbol{h}_{\rm A}$——交流网络 A 的电导阵、节点电压及等值电流源；

$\boldsymbol{G}_{\rm B}$、$\boldsymbol{V}_{\rm B}$、$\boldsymbol{h}_{\rm B}$——交流网络 B 的电导阵、节点电压及等值电流源；

$\boldsymbol{G}_{\rm C}$、$\boldsymbol{V}_{\rm C}$、$\boldsymbol{h}_{\rm C}$——交流网络 C 的电导阵、节点电压及等值电流源；

$i_{\alpha1}$～$i_{\alpha4}$——从交流网络流向换流器 1～4 的电流；

$p_{\rm ac1}$、$p_{\rm ac2}$——反映某一交流节点与 $i_{\alpha1}(i_{\alpha2})$、$i_{\alpha3}(i_{\alpha4})$关联关系的关联阵，其中元素非 0 即 1，I_α、I_β、I_γ为交流网络 A 至 B、B 至 C、C 至 A 的电流；

$p_{\rm AB}$、$p_{\rm AC}$——反映交流网络 A 中某一交流节点与 I_α、I_γ关联关系的关联阵，$p_{\rm BA}$、$p_{\rm BC}$、$p_{\rm CA}$、$p_{\rm CB}$ 含义同上，其中元素非 0 即 1。

直流网络节点电压方程为

$$\boldsymbol{G}_{\rm dc}\boldsymbol{V}_{\rm dc}+p_{\rm dc1}i_{\beta12}+p_{\rm dc2}i_{\beta34}=\boldsymbol{h}_{\rm dc} \tag{14-25}$$

式中　$\boldsymbol{G}_{\rm dc}$、$\boldsymbol{V}_{\rm dc}$、$\boldsymbol{h}_{\rm dc}$——直流网络的电导阵、节点电压及等值电流源；

$i_{\beta12}$、$i_{\beta34}$——从直流网络流向整流侧换流器 1、逆变侧 3 的电流；

$p_{\rm dc1}$、$p_{\rm dc2}$——反映某一直流节点与 $i_{\beta12}$、$i_{\beta34}$ 关联关系的关联向量，其中元素非 0 即 1（或－1）。

换流器 1、2，3、4 的节点电压方程式为

$$\boldsymbol{G}_{\rm con12}\boldsymbol{V}_{\rm con12}-n_1p_{\rm con1}i_{\alpha1}-\frac{1}{\sqrt{3}}n_2p_{\rm con2}i_{\alpha2}-p_{{\rm con}\beta12}i_{\beta12}=\boldsymbol{h}_{\rm con12} \tag{14-26}$$

$$\boldsymbol{G}_{\rm con34}\boldsymbol{V}_{\rm con34}-n_3p_{\rm con3}i_{\alpha3}-\frac{1}{\sqrt{3}}n_4p_{\rm con4}i_{\alpha4}-p_{{\rm con}\beta34}i_{\beta34}=\boldsymbol{h}_{\rm con34} \tag{14-27}$$

式中　n_i——换流变压器变比（i=1～4）；

$\boldsymbol{G}_{\rm con12}$、$\boldsymbol{V}_{\rm con12}$、$\boldsymbol{h}_{\rm con12}$——整流侧换流器网络的电导阵、节点电压及等值电流源；

$\boldsymbol{G}_{\text{con34}}$、$\boldsymbol{V}_{\text{con34}}$、$\boldsymbol{h}_{\text{con34}}$——逆变侧换流器网络的电导阵、节点电压及等值电流源；

$p_{\text{con}i}$——反映某一换流器节点（$i=1\sim4$）与 $i_{\alpha i}$（$i=1\sim4$）关联关系的关联阵，其中元素非0即1（或-1）；

$p_{\text{con}\beta12}$、$p_{\text{con}\beta34}$——反映某一换流器节点与 $i_{\beta12}$、$i_{\beta34}$ 关联关系的关联向量，其中元素非0即1。

另外，据图14-8的连接关系，有边界点电压关系式如下

$$p_{\text{AB}}{}^{T}\boldsymbol{V}_{\text{A}}=p_{\text{BA}}{}^{T}\boldsymbol{V}_{\text{B}} \tag{14-28}$$

$$p_{\text{BC}}{}^{T}\boldsymbol{V}_{\text{B}}=p_{\text{CB}}{}^{T}\boldsymbol{V}_{\text{C}} \tag{14-29}$$

$$p_{\text{CA}}{}^{T}\boldsymbol{V}_{\text{C}}=p_{\text{AC}}{}^{T}\boldsymbol{V}_{\text{A}} \tag{14-30}$$

$$p_{\text{ac1}}{}^{T}\boldsymbol{V}_{\text{A}}=n_1 p_{\text{con1}}{}^{T}\boldsymbol{V}_{\text{con12}}=\frac{1}{\sqrt{3}}n_2 p_{\text{con2}}{}^{T}\boldsymbol{V}_{\text{con12}} \tag{14-31}$$

$$p_{\text{ac2}}{}^{T}\boldsymbol{V}_{\text{B}}=n_3 p_{\text{con3}}{}^{T}\boldsymbol{V}_{\text{con34}}=\frac{1}{\sqrt{3}}n_4 p_{\text{con4}}{}^{T}\boldsymbol{V}_{\text{con34}} \tag{14-32}$$

$$p_{\text{con}\beta12}{}^{T}\boldsymbol{V}_{\text{com12}}=p_{\text{dc1}}{}^{T}\boldsymbol{V}_{\text{dc}} \tag{14-33}$$

$$p_{\text{con}\beta34}{}^{T}\boldsymbol{V}_{\text{com34}}=p_{\text{dc2}}{}^{T}\boldsymbol{V}_{\text{dc}} \tag{14-34}$$

联立式（14-25）～式（14-31），消去 $i_{\alpha1}$、$i_{\alpha2}$、$i_{\alpha3}$、$i_{\alpha4}$、$\boldsymbol{V}_{\text{A}}$、$\boldsymbol{V}_{\text{B}}$、$\boldsymbol{V}_{\text{C}}$、$\boldsymbol{V}_{\text{dc}}$、$\boldsymbol{V}_{\text{con12}}$、$V_{\text{con34}}$、最后得到主控方程式如下

$$\boldsymbol{A}\begin{bmatrix} i_{\alpha} \\ i_{\beta} \\ i_{\gamma} \\ i_{\beta12} \end{bmatrix}=\boldsymbol{b} \tag{14-35}$$

图14-11为交直流网络并行计算算法的框图。图14-11中子网计算进程的主要任务是计算子网的等值电阻和等值电动势以及求解该子网的网络节点电压，主控进程的主要任务是根据各子网的等值电阻和等值电动势，形成主控方程式并求解。可以看出，子网计算进程任务是并行的，而主控进程任务是串行的。

下面仍以图14-10系统为例，结合图14-11，说明其计算步骤。

（1）将整个网络按照拓扑结构分为多个子网，并将各子网的计算任务分配到并行计算系统（如集群计算机）对应的各节点机上（或多CPU机器的各个CPU上）。

（2）各子网根据初始条件计算各等值历史电流源（h_{A}、h_{B}、h_{C}、h_{dc}、h_{con}），并对各节点导纳矩阵（G_{A}、G_{B}、G_{C}、G_{dc}、G_{con}）进行三角分解，为以后求解线性方程做准备。一个子网内若同时包含交流网络、直流网络和换流器，需要分别计算。

（3）各子网判断是否发生故障或者操作，或有换流阀导通或关断情况，如有，则需要重新形成相应的节点导纳矩阵并重新进行三角分解。

（4）各子网根据子网节点电压方程，分别计算各子网的等值电阻和等值电动势；若该子网同时包含交流网络、直流网络和换流器，需要先求解子网内部交直流联络线电流，再计算其等值电阻和等值电动势。

（5）各子网将其等值电阻和等值电动势发给主控。

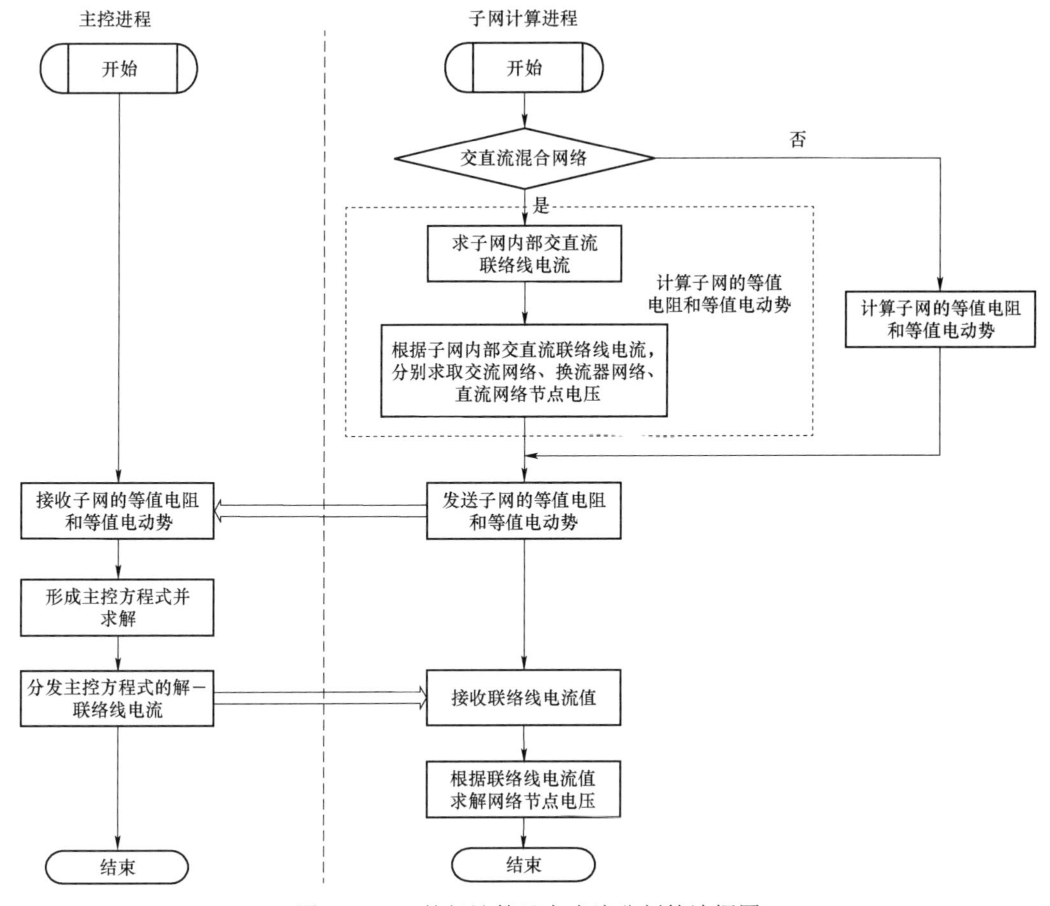

图 14－11　并行计算及交直流分割算法框图

（6）主控收到各子网的等值电阻和等值电动势后形成主控方程式（14－35）并求解，得到子网间联络电流 $i_{\beta12}$、I_{α}、I_{β}、I_{γ}值，并分发给各子网。

（7）各子网计算进程从主控进程获取各自相关的联络电流，分别带入各自的网络方程，求解本步的网络节点电压。

（8）更新各子网的等值历史电流源，$T=T+\Delta t$（T 为计算时刻，Δt 为计算步长）。

（9）重复进行步骤（3）～步骤（8），直到仿真结束。

从该算法原理及计算步骤可以看出，即使交流和直流部分在一个子网内（如图 14－8 中子网 1 和子网 2），由于采用交直流分开求解的方式，当换流阀导通或关断时网络的拓扑结构发生变化，只需对换流器导纳矩阵 Gcon 重新进行三角分解，而交流网络和直流网络的导纳矩阵都不受影响，这样会大大减少计算工作量。

14.2.3　机电暂态－电磁暂态混合并行仿真方法

机电暂态－电磁暂态混合仿真可将机电暂态仿真程序和电磁暂态仿真程序进行接口，在一次仿真过程中实现对大规模电力系统的机电暂态仿真和局部直流输电网络或者灵活交流输电（FACTS）设备的电磁暂态仿真，是进行 FACTS 等电力电子设备对系统的影响和作用及其控制策略的研究、交直流系统相互影响的机理研究、同一交流电网中多条直流同时换相失败和恢复的机理研究、防止大规模交直流系统发生连锁反应和大面积停电事故的措施研究的有利研究手段，特别适用于大规模交直流系统，如多回直流和多回交流并联运行以及多馈入直流系统电网的运行特性和协调控制等详细仿真研究。

通常在对大规模交直流系统进行仿真研究时，受机电暂态和电磁暂态各自仿真特点的限制，或者是进行全系统机电暂态过程仿真或者是针对直流输电进行局部电网的详细电磁暂态仿真。在进行全系统机电暂态过程仿真时，直流输电采用准稳态模型，不能模拟直流输电系统内部的快速暂态过程，如不对称故障对换流阀工况的影响、换流器内部故障、逆变器换相失败以及控制系统对换流过程的影响等；针对直流输电进行局部电网的详细电磁暂态仿真时，虽然可以很容易地分析上述过程，但受电磁暂态仿真规模限制（电磁暂态仿真的系统规模通常为几百条母线规模），需要对相关交流网络进行等值化简，简化后的等值网络特性很难与原网络保持一致，这在一定程度上会影响分析的准确性。而且一旦系统运行方式发生变化，网络需要重新化简，工作量较大。当同一交流电网存在多回直流情况时，对交直流系统相互影响的研究以及多条直流线相互之间的影响研究，采用上述两种分析方式的任何一种都很难达到全面准确分析的目的。

采用机电暂态—电磁暂态混合仿真手段，可集中机电暂态仿真和电磁暂态仿真各自的优点。在仿真时，将需要详细研究的直流输电系统用电磁暂态仿真、交流网络用机电暂态仿真，这样既可模拟直流输电系统内部详细的快速暂态变化过程，同时，交流电网计算规模大，可达上万个母线，基本不需要等值化简，大大提高了仿真分析的准确性，并减少了工作量。下面简述该算法原理。

14.2.3.1 算法简介

如图 14－12 所示，在混合仿真时整个网络分为两大部分：机电暂态网络和电磁暂态网络。机电暂态网络采用基波三序相量模型，电磁暂态网络采用三相瞬时值模型，二者的积分步长也不一致，因此做如下处理：在对机电暂态网络进行计算时，接入电磁暂态网络的诺顿等值电路；在对电磁暂态网络进行计算时，接入机电暂态网络的戴维南等值电路。由于机电暂态网络为三序相量网络，而电磁暂态网络为三相瞬时值网络，因此，还需要进行序—相变换，

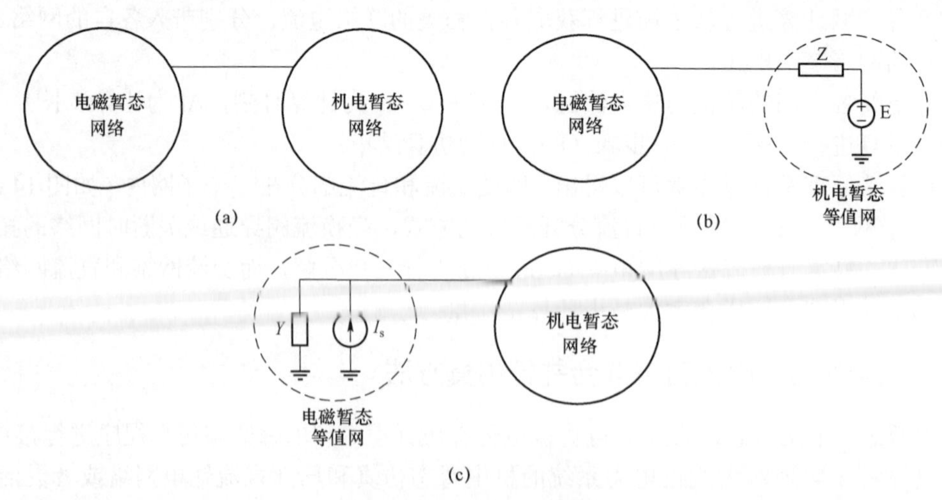

图 14－12 接口示意图

（a）网络分割示意图；（b）电磁暂态仿真中机电暂态网络等值电路；（c）机电暂态仿真中电磁暂态网络等值电路

瞬时量—相量变换。

基于上述接口方法，机电暂态网络和电磁暂态网络的数据交换时序及数据形式如下文所述。

14.2.3.2　机电暂态网络和电磁暂态网络数据交换时序

由于机电暂态网络计算的步长大，而电磁暂态网络计算的步长小，因此机电暂态网络和电磁暂态网络之间的数据交换是以机电暂态步长为单位进行的。机电暂态网络和电磁暂态网络的数据交换可采用如图 14－13 所示的时序（以机电暂态网络计算步长为 DTP＝0.01s，电磁暂态网络计算步长为 DTE＝0.001s 为例）。

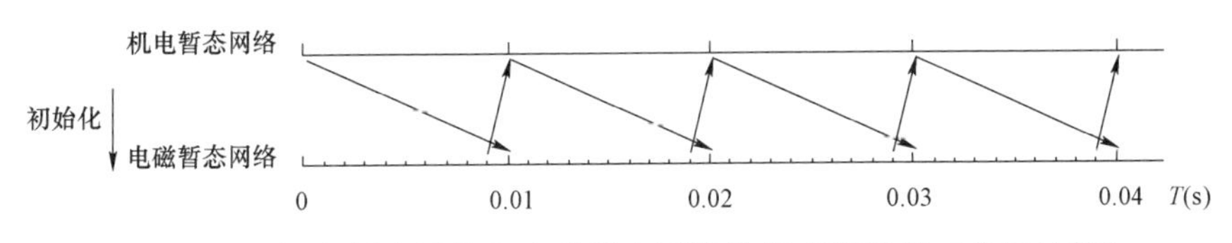

图 14－13　机电暂态网络和电磁暂态网络数据交换时序（并行计算）

机电暂态网络和电磁暂态网络在每个机电暂态网络积分时段，即在 t＝0.01s，0.02s，0.03s，0.04s，……时交换一次数据。具体过程如下：首先程序进行初始化，初始化过程中机电暂态网络向电磁暂态网络发送一次数据；初始化完成之后机电暂态网络暂不做计算，电磁暂态网络采用初始的等值电动势进行计算，在 t＝0.01s 时两网络交换数据，其中电磁暂态网络接收的是机电暂态网络在 t＝0s 时刻的值，机电暂态网络接收的是电磁暂态网络在 t＝0.009s 时刻的值；数据交换完成后两网络分别开始进行 t＝0.01s 时刻的计算，以此后推，在 $t=N\times$DTP 时刻两网络交换数据，其中电磁暂态网络接收的是机电暂态网络在 $t-$DTP 时刻的值，机电暂态网络接收的是电磁暂态网络在 $t-$DTE 时刻的值。

上述为机电暂态网络和电磁暂态网络并行计算数据交换时序，当然，在对计算时间要求不严的情况下，也可采用如图 14－14 所示的串行计算数据交换时序。

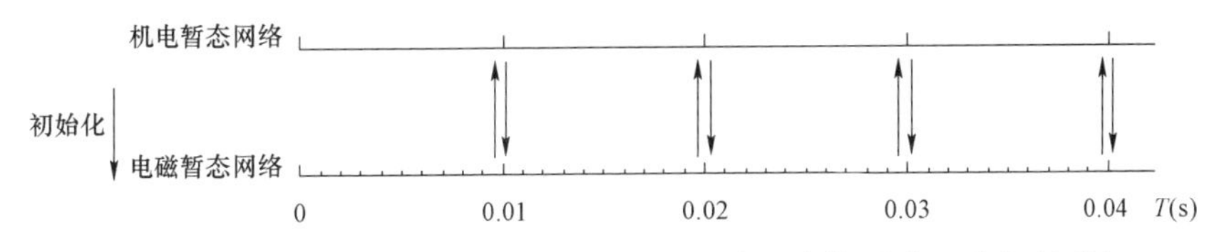

图 14－14　机电暂态网络和电磁暂态网络数据交换时序（串行计算）

机电暂态网络和电磁暂态网络仍然在每个机电暂态网络积分时段，即在 t＝0.01s，0.02s，0.03s，0.04s，……时交换一次数据。具体过程如下：首先程序进行初始化，初始化过程中机电暂态网络向电磁暂态网络传递一次数据；初始化完成之后机电暂态网络暂不做计算，电磁暂态网络采用初始的等值电动势进行计算，在 t＝0.01s 时电磁暂态网络向机电暂态网络传递数据，随后机电暂态网络进行 t＝0.01s 时刻的计算，此时电磁暂态网络暂停计算，机电暂态网络计算完毕后将 t＝0.01s 时刻的值传递给电磁暂态网络，随后电磁暂态网络进行 t＝0.011～0.02s 时刻的计算，此时机电暂态网络暂停计算，在 t＝0.02s 时开始下一周期的过程。

14.2.3.3　机电暂态网络和电磁暂态网络数据交换形式

机电暂态网络和电磁暂态网络的数据交换采用如下的数据形式：初始化时机电暂态网络

向电磁暂态网络发送（传递）机电暂态网络的正、负、零序等值阻抗阵及正、负、零序等值电动势的初始值；在每一机电暂态网络积分步长，机电暂态网络向电磁暂态网络发送（传递）边界点的正、负、零序等值电动势，电磁暂态网络向机电暂态网络发送（传递）边界点的正、负、零序电压和电流。在有故障或操作导致机电暂态网络结构发生变化时，机电暂态网络还需向电磁暂态网络发送（传递）机电暂态网络的正、负、零序等值阻抗阵。

反映在并行计算时序图中如图 14－15 所示。

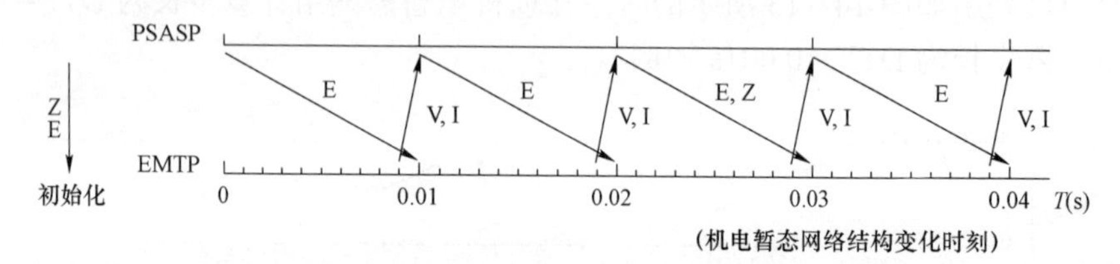

图 14－15　机电暂态网络和电磁暂态网络数据交换形式

14.2.3.4　接口方法在机电暂态程序中的实现

为了实现与电磁暂态的接口，机电暂态程序计算部分新增如下工作：

（1）程序初始化时求取机电暂态网络的三序戴维南等值阻抗和电动势。

（2）每一积分时段，根据电磁暂态网络发送的边界点的正、负、零序电压和电流求取电磁暂态网络的诺顿等值电流源。

（3）每一积分时段，根据计算出的边界点电压求取机电暂态网络的三序戴维南等值电动势。

14.2.3.5　接口方法在电磁暂态程序中的实现

1. 接口数据变换

如前所述，机电暂态网络为三序相量网络，而电磁暂态网络为三相瞬时值网络，因此，需要对机电－电磁暂态接口数据进行序－相变换及瞬时量－相量变换，这部分工作由电磁暂态网络计算部分来完成，主要有：

（1）获得机电暂态网络的三序戴维南等值电动势和阻抗后，将其转换为三相瞬时值形式。

（2）将边界点的三相电压、电流瞬时值转换为相量值，再进一步转换为三序相量值。

步骤 1　通过傅里叶变换，将电磁暂态网络边界点的 A、B、C 相注入电流瞬时值，转换成相量值；将电磁暂态网络边界点的 A、B、C 相注入电压瞬时值，转换成相量值。

步骤 2　将边界点的 A、B、C 相电流、电压（相量）转换为正、负、零序电流、电压（相量）。

上述工作由电磁暂态程序中的机电－电磁接口模块来完成，以并行计算时序为例，其流程图如图 14－16 所示。接口模块首先接收机电暂态网络的边界点正、负、零序等值电动势 $E^{(1)}$、$E^{(2)}$、$E^{(0)}$（相量形式），然后结合机电暂态网络的边界点正、负、零序等值阻抗 $Z^{(1)}$、$Z^{(2)}$、$Z^{(0)}$，将其变换成 ABC 相电流源 $I^{(a)}$、$I^{(b)}$、$I^{(c)}$并联 ABC 相导纳 $Y^{(a)}$、$Y^{(b)}$、$Y^{(c)}$的形式；接口模块还要将电磁网络边界点的 ABC 相注入电流及 ABC 相电压瞬时值，转换成正、负、零序相量值，并发送给机电暂态网络。完成一次信息交互后，机电和电磁暂态网络各自继续进行下一个时步的计算。

2. 不对称导纳阵的处理

整个电磁暂态网络的仿真是基于对称矩阵求解方法进行计算的。当电磁暂态网络与机电暂态网络联合计算时，按本书中的接口方法，电磁暂态网络需要接入机电暂态网络的戴维南等值电路，若机电暂态网络中包括发电机，机电暂态网络的正、负、零序等值阻抗阵转换成A、B、C三相导纳阵后，会出现导纳阵不对称的情况，需做特殊处理，其处理方法为：将机电暂态等值网络看成是电磁暂态的一个子网。具体实现方法如下：

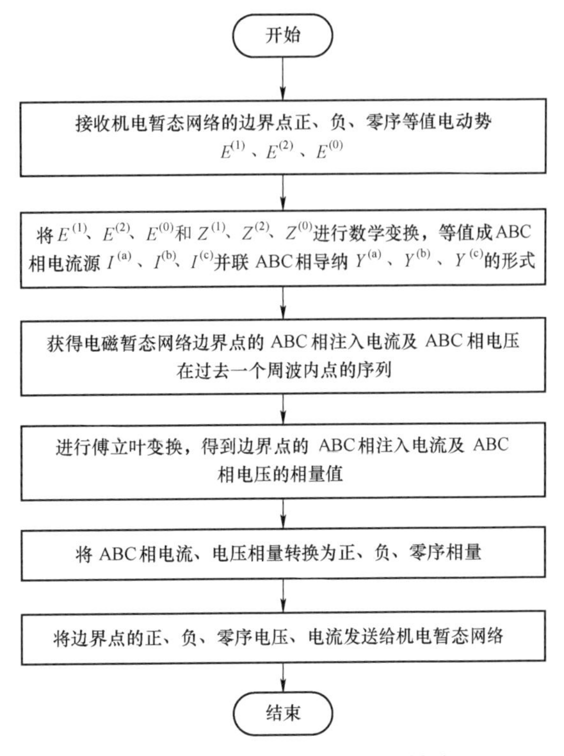

图14－16 机电－电磁接口模块

假设图14－17中区域A代表电磁暂态网络，区域B代表机电暂态等值网络；A与B之间的边界点为m（这里m不仅仅代表一个边界点，而是代表边界点的集合）。那么，图14－17的表现形式还能转换为图14－18的形式。也就是，将边界点m一分为二，使得区域A中有m点，同时在区域B中也有m点。A与B之间将形成如图14－18所示的［α］关联关系。

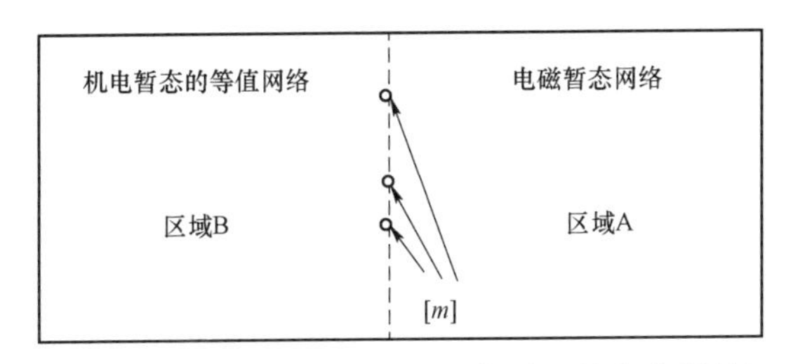

图14－17 机电－电磁接口示意图（节点分裂前）

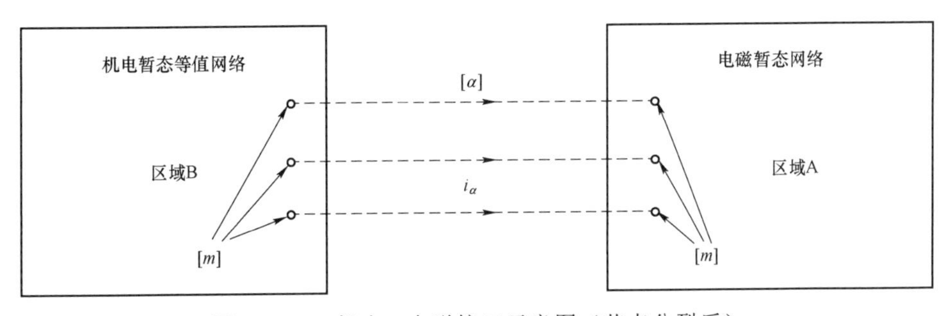

图14－18 机电－电磁接口示意图（节点分裂后）

假设A与B之间的电流流向如图14－18所示，那么，A和B的网络方程可以写为

$$\boldsymbol{Y}_{\mathrm{A}}\boldsymbol{V}_{\mathrm{A}}=\boldsymbol{h}_{\mathrm{A}}+\boldsymbol{p}\boldsymbol{i}_{\alpha} \tag{14-36}$$

$$\boldsymbol{Y}_{\mathrm{B}}\boldsymbol{V}_{\mathrm{B}}=\boldsymbol{h}_{\mathrm{B}}-\boldsymbol{q}\boldsymbol{i}_{\alpha} \tag{14-37}$$

式中 $\boldsymbol{Y}_{\mathrm{A}}$、$\boldsymbol{Y}_{\mathrm{B}}$——子网 A、B 的导纳矩阵；

$\boldsymbol{V}_{\mathrm{A}}$、$\boldsymbol{V}_{\mathrm{B}}$——子网 A、B 的节点电压相量；

$\boldsymbol{h}_{\mathrm{A}}$、$\boldsymbol{h}_{\mathrm{B}}$——子网 A、B 的等值电流源；

$\boldsymbol{i}_{\alpha}$——子网 A、B 之间的联络电流相量；

$\boldsymbol{p}$、$\boldsymbol{q}$——反映子网 A、B 中某些节点与联络电流向量 i_{α} 的关联关系的关联阵，p、q 中的元素非 0 即 1。

另外，由于边界点同时存在于 A、B 两个子网中，因此有

$$\boldsymbol{p}^{T}\boldsymbol{V}_{\mathrm{A}}=\boldsymbol{q}^{T}\boldsymbol{V}_{\mathrm{B}} \tag{14-38}$$

将式（14－33）～式（14－35）联立，并且考虑到 q 为单位阵，可得

$$(p^{T}Y_{\mathrm{A}}^{-1}p+Y_{\mathrm{B}}^{-1})i_{\alpha}=Y_{\mathrm{B}}^{-1}h_{\mathrm{B}}-p^{T}Y_{\mathrm{A}}^{-1}h_{\mathrm{A}} \tag{14-39}$$

利用式（14－39）求出 i_{α}后，代入式（14－36）、式（14－37），即可分别求出各点电压。

根据上述办法，在与机电暂态接口的每步计算中，首先需要求出联络电流 i_{α}，所幸的是，由于接口点个数不可能太多，而在现有接口方法中，机电暂态等值导纳在整个仿真过程中保持不变，因此方程式（14－39）的求解不成问题，只需在仿真开始前以及电磁暂态网络的开关动作时刻进行 LU 分解，其他时刻进行回代计算即可。

14.3 连锁故障并行仿真算法实现

分别从并行计算环境中子网进程计算任务和外接进程计算任务两方面描述。

14.3.1 子网进程计算任务

1. 求外接进程输入变量并发送给外接进程

图 14－19 描述了外接进程输入变量求取与传送示意图。

根据电网元件存储位置和变量对应的变量类型，子网进程求外接进程的输入变量值，并按外接进程发送给子网进程的顺序发送至外接进程，如图 14－1 中框 7，6，8 所示。这个过程中，可能是多个子网进程发送给一个外接进程，发送通信接口采用 MPI 通信接口。

但是，由于子网计算的外接进程装置的输入值是按照子网自身的输出顺序排列，而外接进程总的输入数组顺序是按照自身计算的装置排列的，因此，子网输出值到了外接进程中，其顺序和外接进程总的输入值数组顺序不再一致。

解决办法是在初始化时在外接进程总输入值数组和子网输出数组间建立一个映射关系，以方便仿真计算时根据子网输出位置快速定位外接进程总输入变量数组位置，如图 14－19 椭圆虚线圈中箭头所示。

图 14－19 中，虚直线上部分是子网进程部分，对应着多个子网进程。虚直线下部分是外接进程，同样也可以有多个外接进程。子网进程和外接进程之间的通信关系是多对多的关系。图中为了描述方便，描述成 n 个子网进程与 1 个外接进程之间的数据交换关系。外接进程按照相关联的子网进程顺序，依次从子网进程处接收输入量信息，通过事先确定好的映射关系，赋值予外接模型总的输入数组中，为仿真计算准备好输入量。

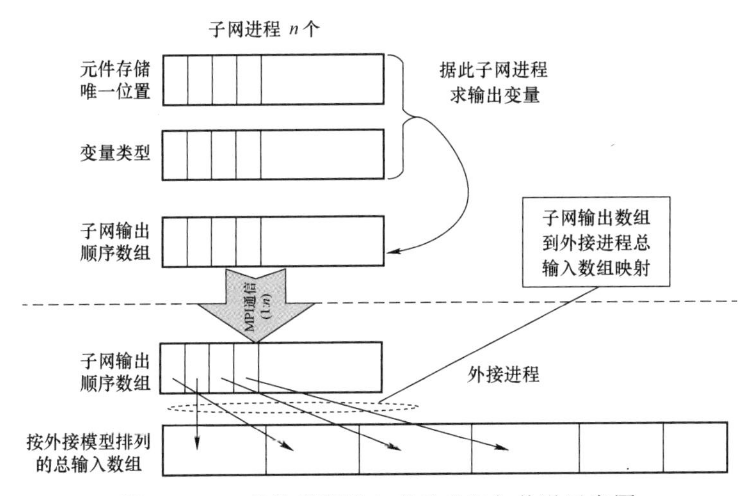

图 14-19 外接进程输入变量求取与传送示意图

2. 子网进程内部仿真计算

如图 14-20 仿真计算流程图所示（虚线左侧），1 号框到 8 框是一个步长内子网进程内部的仿真计算过程。1 中变量 K 是一个步长内代数方程和微分方程交替迭代的计数次数。但 K 等于 0 时，程序需要自动记录上一步长的状态变量仿真结果，如框 2 所示。框 3 将外接进程所需的输入量按照初始化时形成的顺序取出，经由 MPI 通信接口发送到外接进程。框 4 求解代数方程组和微分方程组，即电网描述方程组和系统中动态元件微分方程组，采用梯形隐式积分法迭代求解。框 5 通过 MPI 接口从外接进程取得外接模型的输出量，并反映进自身子网相关元件中。框 6 是一个迭代次数的判断，当 K 等于 0 时，不必要进行收敛性检查（框 7），直接进行下一次迭代，否则，进行迭代收敛性检查。如果收敛，则结束本步长计算，否则进行下一次迭代（框 8）。

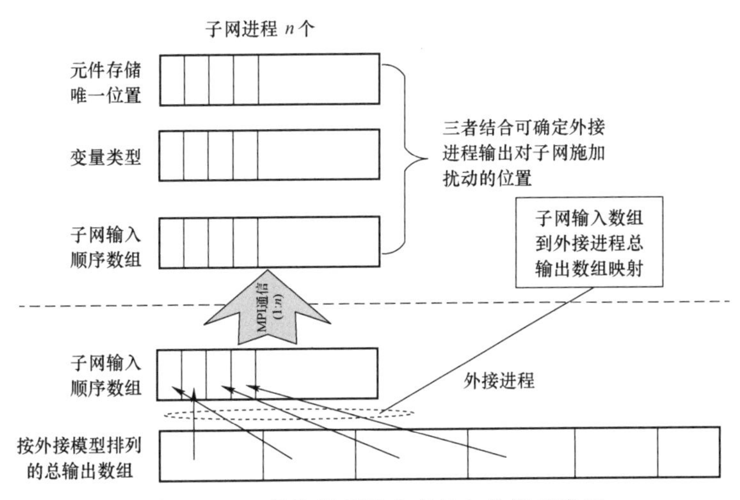

图 14-20 外接进程输出变量与传送示意图

3. 接收外接进程输出变量并加以处理

如图 14-20 所示，基本上是图 14-19 的反向过程。不同的在于，映射数组维护的是外接进程输出总数组和子网进程输入数组的对应关系。同时，在子网进程内部，则需要根据元件存储位置和变量类型确定外接模型输出在子网内扰动设置的位置。

14.3.2 外接进程计算任务

如图 14-20 仿真计算流程图所示（虚线右侧）。在 3 框发送到 10 框的信息中带有本时步迭代计数变量 K 的信息。当 K 等于 0 时，外接进程记录下上一时步状态变量的值（框 11）。框 12 是外接模型进行数值积分，求解的下一时步结果通过 MPI 通信接口发送到子网进程框 5。

外接模型的计算原理和方法详见第 2 章节相关部分。

小　结

本章对大规模电网连锁故障并行仿真技术进行了研究。首先，本章介绍了大电网连锁故障并行仿真技术的算法流程并设计了二次系统模型的外接并行进程；其次，针对大规模电网暂态并行仿真，分别介绍机电暂态并行仿真方法、电磁暂态并行仿真方法、混合并行仿真方法、二次系统模型并行仿真接口技术以及方法；最后，分别从并行计算环境中子网进程计算任务和外接进程计算任务两方面对连锁故障并行仿真方法进行了实现。

15 连锁故障仿真二次模型库构建与开发

目前，在我国的电力系统分析计算中，对于一次系统特别是发电机、负荷等考虑得比较详尽，较多地关注一次系统受到扰动后的稳定性。在目前已进行过的有关研究当中，由于受到问题的复杂性和计算能力限制，对于保护与自动控制系统的考虑一般比较简单，在有些模型例如 Manchester 模型中虽然对暂态稳定、电压稳定、低频减载、低压减载、保护隐藏故障等因素均有考虑，但结构复杂，计算量较大。在大多数连锁故障的分析计算方法中，均不能完整考虑系统的动态过程。到目前为止，还没建立起能被广泛接受并真正实用的连锁故障模型。

本章采用 PSASP 中的用户自定义（UD）建模功能，主要针对河南电网常用的继电保护和电网安全自动装置进行建模，其中继电保护装置涵盖了发电机、变压器、发－变机组、线路、母线、高压直流输电系统的保护，电网安全自动装置涵盖了按频率自动减电压/负荷装置、自动重合闸以及解列装置等，另外还针对继电保护测量用电流互感器、电压互感器进行了建模。

建模以每种类型的保护或装置元件作为一个基本单元，重点体现保护或装置所反应的故障，保护或装置的逻辑判断环节以及出口动作量，每个保护或装置均包括了起动元件、保护元件、闭锁元件、出口元件等，对于电流、电压互感器，则重点体现其外特性。模型主要涉及机电暂态模型，并在 PSASP 中加以实现，适用于进行电力系统机电暂态稳定方面的分析。

15.1 继保与安置装置模型

15.1.1 基本元件保护模型

各种继电保护和安全自动装置均是由不同的元件（包括起动元件、动作元件、闭锁元件等）通过一定的逻辑关系组成的。在以应用对象为基础对继电保护和安全自动装置进行建模时，很多装置中的元件具有一定的通用性。因此，可对该类元件单独进行建模，作为继电保护和安全自动装置模型的基本元件，再和连锁故障仿真程序中所提供的功能框一起搭建具体的保护和控制装置模型。

继保和安全自动装置中包含的一些基本元件如表 15－1 所示。

表 15－1　　基本元件表

序号	基本元件类型	元件说明
1	过量元件	过流/过压/过频元件等，检测值超过整定值时动作
2	欠量元件	低压/低频/低电流元件等，检测量小于整定值时动作
3	增量元件	电流/电压/零序电流/零序电压/负序电流/负序电压增量元件，检测量的变化率超过定值时动作
4	方向元件	当判断电流方向为从母线指向线路（正向）时元件动作，当判断电流方向为从线路指向母线（反向）时元件不动作
5	阻抗元件	包括低阻抗（全阻抗）阻抗元件、偏移阻抗元件、直线阻抗元件、方向阻抗元件，即检测阻抗低于定值时元件动作
6	振荡闭锁元件	反应阻抗变化的振荡闭锁元件，主要用于线路距离保护
7	相位比较元件	可作为方向元件使用，所比较相位（相位差）在某个角度范围内时元件动作

15.1.1.1　过量元件

该元件主要用于过电流保护、过负荷保护、过电压保护等装置中，其动作逻辑原理如图 15－1 所示。即当检测量 X 低于定值 X_{dz} 时，元件输出量为 0，当检测量 X 超过定值 X_{dz} 一定时长后，元件输出量为 1。其中检测量 X 可为线路电流信号、节点电压信号、节点频率信号等。

15.1.1.2　欠量元件

该元件主要用于低电压保护、低频保护等装置中，其动作逻辑原理如图 15－2 所示。即当检测量 X 高于定值 X_{dz} 时，元件输出量为 0，当检测量 X 低于定值 X_{dz} 一定时长后，元件输出量为 1。其中检测量 X 可为节点电压信号、频率信号等。

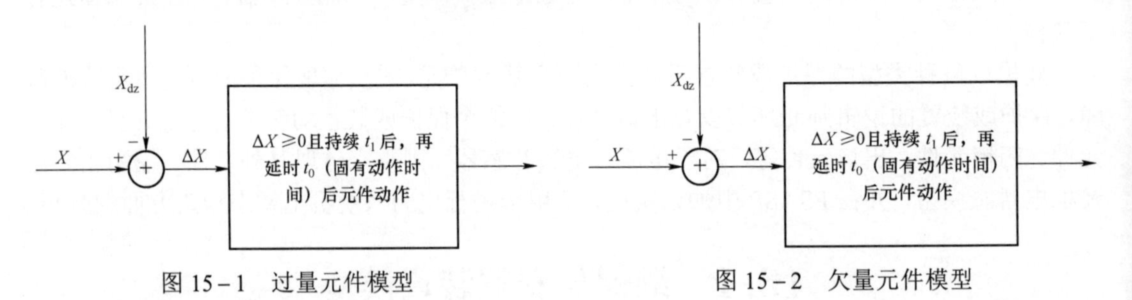

图 15－1　过量元件模型　　　　图 15－2　欠量元件模型

15.1.1.3　增量元件

该元件主要用于线路保护的负序、零序增量闭锁环节中，其动作逻辑原理如图 15－3 所示。即当检测量的变化率 X'低于定值 X'_{dz} 时，元件输出量为 0，当检测量的变化率 X'高于定

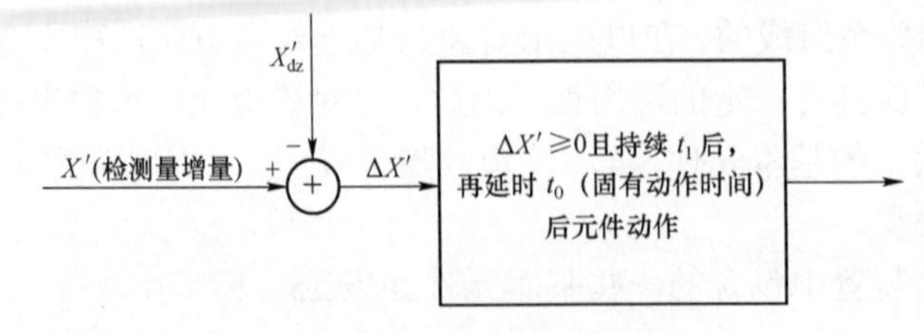

图 15－3　增量元件模型

值 X'_{dz} 一定时长后，元件输出量为 1。其中检测量可为零序电压/电流信号、负序电压/电流信号等。

15.1.1.4　方向元件

功率方向元件主要用于带方向的保护装置中，作为保护装置的闭锁元件。功率方向元件通常采用 90° 接线方式，其动作判据为（以 A 相为例）

$$U_{BC}I_A\cos(\varphi_d-90^\circ+\alpha)>0 \tag{15-1}$$

式中 U_{BC}——B、C 两相电压矢量差幅值；

I_A——A 相电流幅值；

φ_d——A 相电压与相电流电角度差；

α——继电器内角，通常取 30°～60°。

功率方向元件的动作逻辑原理如图 15-4 所示。检测量为保护装设处的支路阻抗角 ANG，当满足 $\cos(ANG-90^\circ+\alpha)>0$ 一定时长后输出量为 1，否则为 0。

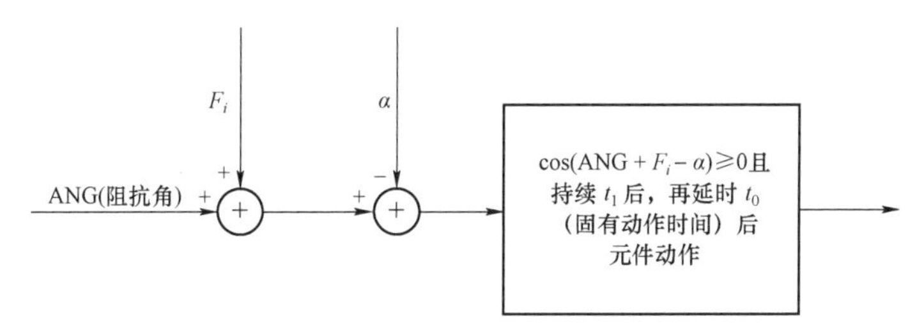

图 15-4　方向元件模型

15.1.1.5　阻抗元件

阻抗元件主要用于线路的相间距离保护及接地距离保护中，作为主保护器件。阻抗元件主要分为低阻抗元件（全阻抗元件）以及方向阻抗元件，另外少数保护装置中还用到了偏移阻抗元件和直线阻抗元件。

1. 全阻抗继电器动作特性

幅值比较方式

$$|Z_J|\leqslant|Z_{dz}| \tag{15-2}$$

等价于

$$|\dot{U}_J|\leqslant|\dot{I}_JZ_{dz}| \tag{15-3}$$

式中 Z_J——测量阻抗；

Z_{dz}——定值。

相位比较方式

$$270^\circ\geqslant\arg\frac{Z_J+Z_{dz}}{Z_J-Z_{dz}}\geqslant90^\circ \tag{15-4}$$

等价于

$$270^\circ\geqslant\arg\frac{\dot{U}_J+\dot{I}_JZ_{dz}}{\dot{U}_J-\dot{I}_JZ_{dz}}\geqslant90^\circ \tag{15-5}$$

2. 方向阻抗继电器动作特性

幅值比较方式

$$\left|Z_{\mathrm{J}}-\frac{1}{2}Z_{\mathrm{dz}}\right|\leqslant\left|\frac{1}{2}Z_{\mathrm{dz}}\right| \tag{15-6}$$

等价于

$$\left|\dot{U}_{\mathrm{J}}-\frac{1}{2}\dot{I}_{\mathrm{J}}Z_{\mathrm{dz}}\right|\leqslant\left|\frac{1}{2}\dot{I}_{\mathrm{J}}Z_{\mathrm{dz}}\right| \tag{15-7}$$

3. 偏移特性阻抗继电器动作特性

幅值比较方式

$$\left|Z_{\mathrm{J}}-Z_{0}\right|\leqslant\left|Z_{\mathrm{dz}}-Z_{0}\right| \tag{15-8}$$

$$Z_{0}=\frac{1}{2}(Z_{\mathrm{dz}}-\alpha Z_{\mathrm{dz}}) \tag{15-9}$$

其中 $\alpha=0.1\sim0.2$。

等价于

$$\left|\dot{U}_{\mathrm{J}}-\dot{I}Z_{0}\right|\leqslant\left|\dot{I}(Z_{\mathrm{dz}}-Z_{0})\right| \tag{15-10}$$

4. 直线特性的继电器动作特性

幅值比较方式

$$\left|Z_{\mathrm{J}}\right|\leqslant\left|2Z_{\mathrm{dz}}-Z_{\mathrm{J}}\right| \tag{15-11}$$

$$\left|\dot{U}_{\mathrm{J}}\right|\leqslant\left|2\dot{I}_{\mathrm{J}}Z_{\mathrm{dz}}-\dot{U}_{\mathrm{J}}\right| \tag{15-12}$$

以上特性中的 $\dot{U}_{\mathrm{J}}$ 可由电压互感器获得，电流与阻抗相乘的量由电抗互感器获得。$\dot{I}_{\mathrm{J}}$ 为互感器处测得的电流。

建模过程中主要考虑了常用的低阻抗元件和方向阻抗元件，根据上述继电器的动作特性，可得到阻抗元件的动作逻辑原理如图 15－5、图 15－6 所示。

（1）全阻抗/低阻抗元件。

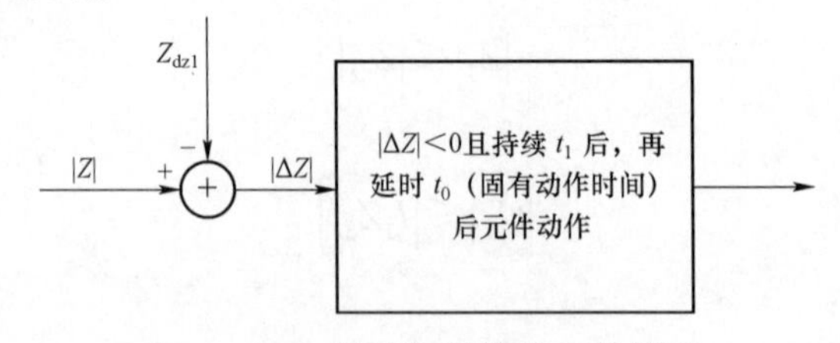

图 15－5　全阻抗/低阻抗元件模型

（2）方向阻抗元件。

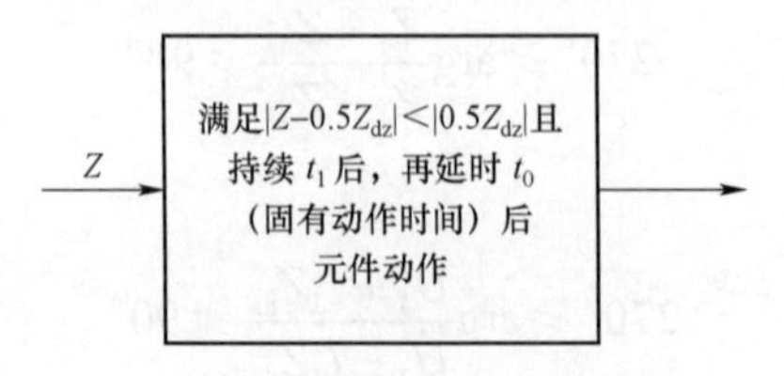

图 15－6　方向阻抗元件模型

15.1.1.6　振荡闭锁元件

振荡闭锁元件主要用于线路距离保护，防止线路因发生功率振荡引起阻抗元件误动作。振荡闭锁元件主要包括检验负序或零序电流/电压（或电流/电压增量）和检验阻抗变化两种类型。

对于检验负序或零序电流/电压分量或增量的振荡闭锁元件，其模型可利用上述过量元件或增量元件实现。对于反应阻抗变化的振荡闭锁元件，其原理如图 15－7 所示。分段式保护中的三段如果同时发出动作信号，则表明线路出现故障，保护应正常起动，不发出闭锁信号；如果各段保护不同时发出动作信号，则认为线路存在功率振荡而非故障，此时发出闭锁信号，将一段、二段保护可靠闭锁。

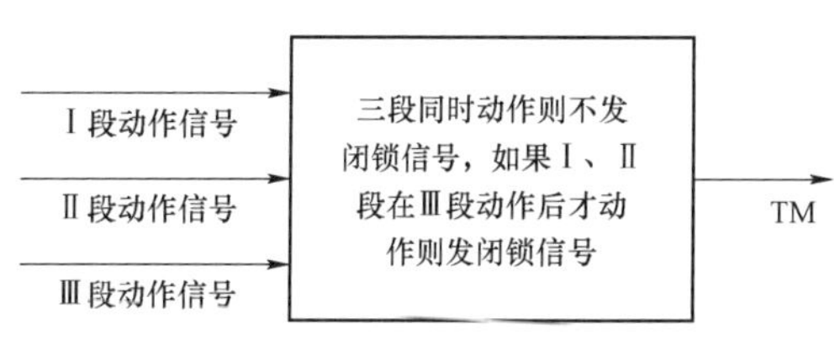

图 15－7　振荡闭锁元件模型

15.1.1.7　相位比较元件

该元件主要用于线路的横联差动保护、相差动高频保护等装置中，其动作判据为

$$\varphi_1 \leqslant \arg\frac{\dot{A}_1}{\dot{A}_2} \leqslant \varphi_2 \tag{15-13}$$

式中　φ_1，φ_2 ——动作角，当 $\arg\frac{\dot{A}_1}{\dot{A}_2}$ 处于二者之间时，元件动作；

$\dot{A}_1$，$\dot{A}_2$ ——元件输入量（比较元素），可为电压向量、电流向量、经补偿后的电压/电流向量等。

相位比较元件的动作逻辑原理如图 15－8 所示。检测量（矢量）的相位角 ANG1、ANG2 之差在处于 φ_1、φ_1 之间一段时长后，元件输出量为 1，否则为 0。

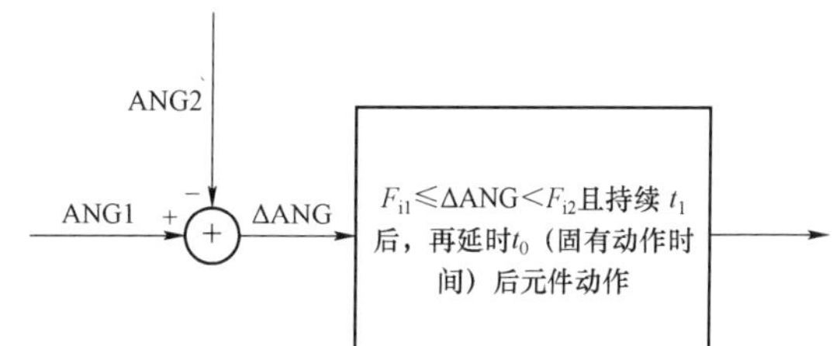

图 15－8　相位比较元件模型

15.1.2　继电保护装置建模

继电保护装置一般由测量比较元件、逻辑判断元件和执行输出元件三部分组成，并且根据其所应用对象的不同而有所不同。以应用对象为基础对继电保护与安全自动装置进行分类，如表 15－2 所示。

表 15－2　　**继电保护与安全自动装置**

序号	保护和控制系统类型	序号	保护和控制系统类型
1	线路保护	7	低压/低频减载装置
2	发电机保护	8	故障录波器
3	变压器保护	9	自动重合闸装置
4	发一变机组保护	10	切机/解列装置
5	母线保护	11	直流线路保护
6	备自投装置	12	互感器

本书依据河南电网的实际情况以及连锁故障仿真程序的相关功能，重点对河南电网中的线路保护、发电机/变压器后备保护、母线保护以及500kV电网安控策略进行建模。下面将分别加以叙述。

15.1.2.1　线路保护模型

线路保护模型类型较多，本书对部分常用保护进行建模，主要包括电流电压保护、零序电流保护、相间距离保护、高频保护等；并针对河南电网中所使用的具体型号保护装置，有针对性地建立其机电暂态模型。

1. 电流电压保护

电流电压保护装置是反应相间短路基本特征（即反应电流突增、电压突降）的保护装置，整套电流保护装置一般由瞬时段、定时段组成，构成多段式保护阶梯特性。每段保护的主保护元件为过电流元件或低电压元件（多为过电流元件），闭锁元件包括方向元件、低电压元件、过电流元件以及负序电压元件。

分段式电流保护一般用于110kV及以下电压等级的单电源出线，对于双电源辐射线可以加装方向元件组成带方向的各段保护。分段式保护的第Ⅰ、Ⅱ段为主保护段，第Ⅲ、Ⅳ段为后备保护段。Ⅰ段一般不带时限，称为瞬时电流速断，其动作时间是保护装置固有动作时间；Ⅱ段带较小延时，一般称延时电流速断，Ⅲ、Ⅳ段称定时限过电流保护，带较长时限。

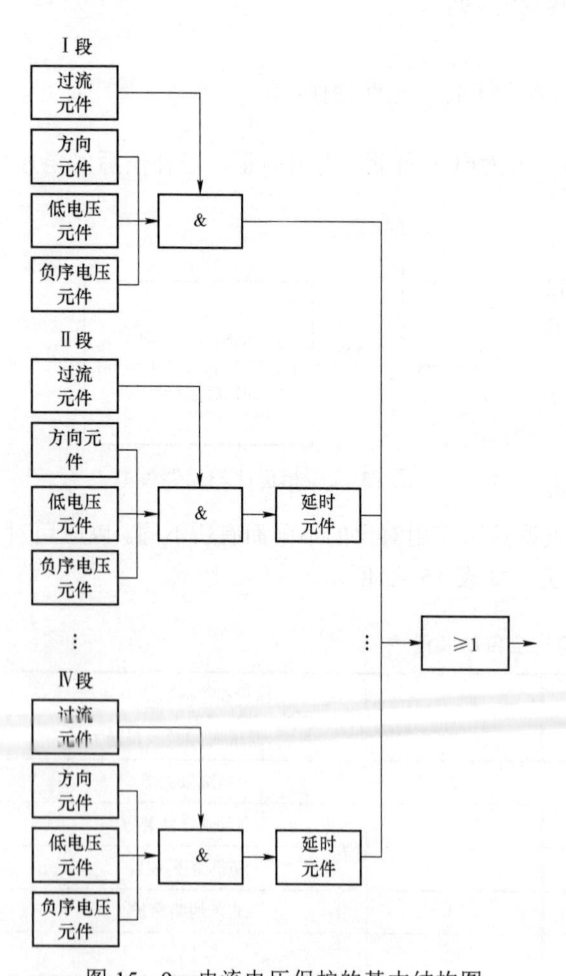

图15－9　电流电压保护的基本结构图

对于6～10kV的配电线路，一般采用两段式保护，Ⅰ段为主保护段，Ⅱ段为后备保护段。6～10kV的配电线路及电动机保护，有时采用有限反时限过电流保护，该保护装置具有速断部分和反时限部分，兼主保护和后备保护功能。

在中性点非直接接地系统中，电流保护多为两相式，在中性点直接接地系统中，电流保护通常采用三相式，以检测各种相间短路故障。

对于各级电压线路，当采用带方向的保护时，为消灭死区或加速切除线路近端故障等，可装设辅助性质的瞬时电流速断，该保护不带方向。

根据15.2节所述的各基本元件模型，可得到电流电压保护的基本结构，如图15－9所示。

（1）模型说明。本保护为分段式电流电压保护，分为四段。每段保护包括过电流元件、方向元件、低电压元件、负序电压元件。另外，保护还有延时元件。保护

的每段可单独投切。

1）过电流元件。过电流元件当电流值超过定值时起动，动作信号由 0 变 1。过电流元件是电流保护的主保护。

2）方向元件。当故障发生在保护区域内时，即功率方向为由本侧母线指向线路，则方向元件起动，动作信号由 0 变 1。当故障发生在区域外时，即本侧母线的背侧，则方向元件发出闭锁信号，动作信号一直为 0，保护不动作。

3）低电压元件。低电压元件当电压低于整定值时起动，动作信号由 0 变 1。发生三相故障时，当电流元件、低电压元件、方向元件都起动时，电流电压保护动作。低电压保护是电压保护的主保护。

4）负序电压元件。负序电压元件当发生三相故障时无作用，发生非三相故障时，当负序电压超过整定值时起动，动作信号由 0 变 1。发生非三相故障时，当电流元件、低电压元件、方向元件、负序电压元件都起动时，电流电压保护动作。

5）延时元件。延时元件用于电流电压保护的延时设置。保护Ⅰ段一般是瞬时动作，Ⅱ段配合Ⅰ段适当延时，Ⅲ段配合Ⅱ段适当延时，Ⅳ段同上。

（2）定值整定及典型参数。

1）I_{dz1} 为电流保护Ⅰ段动作值。电流Ⅰ段保护，在不同的线路上有不同的整定原则。当本线路末端有多条出线或多台变压器时，按躲过本线路末端母线故障的最大故障电流整定。当线路无其他出线、仅有变压器时，按与变压器速动保护配合整定。对发电厂或重要用户的单电源配电线路，有时按厂用电或用户要求，需按保证母线残压不低于 50%额定电压整定。对于双电源联络线电流速断，需躲开背后母线最大故障电流。

2）I_{dz2}、I_{dz3}、I_{dz4} 为电流保护Ⅱ、Ⅲ、Ⅳ段动作值。按满足本线路末端有灵敏度和配合的需要整定。

3）V_{dz1} 为电压保护Ⅰ段动作值。当本线路末端有多条线路或多台变压器时，按躲过本线路末端母线故障整定。当系统运行方式变化不大时，为获得较好的保护区，可按电流、电压元件保护区大致相等整定。对于线路变压器组供电方式，或具备与线路末端数台变压器速动保护配合条件整定时，可按线路末端故障，电流、电压元件均保证灵敏度整定。按发电厂或重要用户要求，线路故障母线残压在 50%额定电压时瞬时切除，此时按保证母线残压整定。当电流、电压保护在双电源线上运行时，如无振荡闭锁装置，则应躲振荡影响。

4）V_{dz2}、V_{dz3}、V_{dz4} 为电压保护Ⅱ、Ⅲ、Ⅳ段动作值。按满足本线路末端有灵敏度和配合的需要整定。

5）V_{2dz1}、V_{2dz2}、V_{2dz3}、V_{2dz4} 为负序电压保护Ⅰ、Ⅱ、Ⅲ、Ⅳ段起动值。负序电压元件按躲过正常运行时最大不平衡负序电压整定。

6）a 是方向元件的参数，根据测量值设定，一般定值范围在 30°～60°，保证方向元件在起动时动作信号为 1，不起动时动作信号为 0。

7）T_1、T_2、T_3、T_4 为电流电压保护的动作时间。保护Ⅰ段一般为瞬时动作，保护Ⅱ、Ⅲ、Ⅳ段按照分段式保护的动作配合整定。

2. 零序电流保护

中性点直接接地系统发生接地短路，将产生很大的零序电流，利用零序电流分量构成保护即零序电流保护，可以作为一种主要的接地短路保护。零序过电流保护不反应三相和两相短路，在正常运行和系统发生振荡时也没有零序分量产生，所以它有较好的灵敏度。

零序电流保护分为带方向和不带方向两种，其优点是：① 结构与工作原理简单，正确动作率高于其他复杂保护；② 整套保护中间环节少，特别是对于近处故障，可以实现快速动作，有利于减少发展性故障；③ 在电网零序网络基本保持稳定的条件下，保护范围比较稳定；④ 保护反应零序电流的绝对值，受故障过渡电阻的影响较小；⑤ 保护定值不受负荷电流的影响，也基本不受其他中性点不接地电网短路故障的影响，保护延时段灵敏度允许整定较高。

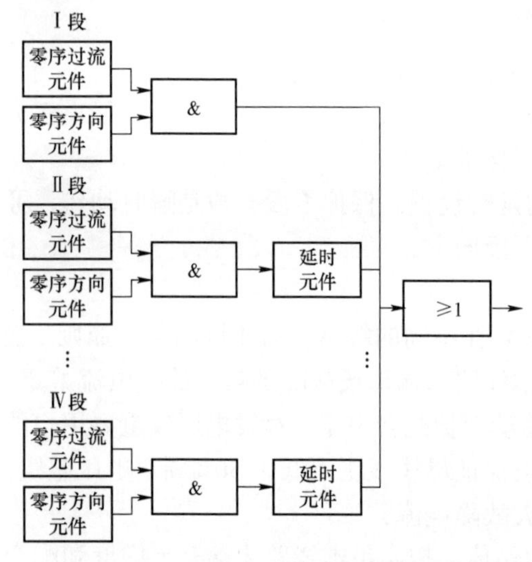

图 15－10　零序电流保护的基本结构图

采用三相重合闸或综合重合闸的线路，为防止在三相合闸过程中三相触头不同期或单相重合过程的非全相运行状态中又产生振荡时零序电流保护误动作，常采用两个第一段组成的四段式保护。

根据 15.2 节所述的各基本元件模型，可得到零序电流保护的基本结构如图 15－10 所示。

（1）模型说明。本保护为分段式零序电流保护，分为四段。每段包括零序过电流元件、零序方向元件。另外，保护还有延时元件。本保护的每段可单独投切。

1）零序过电流元件。零序过电流元件在当零序电流超过整定值时起动，动作信号由 0 变 1。零序过电流元件为零序电流保护的主保护。

2）零序方向元件。零序方向元件是根据零序阻抗角度进行方向判别。当故障发生在保护区域内时起动，动作信号由 0 变 1。当故障发生在保护区外时发出闭锁信号，动作信号一直是 0，保护不动作。当零序过电流元件、零序方向元件都起动后，零序电流保护依据延时元件动作。

3）延时元件。延时元件同电流电压保护。

（2）定值整定及典型参数。

1）I_{0dz1} 为零序电流保护Ⅰ段的动作值。一般按躲过保护线路末端接地或三相不同时合闸时流过保护装置 3 倍最大零序电流整定，保护范围不小于线路全长的 15%。

2）I_{0dz2}、I_{0dz3}、I_{0dz4} 为零序电流保护Ⅱ、Ⅲ、Ⅳ段的动作值。按满足本线路末端有灵敏度和配合的需要整定。

3）T_1、T_2、T_3、T_4 为零序电流保护Ⅰ、Ⅱ、Ⅲ、Ⅳ的动作时间。保护Ⅰ段一般为瞬时动作，保护Ⅱ、Ⅲ、Ⅳ段按照分段式保护的动作配合整定。

4）a 为零序方向元件的整定角，零序方向元件灵敏度应按零序电流保护中最后一段保护的保护范围末端进行校验，要求灵敏系数不小于 1.2，对本线路的灵敏系数要求不小于 2。

3. 相间距离保护

相间距离保护是以反映从故障点到保护安装处之间阻抗大小（距离大小）的阻抗继电器为主要元件（测量元件），动作时间具有阶梯特性。当故障点至保护安装处之间的实际阻抗

小于预定值时，表示故障点在保护范围内，保护动作。配以方向元件及时间元件则组成具有阶梯特性的距离保护装置。保护的动作性能与通过保护装置的故障电流大小无关。

在电网结构复杂、运行方式多变，采用一般的电流、电压保护不能满足运行要求时，应考虑采用距离保护装置。距离保护一般装设三段，必要时可以采用四段。相间距离保护也可设为两段式，并可设置振荡闭锁装置和断线闭锁装置，还可设置与重合闸装置配合的重合闸后加速保护动作回路，或防止因弧光电阻过大引起保护拒动的瞬时测定回路。

保护可由负序和零序电流（或电流增量）元件作为起动控制元件，保证同时性三相短路时，可靠起动并有效防止交流失去电压时保护的误动作。

距离保护断线闭锁是为防止距离保护电压回路断线而引起保护误动作，包括按零序滤过器原理构成的断线闭锁装置、按磁平衡原理构成的断线闭锁装置以及利用振荡闭锁起动元件（负序电流及负序电压综合方式）的断线闭锁装置。为提高灵敏度和可靠性，还可加入用负序电流增量（或负序电流）进行闭锁的回路。

根据 15.2 节所述的各基本元件模型，可得到相间距离保护的基本结构如图 15－11 所示。

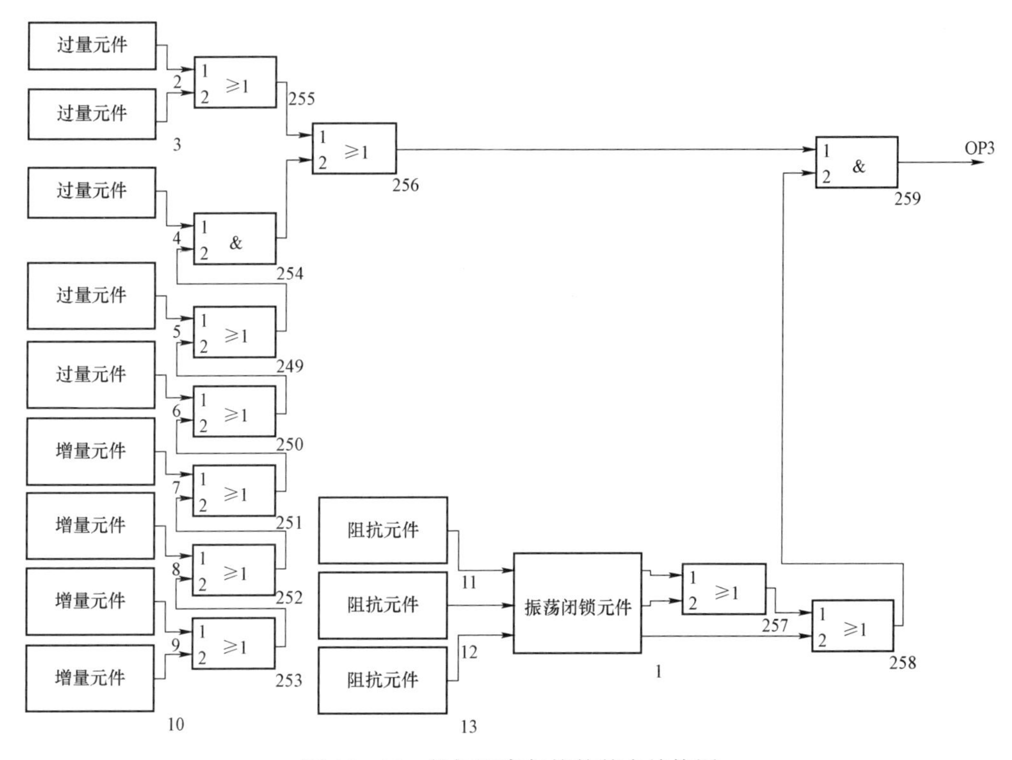

图 15－11　相间距离保护的基本结构图

（1）模型说明。本保护为分段式相间距离保护，分为三段。每段主保护为阻抗元件，包括低阻抗元件、方向阻抗元件。另外，本模型还有振荡闭锁元件、过量元件、增量元件。每段保护都可单独投切。

1）过量元件 1。过量元件 1 为负序电流元件，为起动、振荡闭锁元件。在非三相故障，作为起动元件时，当负序电流超过整定值时起动，动作信号由 0 变 1。作为振荡闭锁元件，当功率发生振荡时，发出闭锁信号，动作信号一直为 0，当发生故障时，不发出闭锁信号。

2）过量元件 2。过量元件 2 为零序电流元件，为起动、振荡闭锁元件。作为起动元件，当零序电流超过整定值时起动，动作信号由 0 变 1。作为振荡闭锁元件时，同过量元件 1。

3）过量元件 3。过量元件 3 为电流元件，为起动元件。过量元件 3 当电流超过整定值时起动，动作信号由 0 变 1。

4）过量元件 4。过量元件 4 为负序电压元件，为起动、振荡闭锁元件。作为起动元件时，当负序电压超过整定值时起动，动作信号由 0 变 1。作为振荡闭锁元件时，同过量元件 1。

5）过量元件 5。过量元件 5 为零序电压元件，为起动、振荡闭锁元件。作为起动元件时，当零序电压超过整定值时起动，动作信号由 0 变 1。作为振荡闭锁元件时，同过量元件 1。

6）增量元件 1。增量元件 1 为，负序电流元件，为振荡闭锁元件。增量元件 1 当负序电流的增量超过整定值时起动，动作信号由 0 变 1。

7）增量元件 2。增量元件 2 为零序电流元件，为振荡闭锁元件。增量元件 2 当零序电流的增量超过整定值时起动，动作信号由 0 变 1。

8）增量元件 3。增量元件 3 为负序电压元件，为振荡闭锁元件。增量元件 3 当负序电压的增量超过整定值时起动，动作信号由 0 变 1。

9）增量元件 4。增量元件 4 为零序电压元件，为振荡闭锁元件。增量元件 4 当零序电压的增量超过整定值时起动，动作信号由 0 变 1。

10）阻抗元件。阻抗元件包括低阻抗元件、方向阻抗元件、延时元件。低阻抗元件当阻抗值低于整定值时起动，动作信号由 0 变 1。方向阻抗元件当故障发生在保护区域内起动，故障发生在保护区域外时发出闭锁信号，动作信号一直为 0。当起动元件都起动，闭锁元件不闭锁，阻抗元件都起动时，相间距离保护动作。延时元件为相间距离保护Ⅰ、Ⅱ、Ⅲ段动作时间，保护Ⅰ段一般为瞬时动作，保护Ⅱ、Ⅲ段按照分段式保护的动作配合整定。

11）振荡闭锁元件。在三段式距离保护中，当其Ⅰ、Ⅱ、Ⅲ段采用方向继电器，其Ⅲ段采用偏移特性阻抗继电器时，根据其定值的配合，必然存在着 $Z_{\mathrm{I}}\mathrm{p}Z_{\mathrm{II}}\mathrm{p}Z_{\mathrm{III}}$ 的关系。可利用振荡时各段动作时间不同的特点构成振荡闭锁。

当系统发生振荡且振荡中心位于保护范围内时，由于测量阻抗逐渐减小，因此 Z_{III} 先起动，Z_{II} 再起动，最后 Z_{I} 起动。而当保护范围内部故障时，由于测量阻抗突然减小，因此，Z_{I}、Z_{II}、Z_{III} 将同时起动。基于上述区别，实现这种振荡闭锁回路的基本原则是：当 $Z_{\mathrm{I}}\sim Z_{\mathrm{III}}$ 同时起动时，允许 Z_{I}、Z_{II} 动作于跳闸，而当 Z_{III} 先起动，经 t_0 延时后，Z_{II}、Z_{I} 才起动时，则把 Z_{I} 和 Z_{II} 闭锁，不允许它们动作于跳闸。一般延时参数为 0.03s，自保持参数为 0.5s。

（2）定值整定及典型参数。

1）$I_{2\mathrm{dz}}$、$I_{0\mathrm{dz}}$ 为过量元件 1 的负序电流元件、过量元件 2 的零序电流元件的起动值。按照躲开正常运行时的最大不平衡负序、零序电流整定。

2）$V_{2\mathrm{dz}}$、$V_{0\mathrm{dz}}$ 为过量元件 3 的负序电压元件、过量元件 4 的零序电压元件的起动值。按照躲开正常运行时的最大不平衡负序、零序电压整定。

3）$DI_{2\mathrm{dz}}$、$DI_{0\mathrm{dz}}$ 为增量元件 1 的负序电流元件、增量元件 2 的零序电流元件的起动值。按照躲开正常运行时的不平衡负序、零序电流的最大增量整定。

4）$DV_{2\mathrm{dz}}$、$DV_{0\mathrm{dz}}$ 为增量元件 3 的负序电压元件、增量元件 4 的零序电压元件的起动值。按照躲开正常运行时的不平衡负序、零序电压的最大增量整定。

5）$Z_{dz1\,\mathrm{I}}$、$Z_{dz2\,\mathrm{I}}$为相间距离保护Ⅰ段的低阻抗元件、方向阻抗元件动作值。

当被保护线路无中间分支线路或分支变压器时，定值按躲过本线路末端故障整定，一般按被保护线路正序阻抗的80%～85%计算。当线路末端仅有一台变压器时，定值按不伸出线路末端变压器内部整定，即按躲过变压器其他侧母线故障整定。当线路终端变电所为两台及以上变压器并列运行（变压器未装设差动保护）时，如果本线路未装设高频保护，根据情况可以按躲开本线路末端故障，或者躲开变压器电流速断保护范围末端故障整定。当被保护线路中间接有分支线路或分支变压器时，其计算按同时躲开本线路末端和躲开分支线路（分之变压器）末端故障整定。

6）$Z_{dz1\,\mathrm{II}}$、$Z_{dz1\,\mathrm{III}}$、$Z_{dz2\,\mathrm{II}}$、$Z_{dz2\,\mathrm{III}}$为相间距离保护Ⅱ、Ⅲ段的低阻抗元件、方向阻抗元件动作值。按满足本线路末端有灵敏度和配合的需要整定。

7）$F_{i\,\mathrm{I}}$、$F_{i\,\mathrm{II}}$、$F_{i\,\mathrm{III}}$为方向阻抗元件的参数。根据测量值，按照保证应起动时，信号输出为1，不应起动时，信号输出为0整定。

8）t_{I}、t_{II}、t_{III}为相间距离保护Ⅰ、Ⅱ、Ⅲ段动作时间。保护Ⅰ段一般为瞬时，保护Ⅱ、Ⅲ段按照分段式保护动作配合整定。

9）I_{dz} 为电流元件的起动值。当距离Ⅲ段为电流起动元件时，整定值为$I_{dz.\mathrm{III}}=\dfrac{K'_{k}K_{zqd}}{K_{f}}\times I_{fh.max}$。

4. 接地距离保护

由于零序过电流保护受电力系统运行方式变换影响较大，灵敏度会降低，特别是短距离线路上以及复杂环网中，由于速动段的保护范围太小，甚至没有保护范围，致使零序电流保护各段的性能严重恶化，使保护动作时间很长，灵敏度很低。

当零序电流保护效果不能满足要求时，则应装设接地距离保护，其一般为两段式或三段式，最多设置四段，每段保护的主保护元件为低阻抗元件。当线路配置接地距离保护时，根据运行需要还应配置阶段式零序电流保护，同时应适当减少零序电流保护的段数。此时将接地距离保护作为主保护，而零序电流保护作为后备保护。

接地距离保护的输入阻抗为

$$Z_{\mathrm{J}}=\left|\frac{\dot{U}_{t}}{\dot{I}_{A}+K3\dot{I}_{0}}\right| \tag{15-14}$$

其中

$$K=\frac{Z_{0}-Z_{1}}{3Z_{1}} \tag{15-15}$$

式中　Z_0——线路零序阻抗；

Z_1——线路正序阻抗；

K——接地距离保护零序电流补偿系数（复数）；

$\dot{U}_{t}$——保护安装处母线电压；

$\dot{I}_{A}$——线路相电流（以A相为例）；

$3\dot{I}_{0}$——3倍线路零序电流。

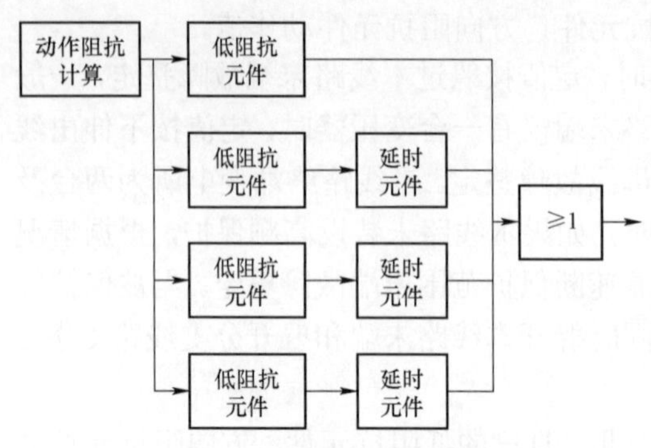

图 15－12　接地距离保护的基本结构图

根据 15.2 节所述的各基本元件模型，可得到接地距离保护的基本结构如图 15－12 所示。

（1）模型说明。本保护为分段式接地距离保护，分为四段。每段包括低阻抗元件。另外，保护还有动作阻抗计算元件和延时元件。本保护的每段可单独投切。

1）动作阻抗计算元件。动作阻抗计算元件取线路电流、零序电流信号、线路零序阻抗计算线路的正序阻抗，并根据正序阻抗的变化区分系统正常运行与故障状态。

2）低阻抗元件。低阻抗元件当阻抗值低于整定值时起动，动作信号由 0 变 1。低阻抗元件为接地距离保护的主保护。低阻抗元件起动后，接地距离保护依据延时元件动作。

3）延时元件。延时元件同电流电压保护。

（2）定值整定及典型参数。

1）R_0、X_0 为线路的零序电阻和零序电抗。

2）Z_{dz1} 为接地距离保护Ⅰ段。保护Ⅰ段按躲过本线路对侧母线接地故障整定，保护范围可整定为本线全长的 70%。

3）Z_{dz2} 为接地距离保护Ⅱ段。按满足本线路末端有灵敏度和配合的需要整定。

4）Z_{dz3} 为接地距离保护Ⅲ段。按满足本线路末端有灵敏度和配合的需要整定。对于同杆并架双回线或多回线的情况，需要考虑零序互感的影响。

5）Z_{dz4} 为接地距离保护Ⅳ段。同本保护Ⅱ段。

6）t_{I}、t_{II}、t_{III}、t_{IV} 为接地距离保护Ⅰ、Ⅱ、Ⅲ、Ⅳ段的动作时间。保护Ⅰ段一般为瞬时动作，保护Ⅱ、Ⅲ、TV 段按照分段式保护的动作配合整定。

5. 高频闭锁方向保护

高频闭锁方向保护是根据比较输电线路两侧短路功率方向的原理而构成的，其是将线路两端功率方向转化为高频信号，由高频通道将此信号传送到对端，比较两端功率方向的一种保护装置。短路功率正方向规定为由母线流向线路，负方向为由线路流向母线。当被保护线路发生内部故障时，两侧短路功率均为正方向，两侧保护装置中的收发信机不收发闭锁信号，保护动作，使两侧断路器跳闸。当线路外部发生故障时，本线路距故障点近的一侧短路功率方向为负，该侧保护起动，收发信机发出闭锁信号，闭锁信号被本线路两侧保护接收，闭锁两侧保护。

高频闭锁方向保护通常由起动元件和方向元件构成，起动元件接全电压和全电流或接相序电压和相序电流，还可将起动元件与方向元件两功能综合在一起，选用阻抗继电器完成。对于接于全电压和全电流的装置在系统振荡时可能误动作，应有振荡闭锁装置，对接负序、零序分量的保护装置，不反应系统振荡。

为防止在区外故障时，由于线路两侧电流互感器误差不同和起动元件动作值的离散，而出现单侧起动元件动作的情况，以致造成误动，一般在线路两侧装设两只灵敏度不同的起动元件。灵敏度高的起动元件用于发信（低值），灵敏度低的用于起动跳闸回路（高值）。

根据 15.2 节所述的各基本元件模型，可得到高频闭锁方向保护的基本结构如图 15－13 所示。

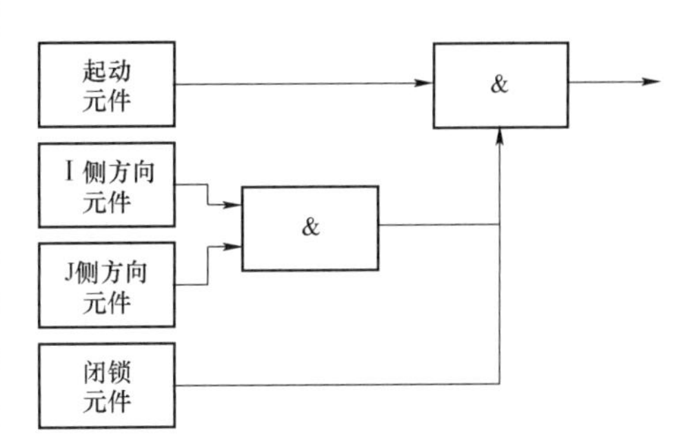

图 15－13　高频闭锁方向保护的基本结构图

高频闭锁方向保护的模型如图 15－14 所示。

图 15－14 中，过量元件 2 为负序电流元件，过量元件 3 为零序电流元件，过量元件 5 为负序电压元件，过量元件 4 为电流元件，欠量元件 13 为电压元件，过量元件 6 为零序电压元件，增量元件 7 为负序电流增量元件，增量元件 8 为零序电流增量元件，增量元件 9 为负序电压增量元件，增量元件 10 为零序电压增量元件，两个方向元件 14、15 分别为线路两侧的功率方向元件，作为高频闭锁方向保护的主保护元件。

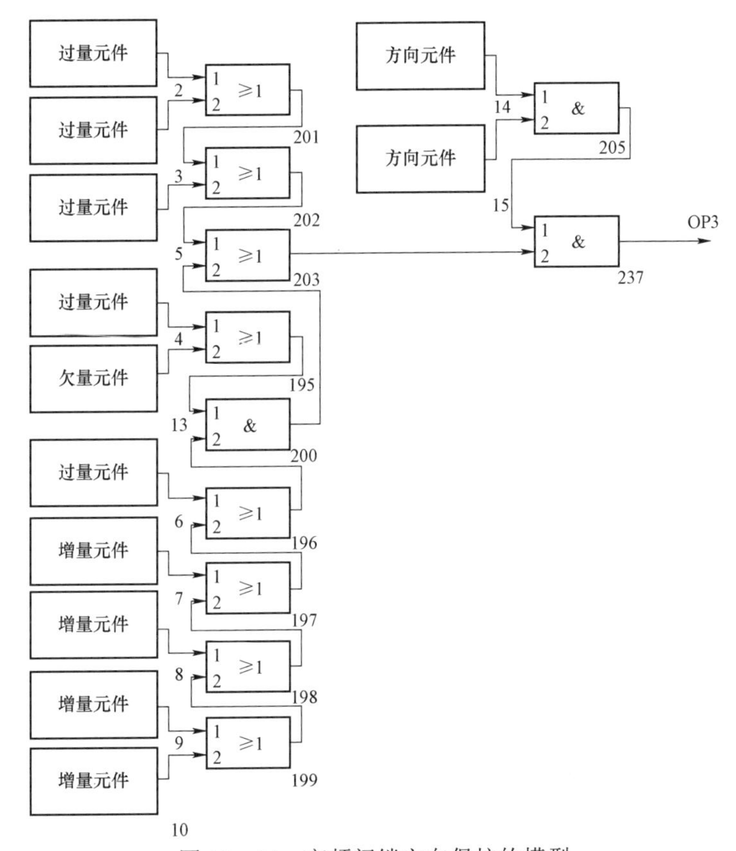

图 15－14　高频闭锁方向保护的模型

（1）模型说明。本保护为高频闭锁方向保护。本保护由起动元件、功率方向元件、闭锁元件组成。

1）过量元件 1。过量元件 1 为负序电流元件，为起动、振荡闭锁元件。作为起动元件在非三相故障时，当负序电流超过整定值时起动，动作信号由 0 变 1。作为振荡闭锁元件时，当发生功率振荡时，发出闭锁信号，动作信号一直为 0，当发生故障时，不发出闭锁信号。

2）过量元件 2。过量元件 2 为零序电流元件，为起动、振荡闭锁元件。作为起动元件在非三相故障时，当零序电流超过整定值时起动，动作信号由 0 变 1。作为振荡闭锁元件时，同过量元件 1。

3）过量元件 3。过量元件 3 为负序电压元件，为起动、振荡闭锁元件。作为起动元件在非三相故障时，当负序电压超过整定值时起动，动作信号由 0 变 1。作为振荡闭锁元件时，同过量元件 1。

4）过量元件 4。过量元件 4 为电流元件，为起动元件。作为起动元件在故障时，当电流超过整定值时起动，动作信号由 0 变 1。

5）欠量元件。欠量元件为电压元件，为起动元件。作为起动元件在故障时，当电压低于整定值时起动，动作信号由 0 变 1。

6）过量元件 5。过量元件 5 为零序电压元件，为振荡闭锁元件。作为振荡闭锁元件时，同过量元件 1。

7）增量元件 1。增量元件 1 为负序电流元件，为振荡闭锁元件。作为振荡闭锁元件时，同过量元件 1。

8）增量元件 2。增量元件 2 为零序电流元件，为振荡闭锁元件。作为振荡闭锁元件时，同过量元件 1。

9）增量元件 3。增量元件 3 为负序电压元件，为振荡闭锁元件。作为振荡闭锁元件时，同过量元件 1。

10）增量元件 4。增量元件 4 为零序电压元件，为振荡闭锁元件。作为振荡闭锁元件时，同过量元件 1。

11）方向元件。方向元件为动作元件。检测线路两侧功率方向。短路功率正方向规定为由母线流向线路，负方向为由线路流向母线。当保护区内部故障时，功率方向均为正，两侧保护装置中的收发信机不收发闭锁信号，保护动作，当保护区外故障时，本线路距故障点近的一侧短路功率方向为负，该侧保护起动，收发信机发出闭锁信号，闭锁信号被本线路两侧保护接收，闭锁两侧保护。当起动元件都起动，闭锁元件不闭锁，动作元件动作时，保护动作。

（2）定值整定及典型参数。

1）I_{2dz}、V_{2dz}为负序、零序电流元件起动值。对于起动跳闸的负序电流元件，应按保证线路末端故障有足够灵敏度整定，对于超高压线路，还要求大于空载充电，由于开关不同期合闸产生的负序电容电流；对于起动发信号的负序电流元件，按与起动跳闸元件配合整定。对于负序电压元件，应该按照大于正常负荷状态下的负序不平衡电压整定。

2）V_{0dz}、D_{I2dz}、D_{I0dz}、DV_{2dz}、DV_{0dz} 同相间距离保护。

3）I_{0dz} 为零序电流元件起动值。对于起动跳闸的零序电流元件，应按保证线路末端发生接地故障有足够灵敏度整定，对于超高压线路，还要求大于空载充电，由于开关不同期合闸产生的零序电容电流；对于起动发信号的零序电流元件，按与起动跳闸元件配合整定。

4）I_{dz}、V_{dz} 为电流、电压元件起动值。对于起动跳闸的电流元件（或正向起动电流元件），应该按照大于本线路最大负荷电流以及保证线路末端有足够灵敏度的原则整定，对于起动发

信号的电流元件（或反向起动电流元件），应该按照与起动跳闸元件配合整定。对于电压元件，应该按照躲过最低运行电压整定。

5）a_1、a_2 是功率方向元件的整定角，根据测量值设定，一般整定范围在 30°～60°，保证方向元件在起动时动作信号为 1，不起动时动作信号为 0。

6. 电压相位比较式高频闭锁方向保护

该保护是高频闭锁方向保护的一种类型，由起动发信元件和方向停信元件组成。起动元件采用负序电流和零序电流幅值的突变量 $\Delta I_2+\Delta 3I_0$ 原理，方向元件有反应不对称短路的电压补偿式方向元件，它不反应三相短及非全相状态下的系统振荡。此外，还设有反应三相短路的方向阻抗元件。为了提高保护在线路经过较大电阻发生单相接地短路的反应能力，还设有零序电流速断和相电流速断元件。这两个元件动作时可直接跳闸并停信。保护装置中的高频收发信机，可根据系统情况，按长期发信和故障发信两种方式工作，并设有远方起动回路。

当收发信机故障、通道故障及单侧电源供电时，该保护退出运行；在非全相运行时，保护不退出运行。

根据 15.2 节所述的各基本元件模型，可得到电压相位比较式高频闭锁方向保护的基本结构如图 15－15 所示。

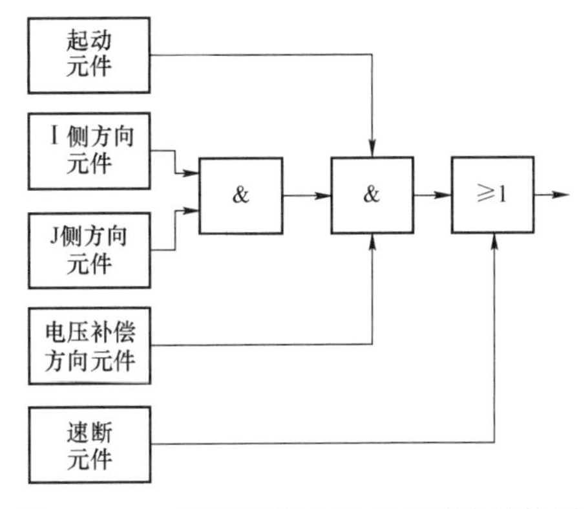

图 15－15　高频闭锁方向保护基本结构图

（1）模型说明。本保护为电压相位比较式高频闭锁方向保护，包括起动元件、动作元件、速断元件。

1）增量元件 1。增量元件 1 为负序电流元件，为起动元件。增量元件 1 当负序电流的增量超过整定值时起动，动作信号由 0 变 1。

2）增量元件 2。增量元件 2 为零序电流元件，为起动元件。增量元件 2 当零序电流的增量超过整定值时起动，动作信号由 0 变 1。

3）过量元件 1。过量元件 1 为零序电流元件，为速断元件。过量元件 1 当零序电流超过整定值时起动，动作信号由 0 变 1。

4）过量元件 2。过量元件 2 为电流元件，为速断元件。过量元件 2 当电流超过整定值时起动，动作信号由 0 变 1。

5）方向元件 1。方向元件 1 为方向阻抗元件，为动作元件。同高频闭锁方向元件。

6）方向元件 2。方向元件 2 同方向元件 1。

7）相电压补偿方向元件。相电压补偿方向元件为动作元件。相电压补偿方向元件当电压相位差在动作范围内时起动，动作信号由 0 变 1。

（2）定值整定及典型参数。

1）T_{I}、T_{I0} 为电流速断、零序电流速断元件的动作时间。

2）$I_{0\mathrm{dz}}$、I_{dz} 为过量元件 1 的零序电流元件、过量元件 2 的电流元件的起动值。相电流速断保护按躲过保护背后母线及线路末端三相短路流过保护的最大短路电流并躲过全相振荡时流过本保护的最大电流整定。零序电流速断保护按躲过保护背后母线及线路不对成短路时，流过保护的最大零序电流以及躲过非全相振荡时流过保护的最大零序电流整定。

3）DI_{2dz}、DI_{0dz}为增量元件1的负序电流元件、增量元件2的零序电流元件的起动值。由负序电流和零序电流幅值突变量组成，高定值用于实现阻抗元件振荡闭锁及出口回路闭锁，低定值用于起动收发信机。高定值整定按线路故障、本保护流过最小负序电流或零序电流时，保护有一定灵敏度计算；低定值整定为高定值的1/2～5/8倍。

4）n为零序补偿系数。整定按照公式

$$n = \frac{Z_{\Sigma 0} - Z_{\Sigma 1}}{Z_{\Sigma 1}}$$

式中　$Z_{\Sigma 1}$——保护所指方向对侧系统大方式下正序最小阻抗值与线路正序阻抗值之和；

$Z_{\Sigma 0}$——保护所指方向对侧系统大方式下零序最小阻抗值与线路零序阻抗值之和。

5）a_I、a_J分别为线路两侧方向阻抗元件的动作角整定值。同相间距离保护。

6）F_{i_1}、F_{i_2}为电压相位比较元件的比较参数，设定元件的起动范围。按照躲开正常运行状态的最大不平衡电压相位差整定。

7. 高频闭锁距离/零序保护

高频闭锁距离保护是将阻抗继电器用于高频闭锁方向保护的停信元件，线路内部故障能全线瞬动，而对母线及相邻元件又能起一定的后备作用。同理，可在零序电流方向保护上配上收发信机构成高频闭锁零序保护，它通常与相间距离保护共用通道设备，构成既能快速切除接地故障，又能快速切除相间故障的高频闭锁距离、零序保护，且阶段式零序保护各段照常发挥本身的功能。

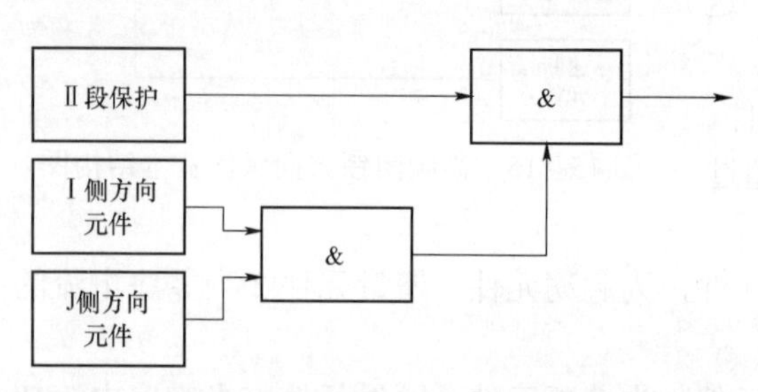

图15－16　高频闭锁距离/零序保护的基本结构

根据15.2节所述的各基本元件模型，可得到高频闭锁距离/零序保护的基本结构如图15－16所示。

（1）模型说明。本保护为高频闭锁距离/零序保护，主要与线路零序电流保护以及线路相间距离保护共同使用；保护利用线路两侧方向元件作为主动作元件，与分段式零序、距离保护的Ⅱ段保护进行配合。当判断为内部线路故障时，两侧方向元件动作，从而起动高频保护，分段式零序、距离保护的Ⅱ段保护不经延时环节立即起动，实现全线速动；当判断为外部故障时，两侧方向元件不同时动作，高频保护不起动，分段式零序、距离保护的Ⅱ段保护经延时环节作为外部线路的后备保护。

（2）定值整定及典型参数。

1）高频闭锁距离保护的整定。

a. 距离元件的整定。整定原则仍按一般距离保护整定原则进行。

b. 起动元件的整定。负序电流与零序电流元件作为起动元件，与相电流辅助起动元件配合，起动发信号并构成振荡闭锁回路。其中负序和零序电流元件按以下原则整定：① 本线末端两相短路负序电流元件灵敏度大于 4；② 本线末端单相或两相接地短路，负序或零序电流元件灵敏度均大于 4；③ 距离保护Ⅲ段保护范围末端两相短路，负序电流元件灵敏

度大于 2；④ 距离保护Ⅲ段保护范围末端单相或两相接地短路，负序或零序电流元件灵敏度均大于 2；⑤ 相电流元件的整定按躲过最大负荷电流的原则进行。

2）高频闭锁零序电流方向保护的整定。停信元件动作值取零序方向电流保护Ⅱ段定值，要求其应保证本线路末端故障时的灵敏度。

发信元件整定按与本侧或对侧（取较小者）停信元件、与相邻线路零序保护Ⅲ段或Ⅳ段配合整定，当不满足阶段式零序电流保护配合关系时，应视线路重要程度和保护设置状况，决定是否增设零序电流保护段数。

8. *相差动高频保护*

电流相差高频保护主要是利用比较两侧工频电流相位相对关系的方法，判断故障发生在线路内部还是外部，从而决定是否跳闸。该保护仅比较两侧电流相位，不反应系统振荡并与电压回路无关，主要组成包括起动元件、操作滤过器及相位比较元件等。

其中，作为动作元件的功率方向元件的动作判据为

$$180^\circ-\delta_1 \leqslant \arg\frac{\dot{I}_{1I}+K\dot{I}_{2I}}{\dot{I}_{1J}+K\dot{I}_{2J}} \leqslant 180^\circ-\delta_2 \tag{15-16}$$

式中　δ_1、δ_2 ——闭锁角；

$\dot{I}_{1I}$、$\dot{I}_{2I}$ ——I 侧正序电流和负序电流；

$\dot{I}_{1J}$、$\dot{I}_{2J}$ ——J 侧正序电流和负序电流；

K ——操作滤过器 K 值。

相差动高频保护的模型如图 15－17 所示。其中，过量元件 2 为负序电流元件，过量元件 3 为电流元件，这两个元件构成保护的起动元件，相位比较元件 1 作为保护的主动作元件，其输出量为线路两侧的计算电流矢量值 $\dot{I}_1+K\dot{I}_2$。

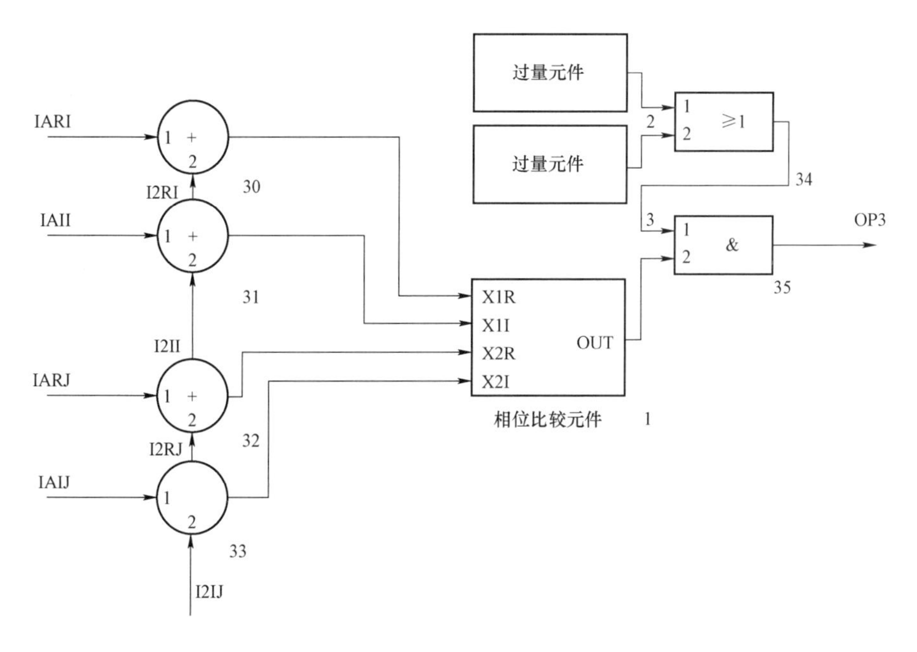

图 15－17　相差动高频保护的模型

（1）模型说明。本保护为相差动高频保护，包括起动元件、相位比较元件、动作元件。

1）过量元件 1。过量元件 1 为电流元件，为起动元件。过量元件 1 当电流超过整定值时起动，动作信号由 0 变 1。

2）过量元件 2。过量元件 2 为负序电流元件，为起动元件。过量元件 2 当负序电流超过整定值时起动，动作信号由 0 变 1。

3）相位比较元件。相位比较元件为动作元件。相位比较元件当电流相位差在动作范围内时起动，动作信号由 0 变 1。

（2）定值整定及典型参数。

1）F_{i_1}、F_{i_2}为相位比较元件的比较参数，设定元件的起动范围。按照躲开正常运行状态时的最大不平衡电流相位差整定。

2）I_{dz}、I_{2dz}为电流元件、负序电流元件的起动值。电流元件按照躲过最大负荷电流整定，高定值为低定值的两倍。三相短路判别相电流元件按线路末端三相短路时有足够灵敏度且大于本线路电容电流整定，当其定值小于负荷电流时，用阻抗元件代替。零序电流元件的高定值按躲过最大负荷时的不平衡电流并躲过线路一侧带电投入时、由于开关三相不同期合闸产生的负序电容电流整定。低定值按 1/4～1/2 的高定值整定。

3）K 为操作滤过器 K 值。整定按照公式

$$K=1.5\left|\frac{I_1}{I_2}\right|$$

式中　I_1、I_2——故障线路的正序电流和负序电流。

9. 河南电网线路保护模型

河南电网 500kV 线路及 220kV 线路的保护装置主要使用的是国电南京自动化股份有限公司的 PSL－603U、PSL－603G、PSL－602G、PSL－601、SSR－530 系列，南京南瑞继保电器有限公司的 RCS－931、PCS－931、RCS－902、RCS－925A 系列，许继电气股份有限公司的 WXH－803A、WXH－802A、WGQ－871A 系列，北京四方继保自动化股份有限公司的 CSC－125A、CSI－125A、CSC－103C、CSC－101A 系列，深圳国网南瑞科技有限公司的 PRS－753 系列等。下面分别介绍这些保护的模型。

需要说明的是，保护装置中的线路主保护（纵联差动）环节不在建模考虑范围之内，原因有二：其一，本书研究的是电网连锁故障的发生机制，而保护的误动或拒动是发生连锁故障的根本原因，这体现在保护范围有交叉的线路保护中，而线路主保护仅保护本段线路，根据保护机理，外部故障无法引起线路主保护动作，因此主保护对于连锁故障无贡献，不需要在模型中进行详细的搭建；其二，本书中的保护模型主要采用逻辑＋定值结合的方式实现建模，对于初始故障采用逻辑设置即可完成，无须建立复杂的主保护模型。

（1）PSL－603U 线路保护装置。

1）保护类型、阻抗特性。PSL－603U 线路保护装置可用作 220kV 及以上电压等级输电线路的主、后备保护。该装置以纵联电流差动（分相电流差动和零序电流差动）为全线速动保护，同时设有快速距离保护、三段相间/接地距离保护、零序方向过电流保护、零序反时限过电流保护。三段相间/接地距离保护中，接地距离Ⅰ、Ⅱ段动作特性如图 15－18（a）所

示，相间距离Ⅰ、Ⅱ段动作特性如图 15－18（b）所示，接地距离Ⅲ段、相间距离Ⅲ段动作特性如图 15－18（c）所示。

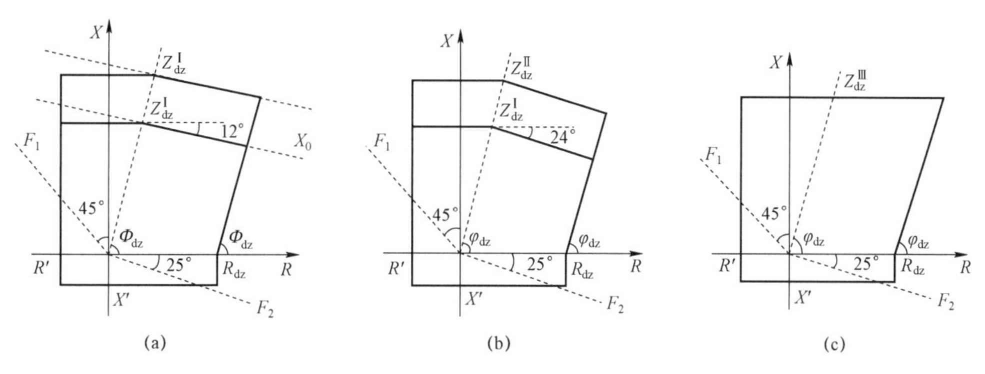

图 15－18　三段相间/接地距离保护动作特性

2）保护模型图。根据保护装置原理、研究内容和程序功能要求，选择距离保护和零序电流保护两种后备保护类型。模型结构如图 15－19 所示，主要由起动元件、接地距离保护、相间距离保护和零序电流保护四个模块组成。

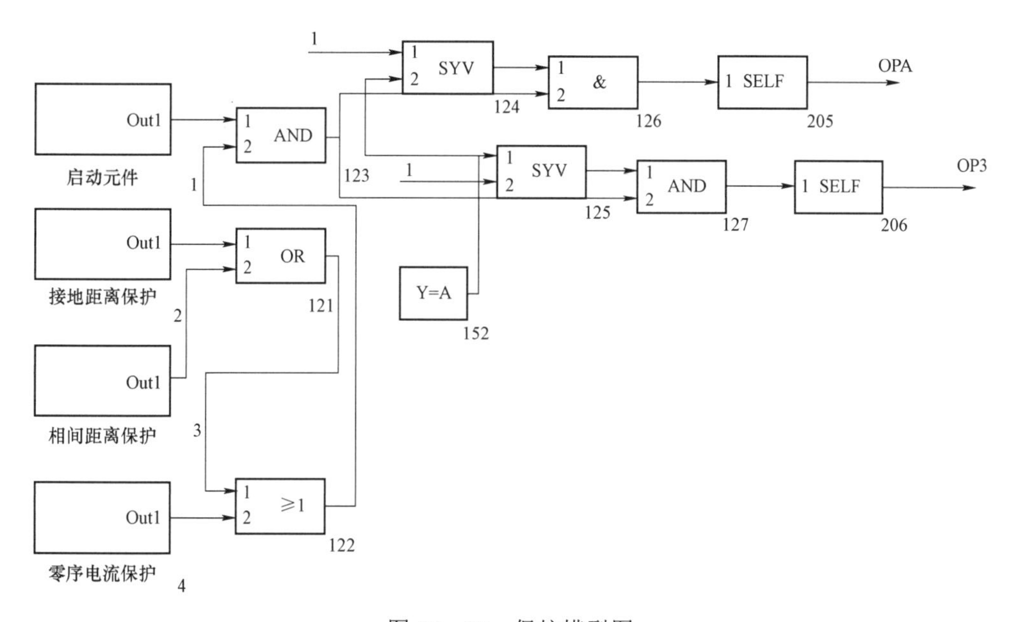

图 15－19　保护模型图

（2）PSL－603G 系列数字式线路保护装置。

1）保护类型、阻抗特性。PSL－603G 系列数字式线路保护装置可用作 220kV 及以上电压等级输电线路的主保护及后备保护。主要包括以分相电流差动和零序电流差动为主体的全线速动主保护、由波形识别原理构成的快速距离Ⅰ段保护、由三段式相间和接地距离保护及零序方向电流保护构成的后备保护。三段式相间和接地距离保护中，阻抗Ⅰ、Ⅱ段动作特性如图 15－20（a）所示，阻抗Ⅲ段动作特性如图 15－20（b）所示。

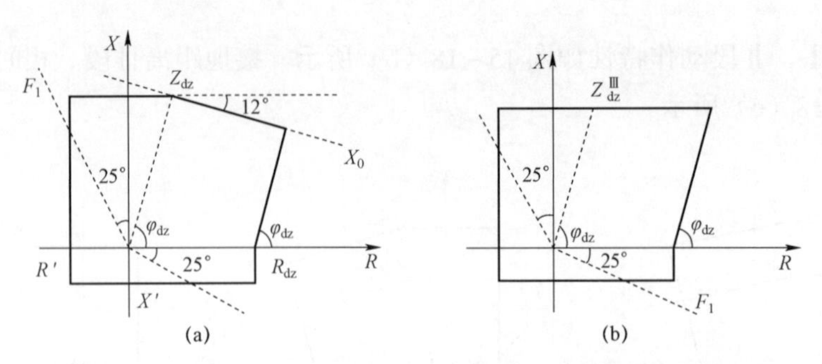

图 15－20　PSL－603G 系列数字式线路保护装置阻抗特性图

2）保护模型图。根据保护装置原理、研究内容和程序功能要求，选择距离保护和零序电流保护两种后备保护类型。保护主要由起动元件、接地距离保护、相间距离保护和零序电流保护四个模块组成。

（3）PSL－602G 系列数字式线路保护装置。

1）保护类型、阻抗特性。PSL－602G 系列数字式超高压线路保护装置可用作 220kV 及以上电压等级输电线路的主、后备保护。该装置以纵联距离和纵联零序作为全线速动主保护，以距离保护和零序方向电流保护作为后备保护。其距离保护阻抗动作特性与 PSL－603G 系列相同。

2）保护模型图。同 PSL－603G 系列数字式线路保护装置。

（4）PSL－601 系列数字式线路保护装置。

1）保护类型、阻抗特性。PSL－601 数字式超高压线路保护装置可用作 220kV 及以上电压等级输电线路主保护和后备保护。该装置以纵联方向作为全线速动主保护，以距离保护和零序方向电流保护作为后备保护，其距离保护阻抗动作特性与 PSL－603G 系列相同。

2）保护模型图。同 PSL－603G 系列数字式线路保护装置。

（5）RCS－931 系列超高压线路成套保护装置。

1）保护类型、阻抗特性。RCS－931 系列超高压线路成套保护装置可用作 220kV 及以上电压等级输电线路的主保护及后备保护。主要包括以分相电流差动和零序电流差动为主体的快速主保护、由工频变化量距离元件构成的快速Ⅰ段保护、由三段式相间和接地距离及多个零序方向过电流构成的全套后备保护。三段式相间和接地距离保护阻抗动作特性如图 15－21（a）所示，同时为保证距离继电器躲开负荷测量阻抗，设置接地、相间负荷限制继电器，其特性如图 15－21（b）所示。

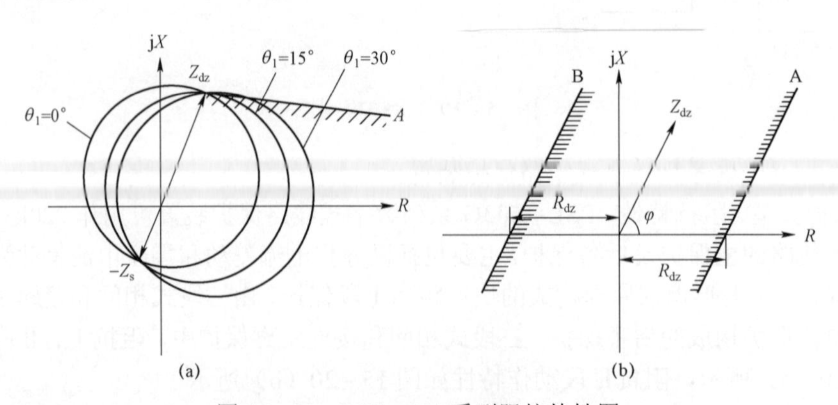

图 15－21　RCS－931 系列阻抗特性图

2）保护模型图。同 PSL－603G 系列数字式线路保护装置。

（6）PCS－931 超高压线路成套保护装置。

1）保护类型、阻抗特性。PCS－931 超高压线路成套快速保护装置可用作 220kV 及以上电压等级输电线路的主保护及后备保护。主要包括以分相电流差动和零序电流差动为主体的快速主保护、由工频变化量距离元件构成的快速Ⅰ段保护、由三段式相间和接地距离及 2 个零序方向过电流构成的全套后备保护。其三段式相间/接地距离保护阻抗动作特性、负荷限制继电器特性与 RCS－931 系列相同。

2）保护模型图。同 PSL－603G 系列数字式线路保护装置。

（7）RCS－902 系列超高压线路成套保护装置。

1）保护类型、阻抗特性。RCS－902 系列超高压线路成套保护装置可用作 220kV 及以上电压等级输电线路的主保护及后备保护。主要包括以纵联距离和零序方向元件为主体的快速主保护，由工频变化量距离元件构成的快速Ⅰ段保护、由三段式相间和接地距离及零序方向过电流构成的全套后备保护。其三段式相间/接地距离保护阻抗动作特性、负荷限制继电器特性与 RCS－931 系列相同。

2）保护模型图。同 PSL－603G 系列数字式线路保护装置。

（8）WXH－803A 系列微机线路保护装置。

1）保护类型、阻抗特性。WXH－803A 系列保护装置主要用作 220kV 及以上电压等级输电线路的纵联差动主保护及后备保护。主要包括以光纤电流差动保护为主体的全线速动主保护，由三段式相间和接地距离保护及阶段式零序保护、反时限零序保护构成的后备保护。三段式接地距离保护中，阻抗Ⅰ、Ⅱ段多边形特性如图 15－22（a）所示，阻抗Ⅲ段多边形特性如图 15－22（b）所示，方向元件动作特性如图 15－22（c）所示，三段式相间距离保护中，阻抗Ⅰ、Ⅱ段动作特性如图 15－22（d）所示，阻抗Ⅲ段动作特性如图 15－22（e）所示。

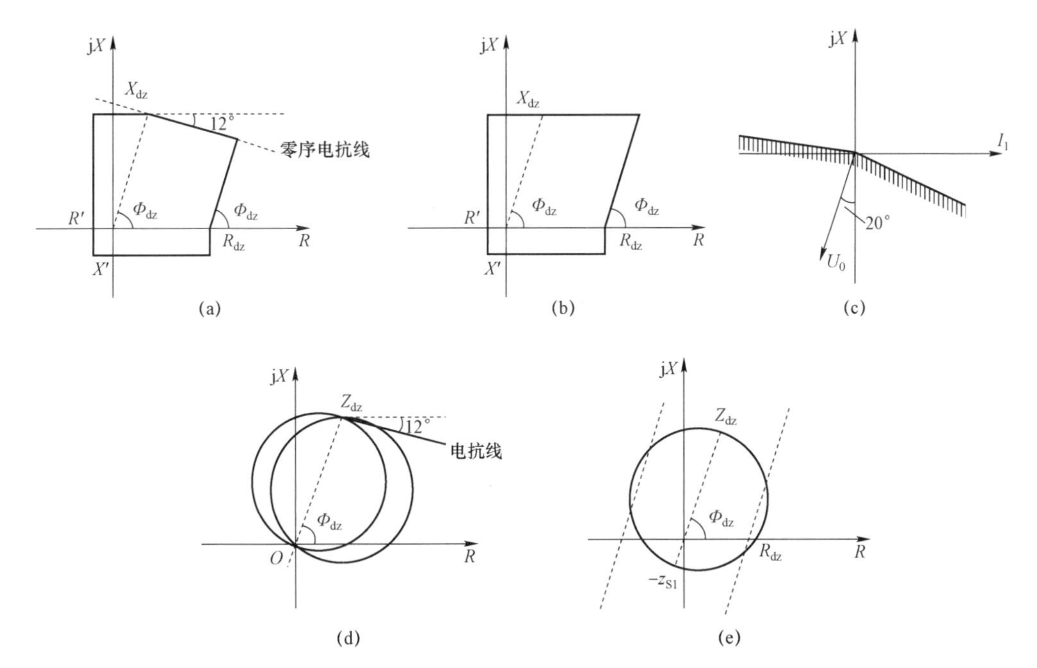

图 15－22　WXH－803A 系列阻抗特性图

2）保护模型图。同 PSL－603G 系列数字式线路保护装置。

（9）WXH－802A 系列微机线路保护装置。

1）保护类型、阻抗特性。WXH－802A 系列保护装置主要用作 220kV 及以上电压等级输电线路的纵联方向（距离）主保护及后备保护。主要包括以纵联综合距离（相间、接地）保护和零序方向保护为主体的全线速动主保护，由三段式相间和接地距离保护及阶段式零序保护、反时限零序保护构成的后备保护。其三段式相间和接地距离保护阻抗动作特性与 WXH－803A 系列相同。

2）保护模型图。同 PSL－603G 系列数字式线路保护装置。

（10）RCS－925A 过电压保护及故障起动装置。RCS－925A 主要用作输电线路过压保护及远方跳闸的就地判别装置，根据运行要求可投入补偿过电压、补偿欠电压、电流变化量、零负序电流、低电流、低功率因素、低功率等就地判据，能提高远方跳闸保护的安全性而不降低保护的可靠性。另外，该装置还具有过电压保护和过电压起动发信的功能。

（11）WGQ－871A 微机故障起动装置。WGQ－871A 微机故障起动装置主要用作远方跳闸的就地判别装置，根据运行要求可投入补偿过电压、补偿欠电压、电流突变量、零序电流、负序电流、零序电压、低电流、低功率因数、低有功功率等就地判据，能提高远方跳闸保护的安全性而不降低保护的可靠性。另外，该装置具有过电压保护和过电压发信的功能。

（12）SSR－530 系列数字式远跳判别装置。SSR－530 系列装置是由高性能 32 位单片机构成的数字式远方跳闸就地判别装置，同时具有过电压保护和过压发信起动远方跳闸等功能。装置提供了低电流、电流突变量、低功率等 12 个可选用的就地判别元件，用户可根据实际情况编写出所需的就地判别逻辑方程（就地判据）。

（13）CSC－125A 数字式故障起动装置。

1）保护类型。CSC－125A 数字式故障起动装置，适用于输电线路的远方跳闸就地判别和过电压保护。根据运行要求可投入低电流、低功率、电流变化量、零序电流、低功率因数、零序过电压、补偿过电压、补偿欠电压等就地判据，能够提高远方跳闸保护的安全性，而不降低保护的可靠性。装置还具有过电压保护和过电压发信起动远跳功能。

2）保护模型图。模型结构如图 15－23 所示，主要由起动元件和判据元件两个模块组成。

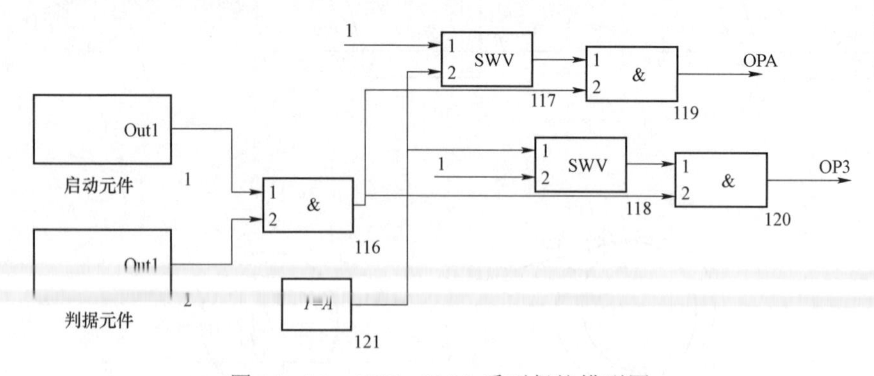

图 15－23　CSC－125A 系列保护模型图

（14）CSI－125A 数字式故障起动装置。

1）保护类型。CSI－125A 数字式故障起动装置，可以作为远方跳闸的就地判别装置，

根据运行要求可投入补偿过电压、补偿欠电压、电流变化量、零序电流、低电流、低功率因数、低有功功率、零序过电压等就地判据，能提高远方跳闸保护的安全性而不降低保护的可靠性。另外，装置还具有过电压保护和过电压发信的功能。装置适合于与 220kV 及以上电压等级输电线路保护配合使用。

2）保护模型图。模型结构如图 15－24 所示，主要由起动元件和判据元件两个模块组成。

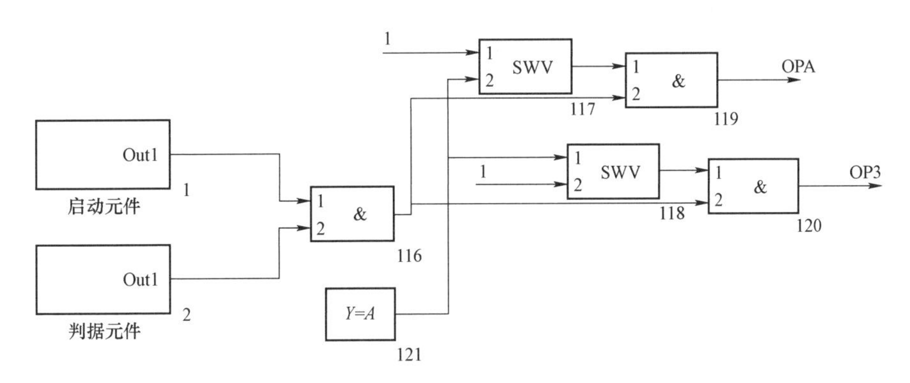

图 15－24　CSI－125A 系列保护模型图

（15）CSC－103C 系列超高压线路保护装置。

1）保护类型、阻抗特性。CSC－103C 系列超高压线路保护装置是适用于 220kV 及以上电压等级的数字式成套线路保护装置，其主要功能包括纵联电流差动保护、三段式距离保护、四段式零序保护、综合重合闸等。

2）保护模型图。同 PSL－603G 系列数字式线路保护装置。

（16）CSC－101A 超高压线路保护装置。

1）保护类型、阻抗特性。CSC－101A 数字式超高压线路保护装置，适用于 220kV 及以上电压等级的高压输电线路，其主要功能包括纵联距离保护、纵联方向保护、三段式距离保护、四段式零序保护、综合重合闸等。其三段式距离保护距离元件、方向元件动作特性与 CSC－103C 系列相同。

2）保护模型图。同 PSL－603G 系列数字式线路保护装置。

（17）PRS－753 光纤纵差成套保护装置。

1）保护类型、阻抗特性。PRS－753 保护是由微机实现的数字式超高压线路光纤分相差动保护装置，可用于 220kV 及其以上电压等级输电线路的主保护及后备保护。该装置以分相电流差动保护为主保护，以三段式相间和接地距离保护、零序电流保护及反时限零序保护为后备保护。

2）保护模型图。同 PSL－603G 系列数字式线路保护装置。

15.1.2.2　发电机保护模型

发电机保护相对于线路保护来说较为复杂，但由于现有电力系统仿真程序中发电机、变压器模型结构的限制，发电机、变压器的主保护以及部分保护无法实现，可实现的保护主要涉及发电机、变压器系统级的后备保护，以及发电机的低励磁、过励磁保护等，本书中的发电机保护也主要集中于上述几种。其中，涉及系统级的电压电流保护、阻抗保护与上述线路保护类似，此处不再赘述。

1. 过负荷保护

发电机过负荷保护保护定子绕组过负荷保护和转子绕组过负荷保护。其中，定子绕组过负荷保护包括定时限过负荷保护和反时限过负荷保护两种。两种保护的动作元件都采用过电流元件，当发电机负荷电流超过定值一段时间后，保护延时动作。对于定时限保护，发出报警信号或减载信号；对于反时限保护，则发出切机跳闸信号。

转子绕组过负荷保护亦包括定时限和反时限两种，保护的动作元件仍采用过电流元件，转子绕组过负荷保护的定时限保护动作于发出减励磁信号，其反时限保护动作于发出灭磁跳闸信号。

定子绕组过负荷保护中的反时限元件动作特性整定公式为

$$t=\frac{K_{tc}}{I_*^2-1} \tag{15-17}$$

式中 K_{tc}——定子绕组热容量常数，机组容量 S_n≤1200MVA 时，K_{tc}=37.5（当有制造厂家提供的参数时，以厂家参数为准）；

I_*——以定子额定电流为基准的标幺值；

t——允许的持续时间，s。

反时限跳闸特性的上限电流 $I_{op.max}$ 整定公式为

$$I_{op.max}=\frac{I_{gn}}{K_{sat}X'_d n_a} \tag{15-18}$$

式中 I_{gn}——发电机额定电流，A；

K_{sat}——饱和系数，取 0.8；

X'_d——发电机暂态电抗（非饱和值），标幺值；

n_a——TA 变比。

转子绕组过负荷保护中的反时限动作特性的下限电流 $I_{op.min}$ 整定公式为

$$I_{op.min}=K_{c0}I_{op}=K_{c0}K_{rel}\frac{I_{gn}}{K_r n_a} \tag{15-19}$$

式中 K_{c0}——配合系数，取 1.05。

反时限元件动作特性整定公式为

$$t=\frac{C}{I_{fd^*}-1} \tag{15-20}$$

式中 C——转子绕组过热常数；

I_{fd*}——强行励磁倍数。

最大动作时间对应的最小动作电流，按与定时限过负荷保护相同的条件整定。（即过负荷保护动作于信号的同时，起动反时限过电流保护）。

反时限动作特性的上限动作电流与强励顶值倍数匹配。如果强励倍数为 2 倍，则在 2 倍额定励磁电流下的持续时间达到允许的持续时间时，保护动作于跳闸。当小于强励顶值而大于过负荷允许的电流时，保护按反时限特性动作。

由此，可得到发电机过负荷保护的基本结构如图 15－25 所示。

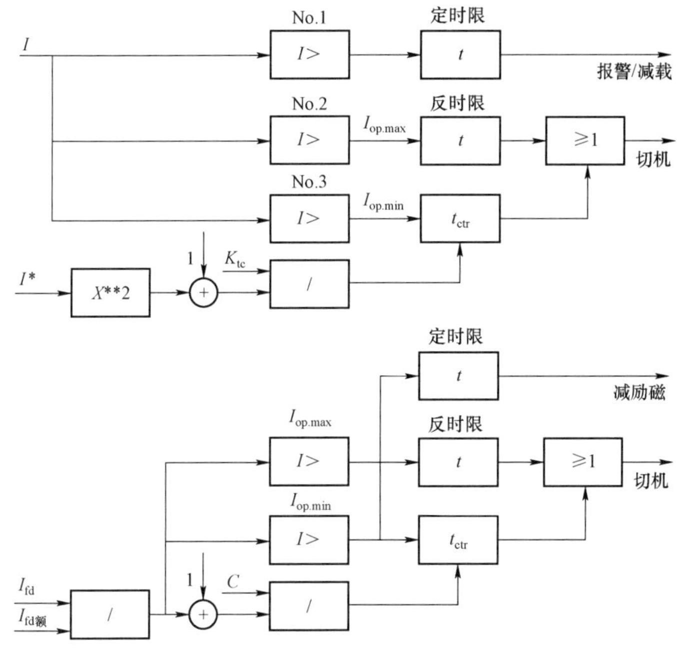

图 15－25　发电机过负荷保护的基本结构图

（1）模型说明。本保护为发电机的过负荷保护，包括定子、转子绕组过负荷保护。定子、转子绕组过负荷保护都包括定时限过负荷保护和反时限过负荷保护两种。每种保护都包括动作元件和延时元件。

1）延时元件 1。延时元件 1 为定子定时限保护的延时元件。延时元件 1 对输入信号延时整定值时间输出。

2）延时元件 2。延时元件 2 为定子反时限保护的延时元件。延时元件 2 对输入信号延时整定值时间输出。

3）延时元件 3。延时元件 3 为转子反时限保护的延时元件。延时元件 3 对输入信号延时整定值时间输出。

4）过量元件 1。过量元件 1 为定子定时限保护的电流元件，为动作元件。过量元件 1 当电流超过整定值时起动，动作信号由 0 变 1。

5）过量元件 2。过量元件 2 为定子反时限保护的电流元件，为动作元件。过量元件 2 当电流超过整定值时起动，动作信号由 0 变 1。

6）过量元件 3。过量元件 3 同过量元件 2。

7）过量元件 4。过量元件 4 为转子反时限保护的电流元件，为动作元件。过量元件 4 当电流超过整定值时起动，动作信号由 0 变 1。

8）反时限元件 1。反时限元件 1 为定子反时限保护的反时限元件。反时限元件 1 对输入信号实现反时限输出。

9）反时限元件 2。反时限元件 2 为转子反时限保护的反时限元件。反时限元件 2 对输入信号实现反时限输出。

（2）定值整定及典型参数。

1）IGD_{dz1}、IGD_{dz2}、IGD_{dz3} 为过量元件 1、过量元件 2、过量元件 3 的动作值。定时限保护电流元件动作电流按发电机长期允许的负荷电流下能可靠返回的条件整定。过量元件 2 整定公式为

$$I_{op.max}=\frac{I_{gn}}{K_{sat}X'_{d}n_{a}} \tag{15-21}$$

式中 I_{gn}——发电机额定电流，A；

K_{sat}——饱和系数，取 0.8；

X'_{d}——发电机次暂态电抗（非饱和值），标幺值；

n_{a}——TA 变比。

过量元件 3 整定公式为

$$I_{op.min}=K_{c0}I_{op}=K_{c0}K_{rel}\frac{I_{gn}}{K_{r}n_{a}} \tag{15-22}$$

式中 K_{c0}——配合系数，取 1.05。

2）$IfGS_{dz1}$、$IfGS_{dz2}$ 为转子绕组过负荷保护中的定时限保护的电流元件、过量元件 4 的动作值。$IfGS_{dz1}$ 同时也是转子绕组过负荷保护中的反时限保护的电流元件的动作值。定时限保护的电流元件的动作电流按正常运行的额定励磁电流下能可靠返回的条件整定。反时限保护的电流元件的最大动作时间对应的最小动作电流，按与定时限过负荷保护相同的条件整定。反时限动作特性的上限动作电流与强励顶值倍数匹配。

3）TGD_1、TGD_2、TGS_2 为延时元件 1、延时元件 2、延时元件 3 的延时时间参数。按照保护的动作配合整定。TGS_1 为转子过负荷保护中定时限保护的延时时间参数。

4）C 为转子绕组过热常数。

5）K_c 为定子绕组热容量常数。

6）K_{LD}、K_{GD} 为定时限过负荷保护的减载信号参数、反时限过电流保护的切机信号参数。

7）K_{fdGS}、K_{GS} 为定时限过负荷保护的减励磁信号参数、反时限过电流保护的切机信号参数。

2. 异常运行保护

发电机异常运行保护主要包括定子铁心过励磁保护、频率异常保护、逆功率保护及定子过电压保护。其主要反应发电机的内部及机端故障。

（1）定子铁心过励磁保护。该保护通过采集发电机机端运行电压及频率，利用

$$N=\frac{B}{B_n}=\frac{U/U_{gn}}{f/f_{gn}}=\frac{U_0}{f_0} \tag{15-23}$$

计算过励磁倍数 N，当 N 超过整定值时保护相应动作。

保护分为两段式，低定值部分带时限动作于信号和降低发电机励磁电流，高定值部分动作于解列灭磁或程序跳闸。

（2）频率异常保护。保护采集发电机运行频率 f，当检测到发电机运行频率异常时，计算频率异常运行时间，当该时间超过定值时保护动作。保护动作于信号，并有累计时间显示。

当频率异常保护需要动作于发电机解列时，其低频段的动作频率和延时应注意与电力系统的低频减负荷装置进行协调。一般情况下，应通过低频减负荷装置减负荷，使系统频率及时恢复，以保证机组的安全；仅在低频减负荷装置动作后频率仍未恢复，从而危及机组安全时才进行机组的解列。因此，要求在电力系统减负荷过程中频率异常保护不应解列发电机，防止出现频率连锁恶化的情况。

（3）逆功率保护。本保护反应发电机逆功率故障，即发电机变为电动机运行，从系统中吸取有功功率。保护通过采集发电机运行功率，利用 $P_{op}=1\%\sim1.5\%P_g$ 计算保护定值，保护带时限动作于信号或发电机解列。

根据汽轮机允许的逆功率运行时间，可动作于解列，一般取 1～3min。

在过负荷、过励磁、失磁等异常运行方式下，用于程序跳闸的逆功率继电器作为闭锁元件动作于信号。

对于燃气轮机、柴油发电机也有装设逆功率保护的需要，目的在于防止未燃尽物质有爆炸和着火的危险，动作于跳闸解列。

（4）定子过电压保护。本保护反应发电机定子绕组过电压故障。保护检测发电机机端电压，当其超过发电机额定电压乘以可靠系数后的值时，保护带时限动作于解列灭磁。

由此，可以得到发电机异常运行保护的基本结构如图 15－26 所示。

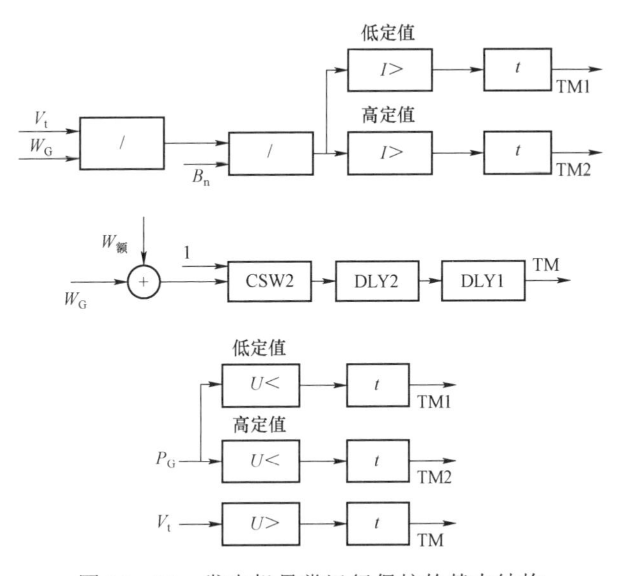

图 15－26　发电机异常运行保护的基本结构

（1）模型说明。本模型为发电机异常运行保护，包括定子铁心过励磁保护、频率异常保护、逆功率保护、定子过电压保护。每种保护可单独投切。

1）过量元件 1。过量元件 1 为定子铁心过励磁保护中的低定值电流元件（模拟过励磁元件），为动作元件。过量元件 1 当过励磁倍数超过整定值时起动，动作信号由 0 变 1。

2）过量元件 2。过量元件 2 为定子铁心过励磁保护中的高定值电流元件（模拟过励磁元件），为动作元件。过量元件 2 当过励磁倍数超过整定值时起动，动作信号由 0 变 1。

3）过量元件 3。过量元件 3 为定子过电压保护中的电压元件，为动作元件。过量元件 3

当电压超过整定值时起动，动作信号由 0 变 1。

4）欠量元件 1。欠量元件 1 为逆功率保护中低定值低电压元件（模拟逆功率元件），为动作元件。欠量元件 1 当功率低于整定值时起动，动作信号由 0 变 1。

5）欠量元件 2。欠量元件 2 为逆功率保护中高定值低电压元件（模拟逆功率元件），为动作元件。欠量元件 2 当功率低于整定值时起动，动作信号由 0 变 1。

6）欠量元件 3。欠量元件 3 为频率异常保护的频率元件，为动作元件。欠量元件 3 当频率不在整定范围内时起动，动作信号由 0 变 1。

（2）定值整定及典型参数。

1）I_{dz1}、I_{dz2} 为定子铁心过励磁保护中的低、高定值电流元件动作值。过励磁倍数 N 为

$$N=\frac{B}{B_n}=\frac{U/U_{gn}}{f/f_{gn}}=\frac{U_0}{f_0} \tag{15-24}$$

定时限过励磁保护的过励磁倍数 N 设二段定值：

低定值部分　　$N_1=\frac{B}{B_n}=1.1$（或以电机制造厂数据为准）

高定值部分　　$N_1=\frac{B}{B_n}=1.3$（或以电机制造厂数据为准）

2）V_{dz} 为定子过电压保护的过电压元件的动作值。保护整定值取乘以一定可靠系数的发电机额定电压。

3）P_{dz1}、P_{dz2} 为逆功率保护的低、高定值低电压元件动作值。保护通过采集发电机运行功率，利用 $P_{op}=1\%\sim1.5\%P_g$ 计算保护定值，保护带时限动作于信号或发电机解列。

4）T_1、T_2 为定子铁心过励磁保护低、高定值动作时限，应按保护的出口方式及被保护的设备情况而定。

5）T_3 为定子过电压保护的动作时限，根据发电机的不同而不同，一般取 0.3s 或 0.5s。

6）T_4、T_5 为逆功率保护的动作时限，经主汽门触点时，延时 1.0～1.5s 动作于解列。不经主汽门触点时，延时 15s 动作于信号。根据汽轮机允许的逆功率运行时间，可动作于解列，一般取 1～3min。在过负荷、过励磁、失磁等异常运行方式下，用于程序跳闸的逆功率继电器作为闭锁元件，动作时间通常取 1～2s。

7）T_6 为频率异常保护的动作时限，当频率异常保护需要动作于发电机解列时，其低频段的动作频率和延时应注意与电力系统的低频减负荷装置进行协调。

8）K_{fd}、K_{G1} 为定子铁心过励磁保护减励磁电流信号参数。

9）K_{G2} 为定子过电压保护切机信号参数。

10）K_{G3}、K_{G4} 为逆功率保护切机信号参数。

11）K_{G5} 为频率异常保护切机信号参数。

12）Bn 为额定磁通量。

13）F_L、F_H 为频率异常保护的频率元件的动作值参数，300MW 及以上的汽轮机，运行中允许其频率变化的范围为 48.5～50.5Hz。

3．低励失磁保护

该保护主要反应发电机的低励失磁故障。其动作主判据分为：

（1）系统侧主判据——高压母线三相同时低电压继电器。本判据主要用于防止由发电机低励失磁故障引发无功储备不足的系统电压崩溃，造成大面积停电。该判据经辅助判据“与”门输出，短延时动作于发电机解列。

（2）发电机侧主判据有：① 异步边界阻抗继电器；② 静稳极限阻抗继电器；③ 静稳极限励磁低电压继电器。

（3）低励失磁保护的辅助判据有：① 负序电压元件；② 励磁低电压元件；③ 延时元件。

由于现阶段发电机机电暂态模型自身的特点，该保护的发电机侧主判据还无法通过建模实现，因此，低励失磁保护的模型将重点体现系统侧判据，并加入必要的辅助判据。低励失磁保护的基本结构如图 15－27 所示。

（1）模型说明。本保护为发电机低励失磁保护，包括低电压元件（三相同时）、负序电压元件、负序电流元件、励磁低电压元件。

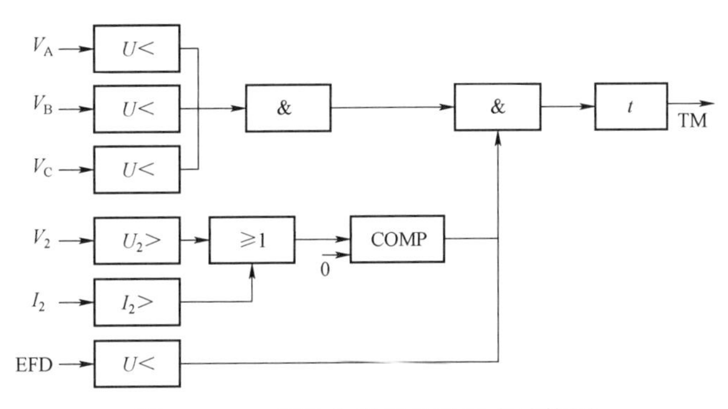

图 15－27　低励失磁保护的基本结构图

1）欠量元件 1。欠量元件 1 为励磁低电压元件，为闭锁元件。欠量元件 1 当励磁电压低于整定值时起动，发出闭锁信号，动作信号一直为 0。

2）过量元件 1。过量元件 1 为负序电压元件，为闭锁元件。过量元件 1 当负序电压超过整定值时起动，发出闭锁信号，动作信号一直为 0，经 8～10s 自动返回，解除闭锁。

3）过量元件 2。过量元件 2 为负序电流元件，为闭锁元件。过量元件 2 当负序电流超过整定值时起动，发出闭锁信号，动作信号一直为 0，经 8～10s 自动返回，解除闭锁。

4）欠量元件 2。欠量元件 2 为低电压元件，为动作元件。欠量元件 2 当电压低于整定值时起动，动作信号由 0 变 1。

5）欠量元件 3。欠量元件 3 同欠量元件 2。

6）欠量元件 4。欠量元件 4 同欠量元件 2。

7）延时元件。延时元件用于系统侧短延时动作于发电机解列。

（2）定值整定及参数说明。

1）V_{Adz}、V_{Bdz}、V_{Cdz} 为低电压元件动作值。按照躲开正常运行状态时的最低电压整定。

2）V_{2dz}、I_{2dz} 为负序电压、负序电流元件动作值。负序电压、流元件按躲过正常运行时最大不平衡负序电压、流整定。

3）E_{FDdz} 为励磁低电压元件的动作值。

4）K_G 为低励失磁保护切机信号参数。

5）T 为低励失磁保护延时时间参数。

15.1.2.3 变压器保护模型

如前所述，本书中的变压器保护模型主要涉及变压器的系统级后备保护，而其中电压电流保护、阻抗保护等与上述线路保护类似，部分保护模型可用线路保护模型替代。

1. 相间后备保护

变压器的相间短路后备保护主要包括过电流保护和低阻抗保护两种。其中，过电流保护又分为普通过电流保护、低电压起动的过电流保护、复合电压起动的过电流保护及负序过电流和单相式低电压起动的过电流保护四种。相间后备保护作为本级保护的近后备保护和下级保护的远后备保护，主要用于防御外部相间短路引起的变压器过电流和变压器内部相间短路。

过电流保护主要用于降压变压器，保护取变压器一次侧电流，按躲过可能流过变压器的最大负荷电流整定，并考虑与下一级过电流保护配合，带时限动作于切除变压器。

低电压起动的过电流保护主要用于升压变压器或容量较大的降压变压器，保护取变压器一次侧电流与电压，电流继电器的动作电流应按躲过变压器的额定电流整定，并考虑与下一级过电流保护配合，低电压起动元件按躲过正常运行时可能出现的最低电压及电动机自起动时的电压整定。低电压起动，过电流动作，带时限动作于切除变压器。当低电压继电器灵敏系数不够时，可在变压器各侧装设低电压继电器。

复合电压起动的过电流保护宜用于升压变压器、系统联络变压器和过电流保护不能满足灵敏度要求的降压变压器。当发生不对称短路时，故障相电流继电器动作，同时负序电压继电器动作，其动断触点断开，致使低电压继电器失压，动断触点闭合，起动闭锁中间继电器。相电流继电器通过常开触点起动时间继电器，经整定延时起动信号和出口继电器，将变压器两侧断路器断开。当发生对称短路时，由于短路初始瞬间出现短时负序电压，负序电压继电器动作，使低电压继电器失压。当负序电压消失后，负序电压继电器返回，动断触点闭合，此时加于低电压继电器线圈上的电压已是对称短路时的低电压，只要该电压小于低电压继电器的返回电压则低电压继电器不至于返回，其返回电压是起动电压的 K_{re}（大于 1）倍，从而使电压元件的灵敏度可提高 K_{re} 倍。复合电压起动的过电流保护在对称短路和不对称短路时都有较高的灵敏度。

负序过电流和单相式低电压起动过电流保护用于 63MVA 及以上容量的升压变压器，由负序过电流继电器和单相式低电压起动过电流保护构成，其中负序电流继电器反应两相短路，单相式低电压起动过电流保护反应三相短路。

当电流、电压保护不能满足灵敏度要求或根据网络保护间配合的要求时，变压器的相间故障后备保护可采用阻抗保护。阻抗保护通常用于 330～500kV 大型升压变压器、联络变压器及降压变压器，作为变压器引线、母线、相邻线路相间故障后备保护。根据阻抗保护的配置及阻抗继电器特性的不同，其整定计算的方法也不同。

根据 15.2 节所述的各基本元件模型，可得到过电流后备保护的基本结构如图 15－28 所示。

低阻抗后备保护的基本结构如图 15－29 所示。

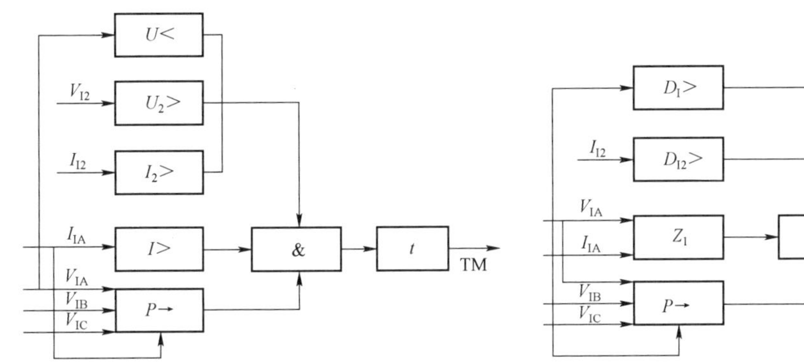

图 15－28 过电流后备保护的基本结构图

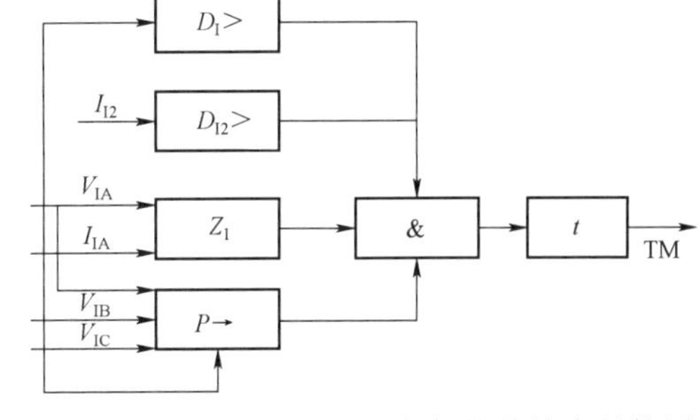

图 15－29 低阻抗后备保护的基本结构图

（1）模型说明。在过电流保护模型中，过电流元件作为保护的主动作元件，功率方向元件作为保护的闭锁元件，当功率方向判断为自变压器高压侧指向低压侧时不闭锁该保护。低电压元件、负序电压元件以及负序电流元件均作为保护的起动元件，当采用低电压元件起动时，则构成低电压起动的过电流保护；当采用低电压元件和负序电压元件起动时，则构成复合电压起动的过电流保护；当采用低电压元件、负序过电流元件起动时，则构成负序过电流和单相式低电压起动过电流保护；当不采用上述起动元件时，则构成普通过电流保护。

在低阻抗保护模型中，低阻抗元件作为保护的主动作元件，当阻抗继电器所测阻抗值小于整定值时，带时限动作于断开变压器各侧开关，将变压器退出运行。低阻抗保护一般采用负序电流增量元件、相电流增量元件作为启动元件，并使用功率方向元件作为闭锁元件，类似于线路中的相间距离保护装置。

（2）定值整定及典型参数。

1）I_{dz}为过电流保护的电流元件定值，为保证选择性，动作电流应能躲过可能流过变压器的最大负荷电流；对于带低电压或负序电压起动元件的过电流保护，动作电流按躲过变压器的额定电流整定；保护灵敏度按后备保护区末端两相金属性短路校验。

2）V_{dz}为低电压起动元件的电压定值，按躲过正常运行时可能出现的最低电压整定，并应躲过电动机自起动时的电压，其灵敏度应按计算运行方式下，灵敏系数校验点发生金属性相间短路校验。对于单相式低电压起动过电流保护，灵敏系数按后备保护末端三相金属性短路校验。

3）V_{2dz}为负序电压继电器的动作电压，应按躲过正常运行时出现的不平衡电压整定，不平衡电压值可通过实测确定，当无实测值时，根据现行规程的规定取6%～8%的额定相间电压，保护灵敏度按后备保护区末端两相金属性短路校验。

4）I_{2dz}为负序过电流元件的动作电流，一般整定为50%～60%的额定电流，当灵敏度不满足要求时，按以下方式降低负序电流保护整定值：

a. 躲过变压器最大负荷电流时，伴随系统频率变化，负序滤过器输出的不平衡电流。

b. 当相间后备保护按远后备原则配置时，应躲过被保护变压器所连接的线路发生一相断线时，流过保护安装处的负序电流，并与线路零序过电流保护的后备段在灵敏度上相配合，防止负序过电流保护非选择性动作。

c. 灵敏度与被保护变压器相邻线路的接地后备保护相配合时，考虑单相接地短路与两相接地短路情况。

5）D_{Idz}、D_{I2dz} 分别为低阻抗保护中相电流突变量起动元件及负序电流突变量起动元件的动作值，定值一般取为10%～20%的额定电流，起动元件应按保护区末端非对称故障有足够灵敏度整定，并保证在保护区末端发生三相短路时可靠起动。

6）Z_{dz}为低阻抗保护中阻抗元件的动作阻抗，对于升压变压器低压侧全阻抗继电器，按高压母线短路满足灵敏度要求的条件计算，并与高压侧引出线路距离保护段相配合；对于升压变压器220～500kV侧全阻抗继电器，按与母线上引出线阻抗保护段相配合的方式整定。

7）T为变压器相间后备保护的动作时限，其整定遵循如下原则：

a. 单侧电源的双绕组降压变压器，相间故障后备保护装在变压器的高压侧，通常设一段时限，其值大于与之配合的保护动作时间一个时间阶段（Δt）断开变压器两侧断路器。当负荷侧无专用母线保护，且分段断路器装有备用电源自动投入装置时，相间故障后备保护可设两段时限。以第一段时限t_1断开分段断路器；以$t_2=t_1+\Delta t$断开变压器两侧断路器。

b. 单侧电源的三绕组降压变压器，相间故障后备保护一般在低压侧和电源侧。低压侧保护可设两段时限，以$t_1=t_0+\Delta t$断开低压母线分段断路器（t_0为与之配合的馈线保护动作时间）；以$t_2=t_1+\Delta t$断开变压器低压侧断路器。

电源侧相间故障后备保护应设两段时限，以第一段时限$t_3=t_{01m}+\Delta t$断开中压侧断路器（t_{01m}为与之配合的中压侧保护的动作时间）；以第二段时限$t_4=t_3+\Delta t$断开变压器各侧断路器。

c. 高压及中压侧均有电源的三绕组降压变压器，若只有一台变压器且高压侧为主电源侧，当相间后备保护设在高压及低压侧时，低压侧保护只带一个时限$t_1=t_0+\Delta t$，断开本侧断路器。高压侧保护设带方向和不带方向两部分，带方向的指向变压器并以$t_2=t_{01m}+\Delta t$断开中压侧断路器；不带方向的以$t_3=t_2+\Delta t$断开变压器各侧断路器。

当两台高压及中压侧均有电源的三绕组降压变压器并联运行且低压母线分段断路器断开时，可在三侧装设相间故障后备保护。低压侧保护带两段时限，以$t_1=t_0+\Delta t$断开低压侧断路器；以$t_2=t_1+\Delta t$断开三侧断路器。方向指向变压器的中压侧方向保护以$t_{1m}=t_{01h}+\Delta t$断开高压侧断路器（t_{01h}为与之配合的高压侧馈线相间故障保护动作时间）；以$t_{2m}=t_{1m}+\Delta t$断开各侧断路器；高压侧带方向的保护（方向指向变压器）以$t_{1h}=t_{01m}+\Delta t$断开中压侧分段断路器；以$t_{2h}=t_{1h}+\Delta t$断开变压器中压侧断路器。高压和中压侧不带方向保护的动作时间应大于各侧带方向保护的动作时间，按选择性要求断开变压器各侧断路器。

d. 双绕组升压变压器，相间故障后备保护装在变压器的低压侧。设一段时限$t_1=t_0+\Delta t$（t_0为与之配合的保护动作时间）断开变压器的两侧断路器。

e. 中压侧无电源的三绕组升压变压器，相间故障后备保护装于低压侧和中压侧。中压侧保护只作为该侧母线及线路的相间故障后备保护，以$t_1=t_0+\Delta t$（t_0为与之配合的线路保护的动作时间）断开本侧断路器。低压侧保护作为变压器内部和高压侧外部相间故障后备保护。设两段时限，以$t_2=t_{01h}+\Delta t$断开高压侧断路器（t_{01h}为与之配合的高压侧保护动作时间）；以$t_3=t_2+\Delta t$断开变压器各侧断路器。

f. 三侧均有电源的三绕组升压变压器，相间故障后备保护装于低压侧及高压侧部分的方向指向本侧母线，以$t_1=t_0+\Delta t$（t_0为与之配合的线路保护动作时间）断开本侧断路器；不带方向部分以$t_2=t_1+\Delta t$断开中压侧（或高压侧）断路器。低压侧保护以$t_3=t_2+\Delta t$断开变压器各侧断路器。

2. 接地后备保护

变压器装设接地故障后备保护作为变压器绕组、引线、相邻元件接地故障的后备保护。变

压器接地保护方式及其整定值的计算与变压器的型式、中性点接地方式及所连接系统的中性点接地方式密切相关。变压器接地保护要与线路的接地保护在灵敏度和动作时间上相配合。

本书中所建的接地后备保护模型主要用于中性点接地运行的变压器，对于中性点不直接接地的变压器，通过增设零序电压保护反应设备单相接地故障。接地后备保护的基本结构如图 15－30 所示。其中输入环节 I_0、V_0 为装设保护侧的绕组零序电流和母线零序电压；输出环节 TM 为变压器跳闸信号。

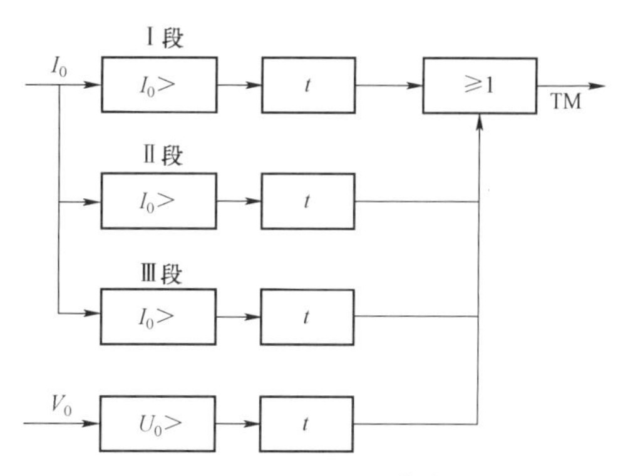

图 15－30　接地后备保护的基本结构图

（1）模型说明。保护模型采用定时限分段式保护，共分为三段。

对中性点直接接地的普通变压器，接地保护由两段式零序过电流保护构成，零序过电流继电器接在变压器接地中性点回路电流互感器二次侧，也可接在由三相套管式电流互感器构成的零序电流回路中，取变压器中性点接地回路的零序电流。对于高中压侧均直接接地的三绕组普通变压器，高中压侧均应装设零序方向过电流保护，方向指向本侧母线。

对中性点可能接地或不接地运行的变压器，应配置两种接地保护。一种接地保护用于变压器中性点接地运行状态，通常采用二段式零序过电流保护；另一种接地保护用于变压器中性点不接地运行状态，这种保护的配置、整定值计算、动作时间等与变压器的中性点绝缘水平、过电压保护方式以及并联运行的变压器台数有关。一般来说，对于中性点全绝缘变压器，除两段零序过电流保护外，还应增设零序过电压保护，用于变压器中性点不接地时所连接的系统发生单相接地故障同时又失去接地中性点的情况。发生此种故障对中性点直接接地系统的电气设备绝缘将构成威胁。因此，靠零序过电压保护切除。对于分级绝缘且中性点装放电间隙的变压器，除装设两段零序过电流保护用于变压器中性点直接接地运行情况以外，还应增设反应零序电压和间隙放电电流的零序电压电流保护，作为变压器中性点经放电间隙接地时的接地保护。对于分级绝缘且中性点不装放电间隙的变压器，装设两段零序过电流保护用于中性点直接接地运行情况。

对自耦变压器，由于高、中压侧间有电的联系，有共同的接地中性点并直接接地，当系统发生单相接地短路时零序电流可在高、中压电网间流动，而流经接地中性点的零序电流数值及相位，随系统的运行方式不同会有较大变化。因此，零序过电流保护应分别在高压及中压侧配置，并接在由本侧电流互感器组成的零序电流滤过器上，其方向指向本侧母线。自耦变压器中性点回路装设的一段式零序过电流保护，只在高压或中压侧断开、内部发生单相接地短路、未断开侧零序过电流保护的灵敏度不够时才用。作为变压器的接地后备保护还应装设不带方向的零序过电流保护。

（2）定值整定及典型参数。

1）I_{0dz1}、I_{0dz2}、I_{0dz3} 分别为各段零序过电流元件的动作电流，I 段零序过电流继电器的动作电流应与相邻线路零序过电流保护第 I 段或第 II 段或快速主保护相配合。II 段零序过电流继电器的动作电流应与相邻线路零序过电流保护的后备段相配合，当考虑灵敏度要求时，动作电流整定值可不与线路接地距离后备段动作阻抗相配合。

2）V_{0dz} 为零序过电压元件的动作电压，按躲过在部分中性点接地的电网中发生单相接地时，保护安装处可能出现的最大零序电压整定，并不应超过中性点直接接地系统的电压互感器在失去接地中性点时发生单相接地，开口三角绕组可能出现的最低电压。

3）T_1、T_2、T_3 分别为各段零序电流保护的延时定值，对于 110kV 及 220kV 变压器，I 段零序过电流保护以 $t_1=t_0+\Delta t$（t_0 为线路保护配合段的动作时间）断开母联或分段断路器；以按系统配合要求整定的延时 t_2 断开变压器各侧断路器，II 段零序过电流保护以 $t_3=t_{1\max}+\Delta t$ 断开母联或分段或本侧断路器（$t_{1\max}$ 为线路零序过电流保护后备段或接地距离保护后备段的动作时间），以 $t_4=t_3+\Delta t$ 断开变压器各侧断路器；对于 330kV 及 500kV 变压器高压侧，I 段、II 段零序过电流保护分别只设一个时限，断开变压器本侧断路器。

4）T_v 为零序电压保护的延时定值，其动作时间需躲过暂态过电压的时间，一般取 0.3s。

3. 河南电网变压器保护模型

河南电网变压器保护装置主要使用的是 RCS－978 系列、PST－1200、SG－T756 系列、WBH－801A 系列、CSC－326 系列等。

（1）RCS－978 系列变压器成套保护装置。

1）保护类型、特性。RCS－978 系列数字式变压器保护适用于 220kV 及以上电压等级，需要提供双套主保护、双套后备保护的各种接线方式的变压器。可提供一台变压器所需要的全部电量保护，包括比例差动、差动速断等主保护，以及高/中/低压侧复合电压闭锁方向过电流、零序方向过电流、相间阻抗与接地阻抗等后备保护。其中，相间阻抗和接地阻抗保护动作特性如图 15－31（a）所示，过电流方向元件动作特性如图 15－31（b）、（c）所示，零序方向元件动作特性如图 15－31（d）、（e）所示。

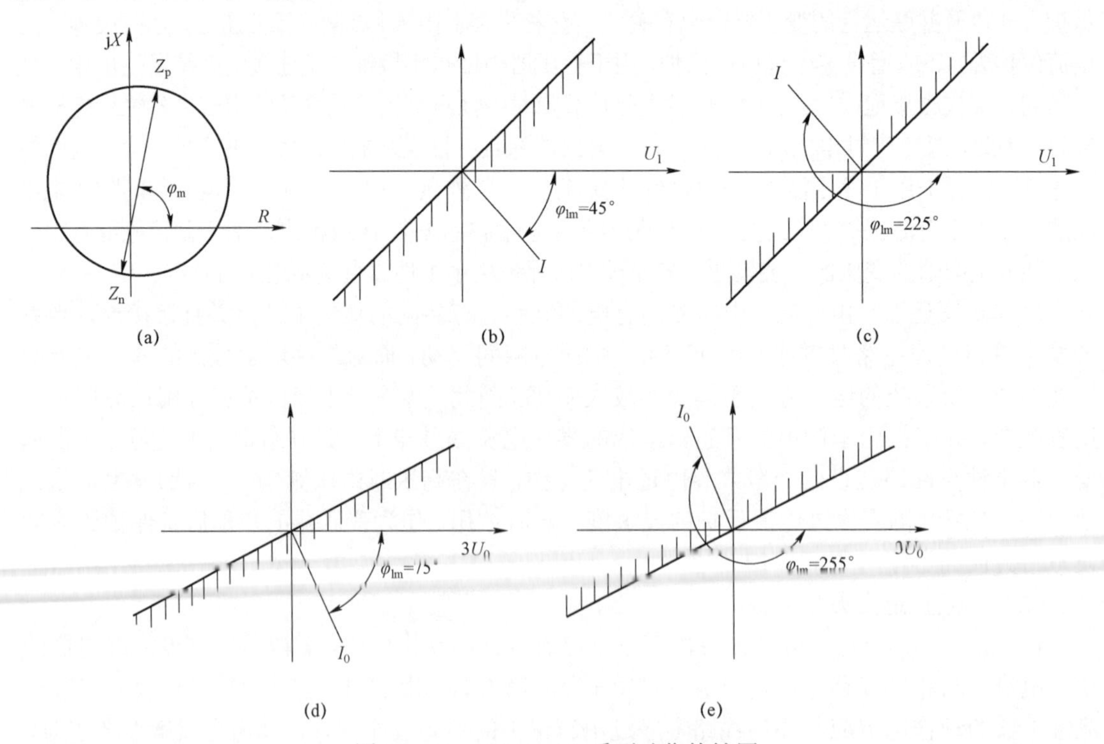

图 15－31　RCS－978 系列动作特性图

（a）相间阻抗和接地阻抗保护动作特性；（b）指向变压器；（c）指向系统；（d）指向变压器；（e）指向系统

2）保护模型图。根据保护装置原理、研究内容和程序功能要求，选择过电流保护、零序方向过电流保护和阻抗保护三种后备保护类型，并且仅考虑高压侧和中压侧。模型结构如图 15－32 所示，可根据需要选择复压闭锁是否投入，以及过电流方向元件、零序方向元件指向。

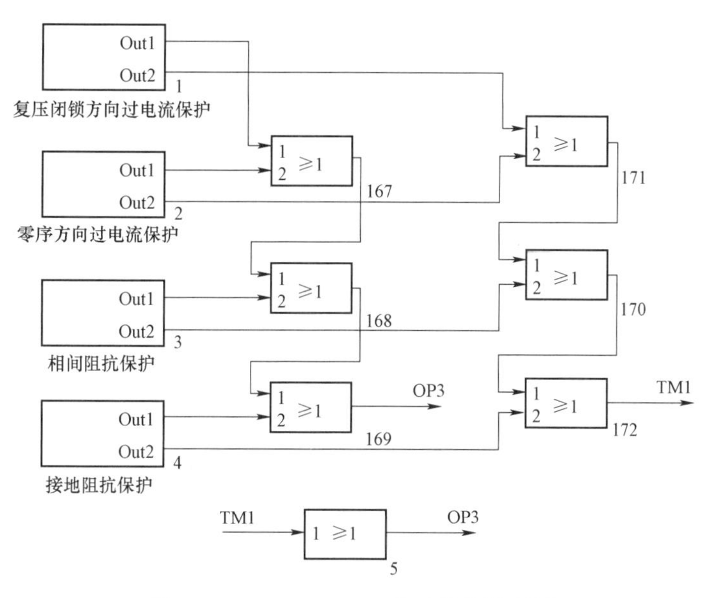

图 15－32　RCS－978 系列保护模型图

（2）PST－1200 系列数字式变压器保护装置。

1）保护类型、特性。PST－1200 系列数字式变压器保护装置是以差动保护、后备保护和瓦斯保护为基本配置的成套变压器保护装置，适用于 500、330、220、110kV 等大型电力变压器。其后备保护包括高/中/低压侧复合电压闭锁方向过电流、零序（方向）过电流、相间阻抗与接地阻抗等。其中，相间阻抗与接地阻抗元件动作特性分别如图 15－33（a）、（b）所示，零序方向元件动作特性如图 15－33（c）所示。

2）保护模型图。根据保护装置原理、研究内容和程序功能要求，选择过电流保护、零序过电流保护、零序方向过电流保护和阻抗保护四种后备保护类型，并且仅考虑高压侧和中压侧。模型结构如图 15－34 所示，可根据需要选择复压闭锁是否投入以及零序方向元件指向。

（3）WBH－801A 微机变压器保护装置。

1）保护类型、特性。WBH－801A 微机变压器保护装置适用于 500kV 及其以下电压等级的变压器。该装置集成了一台变压器的全部电气量保护，可满足各种电压等级、不同接线方式变压器的双主双后配置及非电量类保护完全独立的配置要求。主要包括比率差动、增量差动、差流速断等主保护，以及高/中/低压侧相间阻抗和接地阻抗、复合电压方向过电流、零序方向过电流、零序电压闭锁零序过电流等后备保护。其中，相间阻抗和接地阻抗保护动作特性如图 15－35（a）所示，过电流方向元件动作特性如图 15－35（b）、（c）所示，零序方向元件动作特性如图 15－35（d）、（e）所示。

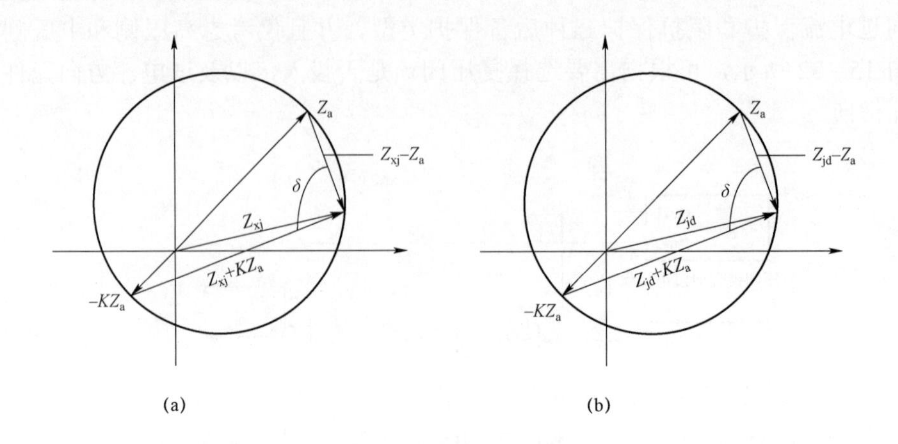

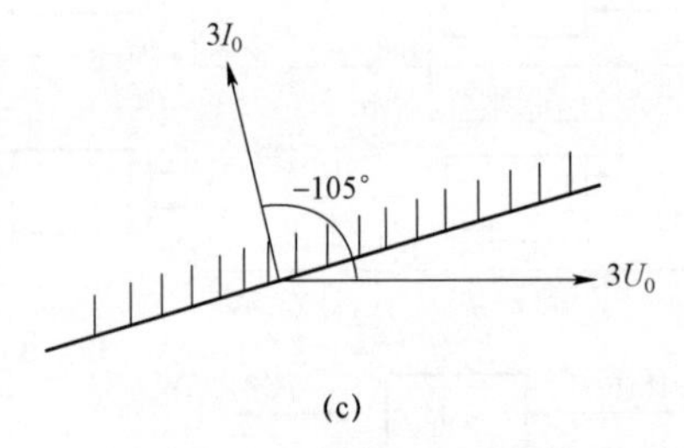

图 15-33 PST-1200 系列动作特性

(a) 相间阻抗；(b) 接地阻抗；(c) 指向变压器/系统

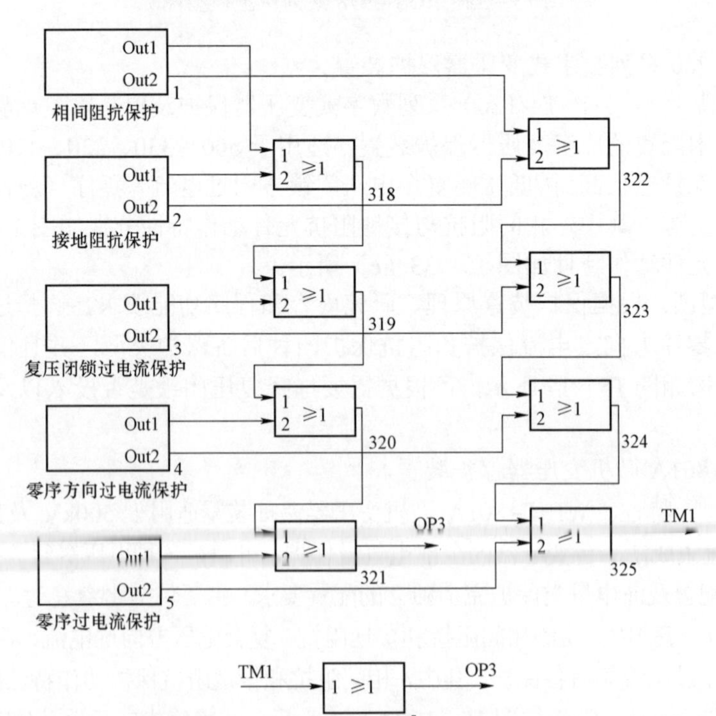

图 15-34 PST-1200 系列保护模型图

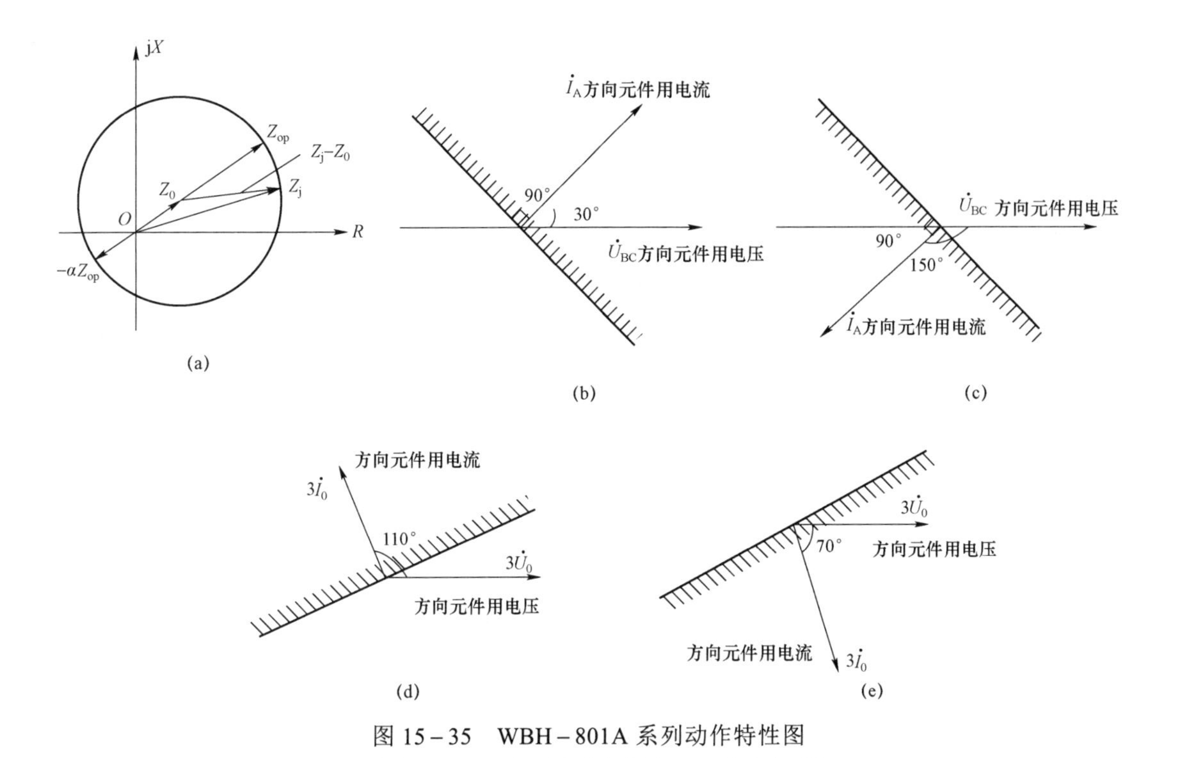

图 15－35　WBH－801A 系列动作特性图

（a）相间阻抗和接地阻抗保护的特性；（b）指向变压器；
（c）指向系统；（d）指向变压器；（e）指向系统

2）保护模型图。根据保护装置原理、研究内容和程序功能要求，选择过电流保护、零序方向过电流保护和阻抗保护三种后备保护类型，并且仅考虑高压侧和中压侧。模型结构如图 15－36 所示，可根据需要选择复压闭锁、零压闭锁是否投入，以及过电流方向元件、零序方向元件指向。

（4）SG－T756 数字式变压器保护装置。

1）保护类型、特性。SG－T756 系列数字式变压器保护装置是以差动保护、后备保护和非电量保护为基本配置的成套变压器保护装置，适用于 1000、750、500、330、220、110kV 电压等级大型电力变压器。装置包括多种原理的差动保护，如比率差动、分相差动等；同时含有全套后备保护功能模块库，如高/中/低压侧相间阻抗和接地阻抗、复压闭锁方向过电流、零压闭锁零序（方向）过电流等，可根据需要灵活配置，功能调整方便。其中，相间阻抗和接地阻抗保护动作特性如图 15－37（a）所示，过电流方向元件动作特性如图 15－37（b）、（c）所示，零序方向元件动作特性如图 15－37（d）、（e）所示。

2）保护模型图。根据保护装置原理、研究内容和程序功能要求，选择过电流保护、零序方向过电流保护、零序过电流保护和阻抗保护四种后备保护类型，并且仅考虑高压侧和中压侧。模型结构如图 15－38 所示，可根据需要选择复压闭锁、零压闭锁是否投入，以及过电流方向元件、零序方向元件指向。

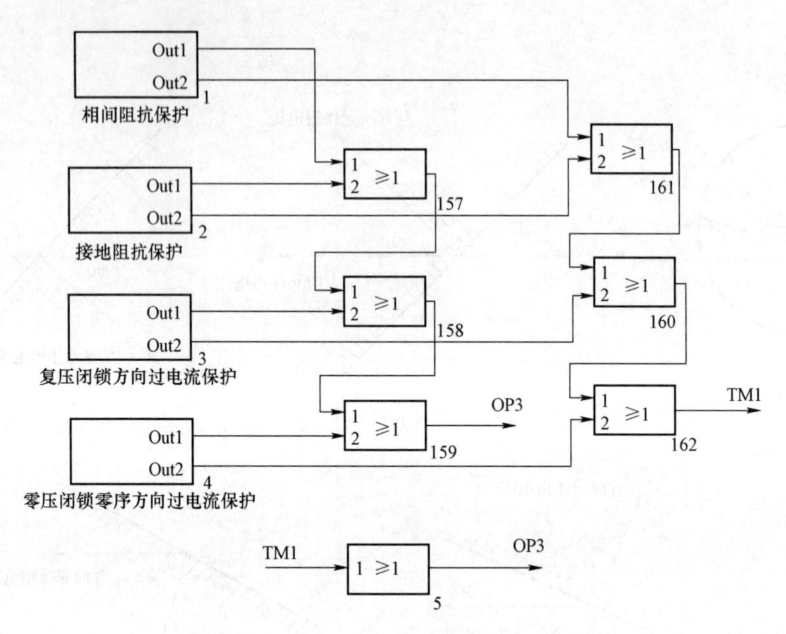

图 15－36　WBH－801A 系列保护模型图

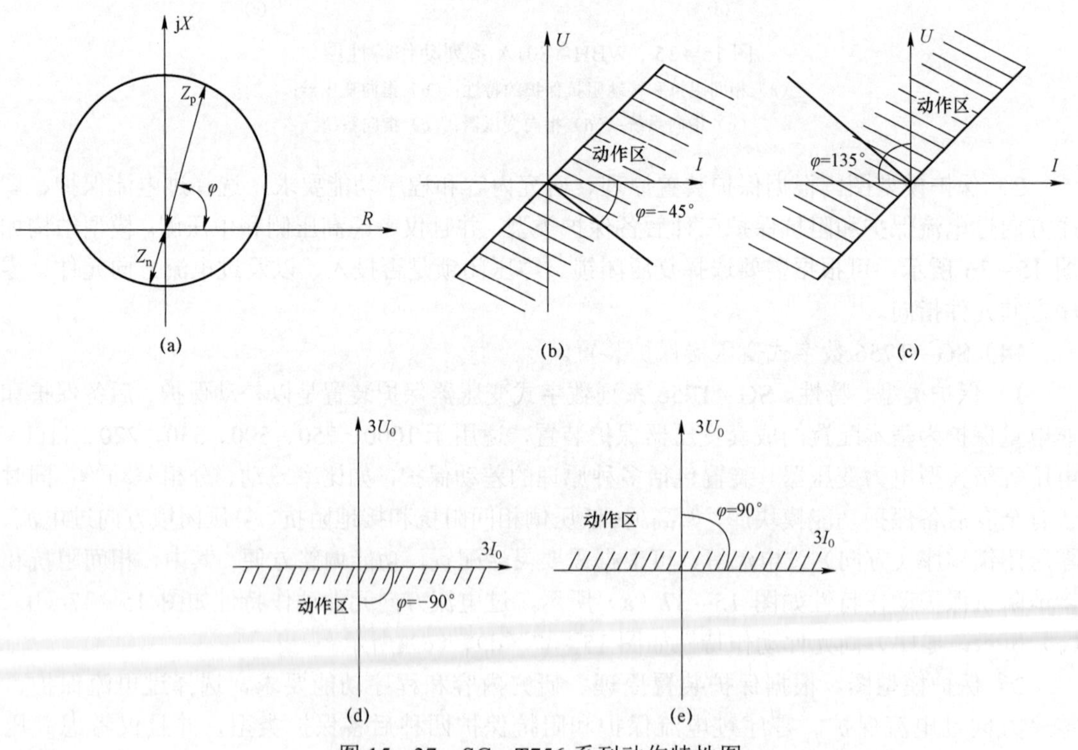

图 15－37　SG－T756 系列动作特性图

（a）相间阻抗和接地阻抗保护动作特性；（b）指向变压器；（c）指向系统；（d）指向变压器；（e）指向系统

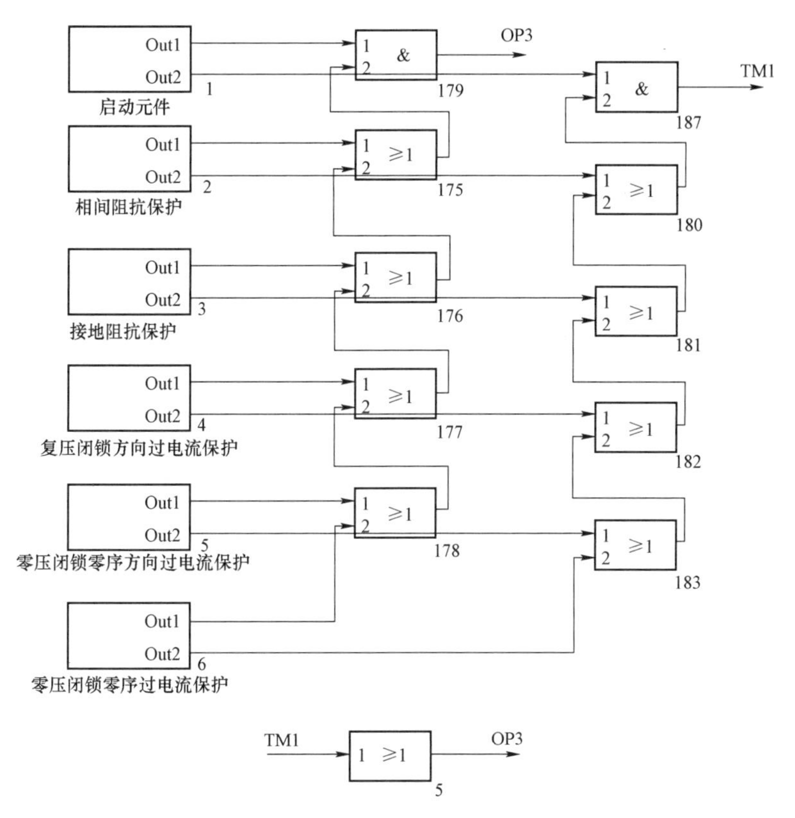

图 15－38 SG－T756 系列保护模型图

（5）CSC－326 系列数字式变压器保护装置。

1）保护类型、特性。CSC－326 系列数字式变压器保护装置主要适用于 110kV 及以上电压等级的各种接线方式的变压器。不同型号的装置应用场合及功能配置不同，主要包括比例差动、分相差动、差动速断等主保护，以及高/中/低压侧相间阻抗和接地阻抗、复合电压闭锁方向过电流、零序电压闭锁零序方向过电流等后备保护。其中，相间阻抗和接地阻抗保护动作特性如图 15－39（a）所示，过电流方向元件动作特性如图 15－39（b）、（c）所示，零序方向元件动作特性如图 15－39（d）、（e）所示。

2）保护模型图。根据保护装置原理、研究内容和程序功能要求，选择过电流保护、零序方向过电流保护和阻抗保护三种后备保护类型，并且仅考虑高压侧和中压侧。模型结构如图 15－40 所示，可根据需要选择复压闭锁、零压闭锁是否投入，以及过电流方向元件、零序方向元件指向。

15.1.2.4 母线保护模型

母线保护主要包括完全电流差动式母线保护、电流比相式母线保护两种。

1. 完全电流差动母线保护

完全电流差动母线保护主要针对单母线或双母线只有一组母线运行的情况，反应保护区内的各种故障。其利用安装在母线所有连接元件（进出线）上的具有相同变比特性的电流互感器的各连接元件二次电流向量和，起动电流按躲开外部故障时产生的最大不平衡电流并大于任一连接元件中最大负荷电流整定，当电流超过整定值时保护动作于切除故障母线。

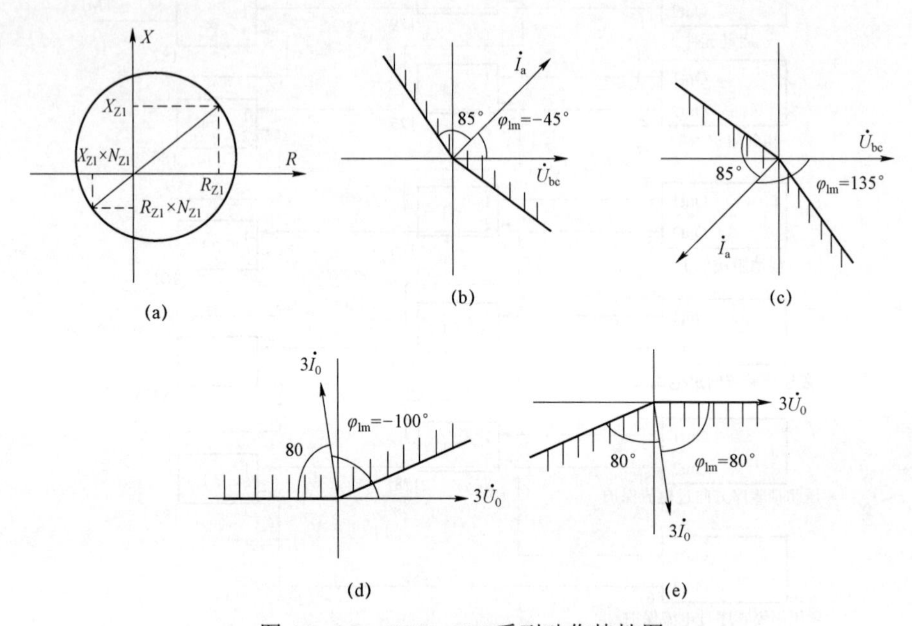

图 15－39　CSC－326 系列动作特性图

（a）相间阻抗和接地阻抗保护动作特性；（b）指向变压器；
（c）指向系统；（d）指向变压器；（e）指向系统

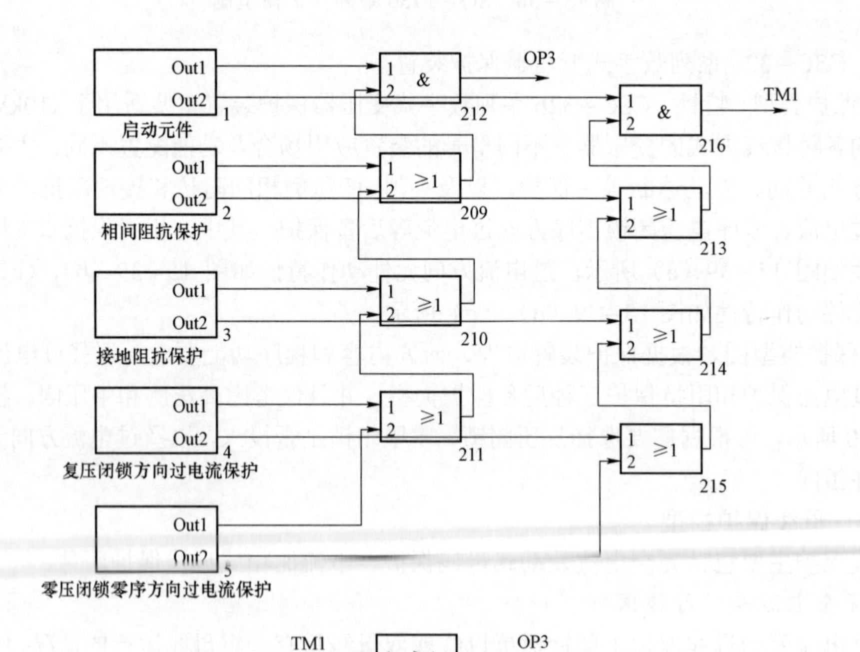

图 15－40　CSC－326 系列保护模型图

（1）模型说明。保护取母线所有连接支路的该母线侧电流信号进行矢量求和，动作元件为差电流元件，当电流矢量和大于整定值时保护起动，由于该保护作为线路级保护的后备保护，因此还需加入延时元件。

（2）定值整定及参数说明。

1）按躲开外部故障时产生的最大不平衡电流，当所有电流互感器均按10%误差曲线选择，且差动继电器采用具有速保护铁心的继电器时

$$I_{\rm dz}=K_k I_{\rm bp.max}=K_k\times 0.1 I_{d.\rm max}/n_L \tag{15-25}$$

式中　$K_{\rm k}$——可靠系数，取1.3；

$I_{d.\rm max}$——母线外任一连接元件短路时，流过差动保护电流互感器的最大短路电流；

n_L——母线保护电流互感器变比。

2）按大于任一连接元件中最大负荷电流整定，即

$$I_{\rm dz}=K_k I_{\rm f.max}/n_L \tag{15-26}$$

式中　$I_{\rm f.max}$——任一连接元件中最大负荷电流。

当保护范围内部故障时，灵敏度校验为

$$K_{\rm lm}=\frac{I_{d.\rm min}}{I_{\rm dz}n_L} \tag{15-27}$$

式中　$I_{d.\rm min}$——实际运行中出现连接元件最少时，在母线上发生故障的最小短路电流值。

灵敏系数要求不低于2。

2. 电流比相式母线保护

电流比相式母线保护是根据母线在内部故障和外部故障时各连接元件电流相位变化实现的，利用母线上各连接元件的电流相位差，当其小于90°时判断为区内故障，保护动作于切除故障母线，动作时间上要躲开外部故障时可能出现的电流相位误差。

母线不带电时，小母线上无电压、相位比较、延时、展宽回路无输出。

母线处于正常运行或外部故障时，按规定正方向电流相位相差＜180°±φ°，比相回路无输出，不起动延时回路，整个回路无输出，保护不动作。

母线内部故障时，各连接元件电流都流向母线，各中间变流器一次电流基本同相位，延时回路起动，并起动脉冲展宽回路，后者输出连续脉冲使保护动作。

实际当外部故障时，由于电流互感器以及中间变流器误差等因素的影响，各电流之间相位差可能是180°±φ°，其中φ为闭锁角，最大可达60°左右，有可能导致保护装置不正确动作。因此须选择延时回路的时间不小于φ角对应的时间，即从时间上躲开外部故障时可能出现的电流相位误差，一般采用$\varphi=60°$，即3.3ms。

当电流比相式母线保护应用于双母线时，应在每组母线上装设一套该保护，此时，通过切换装置使保护装置二次回路的工作与一次系统连接方式相适应，以保证选择性，同时克服元件固定连接时母线差动保护的缺点。

保护模型的基本结构与基本元件中的相位比较元件类似。

15.1.3　安全自动装置建模

电力系统的安全自动装置是指防止电力系统失去稳定和避免电力系统发生大面积停电

的自动保护装置，如重合闸、备用电源和备用设备自动投入、自动联切负荷、自动低频（低压）减负荷等。本书主要针对常见的重合闸装置、切机/解列装置及互感器装置进行建模，同时根据河南电网 500kV 的安控策略进行有针对性的建模。

15.1.3.1 重合闸装置模型

1. 三相一次重合闸装置模型

三相一次重合闸主要用于单侧电源线路发生故障使断路器跳闸后一段时间对线路进行重合闸，当线路故障断路器跳闸后，用户负荷中不能参加自起动的设备须自动跳闸。允许重新带电的负荷，在断路器重合后恢复供电，重合时间主要决定于故障点去游离时间。三相一次重合闸主要包括前加速方式和后加速方式两种。

前加速方式下，当线路发生故障时，靠近电源侧的保护先无选择性地瞬时动作于跳闸，而后再靠重合闸纠正这种非选择性动作，前加速一般用于具有几段串联的辐射线路中，重合闸装置仅装在靠近电源的一段线路上。前加速方式下的重合闸模型结构如图 15－41 所示。

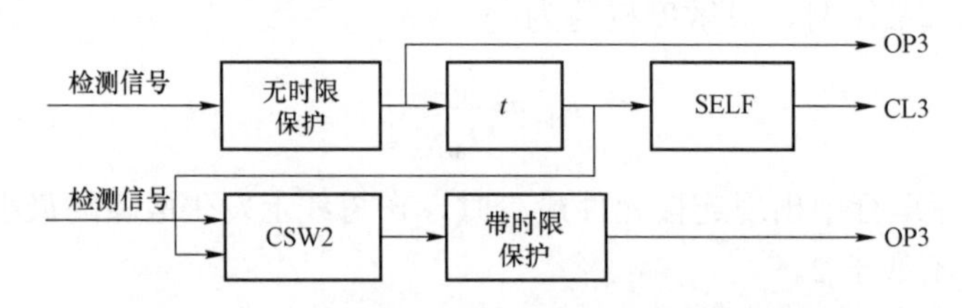

图 15－41 前加速方式下的重合闸模型结构图

后加速方式下，当线路发生故障后，保护有选择性地动作切除故障，重合闸进行一次重合后恢复供电。若重合于永久性故障时，保护装置不带时限无选择性的动作跳开断路器。后加速方式下的重合闸模型结构如图 15－42 所示。

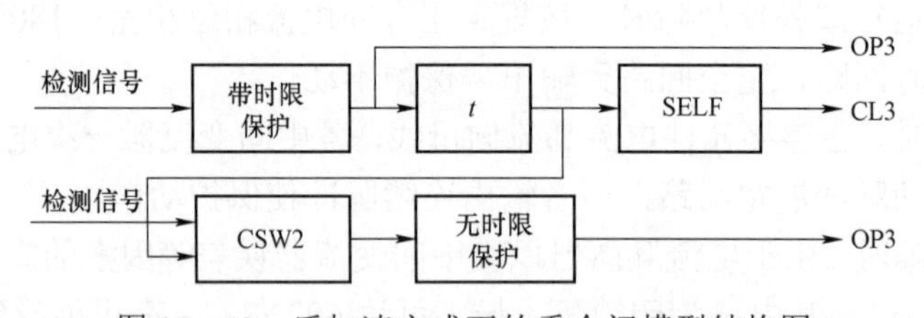

图 15－42 后加速方式下的重合闸模型结构图

（1）模型说明。在前加速方式下，无时限保护在检测到线路故障后不经延时环节直接发出三相跳闸信号 OP3，并起动重合闸装置，该装置在经过 ts 延时后发出三相重合闸信号 CL3，为保证线路可靠重合，该重合闸信号需经自保持功能框（SELF）维持一定的时间。重合闸装置在发出重合闸信号的同时，利用可控开关功能框（CSW2）起动后续的带时限保护，这样在线路重合以后，继电保护装置将重新发挥作用，当线路重合于永久性故障时，带时限保护动作，经一定延时后发出三相跳闸信号 OP3。

在后加速方式下，带时限保护在检测到线路故障后经一定延时发出三相跳闸信号 OP3，并起动重合闸装置，该装置在经过 ts 延时后发出三相重合闸信号 CL3，为保证线路可靠重

合，该重合闸信号需经自保持功能框（SELF）维持一定的时间。重合闸装置在发出重合闸信号的同时，利用可控开关功能框（CSW2）起动后续的无时限保护，这样在线路重合以后，继电保护装置将重新发挥作用，当线路重合于永久性故障时，无时限保护动作，不经延时环节立即发出三相跳闸信号 OP3。

（2）定值整定及典型参数。

1）T_{cl} 为重合闸时间，对于单侧电源线路带有用户负荷的情况，当线路故障断路器跳闸后，用户负荷中不能参加自起动的设备须自动跳闸，允许重新带电的负荷，在断路器重合后恢复供电，重合时间主要决定于故障点去游离时间。重合闸动作时间一般整定为 0.8～1s。

2）T_{self} 为重合闸后加速继电器复归时间，按自动或手动重合至稳定性故障时，保证所加速的保护装置来得及动作切除故障线路的条件整定。复归时间应大于所加速保护的动作时间和断路器跳闸时间之和，一般整定为 0.3～0.4s。

2. *检无压/检同期重合闸装置模型*

对于与地区电源相连的单回线，当在母线上设有解列点时，在大电源侧适宜采用检无压三相重合闸。

在不能采用非同期重合闸的线路上，在两侧断路器跳闸后，如果其他电气联系依然存在，电源之间仍保持同步，适用检无压与同期重合闸。

（1）检无压重合闸。在线路故障断路器跳闸后，无电压元件检测线路电压，当所检测的线路电压低于整定值时（通常取不超过 50%额定线路电压），装置经过一定时间将相应线路重合。该装置模型如图 15－43 所示。

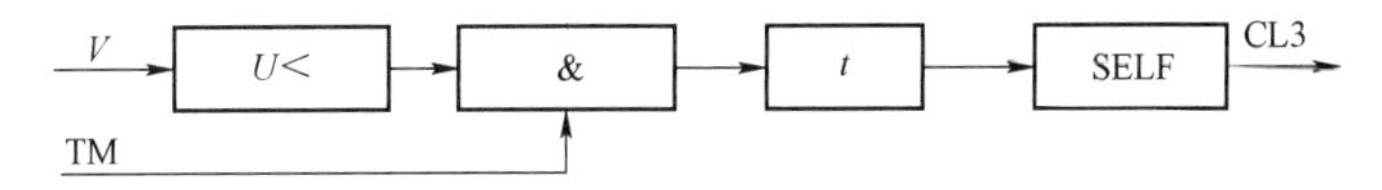

图 15－43　检无压重合闸装置模型图

（2）检同期重合闸。在重合闸时进行同期条件检查，当断路器两侧电压符合同期条件，即滑差角频率 ω_s 和相角差 δ 在允许范围内时，装置经过一定时间将相应线路进行重合。

同期继电器为带有两个电压线圈的电压继电器，反应线路电压与母线电压的电压差，即反应两电压因频率不同产生的相角差。一般整定范围为 20°～40°。

同一条线路两端各装一套检查无压同期重合闸装置，在检查无压一端，同时投入检查同期方式，另一端仅投入检查同期，两端投入方式可定期切换。

检同期重合闸模型如图 15－44 所示。

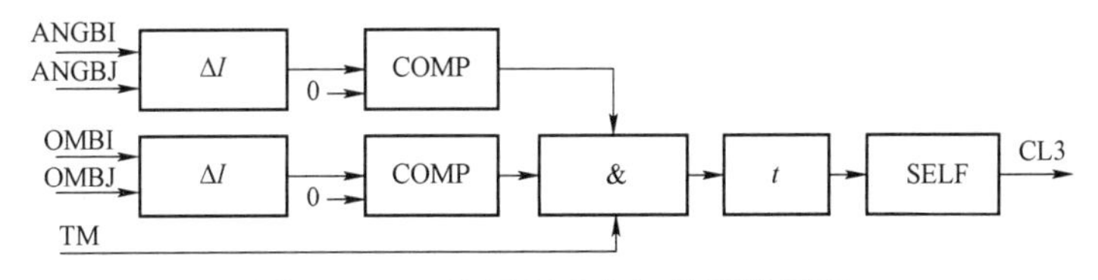

图 15－44　检同期重合闸装置模型图

（1）模型说明。

1）检无压重合闸。TM 为线路保护的跳闸信号，V 为母线电压信号，在线路发生故障后，线路保护发出跳闸信号 TM，该信号起动重合闸装置，重合闸装置的电压元件开始检测线路电压信号 V，当该电压信号低于整定值时，装置经过一定延时 ts 后发出三相重合闸信号 CL3，另外，为保证线路可靠重合，该重合闸信号需经自保持功能框（SELF）维持一定的时间。

2）检同期重合闸。

TM 为线路保护的跳闸信号，ANGBI、ANGBJ 分别为线路两侧节点电压相角，OMBI、OMBJ 分别为线路两侧母线频率，在线路发生故障后，线路保护发出跳闸信号 TM，该信号起动重合闸装置，重合闸装置开始进行同期条件检查，当断路器两侧节点电压的相角差及母线频率差均小于定值，即滑差角频率 ω_s 和相角差 δ 在允许范围内时，装置经过一定延时 ts 后发出三相重合闸信号 CL3，另外，为保证线路可靠重合，该重合闸信号需经自保持功能框（SELF）维持一定的时间。

（2）定值整定及典型参数。

1）V_{dz} 为检无压重合闸装置中的无电压元件动作值，按正常额定电压下有灵敏度整定，通常选取 50%额定电压即可满足要求。

2）F_{idz} 为检同期重合闸装置中同期继电器的动作角整定值，该值整定为

$$\delta_{\mathrm{dz}} = \frac{t_{\mathrm{ch}}\delta_{yx}}{t_h(1+K_f)+t_{\mathrm{ch}}} \tag{15-28}$$

式中 δ_{yx}——合闸冲击电流允许值所对应的相角差；

t_h——断路器合闸时间；

t_{ch}——重合闸动作时间；

K_f——同期继电器返回系数。

动作角一般整定范围为 20°～40°。

3）W_{dz} 为检同期重合闸装置中同期继电器的频率整定值，该值整定为

$$\Delta f_{cyx} = \frac{\delta_{\mathrm{dz}}+\delta_f}{360t_{\mathrm{ch}}} \tag{15-29}$$

式中 Δf_{cyx}——两侧电源频率允许值；

δ_{dz}——同期继电器动作电压对应的相角差；

δ_f——同期继电器返回电压对应的相角差。

4）T_{vcl} 为检无压重合闸时间，整定原则与上述三相一次重合闸类似。

5）T_{fcl} 为检同期重合闸时间，整定原则与上述三相一次重合闸类似。

6）T_{self} 为重合闸后加速继电器复归时间，整定原则与上述三相一次重合闸类似。

3. 综合重合闸装置模型

（1）综合重合闸方式。当线路发生单相故障时，跳开单相，进行单相重合。当重合到永久性故障上时，跳开三相不再进行重合。当线路发生相间故障时，实现三相重合，当重合到永久性故障上时，断开三相不再进行重合。

（2）单相重合闸方式。当线路发生单相故障时，实现单相重合闸。当重合于永久性故障上时，断开三相不再进行重合。当线路发生相间故障时，断开三相不再进行重合。

（3）三相重合闸方式。当线路发生任何类型故障时，均断开三相，实现三相重合闸。当重合于永久性故障时，断开三相不再进行重合。

（4）停用方式。当线路上发生任何类型的故障时，均直接断开三相，不进行重合闸。

一般由选相元件、接地故障判别元件、相电流元件、时间元件、中间元件及信号元件组成。还可增设无电压检定元件、同期检定元件及独立跳闸的相电流速断保护。

选相元件可由电流、电压、电流突变量、对称分量或阻抗元件构成。阻抗元件包括全阻抗选相元件和方向阻抗选相元件。接地故障判别元件有零序电压元件、零序电流元件、零序功率元件、零序与负序电压复合回路。

相电流元件采用按相自保持措施，使非故障相的相电流判别元件不受最小负荷电流影响，并利用相电流元件延时动作躲过瞬时充电电流值。

1）选相元件。

选相元件的实现逻辑可以定义为：

a. 当线路正常运行时，所有输出均为0；

b. 当发生单相故障时，相应故障线路输出TM*为1，其余输出为0；

c. 当发生两相（相间）或三相故障时，ALL输出为1，其余输出为0。

选相元件的模型图如图15－45所示。

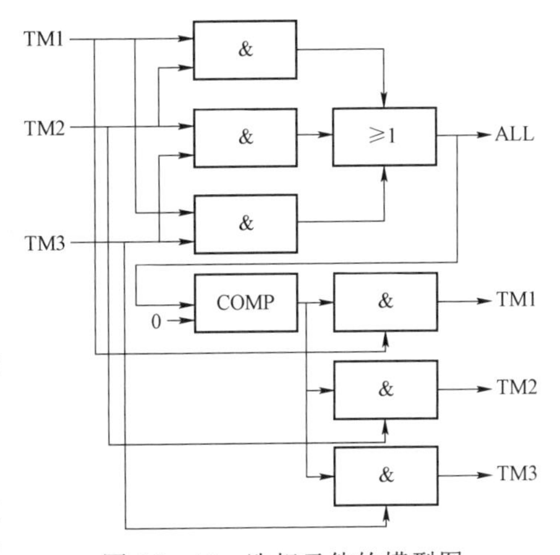

图15－45　选相元件的模型图

2）综合重合闸模型。

220kV 线路继电保护不直接跳闸，而是经过综合重合闸装置，由选相元件判别故障相，如为单相故障，只跳开故障相，如为相间故障，则跳开三相。单相故障过程中要出现非全相运行状态，一般将继电保护分为三类，接入重合闸回路。综合重合闸的模型图如图15－46所示。

a. 能躲开非全相运行的保护，如：高频保护、零序Ⅰ段、零序Ⅲ段，接入重合闸N端，这些保护在单相跳闸后出现非全相运行时，保护不退出运行，此时如有故障发生，保护仍能工作跳闸。

b. 不能躲开非全相运行的保护，如：阻抗保护、零序Ⅱ段，接入重合闸M端，这些保护在非全相运行时，自动退出运行。

c. 不起动重合闸的保护，接入重合闸R端，跳闸后不需要进行重合。

（1）模型说明。

1）选相元件。TM_n为各相的保护用继电器输出信号，0表示继电器未动作，1表示继电器动作；如果线路发生非单相故障，则TM_1、TM_2、TM_3中至少有两个信号输出值为1，此时将发出三相动作信号ALL，同时闭锁单相动作信号TM_n；如果线路发生单相故障，则TM_1、TM_2、TM_3中仅有一个信号输出值为1，此时不发出三相动作信号，而会起动故障相的动作信号。

2）综合重合闸。N、M、R端的保护多为三相保护，即三套保护装置，因此输入信号应为A、B、C相的三组继电器输出信号。

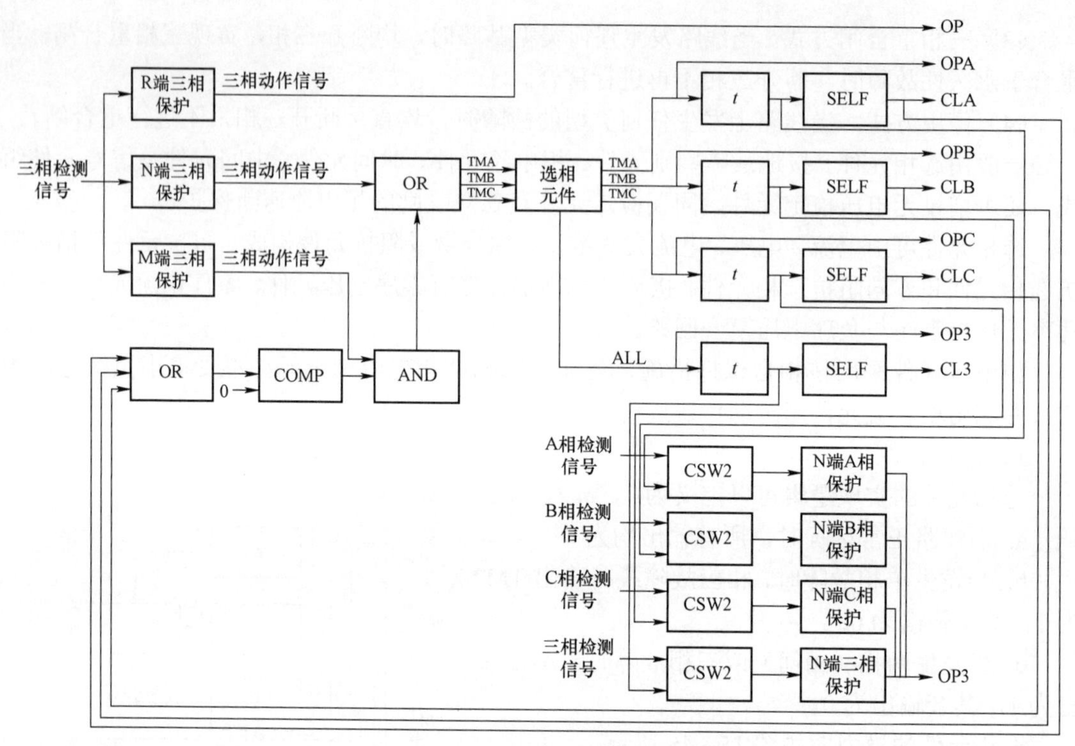

图 15-46　综合重合闸模型图

对于 R 端保护装置，各相继电器输出信号直接触发对应相保护跳闸信号，跳开故障相，不经过重合闸。

对于 N 端保护装置，各相继电器输出信号经过上述选相元件，如果是非单相故障，则发出三相跳闸信号 OP_3，并起动重合闸装置，该装置在经过 ts 延时后发出三相重合闸信号 CL_3，为保证线路可靠重合，该重合闸信号需经自保持功能框（SELF）维持一定的时间，重合闸装置在发出重合闸信号的同时，利用可控开关功能框（CSW_2）起动后续的 N 端三相保护，当线路重合于永久性故障时，该保护动作，经一定延时后发出三相跳闸信号 OP_3；如果是单相故障，则发出对应相跳闸信号 OP_n，并起动相应的重合闸装置，重合过程与上述三相重合闸类似，但当线路重合于永久性故障时，后续单相保护动作，经一定延时后发出三相跳闸信号 OP_3 而非单相跳闸信号。

对于 M 端保护装置，其动作及重合过程与 N 端保护类似，不同的是当发生单相故障相应相保护跳闸而使系统处于非全相运行状态时，单相保护动作信号将闭锁 M 端保护的输出信号，使得 M 端保护失效，即在系统非全相运行状态下 M 端保护退出运行。

（2）定值整定及典型参数。

1）Tcl_a、Tcl_b、Tcl_c、Tcl_3 分别对应 A、B、C 相及三相的重合闸时间，重合闸时间回路起动方式有两种：一种是保护动作起动重合闸，另一种是保护返回后起动重合闸，重合闸时间均应大于线路两侧可靠切除故障的时间。重合闸时间按保护动作起动重合闸方式计算，对于单相重合闸，无补偿设备时，潜供电弧熄灭较慢，一般时间整定为 1～1.5s，有补偿设备时，可整定为 0.5～0.8s。对于在有稳定要求的线路上，由于受系统稳定限制，重合闸时间需由稳定计算提供。对于三相重合闸，一般采用三相快速重合闸，取 0.5～1s。

2）Tself 为综合重合闸整组复归时间，该时间的整定应保证一次断开并重合至永久性故障时，由后备保护动作第二次切除故障，并不应再次重合，另外考虑到断路器气压或液压恢复时间，一般取 5～9s。

15.1.3.2　切机/解列装置模型

1. 电流方向解列装置模型

本装置反应对侧电源或系统大电源故障断开时，将本侧电源或小电源解列的情况。装置包括电流元件、时间元件和方向元件，取相应线路电流信号，过电流元件按本线路允许通过的最大电流整定，低电流元件按躲过相应线路最小负荷电流整定，当电流高于定值（过电流元件）或低于定值（低电流元件），且方向元件判断电流方向在整定范围内时，装置延时（大于后备保护动作时间）动作于将相应线路断开，实现本侧电源或小电源解列。

本装置模型如图 15－47 所示。其中，动作元件为过电流元件与低电流元件，闭锁元件为功率方向元件。输入环节中的 I 为装置装设处的线路电流向量，V 为装置装设处的节点电压向量；输出环节 TM 为动作信号，动作于解列线路。

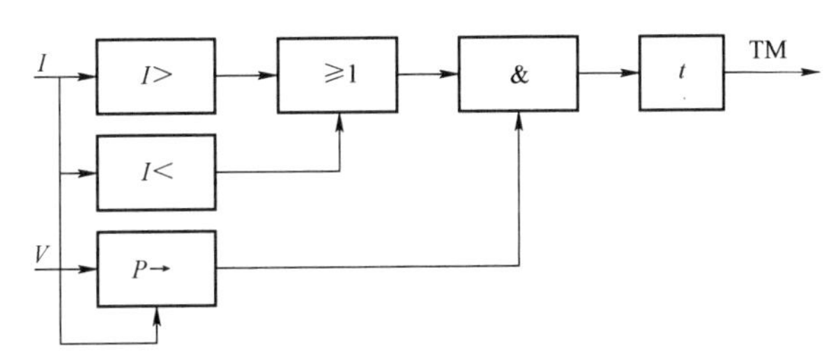

图 15－47　电流方向解列装置模型图

（1）模型说明。该装置判别过负荷或甩负荷的状态，利用电流元件、时间元件及方向元件构成方向过电流或方向低电流解列装置。

对于方向过电流解列装置，动作元件为过电流元件，在线路发生过负荷时，当方向元件判断功率方向指向电源侧母线时起动解列装置，在线路负荷电流超过定值后过电流元件动作，经一定延时后发出线路跳闸信号，将目标线路与系统解列。

对于方向低电流解列装置，安装接线示意图如图 15－48 所示。

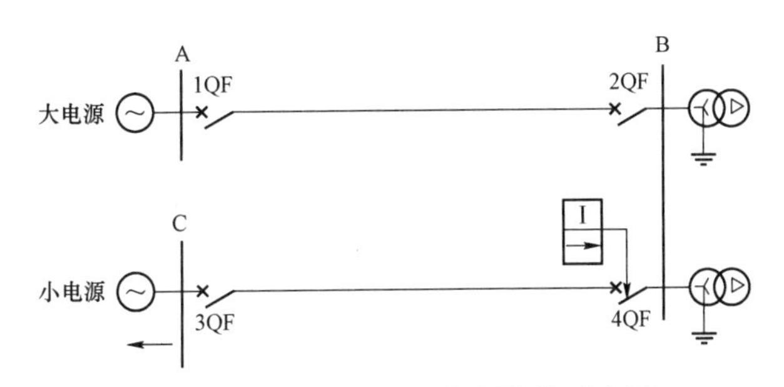

图 15－48　低电流解列装置接线示意图

解列装置安装于 B 变电站，电流元件接 BA 线电流，方向元件接 BC 线电流、B 母线电压。正常运行时由大电源 A 向 B 变电站及 C 变电站送电。当大电源故障或线路 AB 有永久性故障时，断路器 1DL 和 2DL 跳闸，2DL 上电流变小，此时 4DL 负荷方向指向母线 B，为避免拖垮小电源，在 B 变电站装设方向低电流解列装置。当方向元件判断功率方向指向 B 母线时起动解列装置，在线路负荷电流低于定值后低电流元件动作，经一定延时后发出线路跳闸信号，将目标线路与系统解列。

（2）定值整定及典型参数。

1）I_{dz1} 为方向过电流解列装置的过电流元件电流整定值，按本线路允许通过的最大电流整定。

2）I_{dz2} 为方向低电流解列装置的低电流元件电流整定值，按躲过线路 AB 最小负荷电流整定。

3）a 为方向元件的角度整定值，对于方向过电流解列装置，方向元件判断功率方向指向电源侧母线时动作，对于方向低电流解列装置，方向元件判断功率方向指向 B 母线时动作。

4）T 为延时元件的时间整定值，对于方向过电流解列装置，一般大于线路后备保护动作时间 $1\sim2\Delta t$，对于方向低电流解列装置，按躲开大电源系统中故障并与后备保护动作时间配合整定，一般取 5～6s。

2. 高频切机装置模型

本装置反应在水电站比重较大的地区电网中，地区电网故障和主电网联系中断，地区电网高频运行时将水电厂大容量机组切除的情况。其装设于水电厂大容量机组上，取地区电网频率信号，分为瞬动段和延时段。

瞬动段定值一般为 50.6～50.8Hz，并设有为 1.3～1.5Hz/s 的闭锁，频率及其上升速度大于定值时动作。

延时段定值一般为 51.3～51.6Hz，频率大于定值时经 0.2～0.3s 延时动作。

高频切机装置可设过电压闭锁，定值为 82～85V，还可在出口回路中设负荷电流鉴别元件。

本装置的模型如图 15－49 所示。

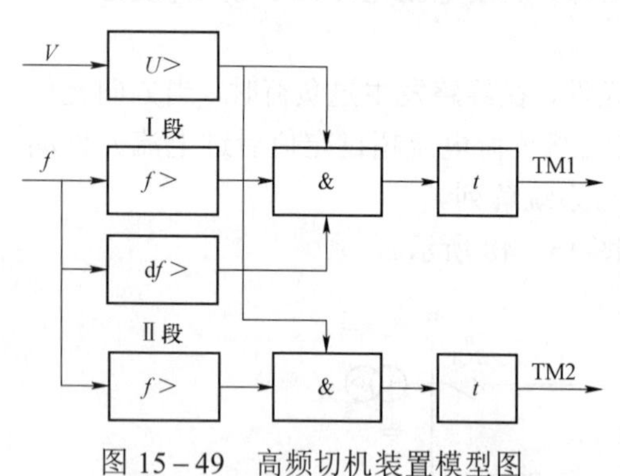

图 15－49　高频切机装置模型图

（1）模型说明。装置检测装设处的母线电压幅值 V，经过过电压元件作为Ⅰ、Ⅱ段频率保护的闭锁条件，主保护取地区电网的频率信号 f，对于瞬动段（Ⅰ段）还加入频率增量元件作为起动条件，当地区电网频率增量超过定值时起动装置的瞬动段保护，并当地区电网频率超过整定值后发出解列信号，将水电厂大容量机组切除；对于延时段，无频率增量起动元件，在地区电网频率超过整定值后经一定延时 t 发出解列信号。

（2）定值整定及典型参数。

1）V_{dz} 为过电压闭锁元件动作值，定值一般为 82～85V。

2）W_{dz1} 为瞬时段频率动作值，一般为 50.6～50.8Hz。

3）W_{dz2} 为延时段频率动作值，一般为 51.3～51.6Hz。

4）D_{Wdz} 为瞬时段频率增量起动元件动作值，按为 1.3～1.5Hz/s 整定。

5）T 为延时段时间元件整定值，一般为 0.2～0.3s。

15.1.3.3　互感器装置模型

1. 电流互感器模型

电流互感器（TA）是电力系统中较重要的高压设备之一，被广泛应用于继电保护、电流测量和电力系统分析中。传统的电流互感器是电磁感应式的，其是由在闭合铁心上绕上几个绕组所组成，一次绕组匝数较少，串接在需要测量电流的回路中，一次绕组流过的电流即被测回路电流，随着负荷大小而变化，二次绕组匝数较多，串接在测量仪表或继电保护回路中，因为测量仪表、继电保护回路阻抗小，电流互感器二次绕组回路在正常工作时接近于短路状态。

电磁式电流互感器存在暂态过程和饱和问题。由于其是利用电磁感应原理通过铁心耦合实现一、二次电流变换的，铁心具有磁饱和特性，是非线性组件，当一次电流很大，特别是一次电流中非周期分量的存在将使TA严重饱和，励磁电流成几十倍、几百倍增加，而且含有大量非周期分量和高次谐波分量，造成二次电流失真，影响继电保护的正确动作。本书以研究电磁式电流互感器的外特性为重点，建立了反应铁心磁饱和特性的电磁式电流互感器模型。

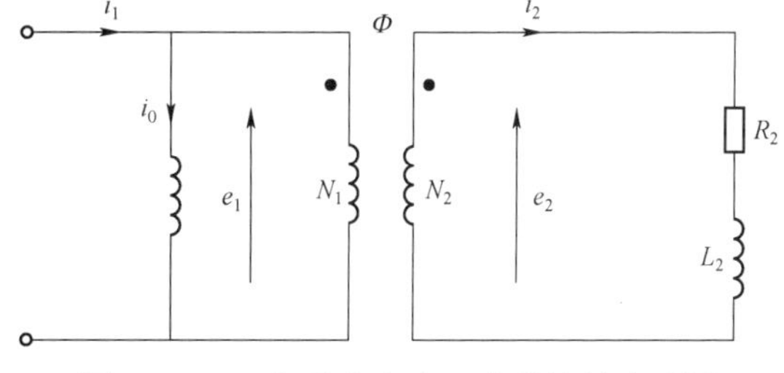

图15－50　电磁式电流互感器等效电路图

电磁式电流互感器的结构类似于电力变压器，其等效电路图如图15－50所示。

基本方程式为

$$\begin{cases} N_1(i_1 - i_0) = N_2 i_2 \\ N_2 \dfrac{\mathrm{d}\phi}{\mathrm{d}t} = R_2 i_2 + L_2 \dfrac{\mathrm{d}i_2}{\mathrm{d}t} \\ \phi = f(i_0) \end{cases} \tag{15-30}$$

经整理可得

$$N_2 \frac{\mathrm{d}f\left(i_1 - \dfrac{N_2}{N_1} i_2\right)}{\mathrm{d}t} = R_2 i_2 + L_2 \frac{\mathrm{d}i_2}{\mathrm{d}t} \tag{15-31}$$

ϕ与i_0的关系$\phi = f(i_0)$可以由电流互感器的伏安特性曲线$u = g(i_0)$代替，并且

$$u_2 = N_2 \frac{\mathrm{d}\phi}{\mathrm{d}t} = N_2 \frac{\mathrm{d}f\left(i_1 - \dfrac{N_2}{N_1} i_2\right)}{\mathrm{d}t} \tag{15-32}$$

写出电流互感器的传递函数关系式如下

$$\begin{cases} I_2(s) = \dfrac{1}{R_2 + sL_2} U_2(s) \\ U_2(s) = g[I_0'(s)] \\ I_0'(s) = \dfrac{N_1}{N_2} I_1(s) - I_2(s) \end{cases} \tag{15-33}$$

令 $T_2=\dfrac{L_2}{R_2}$，$K=\dfrac{1}{R_2}$，$T_K=\dfrac{N_2}{N_1}$，$T_K'=\dfrac{1}{T_K}=\dfrac{N_1}{N_2}$，则有

$$\begin{cases} I_2(s)=\dfrac{K}{1+sT_2}U_2(s) \\ U_2(s)=g[I_0'(s) \\ I_0'(s)=T_K'I_1(s)-I_2(s) \end{cases} \tag{15-34}$$

电流互感器角差计算式为

$$\delta=\arg\frac{\dot{I}_2}{\dot{I}_1}=\frac{I_0N_1}{I_2N_2}\sin(\varphi_0-\varphi_2)=\frac{I_1-I_2T_k}{I_2T_k}\sin(\varphi_0-\varphi_2) \tag{15-35}$$

写在一起则有

$$\begin{cases} I_2(s)=\dfrac{K}{1+sT_2}U_2(s) \\ U_2(s)=g[I_0'(s)] \\ I_0'(s)=T_K'I_1(s)-I_2(s) \\ \delta=\left[T_K'(\dfrac{I_1(s)}{I_2s)}-1\right]\sin(\varphi_0-\varphi_2) \\ I_1=I_1(s)\angle\varphi_1 \\ I_2=I_2(s)\angle\varphi_2 \\ \varphi_2=\varphi_1+\delta \end{cases} \tag{15-36}$$

由此，可以得到电磁式电流互感器模型如图 15－51 所示。

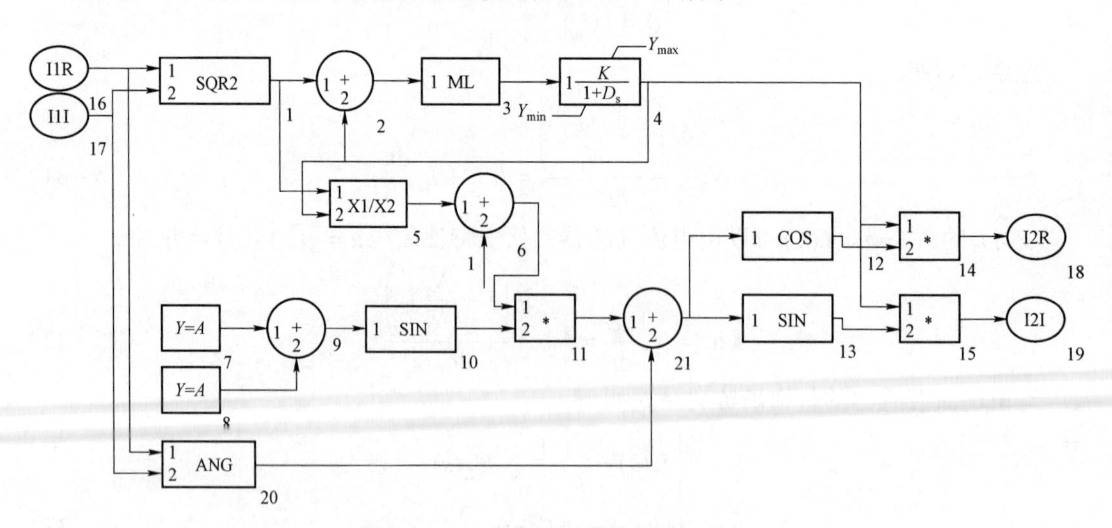

图 15－51　电磁式电流互感器模型图

（1）模型说明。模型取系统一次侧线路电流矢量信号（实虚部），分别计算电流幅值和相角，在考虑互感器饱和的基础上，计算由于互感器引起的信号比差和角差，将比差和角差

代入计算二次侧电流幅值及相角，再转化为相应的实虚部信号作为继电保护模型的输入信号。

（2）定值整定及典型参数。

1）T_k 为互感器变比，对于标幺值系统下的计算，$T_k=1$。

2）T 为互感器测量引起的时延，按实际测量的数据整定。

3）I_{inf}、U_{inf} 分别为互感器伏安特性曲线中，开始进入饱和时的电流起始值及对应的电压值。

4）I_{per10}、U_{per10} 分别为互感器 10%误差对应的电流值和电压值。

5）I_{sat}、U_{max} 分别为互感器达到深饱和时的电流值及对应的电压值。

6）Fi_0 为电流互感器铁心损耗角，该值由实测数据获得。

7）Fi_2 为电流互感器二次侧负载阻抗角，该值由实测数据获得。

2. 电压互感器模型

电压互感器（TV）也是电力系统中重要且常见的高压设备之一，其是将电力系统的一次电压按照一定的变比缩小为要求的二次电压，向测量表计和继电器供电。电压互感器相当于一个内阻很小的电源，其又分为电磁式电压互感器和电容式电压互感器两种。

电磁感应式电压互感器工作原理及等值电路与变压器相同，基本结构也是铁心和原、副绕组，容量小且恒定，正常运行时接近于空载状态。电压互感器本身阻抗很小，一次侧接有熔断器，二次侧可靠接地。测量用电压互感器一般做成单相双线圈结构，其原边电压为被测电压，可单相使用，也可用两台接成 V－V 形作为三相使用。供保护接地用电压互感器还带有一个第三线圈，其接成开口三角形，两引出端与接地保护继电器的电压线圈连接。正常运行时，电力系统的三相电压对称，第三线圈上的三相感应电动势之和为零。一旦发生单相接地时，中性点出现位移，开口三角的端子间出现零序电压使继电器动作。线圈出现零序电压则相应的铁心中会出现零序磁通。为此，三相电压互感器采用旁轭式铁心（10kV 及以下时）或采用三台单相电压互感器。此时第三线圈要求有一定的过励磁特性。电容分压式电压互感器在电容分压器的基础上制成。

电磁式电压互感器由于励磁电流、绕组电阻和电抗的存在，当电流流过一次和二次绕组时将产生电压降和相位偏移，致使电压互感器产生电压的比值误差和相位误差。电容式电压互感器由于电容分压器的分压误差及电流流过中间变压器、补偿电抗器产生电压降等，也会使电压互感器产生比值误差和相位误差。

电力系统中，110～220kV 等级的发电厂升压站和降压变电站的母线，以往多采用电磁式电压互感器作为电压保护、测量电压和功率的设备，但电磁式电压互感器存在由于谐振引起电压升高致使设备绝缘损坏的问题。随着电力系统输电电压的提高，电容式电压互感器（CVT）的使用变得越来越广泛。在国外，72.5kV 以上电压等级的电压互感器几乎全部采用 CVT，有较长的运行经验。在国内，110kV 及以上的发电厂升压站和变电站母线以及出线上也已逐步采用 CVT。

（1）电磁式电压互感器模型。电磁式电压互感器的结构与普通电力变压器相同，其等效电路图如图 15－52 所示。

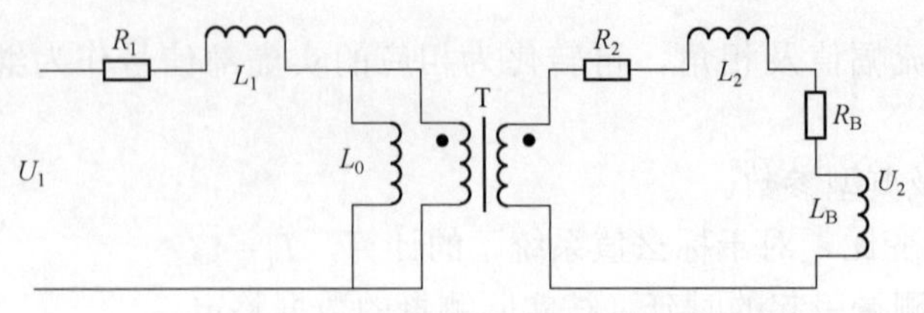

图 15-52　电磁式电压互感器等效电路图

基本方程式为

$$
\begin{cases}
i_1 = i_0' + i_2' \\
i_2' = \dfrac{N_2}{N_1} i_2 \\
i_0' = \dfrac{N_2}{N_1} i_0 \\
u_2 = (R_2 + R_B) i_2 + (L_2 + L_B) \dfrac{\mathrm{d}i_2}{\mathrm{d}t} \\
u_2' = \dfrac{N_1}{N_2} u_2 \\
u_1 = R_1 i_1 + L_1 \dfrac{\mathrm{d}i_1}{\mathrm{d}t} + u_2' \\
\phi = f(i_0)
\end{cases} \tag{15-37}
$$

电压互感器二次侧负载阻抗很大，二次侧绕组漏阻抗相比负载阻抗很小，并且电压互感器在正常运行及发生短路故障时，变压器 T 始终工作在线性区域，其励磁电流很小，因此 i_0、R_2、L_2 均可忽略不计，并且有 $u_2 = g(i_2) = G i_2$，参数 G 可以由电压互感器的伏安特性曲线求出。

写出电磁式电压互感器的传递函数关系式如下

$$
\begin{cases}
I_1(s) = I_2'(s) \\
I_2'(s) = \dfrac{N_2}{N_1} I_2(s) \\
U_2(s) = G I_2(s) \\
U_2'(s) = \dfrac{N_1}{N_2} U_2(s) \\
U_1(s) = (R_1 + sL_1) I_1(s) + U_2'(s)
\end{cases} \tag{15-38}
$$

令 $T_1 = \dfrac{L_1}{R_1}, K_1 = \dfrac{1}{R_1}, T_K = \dfrac{N_1}{N_2}$，则有

$$
\begin{cases}
T_K I_1(s) = I_2(s) \\
U_2(s) = G I(s) \\
I_1(s) = \dfrac{K_1}{1 + sT_1} [U_1(s) - T_K U_2(s)]
\end{cases} \tag{15-39}
$$

$$U_2(s)=\frac{K_1GT_K}{1+K_1GT_K{}^2}\times\frac{1}{1+s\dfrac{T_1}{1+K_1GT_K{}^2}}U_1(s) \tag{15-40}$$

令 $K=\dfrac{K_1GT_K}{1+K_1GT_K^2}$，$T=\dfrac{T_1}{1+K_1GT_K^2}$，则有

$$U_2(s)=\frac{K}{1+sT}U_1(s) \tag{15-41}$$

在忽略励磁电流 i_0 的情况下，电压互感器的角差计算公式为

$$\delta_B=\frac{1}{|Z|'}\times(R_1\sin\varphi_{\mathrm{B}}-\omega L_1\cos\varphi_{\mathrm{B}}) \tag{15-42}$$

写在一起则有

$$\begin{cases}U_2(s)=\dfrac{K}{1+sT}U_1(s)\\U_1(s)=U_1(s)\angle\varphi_1\\U_2(s)=U_2(s)\angle\varphi_2\\\varphi_2=\varphi_1+\delta\\\delta=\dfrac{1}{K_1T_K^2G}\times(\sin\varphi_{\mathrm{B}}-\omega T_1\cos\varphi_{\mathrm{B}})\end{cases} \tag{15-43}$$

由此，可以得到电磁式电压互感器模型如图 15－53 所示。

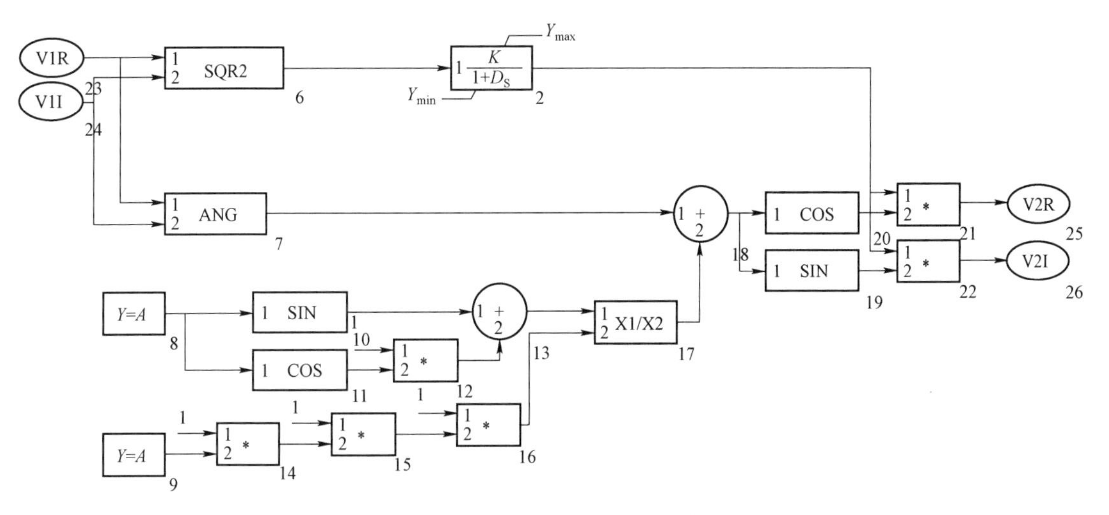

图 15－53　电磁式电压互感器模型图

1）模型说明。模型取系统一次侧母线电压矢量信号（实虚部），分别计算电压幅值和相角，并计算由于互感器引起的误差（主要为角差），将误差结果代入计算二次侧电压幅值及相角，再转化为相应的实虚部信号作为继电保护模型的输入信号。

2）定值整定及典型参数。

a. T_k 为互感器变比，对于标幺值系统下的计算，$T_k=1$。

b. T 为互感器测量引起的时延，按实际测量的数据整定。

c. G 为互感器伏安特性曲线的固定比例增益，按实际测量的数据整定。

d. Fi_B 为互感器二次侧负载阻抗角，该值由实测数据获得。

（2）电容式电压互感器模型。电容式电压互感器的结构是在电磁式电压互感器的基础上，在一次侧加入电容分压环节，其等效电路图如图 15－54 所示。

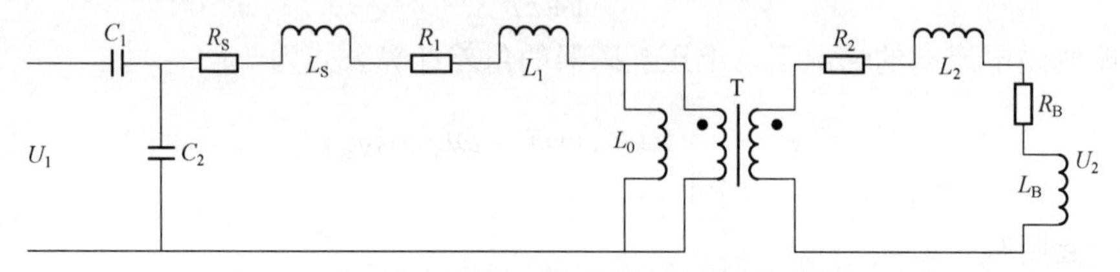

图 15－54　电容式电压互感器等效电路图

基本方程式为

$$
\begin{cases}
i_1 = i_0' + i_2' \\
i_2' = \dfrac{N_2}{N_1} i_2 \\
i_0' = \dfrac{N_2}{N_1} i_0 \\
u_2 = (R_2 + R_B) i_2 + (L_2 + L_B) \dfrac{di_2}{dt} \\
u_2' = \dfrac{N_1}{N_2} u_2 \\
u_1' = \dfrac{C_1}{C_1 + C_2} u_1 \\
u_1' = (R_s + R_1) i_1 + (L_s + L_1) \dfrac{di_1}{dt} + \dfrac{1}{C_1 + C_2} \int i_1 dt + u_2' \\
\phi = f(i_0)
\end{cases}
\tag{15-44}
$$

令 $R=R_S+R_1$，$L=L_S+L_1$，$C=C_S+C_1$ 并且忽略 R_2、L_2，则电容式电压互感器的空载误差和负载误差计算式为

$$
f_0 = \frac{1}{U_{c2}} \times \left[RI_{0r} + \left(\omega L - \frac{1}{\omega C} \right) I_{0i} \right] \tag{15-45}
$$

$$
\delta_0 = \frac{1}{U_{c2}} \times \left[RI_{0i} - \left(\omega L - \frac{1}{\omega C} \right) I_{0r} \right] \tag{15-46}
$$

$$
f_B = \frac{1}{|Z|'} \times \left[R\cos\varphi_B + \left(\omega L - \frac{1}{\omega C} \right) \sin\varphi_B \right] \tag{15-47}
$$

$$\delta_{\mathrm{B}}=\frac{1}{|Z|'}\times\left[R\sin\varphi_{\mathrm{B}}-\left(\omega L-\frac{1}{\omega C}\right)\cos\varphi_{\mathrm{B}}\right] \tag{15-48}$$

由于电压互感器的励磁电流 i_0 很小，可忽略不计，因此电压互感器的误差主要来自于负载误差。

$u_2=g(i_2)=Gi_2$，参数 G 由电压互感器的伏安特性曲线求出，则有

$$G=|Z|$$

令 $T_1=\dfrac{L}{R},K_1=\dfrac{1}{R},T_K=\dfrac{N_1}{N_2},C_{\mathrm{div}}=\dfrac{C_1}{C_1+C_2}$ 写出电容式电压互感器的传递函数关系式如下

$$\begin{cases} T_K I_1(s)=I_2'(s) \\ U_2(s)=GI_2(s) \\ U_2'(s)=T_K U_2(s) \\ U_1'(s)=C_{\mathrm{div}}U_1(s) \\ U_1'(s)=\dfrac{1}{K_1T_K^2G}\times\left[\cos\varphi_{\mathrm{B}}+\left(\omega T_1-\dfrac{K_1}{\omega C}\right)\sin\varphi_{\mathrm{B}}\right]U_1'(s)+U_2'(s) \\ U_1(s)=U_1(s)\angle\varphi_1 \\ U_2(s)=U_2(s)\angle\varphi_2 \\ \varphi_2=\varphi_1+\delta \\ \delta=\dfrac{1}{K_1T_K^2G}\times\left[\sin\varphi_{\mathrm{B}}-\left(\omega T_1-\dfrac{K_1}{\omega C}\right)\cos\varphi_{\mathrm{B}}\right] \end{cases} \tag{15-49}$$

由此，可以得到电容式电压互感器模型如图 15－55 所示。

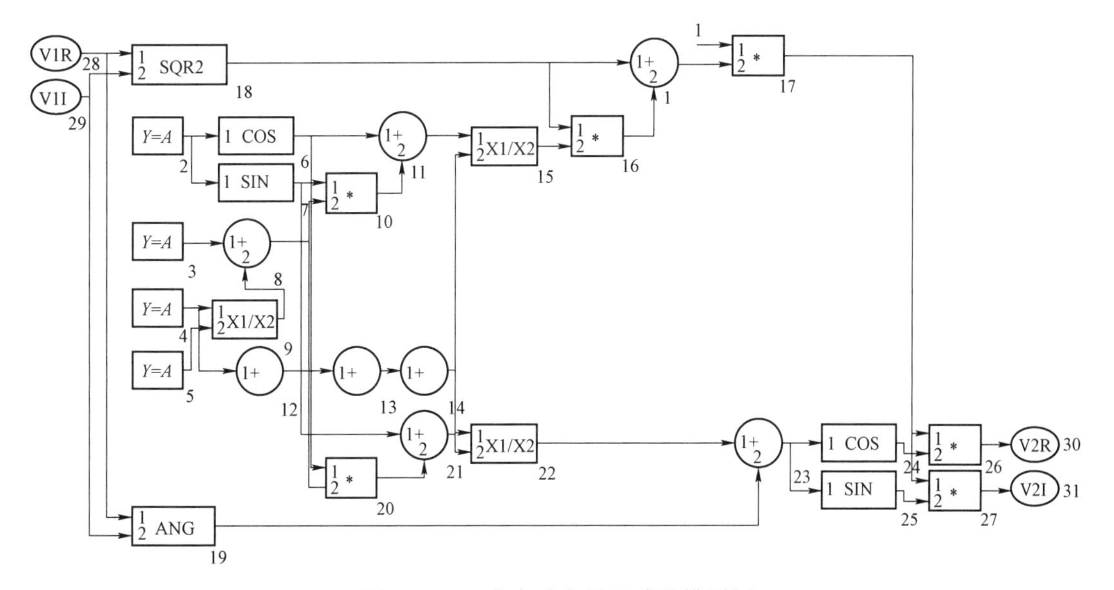

图 15－55　电容式电压互感器模型图

1）模型说明。模型取系统一次侧母线电压矢量信号（实虚部），分别计算电压幅值和相角，并计算由于互感器引起的比差和角差，将误差结果代入计算二次侧电压幅值及相角，再

转化为相应的实虚部信号作为继电保护模型的输入信号。

2）定值整定及典型参数。

a. T_k 为互感器变比，对于标幺值系统下的计算，$T_k=1$。

b. T_1 为互感器测量引起的时延，按实际测量的数据整定。

c. G 为互感器伏安特性曲线的固定比例增益，按实际测量的数据整定。

d. Fi_B 为互感器二次侧负载阻抗角，该值由实测数据获得。

e. C_{div} 为电容分压比，按实际数据整定。

f. C 为总电容量，按实际数据整定。

15.1.3.4 河南电网 500kV 安控策略模型

河南电网稳控装置主要完成判定联变电流或线路电流、功率过载，发出切机、切负荷信号功能。主要包括群英变电站、白河变电站、获嘉变电站、塔铺变电站、香山变电站、洹安变电站、仓颉变电站、郑州变电站、博爱变电站、周口变电站和济源变电站稳控。下面分别介绍这些稳控装置的模型。

1. 群英联络变压器过载远切负荷稳控装置

（1）主要功能。接收下属各个切负荷执行站上送的可切负荷量，判断线路（雪郦线、遮郦线）过载，或者根据联变电流（中压侧）判断群英联络变压器由 500kV 流向 220kV 方向过载，向郦城变电站、楚都变电站、渠首变电站发远切负荷命令。过载切负荷分 2 轮，按轮次及站间、站内线路优先级选取切除各站的负荷线路。

（2）稳控模型图如图 15－56 所示。

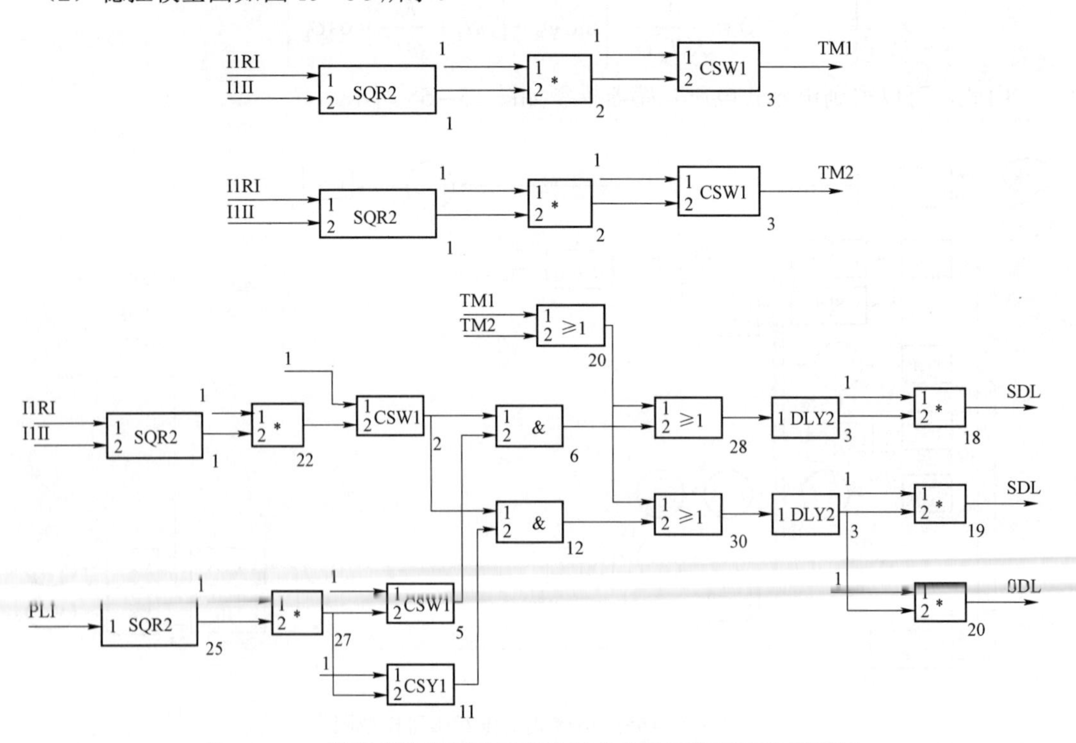

图 15－56　群英联络变压器过载远切负荷稳控装置稳控模型图

2. 白河联络变压器过载远切负荷稳控装置

（1）主要功能。根据联络变压器电流（高压侧）判断白河联络变压器由500kV流向220kV方向过载，向五个子站（青台变电站、唐河变电站、蜀祥变电站、邓州变电站、遮山变电站）发远切负荷命令。过载切负荷分3轮，按轮次及站间、站内线路优先级选取切除各站的负荷线路。

（2）稳控模型图如图15－57所示。

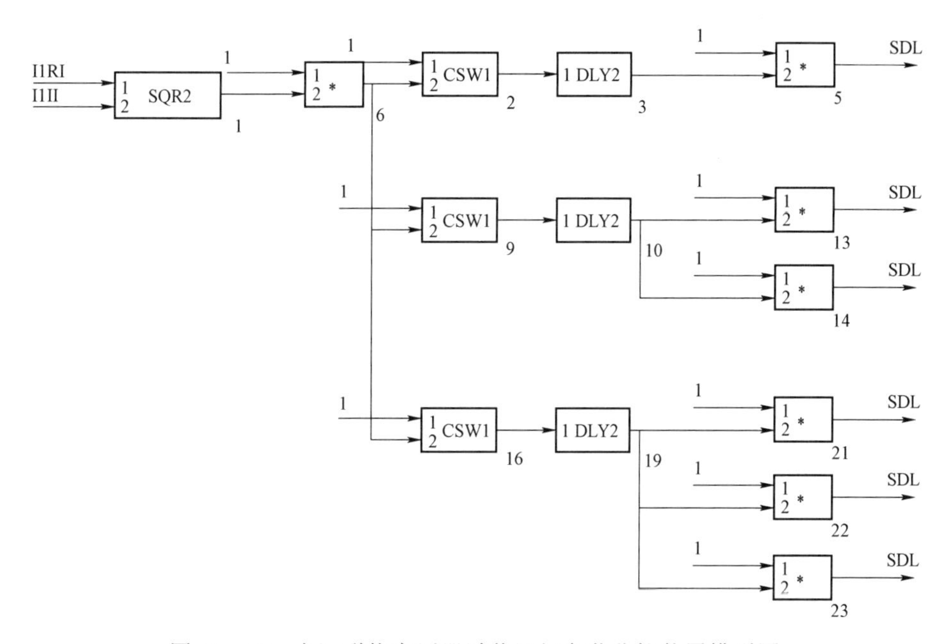

图15－57　白河联络变压器过载远切负荷稳控装置模型图

3. 获嘉联络变压器过载远切负荷稳控装置

（1）主要功能。根据联络变压器电流（中压侧）判断获嘉联络变压器由500kV流向220kV方向过载，向五个子站（卫辉变电站、胜利变电站、鲲鹏变电站、洪门变电站、孔雀变电站）发远切负荷命令。过载切负荷分3轮，按轮次及站间、站内线路优先级选取切除各站的负荷线路。

（2）稳控模型图如图15－58所示。

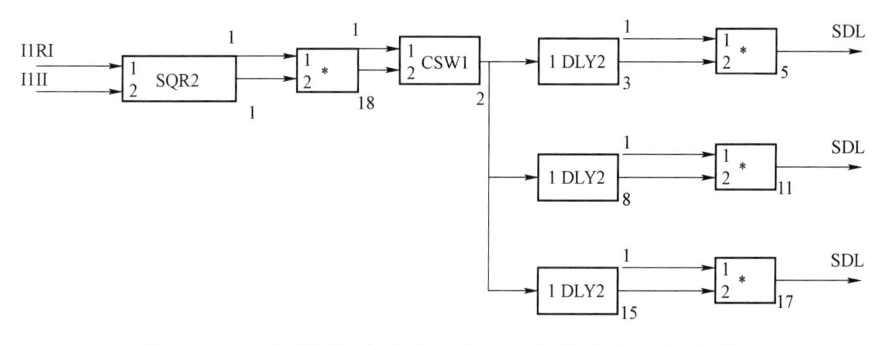

图15－58　获嘉联络变压器过载远切负荷稳控装置模型图

4. 塔铺联络变压器过载远切负荷稳控装置

（1）主要功能。根据联络变压器电流（中压侧）判断塔铺联络变压器由500kV流向220kV方向过载，向五个子站（卫辉变电站、胜利变电站、鲲鹏变电站、洪门变电站、孔雀变电站）发远切负荷命令。过载切负荷分3轮，按轮次及站间、站内线路优先级选取切除各站的负荷线路。

（2）稳控模型图如图15－59所示。

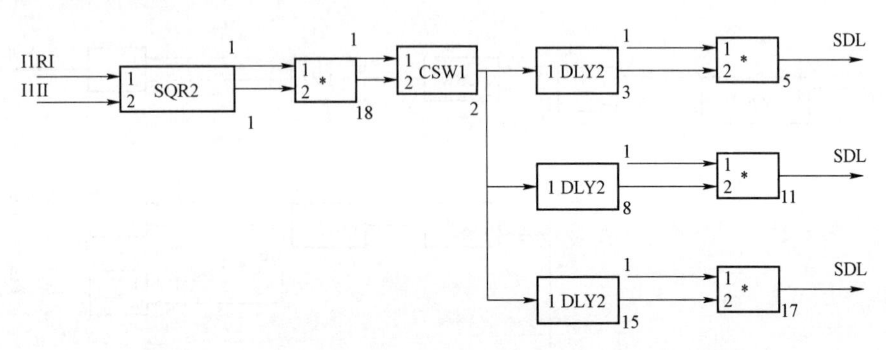

图15－59　塔铺联络变压器过载远切负荷稳控装置模型图

5. 香山联络变压器过载远切负荷稳控装置

（1）主要功能。根据联络变压器电流（中压侧）判断香山联络变压器由500kV流向220kV方向过载，向六个子站（王寨变电站、滏阳变电站、贾庄变电站、舞阳变电站、宝丰变电站、计山变电站）发远切负荷命令。过载切负荷分3轮，按轮次及站间、站内线路优先级选取切除各站的负荷线路。

（2）稳控模型图如图15－60所示。

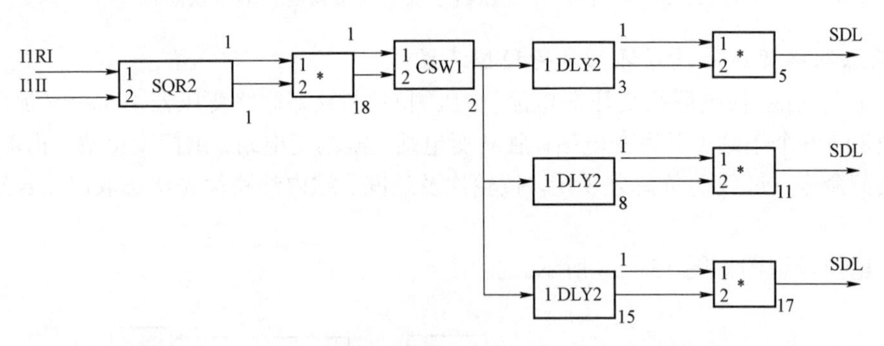

图15－60　香山联络变压器过载远切负荷稳控装置模型图

6. 洹安联络变压器过载远切负荷稳控装置

（1）主要功能。根据联络变压器电流（中压侧）判断洹安联络变压器由500kV流向220kV方向过载，向六个子站（崇义变电站、杜家庵变电站、汤阴变电站、振兴变电站、濮阳变电站、澶都变电站）发远切负荷命令。过载切负荷分3轮，按轮次及站间、站内线路优先级选取切除各站的负荷线路。

（2）稳控模型图如图15－61所示。

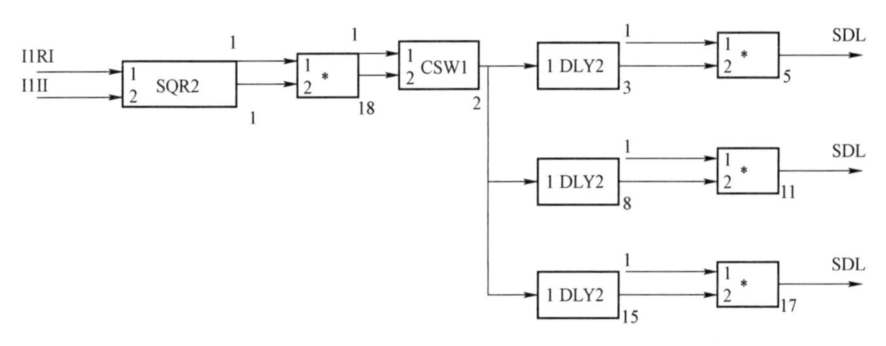

图 15－61　洹安联络变压器过载远切负荷稳控装置模型图

7. 仓颉联络变压器过载远切负荷稳控装置

（1）主要功能。根据联络变压器电流（中压侧）判断仓颉联络变压器由 500kV 流向 220kV 方向过载，向六个子站（崇义变电站、杜家庵变电站、汤阴变电站、振兴变电站、濮阳变电站、澶都变电站）发远切负荷命令。过载切负荷分 3 轮，按轮次及站间、站内线路优先级选取切除各站的负荷线路。

（2）稳控模型图如图 15－62 所示。

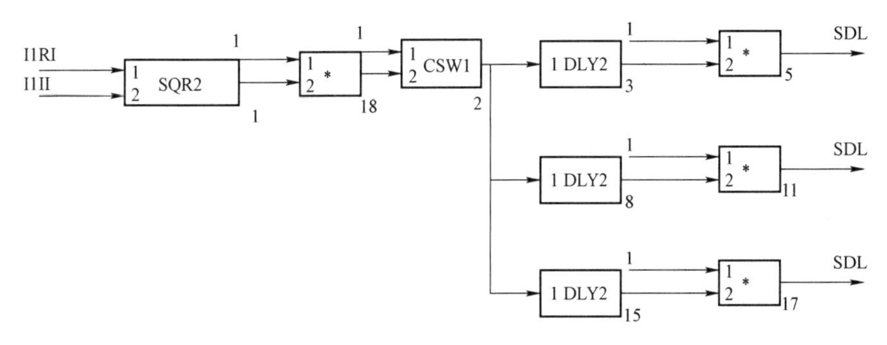

图 15－62　仓颉联络变压器过载远切负荷稳控装置模型图

8. 郑州联络变压器过载远切负荷稳控装置

（1）主要功能。根据联络变压器电流（中压侧）判断郑州联络变压器由 500kV 流向 220kV 方向过载，向六个子站（常庄变电站、鲁庄变电站、索河变电站、石佛变电站、环翠变电站、谢庄变电站）发远切负荷命令。过载切负荷分 3 轮，按轮次及站间、站内线路优先级选取切除各站的负荷线路。

（2）稳控模型图如图 15－63 所示。

9. 博爱联络变压器过载远切负荷稳控装置

（1）主要功能。判断线路（Ⅰ博太线、Ⅱ博太线、Ⅰ博覃线、Ⅱ博覃线、Ⅰ清太线、Ⅱ清太线）或博爱两台 500kV 联络变压器发生过载，向澳铝变电站、太子庄变电站、载育变电站、廉桥变电站、怀庆变电站、景明（预留）变电站、澳铝二（预留）变电站发切负荷命令。过载切负荷分 3 轮，按轮次及站间、站内线路优先级选取切除各站的负荷线路。

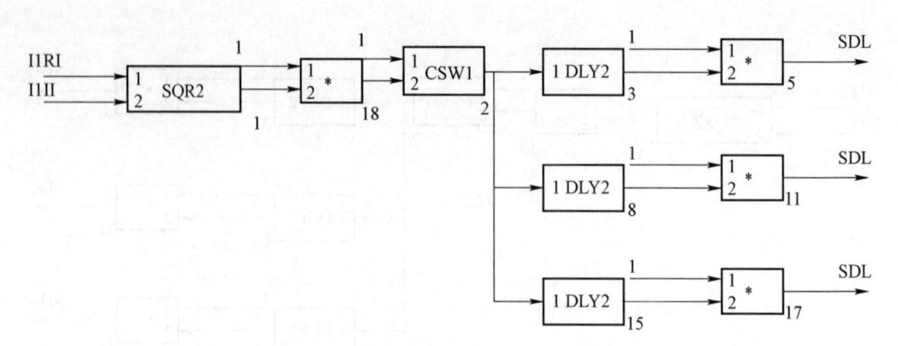

图 15-63　郑州联络变压器过载远切负荷稳控装置模型图

（2）稳控模型图如图 15-64 所示。需根据不同线路设置多组模型参数，并对此模型进行多次调用。

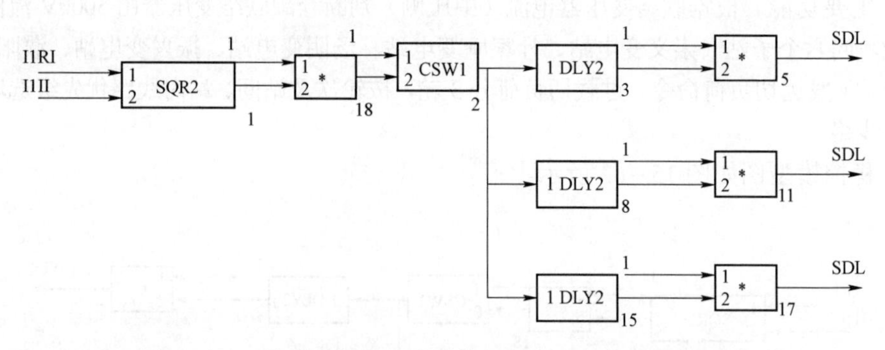

图 15-64　博爱联络变压器过载远切负荷稳控装置模型图

10. 周口联络变压器过载远切负荷稳控装置

（1）主要功能。当判断出 500kV 邵周双线跳闸（检测 2 条线路功率代数和的绝对值小于“低功率门槛”定值）时，同时检测到邵川线、邵淮线、桐淮线中的任一条发生过载（过载电流和功率动作定值同时满足）时，向 3 个子站（川汇变电站、淮阳变电站、水寨变电站）发远切负荷命令。过载切负荷分 3 轮，按轮次及站间、站内线路优先级选取切除各站的负荷线路。

（2）稳控模型图如图 15-65 所示。

11. 济源联络变压器过载远切负荷稳控装置

（1）主要功能。济源变电站稳控装置收到吉利变电站或苗店变电站送来的线路（吉成线、吉苗线、荆虎线）外送过载切机命令后转发发至小浪底电厂，小浪底电厂判断Ⅳ牡黄线跳闸后切除小浪底机组（4、5、6 号机），出力大的优先切除，济源变电站稳控装置收到吉利变电站或苗店变电站送来的线路（吉成线、吉苗线、荆虎线）内送过载切负荷命令后，同时判断 500kV 济牡线、Ⅱ津济线断面断开，向苗店变电站、裴苑变电站、荆华变电站发切负荷命令，共分 2 轮，按轮次及站间、站内线路优先级选取切除各站的负荷线路。

（2）稳控模型图。

1）小浪底稳控模型图如图 15-66 所示。

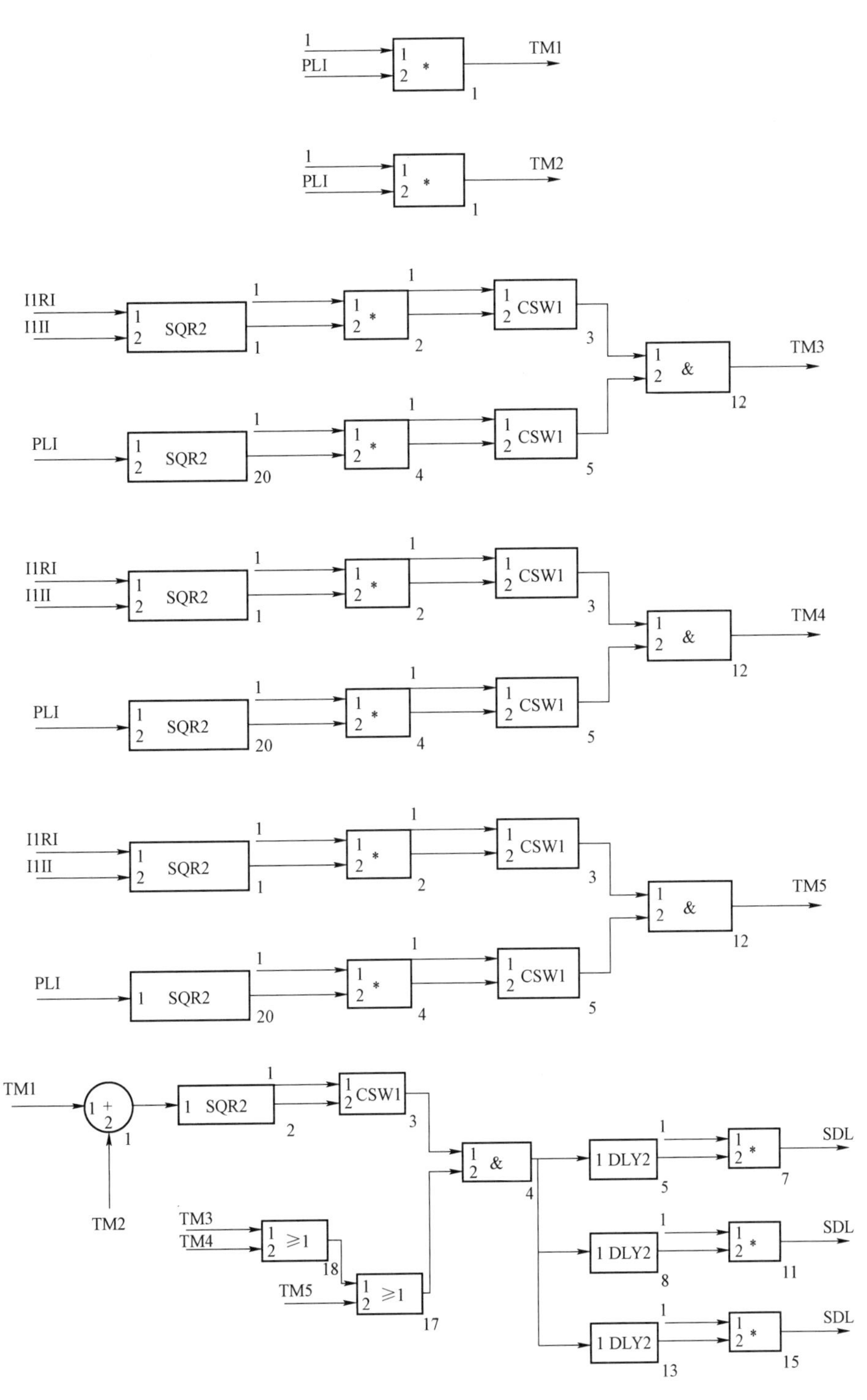

图 15－65 周口联络变压器过载远切负荷稳控装置模型图

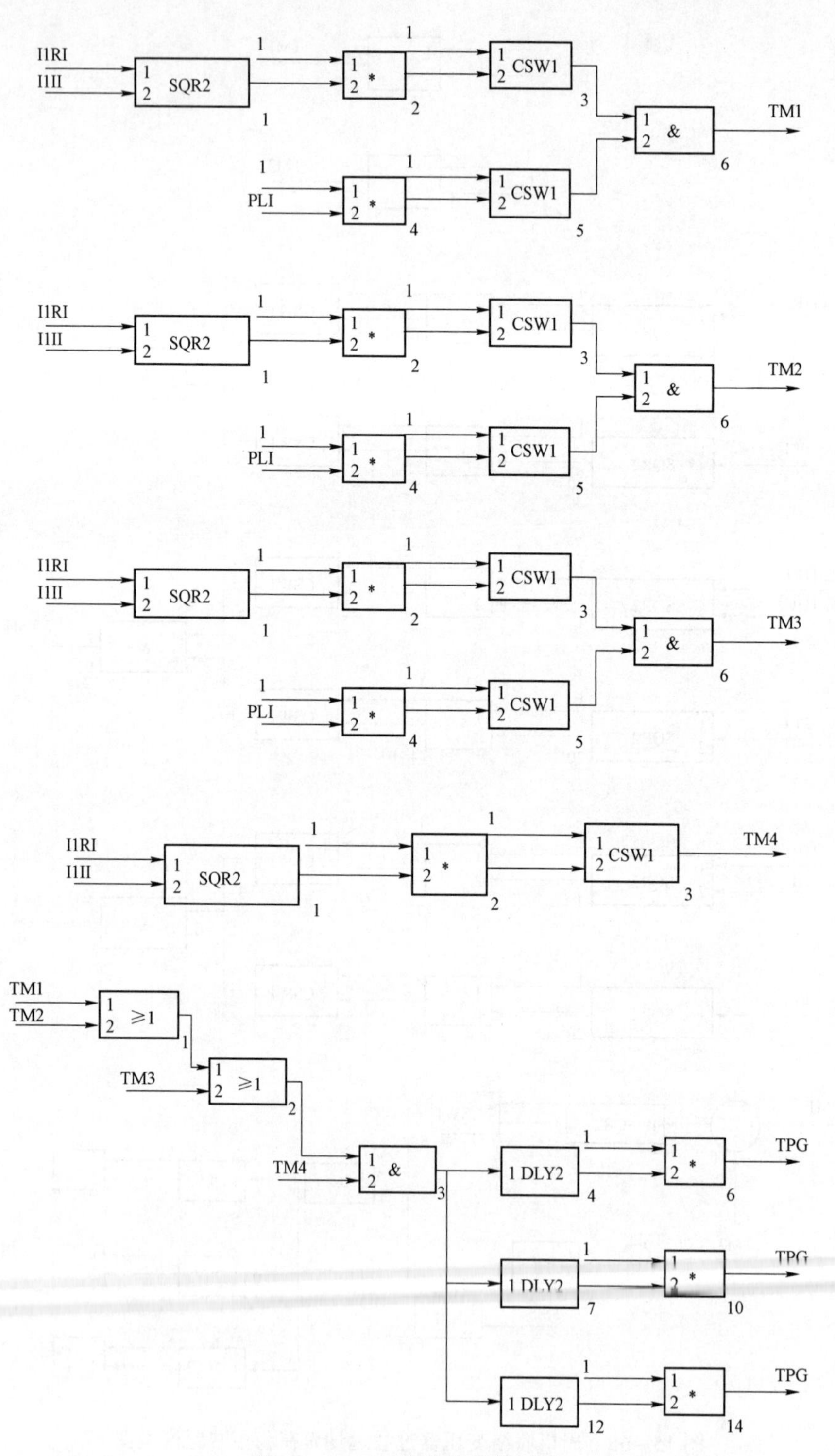

图 15-66 小浪底稳控模型图

2）济源变电站稳控模型图如图 15－67 所示。

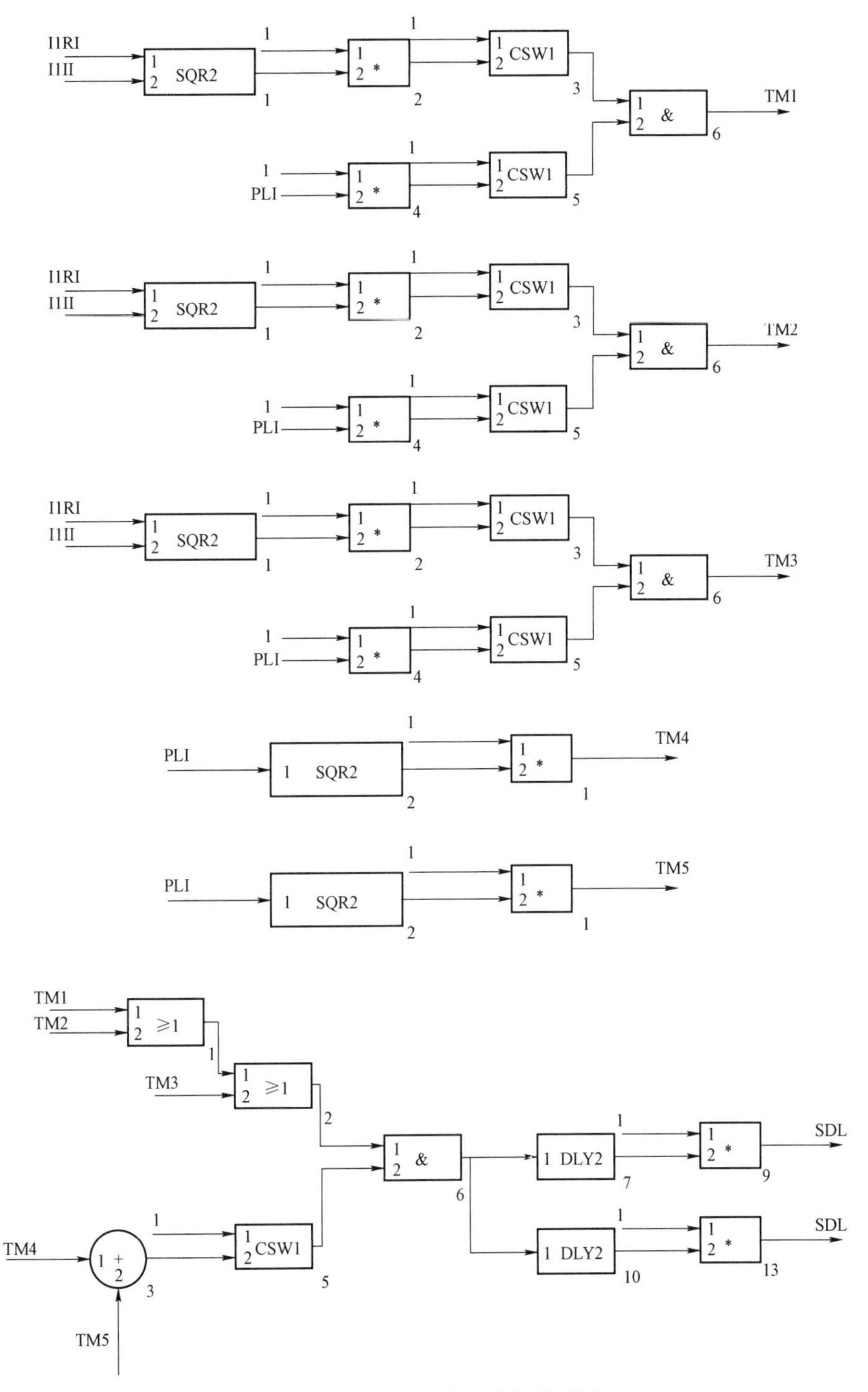

图 15－67　济源变电站稳控模型图

15.2 直流输电控制保护系统暂态建模

15.2.1 直流输电控制保护系统机电暂态建模

大电网连锁故障仿真程序中具备较完备的直流输电系统模型，其中包括了直流故障再起动等直流线路模型，交流侧系统的部分保护可采用前述的线路保护模型。

15.2.1.1 直流输电控制器模型

直流输电控制系统模型采用电力系统综合稳定程序中 HVDC_Model3（编号：6203）。详细说明如下。

功能：模拟直流输电线路动态，两侧换流器准稳态和控制器（整流侧功率调节器、逆变侧熄弧角调节器）动态的模型，适用于电力系统机电暂态稳定分析和小干扰稳定分析。

模型示意图如图 15－68 所示。

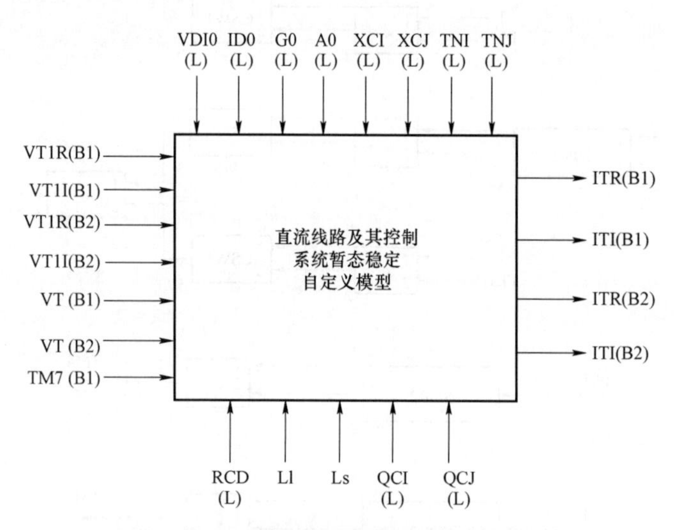

图 15－68 直流输电控制器模型示意图

L—直流输电线路；B1—直流线整流侧交流母线；B2—直流线逆变侧交流母线；VDI0—整流侧直流电压潮流稳态值；ID0—直流电流潮流稳态值；G0—逆变侧熄弧角潮流稳态值；A0—整流侧点燃角潮流稳态值；QCI，QCJ—两侧换流站无功补偿容量；XCI，XCJ—两侧换相电抗；TNI，TNJ—两侧变压器变比；RCD—直流线路电阻；Ll，Ls—直流线路和平波电抗器电感；VT1R，VT1I—两侧交流母线电压；ITR，ITI—两侧母线注入电流；TM7—外接系统稳定信号的入口

（1）可以加电力系统稳定器的 UD 模型参与计算，UD 模型号为 6×××，其输出定义为 TM7（B1），B1 为整流侧交流母线。

（2）模型参数。

1）直流线数据。线路和换流站参数直接取直流线数据。线路和换流站运行参数由 UD 模型输入信息得到。

2）调节器数据。调节器数据取公用参数库直流线调节器参数：整流侧母线（B1）按整流侧调节器参数组号取值；逆变侧母线（B2）按逆变侧熄弧角调节器参数组号取值。

3）该模型不具备暂态稳定直流故障的能力及其他调节功能。

15.2.1.2　换流站交流部分保护

换流站交流部分保护装置主要包括过电压保护、过电流保护和逆变侧负荷断开保护等。其中，过电压保护和过电流保护可用线路上的保护装置以及安全自动装置实现，本书中的直流系统换流站交流部分保护主要涉及逆变侧负荷断开保护。

逆变侧负荷断开保护主要反应换流站逆变器交流侧负荷断开故障，逆变侧负荷断开将使交流侧电压异常升高，保护通过检测逆变器交流侧线路电压，当电压高于整定值时进行换流桥移相和闭锁，以及投入旁通对，保证在使逆变器失去大部分负荷的交流断路器断开前动作。

逆变侧负荷断开保护亦可采用集成电路化的保护装置，高速检测异常过电压，并使换流桥移相和闭锁。

逆变侧负荷断开保护的模型如图 15－69 所示。

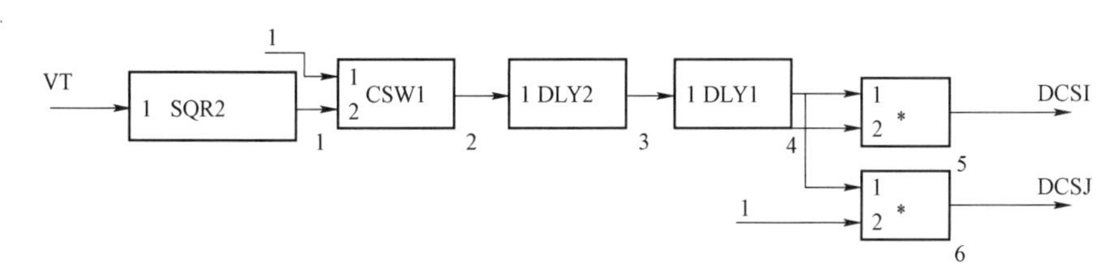

图 15－69　逆变侧负荷断开保护的模型

（1）模型说明。本模型涉及逆变侧负荷断开保护。逆变侧负荷断开保护和普通交流过电压保护类似，通过检测逆变侧母线电压信号 VT，在其超过定值时保护动作于发出整流侧、逆变侧电流调节器附加信号 DCSI、DCSJ，通过直流调节系统将换流桥移相和闭锁。

（2）定值整定及典型参数。

1）V_{dz} 为过电压元件的动作电压，按躲过直流线路正常运行时，逆变器交流侧可能出现的最大运行电压整定。

2）T 为保护延时元件动作时间，按保证在使逆变器失去大部分负荷的交流断路器断开前动作的原则整定。

3）DCSI、DCSJ 为直流线路整流侧、逆变侧控制附加信号，按保证在保护动作时，使换流桥可靠闭锁的原则整定。

15.2.1.3　直流线路保护

在电力系统分析综合程序（PSASP）的直流线模型中，对直流线路部分的故障进行了处理和响应，模拟了保护动作、换相失败以及之后的再起动过程。通过进行直流线模型中自带的故障数据设置可实现直流线路内部保护的过程。

（1）直流线路故障及再起动模型。直流线路故障包括短路和断线。双极直流输电则应考虑单极短路、断线和双极短路、断线。对短路故障则应模拟故障切除（由整流器触发角α移相 150°实现）后的再起动过程。部分直流输电系统如葛上直流输电工程可实现多次再起动，通常 2 次再起动，即一次再起动不成功后，再次降压起动（70%额定电压），若仍不成功则直流（单极）停运。再起动过程如图 15－70 所示。图中 T_s 和 T_e 由计算者给定，若 T_e 落在任一 T_{d1} 区间，则本次再起动成功，否则再起动失败，等待下一个再起动过程直至给定的最后一次。

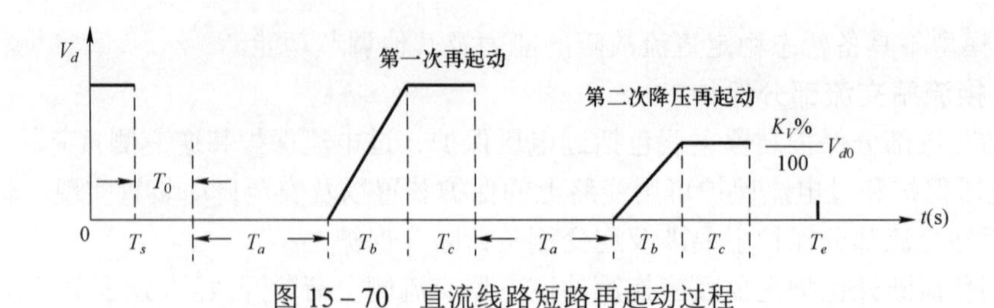

图 15-70　直流线路短路再起动过程

T_s—直流线短路开始时间；T_b—再起动上升时间（可取 20ms）；T_e—直流线短路终止时间；
T_c—再起动停留时间（可取 60ms）；T_a—无电流时间（可取 120ms）；T_0—故障短路时间

（2）直流线路低压限流及换相失败模型。低压限电流是直流输电系统普遍具有的功能，即随时判别直流线路两侧直流电压 V_{di}，若其中任一侧电压小于给定值（通常取 15%额定值），则降低直流电流给定值 I_{dorder}，降压值大小取决于实际电压降低的数值。系统框图如图 15-70 上半部所示。

交流故障引发直流逆变器换相失败是常见故障。但实际物理过程较为复杂。准确判断是否发生连续换相失败以至于直流输电瞬时中断较为困难。因此，建模时采取简单的经验判据，即交流电压降低到额定值 70%时认为发生换相失败而无法自行恢复。只有在交流故障消除，交流电压恢复之后才开始再起动过程。起动过程曲线及框图如图 15-71 下半部所示。

15.2.2　直流输电控制保护系统电磁暂态建模

大电网连锁故障仿真程序的电磁暂态程序和机电暂态程序各具特点及特定应用领域。机电暂态程序基于基波、相量和序分析，对 HVDC 和 FACTS 设备只能采用准稳态模型模拟，其前提为：① 换流器母线的三相交流电压是对称、平衡的正弦波；② 换流器本身的运行是完全对称平衡的；③ 直流电流和直流电压是平直的。因此准稳态模型在交流系统不对称故障期间不适用，并且准稳态模型中换流器本身的暂态过程忽略不计，以稳态方程式表示，无法描述换流阀受直流控制系统点火脉冲序列进行换相的详细过程，不能表示非对称故障对换流阀工作的影响、换流器内部故障、逆变器换相失败及控制系统对换流过程的影响等。对换相失败过程只能采用简单的经验判据。

大电网连锁故障仿真程序的电磁暂态分析软件基于 ABC 三相瞬时值表示，对于直流换流器可采用三相暂态模型模拟，换流器的每个阀臂采用可控硅开关模型，并考虑缓冲电路的影响；直流控制模型详细，可包括调节系统和脉冲触发系统。因此采用电磁暂态模型模拟，可以精确分析交流系统发生不对称故障后三相电压不平衡情况下换流阀的工作情况，进行换相失败研究；但是电磁暂态仿真计算步长小、计算量大，不适用于大规模电力系统仿真。为研究系统中的直流输电或 FACTS 设备动态行为，通常需要对系统进行等值出力，影响了系统分析结果的准确性和可靠性。有研究分别对直流系统采用准稳态模型和电磁暂态模型进行对比分析，分别仿真 4 类典型故障，即整流侧交流系统三相短路故障、直流线故障、逆变侧交流系统故障、考虑逆变侧定电流控制时交流系统故障，结论如下：对于整流侧交流系统故障，或其他与逆变器距离较远的交流系统故障分析，直流系统采用准稳态模型能够较准确地模拟系统动态特性；对于直流线路故障、逆变侧换相连续失败以及由此导致的故障消除时刻的延迟、逆变侧电压恢复受直流线和整流侧控制器影响而产生的延迟等，准稳态模型均不能正确反映；且对于不同的故障情况，采用准稳态模型模拟得出的结果与实际相比有可能偏于乐观和保守。

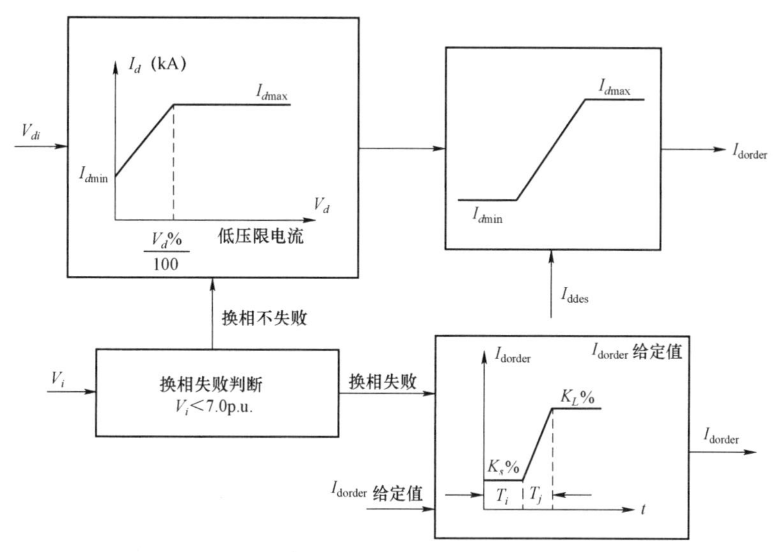

图 15－71　直流系统换相失败再起动过程示意图

因此，为了研究直流输电系统在连锁故障下的响应及连锁故障期间交直流系统的相互影响，采用电磁暂态模型对直流输电系统进行建模尤为必要。

直流输电系统的一次系统在大电网连锁故障仿真程序的电磁暂态分析软件中建模较容易实现，可以采用程序已有元件通过必要的接线和封装实现。有别于机电暂态模型，直流输电系统电磁暂态模型一次系统搭建的和实际直流输电工程保持一致，由晶闸管元件、缓冲电路、三相/单相 R－L－C 元件、输电线路、变压器等基本元件、6 脉冲换流器、12 脉冲换流器、交直流滤波器等封装元件构成。

直流输电系统在电磁暂态分析软件中建模的难点在于控制保护系统的建模。控制保护系统模型的精细程度会直接影响到直流输电系统的动态响应过程。大电网连锁故障仿真程序的电磁暂态分析软件提供了两种直流控制保护系统的建模方法，且这两种建模方法可以结合使用。这两种建模方法是：易于使用但较为简略的经典控制保护系统模型、通过 UD 用户自定义搭建的详细控制保护系统模型。

15.2.2.1　经典控制保护系统模型

直流输电系统运行即为通过对整流侧和逆变侧触发角的调节，控制直流电压和直流电流，实现系统要求输送的功率或电流。控制性能将直接决定直流系统的各种响应特性以及功率/电流稳定性。直流输电系统其他控制功能还包括：换流变压器分接头控制、无功功率控制、整个直流系统的起动/停止控制、潮流翻转控制、接收和执行交流系统安全稳定装置的指令，动态调整直流系统的输送功率，以提高整个交/直/交联网系统的稳定性能等。

国际大电网会议直流输电标准测试系统（CIGRE HVDC Benchmark Model）用于直流输电控制研究的标准系统，主要用于各种仿真程序或仿真器在相似的主电路模型上进行不同的直流控制设备和控制策略性能比较研究。该系统为单极直流输电系统、12 脉动换流器。其基本控制方式是：整流侧定电流控制和限制两部分组成，逆变侧配置有定电流控制和定熄弧角控制，无定电压控制，整流侧和逆变侧均配有 VDCOL 控制，逆变侧还配有 CEC 控制。逆变侧定电流控制器和定熄弧角控制器输出均为，逆变侧控制系统对其进行取大值选择。

电网连锁故障仿真程序的电磁暂态分析软件基于整流侧与逆变侧控制系统模型，通过必要的扩展和定制，建立了功能更详细的控制保护系统经典模型。该控制保护模型可以勾选定制以下控制环节：功率大/小方式调制、双侧频率调制、定功率调节器、低电压电流限制器、定电流调节器、定电压调节器、定关断角调节器和触发脉冲发生器等。各个控制环节相关逻辑关系为：

（1）功率小方式调制、双侧频率调制、功率大方式调制这三种调制方式同一时刻只能有一个起作用。

（2）存在功率小方式调制，就必定没有定功率调节，功率小方式调制和定功率调节不能同时起作用。

（3）存在定功率调节必定存在定电流调节。

（4）一套直流控制（控制一套直流系统）只能用同一个 VDCOL。

（5）定关断角调节不能出现在整流侧。

图 15－72 所示为各个控制环节的关联关系。

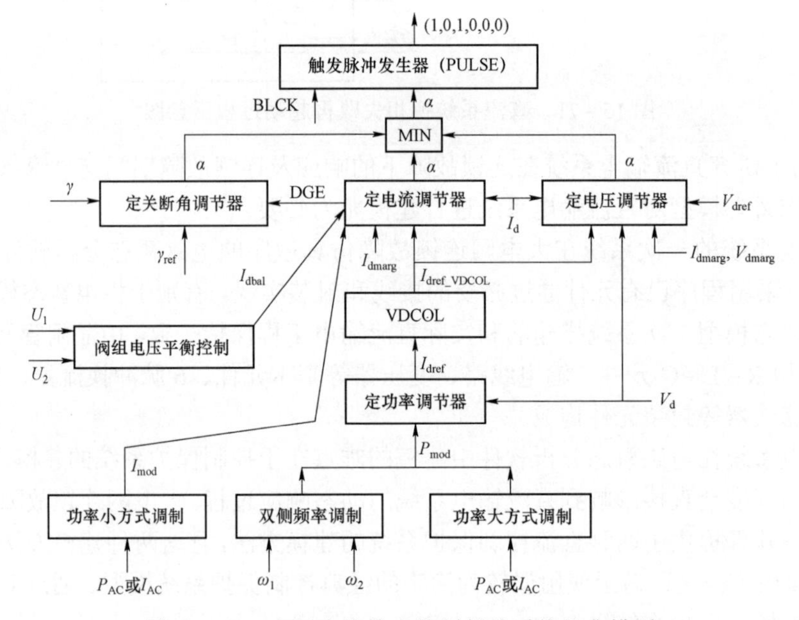

图 15－72　高压直流输电控制保护系统经典模型

各环节传递函数框图如图 15－73～图 15－82 所示。

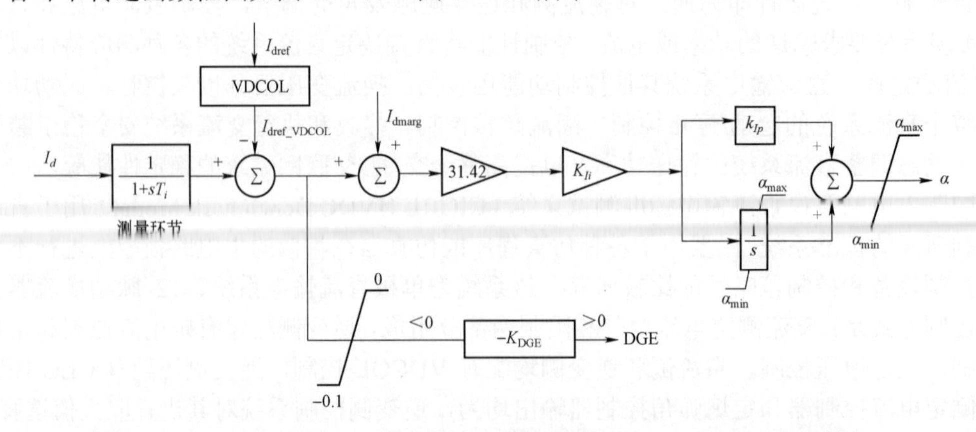

图 15－73　定电流调节器（整流站定电流调节器 $I_{dmarg}=0$，且无 DGE 输出）

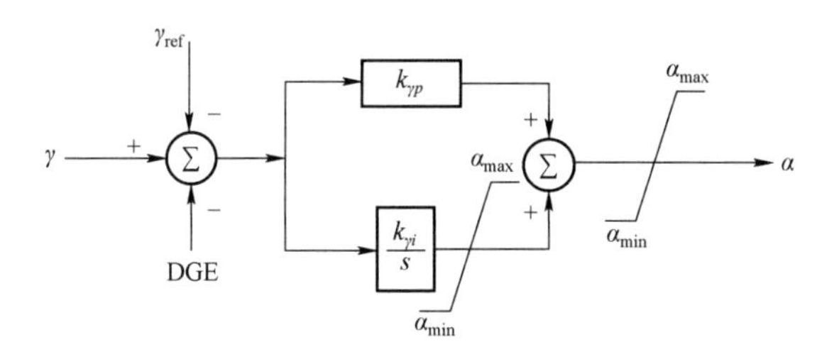

图 15－74　定关断角调节器

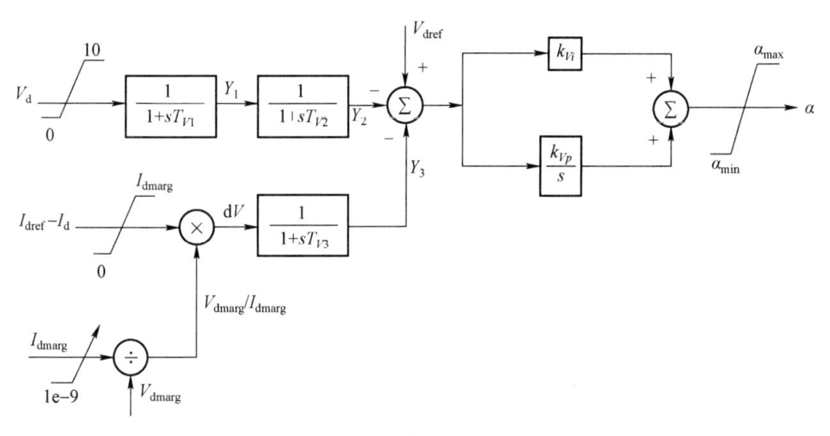

图 15－75　定电压调节器

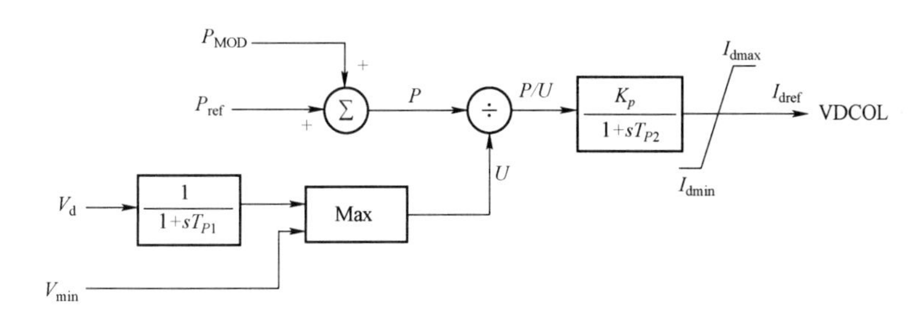

图 15－76　定功率调节器

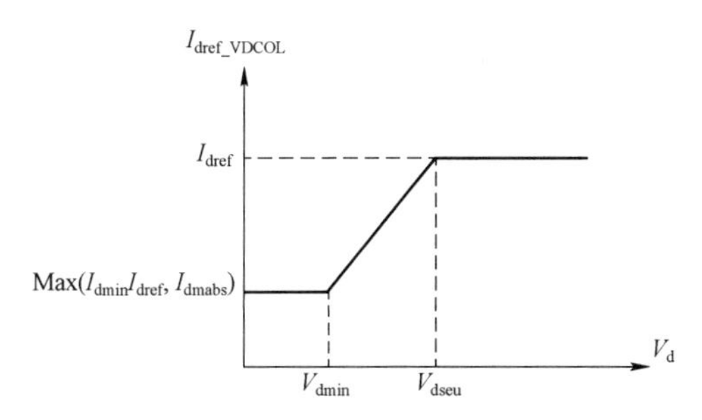

图 15－77　低电压电流限制器工作原理

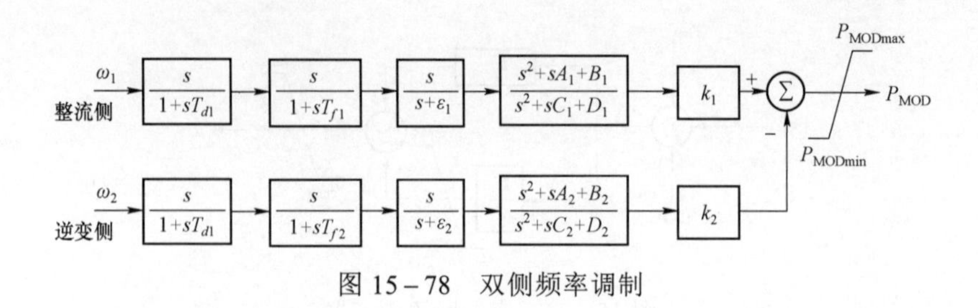

图 15-78　双侧频率调制

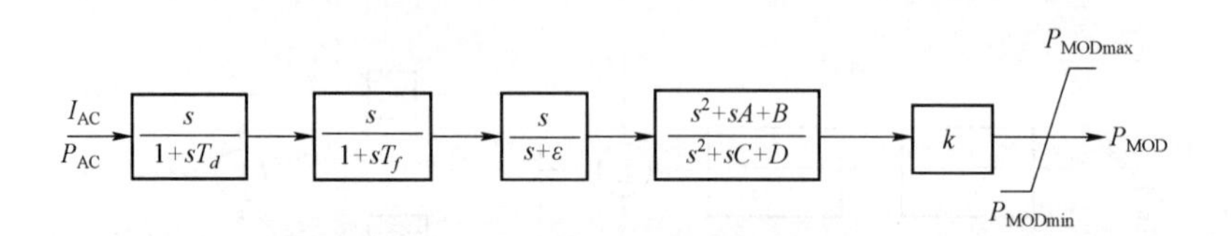

图 15-79　功率大方式调制

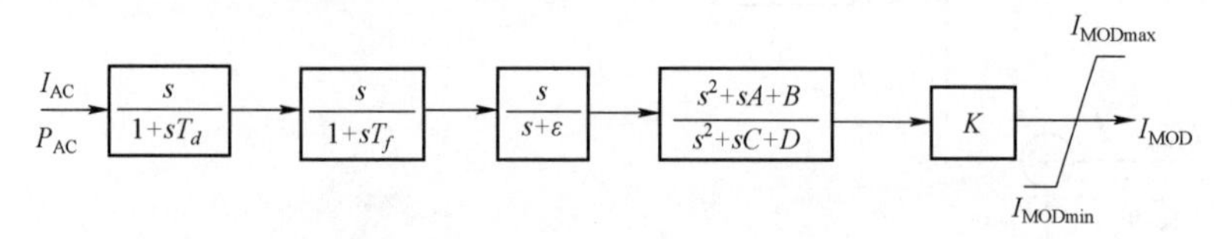

图 15-80　功率小方式调制

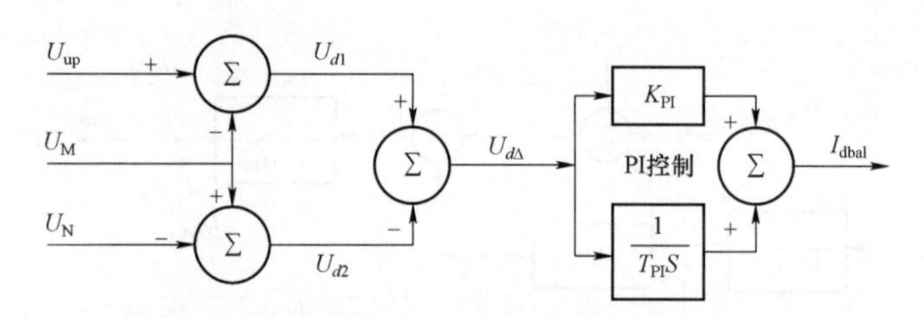

图 15-81　阀组电压平衡控制模块工作原理框图

低压限流环节用于在直流电压降低时对直流电流指令进行限制，以避免在交流系统故障期间和故障以后的功率不稳定。VDCOL 也有利于交流故障后的快速可控的重起动。此外，它也避免了连续换相失败对可控硅引起的阀应力。

低压限流环节的电压和电流定值可以调整，而且两个站的斜坡函数或时间常数能独立调整，以便控制限制电流时的速率及返回时的速率。两个换流站的低压限流环节之间，电流指令限制特性相互配合，保持电流裕度。

低压限流在 UD 输入端有一个非线性的低通滤波器。UD 降低和升高的时间常数是不一样的，整流端和逆变端对升高 UD 的时间常数也是不一样的，为了不失去电流裕度，整流端的时间常数较小。为了使得电流指令在故障情况下迅速降低，降低 UD 的时间常数设置得较小。整流侧和逆变侧在降低 UD 时的时间常数是一致的。很短的时间常数可避免逆变侧故障时的连续换相失败，而 UD 升高时的时间常数可相对较长。为了确保不失去电流裕度，整流侧升高 UD 的时间常数设置得较逆变侧小。

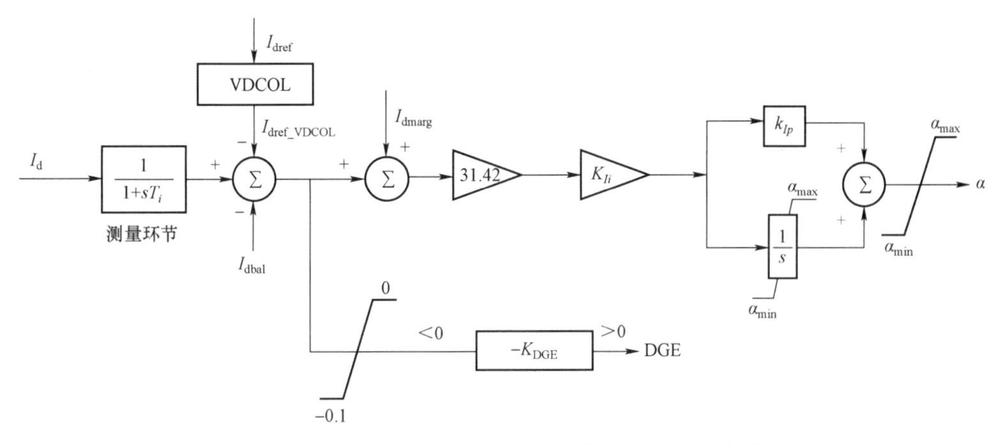

图 15－82　引入了阀组电压平衡控制的定电流控制

15.2.2.2　用户自定义功能升级开发

所谓用户自定义 UD（User_ Defined）建模，是在无须了解程序内部结构和编程设计的条件下，由用户使用仿真主程序提供的基本功能单元，自行设计、搭建系统元件和控制装置。建立 UD 模型需要三个基本要素，即输入变量、输出变量和基本运算函数功能框。各个 UD 模型需通过其输入/输出变量与所连接的电力系统联系在一起，参与系统仿真过程。UD 建模环境为用户提供界面友好的建模平台，使工程人员能用简单、直观的方法建模。电磁暂态程序 ETSDAC 为用户提供了图形方式建模，用户可根据模型的数学表达式（或者传递函数框图），将其拆分成各个基本功能框的组合，然后从基本功能框库中选择适当的基本功能框，通过这些功能框的拖放、连接以及参数设定，构建出所需要的 UD 模型。为了在仿真主系统中实现 UD 模型的“安装”，完成 UD 模型与仿真主系统之间的连接，需选择 UD 模型与仿真主系统的接口变量，每一个接口变量的选择包含三个方面的信息：与该接口变量相关的元件类型、与该元件相关的元件编号以及该接口变量类型。

电网连锁故障仿真程序电磁暂态分析软件首次建立直流输电的详细模型，为了满足建模的需求，对软件的功能和性能进行了必要的升级，具体包括：

（1）升级电磁暂态程序界面架构：直流输电系统的一次元件采用基础元件（包括晶闸管、缓冲电路、开关元件等）搭建的方式建模，所需元件及节点众多，尤其是详细控制保护系统模型的规模庞大，两条直流汇总到一个算例中以后，占用的图形界面资源尤为庞大。为了满足建模规模的需求，软件升级了电磁暂态程序的界面架构，使其支持足够庞大的仿真元件数量。

（2）开发 UD 元件的采样时间功能：根据直流控制保护的运行特点，需要增加对各个 UD 元件定制采样时间的功能，实现在整个工程建立统一的采样时间表，并可修改所有 UD 元件，使其可以选择对应的采样时间并工作在该采样时间下。

（3）开发 UDM 控制模块计算顺序定制功能，使各个 UDM 控制模块按照设定的数字依从小到大的顺序参与计算。

（4）中间变量及信号传递优化：使 UD 可以定制中间变量的名称，并可按照名称检索。

（5）元件模糊查找功能升级：为便于大规模仿真算例的维护和使用，优化了原有的元件名搜索功能，新增加中间变量按名称查找的功能，并支持模糊查找。

（6）新的功能框开发：为了满足控制保护建模的需要，新开发了 57 个功能框，并对某些原有功能框进行了修正或功能增加。

（7）从文件获取信号参与计算功能的开发：为了便于对比测试和扩展功能，新开发了从指定路径的文件中获取信号并直接参与每步计算的功能。

具体界面如图 15－83～图 15－85 所示。

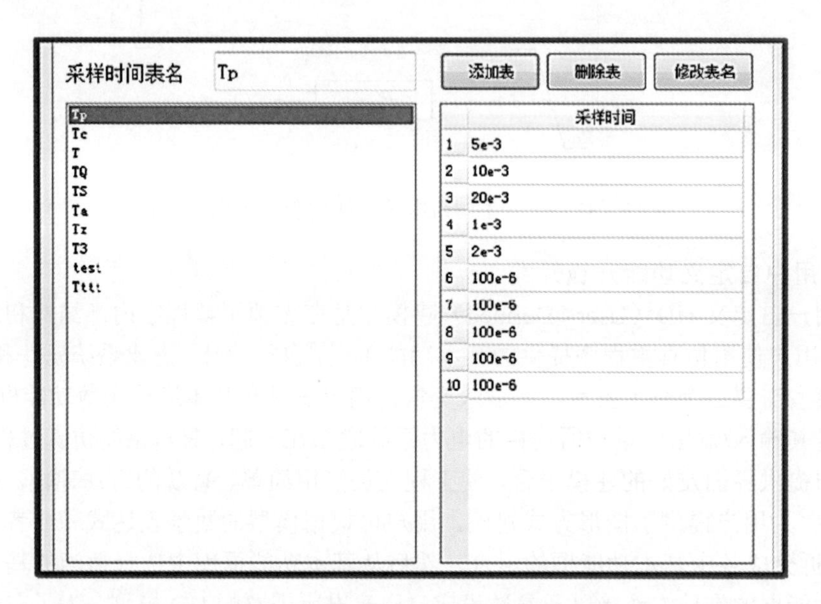

图 15－83　新开发的采样时间功能

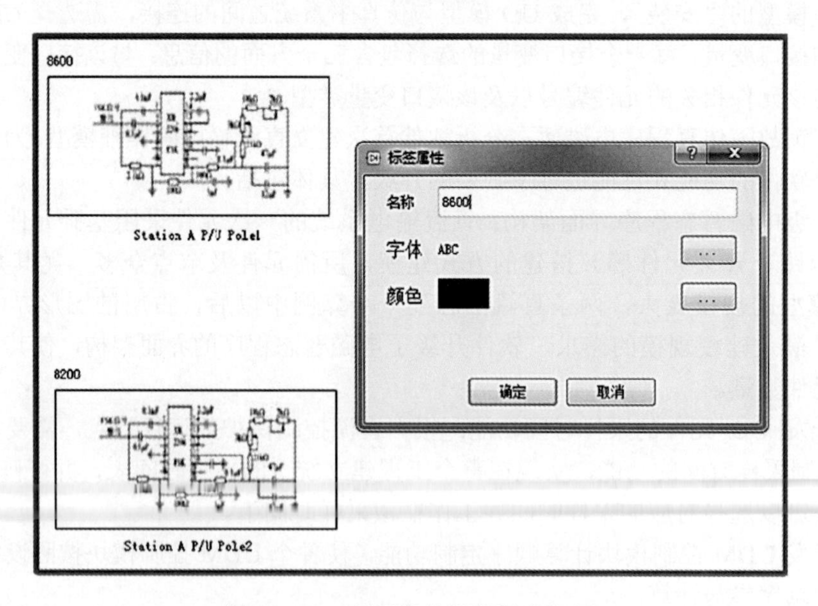

图 15－84　新开发的计算顺序定制

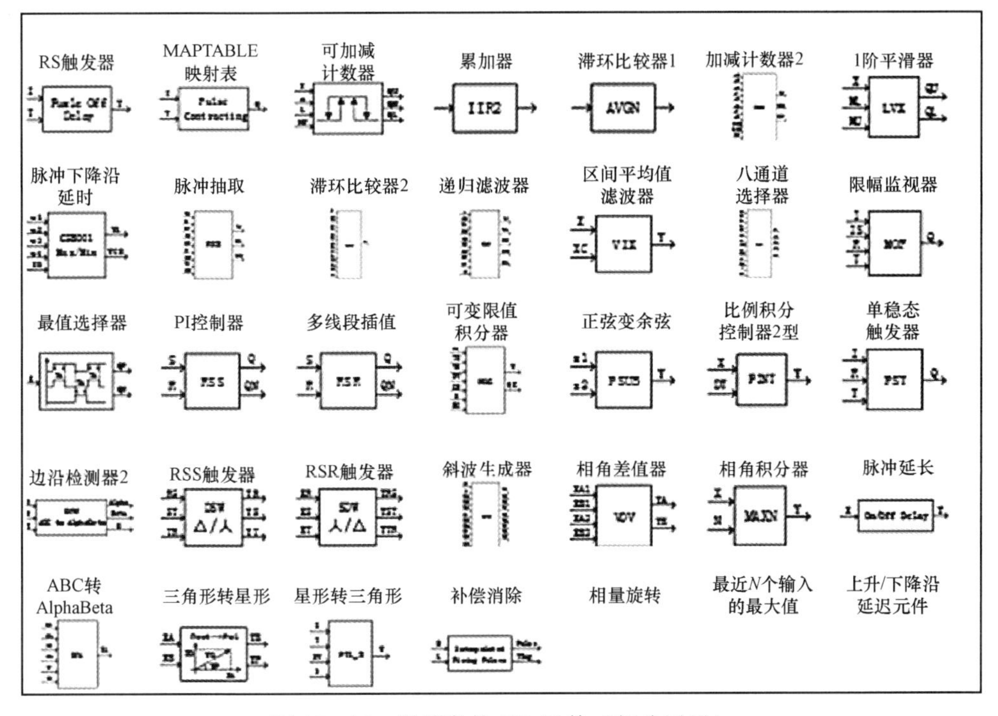

图 15－85　新开发的 UD 元件（部分展示）

15.2.2.3　直流控制保护详细建模

1. 直流控制系统分层结构

为提高直流系统运行的可靠性、操作和维护的方便性和灵活性，现代直流输电工程中控制系统采用分层结构，直流输电换流站全部控制功能可分为六个层次，从高到低依次为系统控制级、双极控制级、极控制级、换流器控制级、单独控制级和换流阀控制级，其层次结构如图 15－86 所示。

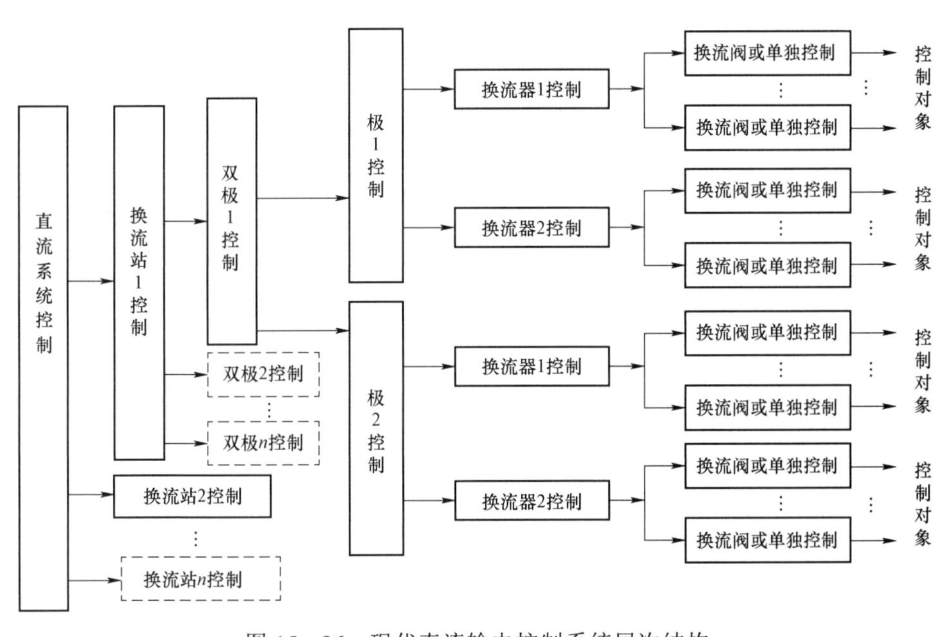

图 15－86　现代直流输电控制系统层次结构

（1）系统控制级。系统控制级为直流输电控制系统中级别最高的控制层次，主要功能包括：与电力系统调度中心通信联系，接受调度中心的控制指令，向通信中心输送有关的运行信息；根据调度中心的输电功率指令，分配各直流回路的输电功率，当某一直流回路故障时，将少送的输电功率转移到正常的线路，尽可能保持原来的输电功率；紧急功率支援控制；潮流反转控制；各种调制控制，包括电流调制和功率调制控制，用于阻尼交流系统振荡的阻尼控制、交流系统频率或功率/频率控制等。

（2）双极控制级。双极控制级在双极直流输电系统中以指令形式协调控制双极的运行。主要功能有：根据系统控制级给定的功率指令，决定双极的功率定值；功率传输方向的控制；两极电流平衡控制；换流站无功功率和交流母线电压控制等。

（3）单极控制级。极控制级为控制直流输电一个极的控制层次。双极直流输电系统要求当一极故障时，另一极能够单独运行，并能完成主要的控制任务，因此两极的极控制级完全独立。极控制级的主要功能有：经计算向换流器控制级提供电流整定值，控制直流输电的电流；直流输电功率控制，根据功率整定值和实际直流电压值决定出直流电流整定值，功率整定值由双极控制级给定或人工设置；极起动和停运控制；故障处理控制，包括移相停运和自动再起动控制、低压限流控制等；各换流站同一极之间的远动和通信，包括电流整定值和其他连续控制信息的传输、交直流设备运行状态信息和测量值的传输等。

（4）换流器控制级。换流器控制级是控制直流输电一个换流单元的控制层次，用于控制换流器的触发相位。主要控制功能有：换流器触发相位控制；直流电流控制；关断角控制；直流电压控制；触发角、直流电压、直流电流最大值和最小值限制控制及换流单元闭锁和解锁顺序控制等。

（5）换流阀控制级。换流阀控制级是针对单个阀分别设置的等级最低的控制层次，由地电位控制单元（VBE）和高电位控制单元（TE）两个部分构成。主要功能为：将处于地电位的换流器控制级送来的阀触发信号进行变换处理，经电光隔离（或磁）耦合或光缆送到高电位单元，并变换为电触发脉冲，经功率放大后分别加到各晶闸管元件的控制级；监测晶闸管元件和组件的状态，包括阀电流过零点、高电位控制单元中直流电源的监视。监测信号经电隔离或光缆传送到地电位控制单元，经处理后进行控制、显示、报警等（这部分设备通常称为TM）。

（6）单独控制级。换流站中除换流器外的其他各项设备的自动控制、操作控制和状态监测装置，与换流阀控制级同属于最低层次的控制级别。单独控制功能包括：换流变压器分接开关切换控制；换流阀冷却及辅助系统的控制和监测；直流和交流开关场各断路器、隔离开关的操作和状态监视；直流滤波器组的投切操作和监测；交流滤波器组和无功补偿设备的投切操作、自动控制和状态监测等。

2. 直流输电系统的主要控制功能建模

为了满足连锁故障交直流混合仿真的需求，电网连锁故障仿真程序电磁暂态分析软件对以下直流输电系统主要控制功能进行了UD详细建模：

直流功率调制MODS——系统层；

双极功率控制——双极层；

过负荷限制OLL——双极层；

无功功率控制RPC——双极层；

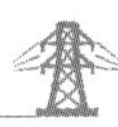

极功率控制/电流控制 PPC——极控层；

换流变压器分接头控制 TCC——极控层；

线路开路试验控制 OLT——极控层；

低电压限电流控制 VDCOL——极控层；

换流器触发控制 CFC——换流器控制层控制。

（1）直流功率调制。直流输电调制控制用于提高整个交直流互联系统的稳定性能，具有以下功能：

1）功率回降。涉及整流侧交流系统损失发电功率或逆变侧交流系统甩负荷的事故，可能要求自动降低直流输送功率。设置多个功率级别的功率回降，功率回降功能作用于功率指令或电流指令。无论在功率控制模式下还是在电流控制模式下，均能使用功率提升功能。功率回降级别及功率回降的速率将由系统研究决定。

2）功率提升。涉及逆变侧损失发电功率或整流侧甩负荷故障时，有可能要求迅速增大直流系统的功率，以便改善交流系统性能。设置多个功率级别的功率提升功能。最高的一级为直流输电系统的短时过负荷定值。功率提升功能作用于功率指令或电流指令。无论在功率控制模式下还是在电流控制模式下，均能使用功率提升功能。

此外还有阻尼次同步振荡、异常交流电压和频率控制功能，通过调整直流功率、点火角以及投切滤波器组，帮助交流系统从以下状态恢复正常：交流系统频率偏移，高于或低于额定频率一定值，该值由系统研究决定；交流系统电压高于或低于额定电压一定值，该值由系统研究决定。

（2）双极功率/电流平衡控制。双极功率控制是高压直流输电系统双极运行时的基本控制模式，双极功率控制功能分配到每一极实现，任一极都可以设置为双极功率控制模式，其控制方式如图 15－87 所示。

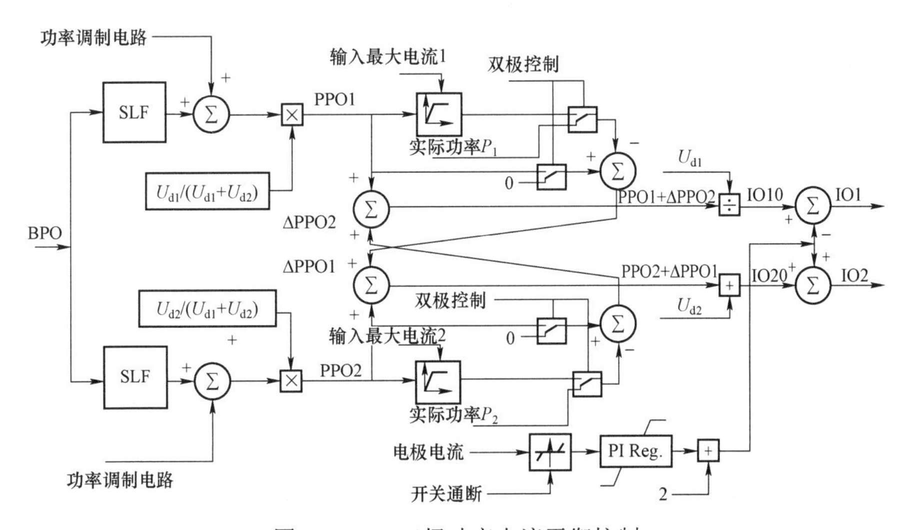

图 15－87　双极功率电流平衡控制

如果两个极都处于双极功率控制模式下，双极功率控制功能为每个极分配相同的电流参考值，以使接地极电流最小。如果两个极的运行电压相等，则每个极的传输功率是相等的。但是，如果一极处于降压运行状态而另外一极是全压运行，则两个极的传输功率比与两个极的电压比一致。此时，地电流平衡调节器保证两极电流平衡运行，不允许任何一极过负荷运行。

如果两个极中的一个极被选为独立控制模式（极功率独立控制或同步极电流控制），或者是处于应急电流控制模式，则该极的传输功率可以独立改变，整定的双极传输功率由处于双极功率控制状态的另一极来维持。在这种情况下，接地电流一般是不平衡的，双极功率控制极的功率参考值等于双极功率参考值和独立运行极实际传输功率的差值。由于传输能力的损失引起的在两个极之间的功率分配仅限于设定双极功率控制极。如果一个极是独立运行，另一极是双极功率控制运行，则双极功率控制极补偿独立运行极的功率损失。独立运行极不补偿双极功率控制极的功率损失。

（3）过负荷限制。直流输电系统根据当前环境温度、备用冷却设备是否可用，以及晶闸管当前结温，计算得到换流站的过负荷能力对极功率/电流控制输出的电流指令进行限幅。通常故障情况下，可首先利用直流系统的 3s 时间 1.4 倍暂态过负荷能力迅速提升输送功率；其次利用直流系统的 2h 和长期的 1.1 倍过负荷能力，将暂态过负荷时调高的直流输送功率（3s 后）再下调至 1.1 倍并保持该直流系统 2h 和长期的 1.1 倍过负荷运行状态。

（4）无功功率控制。无功控制（RPC）主要通过滤波器的投切，控制交流母线电压或者与交流系统的无功交换量，从而控制与换流站相连的交流网络的性能，并确保不会将过量谐波引入到交流系统中。

RPC 对投切滤波器安排了不同的优先级，只有满足了优先级高的要求后，才能满足优先级低的要求。

极控系统无功功率控制软件实现的控制逻辑如图 15－88 所示。

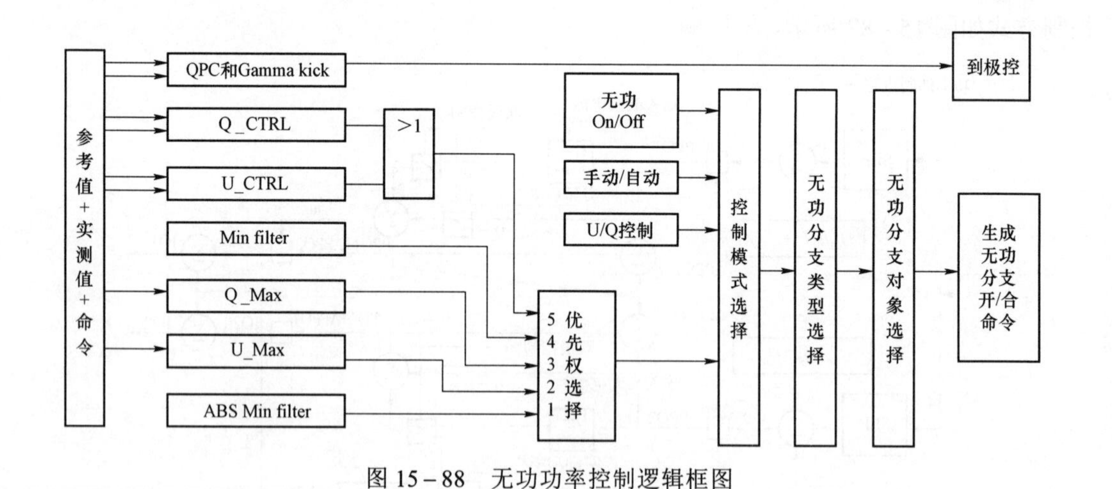

图 15－88　无功功率控制逻辑框图

（5）极功率/电流控制（PPC）。极功率/电流控制系统的主要作用是在交流和直流扰动下仍保持本极直流输送功率或直流电流恒定。

极功率/电流控制接收来自运行人员的功率/电流指令以及功率/电流升降速度，并执行功率升降逻辑（Stepping Logic），实现输送的直流功率按线性变化至预定的功率定值，同时保证定功率控制与定电流控制之间进行模式转换时不引起直流功率的波动。

来自附加控制的调制信号根据调制类型的不同可作用于极功率/电流控制中不同阶段的功率和电流指令。来自过负荷限制的 IO_{max} 限制了电流指令的最大值。电流裕度补偿（Current Margin Regulator）在电流控制转移到逆变侧时，补偿与电流裕度相等的电流下降。极功率/电流控制的输出为电流指令信号，送至整流侧和逆变侧的 VDCOL。

在极功率控制模式下，该极传输功率保持在按极设置的功率参考值，不受双极功率参考值的影响。

极功率控制可实现定功率方式运行、定电流方式运行，以及功率翻转。

极功率控制不直接去控制换流器的触发脉冲相位，而是以直流电流调节器为基础，通过改变电流调节器的电流定值的方法来实现功率调节。

（6）分接头控制 TCC。有载调压开关控制（TCC）的目的是维持触发角α、熄弧角γ或直流电压 U_d 在给定的参考值。TCC 特点是慢速（每步 5～10s）以及逐级转动（每步 1.25%），以适应稳定状况变化和 CFC（换流器触发控制）控制快速变化。分接头控制具有如下多种控制方式：

1）整流器α角控制。整流器的α角控制功能控制触发角（α）在参考值。此α参考值在 VARC 中计算并分配。α角控制比较α角参考值与α角测量值之间的差值，如果此差值高于/低于迟滞值，有载调压开关发令步进。

为了避免有载调压开关的摆动，α控制仅在以给定α角参考值为中间值的范围内进行。避免有载调压开关摆动的迟滞值相应为 15° ±2.5° 。

假设整流器的交流电压升高。CFC（换流器触发控制）将增加触发角来维持直流电流与电流指令相等。如果α角超过α角参考值加上迟滞值，则 TCC 将开始减少阀侧电压来恢复α角在特定范围内的 U_{dio} 值。如果交流电压减少，α角低于α角参考值减去迟滞值，则 TCC 将开始增加阀侧电压直到恢复α角在特定范围内。

2）逆变器γ角控制。逆变器的γ角控制功能控制熄弧角（γ）在参考值。此γ参考值在 VARC 中计算并分配。γ角控制工作与α角控制一样，即如果γ角测量值与参考值之间的差值高于/低于迟滞值，有载调压开关发令步进。

为了避免有载调压开关的摆动，γ控制仅在以给定γ角参考值为中间值的范围内进行。避免有载调压开关摆动的迟滞值相应为 15° ±2.5° 。

假设逆变器的交流电压升高。CFC（换流器触发控制）将增加熄弧角来维持直流电压与电压指令相等。如果γ角超过γ角参考值加上γ角迟滞值，则 TCC 将开始减少阀侧电压来恢复γ角在特定范围内。

如果交流电压减少并且γ角低于γ角参考值减去γ角迟滞值，则 TCC 将开始增加阀侧电压直到恢复γ角在特定范围内。

3）逆变器电压控制。逆变器的电压控制功能控制直流电压在参考值。此电压参考值在 VARC 中计算并分配。电压控制工作与α角和γ角控制一样。

为了避免有载调压开关的摆动，直流电压控制仅在以给定电压参考值为中间值的范围内进行。避免有载调压开关摆动的迟滞值相应为有载调压开关步进的＋0.75。

如果直流电压超过电压参考值加上电压迟滞值，则 TCC 将开始减少阀侧电压来恢复直流电压在特定范围内的 U_{dio} 值。如果直流电压低于电压参考值减去电压迟滞值，则 TCC 将开始增加阀侧电压直到恢复直流电压在特定范围内。

4）U_{dio} 限制。U_{dio} 限制的目的是防止设备由于稳态过电压而受到的应力。因此，U_{dio} 限制器优先于正常的有载调压开关控制。这确保 U_{dio} 不会超过 U_{dioL} 值。这通过有载调压开关控制换流变压器阀侧电压来实现。U_{dio} 限制有两个关联的限制，为 U_{dioG} 和 U_{dioL}。

U_{dio} 限制的运行范围：

a. 当 U_{dio} 高于 U_{dioG} 但低于 U_{dioL}，$U_{dioG}<U_{dio}<U_{dioL}$，$U_{dio}$ 限制器模块给有载调压开关一个指令增加换流变压器阀侧电压。

b. 当 U_{dio} 高于 U_{dioL}：对于 U_{dio} 高于 U_{dioL}，U_{dio} 限制器模块给有载调压开关切换指令降低换流变压器阀侧电压。

U_{dioG} 选为有载调压开关控制功能指令的 U_{dio} 增加的上限值。

U_{dioL} 选为避免有载调压开关摆动的足够高值，即不能跟随增加 U_{dio} 指令而降低。

U_{dio} 限制功能在所有控制方式下有效，包括手动控制。这是有载调压开关控制最高优先级。

5）有载调压开关自动再同步。假如不同有载调压开关位置之间存在差异，自动再同步功能将恢复有载调压开关之间的同步。再同步功能仅在自动控制时有效。

此功能将使有载调压开关尝试一次同步，如果不成功，此功能将给出一个报警并禁止下一步自动控制。在手动方式下选择单独步进，有载调压开关在切回自动方式前必须手动再同步。

6）空载控制。换流变压器分接头的空载控制用于换流站换流变压器充电和空载加压试验的情况，在空载加压试验时，空载控制将控制换流变压器分接头在以下预先设定的位置，换流变压器分接头控制功能图如图 15－89 所示。

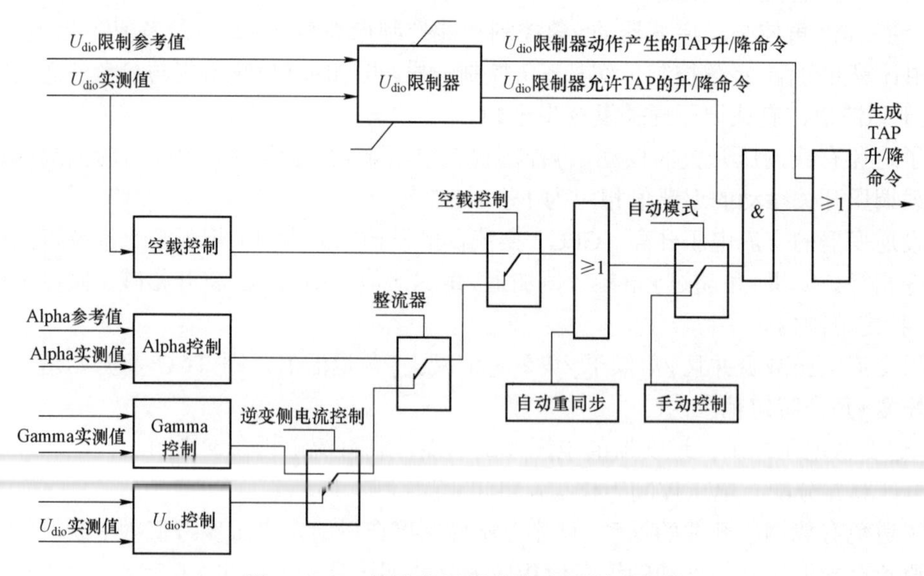

图 15－89　换流变压器分接头控制功能图

如果换流变压器失电（交流断路器断开），换流变压器分接头移至最低点。此时，U_{dio} 最低。如果换流变压器充电，换流变压器分接头的空载控制根据空载加压试验需要的直流电

压等级控制 U_{dio} 为参考值。如果换流变压器充电，并且不在空载加压试验的状态下，换流变压器分接头根据允许的最小运行电流（0.1p.u.）建立 U_{dio}。

在换流器闭锁或在开线试验时选择空载控制。NLC 在预选范围内设置有载调压开关。如果变压器失电（交流开关分开），有载调压开关将移到最低位置，此时 U_{dio} 为最低值。如果换流变压器上电并且不在开线试验状态，有载调压开关将根据最小电流值要求建立 U_{dio} 值。在线路开路试验时，换流变压器抽头的空载控制根据 OLT 需要的直流电压等级控制 U_{dio} 为参考值。

（7）低压限流（VDCOL）。VDCOL 的主要功能是在交直流系统故障时，随着直流电压的降低，即控系统减小直流电流；故障恢复之后，随着直流电压的升高，极控系统逐渐的恢复直流电流。VDCOL 主要作用有：

1）防止在交流系统故障时或者故障后系统不稳定。

2）在交流系统或者直流系统故障清除后快速控制整个系统恢复功率传输；交流系统发生故障，当直流系统电流减少时，两端换流器少吸收无功功率，有利于交流电压恢复；如果，交流系统故障切除，直流系统功率恢复太快，换流器需要吸收较大的无功功率，将影响交流电压的恢复，所以对于逆变侧较弱时，需要等交流电压恢复后，再恢复直流。

3）减小由于持续换相失败对换流器造成的过应力；当换流器不能正常换相时，一些正常阀长期流过大电流，将影响换流器的运行寿命，甚至损坏。

4）在故障恢复之后抑制持续的换相失败。由于逆变侧交流系统故障或逆变器已经发生换相失败，造成直流电压下降、直流电流上升，使换相角加大、关断角减小，而发生换相失败或连续换相失败；因此，降低电流参考值可以减少发生换相失败概率。

3. 直流控制保护详细模型集成

上一小节所述的直流输电系统的详细建模工作，在大电网连锁故障仿真程序电磁暂态仿真分析软件中开展。其建模技术路线如下：

（1）基于电磁暂态仿真分析软件的电磁暂态基础元件库，搭建直流输电系统的一次系统，包括换流变压器、换流器、直流输电线路、接地线、交流滤波器、直流滤波器和平波电抗等。

（2）基于电磁暂态仿真分析软件的用户自定义（UD）元件库，搭建直流输电系统的控制保护系统各个功能的建模，参照实际控制保护分别单独搭建。

（3）直流控制保护建模正确无误后，与一次系统模型形成闭环，并通过调试与对比验证，确保整条直流模型的正确性。

按照上述技术路线，完成了±500kV 与±800kV 的直流输电系统的详细建模，其中控制保护均采用 UD 参照实际控制保护搭建，并进行必要封装以便于使用和维护。

该两条直流的详细建模，均参照世纪直流输电系统进行搭建。下面以±800kV 直流模型的直流故障响应为例验证建模的正确性。通过大电网连锁故障仿真程序电磁暂态仿真分析软件与 PSCAD－EMTDC 的对比曲线可以看出，故障期间，两者响应的趋势基本一致，故障前后的稳态工况基本一致，交直流有功/无功交换对比一致，可以证明详细建模的正确性，如图 15－90 所示。

两者仿真波形尚存在不一致的地方，解释如下：

（1）由于直流输电线及接地线，大电网连锁故障仿真程序电磁暂态仿真分析软件暂时采用分布参数线路模型（频率相关模型尚未具备），而 PSCAD 采用频率相关线路模型，大电网连锁故障仿真程序电磁暂态仿真分析软件的换流变压器暂时没有考虑饱和特性，因此造成直流的谐波特性、线路压降、换相电抗的仿真差别。

（2）由于线路模型的差别导致首末段压降的不一致，影响到稳态解整流侧出端电压的差别，该差别可以通过调整线路参数或采用频率相关线路模型来弥补。

（3）目前由于临时采用的交流电源元件，PSCAD 采用 sin 函数产生三相波形，采用 cos 函数产生三相波形，因此二者之间有 90° 相角差，可以通过移相来解决。

（4）关断角测量建模与 PSCAD 尚不一样，因此故障期间关断角测量值有不一致的地方。

上述问题属于模型精度与建模方法的差别，而不属于正确性的问题，大电网连锁故障仿真程序电磁暂态仿真分析软件可以通过后续开发更精确的线路、变压器模型、更贴近实际工程的关断角测量功能等来弥补。

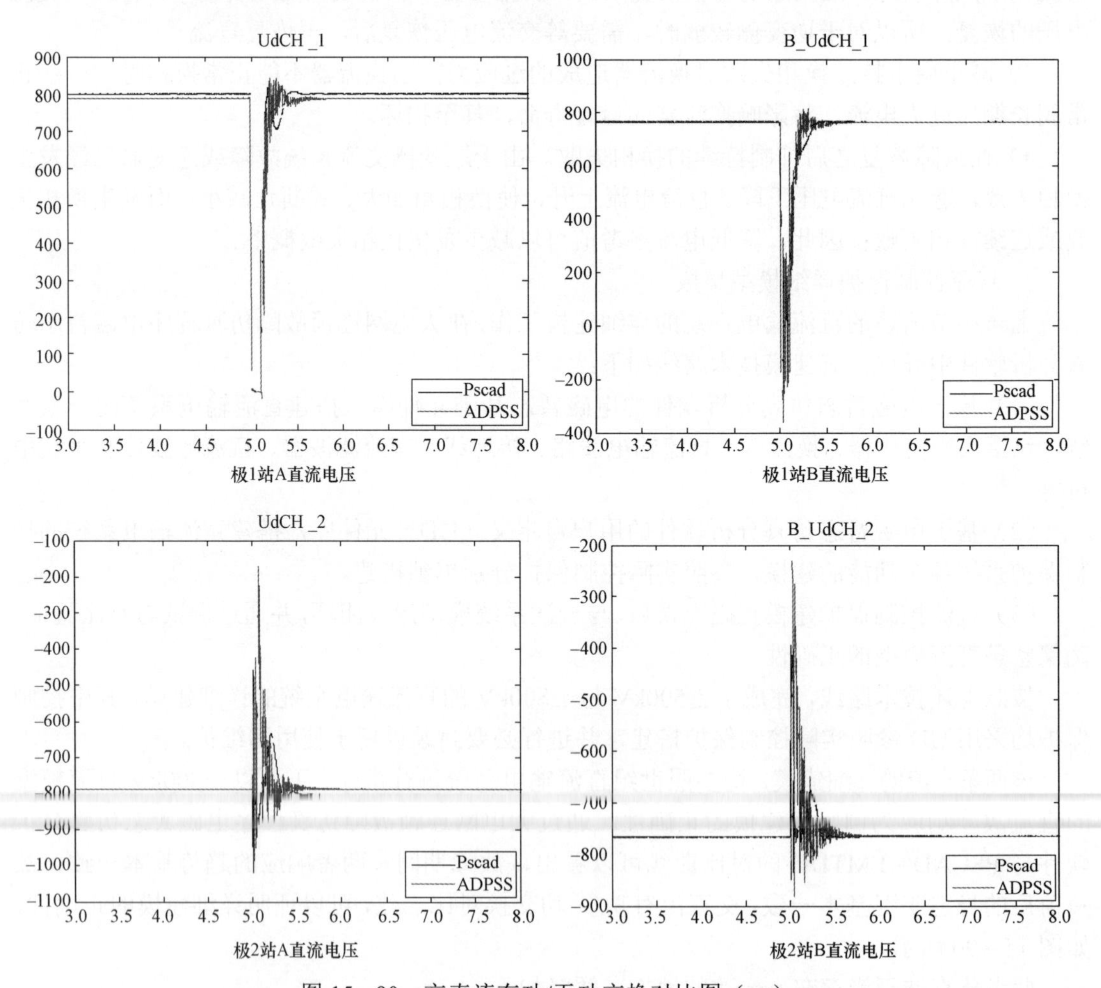

图 15－90　交直流有功/无功交换对比图（一）

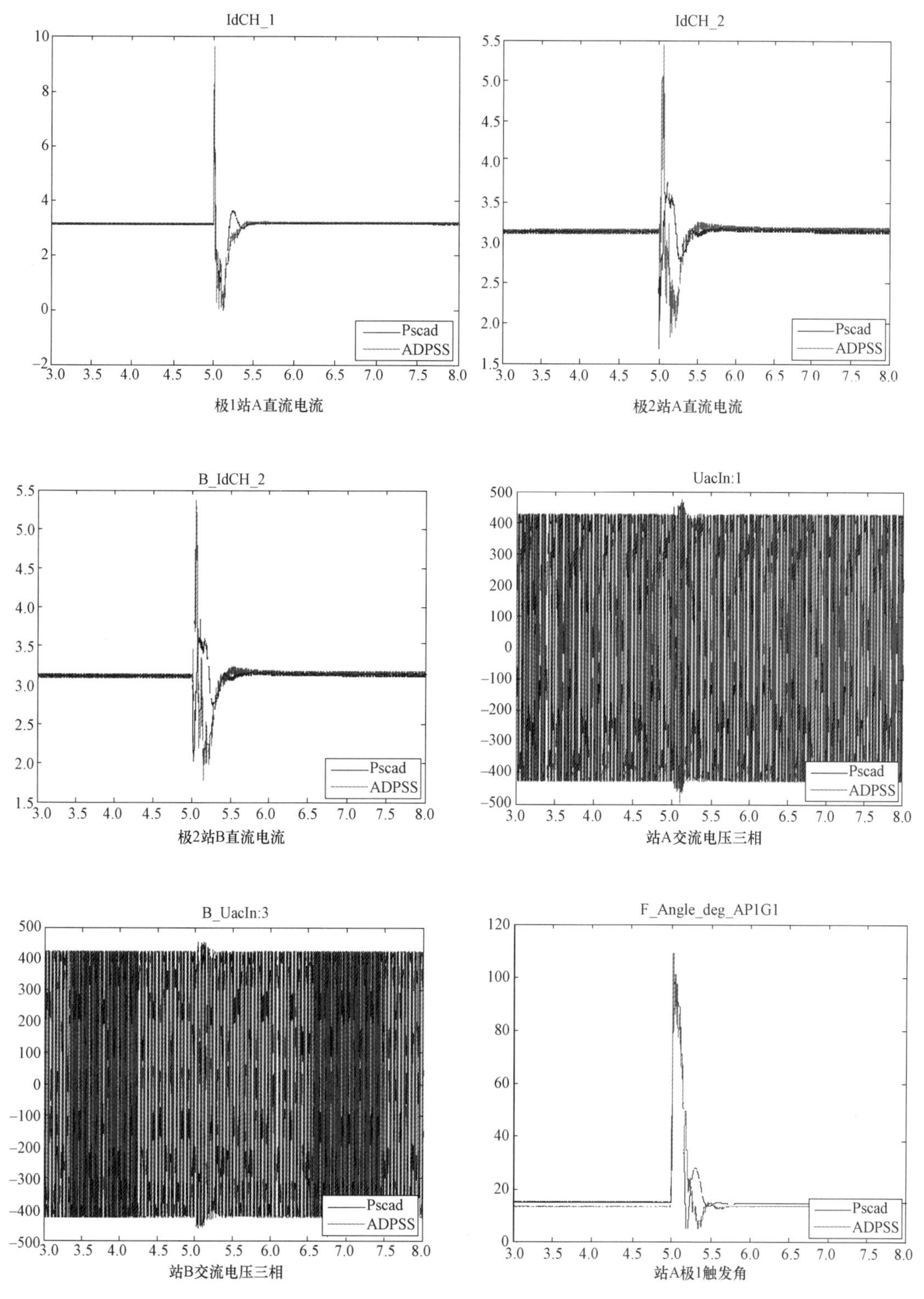

图 15－90　交直流有功/无功交换对比图（二）

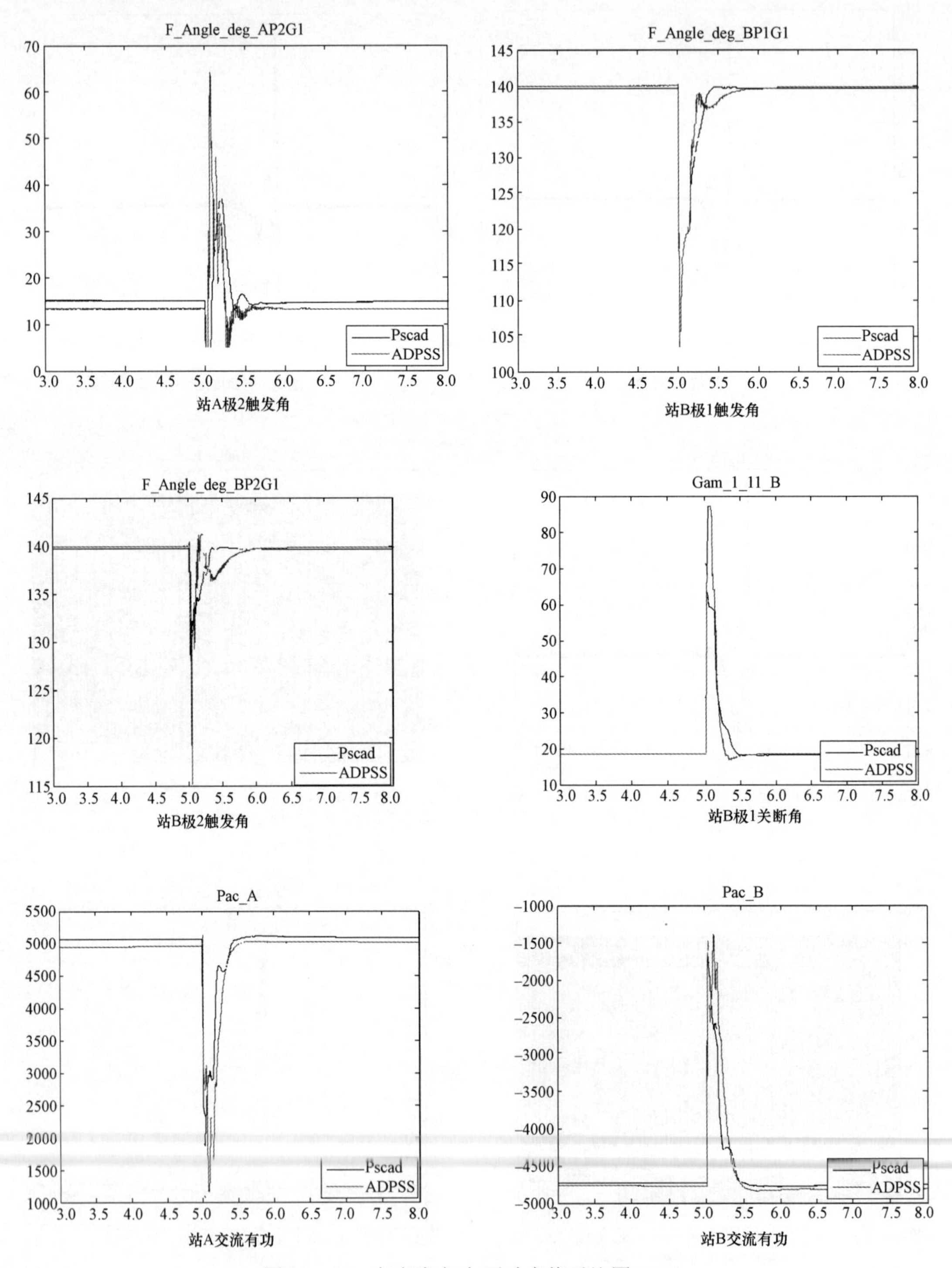

图 15－90　交直流有功/无功交换对比图（三）

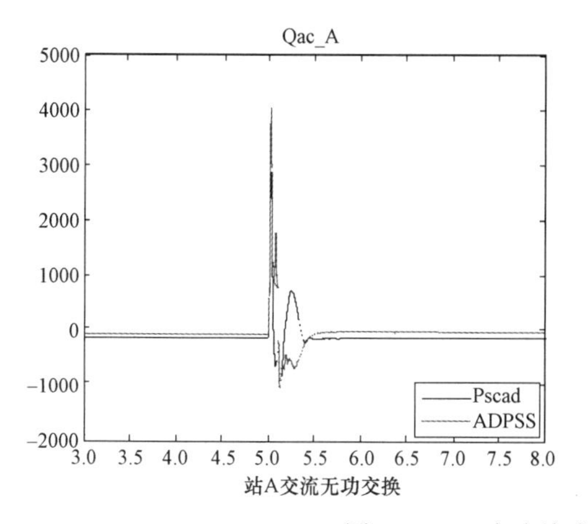

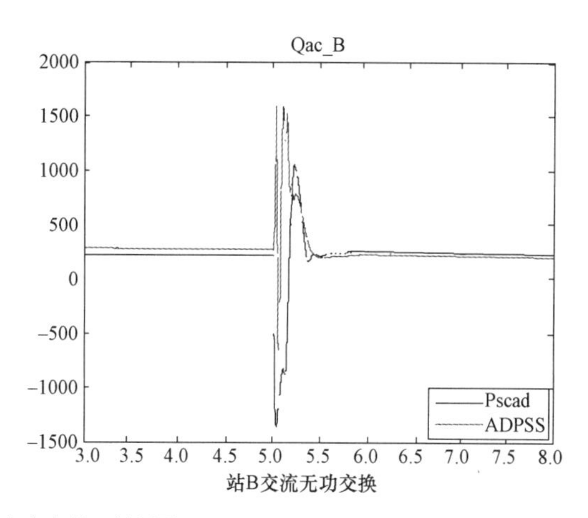

图 15－90　交直流有功/无功交换对比图（四）

15.3　模型库的构建与使用

继电保护与安全自动装置采用用户自定义模型的方式建模。建模工具增加了继电保护与安全自动装置相关功能改进而成的专用可视化建模工具。该建模工具为用户提供了图形化的继电保护与安全自动装置建模环境。工具支持搭建潮流模型、暂稳模型、继电保护模型、安全自动装置模型。其中，继电保护模型分为变压器保护模型、线路保护模型、发电机保护模型、母线保护模型和其他模型。建模工具同时支持用户自定义模型组件，用户可以将常用的模型组件保存下来，供今后搭建类似模型时使用。

建模工具主要实现了以下功能和特点：

（1）提供了全面的图形化操作方式，可以方便地搭建模型；

（2）提供了丰富和的功能框，满足各种模型构建的需要；

（3）提供了丰富的输入变量和输出变量，可以与电力系统完整地结合；

（4）提供了常见的信号源功能框和示波器功能框，模型可以在不接入电网的情况下进行仿真，验证模型功能；

（5）提供了一套简易的模拟电力系统，模型功能可以接入简单系统进行仿真，验证模型功能；

（6）仿真结果曲线可以直接调用曲线阅览室查看；

（7）设计并开发了全新的功能框列表窗口，选择功能框更便捷；

（8）系统使用 C＋＋/Qt 框架开发，除了在 Windows 系统使用，需要时可以方便地移植到 Linux/UNIX 操作系统下。

15.3.1　搭建模型过程

使用建模工具，可以方便地搭建各种模型。模型搭建好后，导出计算文件即可生成模型库，在计算分析中调用。用户搭建模型的一般操作流程一般包括以下几个步骤：

（1）创建适合发电机、母线、变压器、线路等保护类型的继电保护/安全自动装置模型。

（2）按照模型逻辑，进行图形化操作，移动连接功能框搭建保护模型图。

（3）编辑模型的参数组，可以直接手工输入或格式文件导入方式将参数进行录入。

（4）在建模环境中测试模型的正确性。

（5）将搭建好的模型导出到继电保护/安全自动装置模型库。

搭建模型与仿真计算的主要过程及相关数据的数据流如图 15－91 所示。

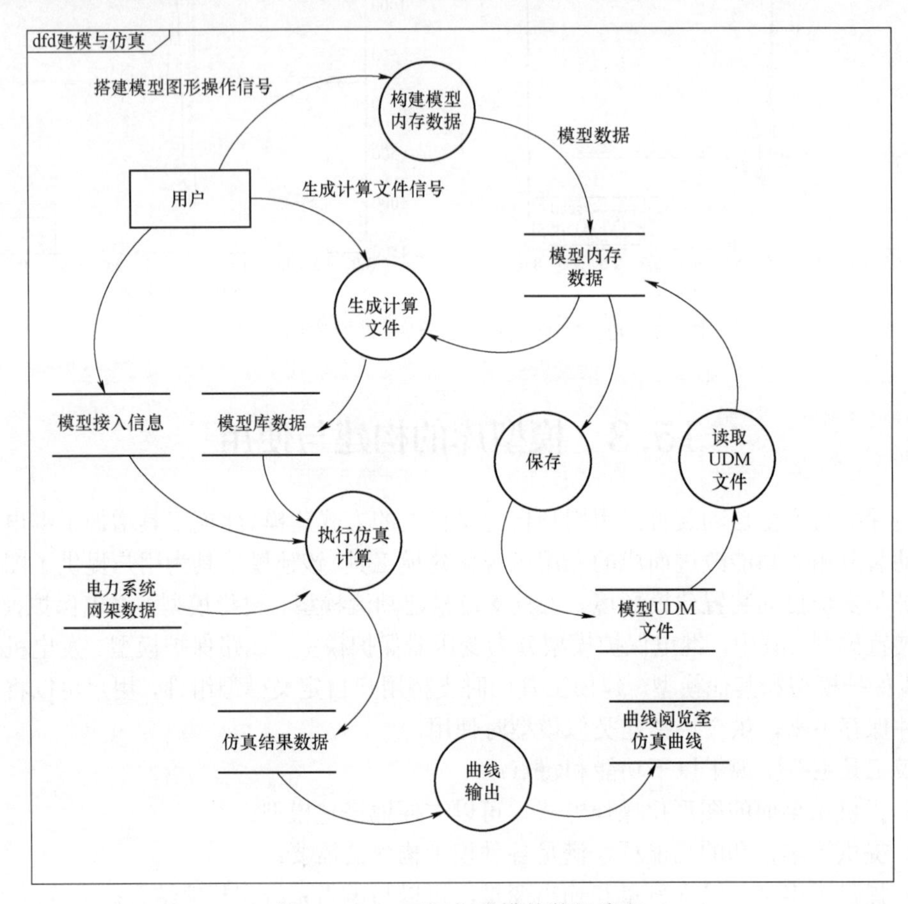

图 15－91　可视化建模的数据流程

15.3.2　功能框图形组件设计与实现

图形组件系统使用 Qt 二维图形库 QGraphicsItem、QGraphicsScene、QGraphicsView 及其派生的类实现。图形组件的绘制由元素类和操作实现。

一个图符由从图符库读取的中间图形和边框文字信息组合构成，一些文字性质的图符或简单图符可以省略中间图形。

图形绘制的主要类及类之间的继承关系如图 15－92 所示。

15.3.3　模型测试环境的设计与实现

用户在建模工具中建立模型后，为了保证模型正常工作，需要对模型进行验证。模型的验证可以将模型导出后配置到实际电力仿真环境计算分析。然后，实际电网环境复杂，影响因素众多，而且需要在建模环境和电力仿真程序间切换，操作烦琐。为使用户可以更方便地验证模型功能，方便修改调试，建模工具加入了模型测试功能。

15.3.3.1　模型测试的方式

模型测试功能提供了两种仿真测试方式，一种是在一个简单的虚拟电网环境中运行，另一种是在模型中加入临时信号源。

在简单虚拟电网环境的测试的过程与模型在实际电网仿真的方式类似，区别仅仅是运行的电网更加简单，且不需要切换到仿真软件环境。建模工具默认为用户提供了一套 10 节点的虚拟电网环境，这个虚拟电网环境包含了常用的各种电力系统元件，基本上可以满足测试模型的需要。模型在简单虚拟电网环境中。采用加入临时信号源的方式测试，需要在需测试的模型中临时性地加入信号源模拟电网输入信号，也可以在模型中加入示波器监视模型某个位置的信号。加入临时信号源测试模型的显示效果如图 15－93 所示。

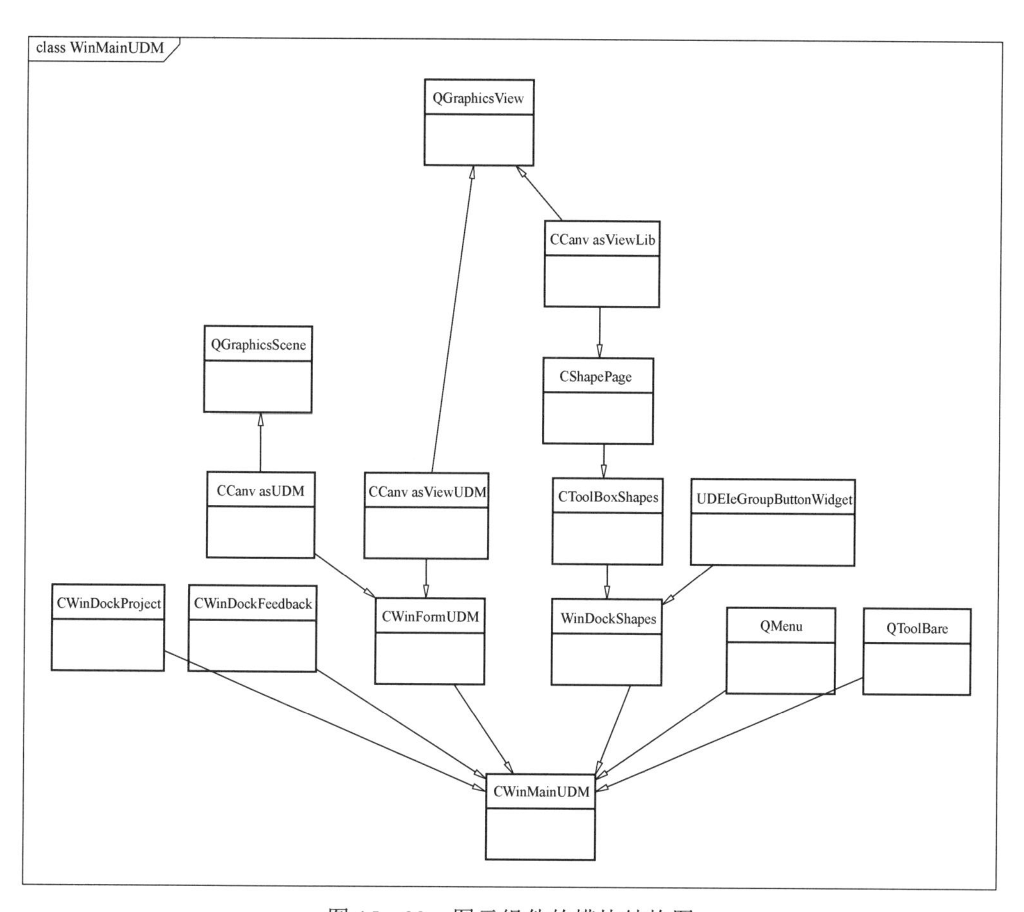

图 15－92　图元组件的模块结构图

15.3.3.2　测试模型仿真计算过程

用户进行模型仿真测试时起动计算后，系统将调用核心计算程序执行计算。

仿真计算类没有设计独立的计算类，而是在主窗口调用中直接实现。各相关类调用和仿真计算过程如图 15－94 所示。

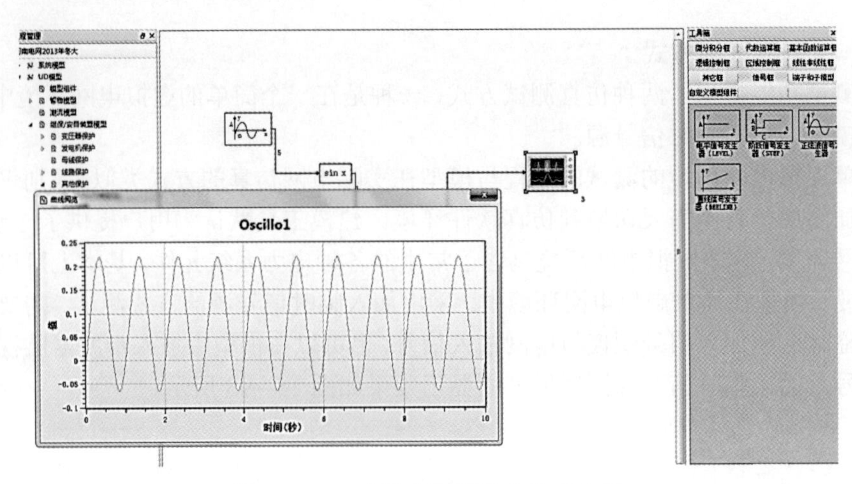

图 15－93 虚拟电网环境中仿真效果

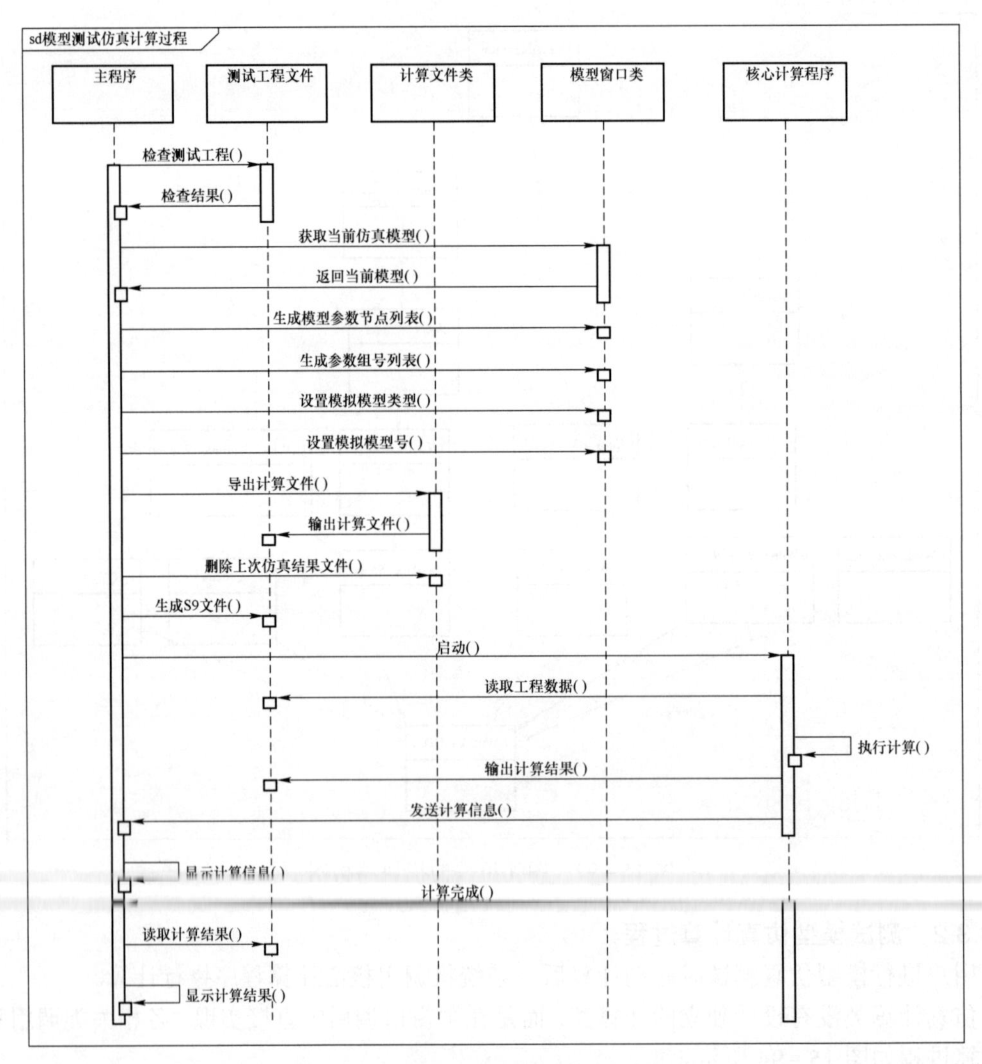

图 15－94 测试模型仿真计算过程图

小　结

本章对连锁故障仿真二次模型库的构建与开发进行了研究与设计。首先，本章设计构建了继电保护与安全自动装置模型库中的基本元件保护模型、继电保护模型以及安全自动装置模型。其次，针对直流输电控制保护系统暂态进行建模，包括直流输电控制保护系统机电暂态建模、直流输电控制保护系统电磁暂态建模。最后，对模型库进行设计与实现。

连锁故障仿真分析系统研发

一个系统的应用平台是所有研究成果的工程化集成，电网计算技术研究注重数字化模型在确定的电网计算方法下的计算过程及结果，输入要求一般就是固定格式文件，而文件内容基本上只有开发者自身能完全掌握，根本没法交付给实际用户进行使用；每个计算功能点开发是相对独立，不是一个真正意义上的整体系统。通过应用平台的研发，将各个功能点进行集成串连，对相关数据进行有序的流程梳理，创建透明的用户交互界面，最终实现系统实用化目的。

平台软件开发是一项包括需求捕捉、需求分析、设计、实现和测试的系统工程，是一门有别于电力技术的学科，有自身的技术特点。一个软件平台的质量好的软件往往同设计的思路和方法，包括软件的功能和实现的算法、总体构架和模块设计有很大的关系。

在进行大电网连锁故障建模仿真应用平台的研发过程中，按照软件工程的步骤，进行了详细的需求分析讨论，根据大连锁故障仿真的具体需求和已有的技术积累，确定了系统总体架构，针对系统中的功能模块进行概要设计，最终完成了系统的设计和开发。电网连锁故障建模仿真应用平台的主要功能特点为：

（1）抽象继电保护/安全自动装置模型概念，创建了继电保护/安全自动装置模型库，为连锁故障仿真及其他的电网计算提供数据基础。

（2）系统实现了便捷的继电保护/安全自动装置的安装，包括批量安装过程。将安装与启用分离，更能灵活地根据计算需要和电网数据规模启用不同的装置方案。

（3）系统采用故障批量导入功能，实现了多方式下相同地点故障的重用。

（4）采用 MVC 的经典设计模式，实现逻辑和数据分离，图形化用户界面对大电网数据的编辑展示起到了非常科学的支撑。

（5）全图形化的多文档操作界面，实现了图形/数据的完美统一。

（6）在电网单线图上可以进行各种计算，如潮流、连锁故障仿真、网络分割和任务分配等。

（7）可以进行分网并行、串行计算的各种控制。

（8）使用标准 Qt 图形库支持，保证了程序的多平台兼容性，主控台可运行于 Windows/Linux/UNIX 操作系统下。

（9）利用 C＋＋语言的类实现面向对象的编程，保证程序的模块化，为程序扩展预留接口，保证程序有较好的可扩展性。

（10）界面风格专业、友好、美观，图标规范、标准。

连锁故障仿真计算的界面设计如图 16－1 所示。

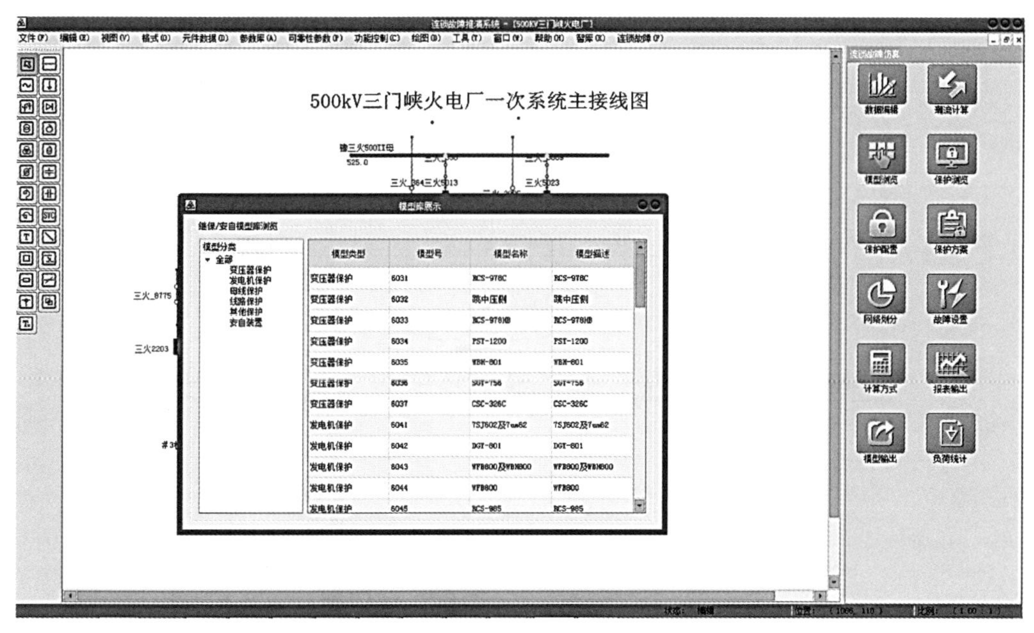

图 16－1　连锁故障仿真系统界面设计

16.1　连锁故障仿真系统总体设计

16.1.1　网络拓扑部署结构

16.1.1.1　概述

网络部署结构图是在物理层次上做整体的规划，并以此为基础进行细化设计。随着电网结构集中式的发展，电网规模越来越大，单机仿真的效率要求已不能满足要求。如图 16－2 所示，连锁故障仿真系统基本采用的是 C/S 模式进行开发构建，前台属于交互终端，后台进行仿真计算。它们之间通过以太网通信进行连接。

16.1.1.2　计算平台

计算平台由计算节点机群和主控服务器构成，主控服务器功能是负责同前台的信息交互，处理前端的命令要求，并将后台的计算信息反馈到前台交互程序，作为前后台协调的处理节点，在物理上它可能属于一个计算节点，各计算节点机之间通过中间件 MPICH 协调控制完成仿真的并行计算。各节点机（包括主控服务器）内部也存在一个私有的以太网，通过交换机与外部的局域网相连。通常采用 Linux 操作系统。

16.1.1.3　交互终端

交互终端硬件设备一般是由台式机和笔记本电脑组成，每个终端都装有连锁故障数据图形处理软件，主要功能有：

（1）基础电网数据编辑和维护。

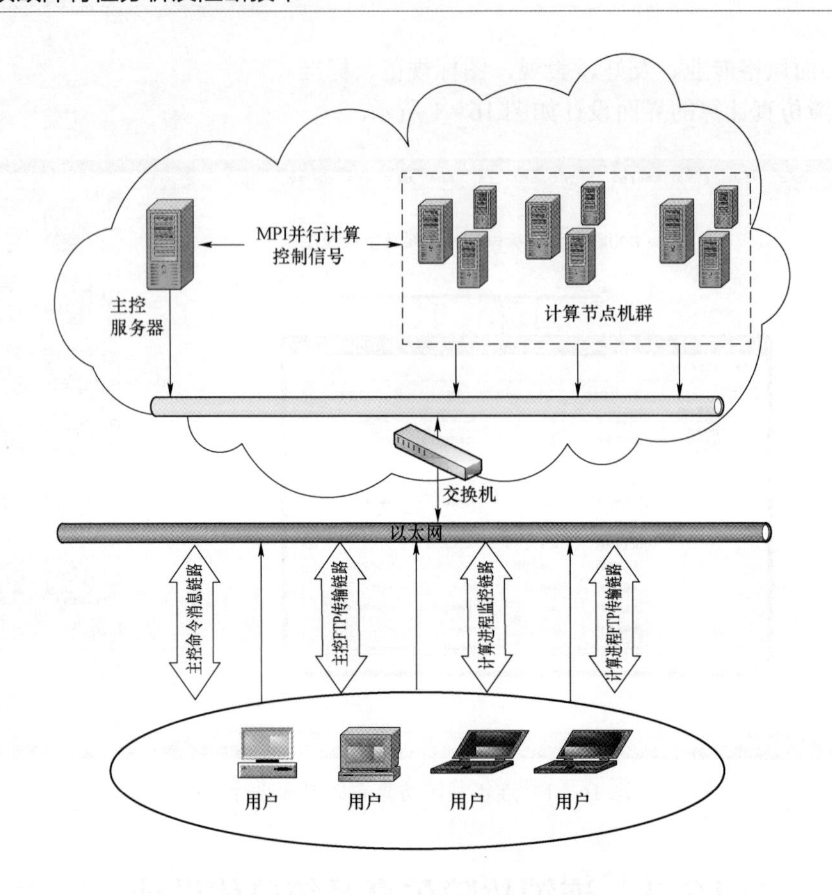

图 16－2　连锁故障仿真系统网络拓扑部署图

（2）创建和编辑维护方式潮流数据，并在本地进行潮流计算。

（3）实现继电保护/安全自动装置的模型建立及安装部署。

（4）设置初始故障和扰动设置，生成计算数据，提交后台计算。

（5）同计算平台进行信息交互，处理计算结果。

16.1.1.4　通信链路

（1）主控命令消息链路。由于进程间的通信同时是网络中的通信，因此采用了基于 TCP/IP 通信体系的 BSD Socket 套接口 C 的 API 实现，可以保证跨平台的可移植性和通信的效率。采用 C/S 架构，终端交互平台是 Server，计算节点机、主控服务器是 Client。因为各个计算节点机间的通信速度比用户终端快，因此大量数据与命令控制都由总控台与主控服务器交互，再由主控服务器与其他节点交互。这样总控台就不需要对曲线监视数据进行同步。

（2）主控 Ftp 传输链路。考虑到终端平台与计算节点通信间隔短，响应要求很严格，并且需要保证数据传输的稳定平滑性，采用了标准的 Ftp 文件传递方式。各个节点机分别是 Ftp Server，终端平台采用 BSD Socket 套接口 C 的 API 实现了一个 Ftp Client，根据 Ftp RFC 文档标准 Ftp 命令格式向 Ftp Server 发送命令进行相应操作。数据通信流程如图 16－3 所示。

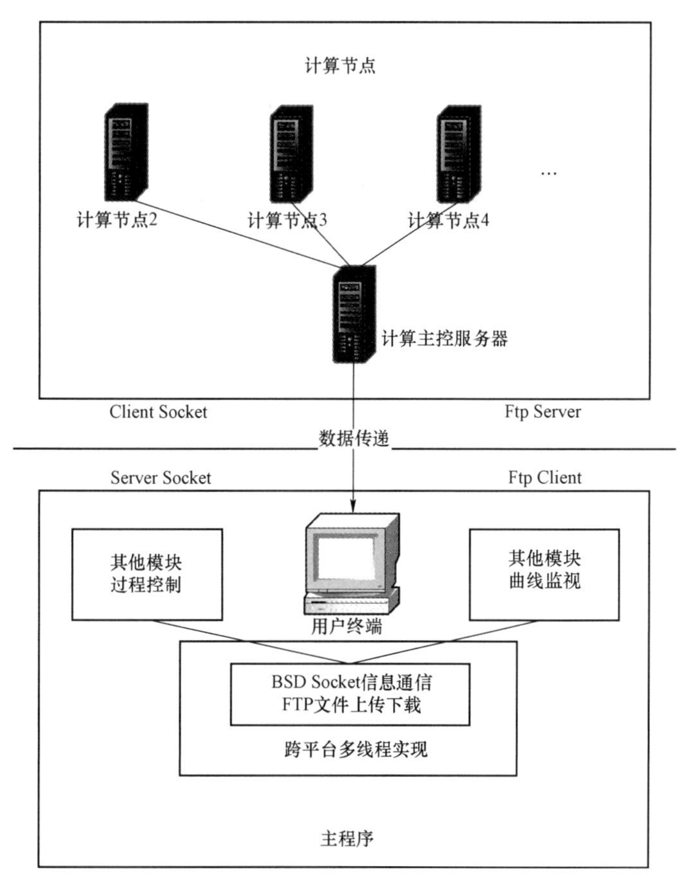

图 16－3　数据通信流程图

（3）计算进程监控链路。在电磁暂态计算过程中，计算步长比机电暂态微观得多，同用户终端的通信密集度非常大，如果所有的信息处理和监控信息都通过主控服务器来进行交互，传输效率和平台的图形界面刷新频度都不能满足要求，因此采用两种通信链路，一般的计算起动停止等命令式的消息同计算主控服务器通信，而监控信息直接面向每个计算节点进行通信。

（4）计算进程 FTP 传输链路。同计算进程监控链路相类似，在电磁仿真计算过程中，为了保证主界面的响应效率和曲线监视的平滑性，Socket 读、写数据和 FTP 文件上传、下载过程均在多线程内实现。终端起动后，在一个特定端口监听。计算起动后，由各个计算节点连接终端平台，然后保持连接，进行数据交互，直到计算结束或者计算被中断。文件传递流程如图 16－4 所示。

16.1.2　功能模块设计

连锁故障推演平台所涉及的功能模块较为复杂，因此在整个功能模块的总体设计上采取了自下而上的分层设计思想，使模块间的关系更为清晰，方便系统的协同开发和及后期的维护，增加模块的公用性，同时增加了平台的稳定性和可扩展性。整个平台可分为基础数据层、数据 IO 层、逻辑处理层、功能组件层、交互应用层，如图 16－5 所示。

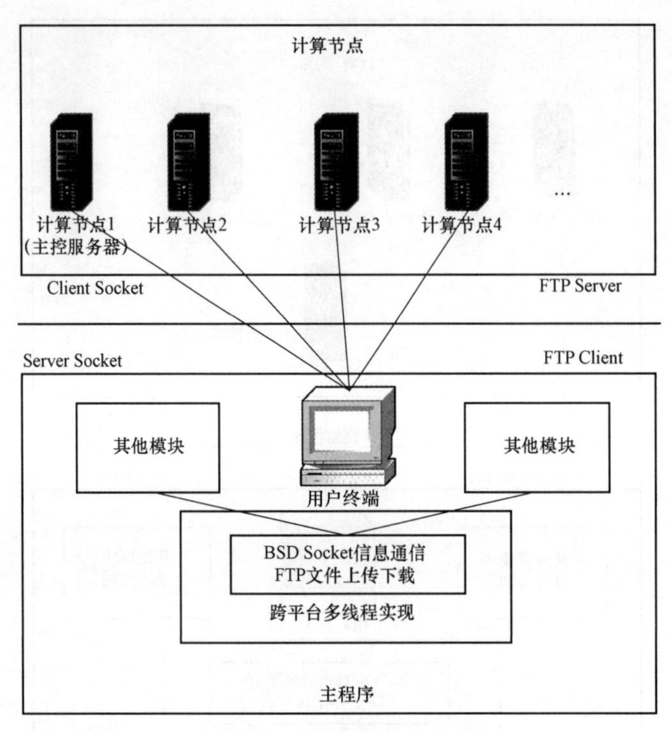

图 16-4　文件传递流程图

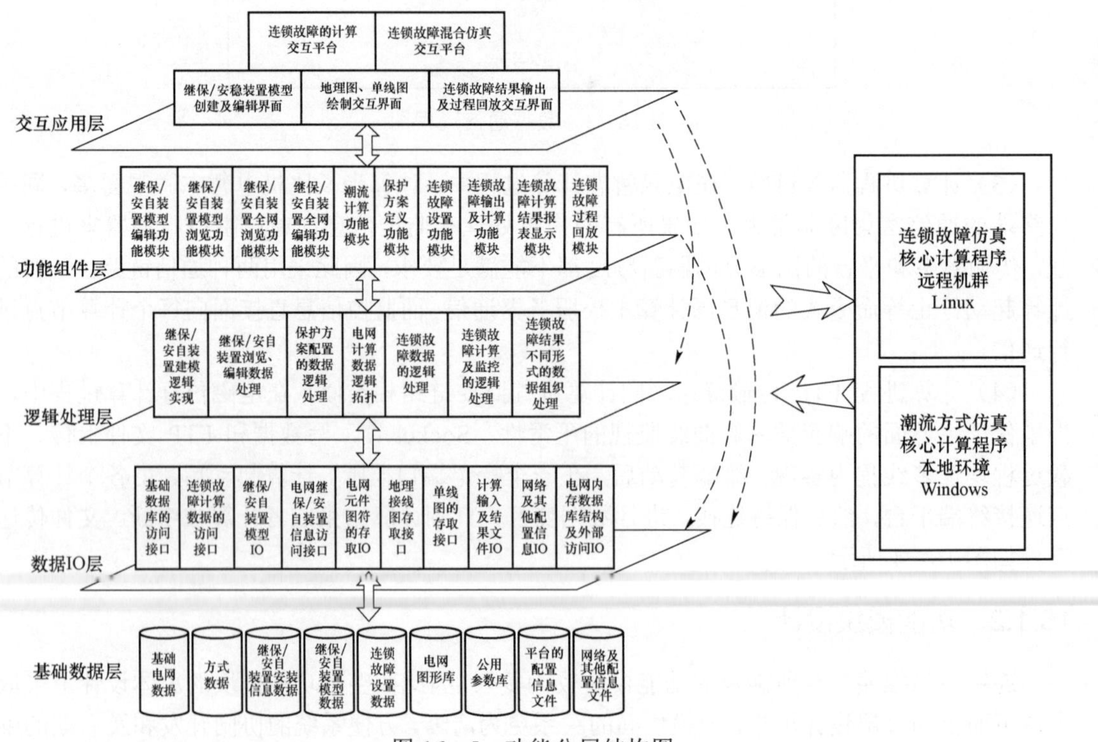

图 16-5　功能分层结构图

16.1.2.1　基础数据层

基础数据层主要功能是对平台所需要的相关数据进行组织，考虑数据的自身特点及访问方便性，设计其合适存储方式。数据内容包括基础电网数据、方式数据、继电保护/安全自动装置的模型数据、继电保护/安全自动装置的电网装配信息数据、连锁故障方案设置数据、公用参数库数据、电网图形库数据、平台相关的配置信息数据和网络通信配置数据等。

16.1.2.2　数据 IO 层

数据 IO 层主要功能是：实现对基础数据层的所有数据访问接口，并归类进行统一封装，单个模块在访问数据时不再直接访问数据源，实现逻辑和数据的真正分离，降低了逻辑处理和数据的耦合度，在数据产生变更时不必对所有的逻辑处理过程进行代码变更，只需要修改数据访问接口即可。数据 IO 层主要包括的接口模块有：基础数据库的访问接口、连锁故障计算数据的访问接口、继电保护/安全自动装置模型 IO、电网继电保护/安全自动装置信息访问接口、电网元件图符的存取 IO、地理接线图存取接口、单线图的存取接口、计算输入及结果文件 IO、网络及其他配置信息 IO、电网内存数据库结构及外部访问 IO。

16.1.2.3　逻辑处理层

逻辑处理层的功能是对数据流进行组织分析，根据具体的模块需求进行逻辑处理，逐一实现每个细化的子功能单元。主要包含的模块有：继电保护/安全自动装置建模逻辑实现、继电保护/安全自动装置浏览、编辑数据处理、保护方案配置的数据逻辑处理、电网计算数据逻辑拓扑、连锁故障数据的逻辑处理、连锁故障计算及监控的逻辑处理、连锁故障结果不同形式的数据组织处理。

16.1.2.4　功能组件层

功能组件层功能是：将多个逻辑处理模块进行组合，生成一个完整的功能处理模块或可供界面调用显示的 UI 组件库，功能组件层模块生成后，上层只要通过确定规则的组合，即可生成不同的应用系统。本平台所包含主要有以下功能组件模块：

（1）继电保护/安全自动装置模型编辑功能模块。

提供继电保护/安全自动装置模型搭建可视化图模编辑环境，实现模型的即时测试功能。创建生成继电保护/安全自动装置模型库。

（2）继电保护/安全自动装置模型浏览功能模块。

在连锁故障推演系统中，本模块实现全网的继电保护/安全自动装置模型按类型进行总体的浏览展示，方面用户对系统中所使用的模型有一个整体了解。

（3）继电保护/安全自动装置全网浏览功能模块。

对整个电网的继电保护/安全自动装置的装配情况进行浏览，查询电网中继电保护/安全自动装置模型安装地点及保护类型。

（4）继电保护/安全自动装置全网编辑功能模块。

实现对电网设备的继电保护/安全自动装置模型安装，用户可进行典型的批量安装。

（5）潮流计算功能模块。

生成特定的潮流方式并进行潮流数据调节，在本地进行潮流计算，对潮流结果进行报表展示。

（6）保护方案定义功能模块。

在继电保护/安全自动装置模型装配完成后，为了满足不同的仿真推演需要，可以定义任意的保护的有效性，生成连锁故障所需的保护启用方案，实现快速灵活的推演仿真。

（7）连锁故障设置功能模块。

在通常的机电仿真过程中，故障的设置只能针对指定的暂稳作业进行设置，当切换到其他暂稳作业时，设置的故障就没有了作用。本功能模块将用户所设置的故障按方案方式进行组织存储，实现了故障数据共享，并能预设人工干预手段。

（8）连锁故障输出及计算功能模块。实现连锁故障仿真的监视量输出选择，起动连锁故障仿真计算，监控计算过程中的信息，处理计算结果。

（9）连锁故障计算结果报表显示模块。将计算结果以报表方式或曲线方式进行显示，生成保护动作的气泡图形。

（10）连锁故障过程回放模块。将连锁故障过程进行简单的动画回放。

16.1.2.5　交互应用层

通过对功能组件层的功能模块进行组合，生成交互应用层的各种交互环境，用户在交互环境中进行各种连锁故障的相关操作。交互应用层主要有以下几个方面的应用：

（1）继电保护/安全自动装置模型创建及编辑界面。

（2）地理图、单线图绘制交互界面。

（3）连锁故障的计算交互界面。

（4）连锁故障混合仿真交互界面。

（5）连锁故障结果输出及过程回放交互界面。

16.2　继电保护与安全自动装置配置设计与实现

16.2.1　关键技术

在系统开发过程中，考虑到数据量有上万节点的规模，在数据的编辑过程中通常采用 MVC 设计模式，以提高访问和显示效率。如图 16－6 所示，MVC 由三种对象组成。Model 是应用程序对象，View 是它的屏幕表示，Controller 定义了用户界面如何对用户输入进行响应。在 MVC 之前，用户界面设计倾向于将三者融合在一起，MVC 对它们进行解耦，提高了灵活性与重用性。

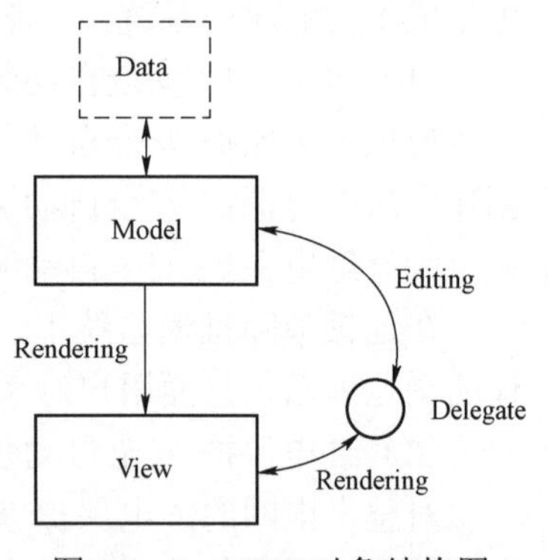

图 16－6　MVC 对象结构图

假如把 view 与 controller 结合在一起，结果就是 model/view 结构。这个结构依然是把数据存储与数据表示进行了分离，它与 MVC 都基于同样的思想，但它更简单一些。这种分离使得在几个不同的 view 上显示同一个数据成为可能，也可以重新实现新的 view，而不必改变底层的数据结构。为了更灵活地对用户输入进行处理，引入了 delegate 这个概念，它的好处是，数据项的渲染与编程可以进行定制。如图 16－6 所示，model 与数据源通信，并提供接口给结构中的别的组件使用。通信的性质依赖于数据源的种类与 model 实现的方式。view 从 model 获取 model indexes，后者是数据项的引用。通过把 model indexes 提供给 model，view 可以从数据源中获取数据。

在标准的 views 中，delegate 会对数据项进行渲染，当某个数据项被选中时，delegate

通过 model indexes 与 model 直接进行交流。总的来说，model/view 相关类可以被分成上面所提到的三组：models，views，delegates。这些组件通过抽象类来定义，它们提供了共同的接口，在某些情况下还提供了缺省的实现。抽象类意味着需要子类化以提供完整的其他组件希望的功能。这也允许实现定制的组件。models，views，delegates 之间通过信号、槽机制来进行通信：

从 model 发出的信号通知 view 数据源中的数据发生了改变，从 view 发出的信号提供了有关被显示的数据项与用户交互的信息，从 delegate 发生的信号被用于在编辑时通知 model 和 view 关于当前编辑器的状态信息。

（1）Models 元素。所有的 item models 都基于 QAbstractItemModel 类，这个类定义了用于 views 和 delegates 访问数据的接口。数据本身不必存储在 model，可被置于一个数据结构或另外的类、文件、数据库或别的程序组件中。关于 model 的基本概念在 Model Classes 部分中描述。QAbstractItemModel 提供给数据一个接口，它非常灵活，基本满足 views 的需要，而且数据可用以下任意形式表现，如 tables，lists，trees。然而，当重新实现一个 model 时，如果它基于 table 或 list 形式的数据结构，最好从 QAbstractListModel，QAbstractTableModel 开始做起，因为它们提供了适当的常规功能的缺省实现。这些类可以被子类化以支持特殊的定制需求。子类化 model 的过程在 Create New Model 部分讨论 QT 提供了一些现成的 models 用于处理数据项：QStringListModel 用于存储简单的 QString 列表。QStandardItemModel 管理复杂的树型结构数据项，每项都可以包含任意数据。QDirModel 提供本地文件系统中的文件与目录信息。QSqlQueryModel，QSqlTableModel，QSqlRelationTableModel 用来访问数据库。假如这些标准 Model 不满足用户的需要，用户应该子类化 QAbstractItemModel，QAbstractListModel 或是 QAbstractTableModel 来定制。

（2）Views 元素。不同的 view 都完整实现了各自的功能：QListView 把数据显示为一个列表，QTableView 把 model 中的数据以 table 的形式表现，QTreeView 用具有层次结构的列表来显示 model 中的数据。这些类都基于 QAbstractItemView 抽象基类，尽管这些类都是现成的并完整地进行了实现，但它们都可以用于子类化以便满足定制需求。

（3）Delegates 元素。QAbstractItemDelegate 是 Model/View 架构中用于 delegate 的抽象基类。缺省的 delegate 实现在 QItemDelegate 类中提供，它可以用于 Qt 标准 Views 的缺省 delegate。

（4）Model/View 排序方法介绍。在 model/view 架构中有两种方法进行排序，选择哪种方法依赖于底层 model。假如 model 是可排序的，也就是它重新实现了 QAbstractItemModel::sort()函数，QTableView 与 QTreeView 都提供了 API，允许用户以编程的方式对 model 数据进行排序。另外，用户也可以进行交互方式下的排序（例如，允许用户通过点击 view 表头的方式对数据进行排序），可以这样做：把 QHeaderView::sectionClicked()信号与 QTableView::sortByColum()槽或 QTreeView::sortByColumn()槽进行联结就好了。另一种方法是，假如用户的 Model 没有提供需要的接口或是用户想用 List View 表示数据，可以用一个代理 Model 在用 View 表示数据之前对 model 数据结构进行转换。

（5）Model 与 Views 的搭配使用说明。QListView 与 QTreeView 很适合与 QDirModel 搭配。图 16－7 的例子在 Tree View 与 List View 显示了相同的信息，QDirModel 提供了目录内容数据。这两个 Views 共享用户选择，因此每个被选择的项在每个 View 中都会被高亮。

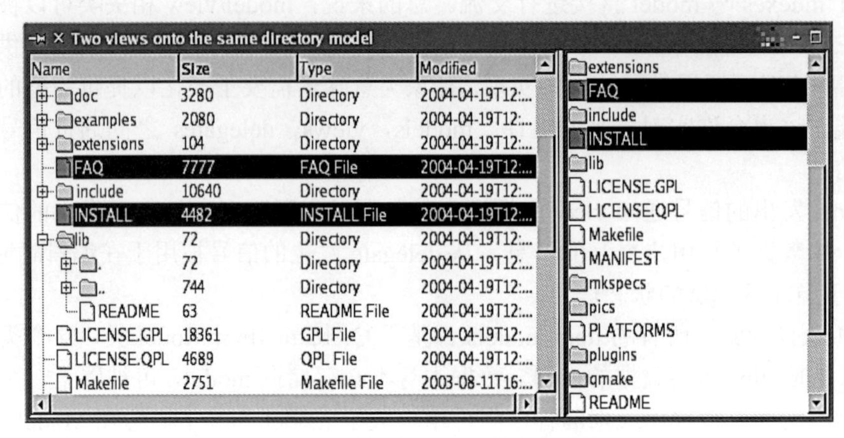

图 16－7　Model/Views 窗口示例图

16.2.2　浏览设计

16.2.2.1　总体概述

继电保护与安全自动装置浏览分为两个部分：

（1）模型库展示。用于将本地的模型库文件（XML 格式）读出，并在模型库展示界面展示出来，如图 16－8 所示。

图 16－8　模型库展示图

（2）全网配置浏览。用于将全网数据按照电压等级、元件类别、厂站分类等条件将全电网数据在相关数据库中查询，在全网配置浏览界面显示出来，如图 16－9 所示。

图 16－9　全网继电保护/安全自动装置浏览图

16.2.2.2　数据流程分析

1. 模型库展示界面流程说明

（1）程序起动，查找对应路径是否存在模型库描述文件（XML 格式），如果存在，则将模型库数据读入缓存中，检查对应的数据格式是否正确。

（2）模型展示界面调用 XML 文件读取调用类，获得模型库数据，然后根据用户要求显示在界面中。

（3）模型展示界面可以根据用户要求按照模型的类型分别显示，类型包括变压器保护模型、发电机保护模型、母线保护模型、线路保护模型、其他保护模型和安全自动装置模型。

2. 全网配置浏览界面流程说明

（1）程序起动，配置数据库访问条件以及默认查询条件，将数据从基础电力数据库和继保安稳数据库中取出，检查数据格式是否正确，读入系统缓存中。

（2）全网配置浏览界面调用数据读取和显示类，将读出的数据显示在界面中。

（3）用户可以根据自己的要求选择不同的条件来显示保护装置数据，可以根据电压等级、分区、元件类型、厂站分级等条件组合查询相应的保护装置数据。

16.2.2.3　模块使用类描述

模型库 XML 文件读写操作类（CFRelayAndSagetyModels）如图 16－10 所示。

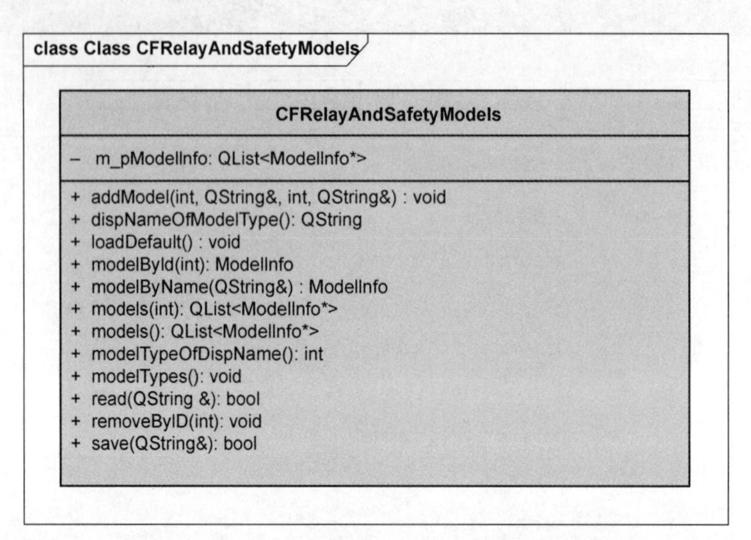

图 16－10　模型库 XML 文件读写操作类

CFRelayAndSagetyModels 类用于对模型库 XML 文件进行读写操作，对 XML 文件的读写采用 qt 的 DOM 读写方式，m_pModeInfo 是该类的私有成员变量，用于存储模型库文件，采用 QList 存储方式。

addModel()、modelById()、removeByID、models()、models(int)、modelTypes()用于对缓存在内存中的数据进行增删，查询等操作。

read()、write()用于对模型库文件的读写操作。

dispNameOfModelType()、modelTypeOfDispName()、modelTypes()用于类内部处理数据。

16.2.3　安装设计

16.2.3.1　总体概述

本模块主要实现继电保护与安全自动装置的添加问题。通过该模块，可以实现继电保护与安全自动装置的添加、删除，以及参数编辑等功能。界面左侧为类型选择界面，选出要安装的装置的位置。右侧显示已安装装置列表。具有添加模型、模型调用、删除模型、参数编辑和批量的功能，如图 16－11 所示。

添加模型实现在某个元件上边安装继电保护与安全自动装置。模型添加后，可使用模型调用功能，对继电保护与安全自动装置进行详细编辑，选择装置的相关母线、相关支路及参数组号等。编辑界面如图 16－12 所示。

16.2.3.2　数据流程分析

（1）程序起动，配置数据库访问条件以及默认查询条件，将数据从基础电力数据库和继保安稳数据库中取出，检查数据格式是否正确，读入系统缓存中。

（2）起动全网配置编辑界面，根据选择的条件显示已有的保护装置，变换查询条件后自动变换右侧列表中的保护装置。

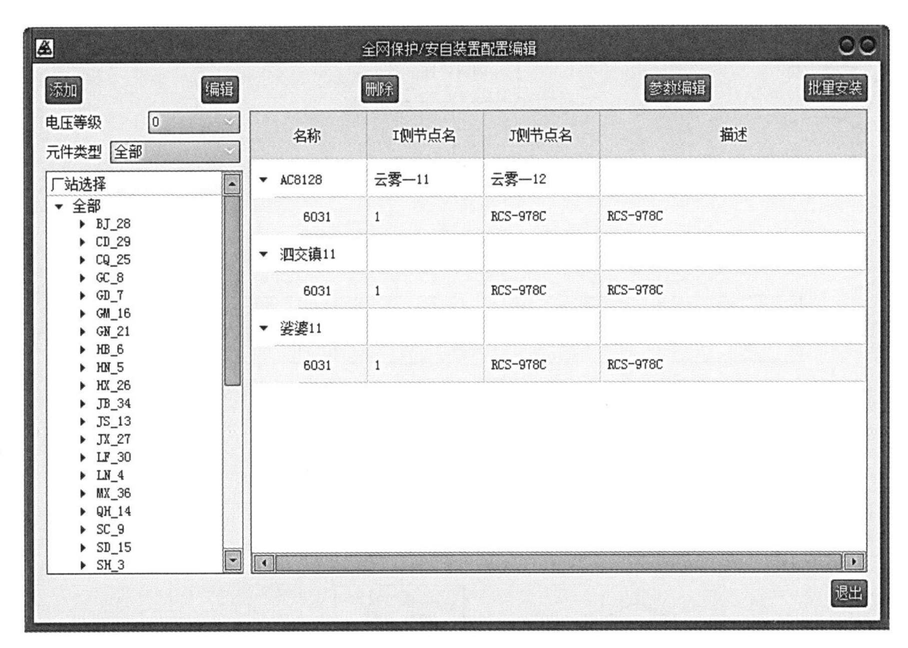

图 16－11　模块界面

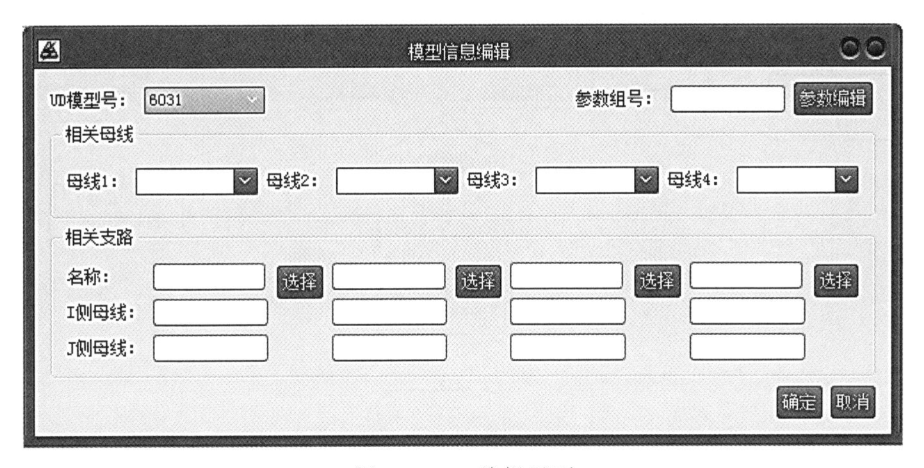

图 16－12　编辑界面

（3）点击添加保护装置弹出添加保护装置对话框，进行保护装置的添加工作。完成后判断装置是否有重复安装，如果没有重复安装则将信息写入数据库，有重复安装的话进行提示，返回到添加保护装置对话框界面。

（4）点击编辑保护装置弹出编辑保护装置对话框，对保护装置进行修改。

（5）点击“删除”则删除选择的保护装置。

（6）点击“批量安装”弹出批量安装保护装置界面，选择要安装保护装置的设备和要安装的保护装置模型，则自动逐个安装设备。

数据流程图如图 16－13 所示。

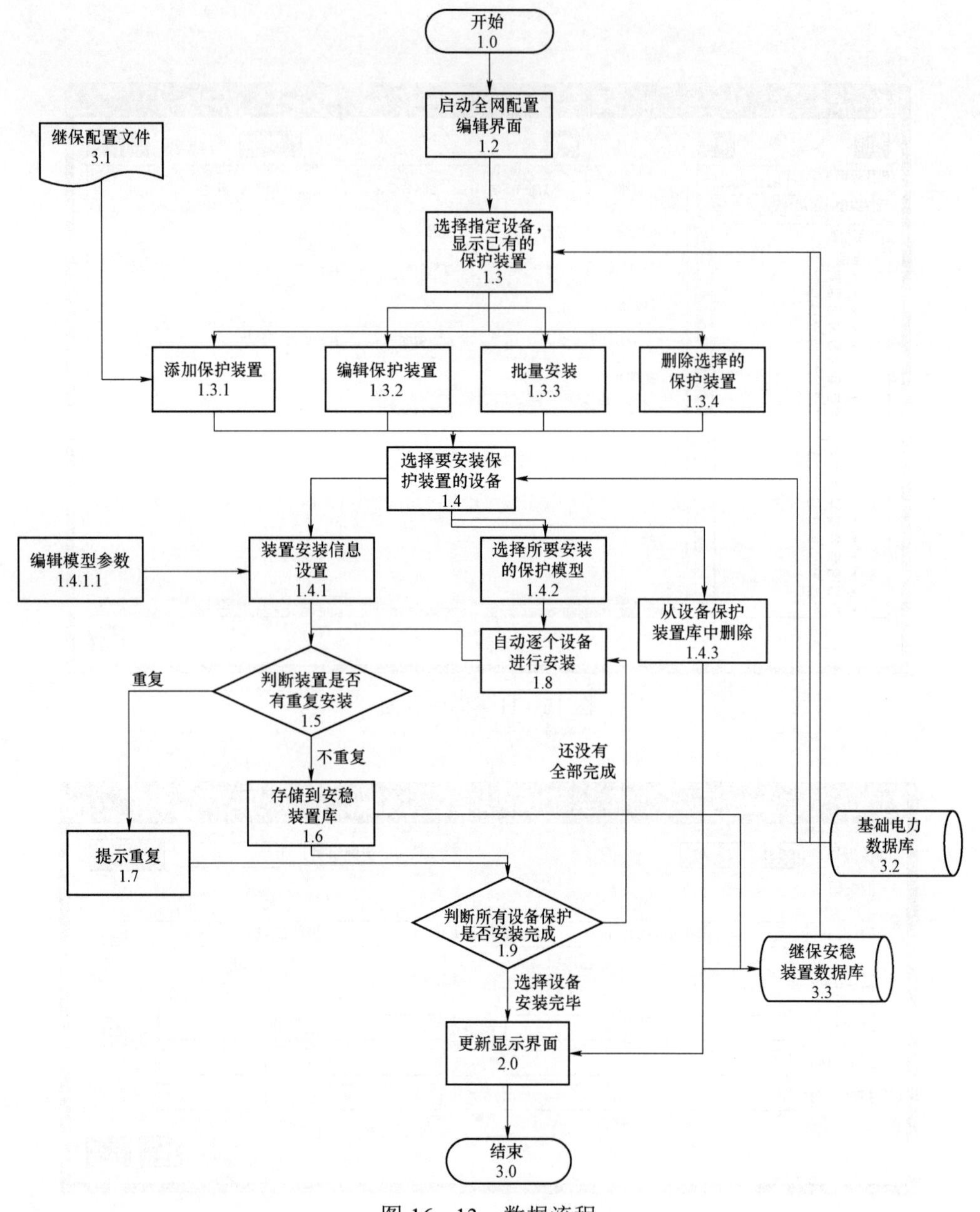

图 16－13　数据流程

16.2.3.3　类模块的设计

类模块的设计如图 16－14 所示。

16.2.4　接入设计

16.2.4.1　总体概述

此模块是继电保护与安全自动装置的管理模块，主要实现装置的投入与退出功能，根据不同的投入与退出状态组成不同的方案，供后边计算使用。此模块实现方案的添加、删除、修改，如图 16－15 所示。

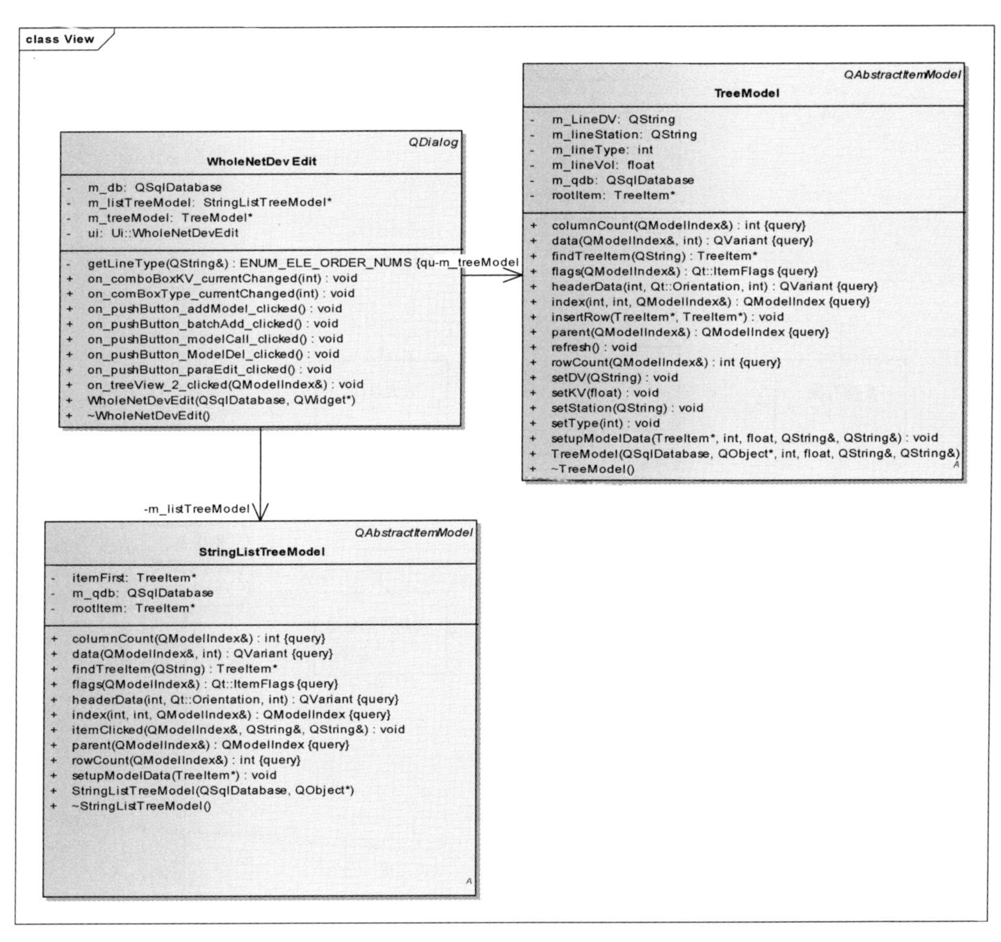

图 16－14　类模块的设计

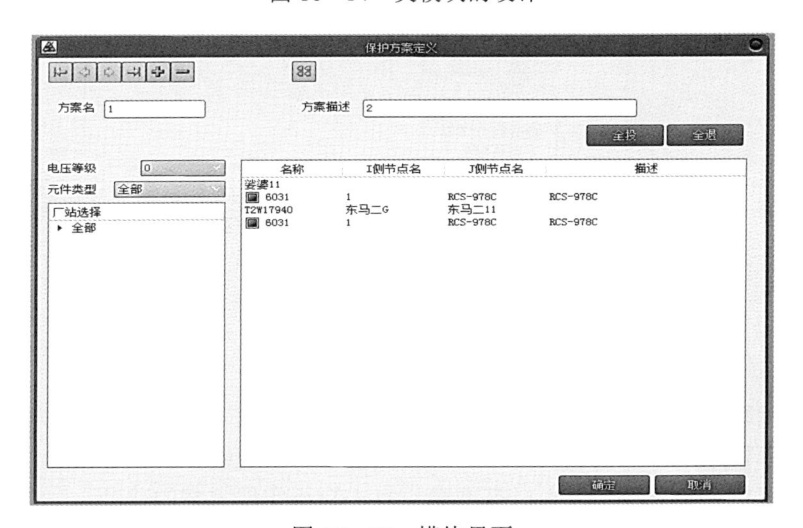

图 16－15　模块界面

16.2.4.2　数据流程分析

数据流程分析如图 16－16 所示。

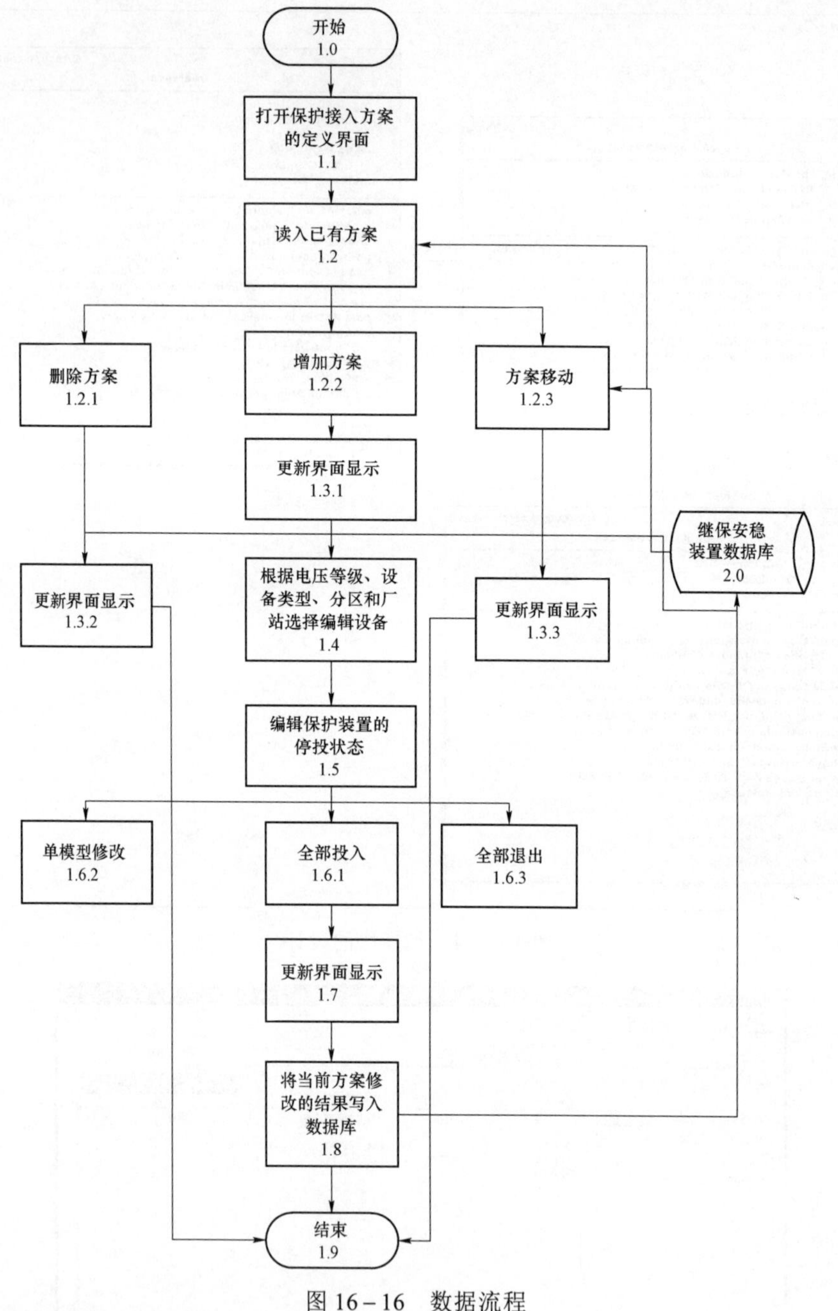

图 16－16　数据流程

（1）程序启动，配置数据库访问条件及默认查询条件，将数据从基础电力数据库和继电保护安稳数据库中取出，检查数据格式是否正确，读入系统缓存中。

（2）打开保护方案界面，读入已有方案，点击箭头实现方案的移动。

（3）点击＋号增加方案，根据不同的查询条件显示各方案下保护装置的状态，单击保护装置实现装置的投入及退出。点击“全投全退”实现所有装置的投入及退出。

（4）完成方案修改后点击“确定”退出方案修改界面，同时把修改的结果写入数据库。

16.2.4.3　类模块的设计

类模块的设计如图 16－17 所示。

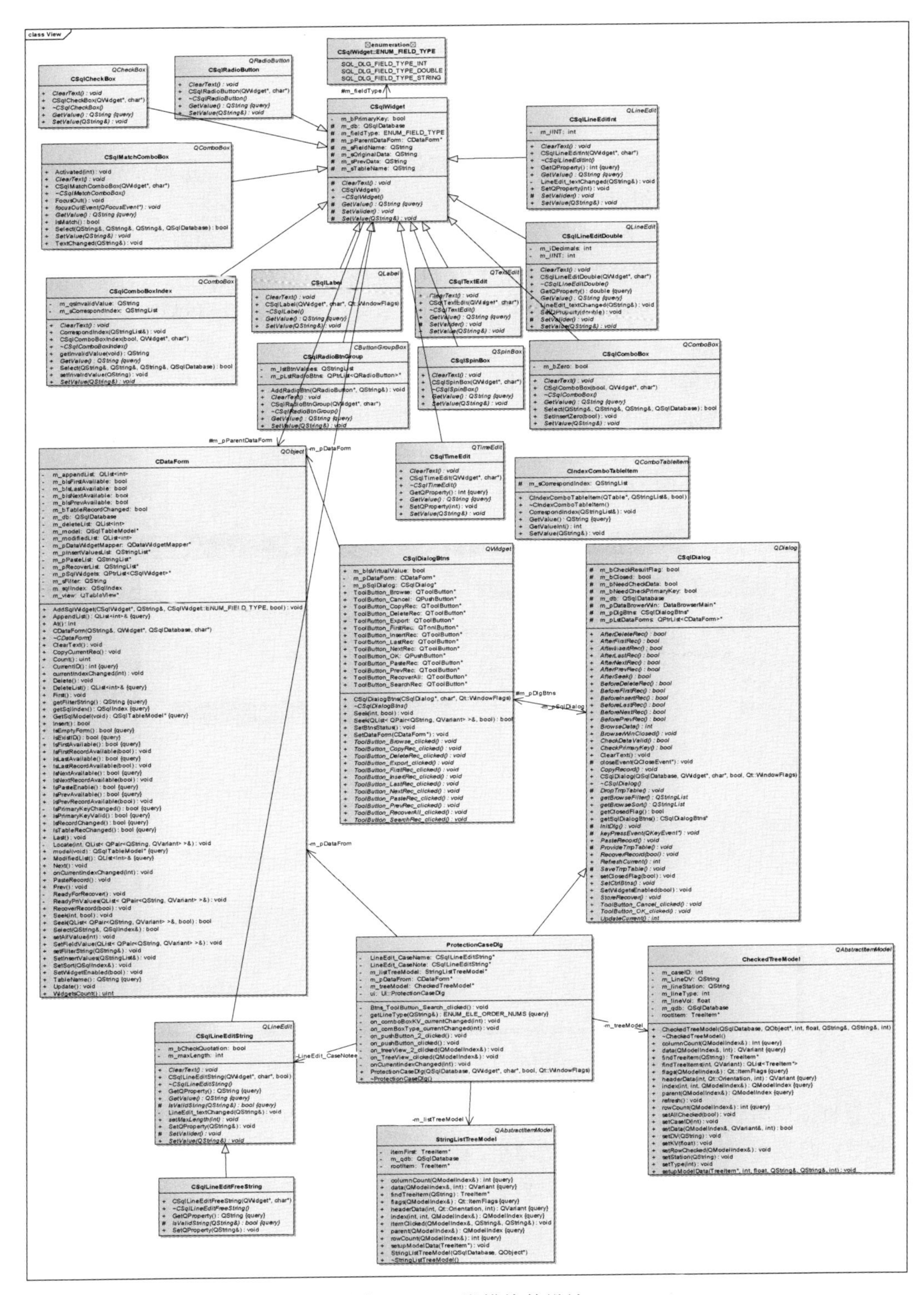

图 16－17　类模块的设计

16.3 连锁故障仿真设计与实现

16.3.1 设置设计与实现

16.3.1.1 总体概述

为了更好地对故障进行管理，在原有故障数据结构的基础上，在上一层增加故障组概念，即连锁故障，其中每个故障组对应一个连锁故障。

故障组含有组号、组名、组描述、有效标志位信息。组号、组名必须唯一。组名、描述、有效标志位均可以由用户设置修改。组号由程序自动生成，不能对其进行修改，每个故障数据都有一个组号以区分其属于哪个故障组，这样通过故障组号把故障组和故障联系起来，构成一个上下级所属关系。

故障数据内包括故障组号、有效标志位、故障基本信息。故障组号对应故障组内的组号，指定所属哪个组。有效标志位和故障组内的标志位共同决定该故障是否参与计算，只有当两个标志位同时有效时才能放入计算数据中，否则忽略该故障数据。

故障组设置主界面如图 16－18 所示。

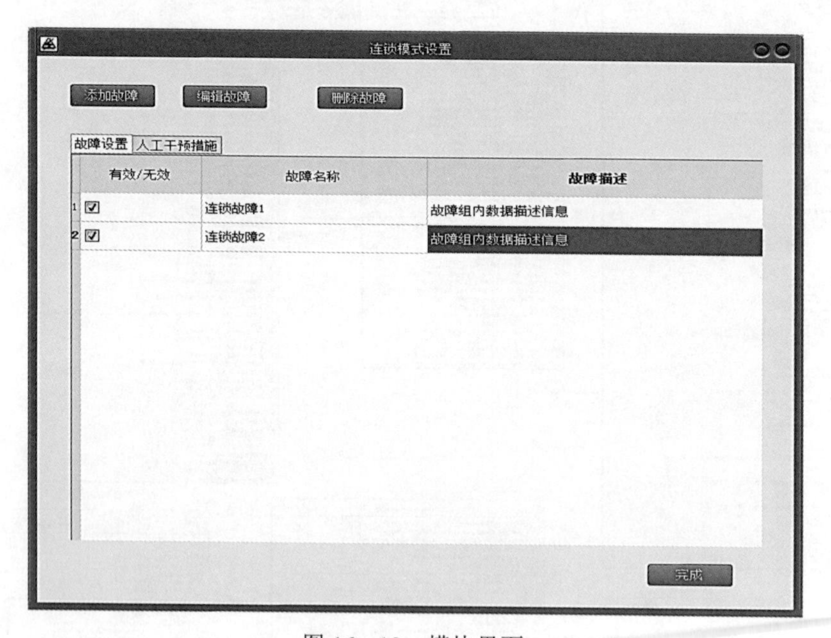

图 16－18 模块界面

设置框提供编辑、增加、删除功能。用户可以编辑故障组组号、组名、组描述、有效标志位信息；每次可以增加或删除某个故障组。

选择某个组后可以对属于该组的故障进行编辑、增加、删除操作，故障编辑界面如图 16－19 所示。

16.3.1.2 数据流程分析

数据流程分析如图 16－20 所示。

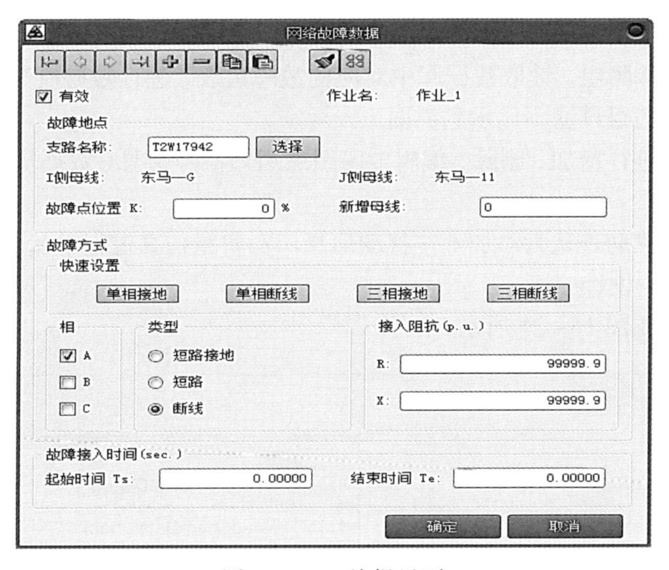

图 16－19　编辑界面

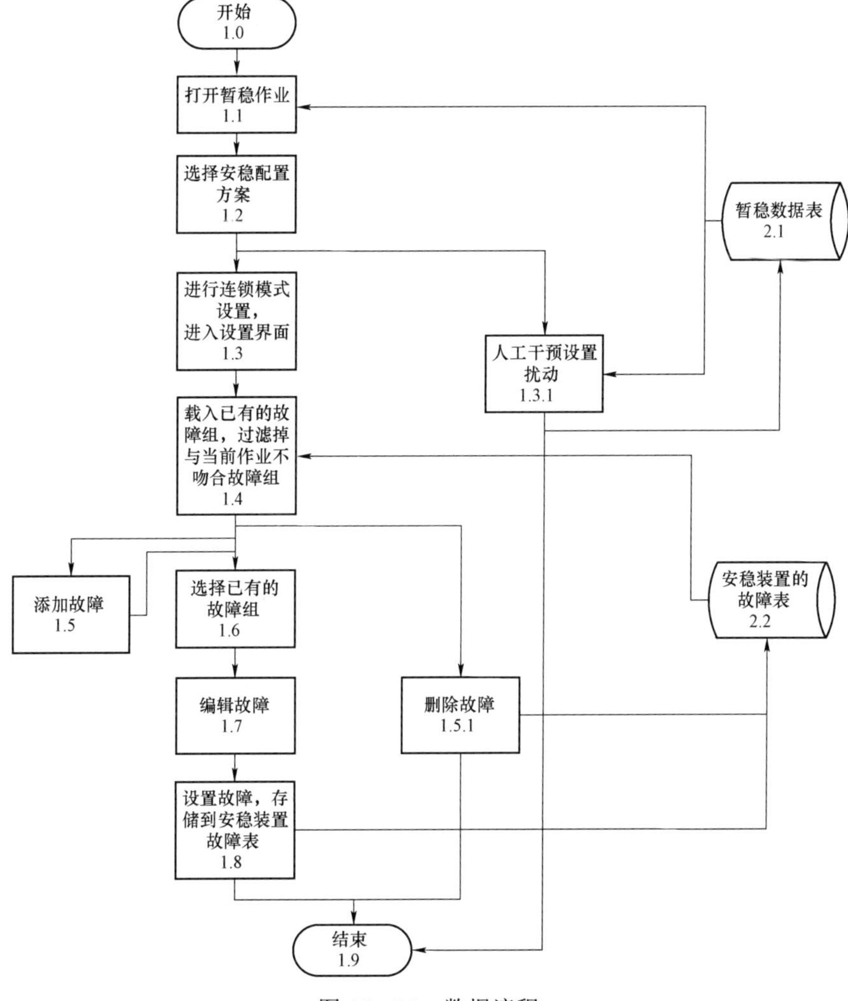

图 16－20　数据流程

连锁故障主要流程说明：

（1）载入已有故障组，读取数据库中对应的故障组表，进行数据检查，将其中无法找到的元件的故障所在的组过滤不显示到界面。

（2）对故障组进行增加、删除、编辑故障组或组内故障信息，数据实时回存到数据库中的对应表内。

（3）人工干预扰动，认为添加一些扰动信息，在暂稳仿真过程中起到扰动作用。

16.3.1.3　类模块的设计

类模块的设计如图16－21所示。

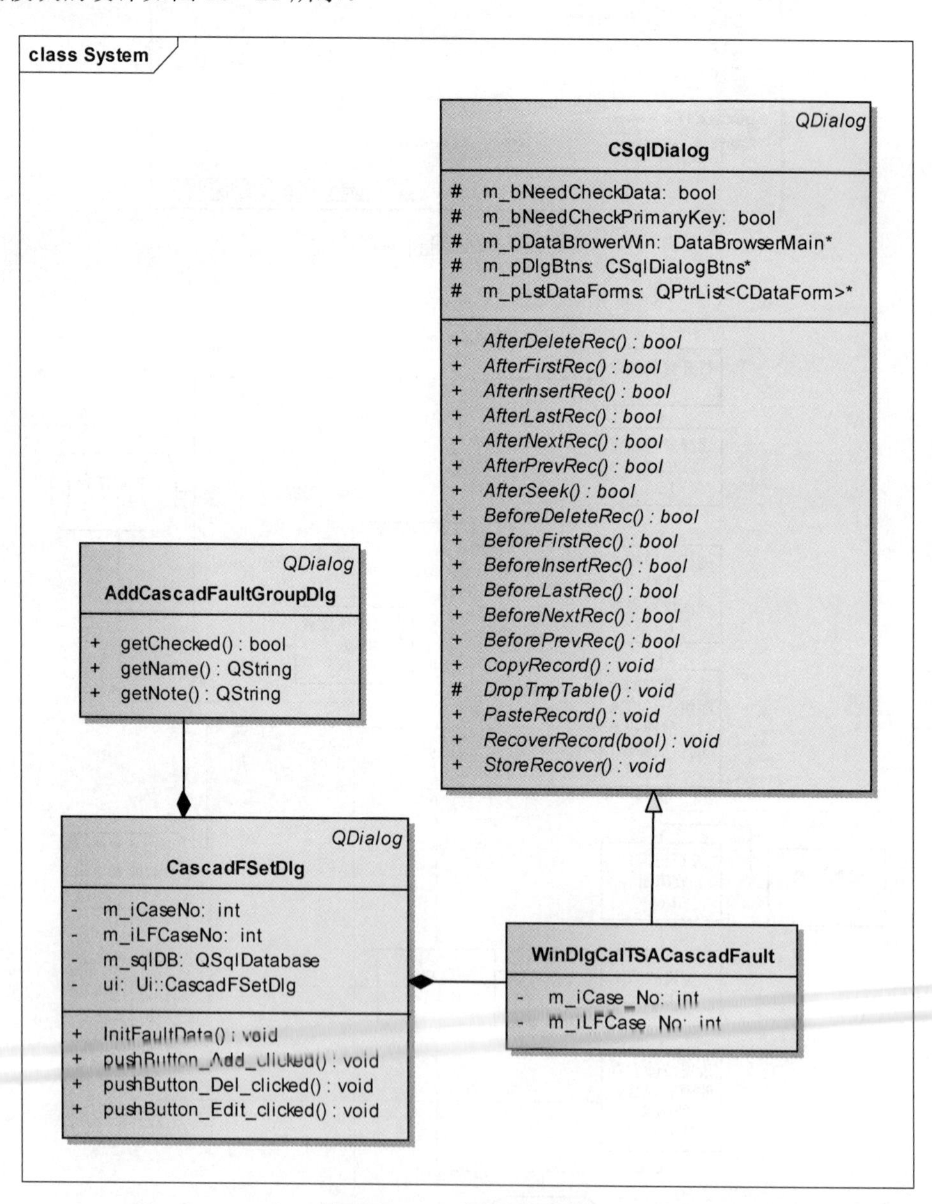

图16－21　类模块的设计

（1）设置对话框均继承Qdialog类来实现，主界面CascadFSetDlg用于展示所有故障组

信息，同时有编辑按钮可调用编辑故障界面类 WinDlgCalTSACascadFault、添加故障类 AddCascadFaultGroupDlg。

（2）WinDlgCalTSACascadFault 类直接绑定数据库中的故障表，对故障进行的修改实时写入数据库，保证界面和后台数据的同步。

16.3.2　仿真输出设计与实现

16.3.2.1　总体概述

为了解决目前系统只支持单个店家添加仿真输出元件造成的重复操作，对发电机变量、变压器、交流线实现了批量添加的功能，即每次允许同时添加多个元件。在选中所需元件后添加一次所需变量即可完成所有元件对应变量的添加，其中每个元件对应生成一个单独的监视坐标。

输出变量编辑界面如图 16－22 所示。

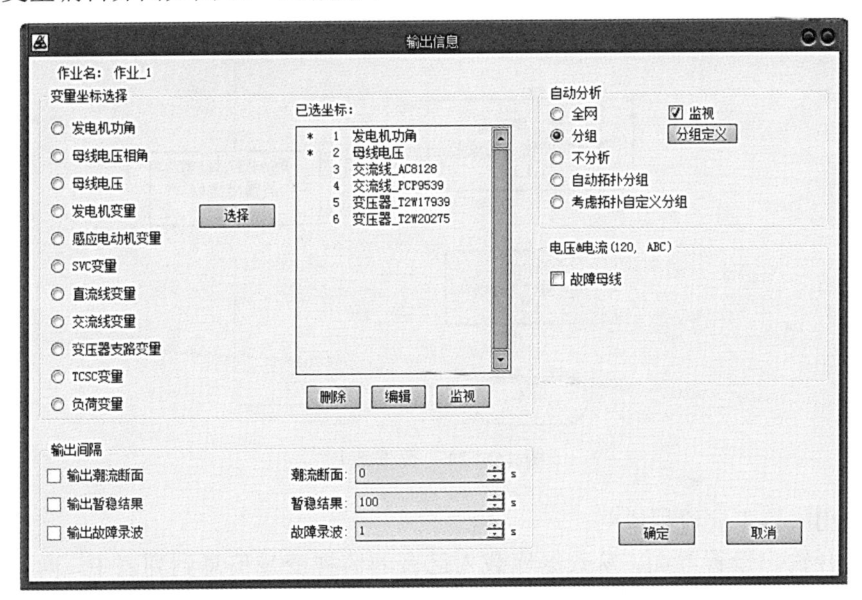

图 16－22　编辑界面

其中发电机变量、交流线、变压器支路变量支持批量添加，界面设计如图 16－23 所示。

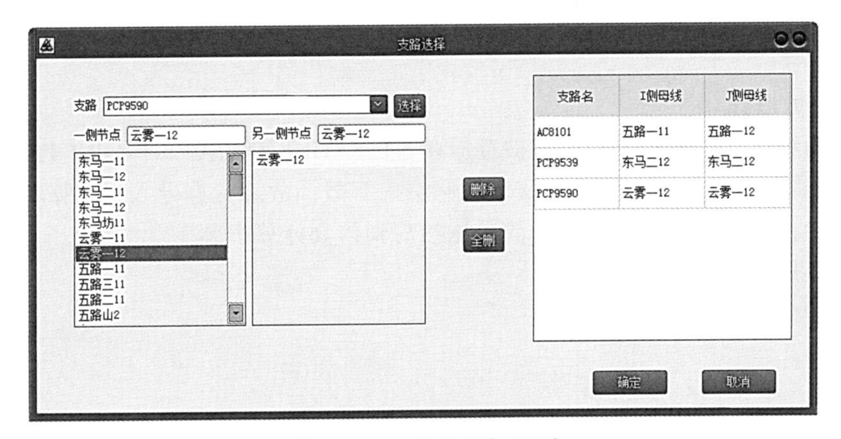

图 16－23　批量添加界面

16.3.2.2 数据流程分析

数据流程分析如图 16－24 所示。

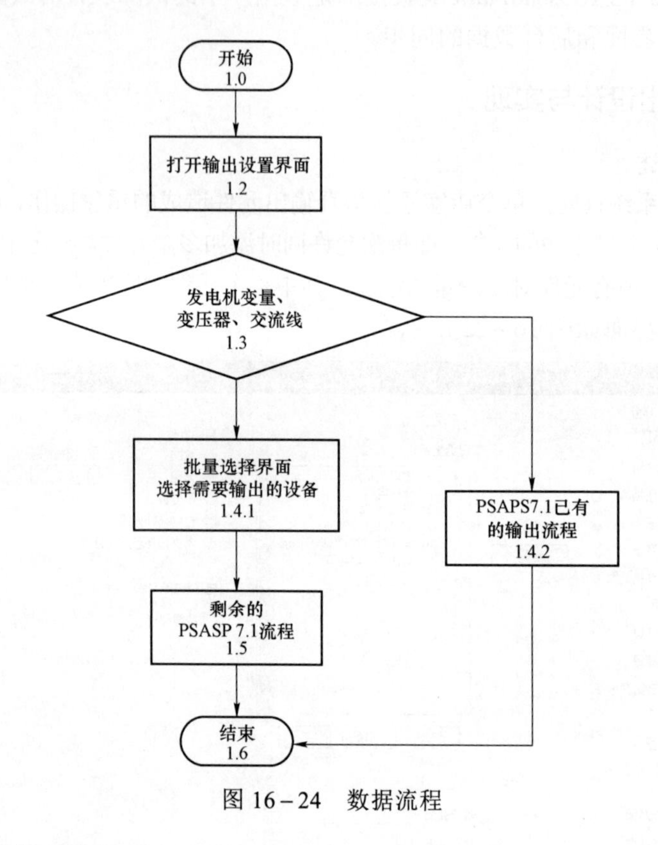

图 16－24 数据流程

仿真输出设置主要流程说明：

（1）打开输出设置界面，从数据库载入已有的监视变量信息到列表中，同时提供增加选项。

（2）添加发电机变量、变压器、交流线变量时，从数据库加载所有相应元件信息，允许进行多条批量添加，简化操作流程。

16.3.3 计算流程设计与实现

16.3.3.1 总体概述

增加故障组后，故障相关的数据被存放在 ST_FAULT_DATA、ST_GRP_FAULT 两张表中，因此在仿真计算开始前需要从两张表中筛选出有效的故障数据导入到计算库内的故障表 ST_FUALT 中，这样才能使故障组内的数据参与到仿真计算中。

16.3.3.2 数据流程分析

数据流程分析如图 16－25 所示。

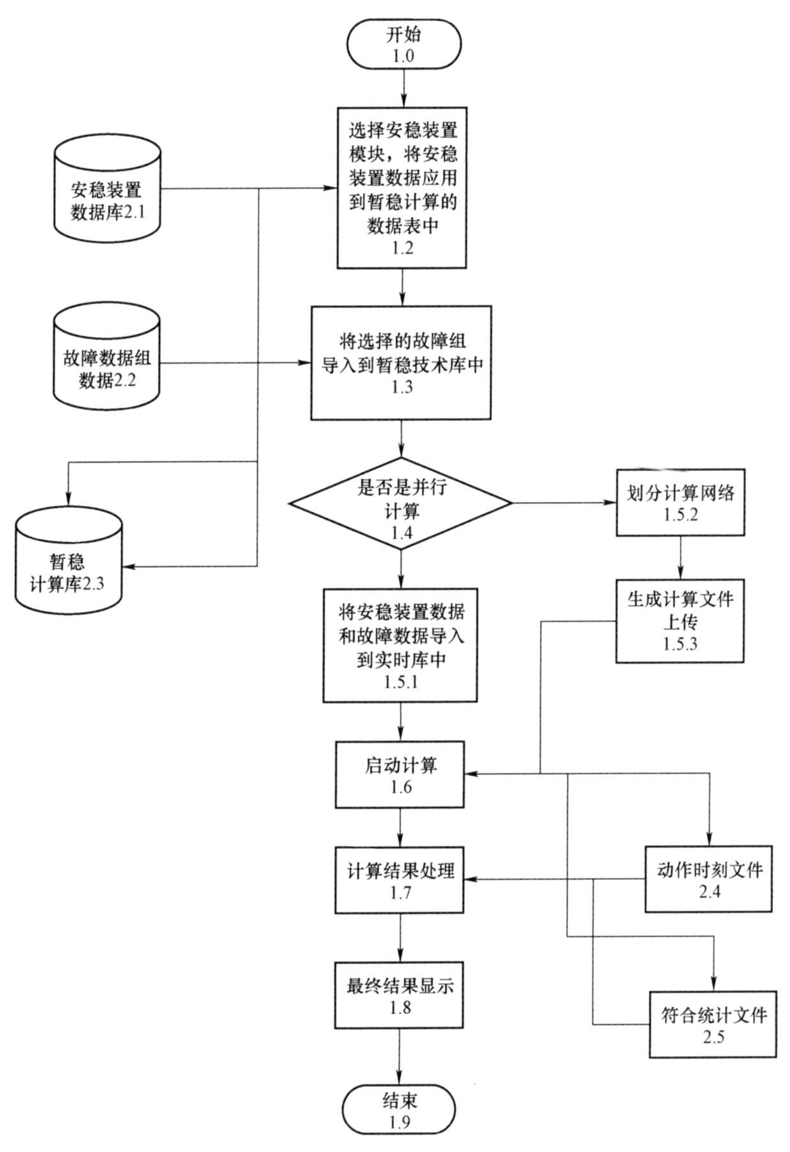

图 16－25　数据流程

仿真计算主要流程说明：

（1）选择安全自动装置方案，将安全自动装置数据即建立的 UD 模型数据载入到暂稳计算的数据表中。

（2）将选择的故障组导入到暂稳计算库中，导入前判断故障是否有效，筛选可用故障。

（3）选择计算方式，串行计算将安全自动装置数据和故障数据直接导入到实时库中；并行计算则需划分计算网络，并将所有数据生成计算文件上传到服务器，供后台计算程序调用。

（4）起动计算，将计算过程中的监视变量实时传回以监视曲线的形式显示到监视对话框内，同时将这些数据保存到本地文件内，这些数据支持曲线阅览室查看。

16.3.3.3　类模块的设计

类模块的设计如图 16－26 所示。

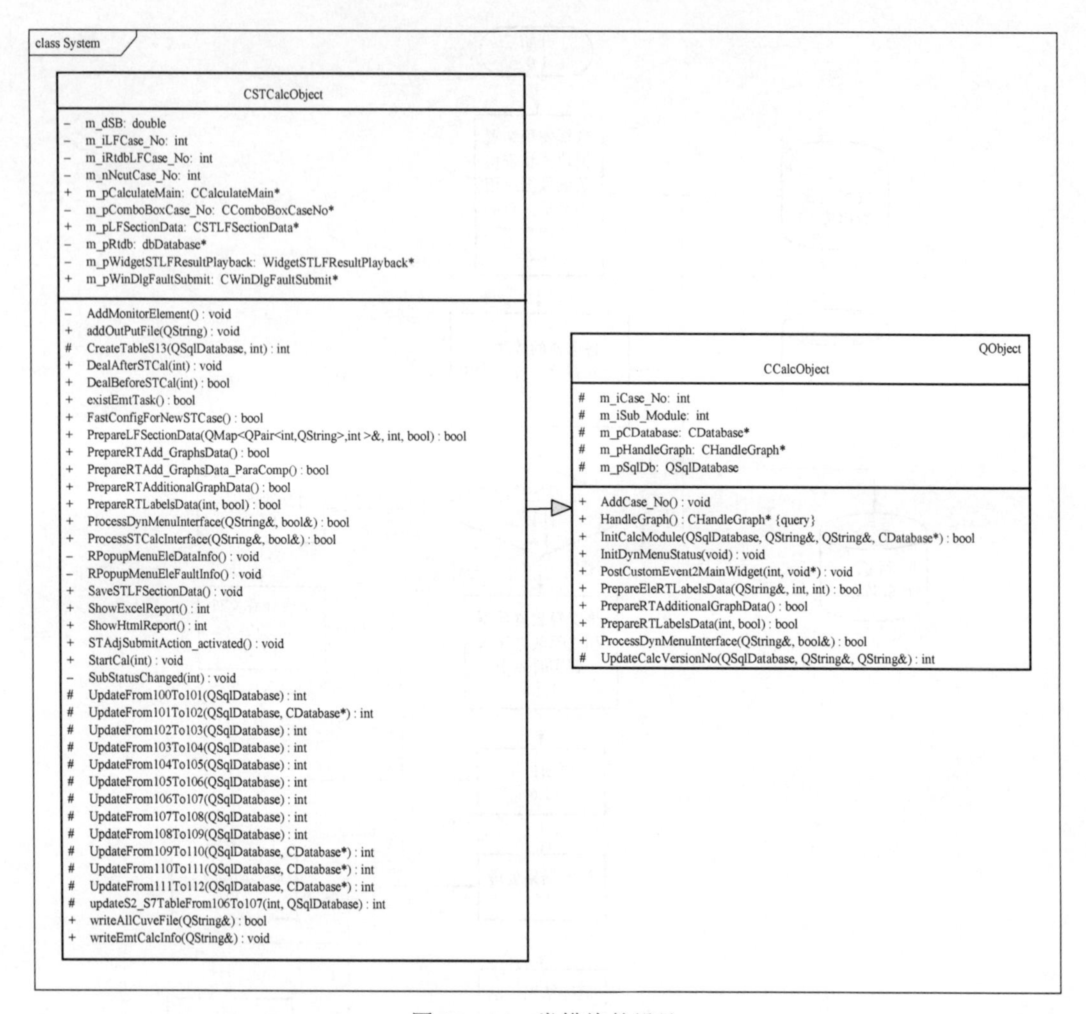

图 16－26　类模块的设计

暂态稳定计算类 CSTCalcObject 生成暂稳计算所需数据，调用暂稳模块进行计算，过程中载入故障数据参与计算，并将结果反馈到监视曲线。其中故障组内故障导入主要由函数 PrepareRTAdditionalGraphData 在起动计算前负责导入计算库故障表内。

小　结

本章对连锁故障仿真分析系统进行研发。首先，对连锁故障仿真系统进行总体设计，包括系统网络拓扑部署结构与功能模块的设计。其次，对继电保护与安全自动装置配置的关键技术、浏览、安装以及接入进行设计与实现。最后，对仿真系统的参数设置、输出及算法流程进行设计与设计，完成连锁故障仿真分析系统的整体研发。

参 考 文 献

[1] 刘友波，胡斌，刘俊勇，等. 电力系统连锁故障分析理论与应用（一）——相关理论方法与应用［J］. 电力系统保护与控制，2013，41（09）：148－155.

[2] 刘友波，胥威汀，丁理杰，等. 电力系统连锁故障分析理论与应用（二）——关键特征与研究启示［J］. 电力系统保护与控制，2013，41（10）：146－155.

[3] 余晓鹏，张雪敏，钟雨芯，等. 交直流系统连锁故障模型及停电风险分析［J］. 电力系统自动化，2014，38（19）：33－39.

[4] 刘宇石. 交直流电网连锁故障传播机理及薄弱环节辨识方法［D］. 华北电力大学（北京），2016.

[5] 张富春. 电力系统连锁故障快速风险评估模型研究［D］. 华北电力大学，2014.

[6] 邓慧琼，艾欣，余洋洋，等. 电网连锁故障的概率分析模型及风险评估［J］. 电网技术，2008（15）：41－46.

[7] 张宇栋. 基于复杂系统理论的连锁故障大停电研究［D］. 浙江大学，2013.

[8] 张振安，张雪敏，曲昊源，等. 适用于连锁故障的交直流电网静态等值方法［J］. 电工电能新技术，2014，33（03）：1－6.

[9] 韦延方，郑征，王晓卫. 柔性直流输电系统稳态潮流建模与仿真［M］. 北京：科学出版社，2015.

[10] 郑超. 实用柔性直流输电系统建模与仿真算法［J］. 电网技术，2013，37（4）：1058－1063.

[11] 徐赛梅，赵兴攀，黄祖祥，等. 一种直流输电系统故障建模方法研究［J］. 云南电力技术，2018，46（06）：61－64.

[12] 张振安，郭金鹏，张雪敏，等. 考虑频率稳定的大停电事故模型及应用［J］. 电力系统及其自动化学报，2015，27（04）：26－32.

[13] 岳贤龙，王涛，顾雪平，等. 基于自组织临界理论的电网脆弱线路辨识［J］. 电力系统保护与控制，2016，44（15）：18－26.

[14] 陈彦如. 复杂网络理论在电力网络中的应用研究［D］. 湖南大学，2012.

[15] 刘沛铮. 基于复杂系统理论的电网连锁故障模型及自组织临界辨识方法［D］. 重庆大学，2015.

[16] 周竞钰. 基于复杂网络理论的电力系统连锁故障的研究［D］. 湖南大学，2011.

[17] 曹丽华. 基于复杂系统理论的电力系统连锁故障分析和预防方法研究［D］. 湖南大学，2015.

[18] 王凯. 基于复杂网络理论的电网结构复杂性和脆弱性研究［D］. 华中科技大学，2011.

[19] 鞠文云. 基于复杂网络理论的电力系统脆弱元件辨识指标研究［D］. 华中科技大学，2013.

[20] 王紫雷. 基于复杂网络理论的受端电网分层分区研究［C］//输变电工程技术成果汇编——国网上海经研院青年科技论文成果集. 2017.

[21] 潘伟丰，宋贝贝，胡博，等. 基于软件网络加权 k－核分析的关键类识别方法［J］. 电子学报，2018，46（05）：1071－1077.

[22] 林，刘满君，何剑，等. 基于马尔可夫过程的电力系统连锁故障解析模型及概率计算方法［J］. 电网技术，2017，41（01）：130－136.

[23] 钱宇骋. 过载主导型连锁故障预测和风险控制［D］. 合肥工业大学，2018.

[24] 吴玮坪，胡泽春，宋永华，等. 结合半正定规划和非线性规划模型的 OPF 混合优化算法研究［J］. 中

国电机工程学报，2016，36（14）：3829－3837.

［25］谭伟，杨银国，倪敬敏. 电力系统在线主动解列控制算法［J］. 广东电力，2011，24（12）：9－13＋108.

［26］宋洪磊. 基于 WAMS 信息的大区域互联电网主动解列控制策略研究［D］. 北京交通大学，2014.

［27］谭伟，沈沉，李颖，等. 基于轨迹特征根的机组分群方法［J］. 电力系统自动化，2010，34（01）：8－14.

［28］陈恩泽. 考虑振荡中心迁移的电网失步解列判据及策略研究［D］. 武汉大学，2014.

［29］杨越. 用于解列控制决策的机组同调分群与振荡中心定位方法研究［D］. 华北电力大学，2018.

［30］程敏，杨文涛，文福拴，等. 电力系统主动解列断面搜索方法与孤岛调整策略［J］. 电力系统自动化，2017，41（19）：37－45.

［31］顾卓远，汤涌，卜广全，等. 基于线路相位差同趋性的电力系统自适应失步解列断面实时搜索方法［J］. 中国电机工程学报，2018，38（12）：3488－3497＋8.

［32］娄源媛，蒋若蒙，钱峰，等. 考虑负荷特性的解列后受端电网频率控制策略［J］. 电网技术，2019，43（01）：213－220.

［33］赵杰，张艳霞，宣文博，等. 逆变型分布式电源并网系统的失步保护研究［J］. 电网技术，2013，37（02）：557－561.

［34］韩军，田俊生. 电力系统低频振荡研究综述［J］. 长治学院学报，2012，29（05）：61－65.

［35］徐得超. 考虑继电保护与安全自动装置模型的北京电网连锁故障仿真平台［J］. 中国科技信息，2015（07）：64－65.

［36］徐得超，刘巍，朱旭凯，等. 含大量继保和安自装置的连锁故障并行仿真软件研发［J］. 电力系统保护与控制，2014（21）：132－138.